大学数学新形态辅导丛书
大学数学习题集

高等数学
精选精解 1600 题

下册
（知识点视频版）

主　编　张天德　孙钦福
副主编　张歆秋　戎晓霞

中国教育出版传媒集团
高等教育出版社·北京

内容提要

为帮助高校大学生更好地学习大学数学课程,我们根据《大学数学课程教学基本要求》及《全国硕士研究生招生考试数学考试大纲》编写了《大学数学习题集》,本书是其中的《高等数学精选精解1600题(下册)》。

全书共分五章,分别为:向量代数与空间解析几何,多元函数微分学,多元函数积分学,无穷级数,常微分方程,共约790道习题及参考解答,其中有300余道考研真题及70余道数学竞赛真题。本书深度融合信息技术,在解题前给出了本题所蕴含的知识点,读者可依知识点标号来获取知识点精讲视频(共170余个);此外,还给出了90余道典型习题的精解视频。

本试卷适用于大学一至四年级学生,特别是有考研及数学竞赛需求,以及希望迅速提高高等数学成绩的学生。

图书在版编目(CIP)数据

高等数学精选精解1600题.下册/张天德,孙钦福主编. -- 北京:高等教育出版社,2022.8(2024.5重印)
ISBN 978-7-04-058522-3

Ⅰ.①高… Ⅱ.①张… ②孙… Ⅲ.①高等数学 – 高等学校 – 题解 Ⅳ.① O13-44

中国版本图书馆 CIP 数据核字(2022)第 061689 号

Gaodeng Shuxue Jingxuan Jingjie 1600 Ti (Xiace)

项目策划	徐　可	策划编辑	徐　可	责任编辑	徐　可	封面设计	王凌波
版式设计	马　云	插图绘制	邓　超	责任校对	高　歌	责任印制	沈心怡

出版发行	高等教育出版社	网　　址	http://www.hep.edu.cn
社　　址	北京市西城区德外大街4号		http://www.hep.com.cn
邮政编码	100120	网上订购	http://www.hepmall.com.cn
印　　刷	涿州市星河印刷有限公司		http://www.hepmall.com
开　　本	787mm×1092mm　1/16		http://www.hepmall.cn
印　　张	25.75		
字　　数	530 千字	版　　次	2022 年 8 月第 1 版
购书热线	010-58581118	印　　次	2024 年 5 月第 4 次印刷
咨询电话	400-810-0598	定　　价	48.80 元

本书如有缺页、倒页、脱页等质量问题,请到所购图书销售部门联系调换
版权所有　侵权必究
物 料 号　58522-00

前　言

作为一名高校数学教师,每当看到学生畏惧大学数学课程,在考试、考研、竞赛中没有取得预期成绩,从而未能及时跨入人生的新阶段时,总感觉到我们应该再做点什么,用我们的积累和经验为有追求的学生做点力所能及的工作。

大学生虽然学习了多年数学,但大学数学课程的抽象特点及逻辑要求,导致学生对大学数学的基本内容欠缺理解、公式定理一知半解,解题思路缺失困顿、所学不能有效运用,自然就对考试有了极深的畏难情绪。为了解决以上问题,我们花费了 3 年时间,打造了《大学数学精选精解习题集》,其中的《高等数学精选精解 1600 题》分上、下两册出版。

本书有以下特点:

一、精心编排学习内容

全书按《全国硕士研究生招生考试数学考试大纲》及《大学数学课程教学基本要求》内容要求进行编排,并兼顾大学生学习高等数学实际进度。全书共分八章,分别为:函数、极限与连续,一元函数微分学,一元函数积分学,向量代数与空间解析几何,多元函数微分学,多元函数积分学,无穷级数和常微分方程,共 1600 多道习题及其解答。

本书每一章包括以下两部分内容:

1. 知识要点。对每一章所涉及的基本概念、基本定理和基本公式进行概括梳理,便于学生从宏观角度把握每一章的知识点,建立知识点的有机联系,明确目标,有的放矢。

2. 基本题型。对每一章常见的基本题型进行分类,这样的安排便于学生分类理解和掌握基本知识,迅速提高解题能力;每章的最后一节是综合提高题,这些题目综合性较强、难度较高,通过本节的学习,可以提高学生分析问题解决问题的能力,从而提升思维创新能力。

书中部分题目给出了一题多解,部分典型习题还给出了评注,意在指出解题过程中学生易忽略的知识点、易出错之处,或解题过程中知识点之间的衔接要点,学生可深入体会学习,进一步融会贯通。

二、深度融合信息技术

对于书中的每一道习题,我们通过"知识点睛"标识出一个或几个对应的知识点,学生可以先做题,如"卡壳"了则可根据"知识点睛"指向,观看相关知识点视频;学生也可先观看知识点视频再来做题。从而实现学中做、做中学、学做融合。

此外,我们还精心挑选了约 12%(共约 200 道)的典型题目给出了精解视频,便于学生更好地理解与习题有关的知识点并掌握相关的解题模板及解题思路。

三、纳入考研和竞赛元素

近几年来,大学生纷纷参加考研和大学生数学竞赛,为满足学生这一需求,我们收集了 600 多道历届考研真题(在题目中标注了"Ⓚ")、130 多道历届大学生数学竞赛真题(在题目中标注了"♩"),这些真题都是全国硕士研究生招生考试数学命题组及全国大学生数学竞赛组委会专家经充分研究论证后命制的试题,这些试题考查基本理论、学习针对性强,望学生充分重视。我们也希望大学生从进入大学校门伊始,就有更高的学习目标,在学习训练中不断提高自身能力,在考研和竞赛中取得满意的成绩。

本书适用于大学一至四年级学生,可作为同步学习"高等数学"的辅导书,特别适用于有考研及数学竞赛需求的学生。良书在手,香溢四方,希望本书成为您学习"高等数学"的好助手,祝每一位学生都能顺利地进入下一个人生阶段,开创新的辉煌。

本书由山东大学张天德、曲阜师范大学孙钦福任主编。书中不当之处,恳请读者指正。

编者

2022 年 7 月 30 日

《高等数学精选精解 1600 题》（下册）

（知识点视频版）

配 套 资 源

高等数学(上册)
知识点视频

高等数学(下册)
知识点视频

4-8 章习题集

注:用封四防伪码激活后即可浏览全书资源

目　录

第 4 章
向量代数与空间解析几何

知识要点

一、向量及其运算

1.向量的数量积(点乘积或内积)

向量 $a=\{a_1,a_2,a_3\}$ 与 $b=\{b_1,b_2,b_3\}$ 的数量积是一个数 $|a|\cdot|b|\cos(\widehat{a,b})$（其中 $0\leq(\widehat{a,b})\leq\pi$），记作 $a\cdot b$.若向量 a 或 b 为零向量时,则定义 $a\cdot b=0$,数量积 $a\cdot b$ 的坐标表示式为

$$a\cdot b=a_1b_1+a_2b_2+a_3b_3.$$

两个向量 a,b 垂直(或称正交),记作 $a\perp b$,特别地,规定零向量与任一向量垂直.

数量积有以下基本性质:

（1） $a\cdot b=b\cdot a$.

（2） $(\lambda a)\cdot b=\lambda(a\cdot b)$.

（3） $(a+b)\cdot c=a\cdot c+b\cdot c$.

（4） $a\perp b$ 的充分必要条件是 $a\cdot b=0$.

2.向量的向量积(叉乘积或外积)

两个向量 a 和 b 的向量积是一个向量 c,记为 $a\times b$,即 $c=a\times b$；c 的模等于 $|a||b|\sin(\widehat{a,b})$,$c$ 的方向垂直于 a 与 b 所决定的平面,且 a,b,c 顺次构成右手系.若向量 a 或 b 为零向量时,则定义 $a\times b=0$,向量积 $a\times b$ 坐标表示式为

$$a\times b=\begin{vmatrix} i & j & k \\ a_1 & a_2 & a_3 \\ b_1 & b_2 & b_3 \end{vmatrix}=\left\{\begin{vmatrix} a_2 & a_3 \\ b_2 & b_3 \end{vmatrix},-\begin{vmatrix} a_1 & a_3 \\ b_1 & b_3 \end{vmatrix},\begin{vmatrix} a_1 & a_2 \\ b_1 & b_2 \end{vmatrix}\right\}.$$

向量积有以下性质:

（1） $a\times b=-b\times a$.

（2） $(\lambda a)\times b=\lambda(a\times b)$.

（3） $(a+b)\times c=a\times c+b\times c$.

（4） $a/\!/b$ 的充分必要条件是 $a\times b=0$.

3.向量的混合积

设 $a=\{a_1,a_2,a_3\}$,$b=\{b_1,b_2,b_3\}$,$c=\{c_1,c_2,c_3\}$,则称 $(a\times b)\cdot c$ 为向量 a,b,c 的混合积,记为 $[a,b,c]$.

混合积是一数量,其几何意义为:混合积的绝对值等于以 a、b、c 为相邻三条棱的平行六面体的体积.因此,向量 a、b、c 共面的充分必要条件是 $(a\times b)\cdot c=0$.

混合积$(a\times b)\cdot c$的坐标表达式为

$$(a\times b)\cdot c=\begin{vmatrix} a_1 & a_2 & a_3 \\ b_1 & b_2 & b_3 \\ c_1 & c_2 & c_3 \end{vmatrix},$$

且$(a\times b)\cdot c=(b\times c)\cdot a=(c\times a)\cdot b.$

二、空间平面与直线

1.平面及其方程

法向量　与平面垂直的任意非零向量,称为该平面的法向量.

（1）**点法式方程**　设平面过点$M_0(x_0,y_0,z_0)$,其法向量为$n=\{A,B,C\}$,则此平面方程为

$$A(x-x_0)+B(y-y_0)+C(z-z_0)=0.$$

（2）**截距式方程**　设a,b,c分别为平面在x、y、z轴上的截距,则此平面的方程为

$$\frac{x}{a}+\frac{y}{b}+\frac{z}{c}=1.$$

（3）**三点式方程**　设平面过不共线的三点$A(x_1,y_1,z_1),B(x_2,y_2,z_2),C(x_3,y_3,z_3)$,则此平面方程为

$$\begin{vmatrix} x-x_1 & y-y_1 & z-z_1 \\ x_2-x_1 & y_2-y_1 & z_2-z_1 \\ x_3-x_1 & y_3-y_1 & z_3-z_1 \end{vmatrix}=0.$$

（4）**一般式方程**　平面的一般式方程是三元一次方程

$$Ax+By+Cz+D=0,$$

其中A,B,C不同时为零.

2.空间直线及其方程

方向向量　与直线平行的非零向量,称为该直线的方向向量.

（1）**对称式方程**（又称点向式或标准式方程）

过点$M_0(x_0,y_0,z_0)$,方向向量为$s=\{l,m,n\}$的直线的标准式方程为

$$\frac{x-x_0}{l}=\frac{y-y_0}{m}=\frac{z-z_0}{n}.$$

（2）**参数方程**　由标准式方程

$$\frac{x-x_0}{l}=\frac{y-y_0}{m}=\frac{z-z_0}{n}=t$$

易得直线的参数方程

$$\begin{cases} x=x_0+lt, \\ y=y_0+mt,\ (t\text{ 为参数}). \\ z=z_0+nt \end{cases}$$

（3）**两点式方程**　过点$M_1(x_1,y_1,z_1)$和$M_2(x_2,y_2,z_2)$的直线方程为

$$\frac{x-x_1}{x_2-x_1}=\frac{y-y_1}{y_2-y_1}=\frac{z-z_1}{z_2-z_1}.$$

（4）一般式方程　直线的一般式方程为三元一次方程组

$$\begin{cases} A_1x+B_1y+C_1z+D_1=0, \\ A_2x+B_2y+C_2z+D_2=0, \end{cases}$$

其中每一个三元一次方程都表示一个平面.

3. 直线、平面之间的相对位置关系

设平面

$$\pi_1:A_1x+B_1y+C_1z+D_1=0, \pi_2:A_2x+B_2y+C_2z+D_2=0,$$

它们的法向量分别为 $\boldsymbol{n}_1=\{A_1,B_1,C_1\}, \boldsymbol{n}_2=\{A_2,B_2,C_2\}$.

直线

$$L_1: \frac{x-x_1}{l_1}=\frac{y-y_1}{m_1}=\frac{z-z_1}{n_1}, L_2: \frac{x-x_2}{l_2}=\frac{y-y_2}{m_2}=\frac{z-z_2}{n_2},$$

它们的方向向量分别为 $\boldsymbol{s}_1=\{l_1,m_1,n_1\}, \boldsymbol{s}_2=\{l_2,m_2,n_2\}$.

（1）夹角

平面 π_1 与平面 π_2 间的夹角 θ, 定义为法向量 $\boldsymbol{n}_1$ 与 $\boldsymbol{n}_2$ 间的夹角, 即

$$\cos\theta=\frac{|\boldsymbol{n}_1\cdot\boldsymbol{n}_2|}{|\boldsymbol{n}_1|\cdot|\boldsymbol{n}_2|}=\frac{|A_1A_2+B_1B_2+C_1C_2|}{\sqrt{A_1^2+B_1^2+C_1^2}\cdot\sqrt{A_2^2+B_2^2+C_2^2}}.$$

直线 L_1 与直线 L_2 间的夹角 θ, 定义为方向向量 $\boldsymbol{s}_1$ 与 $\boldsymbol{s}_2$ 间的夹角, 即

$$\cos\theta=\frac{|\boldsymbol{s}_1\cdot\boldsymbol{s}_2|}{|\boldsymbol{s}_1|\cdot|\boldsymbol{s}_2|}=\frac{|l_1l_2+m_1m_2+n_1n_2|}{\sqrt{l_1^2+m_1^2+n_1^2}\cdot\sqrt{l_2^2+m_2^2+n_2^2}}.$$

直线 L_1 与平面 π_1 间的夹角 θ, 定义为直线 L_1 和它在平面 π_1 上的投影所成的两邻角中的锐角, 即

$$\sin\theta=\frac{|\boldsymbol{n}_1\cdot\boldsymbol{s}_1|}{|\boldsymbol{n}_1|\cdot|\boldsymbol{s}_1|}=\frac{|A_1l_1+B_1m_1+C_1n_1|}{\sqrt{A_1^2+B_1^2+C_1^2}\cdot\sqrt{l_1^2+m_1^2+n_1^2}}.$$

（2）平行的条件

平面 π_1 与 π_2 平行的充分必要条件是 $\dfrac{A_1}{A_2}=\dfrac{B_1}{B_2}=\dfrac{C_1}{C_2}$.

直线 L_1 与 L_2 平行的充分必要条件是 $\dfrac{l_1}{l_2}=\dfrac{m_1}{m_2}=\dfrac{n_1}{n_2}$.

直线 L_1 与平面 π_1 平行的充分必要条件是 $l_1A_1+m_1B_1+n_1C_1=0$.

（3）垂直的条件

平面 π_1 与 π_2 垂直的充分必要条件是 $A_1A_2+B_1B_2+C_1C_2=0$.

直线 L_1 与 L_2 垂直的充分必要条件是 $l_1l_2+m_1m_2+n_1n_2=0$.

直线 L_1 垂直于平面 π_1 的充分必要条件是 $\dfrac{l_1}{A_1}=\dfrac{m_1}{B_1}=\dfrac{n_1}{C_1}$.

4. 距离公式

（1）点到平面的距离

点 $M_0(x_0,y_0,z_0)$ 到平面 $Ax+By+Cz+D=0$ 的距离为 $d=\dfrac{|Ax_0+By_0+Cz_0+D|}{\sqrt{A^2+B^2+C^2}}$.

（2）点到直线的距离

点 $P_1(x_1,y_1,z_1)$ 到直线 $\dfrac{x-x_0}{l}=\dfrac{y-y_0}{m}=\dfrac{z-z_0}{n}$ 的距离为 $d=\dfrac{|\overrightarrow{M_0P_1}\times s|}{|s|}$，其中，$M_0(x_0,y_0,z_0)$，$s=\{l,m,n\}$.

（3）两直线共面的条件　设有两直线

$$L_1:\frac{x-x_1}{l_1}=\frac{y-y_1}{m_1}=\frac{z-z_1}{n_1}, \quad L_2:\frac{x-x_2}{l_2}=\frac{y-y_2}{m_2}=\frac{z-z_2}{n_2},$$

它们共面的条件为 $\overrightarrow{P_1P_2}\cdot(\boldsymbol{a}\times\boldsymbol{b})=0$，其中 $P_1(x_1,y_1,z_1)$，$P_2(x_2,y_2,z_2)$，$\boldsymbol{a}=\{l_1,m_1,n_1\}$，$\boldsymbol{b}=\{l_2,m_2,n_2\}$.

（4）两异面直线间的距离

两异面直线 L_1,L_2 的距离为 $d=\dfrac{|\overrightarrow{P_1P_2}\cdot(\boldsymbol{a}\times\boldsymbol{b})|}{|\boldsymbol{a}\times\boldsymbol{b}|}$.

三、空间曲面和空间曲线

空间曲面的一般方程为 $F(x,y,z)=0$，参数形式为 $\begin{cases}x=x(u,v),\\ y=y(u,v),\\ z=z(u,v),\end{cases}$ u,v 是参数.

1. 球面　一般方程为 $x^2+y^2+z^2+2ax+2by+2cz+d=0$，其标准方程为 $(x-x_0)^2+(y-y_0)^2+(z-z_0)^2=R^2$，其中 (x_0,y_0,z_0) 为球心，R 为半径.

2. 柱面　准线在坐标平面上、母线平行于坐标轴的柱面表示如下.

（1）$F(x,y)=0$ 表示母线平行于 z 轴、准线为 $\begin{cases}F(x,y)=0,\\ z=0\end{cases}$ 的柱面.

（2）$F(y,z)=0$ 表示母线平行于 x 轴、准线为 $\begin{cases}F(y,z)=0,\\ x=0\end{cases}$ 的柱面.

（3）$F(x,z)=0$ 表示母线平行于 y 轴、准线为 $\begin{cases}F(x,z)=0,\\ y=0\end{cases}$ 的柱面.

3. 旋转曲面　以坐标轴为旋转轴的旋转曲面的表示方法如下.

（1）xOy 面内的曲线 $\begin{cases}F(x,y)=0,\\ z=0\end{cases}$ 绕 x 轴旋转一周所得旋转曲面的方程为 $F(x,\pm\sqrt{y^2+z^2})=0$，绕 y 轴旋转一周所得旋转曲面的方程为 $F(\pm\sqrt{x^2+z^2},y)=0$.

（2）yOz 面内的曲线 $\begin{cases}F(y,z)=0,\\ x=0\end{cases}$ 绕 y 轴旋转一周所得旋转曲面的方程为 $F(y,\pm\sqrt{x^2+z^2})=0$，绕 z 轴旋转一周所得旋转曲面的方程为 $F(\pm\sqrt{x^2+y^2},z)=0$.

（3）zOx 面内的曲线 $\begin{cases}F(x,z)=0,\\ y=0\end{cases}$ 绕 x 轴旋转一周所得旋转曲面的方程为 $F(x,\pm\sqrt{y^2+z^2})=0$，绕 z 轴旋转一周所得旋转曲面的方程为 $F(\pm\sqrt{x^2+y^2},z)=0$.

4. 几个常见的二次曲面标准方程如下.

椭球面：$\dfrac{x^2}{a^2}+\dfrac{y^2}{b^2}+\dfrac{z^2}{c^2}=1$，二次锥面：$\dfrac{x^2}{a^2}+\dfrac{y^2}{b^2}-\dfrac{z^2}{c^2}=0$，单叶双曲面：$\dfrac{x^2}{a^2}+\dfrac{y^2}{b^2}-\dfrac{z^2}{c^2}=1$.

双叶双曲面：$\dfrac{x^2}{a^2}-\dfrac{y^2}{b^2}-\dfrac{z^2}{c^2}=1$，椭圆抛物面：$\dfrac{x^2}{a^2}+\dfrac{y^2}{b^2}=z$，双曲抛物面：$\dfrac{x^2}{a^2}-\dfrac{y^2}{b^2}=z$.

5.空间曲线　空间曲线的一般方程为 $\begin{cases}F(x,y,z)=0,\\ G(x,y,z)=0,\end{cases}$ 即看作两个空间曲面的交线，

其参数方程为 $\begin{cases}x=x(t),\\ y=y(t),\\ z=z(t),\end{cases}$ 其中 t 为参数.

§4.1　向量及其运算

1　已知 $\boldsymbol{a}$、$\boldsymbol{b}$、$\boldsymbol{c}$ 都是单位向量，且满足 $\boldsymbol{a}+\boldsymbol{b}+\boldsymbol{c}=\boldsymbol{0}$，则 $\boldsymbol{a}\cdot\boldsymbol{b}+\boldsymbol{b}\cdot\boldsymbol{c}+\boldsymbol{c}\cdot\boldsymbol{a}=$ _____.

1题精解视频

知识点睛　0402 向量的数量积

解　利用数量积的运算规律和单位向量的概念求解.

$0=(\boldsymbol{a}+\boldsymbol{b}+\boldsymbol{c})\cdot(\boldsymbol{a}+\boldsymbol{b}+\boldsymbol{c})=\boldsymbol{a}\cdot\boldsymbol{a}+\boldsymbol{b}\cdot\boldsymbol{b}+\boldsymbol{c}\cdot\boldsymbol{c}+2(\boldsymbol{a}\cdot\boldsymbol{b}+\boldsymbol{b}\cdot\boldsymbol{c}+\boldsymbol{c}\cdot\boldsymbol{a})$
$=3+2(\boldsymbol{a}\cdot\boldsymbol{b}+\boldsymbol{b}\cdot\boldsymbol{c}+\boldsymbol{c}\cdot\boldsymbol{a})$，

于是，$\boldsymbol{a}\cdot\boldsymbol{b}+\boldsymbol{b}\cdot\boldsymbol{c}+\boldsymbol{c}\cdot\boldsymbol{a}=-\dfrac{3}{2}$.应填 $-\dfrac{3}{2}$.

2　已知 $|\boldsymbol{a}|=\sqrt{13}$，$|\boldsymbol{b}|=\sqrt{5}$，$|\boldsymbol{c}|=\sqrt{10}$ 及 $\boldsymbol{a}+\boldsymbol{b}+\boldsymbol{c}=3\boldsymbol{i}+\boldsymbol{j}-2\boldsymbol{k}$，则
$$\boldsymbol{a}\cdot\boldsymbol{b}+\boldsymbol{b}\cdot\boldsymbol{c}+\boldsymbol{c}\cdot\boldsymbol{a}=\underline{\qquad}.$$

知识点睛　0402 向量的数量积

解　由 $\boldsymbol{a}+\boldsymbol{b}+\boldsymbol{c}=\{3,1,-2\}$ 知 $|\boldsymbol{a}+\boldsymbol{b}+\boldsymbol{c}|^2=(\boldsymbol{a}+\boldsymbol{b}+\boldsymbol{c})^2=14$，另一方面，
$(\boldsymbol{a}+\boldsymbol{b}+\boldsymbol{c})^2=(\boldsymbol{a}+\boldsymbol{b}+\boldsymbol{c})\cdot(\boldsymbol{a}+\boldsymbol{b}+\boldsymbol{c})=|\boldsymbol{a}|^2+|\boldsymbol{b}|^2+|\boldsymbol{c}|^2+2(\boldsymbol{a}\cdot\boldsymbol{b}+\boldsymbol{b}\cdot\boldsymbol{c}+\boldsymbol{c}\cdot\boldsymbol{a})$
$=28+2(\boldsymbol{a}\cdot\boldsymbol{b}+\boldsymbol{b}\cdot\boldsymbol{c}+\boldsymbol{c}\cdot\boldsymbol{a})$，

所以 $\boldsymbol{a}\cdot\boldsymbol{b}+\boldsymbol{b}\cdot\boldsymbol{c}+\boldsymbol{c}\cdot\boldsymbol{a}=\dfrac{1}{2}(14-28)=-7$.应填 -7.

3　设向量 $\boldsymbol{x}$ 与向量 $\boldsymbol{a}=2\boldsymbol{i}-\boldsymbol{j}+3\boldsymbol{k}$ 平行，且满足方程 $\boldsymbol{a}\cdot\boldsymbol{x}=7$，则向量 $\boldsymbol{x}=$ _____.

知识点睛　0403 两向量平行的条件

解　设 $\boldsymbol{x}=\{x_1,x_2,x_3\}$，由 $\boldsymbol{x}/\!/\boldsymbol{a}$ 得 $\dfrac{x_1}{2}=\dfrac{x_2}{-1}=\dfrac{x_3}{3}$，由 $\boldsymbol{a}\cdot\boldsymbol{x}=7$，得 $2x_1-x_2+3x_3=7$，解得
$$x_1=1,\ x_2=-\dfrac{1}{2},\ x_3=\dfrac{3}{2}.$$

所以 $\boldsymbol{x}=\boldsymbol{i}-\dfrac{1}{2}\boldsymbol{j}+\dfrac{3}{2}\boldsymbol{k}$.应填 $\boldsymbol{i}-\dfrac{1}{2}\boldsymbol{j}+\dfrac{3}{2}\boldsymbol{k}$.

4　设向量 $\boldsymbol{a}=\{1,-1,1\}$，$\boldsymbol{b}=\{3,-4,5\}$，$\boldsymbol{x}=\boldsymbol{a}+\lambda\boldsymbol{b}$，$\lambda$ 为实数，试证：使模 $|\boldsymbol{x}|$ 最小的向量 $\boldsymbol{x}$ 垂直于向量 $\boldsymbol{b}$.

知识点睛　0402 向量的数量积，0403 两向量垂直

解　$|\boldsymbol{x}|^2=(\boldsymbol{a}+\lambda\boldsymbol{b})\cdot(\boldsymbol{a}+\lambda\boldsymbol{b})=|\boldsymbol{a}|^2+\lambda^2|\boldsymbol{b}|^2+2\lambda\boldsymbol{a}\cdot\boldsymbol{b}=3+24\lambda+50\lambda^2$.

$\lambda=-\dfrac{6}{25}$ 时，$|\boldsymbol{x}|$ 最小.此时，$\boldsymbol{x}_0=\boldsymbol{a}-\dfrac{6}{25}\boldsymbol{b}=\left\{\dfrac{7}{25},-\dfrac{1}{25},-\dfrac{5}{25}\right\}$.

因为 $\boldsymbol{x}_0 \cdot \boldsymbol{b} = \dfrac{7}{25} \cdot 3 + \dfrac{1}{25} \cdot 4 - \dfrac{5}{25} \cdot 5 = 0$,所以 $\boldsymbol{x}_0 \perp \boldsymbol{b}$.

5 设 $\boldsymbol{a}, \boldsymbol{b}, \boldsymbol{c}$ 均为非零向量,其中任意两个向量不共线,但 $\boldsymbol{a} + \boldsymbol{b}$ 与 $\boldsymbol{c}$ 共线,$\boldsymbol{b} + \boldsymbol{c}$ 与 $\boldsymbol{a}$ 共线,试证:$\boldsymbol{a} + \boldsymbol{b} + \boldsymbol{c} = \boldsymbol{0}$.

知识点睛 0403 两向量共线的条件

证 因为 $\boldsymbol{a} + \boldsymbol{b}$ 与 $\boldsymbol{c}$ 共线,$\boldsymbol{b} + \boldsymbol{c}$ 与 $\boldsymbol{a}$ 共线,所以 $\boldsymbol{a} + \boldsymbol{b} = \lambda \boldsymbol{c}$,$\boldsymbol{b} + \boldsymbol{c} = \mu \boldsymbol{a}$,两式相减,得
$$\boldsymbol{a} - \boldsymbol{c} = \lambda \boldsymbol{c} - \mu \boldsymbol{a} \quad 即 \quad (1 + \mu)\boldsymbol{a} = (1 + \lambda)\boldsymbol{c}.$$
因为 $\boldsymbol{a}, \boldsymbol{c}$ 均为非零向量,且不共线,所以只有 $\mu = -1$,$\lambda = -1$.代入即得 $\boldsymbol{a} + \boldsymbol{b} + \boldsymbol{c} = \boldsymbol{0}$.

6 设有一力 $\boldsymbol{F} = \boldsymbol{i} - 2\boldsymbol{j} + 2\boldsymbol{k}$,求 $\boldsymbol{F}$ 在 $\boldsymbol{a} = \boldsymbol{i} + \boldsymbol{j} + \boldsymbol{k}$ 方向上的分力.

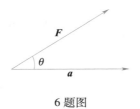

6 题图

知识点睛 0403 向量的数量积

分析 容易误认为 $\boldsymbol{F}$ 在 $\boldsymbol{a}$ 方向的分力为 $F\cos(\widehat{\boldsymbol{F}, \boldsymbol{a}})$,其实这并不是 $\boldsymbol{F}$ 在 $\boldsymbol{a}$ 方向的分力,因为 $F\cos\theta$(6 题图)的方向平行 $\boldsymbol{F}$ 的方向,不在 $\boldsymbol{a}$ 的方向上.

解 $\operatorname{Prj}_{\boldsymbol{a}}\boldsymbol{F} = \dfrac{\boldsymbol{F} \cdot \boldsymbol{a}}{|\boldsymbol{a}|} = \dfrac{1 - 2 + 2}{\sqrt{3}} = \dfrac{1}{\sqrt{3}}$.设 $\boldsymbol{a}^0$ 为 $\boldsymbol{a}$ 方向上的单位向量,有
$$\boldsymbol{a}^0 = \dfrac{\boldsymbol{a}}{|\boldsymbol{a}|} = \dfrac{1}{\sqrt{3}}(\boldsymbol{i} + \boldsymbol{j} + \boldsymbol{k}),$$
则 $\boldsymbol{F}$ 在 $\boldsymbol{a}$ 方向的分力为
$$(\operatorname{Prj}_{\boldsymbol{a}}\boldsymbol{F})\boldsymbol{a}^0 = \dfrac{1}{\sqrt{3}}\dfrac{\boldsymbol{i} + \boldsymbol{j} + \boldsymbol{k}}{\sqrt{3}} = \dfrac{1}{3}(\boldsymbol{i} + \boldsymbol{j} + \boldsymbol{k}).$$

7 设 $\boldsymbol{a} = \boldsymbol{i} + \boldsymbol{j}$,$\boldsymbol{b} = \boldsymbol{j} + \boldsymbol{k}$,且三向量 $\boldsymbol{a}$、$\boldsymbol{b}$ 和 $\boldsymbol{c}$ 长度相等,两两的夹角相等,求 $\boldsymbol{c}$.

知识点睛 0403 两向量的夹角

分析 向量 $\boldsymbol{c}$ 的模容易计算,但其方向却难以确定;因此,我们改用计算坐标的办法来确定向量 $\boldsymbol{c}$.

解 设 $\boldsymbol{c} = \{x, y, z\}$,由题意有
$$x^2 + y^2 + z^2 = 2, \tag{①}$$
$$\dfrac{x + y}{\sqrt{2}\sqrt{x^2 + y^2 + z^2}} = \dfrac{1}{2}, \tag{②}$$
$$\dfrac{y + z}{\sqrt{2}\sqrt{x^2 + y^2 + z^2}} = \dfrac{1}{2}. \tag{③}$$
将①式代入②、③式,得 $\begin{cases} x + y = 1, \\ y + z = 1. \end{cases}$ 再与①式联立,解得

$$\begin{cases} x=1, \\ y=0, \\ z=1 \end{cases} \quad \text{和} \quad \begin{cases} x=-\dfrac{1}{3}, \\ y=\dfrac{4}{3}, \\ z=-\dfrac{1}{3}, \end{cases}$$

于是 $c=\{1,0,1\}$ 或 $\left\{-\dfrac{1}{3},\dfrac{4}{3},-\dfrac{1}{3}\right\}$.

8 设 $(a\times b)\cdot c=2$,则 $[(a+b)\times(b+c)]\cdot(c+a)=$＿＿＿＿＿.

K 1995 数学一, 3 分

知识点睛 0402 向量的混合积

解 原式 $=(a\times b+a\times c+b\times c)\cdot(c+a)$

$=(a\times b)\cdot c+(a\times c)\cdot c+(b\times c)\cdot c+(a\times b)\cdot a+(a\times c)\cdot a+(b\times c)\cdot a$

$=(a\times b)\cdot c+(b\times c)\cdot a=2(a\times b)\cdot c=4.$

应填 4.

【评注】本题综合考查向量的数量积、向量积及混合积的定义,直接利用其运算性质可得结果.有关混合积的性质为

$$(a\times b)\cdot c=(c\times a)\cdot b=(b\times c)\cdot a,$$

其中混合积中的三个向量若有两个向量是重合或平行时,则其混合积为零.

9 已知 $|a|=6,|b|=3,|c|=3,(\widehat{a,b})=\dfrac{\pi}{6},c\perp a,c\perp b$,求 $[a,b,c]$.

知识点睛 0402 向量的混合积

分析 由混合积的定义,

$$[a,b,c]=(a\times b)\cdot c=|a\times b|\cdot|c|\cdot\cos(\widehat{a\times b,c}),$$

故应先求 $|a\times b|$ 及 $\cos(\widehat{a\times b,c})$.

解 由题有,$|a\times b|=|a|\cdot|b|\cdot\sin(\widehat{a,b})=6\times3\times\sin\dfrac{\pi}{6}=9$,又因为 $c\perp a,c\perp b$,所以 $c/\!/(a\times b)$.故 c 与 $(a\times b)$ 的夹角 $\theta=0$ 或 π.因此,

$$[a,b,c]=(a\times b)\cdot c=|a\times b|\cdot|c|\cdot\cos\theta=\pm27.$$

10 以向量 $a=m+2n$ 和 $b=m-3n$ 为边的三角形的面积为＿＿＿＿＿,其中 $|m|=5,|n|=3,(\widehat{m,n})=\dfrac{\pi}{6}$.

知识点睛 0402 向量的向量积

解 设三角形面积为 A,则 $A=\dfrac{1}{2}|a\times b|$,而

$$a\times b=(m+2n)\times(m-3n)=m\times m-3m\times n+2n\times m-6n\times n=0+3n\times m+2n\times m-0=5n\times m,$$

因此 $A=\dfrac{1}{2}|a\times b|=\dfrac{5}{2}|n\times m|=\dfrac{5}{2}|n|\cdot|m|\sin(\widehat{n,m})=\dfrac{75}{4}$.应填 $\dfrac{75}{4}$.

11 已知向量 $\overrightarrow{OA}=a,\overrightarrow{OB}=b,\angle ODA=\dfrac{\pi}{2}$.如 11 题图所示.

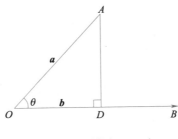

11 题图

(1) 求证: $\triangle ODA$ 的面积等于 $\dfrac{|\boldsymbol{a}\cdot\boldsymbol{b}|\cdot|\boldsymbol{a}\times\boldsymbol{b}|}{2|\boldsymbol{b}|^2}$;

(2) 当 $\boldsymbol{a},\boldsymbol{b}$ 的夹角 θ 为何值时, $\triangle ODA$ 的面积最大?

知识点睛　0402 向量的数量积与向量积

证　(1) 设 $\triangle ODA$ 的面积为 S, 则

$$S=\frac{1}{2}OD\cdot AD=\frac{1}{2}|\boldsymbol{a}|\cos\theta\cdot|\boldsymbol{a}|\sin\theta=\frac{1}{4}|\boldsymbol{a}|^2\sin 2\theta.$$

由于

$$\frac{|\boldsymbol{a}\cdot\boldsymbol{b}|\cdot|\boldsymbol{a}\times\boldsymbol{b}|}{2|\boldsymbol{b}|^2}=\frac{|\boldsymbol{a}|^2|\boldsymbol{b}|^2\sin\theta\cos\theta}{2|\boldsymbol{b}|^2}=\frac{1}{4}|\boldsymbol{a}|^2\sin 2\theta,$$

故 $S=\dfrac{|\boldsymbol{a}\cdot\boldsymbol{b}|\cdot|\boldsymbol{a}\times\boldsymbol{b}|}{2|\boldsymbol{b}|^2}$.

(2) 由 $S=\dfrac{1}{4}|\boldsymbol{a}|^2\sin 2\theta,\dfrac{\mathrm{d}S}{\mathrm{d}\theta}=\dfrac{1}{2}|\boldsymbol{a}|^2\cos 2\theta$, 令 $\dfrac{\mathrm{d}S}{\mathrm{d}\theta}=0$, 可得 $\theta=\dfrac{\pi}{4}$ 是 $\left[0,\dfrac{\pi}{2}\right]$ 内唯一驻点, 又

$$\frac{\mathrm{d}^2S}{\mathrm{d}\theta^2}\bigg|_{\theta=\frac{\pi}{4}}=-|\boldsymbol{a}|^2\sin 2\theta\bigg|_{\theta=\frac{\pi}{4}}=-|\boldsymbol{a}|^2<0,$$

故当 $\theta=\dfrac{\pi}{4}$ 时, $\triangle ODA$ 的面积 $S=\dfrac{1}{4}|\boldsymbol{a}|^2$ 最大.

12　已知 $\boldsymbol{a}=\{3,-2,1\},\boldsymbol{b}=\{2,1,2\},\boldsymbol{c}=\{3,-1,2\}$, 判断向量 $\boldsymbol{a},\boldsymbol{b},\boldsymbol{c}$ 是否共面.

知识点睛　0404 三向量共面的充要条件

解　三个向量 $\boldsymbol{a},\boldsymbol{b},\boldsymbol{c}$ 共面的充要条件是 $(\boldsymbol{a}\times\boldsymbol{b})\cdot\boldsymbol{c}=0$, 而

$$(\boldsymbol{a}\times\boldsymbol{b})\cdot\boldsymbol{c}=\begin{vmatrix}3&-2&1\\2&1&2\\3&-1&2\end{vmatrix}=3\neq 0,$$

12 题精解视频

所以 $\boldsymbol{a},\boldsymbol{b},\boldsymbol{c}$ 不共面.

13　A,B,C,D 为平面的 4 个定点, AB 与 CD 的中点分别为 $E,F,|EF|=a(a$ 为正常数), P 为平面的任一点, 则 $(\overrightarrow{PA}+\overrightarrow{PB})\cdot(\overrightarrow{PC}+\overrightarrow{PD})$ 的最小值为_____.

知识点睛　0402 向量的数量积

解　如 13 题图所示, 在点 E,F,P 所在平面上建立直角坐标系, EF 的中点为坐标

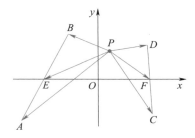

13 题图

原点,$\overrightarrow{EF}$ 方向为 x 轴,则 E,F 的坐标为 $E\left(-\dfrac{a}{2},0\right),F\left(\dfrac{a}{2},0\right)$. 设点 P 的坐标为 (x,y),因

为 $\overrightarrow{PA}+\overrightarrow{PB}=2\,\overrightarrow{PE},\overrightarrow{PC}+\overrightarrow{PD}=2\,\overrightarrow{PF}$,而 $\overrightarrow{PE}=\left\{-\dfrac{a}{2}-x,-y\right\},\overrightarrow{PF}=\left\{\dfrac{a}{2}-x,-y\right\}$,所以

$$(\overrightarrow{PA}+\overrightarrow{PB})\cdot(\overrightarrow{PC}+\overrightarrow{PD})=4\,\overrightarrow{PE}\cdot\overrightarrow{PF}=4\left[\left(-\dfrac{a}{2}-x\right)\left(\dfrac{a}{2}-x\right)+y^2\right]=4(x^2+y^2)-a^2.$$

由此可得,当 $x=y=0$ 时,原式取最小值 $-a^2$. 应填 $-a^2$.

14 设 $\boldsymbol{\alpha}$ 与 $\boldsymbol{\beta}$ 均为单位向量,其夹角为 $\dfrac{\pi}{6}$,则以 $\boldsymbol{\alpha}+2\boldsymbol{\beta}$ 与 $3\boldsymbol{\alpha}+\boldsymbol{\beta}$ 为邻边的平行四

边形的面积为_____.

知识点睛 0402 向量的向量积

解 平行四边形的面积

$$S=|(\boldsymbol{\alpha}+2\boldsymbol{\beta})\times(3\boldsymbol{\alpha}+\boldsymbol{\beta})|=|\boldsymbol{\alpha}\times\boldsymbol{\beta}+6\boldsymbol{\beta}\times\boldsymbol{\alpha}|=|\boldsymbol{\alpha}\times\boldsymbol{\beta}-6\boldsymbol{\alpha}\times\boldsymbol{\beta}|$$

$$=|-5\boldsymbol{\alpha}\times\boldsymbol{\beta}|=5|\boldsymbol{\alpha}\times\boldsymbol{\beta}|=5|\boldsymbol{\alpha}||\boldsymbol{\beta}|\sin\langle\boldsymbol{\alpha},\boldsymbol{\beta}\rangle=\dfrac{5}{2}.$$

应填 $\dfrac{5}{2}$.

15 已知正方体 $ABCD\text{-}A_1B_1C_1D_1$ 的边长为 2,E 为 D_1C_1 的中点,F 为侧面正方形 BCC_1B_1 的中心点.

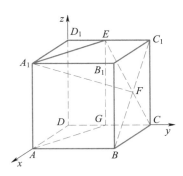

15 题图

(1)试求过点 A_1,E,F 的平面与底面 $ABCD$ 所成的二面角的值;

(2)试求过点 A_1,E,F 的平面截正方体所得到的截面的面积.

知识点睛　0402 向量的数量积

解　(1)建立如 15 题图所示的坐标系,则 $A_1(2,0,2)$,$E(0,1,2)$,$F(1,2,1)$,$\overrightarrow{A_1F}=\{-1,2,-1\}$,$\overrightarrow{EF}=\{1,1,-1\}$,$\boldsymbol{n}=\overrightarrow{EF}\times\overrightarrow{A_1F}=\{1,2,3\}$,底面 $ABCD$ 的法向量为 $\boldsymbol{k}=\{0,0,1\}$,所求的二面角 θ 为

$$\theta=\arccos\frac{\boldsymbol{k}\cdot\boldsymbol{n}}{|\boldsymbol{k}|\cdot|\boldsymbol{n}|}=\arccos\frac{3}{\sqrt{14}}.$$

(2)设 CD 的中点为 G,则四边形 $ABCG$ 的面积为 $S_1=3$,则所求截面的面积为

$$S=\frac{S_1}{\cos\theta}=\sqrt{14}.$$

16　设一向量与三个坐标平面的夹角分别是 θ,φ,ψ.证明:

$$\cos^2\theta+\cos^2\varphi+\cos^2\psi=2.$$

知识点睛　0405 向量的坐标表示、方向余弦

证　设 $\boldsymbol{a}=\{a_x,a_y,a_z\}$,$\theta,\varphi,\psi$ 分别为 $\boldsymbol{a}$ 与 xOy 面,yOz 面,zOx 面的夹角,则

$$\cos\theta=\frac{\sqrt{a_x^2+a_y^2}}{\sqrt{a_x^2+a_y^2+a_z^2}},\quad\cos\varphi=\frac{\sqrt{a_y^2+a_z^2}}{\sqrt{a_x^2+a_y^2+a_z^2}},\quad\cos\psi=\frac{\sqrt{a_x^2+a_z^2}}{\sqrt{a_x^2+a_y^2+a_z^2}}.$$

所以

$$\cos^2\theta+\cos^2\varphi+\cos^2\psi=\frac{2(a_x^2+a_y^2+a_z^2)}{a_x^2+a_y^2+a_z^2}=2.$$

17　已知 $\boldsymbol{a}=\{2,-3,1\}$,$\boldsymbol{b}=\{1,-2,3\}$,求与 $\boldsymbol{a},\boldsymbol{b}$ 都垂直且分别满足下列条件的向量 $\boldsymbol{c}$.

(1) $\boldsymbol{c}$ 为单位向量;(2) $\boldsymbol{c}\cdot\boldsymbol{d}=10$,其中 $\boldsymbol{d}=\{2,1,-7\}$.

知识点睛　0402 向量的向量积与数量积,0405 单位向量

解　因为 $\boldsymbol{a}\times\boldsymbol{b}=\left\{\begin{vmatrix}-3&1\\-2&3\end{vmatrix},\begin{vmatrix}1&2\\3&1\end{vmatrix},\begin{vmatrix}2&-3\\1&-2\end{vmatrix}\right\}=\{-7,-5,-1\}$,故可设 $\boldsymbol{c}=k\{7,5,1\}$.

(1)由 $\boldsymbol{c}$ 为单位向量易知 $\boldsymbol{c}=\pm\dfrac{1}{5\sqrt{3}}\{7,5,1\}$.

(2) $\boldsymbol{c}\cdot\boldsymbol{d}=k\cdot(14+5-7)=10\Rightarrow k=\dfrac{5}{6}$,故 $\boldsymbol{c}=\left\{\dfrac{35}{6},\dfrac{25}{6},\dfrac{5}{6}\right\}$.

18　已知两点 $A(4,0,5)$ 和 $B(7,1,3)$,求与 $\overrightarrow{AB}$ 同方向的单位向量 $\boldsymbol{e}$.

知识点睛　0405 单位向量

解　$\overrightarrow{AB}=\{3,1,-2\}$,与 $\overrightarrow{AB}$ 同方向的单位向量 $\boldsymbol{e}=\dfrac{\overrightarrow{AB}}{|\overrightarrow{AB}|}=\left\{\dfrac{3}{\sqrt{14}},\dfrac{1}{\sqrt{14}},-\dfrac{2}{\sqrt{14}}\right\}$.

19　在空间直角坐标系中,设向量 $\boldsymbol{a}=\{3,0,2\}$,$\boldsymbol{b}=\{-1,1,-1\}$,求同时垂直于向量 $\boldsymbol{a}$ 与 $\boldsymbol{b}$ 的单位向量.

知识点睛　0405 单位向量

解　根据向量积的定义,同时垂直于向量 $\boldsymbol{a}$ 与 $\boldsymbol{b}$ 的向量 $\boldsymbol{c}=\begin{vmatrix}\boldsymbol{i}&\boldsymbol{j}&\boldsymbol{k}\\3&0&2\\-1&1&-1\end{vmatrix}=-2\boldsymbol{i}+$

$j+3k$. 与 c 平行的单位向量 e 有两个,即 $e=\pm\dfrac{c}{|c|}=\pm\left\{\dfrac{-2}{\sqrt{14}},\dfrac{1}{\sqrt{14}},\dfrac{3}{\sqrt{14}}\right\}$.

20 设向量 $\boldsymbol a=\{1,-2,-1\}$, $\boldsymbol b=\{2,0,1\}$,求 $\boldsymbol a\times\boldsymbol b$.

知识点睛 0402 向量的向量积

解 $\boldsymbol a\times\boldsymbol b=\begin{vmatrix} \boldsymbol i & \boldsymbol j & \boldsymbol k \\ 1 & -2 & -1 \\ 2 & 0 & 1 \end{vmatrix}=-2\boldsymbol i-3\boldsymbol j+4\boldsymbol k$.

21 在空间直角坐标系中,有 $A(4,-1,2),B(1,2,-2),C(2,0,1)$ 3 个点,求 $\triangle ABC$ 的面积.

知识点睛 0402 向量的向量积

解 $\overrightarrow{AB}=\{-3,3,-4\}$, $\overrightarrow{AC}=\{-2,1,-1\}$,根据向量积模的几何意义,$S_{\triangle ABC}=\dfrac{|\overrightarrow{AB}\times\overrightarrow{AC}|}{2}$,而

$$\overrightarrow{AB}\times\overrightarrow{AC}=\begin{vmatrix} \boldsymbol i & \boldsymbol j & \boldsymbol k \\ -3 & 3 & -4 \\ -2 & 1 & -1 \end{vmatrix}=\boldsymbol i+5\boldsymbol j+3\boldsymbol k,$$

进而 $|\overrightarrow{AB}\times\overrightarrow{AC}|=\sqrt{35}$,故 $S_{\triangle ABC}=\dfrac{|\overrightarrow{AB}\times\overrightarrow{AC}|}{2}=\dfrac{\sqrt{35}}{2}$.

22 已知三点 $M(1,1,1),A(2,2,1),B(2,1,2)$,求 $\angle AMB$.

知识点睛 0403 两向量的夹角

解 $\overrightarrow{MA}=\{1,1,0\}$, $\overrightarrow{MB}=\{1,0,1\}$, $\overrightarrow{MA}\cdot\overrightarrow{MB}=1\times1+1\times0+0\times1=1$, $|\overrightarrow{MA}|=\sqrt{2}$, $|\overrightarrow{MB}|=\sqrt{2}$,代入两向量夹角余弦的表达式,得 $\cos\angle AMB=\dfrac{\overrightarrow{MA}\cdot\overrightarrow{MB}}{|\overrightarrow{MA}||\overrightarrow{MB}|}=\dfrac{1}{2}$,由此得 $\angle AMB=\dfrac{\pi}{3}$.

23 已知两点 $A(4,\sqrt{2},1),B(3,0,2)$,求向量 $\overrightarrow{AB}$ 的坐标、模、方向余弦和方向角.

知识点睛 0405 方向余弦,向量的坐标表示

解 $\overrightarrow{AB}=\{-1,-\sqrt{2},1\}$, $|\overrightarrow{AB}|=2$,从而可得 $\cos\alpha=-\dfrac{1}{2}$, $\cos\beta=-\dfrac{\sqrt{2}}{2}$, $\cos\gamma=\dfrac{1}{2}$,进而得到 $\alpha=\dfrac{2\pi}{3},\beta=\dfrac{3\pi}{4},\gamma=\dfrac{\pi}{3}$.

24 在 y 轴上求与点 $A(1,-4,7)$ 和 $B(5,6,5)$ 等距离的点 M.

知识点睛 两点间的距离公式

解 设点 M 的坐标为 $(0,y,0)$,由于 $|\overrightarrow{MA}|=|\overrightarrow{MB}|$,根据两点间的距离公式,有

$$\sqrt{1^2+(-4-y)^2+7^2}=\sqrt{5^2+(6-y)^2+5^2},$$

解得 $y=1$,从而点 M 的坐标为 $(0,1,0)$.

24 题精解视频

§4.2　空间平面方程和空间直线方程

25　一平面通过两点 $M_0(1,1,1)$ 和 $M_1(0,1,-1)$,且垂直于平面 $x+y+z=0$,求该平面方程.

知识点睛　0406 平面及其方程

解　根据题意知,该平面垂直于平面 $x+y+z=0$,故法向量 $\boldsymbol{n}$ 与平面 $x+y+z=0$ 的法向量 $\boldsymbol{n}_1=\{1,1,1\}$ 垂直,又因为该平面通过点 $M_0(1,1,1)$ 和 $M_1(0,1,-1)$,故法向量 $\boldsymbol{n}$ 与 $\overrightarrow{M_0M_1}=\{-1,0,-2\}$ 也垂直,所以可取法向量 $\boldsymbol{n}=\boldsymbol{n}_1\times\overrightarrow{M_0M_1}=\begin{vmatrix} \boldsymbol{i} & \boldsymbol{j} & \boldsymbol{k} \\ 1 & 1 & 1 \\ -1 & 0 & -2 \end{vmatrix}=-2\boldsymbol{i}+\boldsymbol{j}+\boldsymbol{k}.$

根据平面的点法式方程,得所求平面的方程为
$$-2(x-1)+(y-1)+(z-1)=0,\quad 即\quad -2x+y+z=0.$$

26　求过点 $(3,1,-2)$ 且通过直线 $\dfrac{x-4}{5}=\dfrac{y+3}{2}=\dfrac{z}{1}$ 的平面方程.

知识点睛　0406 平面及其方程

解　根据题意可知,该平面的法向量 $\boldsymbol{n}$ 与直线的方向向量 $\{5,2,1\}$ 垂直.又因为该平面经过点 $(3,1,-2)$ 和点 $(4,-3,0)$,故该平面的法向量 $\boldsymbol{n}$ 与向量 $\{1,-4,2\}$ 垂直,平面的法向量可取为 $\boldsymbol{s}=\begin{vmatrix} \boldsymbol{i} & \boldsymbol{j} & \boldsymbol{k} \\ 5 & 2 & 1 \\ 1 & -4 & 2 \end{vmatrix}=8\boldsymbol{i}-9\boldsymbol{j}-22\boldsymbol{k}.$

因此,所求平面方程为
$$8(x-3)-9(y-1)-22(z+2)=0,\quad 即\quad 8x-9y-22z-59=0.$$

27　求过直线 $\begin{cases} 3x-2y+2=0, \\ x-2y-z+6=0 \end{cases}$ 且与点 $(1,2,1)$ 的距离为 1 的平面方程.

知识点睛　0406 平面及其方程

27 题精解视频

解　设过直线 $\begin{cases} 3x-2y+2=0, \\ x-2y-z+6=0 \end{cases}$ 的平面束方程为 $3x-2y+2+\lambda(x-2y-z+6)=0$,即
$$(3+\lambda)x-(2+2\lambda)y-\lambda z+2+6\lambda=0. \qquad ①$$
因为点 $(1,2,1)$ 到该平面的距离为 1,所以根据点到平面的距离公式,有
$$d=\frac{|2\lambda+1|}{\sqrt{(3+\lambda)^2+(2+2\lambda)^2+\lambda^2}}=1,$$
解得 $\lambda=-3$ 或 $\lambda=-2$,将其代入①式,可得该平面的方程为
$$x+2y+2z-10=0,\quad 或\quad 4y+3z-16=0.$$

28　求与平面 $6x+3y+2z+12=0$ 平行,且点 $(0,2,-1)$ 与这两平面的距离相等的平面方程.

知识点睛　0406 平面及其方程

分析　由于所求平面与已知平面平行,故可令已知平面的法向量 $\{6,3,2\}$ 作为所

求平面的法向量.于是,设所求方程为一般式 $6x+3y+2z+D=0$,再根据点到这两个平面的距离相等,可求出 D,即可求出所求平面方程.

解 因为平面 $6x+3y+2z+12=0$ 的法向量为 $\{6,3,2\}$.由题意,所求平面方程可设为
$$6x+3y+2z+D=0.$$

又点 $(0,2,-1)$ 到这两个平面的距离相等,即
$$\frac{|0\times6+2\times3-1\times2+D|}{\sqrt{6^2+3^2+2^2}}=\frac{|0\times6+2\times3-1\times2+12|}{\sqrt{6^2+3^2+2^2}},$$

即 $|4+D|=16$,所以 $D=12$ 或 -20.

从而,所求平面的方程为:
$$6x+3y+2z+12=0(\text{与已知平面重合}) \quad \text{或} \quad 6x+3y+2z-20=0.$$

29 一平面过 z 轴,且与平面 $2x+y-\sqrt{5}z=0$ 的夹角为 $\frac{\pi}{3}$,求此平面方程.

知识点睛 0406 平面及其方程

解 因所求平面过 z 轴,所以设所求平面方程为 $Ax+By=0$,记 $\boldsymbol{n}=\{A,B,0\}$,$\boldsymbol{n}_1=\{2,1,-\sqrt{5}\}$,由题意有
$$\cos\frac{\pi}{3}=\frac{|\boldsymbol{n}\cdot\boldsymbol{n}_1|}{|\boldsymbol{n}||\boldsymbol{n}_1|}, \quad \text{即} \quad \frac{1}{2}=\frac{|2A+B|}{\sqrt{A^2+B^2}\cdot\sqrt{4+1+5}},$$

经整理,得
$$3A^2+8AB-3B^2=0,(3A-B)(A+3B)=0,$$

故 $A=\frac{B}{3}$ 或 $A=-3B$.即所求平面方程的法向量为
$$\boldsymbol{n}=\left\{\frac{1}{3},1,0\right\} \quad \text{或} \quad \boldsymbol{n}=\{-3,1,0\},$$

故所求平面方程为 $x+3y=0$ 或 $-3x+y=0$.

30 求两个平行平面 $x-y+3z+1=0$ 与 $x-y+3z-5=0$ 间的距离.

知识点睛 平行平面之间的距离

解 根据两平行平面间的距离公式,得
$$d=\frac{|-5-1|}{\sqrt{1^2+(-1)^2+3^2}}=\frac{6\sqrt{11}}{11}.$$

【评注】两平行平面 $\pi_1:Ax+By+Cz+D_1=0$ 与 $\pi_2:Ax+By+Cz+D_2=0$ 之间的距离为
$$d=\frac{|D_1-D_2|}{\sqrt{A^2+B^2+C^2}}.$$

31 点 $(2,1,0)$ 到平面 $3x+4y+5z=0$ 的距离 $d=$ _____.

⊠ 2006 数学一,4 分

知识点睛 0410 点到平面的距离

解 $d=\frac{|2\times3+1\times4+0\times5|}{\sqrt{3^2+4^2+5^2}}=\frac{10}{5\sqrt{2}}=\sqrt{2}.$

故应填 $\sqrt{2}$.

32   求点 $P(3,-1,2)$ 到直线 $L:\begin{cases}x+y-z+1=0,\\2x-y+z-4=0\end{cases}$ 的距离.

知识点睛   0410,点到直线的距离

解   直线 L 的对称式方程为 $\dfrac{x-1}{0}=\dfrac{y+2}{1}=\dfrac{z-0}{1}$,过点 P 且垂直于直线 L 的平面 π 的方程为

$$0\cdot(x-3)+1\cdot(y+1)+1\cdot(z-2)=0,即\ y+z-1=0.$$

把直线 L 的参数方程

$$\begin{cases}x=1,\\y=-2+t,\\z=t\end{cases}$$

代入平面 π 方程,求直线 L 与平面 π 的交点

$$-2+t+t-1=0\Rightarrow t=\frac{3}{2},$$

交点为 $M\left(1,-\dfrac{1}{2},\dfrac{3}{2}\right)$.于是,所求距离

$$d=|\overrightarrow{PM}|=\sqrt{(1-3)^2+\left(-\frac{1}{2}+1\right)^2+\left(\frac{3}{2}-2\right)^2}=\frac{3}{2}\sqrt{2}.$$

33   求点 $P(1,2,-1)$ 到直线 $L:\dfrac{x-1}{2}=\dfrac{y+1}{-1}=\dfrac{z-2}{3}$ 的距离.

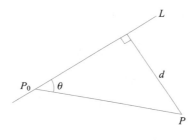

33 题图

知识点睛   0410,点到直线的距离

解法 1   过点 $P(1,2,-1)$ 且垂直于直线 L 的平面的方程为

$$2(x-1)-(y-2)+3(z+1)=0,\quad 即\quad 2x-y+3z+3=0.$$

该平面与直线 L 相交于点 $Q\left(-\dfrac{5}{7},-\dfrac{1}{7},-\dfrac{4}{7}\right)$,所以,所求的距离

$$d=|\overrightarrow{PQ}|=\sqrt{\left(1+\frac{5}{7}\right)^2+\left(2+\frac{1}{7}\right)^2+\left(\frac{4}{7}-1\right)^2}=\frac{3}{7}\sqrt{42}.$$

解法 2   直线 L 的方向向量是 $\boldsymbol{s}=\{2,-1,3\}$,而点 $P_0\{1,-1,2\}$ 在直线 L 上,所以,点 $P(1,2,-1)$ 到直线 L 的距离为

$$d=|\overrightarrow{PP_0}|\sin\ (\widehat{\overrightarrow{PP_0},\boldsymbol{s}})=\frac{|\overrightarrow{PP_0}\times\boldsymbol{s}|}{|\boldsymbol{s}|}.$$

如 33 题图所示,而

$$\overrightarrow{PP_0} \times s = \begin{vmatrix} i & j & k \\ 0 & -3 & 3 \\ 2 & -1 & 3 \end{vmatrix} = \{-6,6,6\},$$

因此

$$d = \frac{1}{\sqrt{14}} \sqrt{(-6)^2 + 6^2 + 6^2} = \sqrt{\frac{108}{14}} = \frac{3}{7}\sqrt{42}.$$

34　求与平面 $x-4z=3$ 和 $2x-y-5z=1$ 的交线平行且过点 $(-3,2,5)$ 的直线方程.

知识点睛　0407 空间直线及其方程

解　因为所求直线与两平面的交线平行,也就是直线的方向向量 s 一定同时与两平面的法向量 n_1 和 n_2 垂直,所以可以取 $s = n_1 \times n_2 = \begin{vmatrix} i & j & k \\ 1 & 0 & -4 \\ 2 & -1 & -5 \end{vmatrix} = -4i - 3j - k$,因此,所求直线方程为 $\dfrac{x+3}{4} = \dfrac{y-2}{3} = \dfrac{z-5}{1}$.

35　设直线 L 过两点 $A(-1,2,3)$ 和 $B(2,0,-1)$,求直线 L 的方程.

知识点睛　0407 空间直线及其方程

解　直线 L 的方向向量为 $\overrightarrow{AB} = \{3,-2,-4\}$,故直线 L 的方程为

$$\frac{x-2}{3} = \frac{y}{-2} = \frac{z+1}{-4} \text{ 或 } \frac{x+1}{3} = \frac{y-2}{-2} = \frac{z-3}{-4}.$$

36　判断直线 $L_1 : \dfrac{x-2}{5} = \dfrac{y+1}{1} = \dfrac{z-1}{-3}$ 与 $L_2 : \begin{cases} x=2, \\ y=1 \end{cases}$ 的位置关系.

知识点睛　0409 两直线的位置关系

解　直线 L_1 的方向向量为 $s_1 = \{5,1,-3\}$,直线 L_2 的方向向量可取为 $s_2 = \{0,0,1\}$,选定直线 L_1 上的点 $A(2,-1,1)$ 及 L_2 上的点 $B(2,1,1)$,构成向量 $\overrightarrow{AB} = \{0,2,0\}$,由于 $\overrightarrow{AB}, s_1, s_2$ 的混合积 $\begin{vmatrix} 0 & 2 & 0 \\ 5 & 1 & -3 \\ 0 & 0 & 1 \end{vmatrix} = -10 \neq 0$,故三向量不共面,所以直线 L_1 与直线 L_2 异面.

37　已知直线 L 过点 $M_0(-1,0,4)$,且与直线 $L_1 : \begin{cases} x+2y-z=0, \\ x+2y+2z+4=0 \end{cases}$ 垂直,又与平面 $\pi : 3x-4y+z-10=0$ 平行,则直线 L 的方程是_____.

知识点睛　0407 空间直线及其方程

解　直线 L_1 的方向向量

$$s_1 = \begin{vmatrix} i & j & k \\ 1 & 2 & -1 \\ 1 & 2 & 2 \end{vmatrix} = \{6,-3,0\},$$

平面 π 的法向量 $n = \{3,-4,1\}$.

37 题精解视频

因为直线 L 的方向向量 s 既垂直于 s_1 又垂直于 n,故可取

$$s = \frac{s_1 \times n}{3} = \frac{1}{3} \begin{vmatrix} i & j & k \\ 6 & -3 & 0 \\ 3 & -4 & 1 \end{vmatrix} = \{-1, -2, -5\},$$

所以,直线 L 的方程是 $\dfrac{x+1}{1} = \dfrac{y}{2} = \dfrac{z-4}{5}$. 应填 $\dfrac{x+1}{1} = \dfrac{y}{2} = \dfrac{z-4}{5}$.

38 求过点 $(2,1,3)$ 且与直线 $\dfrac{x+1}{3} = \dfrac{y-1}{2} = \dfrac{z}{-1}$ 垂直相交的直线方程.

知识点睛 0407 空间直线及其方程

解 先作一平面过点 $(2,1,3)$ 且垂直于已知直线,那么该平面的方程应为
$$3(x-2) + 2(y-1) - (z-3) = 0, \tag{①}$$
再求已知直线与该平面的交点.已知直线的参数方程为
$$x = -1 + 3t, \quad y = 1 + 2t, \quad z = -t, \tag{②}$$
把②式代入①式,求得 $t = \dfrac{3}{7}$,从而求得交点为 $\left(\dfrac{2}{7}, \dfrac{13}{7}, -\dfrac{3}{7}\right)$.

以点 $(2,1,3)$ 为起点、以点 $\left(\dfrac{2}{7}, \dfrac{13}{7}, -\dfrac{3}{7}\right)$ 为终点的向量 $-\dfrac{6}{7}\{2, -1, 4\}$ 是所求直线的一个方向向量,故所求直线的方程为 $\dfrac{x-2}{2} = \dfrac{y-1}{-1} = \dfrac{z-3}{4}$.

39 求过点 $M_1(-1,0,4)$,且与平面 $\pi_1 : 3x - 4y + z - 10 = 0$ 平行,又与直线
$$L_1 : \frac{x+1}{3} = \frac{y-3}{1} = \frac{z}{2}$$
相交的直线 L 的方程.

知识点睛 0407 空间直线及其方程

解 平面 π_1 的法向量为 $n_1 = \{3, -4, 1\}$,故过点 $M_1(-1,0,4)$,且平行于平面 π_1 的平面方程为
$$3(x+1) - 4y + (z-4) = 0, \quad \text{即} \quad 3x - 4y + z - 1 = 0.$$

再作过点 $M_1(-1,0,4)$ 且过直线 L_1 的平面 π_2,它的法向量为 n_2,因为直线 L_1 上的点 $M_2(-1,3,0)$ 与点 M_1 均在平面 π_2 上,$\overrightarrow{M_1 M_2} = \{0, 3, -4\}$,故 $n_2 \perp \overrightarrow{M_1 M_2}$,又法向量 n_2 还垂直于直线 L_1 的方向向量 $s_1 = \{3, 1, 2\}$,故可取

$$n_2 = s_1 \times \overrightarrow{M_1 M_2} = \begin{vmatrix} i & j & k \\ 3 & 1 & 2 \\ 0 & 3 & -4 \end{vmatrix} = \{-10, 12, 9\},$$

于是,平面 π_2 的方程为
$$10(x+1) - 12y - 9(z-4) = 0, \quad \text{即} \quad 10x - 12y - 9z + 46 = 0.$$
因此,所求直线 L 的方程为
$$\begin{cases} 3x - 4y + z - 1 = 0, \\ 10x - 12y - 9z + 46 = 0. \end{cases}$$

40 设直线 L 过点 $P_0(1,1,1)$,并且与直线 $L_1 : x = \dfrac{y}{2} = \dfrac{z}{3}$ 相交,与直线

$$L_2: \frac{x-1}{2} = \frac{y-2}{1} = \frac{z-3}{4}$$

垂直,试求直线 L 的方程.

知识点睛 0407 空间直线及其方程

解 直线 L_2 的方向向量为 $s_2 = \{2,1,4\}$,过 $P_0(1,1,1)$ 以 s_2 为法向量的平面方程为:

$$\pi: 2(x-1) + (y-1) + 4(z-1) = 0.$$

由题意知,所求直线 L 在此平面 π 上.因直线 L_1 与直线 L 相交,故 L_1 与平面 π 也相交,我们可求出 L_1 与 π 的交点 $Q(x,y,z)$,将 L_1 转化为参数式

$$\begin{cases} x = t, \\ y = 2t, \\ z = 3t, \end{cases}$$

代入平面方程,得 $t = \frac{7}{16}$.直线 L 过点 $P_0(1,1,1)$ 与 $Q\left(\frac{7}{16}, \frac{7}{8}, \frac{21}{16}\right)$,由两点式可得直线 L 方程为

$$\frac{x-1}{\frac{9}{16}} = \frac{y-1}{\frac{1}{8}} = \frac{z-1}{-\frac{5}{16}}, \quad \text{或} \quad \frac{x-1}{9} = \frac{y-1}{2} = \frac{z-1}{-5}.$$

41 求与已知直线 $L_1: \frac{x+3}{2} = \frac{y-5}{1} = \frac{z}{1}$ 和 $L_2: \frac{x-3}{1} = \frac{y+1}{4} = \frac{z}{1}$ 都相交,且与 $L_3: \frac{x+2}{3} = \frac{y-1}{2} = \frac{z-3}{1}$ 平行的直线方程.

知识点睛 0407 空间直线及其方程

分析 所求直线 L 的方向向量为 $s = \{3,2,1\}$,只要在 L 上找到一个定点 P,即可使问题获解,P 最好选择 L 与 L_1 或 L 与 L_2 的交点.

解 将 L_1 和 L_2 化为参数方程:

$$L_1: \begin{cases} x = 2t-3, \\ y = t+5, \\ z = t, \end{cases} \quad L_2: \begin{cases} x = t+3, \\ y = 4t-1, \\ z = t. \end{cases}$$

设 L 与 L_1 和 L_2 的交点分别对应参数 t_1 和 t_2,则知交点分别为

$$P(2t_1-3, t_1+5, t_1), \quad Q(t_2+3, 4t_2-1, t_2).$$

由于 $\overrightarrow{PQ} /\!/ s$,故

$$\frac{(2t_1-3)-(t_2+3)}{3} = \frac{(t_1+5)-(4t_2-1)}{2} = \frac{t_1-t_2}{1},$$

整理成方程组 $\begin{cases} t_1 - 2t_2 = -6, \\ t_1 + 2t_2 = 6, \end{cases}$ 解出 $t_1 = 0$.所以点 P 的坐标为 $(-3,5,0)$.故所求直线方程为:

$$\frac{x+3}{3} = \frac{y-5}{2} = \frac{z}{1}.$$

【评注】通过对以上例题的解析,可以看出建立直线方程的主要方法是采用对称式方程.为此需确定直线上一点 $M_0(x_0, y_0, z_0)$ 和直线的方向向量 $\boldsymbol{s}$.

§4.3   空间曲面方程和空间曲线方程

42   就 p、q 的各种情况说明二次曲面 $z = x^2 + py^2 + qz^2$ 的类型.

知识点睛   0413 常用二次曲面方程

解   (1)当 $p = q = 0$ 时,$z = x^2$ 是抛物柱面.

(2)当 $q = 0, p \neq 0$ 时,若 $p > 0$,$z = x^2 + py^2$ 是椭圆抛物面;若 $p < 0$,$z = x^2 + py^2$ 是双曲抛物面.

(3)当 $p = 0, q \neq 0$ 时,若 $q = a^2 > 0$,则方程可化为 $x^2 + \left(az - \dfrac{1}{2a}\right)^2 = \dfrac{1}{4a^2}$ 是椭圆柱面;若 $q = -a^2 < 0$,则方程可化为 $\left(az + \dfrac{1}{2a}\right)^2 - x^2 = \dfrac{1}{4a^2}$ 是双曲柱面.

(4)当 $p \cdot q \neq 0$ 时,若 $p = a^2 > 0, q = b^2 > 0$,方程可化为

$$x^2 + a^2 y^2 + \left(bz + \frac{1}{2b}\right)^2 = \left(\frac{1}{2b}\right)^2,$$ 是椭球面;

若 $p = -a^2 < 0, q = -b^2 < 0$,方程可化为

$$a^2 y^2 + \left(bz - \frac{1}{2b}\right)^2 - x^2 = \left(\frac{1}{2b}\right)^2,$$ 是单叶双曲面;

若 $p = a^2 > 0, q = -b^2 < 0$,方程可化为

$$x^2 + a^2 y^2 - \left(bz + \frac{1}{2b}\right)^2 = -\left(\frac{1}{2b}\right)^2,$$ 是双叶双曲面;

若 $p = -a^2 < 0, q = b^2 > 0$,方程可化为

$$x^2 - a^2 y^2 + \left(bz - \frac{1}{2b}\right)^2 = \left(\frac{1}{2b}\right)^2,$$ 是单叶双曲面.

【评注】读者需掌握常用二次曲面方程及图形,简单的柱面及旋转曲面方程.

43   试求到球面

$$\Sigma_1 : (x - 4)^2 + y^2 + z^2 = 9 \quad \text{与} \quad \Sigma_2 : (x + 1)^2 + (y + 1)^2 + (z + 1)^2 = 4$$

的距离比为 3:2 的点的轨迹,并指出曲面的类型.

知识点睛   球面方程

分析   在所求曲面上任取一点 $M(x, y, z)$,根据已知条件,建立动点 M 的坐标应满足的方程 $F(x, y, z) = 0$,则此方程即为所求曲面的方程.

解   设所求曲面上的动点为 $M(x, y, z)$,点 M 到 Σ_1 的球心 $(4, 0, 0)$ 的距离为

$$d_1 = \sqrt{(x-4)^2 + y^2 + z^2},$$

点 M 到 Σ_2 的球心 $(-1, -1, -1)$ 的距离为

$$d_2 = \sqrt{(x+1)^2 + (y+1)^2 + (z+1)^2}.$$

则点 M 到 Σ_1 的球面距离为

$$d_1 - 3 = \sqrt{(x-4)^2 + y^2 + z^2} - 3,$$

点 M 到 Σ_2 的球面距离为

$$d_2 - 2 = \sqrt{(x+1)^2 + (y+1)^2 + (z+1)^2} - 2,$$

由已知 $\dfrac{d_1-3}{d_2-2} = \dfrac{3}{2}$, 得 $2d_1 = 3d_2$. 两边平方, 得

$$4\left[(x-4)^2 + y^2 + z^2\right] = 9\left[(x+1)^2 + (y+1)^2 + (z+1)^2\right],$$

化简, 得 $5(x^2+y^2+z^2) + 50x + 18y + 18z - 37 = 0$. 这是一个球面方程.

44 将 xOy 坐标面上的抛物线 $y^2 = 4x$ 绕 x 轴旋转, 求旋转后所得曲面的方程.

　　知识点睛　0413 旋转曲面方程

　　解　以 $\pm\sqrt{y^2+z^2}$ 代替抛物线 $y^2 = 4x$ 中的 y, 得 $\left(\pm\sqrt{y^2+z^2}\right)^2 = 4x$, 即 $y^2+z^2 = 4x$.

45 将 xOy 坐标面上的双曲线 $x^2 - 4y^2 = 4$ 分别绕 x 轴和 y 轴旋转一周, 求所生成的旋转曲面的方程.

　　知识点睛　0413 旋转曲面方程

　　解　以 $\pm\sqrt{y^2+z^2}$ 代替双曲线 $x^2 - 4y^2 = 4$ 中的 y, 得该双曲线绕 x 轴旋转一周所生成的旋转曲面的方程为 $x^2 - 4\left(\pm\sqrt{y^2+z^2}\right)^2 = 4$, 即 $x^2 - 4(y^2+z^2) = 4$.

　　以 $\pm\sqrt{x^2+z^2}$ 代替双曲线 $x^2 - 4y^2 = 4$ 中的 x, 得该双曲线绕 y 轴旋转一周所生成的旋转曲面的方程为 $\left(\pm\sqrt{x^2+z^2}\right)^2 - 4y^2 = 4$, 即 $x^2 + z^2 - 4y^2 = 4$.

46 直线 $L: \dfrac{x-1}{0} = \dfrac{y}{1} = \dfrac{z}{1}$ 绕 z 轴旋转一周, 求旋转曲面的方程

　　知识点睛　0413 旋转曲面方程, 单叶双曲面

　　解　直线 $\dfrac{x-1}{0} = \dfrac{y}{1} = \dfrac{z}{1}$ 的参数方程为

$$\begin{cases} x = 1, \\ y = t, \\ z = t, \end{cases}$$

绕 z 轴旋转所得旋转曲面的方程为

$$\begin{cases} x = \sqrt{1+t^2}\cos\theta, \\ y = \sqrt{1+t^2}\sin\theta, \\ z = t, \end{cases}$$

消去参数 θ, t, 可得所求旋转曲面的方程为

$$x^2 + y^2 - z^2 = 1.$$

47 求直线 $\dfrac{x-1}{1} = \dfrac{y}{-3} = \dfrac{z}{3}$ 绕 z 轴旋转所得旋转曲面的方程.

　　知识点睛　0413 旋转曲面方程

　　解　直线 $\dfrac{x-1}{1} = \dfrac{y}{-3} = \dfrac{z}{3}$ 的参数方程为 $\begin{cases} x = 1+t, \\ y = -3t, \\ z = 3t, \end{cases}$ 绕 z 轴旋转所得旋转曲面的方程为

$$\begin{cases} x = \sqrt{(1+t)^2+(-3t)^2}\cos\theta, \\ y = \sqrt{(1+t)^2+(-3t)^2}\sin\theta, \\ z = 3t, \end{cases}$$

消去参数 θ,t,可得所求旋转曲面的方程为 $9x^2+9y^2-10z^2-6z-9=0$.

1994 数学一,
6分

48 已知点 A 与 B 的直角坐标分别为 $(1,0,0)$ 与 $(0,1,1)$.线段 AB 绕 z 轴旋转一周所成的旋转曲面为 S.求由 S 及两平面 $z=0,z=1$ 所围成的立体体积.

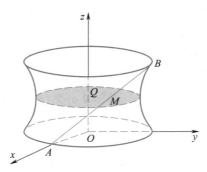

48 题图

知识点睛　0413 旋转曲面方程

解　如 48 题图所示.直线 AB 的方程为 $\dfrac{x-1}{-1}=\dfrac{y}{1}=\dfrac{z}{1}$,即 $\begin{cases} x=1-z, \\ y=z. \end{cases}$

在 z 轴上截距为 z 的平面截此旋转体所得截面为一个圆,此截面与 z 轴交于点 $Q(0,0,z)$,与 AB 交于点 $M(1-z,z,z)$,故圆截面半径

$$r(z)=\sqrt{(1-z)^2+z^2}=\sqrt{1-2z+2z^2},$$

从而截面面积 $S(z)=\pi(1-2z+2z^2)$,旋转体体积

$$V=\pi\int_0^1(1-2z+2z^2)\,\mathrm{d}z=\frac{2}{3}\pi.$$

49 确定下列球面的球心和半径.
（1） $x^2+y^2+z^2-2x=0$. （2） $2x^2+2y^2+2z^2-5y-8=0$.

知识点睛　球面方程

解　（1）将已知方程配方得 $(x-1)^2+y^2+z^2=1$,此方程表示以 $(1,0,0)$ 为球心、以 1 为半径的球面.

（2） $2x^2+2y^2+2z^2-5y-8=0$ 等价于 $x^2+y^2+z^2-\dfrac{5}{2}y-4=0$,配方得 $x^2+\left(y-\dfrac{5}{4}\right)^2+z^2=\dfrac{89}{16}$,此方程表示以 $\left(0,\dfrac{5}{4},0\right)$ 为球心、以 $\dfrac{\sqrt{89}}{4}$ 为半径的球面.

50 求曲线 $C:\begin{cases} x=y^2+z^2, \\ x+2y-z=0 \end{cases}$ 在三个坐标平面上的投影曲线方程.

知识点睛　0415 空间曲线在坐标平面上的投影

分析　从空间曲线 C 的方程 $\begin{cases} x=y^2+z^2 \\ x+2y-z=0 \end{cases}$ 中分别消去 x,y,z 即可得曲线 C 在三个坐

50 题精解视频

标面上的投影柱面方程,再与坐标面方程联立方程组,即得投影曲线方程.

解 $\begin{cases} x = y^2 + z^2, \\ x + 2y - z = 0 \end{cases}$ 两式联立,消去 x,得 $y^2 + z^2 + 2y - z = 0$,这是曲线 C 向 yOz 平面的投影柱面.此投影柱面与 yOz 面的交线即为曲线 C 在 yOz 面上的投影曲线.故

$$\begin{cases} y^2 + z^2 + 2y - z = 0, \\ x = 0 \end{cases}$$

即为所求.

同理,消去 y 可得曲线 C 在 zOx 面的投影曲线 $\begin{cases} x = \dfrac{1}{4}(z-x)^2 + z^2, \\ y = 0. \end{cases}$ 消去 z,可得曲线 C

在 xOy 面的投影曲线 $\begin{cases} x = y^2 + (x+2y)^2, \\ z = 0. \end{cases}$

51 设空间曲面 Σ 由双参数方程

$$\begin{cases} x = a(u+\lambda), \\ y = b(u-\lambda), \quad \lambda, u \in (-\infty, +\infty), a, b > 0 \\ z = 2u\lambda \end{cases}$$

给出,试求曲面 Σ 的一般式方程.

知识点睛 0411 曲面方程的概念,双曲抛物面

分析 利用三个联立方程消去参数 u 和 λ,即可建立 x, y, z 之间的关系,得到曲面的一般方程.

解 由参数方程可得:$u + \lambda = \dfrac{x}{a}$,$u - \lambda = \dfrac{y}{b}$.解出:

$$u = \frac{1}{2}\left(\frac{x}{a} + \frac{y}{b}\right), \lambda = \frac{1}{2}\left(\frac{x}{a} - \frac{y}{b}\right),$$

所以

$$z = 2u\lambda = 2 \cdot \frac{1}{2}\left(\frac{x}{a} + \frac{y}{b}\right) \cdot \frac{1}{2}\left(\frac{x}{a} - \frac{y}{b}\right) = \frac{1}{2}\left[\left(\frac{x}{a}\right)^2 - \left(\frac{y}{b}\right)^2\right],$$

上述方程表示双曲抛物面.

以上表明曲面 Σ 包含在这个双曲抛物面上,下面来说明这个双曲抛物面也包含在曲面 Σ 上,即双曲抛物面的点可表示成参数方程的形式.

因为

$$z = \frac{x^2}{2a^2} - \frac{y^2}{2b^2} = 2 \cdot \frac{1}{2}\left(\frac{x}{a} + \frac{y}{b}\right) \cdot \frac{1}{2}\left(\frac{x}{a} - \frac{y}{b}\right),$$

令 $\dfrac{1}{2}\left(\dfrac{x}{a} + \dfrac{y}{b}\right) = u$,$\dfrac{1}{2}\left(\dfrac{x}{a} - \dfrac{y}{b}\right) = \lambda$,从而得

$$\begin{cases} x = a(u+\lambda), \\ y = b(u-\lambda), \\ z = 2u\lambda, \end{cases}$$

所以 Σ 的一般方程为 $\dfrac{x^2}{a^2} - \dfrac{y^2}{b^2} = 2z$.这是双曲抛物面.

52 求旋转抛物面 $z = x^2 + y^2$ 与平面 $y + z = 1$ 的交线在 xOy 面上的投影方程.

知识点睛 0415 空间曲线在坐标平面上的投影

解 从曲线方程 $\begin{cases} z = x^2 + y^2 \\ y + z = 1 \end{cases}$ 中消去 z, 得曲线在 xOy 面的投影柱面方程为 $x^2 + y^2 + y = 1$. 于是, 曲线在 xOy 面上的投影曲线方程为 $\begin{cases} x^2 + \left(y + \dfrac{1}{2}\right)^2 = \dfrac{5}{4}, \\ z = 0. \end{cases}$

53 求螺旋线 $\begin{cases} x = a\cos\theta, \\ y = a\sin\theta, \\ z = b\theta \end{cases}$ 在坐标面上的投影.

知识点睛 0415 空间曲线在坐标平面上的投影

解 由 $x = a\cos\theta, y = a\sin\theta$ 得 $x^2 + y^2 = a^2$, 故该螺旋线在 xOy 坐标面上的投影为 $\begin{cases} x^2 + y^2 = a^2, \\ z = 0. \end{cases}$

由 $y = a\sin\theta, z = b\theta$ 得 $y = a\sin\dfrac{z}{b}$, 故该螺旋线在 yOz 坐标面上的投影为

$$\begin{cases} y = a\sin\dfrac{z}{b}, \\ x = 0. \end{cases}$$

由 $x = a\cos\theta, z = b\theta$ 得 $x = a\cos\dfrac{z}{b}$, 故该螺旋线在 zOx 坐标面上的投影为

$$\begin{cases} x = a\cos\dfrac{z}{b}, \\ y = 0. \end{cases}$$

54 求空间区域 $x^2 + y^2 + z^2 \leqslant R^2$ 与 $x^2 + y^2 + (z - R)^2 \leqslant R^2$ 的公共部分在 xOy 坐标面上的投影区域.

知识点睛 0415 空间区域在坐标平面上的投影

解 由 $\begin{cases} x^2 + y^2 + z^2 = R^2, \\ x^2 + y^2 + (z - R)^2 = R^2 \end{cases}$ 得 $z = \dfrac{R}{2}$, 将其代入 $x^2 + y^2 + z^2 \leqslant R^2$ 得在 xOy 坐标面上的投影区域为 $\begin{cases} x^2 + y^2 \leqslant \dfrac{3}{4}R^2, \\ z = 0. \end{cases}$

55 求椭圆抛物面 $2y^2 + x^2 = z$ 与抛物柱面 $2 - x^2 = z$ 的交线关于 xOy 面的投影柱面和在 xOy 面上的投影曲线方程.

知识点睛 0415 空间曲线在坐标平面上的投影

解 在 $\begin{cases} 2y^2 + x^2 = z \\ 2 - x^2 = z \end{cases}$ 中消去 z, 得关于 xOy 坐标面的投影柱面方程为 $x^2 + y^2 = 1$, 从而在 xOy 坐标面上的投影曲线方程为 $\begin{cases} x^2 + y^2 = 1, \\ z = 0. \end{cases}$

56 将曲线 $\begin{cases} x^2+y^2+z^2=9, \\ y=x \end{cases}$ 化为参数方程.

知识点睛　0414 空间曲线的参数方程

解　将 $y=x$ 代入 $x^2+y^2+z^2=9$ 得 $2x^2+z^2=9$,取 $x=\dfrac{3}{\sqrt{2}}\cos\theta$,则 $z=3\sin\theta$,从而可得曲线的参数方程

$$\begin{cases} x=\dfrac{3}{\sqrt{2}}\cos\theta, \\[2mm] y=\dfrac{3}{\sqrt{2}}\cos\theta, \\[2mm] z=3\sin\theta. \end{cases}$$

57 指出下列方程组在空间解析几何中分别表示什么图形.

(1) $\begin{cases} \dfrac{x^2}{4}+\dfrac{y^2}{9}=1, \\ y=1. \end{cases}$　(2) $\begin{cases} y=5x+1, \\ y=2x-3. \end{cases}$

知识点睛　0412 空间曲线方程的概念

解　(1) $\begin{cases} \dfrac{x^2}{4}+\dfrac{y^2}{9}=1, \\ y=1 \end{cases}$,在空间解析几何中表示椭圆柱面 $\dfrac{x^2}{4}+\dfrac{y^2}{9}=1$ 与平面 $y=1$ 的交线,即两平行直线.

(2) $\begin{cases} y=5x+1, \\ y=2x-3 \end{cases}$,在空间解析几何中表示两平面的交线,即空间直线.

§4.4　综合提高题

58 已知 $\boldsymbol{a}=\{2,3,1\}$,$\boldsymbol{b}=\{5,6,4\}$,求:

(1) 以 $\boldsymbol{a}$,$\boldsymbol{b}$ 为边的平行四边形的面积;

(2) 这平行四边形的两条高的长.

知识点睛　0402 向量的向量积

解　(1) 因为 $\boldsymbol{a}\times\boldsymbol{b}=\left\{\begin{vmatrix}3&1\\6&4\end{vmatrix},\begin{vmatrix}1&2\\4&5\end{vmatrix},\begin{vmatrix}2&3\\5&6\end{vmatrix}\right\}=\{6,-3,-3\}$,所以以 $\boldsymbol{a}$,$\boldsymbol{b}$ 为边的平行四边形的面积为 $|\boldsymbol{a}\times\boldsymbol{b}|=3\sqrt{6}$.

(2) $\boldsymbol{a}$ 边上的高 $=\dfrac{3\sqrt{6}}{|\boldsymbol{a}|}=\dfrac{3\sqrt{6}}{\sqrt{14}}=\dfrac{3\sqrt{21}}{7}$,$\boldsymbol{b}$ 边上的高 $=\dfrac{3\sqrt{6}}{|\boldsymbol{b}|}=\dfrac{3\sqrt{6}}{\sqrt{77}}=\dfrac{3\sqrt{462}}{77}$.

59 已知四点 $A(2,3,1)$,$B(4,1,-2)$,$C(6,3,7)$,$D(-5,4,8)$,判断它们是否共面,若不共面,求以它们为顶点的四面体的体积和从顶点 D 所引出的高的长.

知识点睛　0402 向量的混合积

解　由条件易知 $\overrightarrow{AB}=\{2,-2,-3\}$,$\overrightarrow{AC}=\{4,0,6\}$,$\overrightarrow{AD}=\{-7,1,7\}$.因为

$$[\overrightarrow{AB},\overrightarrow{AC},\overrightarrow{AD}]=\begin{vmatrix}2&-2&-3\\4&0&6\\-7&1&7\end{vmatrix}=116\neq0,$$

所以 $\overrightarrow{AB},\overrightarrow{AC},\overrightarrow{AD}$ 不共面,即四点不共面.进而,可得四面体的体积

$$V=\frac{1}{6}|[\overrightarrow{AB},\overrightarrow{AC},\overrightarrow{AD}]|=\frac{58}{3}.$$

从顶点 D 所引出的高 $h=\dfrac{3V}{S_{\triangle ABC}}$,而 $S_{\triangle ABC}=\dfrac{1}{2}|\overrightarrow{AB}\times\overrightarrow{AC}|=\dfrac{1}{2}|\{-12,-24,8\}|=14,$

所以

$$h=\frac{58}{14}=\frac{29}{7}.$$

Ⓚ1993 数学一,
3分

60 设直线 $L_1:\dfrac{x-1}{1}=\dfrac{y-5}{-2}=\dfrac{z+8}{1}$ 与 $L_2:\begin{cases}x-y=6\\2y+z=3,\end{cases}$ 则 L_1 与 L_2 的夹角为( ).

(A) $\dfrac{\pi}{6}$ (B) $\dfrac{\pi}{4}$ (C) $\dfrac{\pi}{3}$ (D) $\dfrac{\pi}{2}$

知识点睛 0408 直线间的夹角

解 由题意,直线 $L_1:\dfrac{x-1}{1}=\dfrac{y-5}{-2}=\dfrac{z+8}{1}$ 的方向向量为 $s_1=\{1,-2,1\}$.

直线 $L_2:\begin{cases}x-y=6\\2y+z=3\end{cases}$ 即 $\begin{cases}x=6+t,\\y=t,\\z=3-2t,\end{cases}$ 则直线 L_2 的方向向量为 $s_2=\{1,1,-2\}$,所以

$$\cos\langle\widehat{s_1,s_2}\rangle=\frac{s_1\cdot s_2}{|s_1||s_2|}=\frac{1\times1+(-2)\times1+1\times(-2)}{\sqrt{1^2+(-2)^2+1^2}\cdot\sqrt{1^2+1^2+(-2)^2}}=-\frac{1}{2},$$

故两直线的夹角为 $\dfrac{\pi}{3}$,应选(C).

Ⓚ1995 数学一,
3分

61 设有直线 $L:\begin{cases}x+3y+2z+1=0,\\2x-y-10z+3=0\end{cases}$ 及平面 $\varPi:4x-2y+z-2=0$,则直线 L( ).

(A)平行于 $\varPi$ (B)在 $\varPi$ 上 (C)垂直于 $\varPi$ (D)与 $\varPi$ 斜交

知识点睛 0409 直线与平面的位置关系

解 直线 L 的方向向量为 $s=\begin{vmatrix}i&j&k\\1&3&2\\2&-1&-10\end{vmatrix}=\{-28,14,-7\}\;/\!/\;\{4,-2,1\}$,而向量

$\{4,-2,1\}$ 为平面 $\varPi$ 的法向量,故直线 L 垂直于平面 $\varPi$,应选(C).

61题精解视频

Ⓚ2020 数学一,
4分

62 已知直线 $L_1:\dfrac{x-a_2}{a_1}=\dfrac{y-b_2}{b_1}=\dfrac{z-c_2}{c_1}$ 与直线 $L_2:\dfrac{x-a_3}{a_2}=\dfrac{y-b_3}{b_2}=\dfrac{z-c_3}{c_2}$ 相交于一点,向量

$\boldsymbol{\alpha}_i=\begin{pmatrix}a_i\\b_i\\c_i\end{pmatrix},i=1,2,3,$ 则( ).

(A) $\boldsymbol{\alpha}_1$ 可由 $\boldsymbol{\alpha}_2,\boldsymbol{\alpha}_3$ 线性表示

（B）$\boldsymbol{\alpha}_2$ 可由 $\boldsymbol{\alpha}_1,\boldsymbol{\alpha}_3$ 线性表示

（C）$\boldsymbol{\alpha}_3$ 可由 $\boldsymbol{\alpha}_1,\boldsymbol{\alpha}_2$ 线性表示

（D）$\boldsymbol{\alpha}_1,\boldsymbol{\alpha}_2,\boldsymbol{\alpha}_3$ 线性无关

知识点睛　0409 直线间的位置关系,向量组的线性相关性

解　令 $\dfrac{x-a_2}{a_1}=\dfrac{y-b_2}{b_1}=\dfrac{z-c_2}{c_1}=t$,则有 $\begin{pmatrix}x\\y\\z\end{pmatrix}=\begin{pmatrix}a_2\\b_2\\c_2\end{pmatrix}+t\begin{pmatrix}a_1\\b_1\\c_1\end{pmatrix}=\boldsymbol{\alpha}_2+t\boldsymbol{\alpha}_1$,由直线 L_2 的方程,得

$\begin{pmatrix}x\\y\\z\end{pmatrix}=\begin{pmatrix}a_3\\b_3\\c_3\end{pmatrix}+t\begin{pmatrix}a_2\\b_2\\c_2\end{pmatrix}=\boldsymbol{\alpha}_3+t\boldsymbol{\alpha}_2$,由直线 L_1 与 L_2 相交知,存在 t,使 $\boldsymbol{\alpha}_3+t\boldsymbol{\alpha}_2=\boldsymbol{\alpha}_2+t\boldsymbol{\alpha}_1$,即

$\boldsymbol{\alpha}_3=(1-t)\boldsymbol{\alpha}_2+t\boldsymbol{\alpha}_1$,即 $\boldsymbol{\alpha}_3$ 可由 $\boldsymbol{\alpha}_1,\boldsymbol{\alpha}_2$ 线性表示.应选（C）.

63　设 $f(x_1,x_2,x_3)=x_1^2+x_2^2+x_3^2+4x_1x_2+4x_1x_3+4x_2x_3$,则 $f(x_1,x_2,x_3)=2$ 在空间直角坐标系下表示的二次曲面为（　　）. K 2016 数学一, 4 分

（A）单叶双曲面　　（B）双叶双曲面　　（C）椭球面　　　　（D）柱面

知识点睛　0413 二次曲面方程及其图形,双叶双曲面

解　二次型的矩阵为 $A=\begin{pmatrix}1&2&2\\2&1&2\\2&2&1\end{pmatrix}$,由 $|\lambda E-A|=0$,可得其特征值为 $\lambda_1=5,\lambda_2=$

$\lambda_3=-1$,故二次型的标准形为 $f=5y_1^2-y_2^2-y_3^2$,即 $5y_1^2-y_2^2-y_3^2=2$,化简为

$$\frac{y_1^2}{\left(\sqrt{\frac{2}{5}}\right)^2}-\frac{y_2^2}{(\sqrt{2})^2}-\frac{y_3^2}{(\sqrt{2})^2}=1,$$

其对应的曲面为双叶双曲面,应选（B）.

64　求直线 $L:\dfrac{x-1}{1}=\dfrac{y}{1}=\dfrac{z-1}{-1}$ 在平面 $\varPi:x-y+2z-1=0$ 上的投影直线 L_0 的方程,并求 L_0 绕 y 轴旋转一周所成曲面的方程. K 1998 数学一, 5 分

知识点睛　0413 旋转曲面方程

解　设经过直线 L 且垂直于平面 $\varPi$ 的平面为 $A(x-1)+By+C(z-1)=0$,由已知条件可得 $\begin{cases}A-B+2C=0,\\A+B-C=0,\end{cases}$ 得 $A:B:C=(-1):3:2$,故该平面的方程为 $x-3y-2z+1=0$.

从而,直线 L_0 的方程为

$$\begin{cases}x-y+2z-1=0,\\x-3y-2z+1=0,\end{cases}\quad\text{即}\quad\begin{cases}x=2y,\\z=-\dfrac{1}{2}(y-1).\end{cases}$$

L_0 绕 y 轴旋转一周所成的曲面方程为 $x^2+z^2=4y^2+\dfrac{1}{4}(y-1)^2$,即 $4x^2-17y^2+4z^2+2y-1=0$.

65　椭球面 S_1 是由椭圆 $\dfrac{x^2}{4}+\dfrac{y^2}{3}=1$ 绕 x 轴旋转而成的,圆锥面 S_2 是由过点 $(4,0)$ K 2009 数学一, 11 分

且与椭圆 $\dfrac{x^2}{4}+\dfrac{y^2}{3}=1$ 相切的直线绕 x 轴旋转而成的. 求:

(1) S_1 与 S_2 的方程;(2) S_1 与 S_2 之间的立体的体积.

　知识点晴　0413 旋转曲面方程

　解　(1)由题意得 S_1 的方程为 $\dfrac{x^2}{4}+\dfrac{y^2+z^2}{3}=1$. 设过点 $(4,0)$ 的切线方程为 $y=k(x-$

$4)$, 可解得 $k=\pm\dfrac{1}{2}$, 所以切线方程为 $y=\pm\dfrac{1}{2}(x-4)$. 绕 x 轴旋转一周所得曲面的方程为

$y^2+z^2=\dfrac{1}{4}(x-4)^2$, 故曲面 S_2 的方程为 $y^2+z^2=\dfrac{1}{4}(x-4)^2$.

(2)设 $y_1=\dfrac{x}{2}-2,y_2=\sqrt{3\left(1-\dfrac{x^2}{4}\right)}$, 如 65 题图所示, 则

$$V=\pi\int_1^4 y_1^2\mathrm{d}x-\pi\int_1^2 y_2^2\mathrm{d}x=\pi\int_1^4\left(\dfrac{x}{2}-2\right)^2\mathrm{d}x-\pi\int_1^2\left(\sqrt{3\left(1-\dfrac{x^2}{4}\right)}\right)^2\mathrm{d}x=\pi.$$

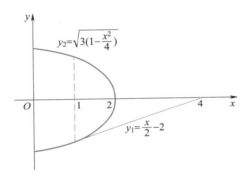

65 题图

[K] 1987 数学一,
3 分

66　与直线 $\begin{cases}x=1,\\ y=-1+t,\\ z=2+t\end{cases}$ 和 $\dfrac{x+1}{1}=\dfrac{y+2}{2}=\dfrac{z-1}{1}$ 都平行且过原点的平面方程是＿＿＿＿.

　知识点晴　0406 平面及其方程,点法式平面方程

　解　由直线方程 $\begin{cases}x=1,\\ y=-1+t,\\ z=2+t\end{cases}$ 可知直线的方向向量为 $\boldsymbol{s}_1=\{0,1,1\}$.

由直线方程 $\dfrac{x+1}{1}=\dfrac{y+2}{2}=\dfrac{z-1}{1}$ 可知直线的方向向量为 $\boldsymbol{s}_2=\{1,2,1\}$.

所求平面的法向量为 $\boldsymbol{n}=\boldsymbol{s}_1\times\boldsymbol{s}_2=\begin{vmatrix} \boldsymbol{i} & \boldsymbol{j} & \boldsymbol{k} \\ 0 & 1 & 1 \\ 1 & 2 & 1 \end{vmatrix}=\{-1,1,-1\}$, 平面又过原点,根据点法

式可得所求平面方程为 $-(x-0)+(y-0)-(z-0)=0$, 即 $x-y+z=0$, 应填 $x-y+z=0$.

67 过点 $M(1,2,-1)$ 且与直线 $\begin{cases} x=-t+2, \\ y=3t-4, \\ z=t-1 \end{cases}$ 垂直的平面方程是_____.

1990 数学一, 3 分

67 题精解视频

知识点睛 0406 平面及其方程,点法式平面方程

解 因为所求平面与直线 $\begin{cases} x=-t+2, \\ y=3t-4, \\ z=t-1 \end{cases}$ 垂直,所以该平面的法向量即为直线的方向向量 $\{-1,3,1\}$,又因为平面过点 $M(1,2,-1)$,则所求平面方程为
$$-(x-1)+3(y-2)+(z+1)=0,$$
即 $x-3y-z+4=0$.故应填 $x-3y-z+4=0$.

68 已知直线 $L_1: \dfrac{x-1}{1}=\dfrac{y-2}{0}=\dfrac{z-3}{-1}$ 和 $L_2: \dfrac{x-2}{2}=\dfrac{y-1}{1}=\dfrac{z}{1}$,则过 L_1 且平行于 L_2 的平面方程是_____.

1991 数学一, 3 分

知识点睛 0406 平面及其方程,点法式平面方程

解 根据题意,所求平面的法向量为 $n=s_1\times s_2=\begin{vmatrix} i & j & k \\ 1 & 0 & -1 \\ 2 & 1 & 1 \end{vmatrix}=\{1,-3,1\}$.又因为平面过直线 L_1,所以平面过直线 L_1 上的点 $(1,2,3)$.根据点法式得平面方程为
$$(x-1)-3(y-2)+(z-3)=0, \quad 即 \quad x-3y+z+2=0.$$
应填 $x-3y+z+2=0$.

69 求过直线 $L_1: \dfrac{x+5}{3}=\dfrac{y-2}{-2}=\dfrac{z+3}{-1}$ 且与直线 $L_2: \dfrac{x-1}{2}=\dfrac{y+1}{-3}=\dfrac{z-7}{3}$ 平行的平面方程.

知识点睛 0406 平面及其方程

解法 1 基本思路:可由平面过 L_1 确定平面上的一点,考虑点法式,由法向量与已知两直线垂直,即可确定法向量.

所求平面过 L_1 故经过点 $(-5,2,-3)$,可设所求平面方程为
$$A(x+5)+B(y-2)+C(z+3)=0.$$

由已知条件易得平面的法向量与所给两条直线均垂直,故由 $\begin{cases} 3A-2B-C=0, \\ 2A-3B+3C=0, \end{cases}$ 可解得 $A:B:C=9:11:5$,从而所求平面方程为
$$9(x+5)+11(y-2)+5(z+3)=0, \quad 即 \quad 9x+11y+5z+38=0.$$

解法 2 基本思路:可由平面过 L_1 确定平面上的一点,考虑确定平面上 3 个向量共面,再利用混合积可得平面方程.

所求平面过 L_1,故经过点 $Q(-5,2,-3)$,且所求平面与向量 $v_1=\{3,-2,-1\}$ 及 $v_2=\{2,-3,3\}$ 均平行.设点 $P(x,y,z)$ 是所求平面上的任一点,则 $\overrightarrow{PQ},v_1,v_2$ 共面,故
$$\begin{vmatrix} x+5 & y-2 & z+3 \\ 3 & -2 & -1 \\ 2 & -3 & 3 \end{vmatrix}=0,$$
经化简,得所求平面的方程为 $9x+11y+5z+38=0$.

解法 3 基本思路:可由平面过 L_1 确定平面上的一点,法向量与已知两直线垂直,故可直接根据向量积确定法向量,进而利用点法式.

易知所求平面法向量与向量 $v_1=\{3,-2,-1\}$ 及 $v_2=\{2,-3,3\}$ 均垂直,故可取平面的法向量为 $n=v_1\times v_2=\{-9,-11,-5\}$.因为平面过 L_1,故经过点 $(-5,2,-3)$,由点法式并化简整理可得所求平面的方程为 $9x+11y+5z+38=0$.

解法 4 基本思路:由平面经过 L_1,考虑平面束方法.

整理 L_1 的方程为一般式,$L_1:\begin{cases}x+3z+14=0,\\y-2z-8=0.\end{cases}$ 经过 L_1 的平面可写成:

$$\lambda(x+3z+14)+\mu(y-2z-8)=0,\text{其中 }\lambda,\mu\text{ 为待确定参数}.$$

经整理,得

$$\lambda x+\mu y+(3\lambda-2\mu)z+14\lambda-8\mu=0.$$

因为平面与直线 L_2 平行,故 $\{\lambda,\mu,3\lambda-2\mu\}\cdot\{2,-3,3\}=0$,化简得 $\lambda:\mu=9:11$,代入上式并化简整理可得所求平面的方程为 $9x+11y+5z+38=0$.

70 过原点作直线 L_0 垂直于直线 $L:\begin{cases}x+2y+3z+4=0,\\2x+3y+4z+5=0,\end{cases}$ 求 L_0 的方程.

知识点睛 0407 空间直线及其方程

解法 1 基本思路:利用两直线垂直求出垂足,利用两点确定 L_0 的方程.

将直线 L 化成参数方程可得 $\begin{cases}x=2+t,\\y=-3-2t,\\z=t,\end{cases}$ 设垂足 $P(2+t,-3-2t,t)$,显然 $\overrightarrow{OP}$ 与直线 L 的方向向量 $v=\{1,-2,1\}$ 垂直,故 $2+t+2(3+2t)+t=0$,解得 $t=-\dfrac{4}{3}$,从而直线 L_0 的方向向量为

$$\overrightarrow{OP}=\left\{\frac{2}{3},-\frac{1}{3},-\frac{4}{3}\right\}.$$

由直线 L_0 过原点可得其方程为 $\dfrac{x}{\frac{2}{3}}=\dfrac{y}{-\frac{1}{3}}=\dfrac{z}{-\frac{4}{3}}$,化简整理得 $L_0:\dfrac{x}{2}=\dfrac{y}{-1}=\dfrac{z}{-4}$.

解法 2 基本思路:利用直线 L 和平面 Π(过原点且与 L 垂直的平面)的交点求出垂足,利用两点确定 L_0 的方程.

设平面 Π 是过原点且与 L 垂直的平面,则 L 的方向向量 $v=\{1,-2,1\}$ 可视为平面 Π 的法向量,易得

$$\Pi:x-2y+z=0,$$

联立平面 Π 与直线 L 得方程组 $\begin{cases}x+2y+3z+4=0,\\2x+3y+4z+5=0,\\x-2y+z=0,\end{cases}$ 解该方程组得垂足 $P\left(\dfrac{2}{3},-\dfrac{1}{3},-\dfrac{4}{3}\right)$,

故直线 L_0 的方向向量 $\overrightarrow{OP}=\left\{\dfrac{2}{3},-\dfrac{1}{3},-\dfrac{4}{3}\right\}$.由直线 L_0 过原点可得其方程为

$$\frac{x}{\frac{2}{3}}=\frac{y}{-\frac{1}{3}}=\frac{z}{-\frac{4}{3}},$$

化简整理,得

$$L_0:\frac{x}{2}=\frac{y}{-1}=\frac{z}{-4}.$$

解法 3 基本思路:将直线视为平面 Π_1(过原点且与 L 垂直的平面)与平面 Π_2(经过原点且与 L 平行的平面)的交线.

设 Π_1 是过原点且与 L 垂直的平面,则 L 的方向向量 $\boldsymbol{v}=\{1,-2,1\}$ 可视为 Π_1 的法向量,易得

$$\Pi_1:x-2y+z=0.$$

设经过原点且与 L 平行的平面 Π_2 的方程为 $\lambda(x+2y+3z+4)+\mu(2x+3y+4z+5)=0$,代入原点解得 $\lambda:\mu=5:(-4)$,故 $\Pi_2:3x+2y+z=0$.显然,直线 L_0 是平面 Π_1 和 Π_2 的交线,故 $L_0:\begin{cases}x-2y+z=0,\\3x+2y+z=0,\end{cases}$ 整理成对称式,得

$$L_0:\frac{x}{2}=\frac{y}{-1}=\frac{z}{-4}.$$

71 直线 L_0 通过点 $P(1,0,-1)$ 且平行于平面 $\Pi:x-2y+3z=0$,另外,L_0 与直线 L 相交,已知 $L:\frac{x+1}{3}=\frac{y}{2}=\frac{z-1}{1}$,求 L_0 的方程.

知识点睛 0407 空间直线及其方程

解法 1 基本思路:直接假设 L_0 的方向向量,利用两个条件确定 L_0 的方向向量.

由已知条件可设过点 $P(1,0,-1)$ 的直线 L_0 的方程为 $\frac{x-1}{X}=\frac{y}{Y}=\frac{z+1}{Z}$,由 L_0 与直线 L 相交可知它们共面,故 $\begin{vmatrix}1-(-1)&0-0&-1-1\\3&2&1\\X&Y&Z\end{vmatrix}=0$,即 $X-2Y+Z=0$.

又因为 L_0 与平面 Π 平行,所以 $X-2Y+3Z=0$,联立 $X-2Y+Z=0$,可解得

$$X:Y:Z=2:1:0,$$

故 L_0 的方程为 $\frac{x-1}{2}=\frac{y}{1}=\frac{z+1}{0}$.

解法 2 基本思路:假设 L_0 与 L 的交点为 Q,利用已知条件求出这个交点 Q,再利用两点确定 L.

由已知条件可得 L 的参数方程为 $\begin{cases}x=3t-1,\\y=2t,\\z=t+1,\end{cases}$ 设 L_0 与 L 的交点为 $Q(3t-1,2t,t+1)$,

由 $L_0/\!/\Pi$ 可知 $\overrightarrow{PQ}\perp\boldsymbol{n}$,$\overrightarrow{PQ}=\{3t-2,2t,t+2\}$,$\boldsymbol{n}=\{1,-2,3\}$,故

$$3t-2-2(2t)+3(t+2)=0,\quad 解得\quad t=-2,$$

所以 $\overrightarrow{PQ}=\{-8,-4,0\}$.可取直线 L_0 的方向向量为 $\{2,1,0\}$,已知 $P(1,0,-1)\in L_0$,故

$$L_0 : \frac{x-1}{2} = \frac{y}{1} = \frac{z+1}{0}.$$

【评注】(1)平面、直线方程的求解与几种常见的形式需要大家根据几何意义记忆,简单归纳如下.

①直线:一般式——两平面交线,点向式——向量共线,参数式——向量共线.

②平面:点法式——法向量垂直于平面任意直线,3点式——3向量共面,一般式——统一形式(几何意义不明显).

③平面束方程:经过直线 $L : \begin{cases} A_1 x + B_1 y + C_1 z + D_1 = 0, \\ A_2 x + B_2 y + C_2 z + D_2 = 0 \end{cases}$ 的平面可表示为

$$\lambda(A_1 x + B_1 y + C_1 z + D_1) + \mu(A_2 x + B_2 y + C_2 z + D_2) = 0,$$

其中 λ, μ 为待定参数,根据已知条件确定 λ, μ 的比值即可得到平面的方程.

(2)直线和平面的相关夹角主要转化成直线的方向向量和平面的法向量的夹角来求解,需要画出草图去理解公式,而不是死记硬背.

(3)点到直线的距离公式很容易从几何上理解(平行四边形面积除以底边长),而点到平面的距离公式几何意义不是很明显,需要简单推导,但是公式形式很简单,大家可以直接类比中学时点到直线的距离公式记住,无须理解.

(4)解题过程中,要先从几何上分析确定思路,再列式求解,需要注意直线的方向向量和平面的法向量虽然有三个分量,但是我们只需要两个条件确定三个分量的比例关系即可.

72题精解视频

72 求经过直线 $\begin{cases} x+5y+z=0, \\ x-z+4=0 \end{cases}$ 且与平面 $x-4y-8z+12=0$ 交成 $\frac{\pi}{4}$ 角的平面方程.

知识点睛 0406 平面及其方程

解 过直线 L 的平面束方程为

$$\lambda(x+5y+z) + \mu(x-z+4) = 0, \text{即}(\lambda+\mu)x + 5\lambda y + (\lambda-\mu)z + 4\mu = 0,$$

则所求平面的法向量为 $\boldsymbol{n}_1 = \{\lambda+\mu, 5\lambda, \lambda-\mu\}$,而已知平面的法向量为 $\boldsymbol{n}_2 = \{1, -4, -8\}$,所以

$$\cos\frac{\pi}{4} = \frac{|\boldsymbol{n}_1 \cdot \boldsymbol{n}_1|}{|\boldsymbol{n}_1| \cdot |\boldsymbol{n}_2|} = \frac{|3\lambda - \mu|}{\sqrt{27\lambda^2 + 2\mu^2}} = \frac{\sqrt{2}}{2},$$

解得 $\lambda = 0$ 或 $\frac{\lambda}{\mu} = -\frac{4}{3}$.故所求平面方程为

$$x-z+4=0, \text{或} x+20y+7z-12=0.$$

73 点 $P(2,-1,-1)$ 关于平面 π 的对称点为 $P_1(-2,3,11)$,求 π 的方程.

知识点睛 0406 平面及其方程

解 PP_1 的中点坐标为 $M_0(0,1,5)$.取法向量 $\boldsymbol{n} = \overrightarrow{PP_1} = \{-4,4,12\}$,则 π 的方程为

$$-4(x-0) + 4(y-1) + 12(z-5) = 0, \text{即} x-y-3z+16=0.$$

74 设两直线

$$L_1 : \begin{cases} x-3y+z=0, \\ 2x-4y+z+1=0; \end{cases} \qquad L_2 : \frac{x}{1} = \frac{y+1}{3} = \frac{z-2}{4},$$

（1）证明 L_1 与 L_2 是异面直线；

（2）求 L_1 与 L_2 之间的距离；

（3）求过 L_1 且平行于 L_2 的平面方程.

知识点睛 0406 平面及其方程，0409 直线间的位置关系

解 （1）L_1 上取点 $P_1(0,1,3)$，L_2 上取点 $P_2(0,-1,2)$.

$$s_1=\{1,-3,1\}\times\{2,-4,1\}=\{1,1,2\},s_2=\{1,3,4\}.$$

因为

$$[\overrightarrow{P_1P_2},s_1,s_2]=(\overrightarrow{P_1P_2}\times s_1)\cdot s_2=\begin{vmatrix}0&-2&-1\\1&1&2\\1&3&4\end{vmatrix}=2\neq0,$$

所以，$\overrightarrow{P_1P_2},s_1,s_2$ 不共面，从而 L_1 与 L_2 是异面直线.

（2）取公垂向量 $s=s_1\times s_2=\{-2,-2,2\}$，则 L_1 与 L_2 之间的距离为

$$d=\left|\mathrm{Prj}_s\overrightarrow{P_1P_2}\right|=\left|\overrightarrow{P_1P_2}\cdot\frac{s}{|s|}\right|=\frac{1}{\sqrt{3}}.$$

（3）$-2(x-0)-2(y-1)+2(z-3)=0$，即 $x+y-z+2=0$.

75 求直线 $L:\begin{cases}2x-y+z-1=0,\\x+y-z+1=0\end{cases}$ 在平面 $\pi:x+2y-z=0$ 上的投影直线方程.

知识点睛 0415 投影曲线方程

解 过直线 L 的平面束方程为

$$\lambda(2x-y+z-1)+\mu(x+y-z+1)=0,$$

即

$$(2\lambda+\mu)x+(-\lambda+\mu)y+(\lambda-\mu)z+(-\lambda+\mu)=0,\qquad①$$

则与平面 π 垂直的平面 π_1 的法向量为 $n_1=\{2\lambda+\mu,-\lambda+\mu,\lambda-\mu\}$.

由题意知 $n_1\perp n$，其中 $n=\{1,2,-1\}$，从而

$$1\cdot(2\lambda+\mu)+2\cdot(-\lambda+\mu)-1\cdot(\lambda-\mu)=0,$$

解得 $\lambda=4\mu$.代回①得与平面 π 垂直的平面方程为 $3x-y+z-1=0$.

所求直线 L 在平面 π 上的投影直线应为平面 π 与平面 π_1 的交线，即

$$\begin{cases}x+2y-z=0,\\3x-y+z-1=0.\end{cases}$$

76 设直线 $L:\begin{cases}x+y-z-1=0,\\x-y+z+1=0\end{cases}$ 及平面 $\pi:x+y+z=0$.

（1）求直线 L 在平面 π 上的投影直线 L_0 的方程；

（2）求直线 L_0 绕 z 轴旋转一周所成的曲面方程.

知识点睛 0413 旋转曲面方程

解 （1）设过直线 L 且垂直于平面 π 的平面为 π_1，L 的方向向量

$$s=\{1,1,-1\}\times\{1,-1,1\}=\{0,-2,-2\},$$

π_1 的法向量 $n_1=s\times n=\{0,-2,-2\}\times\{1,1,1\}=\{0,-2,2\}$.

在 L 上取点 $(0,0,-1)$，则平面 π_1 的方程

$$-2(y-0)+2(z+1)=0,\quad 即\quad y-z-1=0,$$

平面 π 与 π_1 的交线即为 L_0：$\begin{cases} x+y+z=0, \\ y-z-1=0. \end{cases}$

（2）在 L_0 上取点 $(-1,1,0)$. L_0 的方向向量
$$s_0 = \{1,1,1\} \times \{0,1,-1\} = \{-2,1,1\},$$

直线 L_0 的对称式方程：
$$\frac{x+1}{-2} = \frac{y-1}{1} = \frac{z}{1},$$

参数式方程：
$$\begin{cases} x = -1-2t, \\ y = 1+t, \\ z = t, \end{cases}$$

绕 z 轴旋转所得的旋转曲面方程为
$$\begin{cases} x^2+y^2 = (-1-2t)^2+(1+t)^2, \\ z=t, \end{cases}$$

消去 t，得 $x^2+y^2-5z^2-6z-2=0$.

77 求到点 $(a,0,0)$ 与平面 $x=-a$ 距离相等的点的轨迹所满足的方程.

知识点睛 0410 点到直线的距离

解 设动点为 $M(x,y,z)$. 依题意，有
$$\sqrt{(x-a)^2+y^2+z^2} = |x+a|. \text{即 } 4ax = y^2+z^2.$$

78 求以 $C:\begin{cases} x^2+y^2+z^2=1, \\ 2x^2+2y^2+z^2=2 \end{cases}$ 为准线，母线方向为 $v = \{-1,0,1\}$ 的柱面方程.

知识点睛 0413 柱面方程

解 设 $M(x,y,z)$ 为柱面上任意一点，$M_1(x_1,y_1,z_1) \in C$ 且 $\overrightarrow{MM_1} /\!/ v$，由题意得
$$\begin{cases} x_1^2+y_1^2+z_1^2=1, \\ 2x_1^2+2y_1^2+z_1^2=2, \\ x=x_1-t, \\ y=y_1, \\ z=z_1+t, \end{cases}$$

消去 x_1,y_1,z_1，得
$$\begin{cases} (x+t)^2+y^2+(z-t)^2=1, \\ 2(x+t)^2+2y^2+(z-t)^2=2, \end{cases}$$

再消去参数 t，可得所求柱面方程为
$$x^2+y^2+z^2+2xz-1=0.$$

第5章
多元函数微分学

知识要点

一、多元函数的基本概念

1.二元函数的概念

设 D 是 $\mathbf{R}^2$ 中的一个平面点集,如果对每个点 $P(x,y) \in D$,按照一定的对应法则 f,总有唯一确定的数值 z 与之对应,则称 f 是 x、y 的二元函数,记为

$$z = f(x,y), (x,y) \in D,$$

并称 x、y 为自变量,z 为因变量,点集 D 为函数 f 的定义域.

在空间直角坐标系中,二元函数 $z=f(x,y)$ 的图形通常是一张曲面,它的定义域是这张曲面在 xOy 平面上的投影.

类似地,可以定义三元以及三元以上的函数.二元及二元以上的函数,统称为多元函数.

2.二元函数的极限

设二元函数 $z=f(x,y)$ 定义在平面点集 E 上,点 $P_0(x_0,y_0)$ 是 E 的聚点,A 为一常数.若对于任意给定的正数 ε,总存在正数 δ,使得适合不等式 $0 < |P_0P| = \sqrt{(x-x_0)^2+(y-y_0)^2} < \delta$ 的一切点 $P(x,y)$,都有

$$|f(x,y) - A| < \varepsilon$$

成立,则称 A 为函数 $z=f(x,y)$ 当 $x \to x_0$,$y \to y_0$ 时的极限,记为 $\lim\limits_{\substack{x \to x_0 \\ y \to y_0}} f(x,y) = A$.

为了区别于一元函数极限,把上述二元函数的极限叫做二重极限.

所谓二重极限存在,是指点 $P(x,y)$ 以任何方式无限趋于点 $P_0(x_0,y_0)$ 时,函数 $f(x,y)$ 都趋于同一数值 A.因此,如果点 $P(x,y)$ 以某一特殊方式,例如沿某一定直线或定曲线趋近于点 $P_0(x_0,y_0)$ 时,即使函数趋于某一确定值,也不能由此断定函数的极限存在.但是,如果当点 $P(x,y)$ 以不同方式趋于 $P_0(x_0,y_0)$ 时,函数趋于不同的值,那么就可以断定该函数在点 $P_0(x_0,y_0)$ 的极限不存在.

3.二元函数的连续性

设函数 $z=f(x,y)$ 的定义域为 D,$P_0(x_0,y_0)$ 是 D 的聚点,且 $P_0 \in D$,若

$$\lim\limits_{\substack{x \to x_0 \\ y \to y_0}} f(x,y) = f(x_0,y_0),$$

则称函数 $z=f(x,y)$ 在点 P_0 处连续.

若函数在区域 D 内的每一点都连续,则称函数 $f(x,y)$ 在区域 D 内连续.

多元初等函数在其定义域内是连续函数.

4.有界闭区域上二元连续函数的性质

最大值和最小值定理 在有界闭区域上的二元连续函数,在该区域上至少取得它的最大值和最小值各一次.

介值定理 在有界闭区域上的二元连续函数,如果取得两个不同的函数值,则函数在该区域上必取得介于这两个值之间的任何值.

特别地,若 μ 是介于在有界闭区域上连续的函数 $f(x,y)$ 的最小值 m 和最大值 M 之间的一个数,则在该区域中至少存在一点 $P(\xi,\eta)$,使得 $f(\xi,\eta)=\mu$.

二、偏导数与全微分

1.偏导数的定义

$$\frac{\partial z}{\partial x} = \lim_{\Delta x \to 0} \frac{f(x+\Delta x,y) - f(x,y)}{\Delta x},$$

$$\frac{\partial z}{\partial y} = \lim_{\Delta y \to 0} \frac{f(x,y+\Delta y) - f(x,y)}{\Delta y}.$$

2.高阶偏导数

函数 $z=f(x,y)$ 在区域 D 内的偏导数 $f_x'(x,y)$,$f_y'(x,y)$ 存在时,仍然是 x,y 的二元函数,若这两个函数的偏导数

$$\frac{\partial}{\partial x}\left(\frac{\partial z}{\partial x}\right) = \frac{\partial^2 z}{\partial x^2} = f_{xx}''(x,y), \qquad \frac{\partial}{\partial y}\left(\frac{\partial z}{\partial x}\right) = \frac{\partial^2 z}{\partial x \partial y} = f_{xy}''(x,y),$$

$$\frac{\partial}{\partial x}\left(\frac{\partial z}{\partial y}\right) = \frac{\partial^2 z}{\partial y \partial x} = f_{yx}''(x,y), \qquad \frac{\partial}{\partial y}\left(\frac{\partial z}{\partial y}\right) = \frac{\partial^2 z}{\partial y^2} = f_{yy}''(x,y)$$

也存在,则称它们是函数 $z=f(x,y)$ 的二阶偏导数.

二阶偏导数 $\dfrac{\partial^2 z}{\partial x \partial y}$ 与 $\dfrac{\partial^2 z}{\partial y \partial x}$ 称为函数 $z=f(x,y)$ 的二阶混合偏导数.当这两个二阶混合偏导数在区域 D 内连续时,则在该区域 D 内有

$$\frac{\partial^2 z}{\partial x \partial y} = \frac{\partial^2 z}{\partial y \partial x}.$$

3.全微分的定义

设点 $P_0(x_0,y_0)$ 为 $f(x,y)$ 定义域 D 的一个内点,如果函数 $z=f(x,y)$ 在点 $P_0(x_0,y_0)$ 处的全增量 Δz 可表示为

$$\Delta z = f(x_0+\Delta x,y_0+\Delta y) - f(x_0,y_0) = A\Delta x + B\Delta y + o(\rho),$$

其中 A,B 是与 $\Delta x,\Delta y$ 无关的常数.则称函数 $z=f(x,y)$ 在点 $P_0(x_0,y_0)$ 处可微,并称函数 $z=f(x,y)$ 的全增量 Δz 的线性主部 $A\Delta x+B\Delta y$ 为函数 $z=f(x,y)$ 在点 $P_0(x_0,y_0)$ 处的全微分,记作

$$\mathrm{d}z = A\Delta x + B\Delta y = A\mathrm{d}x + B\mathrm{d}y \ (\mathrm{d}x = \Delta x, \mathrm{d}y = \Delta y).$$

当函数 $z=f(x,y)$ 在点 $P_0(x_0,y_0)$ 处可微时,有

$$\mathrm{d}z\big|_{(x_0,y_0)} = f_x'(x_0,y_0)\mathrm{d}x + f_y'(x_0,y_0)\mathrm{d}y.$$

4.全微分的形式不变性

设 $z=f(u,v)$ 具有连续偏导数,$u=\varphi(x,y)$,$v=\psi(x,y)$ 也具有连续偏导数,则复合函数 $z=f[\varphi(x,y),\psi(x,y)]$ 在点 (x,y) 处的全微分为

$$dz = \frac{\partial z}{\partial u}du + \frac{\partial z}{\partial v}dv.$$

5.证明函数$f(x,y)$**在点**(x_0,y_0)**处可微的方法**

若$\lim\limits_{\substack{\Delta x \to 0 \\ \Delta y \to 0}} \dfrac{f(x_0+\Delta x,y_0+\Delta y)-f(x_0,y_0)-f_x'(x_0,y_0)\Delta x-f_y'(x_0,y_0)\Delta y}{\sqrt{(\Delta x)^2+(\Delta y)^2}}=0$，则$f(x,y)$在点

(x_0,y_0)处可微，否则不可微.

6.函数连续、偏导数存在、偏导数连续、可微之间的关系

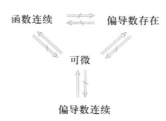

三、多元复合函数的求导法则

1.复合函数的偏导数

设函数$u=\varphi(x,y)$，$v=\psi(x,y)$在点(x,y)处存在偏导数，又函数$z=f(u,v)$在对应点(u,v)处具有连续的一阶偏导数，则复合函数$z=f[\varphi(x,y),\psi(x,y)]$在点$(x,y)$处对$x$及$y$的偏导数均存在，且有

$$\frac{\partial z}{\partial x}=\frac{\partial z}{\partial u}\cdot\frac{\partial u}{\partial x}+\frac{\partial z}{\partial v}\cdot\frac{\partial v}{\partial x}, \qquad \frac{\partial z}{\partial y}=\frac{\partial z}{\partial u}\cdot\frac{\partial u}{\partial y}+\frac{\partial z}{\partial v}\cdot\frac{\partial v}{\partial y}.$$

2.全导数

设函数$z=f(u,v)$，而$u=\varphi(x)$，$v=\psi(x)$，则$z=f[\varphi(x),\psi(x)]$是x的一元函数，且

$$\frac{dz}{dx}=\frac{\partial z}{\partial u}\cdot\frac{du}{dx}+\frac{\partial z}{\partial v}\cdot\frac{dv}{dx},$$

称$\dfrac{dz}{dx}$为z关于x的全导数.

四、隐函数的求导法则

1.一元隐函数求导法则

设函数$F(x,y)$在点$P(x_0,y_0)$的某个邻域内具有连续的偏导数$F_x'(x,y)$，$F_y'(x,y)$，且$F(x_0,y_0)=0$，$F_y'(x_0,y_0)\neq0$，则在(x_0,y_0)的某邻域内，方程$F(x,y)=0$恒能唯一确定一个具有连续导数的函数$y=f(x)$，它满足条件$y_0=f(x_0)$，并有

$$\frac{dy}{dx}=-\frac{F_x'(x,y)}{F_y'(x,y)}.$$

2.二元隐函数求导法则

设函数$F(x,y,z)$在点$P(x_0,y_0,z_0)$的某个邻域内具有连续的偏导数$F_x'(x,y,z)$，$F_y'(x,y,z)$，$F_z'(x,y,z)$，且$F(x_0,y_0,z_0)=0$，$F_z'(x_0,y_0,z_0)\neq0$，则在点(x_0,y_0,z_0)的某一邻域内，方程$F(x,y,z)=0$恒能唯一确定一个具有连续偏导数的函数$z=f(x,y)$，它满足条件$z_0=f(x_0,y_0)$，并有

$$\frac{\partial z}{\partial x} = -\frac{F'_x(x,y,z)}{F'_z(x,y,z)}, \qquad \frac{\partial z}{\partial y} = -\frac{F'_y(x,y,z)}{F'_z(x,y,z)}.$$

五、多元函数微分学在几何上的应用

1. 空间曲线的切线与法平面

设空间曲线的参数方程为

$$\begin{cases} x = x(t), \\ y = y(t), \\ z = z(t), \end{cases}$$

其中 $x=x(t)$, $y=y(t)$, $z=z(t)$ 均为 t 的可微函数, 且 $x'(t)$、$y'(t)$、$z'(t)$ 不同时为零, 则当 $t=t_0$ 时, 曲线上对应点 $M_0(x_0,y_0,z_0)$ 处的切线方程为

$$\frac{x-x_0}{x'(t_0)} = \frac{y-y_0}{y'(t_0)} = \frac{z-z_0}{z'(t_0)},$$

法平面方程为

$$x'(t_0)(x-x_0) + y'(t_0)(y-y_0) + z'(t_0)(z-z_0) = 0.$$

2. 曲面的切平面与法线

设曲面方程为 $F(x,y,z)=0$, 其中 $F(x,y,z)$ 具有连续的偏导数 F'_x, F'_y, F'_z, 且它们不同时为零. 则在曲面上点 $M_0(x_0,y_0,z_0)$ 处的切平面方程为

$$F'_x(x_0,y_0,z_0)(x-x_0) + F'_y(x_0,y_0,z_0)(y-y_0) + F'_z(x_0,y_0,z_0)(z-z_0) = 0,$$

法线方程为

$$\frac{x-x_0}{F'_x(x_0,y_0,z_0)} = \frac{y-y_0}{F'_y(x_0,y_0,z_0)} = \frac{z-z_0}{F'_z(x_0,y_0,z_0)}.$$

若曲面方程为 $z=f(x,y)$, 且 $f(x,y)$ 具有连续的偏导数, 则曲面上点 $M_0(x_0,y_0,z_0)$ 处的切平面方程为

$$f'_x(x_0,y_0)(x-x_0) + f'_y(x_0,y_0)(y-y_0) - (z-z_0) = 0,$$

法线方程为

$$\frac{x-x_0}{f'_x(x_0,y_0)} = \frac{y-y_0}{f'_y(x_0,y_0)} = \frac{z-z_0}{-1}.$$

六、方向导数与梯度

1. 方向导数

设函数 $z=f(x,y)$ 在点 $P(x,y)$ 的某个邻域内有定义, 过点 P 引射线 l(如图 1 所示), 在 l 上点 P 的邻近取一动点

$$P'(x+\Delta x, y+\Delta y),$$

记 P 与 P' 的距离为

$$\rho = \sqrt{(\Delta x)^2 + (\Delta y)^2},$$

当 P' 沿 l 趋于 P 时, 如果极限

$$\lim_{P'\to P}\frac{f(P')-f(P)}{|PP'|} = \lim_{\rho\to 0}\frac{f(x+\Delta x, y+\Delta y)-f(x,y)}{\rho}$$

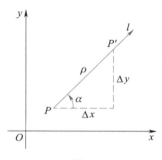

图 1

存在,则称此极限值为函数 $z=f(x,y)$ 在点 P 沿方向 l 的方向导数,记为 $\dfrac{\partial z}{\partial l}$.

当函数 $z=f(x,y)$ 在点 $P(x,y)$ 处可微,射线 l 的方向余弦为 $\cos\alpha,\cos\beta$ 时

$$\frac{\partial z}{\partial l} = \frac{\partial z}{\partial x} \cdot \cos\alpha + \frac{\partial z}{\partial y} \cdot \cos\beta.$$

同样,三元函数 $u=f(x,y,z)$ 在点 $P(x,y,z)$ 处可微时,则沿方向余弦为 $\cos\alpha,\cos\beta$, $\cos\gamma$ 的射线 l 的方向导数为

$$\frac{\partial u}{\partial l} = \frac{\partial u}{\partial x} \cdot \cos\alpha + \frac{\partial u}{\partial y} \cdot \cos\beta + \frac{\partial u}{\partial z} \cdot \cos\gamma.$$

2.梯度

设函数 $z=f(x,y)$ 具有连续的一阶偏导数,则函数 $z=f(x,y)$ 在点 $P(x,y)$ 处的梯度是一个向量,记为 **grad** z,它在 x,y 坐标轴上的投影分别为在该点处的偏导数 $\dfrac{\partial z}{\partial x}$ 与 $\dfrac{\partial z}{\partial y}$,即

$$\mathbf{grad}\ z = \frac{\partial z}{\partial x}\boldsymbol{i} + \frac{\partial z}{\partial y}\boldsymbol{j}.$$

函数 $z=f(x,y)$ 在点 $P(x,y)$ 处沿 l 方向上的方向导数 $\dfrac{\partial z}{\partial l}$,等于函数在该点处的梯度 **grad** z 在 l 方向上的投影,即

$$\frac{\partial z}{\partial l} = \mathbf{grad}\ z \cdot \boldsymbol{l}^0,$$

其中,$\boldsymbol{l}^0$ 是射线 l 方向上的单位向量.

函数 $z=f(x,y)$ 在点 P 处的梯度 **grad** z 的模是函数 z 在该点处方向导数的最大值,它的方向与函数 z 在点 P 处取得最大方向导数的方向一致.

同样,三元函数 $u=f(x,y,z)$ 具有连续的一阶偏导数时,函数 u 在点 $P(x,y,z)$ 处的梯度为

$$\mathbf{grad}\ u = \frac{\partial u}{\partial x}\boldsymbol{i} + \frac{\partial u}{\partial y}\boldsymbol{j} + \frac{\partial u}{\partial z}\boldsymbol{k}.$$

七、多元函数的极值与最值

1.极值

(1)极值的定义　设函数 $z=f(x,y)$ 在点 $P_0(x_0,y_0)$ 的某个邻域内有定义,对于该邻域内异于 $P_0(x_0,y_0)$ 的点 $P(x,y)$,如果都满足不等式 $f(x,y)<f(x_0,y_0)$,则称函数在点 $P_0(x_0,y_0)$ 处有极大值 $f(x_0,y_0)$;如果都满足不等式 $f(x,y)>f(x_0,y_0)$,则称函数在点 $P_0(x_0,y_0)$ 处有极小值 $f(x_0,y_0)$.极大值、极小值统称为极值.使函数取极值的点称为极值点.

(2)极值存在的必要条件

若函数 $z=f(x,y)$ 在点 $P_0(x_0,y_0)$ 处偏导数存在且取极值,则必有

$$f'_x(x_0,y_0)=0,\quad f'_y(x_0,y_0)=0.$$

（3）极值存在的充分条件

设函数 $z=f(x,y)$ 在点 $P_0(x_0,y_0)$ 的某邻域内具有二阶连续偏导数,且 $f_x'(x_0,y_0)=0$, $f_y'(x_0,y_0)=0$,记 $A=f_{xx}''(x_0,y_0)$,$B=f_{xy}''(x_0,y_0)$,$C=f_{yy}''(x_0,y_0)$.

①若 $AC-B^2>0$,则 $f(x_0,y_0)$ 是极值,当 $A<0$ 时,$f(x_0,y_0)$ 是极大值;当 $A>0$ 时,$f(x_0,y_0)$ 是极小值.

②若 $AC-B^2<0$,则 $f(x_0,y_0)$ 不是极值.

③若 $AC-B^2=0$,则 $f(x_0,y_0)$ 可能是极值,也可能不是极值.

2.条件极值、拉格朗日乘数法

（1）函数 $u=f(x,y)$ 在附加条件 $\varphi(x,y)=0$ 下的极值称为条件极值.

拉格朗日乘数法　求条件极值时,可作函数

$$F(x,y,\lambda)=f(x,y)+\lambda\varphi(x,y),$$

其中,λ 为拉格朗日乘数,则点 (x,y) 是极值点的必要条件为

$$\begin{cases} F_x'(x,y,\lambda)=f_x'(x,y)+\lambda\varphi_x'(x,y)=0, \\ F_y'(x,y,\lambda)=f_y'(x,y)+\lambda\varphi_y'(x,y)=0, \\ F_\lambda'(x,y,\lambda)=\varphi(x,y)=0, \end{cases}$$

从上述方程组中解出 x,y 的值,则点 (x,y) 就是条件极值的可能极值点.

（2）函数 $u=f(x,y,z)$ 在附加条件 $\varphi(x,y,z)=0$ 和 $\psi(x,y,z)=0$ 下的极值.

作拉格朗日函数:

$L(x,y,z,\lambda,\mu)=f(x,y,z)+\lambda\varphi(x,y,z)+\mu\psi(x,y,z)$,其中 λ,μ 为拉格朗日乘数,则点 (x,y,z) 为极值点的必要条件为

$$\begin{cases} L_x'(x,y,z,\lambda,\mu)=f_x'(x,y,z)+\lambda\varphi_x'(x,y,z)+\mu\psi_x'(x,y,z)=0, \\ L_y'(x,y,z,\lambda,\mu)=f_y'(x,y,z)+\lambda\varphi_y'(x,y,z)+\mu\psi_y'(x,y,z)=0, \\ L_z'(x,y,z,\lambda,\mu)=f_z'(x,y,z)+\lambda\varphi_z'(x,y,z)+\mu\psi_z'(x,y,z)=0, \\ L_\lambda'(x,y,z,\lambda,\mu)=\varphi(x,y,z)=0, \\ L_\mu'(x,y,z,\lambda,\mu)=\psi(x,y,z)=0, \end{cases}$$

从上述方程组中解出 (x,y,z),则点 (x,y,z) 就是可能的极值点.

3.函数的最大值和最小值

若二元函数 $f(x,y)$ 在有界闭域 D 上连续,则 $f(x,y)$ 在 D 上必定能取得最大值和最小值.

求函数最大值、最小值的一般方法是把函数 $f(x,y)$ 在区域 D 内部的所有可能的极值点处的函数值连同边界上的函数值加以比较,最大者为最大值,最小者为最小值.

如果根据实际问题的性质已经知道函数的最大值（最小值）一定在区域 D 内部取得,而函数在区域 D 内只有唯一驻点,则该驻点处的函数值就是函数 $f(x,y)$ 在区域 D 上的最大值（最小值）.

八、二元函数的泰勒公式

设函数 $z=f(x,y)$ 在点 (x_0,y_0) 的某一邻域内连续且有直到 $(n+1)$ 阶的连续偏导数,并设 (x_0+h,y_0+k) 为此邻域内任意一点,我们有二元函数的 n 阶泰勒公式

$$f(x_0 + h, y_0 + k) = f(x_0, y_0) + \left(h\frac{\partial}{\partial x} + k\frac{\partial}{\partial y}\right)f(x_0, y_0) +$$

$$\frac{1}{2!}\left(h\frac{\partial}{\partial x} + h\frac{\partial}{\partial y}\right)^2 f(x_0, y_0) + \cdots + \frac{1}{n!}\left(h\frac{\partial}{\partial x} + h\frac{\partial}{\partial y}\right)^n f(x_0, y_0) + R_n, \qquad ①$$

其中

$$R_n = \frac{1}{(n+1)!}\left(h\frac{\partial}{\partial x} + k\frac{\partial}{\partial y}\right)^{n+1} f(x_0 + \theta h, y + \theta k), \quad 0 < \theta < 1$$

叫做拉格朗日型余项.

特别地,当 $n = 0$ 时,公式①成为

$$f(x_0 + h, y_0 + k) = f(x_0, y_0) + hf'_x(x_0 + \theta h, y_0 + \theta k) + kf'_y(x_0 + \theta h, y_0 + \theta k),$$

它叫做二元函数的拉格朗日中值定理.

当 $n = 1$ 时,公式①成为

$$f(x_0 + h, y_0 + k) = f(x_0, y_0) + hf'_x(x_0, y_0) + kf'_y(x_0, y_0) + \frac{1}{2!}[h^2 f''_{xx}(x_0 + \theta h, y_0 + \theta k) +$$

$$2hk f''_{xy}(x_0 + \theta h, y_0 + \theta k) + k^2 f''_{yy}(x_0 + \theta h, y_0 + \theta k)], \quad 0 < \theta < 1.$$

§5.1　求多元函数的偏导数及全微分

1 二元函数 $f(x,y) = \begin{cases} \dfrac{xy}{x^2+y^2}, & (x,y) \neq (0,0), \\ 0, & (x,y) = (0,0) \end{cases}$ 在点 $(0, 0)$ 处(　　).

1997 数学一,
3 分

（A）连续,偏导数存在　　　　　　　（B）连续,偏导数不存在
（C）不连续,偏导数存在　　　　　　　（D）不连续,偏导数不存在

知识点睛　0501 二元函数的概念,0505 多元函数的偏导数与连续的关系

1 题精解视频

解　由于 $\lim\limits_{\substack{x\to 0 \\ y=kx}}\dfrac{xy}{x^2+y^2} = \lim\limits_{x\to 0}\dfrac{kx^2}{x^2+k^2x^2} = \dfrac{k}{1+k^2}$,随 k 的变化而变化,所以 $\lim\limits_{\substack{x\to 0 \\ y\to 0}}\dfrac{xy}{x^2+y^2}$ 不存在,从而 $f(x,y)$ 在点 $(0,0)$ 处不连续,排除（A）,（B）.

由偏导数的定义 $f'_x(0,0) = \lim\limits_{x\to 0}\dfrac{f(x,0) - f(0,0)}{x} = 0$,同理 $f'_y(0,0) = 0$.在点 $(0,0)$ 处的偏导数均存在,应选（C）.

【评注】对于一元函数来说可导一定连续,但对于多元函数来说,偏导数存在但不一定连续.

2 考虑二元函数 $f(x,y)$ 的下面 4 条性质:

2002 数学一,
3 分

①$f(x,y)$ 在点 (x_0,y_0) 处连续;

②$f(x,y)$ 在点 (x_0,y_0) 处的两个偏导数连续;

③$f(x,y)$ 在点 (x_0,y_0) 处可微;

④$f(x,y)$ 在点 (x_0,y_0) 处的两个偏导数存在,

若用"$P \Rightarrow Q$"表示可由性质 P 推出性质 Q,则有(　　).

（A）②⇒③⇒①　　　　　　　　　　（B）③⇒②⇒①

（C）③⇒④⇒①　　　　　　　　　　（D）③⇒①⇒④

知识点睛　偏导数的存在性与函数的可微性之间的关系.

解　直接利用偏导数存在的、可微的相关结论,即可知选（A）.

2008 数学三,
4 分

3 设 $f(x,y)=\mathrm{e}^{\sqrt{x^2+y^4}}$,则（　　　）.

（A）$f'_x(0,0)$,$f'_y(0,0)$ 都存在　　　　（B）$f'_x(0,0)$ 不存在,$f'_y(0,0)$ 存在

（C）$f'_x(0,0)$ 存在,$f'_y(0,0)$ 不存在　　　（D）$f'_x(0,0)$,$f'_y(0,0)$ 都不存在

知识点睛　0505 多元函数的偏导数.

解　$f'_x(0,0)=\lim\limits_{\Delta x\to 0}\dfrac{f(\Delta x,0)-f(0,0)}{\Delta x}=\lim\limits_{\Delta x\to 0}\dfrac{\mathrm{e}^{\sqrt{(\Delta x)^2}}-1}{\Delta x}=\lim\limits_{\Delta x\to 0}\dfrac{\mathrm{e}^{|\Delta x|}-1}{\Delta x}=\lim\limits_{\Delta x\to 0}\dfrac{|\Delta x|}{\Delta x}$,

极限不存在,所以偏导数 $f'_x(0,0)$ 不存在.

$$f'_y(0,0)=\lim\limits_{\Delta y\to 0}\dfrac{f(0,\Delta y)-f(0,0)}{\Delta y}=\lim\limits_{\Delta y\to 0}\dfrac{\mathrm{e}^{\sqrt{(\Delta y)^4}}-1}{\Delta y}$$

$$=\lim\limits_{\Delta y\to 0}\dfrac{\mathrm{e}^{(\Delta y)^2}-1}{\Delta y}=\lim\limits_{\Delta y\to 0}\dfrac{(\Delta y)^2}{\Delta y}=0,$$

偏导数 $f'_y(0,0)$ 存在.应选（B）.

2012 数学二,
4 分

4 设函数 $f(x,y)$ 可微,且对任意的 x,y 都有 $\dfrac{\partial f(x,y)}{\partial x}>0$,$\dfrac{\partial f(x,y)}{\partial y}<0$,则使不等式

$f(x_1,y_1)<f(x_2,y_2)$ 成立的一个充分条件是（　　　）.

（A）$x_1>x_2$,$y_1<y_2$　　　　　　（B）$x_1>x_2$,$y_1>y_2$

（C）$x_1<x_2$,$y_1<y_2$　　　　　　（D）$x_1<x_2$,$y_1>y_2$

知识点睛　导数与偏导数的关系

解　根据导数与偏导数的关系,利用一元函数单调性的判定方法.

若 $x_1<x_2,y_1>y_2$,则由 $\dfrac{\partial f(x,y)}{\partial x}>0$,有 $f(x_1,y_1)<f(x_2,y_1)$,由 $\dfrac{\partial f(x,y)}{\partial y}<0$,有

$$f(x_2,y_1)<f(x_2,y_2),\quad 即\quad f(x_1,y_1)<f(x_2,y_1)<f(x_2,y_2).$$

可知选（D）.

2017 数学二,
4 分

5 题精解视频

5 设 $f(x,y)$ 具有一阶偏导数,且在任意的 (x,y),都有 $\dfrac{\partial f(x,y)}{\partial x}>0$,$\dfrac{\partial f(x,y)}{\partial y}<0$,则

（　　　）.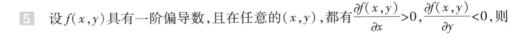

（A）$f(0,0)>f(1,1)$　　　　　　　（B）$f(0,0)<f(1,1)$

（C）$f(0,1)>f(1,0)$　　　　　　　（D）$f(0,1)<f(1,0)$

知识点睛　0505 多元函数的偏导数

解　由 $\dfrac{\partial f(x,y)}{\partial x}>0$ 知 $f(x,y)$ 关于 x 单调增加,则 $f(1,y)>f(0,y)$.

由 $\dfrac{\partial f(x,y)}{\partial y}<0$ 知 $f(x,y)$ 关于 y 单调减少,则 $f(x,0)>f(x,1)$.

综合以上两个不等式,有 $f(1,0)>f(0,0)>f(0,1)$.应选（D）.

⑥ 已知函数 $f(x,y) = \dfrac{\mathrm{e}^x}{x-y}$，则（　　　）.

Ⓚ 2016 数学二、数学三，4 分

（A）$f'_x - f'_y = 0$　　　　　　（B）$f'_x + f'_y = 0$

（C）$f'_x - f'_y = f$　　　　　　（D）$f'_x + f'_y = f$

知识点睛　0505 多元函数的偏导数

解　直接计算，与选择项比较.

$$f'_x = \frac{\mathrm{e}^x(x-y) - \mathrm{e}^x}{(x-y)^2}, \quad f'_y = \frac{\mathrm{e}^x}{(x-y)^2},$$

因而 $f'_x + f'_y = \dfrac{\mathrm{e}^x}{x-y} = f.$ 应选（D）.

⑦　设函数 $f(x,y)$ 具有一阶连续偏导数，且 $\mathrm{d}f(x,y) = y\mathrm{e}^y\mathrm{d}x + x(1+y)\mathrm{e}^y\mathrm{d}y$，$f(0,0) = 0$，则 $f(x,y) = $ _____ .

Ⓚ 2017 数学二，4 分

知识点睛　0506 多元函数的全微分.

解　由题知 $\dfrac{\partial f}{\partial x} = y\mathrm{e}^y$，$\dfrac{\partial f}{\partial y} = x(1+y)\mathrm{e}^y$，对 $\dfrac{\partial f}{\partial x} = y\mathrm{e}^y$ 积分，得

$$f(x,y) = \int y\mathrm{e}^y \mathrm{d}x = xy\mathrm{e}^y + \varphi(y),$$

则 $\dfrac{\partial f}{\partial y} = x(1+y)\mathrm{e}^y + \varphi'(y) = x(1+y)\mathrm{e}^y$，得 $\varphi'(y) = 0$，有 $\varphi(y) = C$，因而 $f(x,y) = xy\mathrm{e}^y + C.$

由 $f(0,0) = 0$ 得 $C = 0$，$f(x,y) = xy\mathrm{e}^y.$ 应填 $xy\mathrm{e}^y.$

⑧　设函数 $f(u)$ 可导，$z = yf\left(\dfrac{y^2}{x}\right)$，则 $2x\dfrac{\partial z}{\partial x} + y\dfrac{\partial z}{\partial y} = $ _____ .

Ⓚ 2019 数学二，4 分

知识点睛　0505 多元函数的偏导数

解　$\dfrac{\partial z}{\partial x} = yf'\left(\dfrac{y^2}{x}\right) \cdot \left(-\dfrac{y^2}{x^2}\right) = -\dfrac{y^3}{x^2}f'\left(\dfrac{y^2}{x}\right),$

$\dfrac{\partial z}{\partial y} = f\left(\dfrac{y^2}{x}\right) + yf'\left(\dfrac{y^2}{x}\right)\dfrac{2y}{x} = f\left(\dfrac{y^2}{x}\right) + \dfrac{2y^2}{x}f'\left(\dfrac{y^2}{x}\right),$

8 题精解视频

则 $2x\dfrac{\partial z}{\partial x} + y\dfrac{\partial z}{\partial y} = yf\left(\dfrac{y^2}{x}\right).$ 应填 $yf\left(\dfrac{y^2}{x}\right).$

⑨　设 $z = (x+\mathrm{e}^y)^x$，则 $\dfrac{\partial z}{\partial x}\bigg|_{(1,0)} = $ _____ .

Ⓚ 2009 数学三，4 分

知识点睛　0505 多元函数的偏导数

解　由 $z = (x+\mathrm{e}^y)^x$ 得 $z(x,0) = (x+1)^x$，所以

$$\frac{\partial z}{\partial x}\bigg|_{(1,0)} = \left[(x+1)^x\right]'\bigg|_{x=1} = \left[\mathrm{e}^{x\ln(1+x)}\right]'\bigg|_{x=1}$$

$$= \mathrm{e}^{x\ln(1+x)}\left[\ln(1+x) + \frac{x}{1+x}\right]\bigg|_{x=1} = \mathrm{e}^{\ln 2}\left(\ln 2 + \frac{1}{2}\right) = 2\ln 2 + 1.$$

应填 $2\ln 2 + 1.$

【评注】若直接求出 $\dfrac{\partial z}{\partial x}$,再代入数字,运算量要加大,且易出错.

2012 数学二,
4 分

10 设 $z=f\left(\ln x+\dfrac{1}{y}\right)$,其中函数 $f(u)$ 可微,则 $x\dfrac{\partial z}{\partial x}+y^2\dfrac{\partial z}{\partial y}=$ _____.

知识点睛 0505 多元函数的偏导数

解 由 $z=f\left(\ln x+\dfrac{1}{y}\right)$,有 $\dfrac{\partial z}{\partial x}=f'\left(\ln x+\dfrac{1}{y}\right)\cdot\dfrac{1}{x}$,$\dfrac{\partial z}{\partial y}=f'\left(\ln x+\dfrac{1}{y}\right)\cdot\left(-\dfrac{1}{y^2}\right)$,于是

$x\dfrac{\partial z}{\partial x}+y^2\dfrac{\partial z}{\partial y}=0$.故应填 0.

2013 数学二,
4 分

11 设 $z=\dfrac{y}{x}f(xy)$,其中函数 f 可微,则 $\dfrac{x}{y}\dfrac{\partial z}{\partial x}+\dfrac{\partial z}{\partial y}=$( ).

(A) $2yf'(xy)$ (B) $-2yf'(xy)$ (C) $\dfrac{2}{x}f(xy)$ (D) $-\dfrac{2}{x}f(xy)$

知识点睛 0505 多元函数的偏导数

解 利用多元函数的求导法则,得

$$\frac{\partial z}{\partial x}=-\frac{y}{x^2}f(xy)+\frac{y^2}{x}f'(xy),\qquad \frac{\partial z}{\partial y}=\frac{1}{x}f(xy)+yf'(xy),$$

所以,$\dfrac{x}{y}\dfrac{\partial z}{\partial x}+\dfrac{\partial z}{\partial y}=2yf'(xy)$.故选(A).

2015 数学二,
4 分

12 设函数 $f(u,v)$ 满足 $f\left(x+y,\dfrac{y}{x}\right)=x^2-y^2$,则 $\dfrac{\partial f}{\partial u}\Big|_{\substack{u=1\\v=1}}$ 与 $\dfrac{\partial f}{\partial v}\Big|_{\substack{u=1\\v=1}}$ 依次是( ).

(A) $\dfrac{1}{2}$,0 (B) 0,$\dfrac{1}{2}$ (C) $-\dfrac{1}{2}$,0 (D) 0,$-\dfrac{1}{2}$

知识点睛 0505 多元函数的偏导数

解法 1 先求出 $f(u,v)$,直接求偏导数即可.

令 $u=x+y,v=\dfrac{y}{x}$,则 $x=\dfrac{u}{1+v},y=\dfrac{uv}{1+v}$,故 $f(u,v)=\dfrac{u^2(1-v^2)}{(1+v)^2}=\dfrac{u^2(1-v)}{1+v}$.所以

$$\frac{\partial f}{\partial u}\Big|_{\substack{u=1\\v=1}}=\frac{2u(1-v)}{1+v}\Big|_{\substack{u=1\\v=1}}=0,\qquad \frac{\partial f}{\partial v}\Big|_{\substack{u=1\\v=1}}=\frac{-2u^2}{(1+v)^2}\Big|_{\substack{u=1\\v=1}}=-\frac{1}{2}.$$

应选(D).

解法 2 令 $u=x+y,v=\dfrac{y}{x},u=v=1$ 时,$x=y=\dfrac{1}{2}$.

方程 $f\left(x+y,\dfrac{y}{x}\right)=x^2-y^2$ 两边分别对 x,y 求偏导数,得

$$\frac{\partial f}{\partial u}+\frac{\partial f}{\partial v}\left(-\frac{y}{x^2}\right)=2x,\qquad \frac{\partial f}{\partial u}+\frac{\partial f}{\partial v}\frac{1}{x}=-2y,$$

把 $x=y=\dfrac{1}{2}$ 代入上两式,得 $\begin{cases}\dfrac{\partial f}{\partial u}\Big|_{\substack{u=1\\v=1}}-2\dfrac{\partial f}{\partial v}\Big|_{\substack{u=1\\v=1}}=1,\\[2mm]\dfrac{\partial f}{\partial u}\Big|_{\substack{u=1\\v=1}}+2\dfrac{\partial f}{\partial v}\Big|_{\substack{u=1\\v=1}}=-1,\end{cases}$ 解方程组,得

$$\frac{\partial f}{\partial u}\bigg|_{\substack{u=1\\v=1}}=0, \quad \frac{\partial f}{\partial v}\bigg|_{\substack{u=1\\v=1}}=-\frac{1}{2}.$$

应选(D).

13 已知 $z=xyf\left(\dfrac{y}{x}\right)$,且 $f(u)$ 可导,若 $x\dfrac{\partial z}{\partial x}+y\dfrac{\partial z}{\partial y}=y^2(\ln y-\ln x)$,则(　　). **K** 2022 数学一,
5分

(A) $f(1)=\dfrac{1}{2}$, $f'(1)=0$　　　　　　(B) $f(1)=0$, $f'(1)=\dfrac{1}{2}$

(C) $f(1)=1$, $f'(1)=0$　　　　　　(D) $f(1)=0$, $f'(1)=1$

知识点睛 0505 多元函数的偏导数.

解 $\dfrac{\partial z}{\partial x}=yf\left(\dfrac{y}{x}\right)+xyf'\left(\dfrac{y}{x}\right)\cdot\left(-\dfrac{y}{x^2}\right)=yf\left(\dfrac{y}{x}\right)-\dfrac{y^2}{x}f'\left(\dfrac{y}{x}\right)$,

$\dfrac{\partial z}{\partial y}=xf\left(\dfrac{y}{x}\right)+xyf'\left(\dfrac{y}{x}\right)\cdot\dfrac{1}{x}=xf\left(\dfrac{y}{x}\right)+yf'\left(\dfrac{y}{x}\right)$.

则 $x\dfrac{\partial z}{\partial x}+y\dfrac{\partial z}{\partial y}=2xyf\left(\dfrac{y}{x}\right)=y^2\ln\left(\dfrac{y}{x}\right)$,因此 $f\left(\dfrac{y}{x}\right)=\dfrac{1}{2}\cdot\dfrac{y}{x}\ln\left(\dfrac{y}{x}\right)$,即

$$f(u)=\frac{1}{2}u\ln u, \quad f'(u)=\frac{1}{2}(\ln u+1).$$

故 $f(1)=0$, $f'(1)=\dfrac{1}{2}$.应选(B).

14 设 $z=(xy+1)^x$,则 $\dfrac{\partial z}{\partial x}=$ _____.

知识点睛 取对数法,0505 多元函数的偏导数.

解 两边取对数,有

$$\ln z=x\ln(xy+1),$$

将上式两边对 x 求偏导数,得

$$\frac{1}{z}\cdot\frac{\partial z}{\partial x}=\ln(xy+1)+\frac{xy}{xy+1},$$

所以,$\dfrac{\partial z}{\partial x}=(xy+1)^x\left[\ln(xy+1)+\dfrac{xy}{xy+1}\right]$.应填 $(xy+1)^x\left[\ln(xy+1)+\dfrac{xy}{xy+1}\right]$.

14 题精解视频

15 设 $z=z(x,y)$ 是由方程 $\dfrac{x}{z}=\ln\dfrac{z}{y}$ 所确定的函数,则 $\dfrac{\partial z}{\partial y}=$ _____.

知识点睛 0505 多元函数的偏导数

解 将所给方程两边对 y 求导,得

$$-\frac{x}{z^2}\cdot\frac{\partial z}{\partial y}=\frac{y}{z}\cdot\frac{y\cdot\dfrac{\partial z}{\partial y}-z}{y^2},$$

因此,$\dfrac{\partial z}{\partial y}=\dfrac{z^2}{y(x+z)}$.应填 $\dfrac{z^2}{y(x+z)}$.

16 设 $f(x,y)=\sqrt[3]{x^5-y^3}$,求 $f'_x(0,0)$.

知识点睛 0505 用定义计算偏导数

分析 由于 $f'_x(x,y)=\dfrac{1}{3}(x^5-y^3)^{-\frac{2}{3}}\cdot 5x^4=\dfrac{5x^4}{3\sqrt[3]{(x^5-y^3)^2}}$，显然此式在点 $(0,0)$ 处没有意义，故应按偏导数定义去求 $f'_x(0,0)$.

解 $f'_x(0,0)=\lim\limits_{\Delta x\to 0}\dfrac{f(0+\Delta x,0)-f(0,0)}{\Delta x}=\lim\limits_{\Delta x\to 0}\dfrac{\sqrt[3]{(\Delta x)^5}}{\Delta x}=0.$

【评注】当用公式求出的偏导数在所给点处无意义而恰好又要求所给点处的偏导数时,应使用定义计算.

17 设 $u=f(x,y,z)$ 有连续偏导数,$y=y(x)$ 和 $z=z(x)$ 分别由方程 $e^{xy}-y=0$ 和 $e^z-xz=0$ 所确定,求 $\dfrac{\mathrm{d}u}{\mathrm{d}x}$.

知识点睛 0206 复合函数的导数,0211 隐函数的导数

解 $\dfrac{\mathrm{d}u}{\mathrm{d}x}=\dfrac{\partial f}{\partial x}+\dfrac{\partial f}{\partial y}\dfrac{\mathrm{d}y}{\mathrm{d}x}+\dfrac{\partial f}{\partial z}\dfrac{\mathrm{d}z}{\mathrm{d}x}.$ 由 $e^{xy}-y=0$,得

$$e^{xy}\left(y+x\dfrac{\mathrm{d}y}{\mathrm{d}x}\right)-\dfrac{\mathrm{d}y}{\mathrm{d}x}=0,\qquad \dfrac{\mathrm{d}y}{\mathrm{d}x}=\dfrac{ye^{xy}}{1-xe^{xy}}=\dfrac{y^2}{1-xy},$$

由 $e^z-xz=0$,得

$$e^z\dfrac{\mathrm{d}z}{\mathrm{d}x}-z-x\dfrac{\mathrm{d}z}{\mathrm{d}x}=0,\qquad \dfrac{\mathrm{d}z}{\mathrm{d}x}=\dfrac{z}{e^z-x}=\dfrac{z}{xz-x},$$

于是,$\dfrac{\mathrm{d}u}{\mathrm{d}x}=\dfrac{\partial f}{\partial x}+\dfrac{y^2}{1-xy}\dfrac{\partial f}{\partial y}+\dfrac{z}{xz-x}\dfrac{\partial f}{\partial z}.$

【评注】本题为多元复合函数求导及隐函数求导的综合题.$\dfrac{\mathrm{d}u}{\mathrm{d}x}$ 为全导数,计算的关键是求出 $\dfrac{\mathrm{d}y}{\mathrm{d}x}$ 及 $\dfrac{\mathrm{d}z}{\mathrm{d}x}$,它们可由隐函数求导法则得出.

18 设 $u=f(x,y,z)$ 有连续的一阶偏导数,又函数 $y=y(x)$ 及 $z=z(x)$ 分别由下列两式确定:$e^{xy}-xy=2$ 和 $e^x=\displaystyle\int_0^{x-z}\dfrac{\sin t}{t}\mathrm{d}t$,求 $\dfrac{\mathrm{d}u}{\mathrm{d}x}$.

知识点睛 0211 隐函数的导数,0307 积分上限函数及其导数

解 $\dfrac{\mathrm{d}u}{\mathrm{d}x}=\dfrac{\partial f}{\partial x}+\dfrac{\partial f}{\partial y}\dfrac{\mathrm{d}y}{\mathrm{d}x}+\dfrac{\partial f}{\partial z}\dfrac{\mathrm{d}z}{\mathrm{d}x}$,由 $e^{xy}-xy=2$ 两边对 x 求导,得

$$e^{xy}\left(y+x\dfrac{\mathrm{d}y}{\mathrm{d}x}\right)-\left(y+x\dfrac{\mathrm{d}y}{\mathrm{d}x}\right)=0,\qquad 即\qquad \dfrac{\mathrm{d}y}{\mathrm{d}x}=-\dfrac{y}{x}.$$

对 $e^x=\displaystyle\int_0^{x-z}\dfrac{\sin t}{t}\mathrm{d}t$ 两边对 x 求导,得

$$e^x=\dfrac{\sin(x-z)}{x-z}\cdot\left(1-\dfrac{\mathrm{d}z}{\mathrm{d}x}\right),\qquad 即\qquad \dfrac{\mathrm{d}z}{\mathrm{d}x}=1-\dfrac{e^x(x-z)}{\sin(x-z)},$$

将其代入 $\dfrac{\mathrm{d}u}{\mathrm{d}x}$,得

$$\frac{\mathrm{d}u}{\mathrm{d}x} = \frac{\partial f}{\partial x} - \frac{y}{x}\frac{\partial f}{\partial y} + \left[1 - \frac{\mathrm{e}^x(x-z)}{\sin(x-z)}\right]\frac{\partial f}{\partial z}.$$

19 设函数 $z=f(x,y)$ 在点 (x_0,y_0) 处存在对 x,y 的偏导数,则 $f'_x(x_0,y_0)=($　　 $)$.

(A) $\lim\limits_{\Delta x\to 0}\dfrac{f(x_0-2\Delta x,y_0)-f(x_0,y_0)}{\Delta x}$ 　(B) $\lim\limits_{\Delta x\to 0}\dfrac{f(x_0,y_0)-f(x_0-\Delta x,y_0)}{\Delta x}$

(C) $\lim\limits_{\Delta x\to 0}\dfrac{f(x_0+\Delta x,y_0+\Delta y)-f(x_0,y_0)}{\Delta x}$ 　(D) $\lim\limits_{x\to x_0}\dfrac{f(x,y)-f(x_0,y_0)}{x-x_0}$

知识点睛 0505 多元函数的偏导数

解 根据偏导数的定义,对于选项(A),有

$$\lim\limits_{\Delta x\to 0}\frac{f(x_0-2\Delta x,y_0)-f(x_0,y_0)}{\Delta x}$$
$$=-2\lim\limits_{\Delta x\to 0}\frac{f(x_0-2\Delta x,y_0)-f(x_0,y_0)}{-2\Delta x}=-2f'_x(x_0,y_0),$$

对于选项(B),

$$\lim\limits_{\Delta x\to 0}\frac{f(x_0,y_0)-f(x_0-\Delta x,y_0)}{\Delta x}=\lim\limits_{\Delta x\to 0}\frac{f(x_0-\Delta x,y_0)-f(x_0,y_0)}{-\Delta x}=f'_x(x_0,y_0),$$

类似的分析可知选项(C)、(D)均不正确.应选(B).

20 函数 $f(x,y)$ 在点 (x_0,y_0) 处偏导数存在是 $f(x,y)$ 在该点处(　　).

(A)连续的充分条件 　　　　　(B)连续的必要条件

(C)可微的必要条件 　　　　　(D)可微的充分条件

知识点睛 偏导数的存在性与可微性的关系

解 (A)不正确,例如本章第1题中的函数

$$f(x,y)=\begin{cases}\dfrac{xy}{x^2+y^2}, & (x,y)\neq(0,0),\\ 0, & (x,y)=(0,0),\end{cases}$$

显然有 $f'_x(0,0)=f'_y(0,0)=0$,但 $f(x,y)$ 在点 $(0,0)$ 处不连续.

(B)不正确.例如函数 $f(x,y)=|xy|$ 在点 $(0,1)$ 处连续,但偏导数 $f'_x(0,1)$ 不存在.

(D)不正确.例如函数

$$f(x,y)=\begin{cases}\dfrac{xy}{\sqrt{x^2+y^2}}, & x^2+y^2\neq 0,\\ 0, & x^2+y^2=0\end{cases}$$

在点 $(0,0)$ 处有 $f'_x(0,0)=0$ 及 $f'_y(0,0)=0$,但 $f(x,y)$ 在点 $(0,0)$ 处不可微.

若函数 $z=f(x,y)$ 在点 (x,y) 处可微,则函数 $z=f(x,y)$ 在点 (x,y) 的偏导数 $\dfrac{\partial z}{\partial x},\dfrac{\partial z}{\partial y}$ 必存在,且 $\mathrm{d}z=\dfrac{\partial z}{\partial x}\mathrm{d}x+\dfrac{\partial z}{\partial y}\mathrm{d}y$.

故应选(C).

21 二元函数 $f(x,y)$ 在点 (x_0,y_0) 处两个偏导数 $f'_x(x_0,y_0)$, $f'_y(x_0,y_0)$ 存在是 $f(x,y)$ 在该点连续的(　　).

（A）充分条件而非必要条件　　　　（B）必要条件而非充分条件

（C）充分必要条件　　　　　　　　（D）既非充分条件又非必要条件

知识点睛　偏导数的存在性与连续的关系

解　由于对于多元函数，连续与偏导数的存在之间没有必然联系，所以（D）正确.

应选（D）.

2004 数学二，4 分

22　设函数 $z=z(x,y)$ 由方程 $z=e^{2x-3z}+2y$ 确定，则 $3\dfrac{\partial z}{\partial x}+\dfrac{\partial z}{\partial y}=$ _____.

知识点睛　0505 多元函数的偏导数

解　在 $z=e^{2x-3z}+2y$ 的两边分别对 x,y 求偏导，得

$$\frac{\partial z}{\partial x}=e^{2x-3z}\left(2-3\frac{\partial z}{\partial x}\right),\qquad \frac{\partial z}{\partial y}=e^{2x-3z}\left(-3\frac{\partial z}{\partial y}\right)+2,$$

从而 $\dfrac{\partial z}{\partial x}=\dfrac{2e^{2x-3z}}{1+3e^{2x-3z}},\dfrac{\partial z}{\partial y}=\dfrac{2}{1+3e^{2x-3z}}$，所以

$$3\frac{\partial z}{\partial x}+\frac{\partial z}{\partial y}=2\cdot\frac{1+3e^{2x-3z}}{1+3e^{2x-3z}}=2.$$

应填 2.

【评注】此题可用公式或微分的方法求解.

2010 数学一、数学二，4 分

23　设函数 $z=z(x,y)$ 由方程 $F\left(\dfrac{y}{x},\dfrac{z}{x}\right)=0$ 确定，其中 F 为可微函数，且 $F_2'\neq0$，

则 $x\dfrac{\partial z}{\partial x}+y\dfrac{\partial z}{\partial y}=($ 　　　$)$.

（A）x　　　　　　（B）z　　　　　　（C）$-x$　　　　　　（D）$-z$

知识点睛　0505 多元函数的偏导数

解　因为 $\dfrac{\partial z}{\partial x}=-\dfrac{F_x'}{F_z'}=-\dfrac{F_1'\left(-\dfrac{y}{x^2}\right)+F_2'\left(-\dfrac{z}{x^2}\right)}{F_2'\cdot\dfrac{1}{x}}=\dfrac{F_1'\cdot\dfrac{y}{x}+F_2'\cdot\dfrac{z}{x}}{F_2'}$，则

$$\frac{\partial z}{\partial y}=-\frac{F_y'}{F_z'}=-\frac{F_1'\cdot\dfrac{1}{x}}{F_2'\cdot\dfrac{1}{x}}=-\frac{F_1'}{F_2'},$$

所以

$$x\frac{\partial z}{\partial x}+y\frac{\partial z}{\partial y}=\frac{yF_1'+zF_2'}{F_2'}-\frac{yF_1'}{F_2'}=\frac{F_2'\cdot z}{F_2'}=z.$$

应选（B）.

【评注】此题也可通过对方程两边求全微分，得到 $\dfrac{\partial z}{\partial x}、\dfrac{\partial z}{\partial y}$.

24 设 $f(u,v)$ 是二元可微函数,$z=f(x^y,y^x)$,求 $\dfrac{\partial z}{\partial x}$.

2007 数学一,4 分

知识点睛 0505 二元复合函数的偏导数

解 利用复合函数的求导公式,可直接得出

$$\frac{\partial z}{\partial x}=\frac{\partial f}{\partial u}\cdot\frac{\mathrm{d}(x^y)}{\mathrm{d}x}+\frac{\partial f}{\partial v}\frac{\mathrm{d}(y^x)}{\mathrm{d}x}=f_1'\cdot yx^{y-1}+f_2'\cdot y^x\ln y.$$

【评注】二元复合函数求偏导时,最好设出中间变量,注意计算的正确性.

25 设函数 $z=z(x,y)$ 由方程 $(z+y)^x=xy$ 确定,则 $\dfrac{\partial z}{\partial x}\Big|_{(1,2)}=$ _____.

2013 数学三,4 分

知识点睛 0505 多元函数的偏导数

分析 由方程 $(z+y)^x=xy$,当 $x=1,y=2$ 时,$z=0$,用隐函数求偏导数的常规方法求解.

解 方程 $(z+y)^x=xy$ 变为 $\mathrm{e}^{x\ln(z+y)}=xy$,方程两边对 x 求偏导数,得

$$\mathrm{e}^{x\ln(z+y)}\left(\ln(z+y)+\frac{x\dfrac{\partial z}{\partial x}}{z+y}\right)=y,$$

25 题精解视频

令 $x=1,y=2,z=0$,有 $\dfrac{\partial z}{\partial x}\Big|_{(1,2)}=2-2\ln 2$. 应填 $2-2\ln 2$.

【评注】在求一点处的偏导数时,有时不必要解出 $\dfrac{\partial z}{\partial x}$,而是直接把点的坐标代入求导后的方程,可能简化运算.

26 设函数 $z=z(x,y)$ 由方程 $\ln z+\mathrm{e}^{z-1}=xy$ 确定,则 $\dfrac{\partial z}{\partial x}\Big|_{(2,\frac{1}{2})}=$ _____.

2018 数学二,4 分

知识点睛 0211 隐函数的导数

解 这是一常规题目,可用求偏导、求全微分及公式法三种方法来求.

解法 1(求偏导) 方程两边对 x 求偏导数,

$$\frac{1}{z}\cdot z_x'+\mathrm{e}^{z-1}\cdot z_x'=y,$$

而 $x=2,y=\dfrac{1}{2}$ 时,$z=1$,代入上式,得 $\dfrac{\partial z}{\partial x}\Big|_{(2,\frac{1}{2})}=\dfrac{1}{4}$.

解法 2(求全微分) 方程两边求全微分

$$\frac{1}{z}\mathrm{d}z+\mathrm{e}^{z-1}\mathrm{d}z=y\mathrm{d}x+x\mathrm{d}y,$$

有 $\mathrm{d}z=\dfrac{yz}{1+z\mathrm{e}^{z-1}}\mathrm{d}x+\dfrac{xz}{1+z\mathrm{e}^{z-1}}\mathrm{d}y$,进而 $\dfrac{\partial z}{\partial x}=\dfrac{yz}{1+z\mathrm{e}^{z-1}}$,代入 $x=2,y=\dfrac{1}{2},z=1$,得

$$\frac{\partial z}{\partial x}\Big|_{(2,\frac{1}{2})}=\frac{1}{4}.$$

解法 3(公式法) 令 $F(x,y,z)=\ln z+\mathrm{e}^{z-1}-xy$,则

$$\frac{\partial z}{\partial x} = -\frac{F'_x}{F'_z} = -\frac{-y}{\dfrac{1}{z} + \mathrm{e}^{z-1}} = \frac{yz}{1 + z\mathrm{e}^{z-1}},$$

进而 $\left.\dfrac{\partial z}{\partial x}\right|_{\left(2, \frac{1}{2}\right)} = \dfrac{1}{4}$. 应填 $\dfrac{1}{4}$.

27 设函数 $f(u)$ 可导，$z = f(\sin y - \sin x) + xy$，则 $\dfrac{1}{\cos x} \cdot \dfrac{\partial z}{\partial x} + \dfrac{1}{\cos y} \cdot \dfrac{\partial z}{\partial y} = $ _____.

知识点睛 0505 多元函数的偏导数

解 设 $u = \sin y - \sin x$，则

$$\frac{\partial z}{\partial x} = f'(u)(-\cos x) + y, \qquad \frac{\partial z}{\partial y} = f'(u)\cos y + x,$$

则 $\dfrac{1}{\cos x} \cdot \dfrac{\partial z}{\partial x} + \dfrac{1}{\cos y} \cdot \dfrac{\partial z}{\partial y} = \dfrac{y}{\cos x} + \dfrac{x}{\cos y}$. 应填 $\dfrac{y}{\cos x} + \dfrac{x}{\cos y}$.

28 设 $z = \left(\dfrac{y}{x}\right)^{\frac{x}{y}}$，则 $\left.\dfrac{\partial z}{\partial x}\right|_{(1,2)} = $ _____.

知识点睛 取对数法，0505 多元函数的偏导数

解 两边取对数，得 $\ln z = \dfrac{x}{y}\ln\dfrac{y}{x} \Rightarrow y\ln z = x(\ln y - \ln x)$，对 x 求偏导，得

$$y \cdot \frac{\dfrac{\partial z}{\partial x}}{z} = \ln y - \ln x + x \cdot \left(-\frac{1}{x}\right) = \ln y - \ln x - 1.$$

当 $x = 1, y = 2$ 时，有 $z = \sqrt{2}$，代入上式，得 $\left.\dfrac{\partial z}{\partial x}\right|_{(1,2)} = \dfrac{\sqrt{2}}{2}(\ln 2 - 1)$. 应填 $\dfrac{\sqrt{2}}{2}(\ln 2 - 1)$.

【评注】 二元函数 $z = \left(\dfrac{y}{x}\right)^{\frac{x}{y}}$ 对 x 求偏导，应当作幂指函数求导，可先取对数或化为指数函数再求导.

29 已知 $z = u^v, u = \ln\sqrt{x^2 + y^2}, v = \arctan\dfrac{y}{x}$，求 $\mathrm{d}z$.

知识点睛 0506 多元函数的全微分

解 $\dfrac{\partial z}{\partial x} = \dfrac{\partial z}{\partial u} \cdot \dfrac{\partial u}{\partial x} + \dfrac{\partial z}{\partial v} \cdot \dfrac{\partial v}{\partial x} = (vu^{v-1}) \cdot \dfrac{1}{2} \cdot \dfrac{2x}{x^2 + y^2} + (u^v \ln u) \cdot \dfrac{1}{1 + \left(\dfrac{y}{x}\right)^2} \cdot \left(-\dfrac{y}{x^2}\right)$

$$= \frac{u^v}{x^2 + y^2}\left(\frac{xv}{u} - y\ln u\right),$$

$\dfrac{\partial z}{\partial y} = \dfrac{\partial z}{\partial u} \cdot \dfrac{\partial u}{\partial y} + \dfrac{\partial z}{\partial v} \cdot \dfrac{\partial v}{\partial y} = (vu^{v-1}) \cdot \dfrac{1}{2} \cdot \dfrac{2y}{x^2 + y^2} + (u^v \ln u) \cdot \dfrac{1}{1 + \left(\dfrac{y}{x}\right)^2} \cdot \dfrac{1}{x}$

$$= \frac{u^v}{x^2 + y^2}\left(\frac{yv}{u} + x\ln u\right),$$

从而, $dz = \dfrac{u^v}{x^2+y^2}\left[\left(\dfrac{xv}{u}-y\ln u\right)dx+\left(\dfrac{yv}{u}+x\ln u\right)dy\right]$.

【评注】若 $z=z(x,y)$,则 $dz=\dfrac{\partial z}{\partial x}dx+\dfrac{\partial z}{\partial y}dy$.本题在求 $\dfrac{\partial z}{\partial x},\dfrac{\partial z}{\partial y}$ 时,使用了多元复合函数求导法则.

30 设函数 $f(u)$ 可微,且 $f'(0)=\dfrac{1}{2}$,则 $z=f(4x^2-y^2)$ 在点 $(1,2)$ 处的全微分 $dz\Big|_{(1,2)}=$ _____.

〔K〕2006 数学三,4分

知识点睛　0506 多元函数的全微分

解　因为 $\dfrac{\partial z}{\partial x}\Big|_{(1,2)}=f'(4x^2-y^2)\cdot 8x\Big|_{(1,2)}=4$,

$\dfrac{\partial z}{\partial y}\Big|_{(1,2)}=f'(4x^2-y^2)\cdot(-2y)\Big|_{(1,2)}=-2$,

所以 $dz\Big|_{(1,2)}=\dfrac{\partial z}{\partial x}\Big|_{(1,2)}dx+\dfrac{\partial z}{\partial y}\Big|_{(1,2)}dy=4dx-2dy.$应填 $4dx-2dy$.

【评注】也可如下求解:对 $z=f(4x^2-y^2)$ 微分,得

$$dz=f'(4x^2-y^2)d(4x^2-y^2)=f'(4x^2-y^2)(8xdx-2ydy),$$

故 $dz\Big|_{(1,2)}=f'(0)(8dx-4dy)=4dx-2dy.$

31 设函数 $z=\left(1+\dfrac{x}{y}\right)^{\frac{x}{y}}$,求 $dz\Big|_{(1,1)}$.

〔K〕2011 数学三,4分

知识点睛　0506 多元函数的全微分

解　由 $z=e^{\frac{x}{y}\ln\left(1+\frac{x}{y}\right)}$,可得

$\dfrac{\partial z}{\partial x}=e^{\frac{x}{y}\ln\left(1+\frac{x}{y}\right)}\left[\dfrac{1}{y}\ln\left(1+\dfrac{x}{y}\right)+\dfrac{x}{y^2}\dfrac{1}{1+\frac{x}{y}}\right]=\left(1+\dfrac{x}{y}\right)^{\frac{x}{y}}\left[\dfrac{1}{y}\ln\left(1+\dfrac{x}{y}\right)+\dfrac{x}{y}\dfrac{1}{x+y}\right]$,

$\dfrac{\partial z}{\partial y}=e^{\frac{x}{y}\ln\left(1+\frac{x}{y}\right)}\left[-\dfrac{x}{y^2}\ln\left(1+\dfrac{x}{y}\right)-\dfrac{x}{y}\dfrac{1}{1+\frac{x}{y}}\dfrac{x}{y^2}\right]=-\left(1+\dfrac{x}{y}\right)^{\frac{x}{y}}\dfrac{x}{y^2}\left[\ln\left(1+\dfrac{x}{y}\right)+\dfrac{x}{x+y}\right]$,

所以

$$dz\Big|_{(1,1)}=\dfrac{\partial z}{\partial x}\Big|_{(1,1)}dx+\dfrac{\partial z}{\partial y}\Big|_{(1,1)}dy=(2\ln 2+1)dx-(2\ln 2+1)dy.$$

32 若函数 $z=z(x,y)$ 由方程 $e^{x+2y+3z}+xyz=1$ 确定,则 $dz\Big|_{(0,0)}=$ _____.

〔K〕2015 数学二、数学三,4分

知识点睛　0506 多元函数的全微分

解法1　易知,当 $x=0,y=0$ 时,$z=0$.

方程两边求全微分

$$e^{x+2y+3z}(dx + 2dy + 3dz) + yzdx + xzdy + xydz = 0, \qquad ①$$

把 $x=0, y=0, z=0$ 代入①式,有

$$dz\Big|_{(0,0)} = -\frac{1}{3}dx - \frac{2}{3}dy.$$

解法 2 易知,当 $x=0, y=0$ 时, $z=0$.

方程两边分别对 x, y 求偏导数

$$e^{x+2y+3z}\left(1 + 3\frac{\partial z}{\partial x}\right) + yz + xy\frac{\partial z}{\partial x} = 0, \qquad ②$$

$$e^{x+2y+3z}\left(2 + 3\frac{\partial z}{\partial y}\right) + xz + xy\frac{\partial z}{\partial y} = 0. \qquad ③$$

把 $x=0, y=0, z=0$ 代入②、③两式,有

$$\frac{\partial z}{\partial x}\Big|_{(0,0)} = -\frac{1}{3}, \qquad \frac{\partial z}{\partial y}\Big|_{(0,0)} = -\frac{2}{3},$$

所以, $dz\Big|_{(0,0)} = -\dfrac{1}{3}dx - \dfrac{2}{3}dy.$ 应填 $-\dfrac{1}{3}dx - \dfrac{2}{3}dy.$

【评注】(1)本题还可令 $F(x,y,z) = e^{x+2y+3z} + xyz - 1$,用公式法求解.

(2)计算过程中直接代入 $x=0, y=0, z=0$,可简化运算,提高准确率.

2016 数学一、数学三,4 分

33 设函数 $f(u,v)$ 可微, $z=z(x,y)$ 由方程 $(x+1)z - y^2 = x^2 f(x-z, y)$ 确定,则 $dz\Big|_{(0,1)} = $ _____.

知识点睛 0506 多元函数的全微分

解法 1 易知,当 $x=0, y=1$ 时, $z=1$.

方程两边求全微分

$$zdx + (x+1)dz - 2ydy = 2xf(x-z, y)dx + x^2[f_1' \cdot (dx - dz) + f_2'dy],$$

把 $x=0, y=1, z=1$ 代入上式,有

$$dz\Big|_{(0,1)} = -dx + 2dy.$$

解法 2 易知,当 $x=0, y=1$ 时, $z=1$.

方程两边分别对 x, y 求偏导数

$$z + (x+1)\frac{\partial z}{\partial x} = 2xf + x^2 f_1'\left(1 - \frac{\partial z}{\partial x}\right),$$

$$(x+1)\frac{\partial z}{\partial y} - 2y = x^2\left[f_1' \cdot \left(-\frac{\partial z}{\partial y}\right) + f_2'\right].$$

把 $x=0, y=1, z=1$ 代入上两式,有

$$\frac{\partial z}{\partial x}\Big|_{(0,1)} = -1, \qquad \frac{\partial z}{\partial y}\Big|_{(0,1)} = 2,$$

所以, $dz\Big|_{(0,1)} = -dx + 2dy.$ 应填 $-dx + 2dy.$

【评注】本题还可令 $F(x,y)=(x+1)z-y^2-x^2f(x-z,y)$,利用公式法求出 $\dfrac{\partial z}{\partial x},\dfrac{\partial z}{\partial y}$.

34. 由方程 $xyz+\sqrt{x^2+y^2+z^2}=\sqrt{2}$ 所确定的函数 $z=z(x,y)$ 在点 $(1,0,-1)$ 处的全微分 $\mathrm{d}z=$ _____.

知识点睛 0506 多元函数的全微分

解 对方程两边同时微分,得 $\mathrm{d}(xyz)+\mathrm{d}\left(\sqrt{x^2+y^2+z^2}\right)=0$,进一步

$$yz\mathrm{d}x + xz\mathrm{d}y + xy\mathrm{d}z + \frac{x\mathrm{d}x + y\mathrm{d}y + z\mathrm{d}z}{\sqrt{x^2 + y^2 + z^2}} = 0.$$

将 $x=1,y=0,z=-1$ 代入上式,化简并整理后得 $\mathrm{d}z=\mathrm{d}x-\sqrt{2}\,\mathrm{d}y$.应填 $\mathrm{d}x-\sqrt{2}\,\mathrm{d}y$.

35. 若函数 $z=z(x,y)$ 由方程 $\mathrm{e}^z+xyz+x+\cos x=2$ 确定,则 $\mathrm{d}z\Big|_{(0,1)}=$ _____. 2015 数学一,4 分

知识点睛 0506 多元函数的全微分

解 此题考查隐函数求导.

令 $F(x,y,z)=\mathrm{e}^z+xyz+x+\cos x-2$,则

$$F_x'(x,y,z)=yz+1-\sin x,\quad F_y'(x,y,z)=xz,\quad F_z'(x,y,z)=\mathrm{e}^z+xy.$$

又当 $x=0,y=1$ 时 $\mathrm{e}^z=1$,即 $z=0$.所以

$$\frac{\partial z}{\partial x}\Big|_{(0,1)}=-\frac{F_x'(0,1,0)}{F_z'(0,1,0)}=-1,\quad \frac{\partial z}{\partial y}\Big|_{(0,1)}=-\frac{F_y'(0,1,0)}{F_z'(0,1,0)}=0,$$

35 题精解视频

因而,$\mathrm{d}z\Big|_{(0,1)}=-\mathrm{d}x$.应填 $-\mathrm{d}x$.

36. 设 $z=f(x,y)$ 是由方程 $z-y-x+x\mathrm{e}^{z-y-x}=0$ 所确定的二元函数,求 $\mathrm{d}z$.

知识点睛 0506 多元函数的全微分

解 把方程两端微分,得

$$\mathrm{d}z - \mathrm{d}y - \mathrm{d}x + \mathrm{e}^{z-y-x}\mathrm{d}x + x\mathrm{e}^{z-y-x}(\mathrm{d}z - \mathrm{d}y - \mathrm{d}x) = 0,$$

整理得

$$(1+x\mathrm{e}^{z-y-x})\mathrm{d}z = (1+x\mathrm{e}^{z-y-x}-\mathrm{e}^{z-y-x})\mathrm{d}x + (1+x\mathrm{e}^{z-y-x})\mathrm{d}y,$$

由此得

$$\mathrm{d}z = \frac{1+(x-1)\mathrm{e}^{z-y-x}}{1+x\mathrm{e}^{z-y-x}}\mathrm{d}x + \mathrm{d}y.$$

37. 设 $z=z(x,y)$ 是由方程 $\mathrm{e}^{2yz}+x+y^2+z=\dfrac{7}{4}$ 确定的函数,则 $\mathrm{d}z\Big|_{\left(\frac{1}{2},\frac{1}{2}\right)}=$ _____. 2014 数学二,4 分

知识点睛 0506 多元函数的全微分

解 对题设等式两边分别对 x,y 求偏导数:

$$\mathrm{e}^{2yz} \cdot 2y \frac{\partial z}{\partial x} + 1 + \frac{\partial z}{\partial x} = 0,$$

$$\mathrm{e}^{2yz}\left(2z + 2y \frac{\partial z}{\partial y}\right) + 2y + \frac{\partial z}{\partial y} = 0.$$

又当 $x=\dfrac{1}{2},y=\dfrac{1}{2}$ 时,$z=0$,代入以上两等式,得

$$\frac{\partial z}{\partial x}\bigg|_{\left(\frac{1}{2},\frac{1}{2}\right)} = -\frac{1}{2}, \quad \frac{\partial z}{\partial y}\bigg|_{\left(\frac{1}{2},\frac{1}{2}\right)} = -\frac{1}{2},$$

故 $dz\bigg|_{\left(\frac{1}{2},\frac{1}{2}\right)} = -\frac{1}{2}(dx+dy)$. 应填 $-\frac{1}{2}(dx+dy)$.

【评注】本题考查二元隐函数在一点处全微分的计算,是一道常规题.

K 2012 数学三,
4 分

38 设连续函数 $z=f(x,y)$ 满足 $\lim\limits_{\substack{x\to 0\\y\to 1}}\dfrac{f(x,y)-2x+y-2}{\sqrt{x^2+(y-1)^2}}=0$,则 $dz\bigg|_{(0,1)}=$ _____.

知识点睛 0506 多元函数的全微分

解 由 $\lim\limits_{\substack{x\to 0\\y\to 1}}\dfrac{f(x,y)-2x+y-2}{\sqrt{x^2+(y-1)^2}}=0$ 及 $z=f(x,y)$ 连续可得 $f(0,1)=1$,且

$$f(x,y) - f(0,1) = 2x - (y - 1) + o\left(\sqrt{x^2 + (y - 1)^2}\right) \ (x \to 0, y \to 1),$$

由可微的定义,得 $f'_x(0,1)=2$,$f'_y(0,1)=-1$,即

$$dz\bigg|_{(0,1)} = f'_x(0,1)dx + f'_y(0,1)dy = 2dx - dy.$$

应填 $2dx-dy$.

39 设函数 $u=f(x,y,z)$ 有连续偏导数,且 $z=z(x,y)$ 由方程 $xe^x-ye^y=ze^z$ 所确定,求 du.

知识点睛 0506 多元函数的全微分

解 设 $F(x,y,z)=xe^x-ye^y-ze^z$,则

$$F'_x = (x + 1)e^x, \quad F'_y = -(y + 1)e^y, \quad F'_z = -(z + 1)e^z,$$

故

$$\frac{\partial z}{\partial x} = -\frac{F'_x}{F'_z} = \frac{x+1}{z+1}e^{x-z}, \quad \frac{\partial z}{\partial y} = -\frac{F'_y}{F'_z} = -\frac{y+1}{z+1}e^{y-z},$$

而

$$\frac{\partial u}{\partial x} = f'_x + f'_z \frac{\partial z}{\partial x} = f'_x + f'_z \frac{x+1}{z+1}e^{x-z}, \quad \frac{\partial u}{\partial y} = f'_y + f'_z \frac{\partial z}{\partial y} = f'_y - f'_z \frac{y+1}{z+1}e^{y-z},$$

所以,$du = \dfrac{\partial u}{\partial x}dx + \dfrac{\partial u}{\partial y}dy = \left(f'_x + f'_z \dfrac{x+1}{z+1}e^{x-z}\right)dx + \left(f'_y - f'_z \dfrac{y+1}{z+1}e^{y-z}\right)dy.$

40 求曲线 $\begin{cases} z=\sqrt{1+x^2+y^2} \\ x=1 \end{cases}$,在点 $(1,1,\sqrt{3})$ 处的切线与 y 轴的倾角.

知识点睛 偏导数的几何意义

分析 偏导数 $f'_y(1,1)$ 的几何意义是曲线 $\begin{cases} z=\sqrt{1+x^2+y^2} \\ x=1 \end{cases}$,在点 $(1,1,\sqrt{3})$ 处的切线对 y 轴的斜率. 因此,只要求出 $f'_y(1,1)$,由斜率与倾角的关系,便可求出倾角.

解 设所求倾角为 β,由偏导数的几何意义可知,

$$\tan\beta = \frac{\partial z}{\partial y}\bigg|_{(1,1,\sqrt{3})} = \frac{1}{2}(1 + x^2 + y^2)^{-\frac{1}{2}} \cdot 2y\bigg|_{(1,1,\sqrt{3})} = \frac{y}{\sqrt{1 + x^2 + y^2}}\bigg|_{(1,1,\sqrt{3})} = \frac{1}{\sqrt{3}},$$

所以, $\beta = \dfrac{\pi}{6}$.

【评注】求解此类问题的关键是理解偏导数的几何意义. $f_x'(x_0,y_0)$ 为曲面 $z=f(x,y)$ 与平面 $y=y_0$ 的交线在点 $P_0(x_0,y_0)$ 处的切线关于 x 轴的斜率; $f_y'(x_0,y_0)$ 为曲面 $z=f(x,y)$ 与平面 $x=x_0$ 的交线在点 $P_0(x_0,y_0)$ 处的切线关于 y 轴的斜率.

41 设函数 $F(x,y)=\displaystyle\int_0^{xy}\dfrac{\sin t}{1+t^2}\mathrm{d}t$, 则 $\dfrac{\partial^2 F}{\partial x^2}\bigg|_{(0,2)}=$ _____.

K 2011 数学一, 4 分

知识点晴　0511 二阶偏导数

解　由 $\dfrac{\partial F}{\partial x}=\dfrac{y\sin xy}{1+(xy)^2}$, 得

$$\dfrac{\partial^2 F}{\partial x^2}\bigg|_{(0,2)}=\left(\dfrac{2\sin 2x}{1+4x^2}\right)'\bigg|_{x=0}=\dfrac{4(1+4x^2)\cos 2x-16x\sin 2x}{(1+4x^2)^2}\bigg|_{x=0}=4.$$

应填 4.

42 已知 $f(t)$ 连续, 令 $F(x,y)=\displaystyle\int_0^{x-y}(x-y-t)f(t)\mathrm{d}t$, 则(　　).

K 2022 数学二、数学三, 5 分

(A) $\dfrac{\partial F}{\partial x}=\dfrac{\partial F}{\partial y},\dfrac{\partial^2 F}{\partial x^2}=\dfrac{\partial^2 F}{\partial y^2}$　　　　(B) $\dfrac{\partial F}{\partial x}=\dfrac{\partial F}{\partial y},\dfrac{\partial^2 F}{\partial x^2}=-\dfrac{\partial^2 F}{\partial y^2}$

(C) $\dfrac{\partial F}{\partial x}=-\dfrac{\partial F}{\partial y},\dfrac{\partial^2 F}{\partial x^2}=\dfrac{\partial^2 F}{\partial y^2}$　　　(D) $\dfrac{\partial F}{\partial x}=-\dfrac{\partial F}{\partial y},\dfrac{\partial^2 F}{\partial x^2}=-\dfrac{\partial^2 F}{\partial y^2}$

知识点晴　0511 二阶偏导数

解　由于 $F(x,y)=\displaystyle\int_0^{x-y}(x-y-t)f(t)\mathrm{d}t=(x-y)\int_0^{x-y}f(t)\mathrm{d}t-\int_0^{x-y}tf(t)\mathrm{d}t$, 故

$$\dfrac{\partial F}{\partial x}=\int_0^{x-y}f(t)\mathrm{d}t+(x-y)f(x-y)-(x-y)f(x-y)=\int_0^{x-y}f(t)\mathrm{d}t,$$

$$\dfrac{\partial F}{\partial y}=-\int_0^{x-y}f(t)\mathrm{d}t-(x-y)f(x-y)+(x-y)f(x-y)=-\int_0^{x-y}f(t)\mathrm{d}t,$$

因而 $\dfrac{\partial^2 F}{\partial x^2}=f(x-y),\dfrac{\partial^2 F}{\partial y^2}=f(x-y)$, 应选(C).

43 设 $z=f(x+y,x-y,xy)$, 其中 f 具有二阶连续偏导数, 求 $\mathrm{d}z$ 与 $\dfrac{\partial^2 z}{\partial x\partial y}$.

K 2009 数学二, 10 分

知识点晴　0511 二阶偏导数

解　因为 $\dfrac{\partial z}{\partial x}=f_1'+f_2'+yf_3',\dfrac{\partial z}{\partial y}=f_1'-f_2'+xf_3'$, 所以

$$\mathrm{d}z=\dfrac{\partial z}{\partial x}\mathrm{d}x+\dfrac{\partial z}{\partial y}\mathrm{d}y=(f_1'+f_2'+yf_3')\mathrm{d}x+(f_1'-f_2'+xf_3')\mathrm{d}y.$$

于是

$$\dfrac{\partial^2 z}{\partial x\partial y}=f_{11}''\cdot 1+f_{12}''\cdot(-1)+f_{13}''\cdot x+f_{21}''\cdot 1+f_{22}''\cdot(-1)+$$

$$f_{23}''\cdot x+f_3'+y[f_{31}''\cdot 1+f_{32}''\cdot(-1)+f_{33}''\cdot x]$$

$$= f_3' + f_{11}'' - f_{22}'' + xyf_{33}'' + (x + y)f_{13}'' + (x - y)f_{23}''.$$

K 2004 数学三,
4 分

44 设函数 $f(u,v)$ 由关系式 $f[xg(y),y] = x + g(y)$ 确定,其中函数 $g(y)$ 可微,且 $g(y) \neq 0$,求 $\dfrac{\partial^2 f}{\partial u \partial v}$.

知识点睛　0511 二阶偏导数

解　令 $u = xg(y)$,$v = y$,则 $f(u,v) = \dfrac{u}{g(v)} + g(v)$,所以

$$\frac{\partial f}{\partial u} = \frac{1}{g(v)}, \qquad \frac{\partial^2 f}{\partial u \partial v} = -\frac{g'(v)}{g^2(v)} = -\frac{g'(y)}{g^2(y)}.$$

K 2009 数学一,
4 分

45 设函数 $f(u,v)$ 具有二阶连续偏导数,$z = f(x, xy)$,求 $\dfrac{\partial^2 z}{\partial x \partial y}$.

知识点睛　0511 二阶偏导数

解　由 $\dfrac{\partial z}{\partial x} = f_1' + f_2' \cdot y$,得 $\dfrac{\partial^2 z}{\partial x \partial y} = xf_{12}'' + f_2' + xyf_{22}''$.

K 2017 数学一、
数学二,10 分

46 设函数 $f(u,v)$ 具有 2 阶连续偏导数,$y = f(e^x, \cos x)$,求 $\dfrac{dy}{dx}\Big|_{x=0}$,$\dfrac{d^2 y}{dx^2}\Big|_{x=0}$.

知识点睛　0206 复合函数求导, 0511 二阶偏导数

解　利用复合函数求导公式

$$\frac{dy}{dx} = f_1' e^x - f_2' \sin x,$$

$$\frac{d^2 y}{dx^2} = (f_{11}'' e^x - f_{12}'' \sin x) e^x + f_1' e^x - (f_{21}'' e^x - f_{22}'' \sin x) \sin x - f_2' \cos x.$$

因而 $\dfrac{dy}{dx}\Big|_{x=0} = f_1'(1,1)$,从而

$$\frac{d^2 y}{dx^2}\Big|_{x=0} = f_{11}''(1,1) + f_1'(1,1) - f_2'(1,1).$$

K 1998 数学一,
3 分

47 设 $z = \dfrac{1}{x} f(xy) + y\varphi(x+y)$,$f$ 和 φ 具有二阶连续导数,求 $\dfrac{\partial^2 z}{\partial x \partial y}$.

知识点睛　0511 二阶偏导数

解　$\dfrac{\partial z}{\partial x} = -\dfrac{1}{x^2} f(xy) + \dfrac{y}{x} f'(xy) + y\varphi'(x+y)$,则

$$\frac{\partial^2 z}{\partial x \partial y} = \frac{\partial}{\partial y}\left(-\frac{1}{x^2} f(xy)\right) + \frac{\partial}{\partial y}\left(\frac{y}{x} f'(xy)\right) + \frac{\partial}{\partial y}(y\varphi'(x+y))$$

$$= -\frac{x}{x^2} f'(xy) + \frac{1}{x} f'(xy) + \frac{y}{x} f''(xy)x + \varphi'(x+y) + y\varphi''(x+y)$$

$$= yf''(xy) + \varphi'(x+y) + y\varphi''(x+y).$$

【评注】1.因为f和φ具有二阶连续导数,则混合偏导数相等,此题求$\dfrac{\partial^2 z}{\partial y\partial x}$就更简单一些.

2.本题读者常犯的错误是:把f和φ看作有两个中间变量,出现f'_x,f'_y等错误的记号,实际上f和φ只有一个中间变量.

48 设$f(u)$具有二阶连续导数,且$g(x,y)=f\left(\dfrac{y}{x}\right)+yf\left(\dfrac{x}{y}\right)$,求$x^2\dfrac{\partial^2 g}{\partial x^2}-y^2\dfrac{\partial^2 g}{\partial y^2}$. 〔K〕2005 数学三, 8 分

知识点睛 0511 二阶偏导数

分析 先求出二阶偏导数,再代入相应表达式即可.

解 由已知条件可得

$$\frac{\partial g}{\partial x}=-\frac{y}{x^2}f'\left(\frac{y}{x}\right)+f'\left(\frac{x}{y}\right),$$

$$\frac{\partial^2 g}{\partial x^2}=\frac{2y}{x^3}f'\left(\frac{y}{x}\right)+\frac{y^2}{x^4}f''\left(\frac{y}{x}\right)+\frac{1}{y}f''\left(\frac{x}{y}\right),$$

$$\frac{\partial g}{\partial y}=\frac{1}{x}f'\left(\frac{y}{x}\right)+f\left(\frac{x}{y}\right)-\frac{x}{y}f'\left(\frac{x}{y}\right),$$

$$\frac{\partial^2 g}{\partial y^2}=\frac{1}{x^2}f''\left(\frac{y}{x}\right)-\frac{x}{y^2}f'\left(\frac{x}{y}\right)+\frac{x}{y^2}f'\left(\frac{x}{y}\right)+\frac{x^2}{y^3}f''\left(\frac{x}{y}\right)$$

$$=\frac{1}{x^2}f''\left(\frac{y}{x}\right)+\frac{x^2}{y^3}f''\left(\frac{x}{y}\right),$$

所以

$$x^2\frac{\partial^2 g}{\partial x^2}-y^2\frac{\partial^2 g}{\partial y^2}$$

$$=\frac{2y}{x}f'\left(\frac{y}{x}\right)+\frac{y^2}{x^2}f''\left(\frac{y}{x}\right)+\frac{x^2}{y}f''\left(\frac{x}{y}\right)-\frac{y^2}{x^2}f''\left(\frac{y}{x}\right)-\frac{x^2}{y}f''\left(\frac{x}{y}\right)=\frac{2y}{x}f'\left(\frac{y}{x}\right).$$

49 设$f(u,v)$具有二阶连续偏导数,且满足$\dfrac{\partial^2 f}{\partial u^2}+\dfrac{\partial^2 f}{\partial v^2}=1$,又

$$g(x,y)=f\left[xy,\frac{1}{2}(x^2-y^2)\right],$$

求$\dfrac{\partial^2 g}{\partial x^2}+\dfrac{\partial^2 g}{\partial y^2}$.

知识点睛 0511 二阶偏导数

解 $\dfrac{\partial g}{\partial x}=y\dfrac{\partial f}{\partial u}+x\dfrac{\partial f}{\partial v}$, $\dfrac{\partial g}{\partial y}=x\dfrac{\partial f}{\partial u}-y\dfrac{\partial f}{\partial v}$.故

$$\frac{\partial^2 g}{\partial x^2}=y^2\frac{\partial^2 f}{\partial u^2}+2xy\frac{\partial^2 f}{\partial u\partial v}+x^2\frac{\partial^2 f}{\partial v^2}+\frac{\partial f}{\partial v},$$

$$\frac{\partial^2 g}{\partial y^2}=x^2\frac{\partial^2 f}{\partial u^2}-2xy\frac{\partial^2 f}{\partial u\partial v}+y^2\frac{\partial^2 f}{\partial v^2}-\frac{\partial f}{\partial v},$$

所以, $\dfrac{\partial^2 g}{\partial x^2}+\dfrac{\partial^2 g}{\partial y^2}=(x^2+y^2)\dfrac{\partial^2 f}{\partial u^2}+(x^2+y^2)\dfrac{\partial^2 f}{\partial v^2}=x^2+y^2.$

50 设函数 $z=\displaystyle\int_0^{\sqrt{x^2+y^2}} tf(x^2+y^2-t^2)\mathrm{d}t$, 其中函数 f 有连续的导数, 求 $\dfrac{\partial^2 z}{\partial x\partial y}.$

知识点睛 0511 二阶偏导数

解 令 $u=x^2+y^2-t^2$, 则

$$z=\int_0^{\sqrt{x^2+y^2}} tf(x^2+y^2-t^2)\mathrm{d}t=-\frac{1}{2}\int_{x^2+y^2}^0 f(u)\mathrm{d}u=\frac{1}{2}\int_0^{x^2+y^2} f(u)\mathrm{d}u,$$

由 $\dfrac{\partial}{\partial x}\left(\dfrac{1}{2}\displaystyle\int_0^{x^2+y^2} f(u)\mathrm{d}u\right)=\dfrac{1}{2}\cdot f(x^2+y^2)\cdot 2x=xf(x^2+y^2)$, 得

$$\frac{\partial^2 z}{\partial x\partial y}=xf'(x^2+y^2)\cdot 2y=2xyf'(x^2+y^2).$$

51 设函数 $u(x,y)=\varphi(x+y)+\varphi(x-y)+\displaystyle\int_{x-y}^{x+y}\psi(t)\mathrm{d}t$, 其中函数 φ 具有二阶导数, ψ 具有一阶导数, 则必有 ( ).

(A) $\dfrac{\partial^2 u}{\partial x^2}=-\dfrac{\partial^2 u}{\partial y^2}$ (B) $\dfrac{\partial^2 u}{\partial x^2}=\dfrac{\partial^2 u}{\partial y^2}$ (C) $\dfrac{\partial^2 u}{\partial x\partial y}=\dfrac{\partial^2 u}{\partial y^2}$ (D) $\dfrac{\partial^2 u}{\partial x\partial y}=\dfrac{\partial^2 u}{\partial x^2}$

知识点睛 0511 二阶偏导数

解 因为 $\dfrac{\partial u}{\partial x}=\varphi'(x+y)+\varphi'(x-y)+\psi(x+y)-\psi(x-y),$

$$\frac{\partial u}{\partial y}=\varphi'(x+y)-\varphi'(x-y)+\psi(x+y)+\psi(x-y),$$

于是

$$\frac{\partial^2 u}{\partial x^2}=\varphi''(x+y)+\varphi''(x-y)+\psi'(x+y)-\psi'(x-y),$$

$$\frac{\partial^2 u}{\partial x\partial y}=\varphi''(x+y)-\varphi''(x-y)+\psi'(x+y)+\psi'(x-y),$$

$$\frac{\partial^2 u}{\partial y^2}=\varphi''(x+y)+\varphi''(x-y)+\psi'(x+y)-\psi'(x-y).$$

可见, 有 $\dfrac{\partial^2 u}{\partial x^2}=\dfrac{\partial^2 u}{\partial y^2}.$ 应选 (B).

Ⓚ 2011 数学一、数学二,9 分

52 设函数 $z=f(xy,yg(x))$, 函数 f 具有二阶连续偏导数, 函数 $g(x)$ 可导且在 $x=1$ 处取极值 $g(1)=1.$ 求 $\dfrac{\partial^2 z}{\partial x\partial y}\bigg|_{\substack{x=1\\y=1}}.$

知识点睛 0508 多元复合函数的二阶偏导数, 0511 二阶偏导数

分析 利用多元复合函数的求偏导法则及 $g'(1)=0.$

解 由题意 $g'(1)=0.$ 因为 $\dfrac{\partial z}{\partial x}=yf_1'+yg'(x)f_2'$, 有

$$\frac{\partial^2 z}{\partial x\partial y}=f_1'+y\left[xf_{11}''+g(x)f_{12}''\right]+g'(x)f_2'+yg'(x)\left[xf_{21}''+g(x)f_{22}''\right],$$

所以令 $x=y=1$,且注意到 $g(1)=1,g'(1)=0$,得

$$\frac{\partial^2 z}{\partial x \partial y}\bigg|_{\substack{x=1\\y=1}}=f_1'(1,1)+f_{11}''(1,1)+f_{12}''(1,1).$$

53 利用变量替换 $u=x,v=\dfrac{y}{x}$,一定可以把方程 $x\dfrac{\partial z}{\partial x}+y\dfrac{\partial z}{\partial y}=z$ 化为新方程(   ).

(A) $u\dfrac{\partial z}{\partial u}=z$ (B) $v\dfrac{\partial z}{\partial v}=z$ (C) $u\dfrac{\partial z}{\partial v}=z$ (D) $v\dfrac{\partial z}{\partial u}=z$

知识点睛 0508 多元复合函数的偏导数

解 由多元复合函数求导法则知

$$\frac{\partial z}{\partial x}=\frac{\partial z}{\partial u}\cdot\frac{\partial u}{\partial x}+\frac{\partial z}{\partial v}\cdot\frac{\partial v}{\partial x}=\frac{\partial z}{\partial u}-\frac{y}{x^2}\cdot\frac{\partial z}{\partial v},$$

$$\frac{\partial z}{\partial y}=\frac{\partial z}{\partial u}\cdot\frac{\partial u}{\partial y}+\frac{\partial z}{\partial v}\cdot\frac{\partial v}{\partial y}=\frac{1}{x}\cdot\frac{\partial z}{\partial v},$$

代入原方程得 $x\dfrac{\partial z}{\partial u}=z$,即 $u\dfrac{\partial z}{\partial u}=z$.应选(A).

54 设 $f(x,y)=\begin{cases}\dfrac{xy}{\sqrt{x^2+y^2}}, & x^2+y^2\neq 0,\\ 0, & x^2+y^2=0,\end{cases}$ 讨论 $f(x,y)$ 在点 $(0,0)$ 处是否可微.

知识点睛 0506 函数可微性证明

解 $f(x,y)$ 在点 $(0,0)$ 处,有

$$f_x'(0,0)=\lim_{\Delta x\to 0}\frac{f(0+\Delta x,0)-f(0,0)}{\Delta x}=\lim_{\Delta x\to 0}\frac{\frac{\Delta x\cdot 0}{\sqrt{(\Delta x)^2+0^2}}-0}{\Delta x}=0,$$

$$f_y'(0,0)=\lim_{\Delta y\to 0}\frac{f(0,0+\Delta y)-f(0,0)}{\Delta y}=\lim_{\Delta y\to 0}\frac{\frac{0\cdot\Delta y}{\sqrt{0^2+(\Delta y)^2}}-0}{\Delta y}=0,$$

而 $\Delta z-[f_x'(0,0)\cdot\Delta x+f_y'(0,0)\cdot\Delta y]=\dfrac{\Delta x\cdot\Delta y}{\sqrt{(\Delta x)^2+(\Delta y)^2}}$,因为

$$\lim_{\substack{\Delta x\to 0\\\Delta y\to 0}}\frac{\Delta z-f_x'(0,0)\Delta x-f_y'(0,0)\Delta y}{\sqrt{(\Delta x)^2+(\Delta y)^2}}=\lim_{\substack{\Delta x\to 0\\\Delta y\to 0}}\frac{\Delta x\Delta y}{(\Delta x)^2+(\Delta y)^2}$$

不存在,所以,函数 $f(x,y)$ 在点 $(0,0)$ 处不可微.

55 设二元函数 $f(x,y)$ 有一阶连续的偏导数,且 $f(0,1)=f(1,0)$,证明:单位圆周上至少存在两点满足方程 $y\dfrac{\partial}{\partial x}f(x,y)-x\dfrac{\partial}{\partial y}f(x,y)=0$.

知识点睛 0214 罗尔定理,0505 多元函数的偏导数

解 令 $g(t)=f(\cos t,\sin t)$,则 $g(t)$ 一阶连续可导,且 $g(0)=f(1,0)$,$g\left(\dfrac{\pi}{2}\right)=f(0,1)$,$g(2\pi)=f(1,0)$,所以 $g(0)=g\left(\dfrac{\pi}{2}\right)=g(2\pi)$.

分别在区间 $\left[0,\dfrac{\pi}{2}\right]$ 与 $\left[\dfrac{\pi}{2},2\pi\right]$ 上应用罗尔定理,存在 $\xi_1\in\left(0,\dfrac{\pi}{2}\right)$,$\xi_2\in\left(\dfrac{\pi}{2},2\pi\right)$,使得

$$g'(\xi_1)=0,\quad g'(\xi_2)=0.$$

记 $(x_1,y_1)=(\cos\xi_1,\sin\xi_1)$,$(x_2,y_2)=(\cos\xi_2,\sin\xi_2)$,由于

$$g'(t)=-\sin t\,\frac{\partial}{\partial x}f(\cos t,\sin t)+\cos t\,\frac{\partial}{\partial y}f(\cos t,\sin t),$$

所以

$$-\sin\xi_i\cdot\frac{\partial f}{\partial x}\bigg|_{(\cos\xi_i,\sin\xi_i)}+\cos\xi_i\cdot\frac{\partial f}{\partial y}\bigg|_{(\cos\xi_i,\sin\xi_i)}=0,$$

即

$$y_i\frac{\partial f}{\partial x}\bigg|_{(x_i,y_i)}-x_i\frac{\partial f}{\partial y}\bigg|_{(x_i,y_i)}=0,\quad i=1,2.$$

56 设函数 $u=f(\ln\sqrt{x^2+y^2})$ 满足 $\dfrac{\partial^2 u}{\partial x^2}+\dfrac{\partial^2 u}{\partial y^2}=(x^2+y^2)^{\frac{3}{2}}$,试求函数 f 的表达式.

知识点睛 0511 二阶偏导数

解 令 $t=\dfrac{1}{2}\ln(x^2+y^2)$,则

$$\frac{\partial u}{\partial x}=f'(t)\cdot\frac{x}{x^2+y^2},\quad \frac{\partial u}{\partial y}=f'(t)\frac{y}{x^2+y^2},$$

$$\frac{\partial^2 u}{\partial x^2}=f''(t)\cdot\frac{x^2}{(x^2+y^2)^2}+f'(t)\cdot\frac{y^2-x^2}{(x^2+y^2)^2}.$$

同理可得 $\dfrac{\partial^2 u}{\partial y^2}=f''(t)\dfrac{y^2}{(x^2+y^2)^2}+f'(t)\dfrac{x^2-y^2}{(x^2+y^2)^2}$,代入原方程,得

$$\frac{\partial^2 u}{\partial x^2}+\frac{\partial^2 u}{\partial y^2}=f''(t)\cdot\frac{1}{x^2+y^2}=(x^2+y^2)^{\frac{3}{2}},$$

即得

$$f''(t)=(x^2+y^2)^{\frac{5}{2}}=e^{5t},$$

积分两次,得

$$f(t)=\frac{1}{25}e^{5t}+C_1 t+C_2.$$

§5.2 求多元函数的极值

2003 数学一,4 分

57 已知函数 $f(x,y)$ 在点 $(0,0)$ 的某个邻域内连续,且 $\lim\limits_{\substack{x\to0\\y\to0}}\dfrac{f(x,y)-xy}{(x^2+y^2)^2}=1$,则( ).

(A) 点 $(0,0)$ 不是 $f(x,y)$ 的极值点

(B) 点 $(0,0)$ 是 $f(x,y)$ 的极大值点

(C) 点 $(0,0)$ 是 $f(x,y)$ 的极小值点

(D) 根据所给条件无法判断点 $(0,0)$ 是否为 $f(x,y)$ 的极值点

知识点睛　0503 二元函数的极限与连续,0516 多元函数的极值

解　由 $\lim\limits_{\substack{x\to 0\\y\to 0}}\dfrac{f(x,y)-xy}{(x^2+y^2)^2}=1$ 知,分子的极限必为零,从而有 $f(0,0)=0$,且

$$f(x,y)-xy\approx(x^2+y^2)^2\ (\,|x|,|y|\ 充分小时),$$

于是

$$f(x,y)-f(0,0)\approx xy+(x^2+y^2)^2.$$

可见,当 $y=x$ 且 $|x|$ 充分小时,$f(x,y)-f(0,0)\approx x^2+4x^4>0$;而当 $y=-x$ 且 $|x|$ 充分小时,$f(x,y)-f(0,0)\approx -x^2+4x^4<0$.故点 $(0,0)$ 不是 $f(x,y)$ 的极值点,应选(A).

【评注】本题综合考查了多元函数的极限、连续和多元函数的极值概念,题型比较新,有一定难度.将极限表示式转化为极限值加无穷小量,是有关极限分析过程中常用的思想.

58　设函数 $f(x),g(x)$ 均有二阶连续导数,满足 $f(0)>0,g(0)<0$,且 $f'(0)=g'(0)=0$,则函数 $z=f(x)g(y)$ 在点 $(0,0)$ 处取极小值的一个充分条件是(　　). 　　**K** 2011 数学二, 4 分

(A) $f''(0)<0,g''(0)>0$ 　　　　(B) $f''(0)<0,g''(0)<0$

(C) $f''(0)>0,g''(0)>0$ 　　　　(D) $f''(0)>0,g''(0)<0$

知识点睛　0516 多元函数的极值

解　显然 $z_x'(0,0)=f'(0)g(0)=0$,$z_y'(0,0)=f(0)g'(0)=0$,故点 $(0,0)$ 是 $z=f(x)g(y)$ 可能的极值点.计算得

$$z_{xx}''(x,y)=f''(x)g(y),\ z_{yy}''(x,y)=f(x)g''(y),\ z_{xy}''(x,y)=f'(x)g'(y),$$

所以,$A=z_{xx}''(0,0)=f''(0)g(0)$,$B=z_{xy}''(0,0)=0$,$C=z_{yy}''(0,0)=f(0)g''(0)$.

由 $AC-B^2>0$,且 $A>0,C>0$,有 $f''(0)<0,g''(0)>0$.应选(A).

59　设函数 $z=f(x,y)$ 的全微分为 $\mathrm{d}z=x\mathrm{d}x+y\mathrm{d}y$,则点 $(0,0)$(　　). 　　**K** 2009 数学二, 4 分

(A) 不是 $f(x,y)$ 的连续点 　　　(B) 不是 $f(x,y)$ 的极值点

(C) 是 $f(x,y)$ 的极大值点 　　　(D) 是 $f(x,y)$ 的极小值点

知识点睛　0506 多元函数全微分,0516 多元函数的极值

解　因 $\mathrm{d}z=x\mathrm{d}x+y\mathrm{d}y$,可得 $\dfrac{\partial z}{\partial x}=x,\dfrac{\partial z}{\partial y}=y$,所以

$$A=\frac{\partial^2 z}{\partial x^2}=1,B=\frac{\partial^2 z}{\partial x\partial y}=\frac{\partial^2 z}{\partial y\partial x}=0,C=\frac{\partial^2 z}{\partial y^2}=1.$$

59 题精解视频

又在点 $(0,0)$ 处,$\dfrac{\partial z}{\partial x}=0,\dfrac{\partial z}{\partial y}=0,AC-B^2=1>0$,故点 $(0,0)$ 为函数 $z=f(x,y)$ 的一个极小值点.应选(D).

60　设函数 $f(x)$ 具有二阶连续导数,且 $f(x)>0$,$f'(0)=0$,则函数 $z=f(x)\cdot\ln f(y)$ 在点 $(0,0)$ 处取极小值的一个充分条件是(　　). 　　**K** 2011 数学一, 4 分

(A) $f(0)>1,f''(0)>0$ 　　　　(B) $f(0)>1,f''(0)<0$

(C) $f(0)<1,f''(0)>0$ 　　　　(D) $f(0)<1,f''(0)<0$

知识点睛　0516 多元函数的极值

解　由 $z=f(x)\ln f(y)$,有 $z_x'(x,y)=f'(x)\ln f(y)$,$z_y'(x,y)=f(x)\dfrac{f'(y)}{f(y)}$,所以

$$z'_x(0,0) = f'(0) \ln f(0) = 0, \quad z'_y(0,0) = f(0) \frac{1}{f(0)} f'(0) = 0,$$

故点 $(0,0)$ 是 $z = f(x) \ln f(y)$ 可能的极值点. 又

$$z''_{xx}(x,y) = f''(x) \ln f(y),$$

$$z''_{yy}(x,y) = f(x) \frac{f''(y)f(y) - [f'(y)]^2}{[f(y)]^2},$$

$$z''_{xy}(x,y) = f'(x) \frac{f'(y)}{f(y)},$$

所以

$$A = z''_{xx}(0,0) = f''(0) \ln f(0), B = z''_{xy}(0,0) = 0, C = z''_{yy}(0,0) = f''(0).$$

由 $AC - B^2 > 0$, 且 $A > 0, C > 0$, 有 $f''(0) > 0, f(0) > 1$. 应选（A）.

【评注】最近几年关于直接求二元函数的极值形式上与本题有所不同, 但实质是一样的.

K 2014 数学二, 4 分

61 设函数 $u(x,y)$ 在有界闭区域 D 上连续, 在 D 的内部具有二阶连续偏导数, 且满足 $\dfrac{\partial^2 u}{\partial x \partial y} \neq 0$ 及 $\dfrac{\partial^2 u}{\partial x^2} + \dfrac{\partial^2 u}{\partial y^2} = 0$, 则（　　）.

（A）$u(x,y)$ 的最大值和最小值都在 D 的边界上取得

（B）$u(x,y)$ 的最大值和最小值都在 D 的内部取得

（C）$u(x,y)$ 的最大值在 D 的内部取得, 最小值在 D 的边界上取得

（D）$u(x,y)$ 的最小值在 D 的内部取得, 最大值在 D 的边界上取得

知识点晴　0518 多元函数的最大值和最小值

解　由于 $B = \dfrac{\partial^2 u}{\partial x \partial y} \neq 0, A = \dfrac{\partial^2 u}{\partial x^2}$ 与 $C = \dfrac{\partial^2 u}{\partial y^2}$ 异号, 所以 $AC - B^2 < 0$, 即 $u(x,y)$ 在区域 D 的内部不取极值. 而在有界闭区域 D 上连续函数 $u(x,y)$ 在 D 上必有最大值与最小值, 故其只能在 D 的边界上取得. 应选(A).

【评注】本题考查对二元函数取得极值的充分条件的掌握情况. 选项（C）与（D）本质上是一回事（请读者思考理由）, 不可能都成立, 所以可先排除.

62 设可微函数 $f(x,y)$ 在点 (x_0, y_0) 取得极小值, 则下列结论正确的是（　　）.

（A）$f(x_0, y)$ 在 $y = y_0$ 处的导数大于零　　（B）$f(x_0, y)$ 在 $y = y_0$ 处的导数等于零

（C）$f(x_0, y)$ 在 $y = y_0$ 处的导数小于零　　（D）$f(x_0, y)$ 在 $y = y_0$ 处的导数不存在

知识点晴　0506 可微多元函数, 0516 多元函数的极值

解　由可微函数极值存在的必要条件知, $f'_x(x_0, y_0) = 0, f'_y(x_0, y_0) = 0$, 即

$$\frac{\mathrm{d}}{\mathrm{d}x}[f(x, y_0)]\bigg|_{x = x_0} = 0, \quad \frac{\mathrm{d}}{\mathrm{d}y}[f(x_0, y)]\bigg|_{y = y_0} = 0.$$

应选（B）.

【评注】由可微函数 $f(x,y)$ 在点 (x_0, y_0) 取得极小值知 (x_0, y_0) 点应为驻点.

63 设 $z = \mathrm{e}^{2x}(x + y^2 + 2y)$，则点 $\left(\dfrac{1}{2}, -1\right)$ 是该函数的(　　).

（A）驻点，但不是极值点　　　　　　（B）驻点，且是极小值点

（C）驻点，且是极大值点　　　　　　（D）驻点，偏导数不存在的点

知识点睛　0516 多元函数的极值

63 题精解视频

解　$\begin{cases} \dfrac{\partial z}{\partial x} = (2x + 2y^2 + 4y + 1)\mathrm{e}^{2x} = 0, \\ \dfrac{\partial z}{\partial y} = (2y + 2)\mathrm{e}^{2x} = 0, \end{cases}$ 解得 $\begin{cases} x = \dfrac{1}{2}, \\ y = -1, \end{cases}$ 故 $\left(\dfrac{1}{2}, -1\right)$ 是驻点. 且

$A = 4(x + y^2 + 2y + 1)\mathrm{e}^{2x}\Big|_{\left(\frac{1}{2}, -1\right)} = 2\mathrm{e} > 0, B = (4y + 4)\mathrm{e}^{2x}\Big|_{\left(\frac{1}{2}, -1\right)} = 0, C = 2\mathrm{e}^{2x}\Big|_{\left(\frac{1}{2}, -1\right)} = 2\mathrm{e}.$

$AC - B^2 = 4\mathrm{e}^2 > 0$ 且 $A > 0$，所以 $\left(\dfrac{1}{2}, -1\right)$ 是极小值点.

应选（B）.

64 当 $x \geqslant 0, y \geqslant 0$ 时，$x^2 + y^2 \leqslant k\mathrm{e}^{x+y}$ 恒成立，则 k 的取值范围为_____.

2022 数学一，5 分

知识点睛　0518 多元函数的最大值

解　原式变为 $(x^2 + y^2)\mathrm{e}^{-(x+y)} \leqslant k$，令 $f(x, y) = (x^2 + y^2)\mathrm{e}^{-(x+y)}$，则由

$$\begin{cases} \dfrac{\partial f}{\partial x} = (2x - x^2 - y^2)\mathrm{e}^{-(x+y)} = 0, \\ \dfrac{\partial f}{\partial y} = (2y - x^2 - y^2)\mathrm{e}^{-(x+y)} = 0 \end{cases}$$

得 $\begin{cases} x = 0, \\ y = 0, \end{cases}$ 或 $\begin{cases} x = 1, \\ y = 1. \end{cases}$ 当 $x = 0$ 时，$f(0, y) = y^2\mathrm{e}^{-y}$，最大值为 $4\mathrm{e}^{-2}$. 同理，当 $y = 0$ 时，$f(x, 0) = x^2\mathrm{e}^{-x}$，最大值为 $4\mathrm{e}^{-2}$. 且

$$\lim_{\substack{x \to +\infty \\ y \to +\infty}} f(x, y) = \lim_{\substack{x \to +\infty \\ y \to +\infty}} (x^2 + y^2)\mathrm{e}^{-(x+y)} = 0, \quad f(0, 0) = 0, \quad f(1, 1) = 2\mathrm{e}^{-2},$$

因而 $f(x, y)$ 的最大值为 $4\mathrm{e}^{-2}$，则有 $k \geqslant \dfrac{4}{\mathrm{e}^2}$. 故应填 $\left[\dfrac{4}{\mathrm{e}^2}, +\infty\right)$.

65 求函数 $z = 3axy - x^3 - y^3 (a > 0)$ 的极值.

知识点睛　0516 多元函数的极值

解　解方程组

$$\begin{cases} \dfrac{\partial z}{\partial x} = 3ay - 3x^2 = 0, \\ \dfrac{\partial z}{\partial y} = 3ax - 3y^2 = 0, \end{cases}$$

解得驻点：$(0, 0), (a, a)$. 又

$$\dfrac{\partial^2 z}{\partial x^2} = -6x, \quad \dfrac{\partial^2 z}{\partial x \partial y} = 3a, \quad \dfrac{\partial^2 z}{\partial y^2} = -6y,$$

于是在点 $(0, 0)$ 处，有

$$A = 0, \quad B = 3a, \quad C = 0, \quad AC - B^2 = -9a^2 < 0,$$

故点 $(0,0)$ 不是函数的极值点.

又在点 (a,a) 处,有
$$A=-6a,\quad B=3a,\quad C=-6a,\quad AC-B^2=27a^2>0,$$
且 $A=-6a<0$,故所给函数在 (a,a) 处有极大值 $z_{\max}=a^3$.

2009 数学一、数学三,9 分

66 求二元函数 $f(x,y)=x^2(2+y^2)+y\ln y$ 的极值.

知识点睛 0516 多元函数的极值

分析 先求函数的驻点,再用二元函数取极值的充分条件判断.

解 由 $\begin{cases} f'_x(x,y)=2x(2+y^2)=0, \\ f'_y(x,y)=2x^2y+\ln y+1=0 \end{cases}$ 得 $x=0,y=\dfrac{1}{e}$.而
$$f''_{xx}=2(2+y^2),\quad f''_{yy}=2x^2+\frac{1}{y},\quad f''_{xy}=4xy,$$
则
$$f''_{xx}\Big|_{(0,\frac{1}{e})}=2\Big(2+\frac{1}{e^2}\Big),\quad f''_{xy}\Big|_{(0,\frac{1}{e})}=0,\quad f''_{yy}\Big|_{(0,\frac{1}{e})}=e.$$
因为 $f''_{xx}>0,f''_{xx}f''_{yy}-(f''_{xy})^2>0$,所以二元函数存在极小值 $f\Big(0,\dfrac{1}{e}\Big)=-\dfrac{1}{e}$.

2012 数学一、数学二,10 分

67 求函数 $f(x,y)=xe^{-\frac{x^2+y^2}{2}}$ 的极值.

知识点睛 0516 多元函数的极值

分析 此题为常规题型,只需用二元函数取极值的充分条件即可.

解 令 $f'_x(x,y)=e^{-\frac{x^2+y^2}{2}}+x\cdot e^{-\frac{x^2+y^2}{2}}\cdot(-x)=(1-x^2)e^{-\frac{x^2+y^2}{2}}=0,$
$$f'_y(x,y)=xe^{-\frac{x^2+y^2}{2}}\cdot(-y)=-xye^{-\frac{x^2+y^2}{2}}=0,$$
得函数驻点为 $(1,0)$ 或 $(-1,0)$.

易得
$$f''_{xx}(x,y)=-2xe^{-\frac{x^2+y^2}{2}}+(1-x^2)e^{-\frac{x^2+y^2}{2}}\cdot(-x)=(x^2-3)xe^{-\frac{x^2+y^2}{2}},$$
$$f''_{xy}(x,y)=(x^2-1)ye^{-\frac{x^2+y^2}{2}},$$
$$f''_{yy}(x,y)=-xe^{-\frac{x^2+y^2}{2}}-xye^{-\frac{x^2+y^2}{2}}(-y)=(y^2-1)xe^{-\frac{x^2+y^2}{2}},$$

(1)在驻点 $(1,0)$ 处,
$$A=f''_{xx}(1,0)=-2e^{-\frac{1}{2}},\quad B=f''_{xy}(1,0)=0,\quad C=f''_{yy}(1,0)=-e^{-\frac{1}{2}},$$
由 $AC-B^2=2e^{-1}>0$,且 $A<0$,知点 $(1,0)$ 为极大值点,极大值为 $f(1,0)=e^{-\frac{1}{2}}$.

(2)在驻点 $(-1,0)$ 处,
$$A=f''_{xx}(-1,0)=2e^{-\frac{1}{2}},B=f''_{xy}(-1,0)=0,C=f''_{yy}(-1,0)=e^{-\frac{1}{2}},$$
由 $AC-B^2=2e^{-1}>0$ 且 $A>0$,知点 $(-1,0)$ 为极小值点,极小值为 $f(-1,0)=-e^{-\frac{1}{2}}$.

2013 数学一,10 分

68 求函数 $f(x,y)=\Big(y+\dfrac{x^3}{3}\Big)e^{x+y}$ 的极值.

知识点睛 0516 多元函数的极值

解 令 $f_x'(x,y)=x^2 e^{x+y}+\left(y+\dfrac{x^3}{3}\right)e^{x+y}=\left(x^2+y+\dfrac{x^3}{3}\right)e^{x+y}=0$,

$$f_y'(x,y)=e^{x+y}+\left(y+\dfrac{x^3}{3}\right)e^{x+y}=\left(1+y+\dfrac{x^3}{3}\right)e^{x+y}=0,$$

即 $\begin{cases}x^2+y+\dfrac{x^3}{3}=0,\\ 1+y+\dfrac{x^3}{3}=0,\end{cases}$ 解得 $\begin{cases}x=1,\\ y=-\dfrac{4}{3},\end{cases}$ 或 $\begin{cases}x=-1,\\ y=-\dfrac{2}{3},\end{cases}$ 可能极值点为 $\left(1,-\dfrac{4}{3}\right)$, $\left(-1,-\dfrac{2}{3}\right)$. 易得

$$f_{xx}''(x,y)=\left(2x+2x^2+y+\dfrac{x^3}{3}\right)e^{x+y},$$

$$f_{xy}''(x,y)=\left(1+x^2+y+\dfrac{x^3}{3}\right)e^{x+y},$$

$$f_{yy}''(x,y)=\left(2+y+\dfrac{x^3}{3}\right)e^{x+y},$$

在驻点 $\left(1,-\dfrac{4}{3}\right)$ 处,

$$A=f_{xx}''\left(1,-\dfrac{4}{3}\right)=3e^{-\frac{1}{3}},B=f_{xy}''\left(1,-\dfrac{4}{3}\right)=e^{-\frac{1}{3}},C=f_{yy}''\left(1,-\dfrac{4}{3}\right)=e^{-\frac{1}{3}},$$

由 $AC-B^2=2e^{-\frac{2}{3}}>0$, 且 $A=3e^{-\frac{1}{3}}>0$, 则函数在点 $\left(1,-\dfrac{4}{3}\right)$ 处取极小值, 极小值为 $-e^{-\frac{1}{3}}$.

在驻点 $\left(-1,-\dfrac{2}{3}\right)$ 处,

$$A=f_{xx}''\left(-1,-\dfrac{2}{3}\right)=-e^{-\frac{5}{3}},B=f_{xy}''\left(-1,-\dfrac{2}{3}\right)=e^{-\frac{5}{3}},C=f_{yy}''\left(-1,-\dfrac{2}{3}\right)=e^{-\frac{5}{3}},$$

由 $AC-B^2=-2e^{-\frac{10}{3}}<0$ 知, 点 $\left(-1,-\dfrac{2}{3}\right)$ 不是极值点.

综上, 此函数只在点 $\left(1,-\dfrac{4}{3}\right)$ 处取极小值 $-e^{-\frac{1}{3}}$.

69 二元函数 $z=xy(3-x-y)$ 的极值点是( ).

（A）（0,0） （B）（0,3） （C）（3,0） （D）（1,1）

K 2017 数学三, 4 分

知识点睛 0516 多元函数的极值

解 计算得 $\dfrac{\partial z}{\partial x}=y(3-2x-y)$, $\dfrac{\partial z}{\partial y}=x(3-x-2y)$.

令 $\begin{cases}\dfrac{\partial z}{\partial x}=0,\\ \dfrac{\partial z}{\partial y}=0\end{cases}$ 得四个驻点 (0,0),(0,3),(3,0),(1,1). 而

$$\dfrac{\partial^2 z}{\partial x^2}=-2y,\quad \dfrac{\partial^2 z}{\partial x\partial y}=3-2x-2y,\quad \dfrac{\partial^2 z}{\partial y^2}=-2x.$$

利用取极值的充分条件.

在 (0,0) 处, $AC-B^2=-9<0$, 不是极值点,

在 $(0,3)$ 处, $AC-B^2=-9<0$, 不是极值点,

在 $(3,0)$ 处, $AC-B^2=-9<0$, 不是极值点,

在 $(1,1)$ 处, $AC-B^2=3>0$, 是极值点. 应选 (D).

2011 数学三, 10 分

70 已知函数 $f(u,v)$ 具有二阶连续偏导数, $f(1,1)=2$ 是 $f(u,v)$ 的极值, $z=f(x+y,f(x,y))$. 求 $\dfrac{\partial^2 z}{\partial x \partial y}\Big|_{\substack{x=1\\y=1}}$.

知识点睛 0508 多元复合函数的偏导数, 0516 多元函数的极值

分析 利用多元复合函数的求偏导法则及取极值的必要条件.

解 由链式法则,

$$\frac{\partial z}{\partial x}=f_1'(x+y,f(x,y))+f_2'(x+y,f(x,y))\cdot f_1'(x,y),$$

$$\frac{\partial^2 z}{\partial x \partial y}=f_{11}''(x+y,f(x,y))+f_{12}''(x+y,f(x,y))\cdot f_2'(x,y)+$$
$$[f_{21}''(x+y,f(x,y))+f_{22}''(x+y,f(x,y))\cdot f_2'(x,y)]f_1'(x,y)+$$
$$f_2'(x+y,f(x,y))f_{12}''(x,y).$$

由于 $f(1,1)=2$ 是 $f(u,v)$ 的极值, 则
$$f_1'(1,1)=0, \quad f_2'(1,1)=0,$$

令 $x=y=1$, 得

$$\frac{\partial^2 z}{\partial x \partial y}\Big|_{\substack{x=1\\y=1}}=f_{11}''(2,2)+f_2'(2,2)f_{12}''(1,1).$$

【评注】 该题虽然是抽象复合函数求偏导的题目, 实际上关键要用到二元函数取极值的必要条件.

71 设 $z=z(x,y)$ 是由方程
$$x^2+y^2+z^2-2x+4y-6z-11=0$$
所确定的函数, 求该函数的极值.

知识点睛 配方法, 0516 多元函数的极值

解 配方法: 方程 $x^2+y^2+z^2-2x+4y-6z-11=0$ 可变形为
$$(x-1)^2+(y+2)^2+(z-3)^2=25,$$
于是
$$z=3\pm\sqrt{25-(x-1)^2-(y+2)^2}.$$

显然, 当 $x=1,y=-2$ 时, 根号中的极大值为 5.

由此可知, $z=3\pm5$ 为极值, $z=8$ 为极大值, $z=-2$ 为极小值.

2004 数学一, 12 分

72 设 $z=z(x,y)$ 是由 $x^2-6xy+10y^2-2yz-z^2+18=0$ 确定的函数, 求 $z=z(x,y)$ 的极值点和极值.

知识点睛 0516 多元函数的极值

分析 可能极值点是两个一阶偏导数为零的点, 先求出一阶偏导数, 再令其为零确定极值点即可, 然后用二阶偏导数确定是极大值还是极小值, 并求出相应的极值.

解 在 $x^2-6xy+10y^2-2yz-z^2+18=0$ 两边分别对 x,y 求偏导, 得

$$2x - 6y - 2y\frac{\partial z}{\partial x} - 2z\frac{\partial z}{\partial x} = 0,$$

$$-6x + 20y - 2z - 2y\frac{\partial z}{\partial y} - 2z\frac{\partial z}{\partial y} = 0.$$

令 $\begin{cases} \dfrac{\partial z}{\partial x} = 0, \\ \dfrac{\partial z}{\partial y} = 0. \end{cases}$ 得 $\begin{cases} x - 3y = 0, \\ -3x + 10y - z = 0. \end{cases}$ 故 $\begin{cases} x = 3y, \\ z = y. \end{cases}$ 代入 $x^2 - 6xy + 10y^2 - 2yz - z^2 + 18 = 0$,可得

$$\begin{cases} x = 9, \\ y = 3, \\ z = 3, \end{cases} \quad \text{或} \quad \begin{cases} x = -9, \\ y = -3, \\ z = -3. \end{cases}$$

由于

$$2 - 2y\frac{\partial^2 z}{\partial x^2} - 2\left(\frac{\partial z}{\partial x}\right)^2 - 2z\frac{\partial^2 z}{\partial x^2} = 0,$$

$$-6 - 2\frac{\partial z}{\partial x} - 2y\frac{\partial^2 z}{\partial x \partial y} - 2\frac{\partial z}{\partial y}\cdot\frac{\partial z}{\partial x} - 2z\frac{\partial^2 z}{\partial x \partial y} = 0,$$

$$20 - 2\frac{\partial z}{\partial y} - 2\frac{\partial z}{\partial y} - 2y\frac{\partial^2 z}{\partial y^2} - 2\left(\frac{\partial z}{\partial y}\right)^2 - 2z\frac{\partial^2 z}{\partial y^2} = 0,$$

所以,$A = \dfrac{\partial^2 z}{\partial x^2}\Big|_{(9,3,3)} = \dfrac{1}{6}, B = \dfrac{\partial^2 z}{\partial x \partial y}\Big|_{(9,3,3)} = -\dfrac{1}{2}, C = \dfrac{\partial^2 z}{\partial y^2}\Big|_{(9,3,3)} = \dfrac{5}{3}$,且 $AC - B^2 = \dfrac{1}{36} > 0$,又 $A = \dfrac{1}{6} > 0$,从而点 $(9,3)$ 是 $z(x,y)$ 的极小值点,极小值为 $z(9,3) = 3$.

类似地,由

$$A = \frac{\partial^2 z}{\partial x^2}\Big|_{(-9,-3,-3)} = -\frac{1}{6}, B = \frac{\partial^2 z}{\partial x \partial y}\Big|_{(-9,-3,-3)} = \frac{1}{2}, C = \frac{\partial^2 z}{\partial y^2}\Big|_{(-9,-3,-3)} = -\frac{5}{3},$$

可知 $AC - B^2 = \dfrac{1}{36} > 0$,又 $A = -\dfrac{1}{6} < 0$,从而点 $(-9,-3)$ 是 $z(x,y)$ 的极大值点,极大值为

$$z(-9,-3) = -3.$$

【评注】本题讨论由方程所确定的隐函数的极值问题,关键是求可能极值点时应注意 x,y,z 满足原方程.

73 求函数 $f(x,y) = 2\ln|x| + \dfrac{(x-1)^2 + y^2}{2x^2}$ 的极值. K 2021 数学三,
12 分

知识点睛 0516 多元函数的极值

解 函数 $f(x,y)$ 的定义域为 $\{(x,y) \mid x \neq 0\}$.

(1)解方程组

$$\begin{cases} f_x'(x,y) = \dfrac{2}{x} + \dfrac{x-1-y^2}{x^3} = 0, \\ f_y'(x,y) = \dfrac{y}{x^2} = 0, \end{cases}$$

得驻点为 $(-1,0),\left(\dfrac{1}{2},0\right)$.

$(2)f''_{xx}(x,y)=\dfrac{(4x+1)x-3(2x^2+x-1-y^2)}{x^4}=\dfrac{-2x^2-2x+3+3y^2}{x^4},f''_{xy}(x,y)=-\dfrac{2y}{x^3},f''_{yy}(x,y)=\dfrac{1}{x^2}.$

在点 $(-1,0)$ 处,$A=f''_{xx}(-1,0)=3,B=f''_{xy}(-1,0)=0,C=f''_{yy}(-1,0)=1$,则 $AC-B^2=3>0$,且 $A>0$,故 $f(x,y)$ 在点 $(-1,0)$ 处有极小值 $f(-1,0)=2$.

同理,在点 $\left(\dfrac{1}{2},0\right)$ 处,$A=f''_{xx}\left(\dfrac{1}{2},0\right)=24,B=f''_{xy}\left(\dfrac{1}{2},0\right)=0,C=f''_{yy}\left(\dfrac{1}{2},0\right)=4$,有 $AC-B^2=96>0$,且 $A>0$,故 $f(x,y)$ 在点 $\left(\dfrac{1}{2},0\right)$ 处有极小值 $f\left(\dfrac{1}{2},0\right)=\dfrac{1}{2}-2\ln 2$.

2016 数学二,10 分

74 已知函数 $z=z(x,y)$ 由方程 $(x^2+y^2)z+\ln z+2(x+y+1)=0$ 确定,求 $z=z(x,y)$ 的极值.

知识点睛 0516 多元函数的极值

分析 这是一个由方程确定的二元函数的极值问题,利用二元函数取极值的充分条件求解.

解 方程 $(x^2+y^2)z+\ln z+2(x+y+1)=0$ 两边分别对 x,y 求偏导,得

$$2xz+(x^2+y^2)\frac{\partial z}{\partial x}+\frac{1}{z}\frac{\partial z}{\partial x}+2=0,\qquad ①$$

$$2yz+(x^2+y^2)\frac{\partial z}{\partial y}+\frac{1}{z}\frac{\partial z}{\partial y}+2=0.\qquad ②$$

令 $\begin{cases}\dfrac{\partial z}{\partial x}=0,\\[2mm]\dfrac{\partial z}{\partial y}=0,\end{cases}$ 得 $\begin{cases}xz+1=0,\\ yz+1=0.\end{cases}$ 故 $x=y=-\dfrac{1}{z}$.代入 $(x^2+y^2)z+\ln z+2(x+y+1)=0$ 可得

$$\ln z-\frac{2}{z}+2=0,$$

从而 $z=1$,有

$$\begin{cases}x=-1,\\ y=-1,\\ z=1.\end{cases}$$

方程①,②两边分别对 x 求偏导,得

$$2z+4x\frac{\partial z}{\partial x}+(x^2+y^2)\frac{\partial^2 z}{\partial x^2}-\frac{1}{z^2}\left(\frac{\partial z}{\partial x}\right)^2+\frac{1}{z}\frac{\partial^2 z}{\partial x^2}=0,$$

$$2y\frac{\partial z}{\partial x}+2x\frac{\partial z}{\partial y}+(x^2+y^2)\frac{\partial^2 z}{\partial x\partial y}-\frac{1}{z^2}\frac{\partial z}{\partial x}\frac{\partial z}{\partial y}+\frac{1}{z}\frac{\partial^2 z}{\partial x\partial y}=0,$$

方程②两边对 y 求偏导,得

$$2z+4y\frac{\partial z}{\partial y}+(x^2+y^2)\frac{\partial^2 z}{\partial y^2}-\frac{1}{z^2}\left(\frac{\partial z}{\partial y}\right)^2+\frac{1}{z}\frac{\partial^2 z}{\partial y^2}=0.$$

所以

$$A = \frac{\partial^2 z}{\partial x^2}\bigg|_{(-1,-1,1)} = -\frac{2}{3}, B = \frac{\partial^2 z}{\partial x \partial y}\bigg|_{(-1,-1,1)} = 0, C = \frac{\partial^2 z}{\partial y^2}\bigg|_{(-1,-1,1)} = -\frac{2}{3},$$

又 $AC - B^2 = \frac{4}{9} > 0, A = -\frac{2}{3} < 0$，从而点 $(-1,-1)$ 是 $z(x,y)$ 的极大值点，极大值为 $z(-1,-1) = 1$.

75 已知函数 $f(x,y)$ 满足 $f''_{xy}(x,y) = 2(y+1)e^x, f'_x(x,0) = (x+1)e^x, f(0,y) = y^2 + 2y$，求 $f(x,y)$ 的极值.

2015 数学二, 11 分

知识点睛 0516 多元函数的极值

分析 利用不定积分法求出 $f(x,y)$，再求二元函数的极值.

解 方程 $f''_{xy}(x,y) = 2(y+1)e^x$ 两边对 y 积分，得 $f'_x(x,y) = (y+1)^2 e^x + \varphi(x)$，由 $f'_x(x,0) = (x+1)e^x$，有 $\varphi(x) = xe^x$，方程 $f'_x(x,y) = (y+1)^2 e^x + xe^x$ 两边再对 x 积分，得

$$f(x,y) = (y+1)^2 e^x + (x-1)e^x + \psi(y).$$

由 $f(0,y) = y^2 + 2y$，可知 $\psi(y) = 0$，因而 $f(x,y) = (y+1)^2 e^x + (x-1)e^x$.

解方程组 $\begin{cases} f'_x = (y+1)^2 e^x + xe^x = 0, \\ f'_y = 2(y+1)e^x = 0, \end{cases}$ 得 $x = 0, y = -1$.

而 $f''_{xx} = (y+1)^2 e^x + (x+1)e^x, f''_{yy} = 2e^x$. 在点 $(0,-1)$ 处，$A = f''_{xx}(0,-1) = 1, B = f''_{xy}(0,-1) = 0, C = f''_{yy}(0,-1) = 2$. 有 $AC - B^2 = 2 > 0, A = 1 > 0$，于是 $f(x,y)$ 在点 $(0,-1)$ 取极小值 $f(0,-1) = -1$.

76 已知可微函数 $f(u,v)$ 满足 $\frac{\partial f(u,v)}{\partial u} - \frac{\partial f(u,v)}{\partial v} = 2(u-v)e^{-(u+v)}$ 且 $f(u,0) = u^2 e^{-u}$.

2022 数学二, 12 分

(1) 记 $g(x,y) = f(x,y-x)$. 求 $\frac{\partial g(x,y)}{\partial x}$;

(2) 求 $f(u,v)$ 的表达式和极值.

知识点睛 0516 多元函数的极值

解 (1) $\frac{\partial g}{\partial x} = f'_1 - f'_2 = 2(x-y+x)e^{-(x+y-x)} = 2(2x-y)e^{-y}$.

(2) 因为 $g(x,y) = \int 2(2x-y)e^{-y}dx = 2e^{-y}(x^2 - xy) + \varphi(y)$，

由 $f(u,0) = u^2 e^{-u}$ 可得 $f(x,0) = g(x,x) = \varphi(x) = x^2 e^{-x}$，故

$$g(x,y) = 2e^{-y}(x^2 - xy) + y^2 e^{-y},$$

令 $x = u, y - x = v$，有

$$\begin{aligned} f(u,v) &= 2e^{-(u+v)}[u^2 - u(u+v)] + (u+v)^2 e^{-(u+v)} \\ &= -2uve^{-(u+v)} + (u+v)^2 e^{-(u+v)} \\ &= (u^2 + v^2)e^{-(u+v)}. \end{aligned}$$

由 $\begin{cases} \frac{\partial f}{\partial u} = (2u - u^2 - v^2)e^{-(u+v)} = 0, \\ \frac{\partial f}{\partial v} = (2v - u^2 - v^2)e^{-(u+v)} = 0, \end{cases}$ 得 $\begin{cases} u = 0, \\ v = 0, \end{cases} \begin{cases} u = 1, \\ v = 1, \end{cases}$ 因为

$$A = f''_{uu} = (2-4u+u^2+v^2)e^{-(u+v)},$$
$$B = f''_{uv} = (-2v-2u+u^2+v^2)e^{-(u+v)},$$
$$C = f''_{vv} = (2-4v+u^2+v^2)e^{-(u+v)},$$

在点 $(0,0)$ 处，$A=2,B=0,C=2$，有 $AC-B^2>0$ 且 $A>0$，故点 $(0,0)$ 是极小值点，极小值为 $f(0,0)=0$.

在点 $(1,1)$ 处，$A=0,B=-2e^{-2},C=0,AC-B^2<0$，故在点 $(1,1)$ 不取极值.

77 求表面积为 a^2 的最大长方体的体积.

知识点睛 0518 多元函数的最大值及简单应用问题，0517 拉格朗日乘数法

解 以 x,y,z 表示所求长方体各边的边长，则问题变为求函数 $v=xyz$ 的最大值，但其中 x,y,z 应满足条件 $2(xy+yz+zx)=a^2$.

做拉格朗日函数 $L=xyz+\lambda(2xy+2yz+2zx-a^2)$，

$$\begin{cases} L'_x = yz+2\lambda(y+z)=0, \\ L'_y = xz+2\lambda(x+z)=0, \\ L'_z = xy+2\lambda(x+y)=0, \\ L'_\lambda = 2xy+2yz+2zx-a^2=0, \end{cases}$$

解之得 $x=y=z=\dfrac{a}{\sqrt{6}}$，即表面积为 a^2 的最大长方体是边长为 $\dfrac{a}{\sqrt{6}}$ 的立方体，其体积为 $\dfrac{a^3}{6\sqrt{6}}$.

Ⓚ 2010 数学三，10 分

78 求函数 $u=xy+2yz$ 在约束条件 $x^2+y^2+z^2=10$ 下的最大值和最小值.

知识点睛 0517 多元函数的条件极值及拉格朗日乘数法

分析 本题为条件极值问题，用拉格朗日乘数法.

解 令 $F(x,y,z,\lambda)=xy+2yz+\lambda(x^2+y^2+z^2-10)$，解方程组

$$\begin{cases} F'_x = y+2\lambda x=0, \\ F'_y = x+2z+2\lambda y=0, \\ F'_z = 2y+2\lambda z=0, \\ F'_\lambda = x^2+y^2+z^2-10=0, \end{cases}$$

得 $x=1,y=\pm\sqrt{5},z=2$ 或 $x=-1,y=\pm\sqrt{5},z=-2$ 或 $x=\pm2\sqrt{2},y=0,z=\mp\sqrt{2}$. 由

$$u(1,\sqrt{5},2)=u(-1,-\sqrt{5},-2)=5\sqrt{5},$$
$$u(1,-\sqrt{5},2)=u(-1,\sqrt{5},-2)=-5\sqrt{5},$$
$$u(2\sqrt{2},0,-\sqrt{2})=u(-2\sqrt{2},0,\sqrt{2})=0,$$

得所求最大值为 $5\sqrt{5}$，最小值为 $-5\sqrt{5}$.

【评注】求多元函数的极值在应试及考研中经常考查，属基本题型.

Ⓚ 2008 数学二，11 分

79 求函数 $u=x^2+y^2+z^2$ 在约束条件 $z=x^2+y^2$ 和 $x+y+z=4$ 下的最大值和最小值.

知识点睛 0517 多元函数的条件极值及拉格朗日乘数法.

解 设拉格朗日函数为

$$F(x,y,z,\lambda,\mu)=x^2+y^2+z^2+\lambda(z-x^2-y^2)+\mu(x+y+z-4),$$

令

79 题精解视频

$$\begin{cases} F_x'(x,y,z) = 2x - 2\lambda x + \mu = 0, \\ F_y'(x,y,z) = 2y - 2\lambda y + \mu = 0, \\ F_z'(x,y,z) = 2z + \lambda + \mu = 0, \\ F_\lambda'(x,y,z) = z - x^2 - y^2 = 0, \\ F_\mu'(x,y,z) = x + y + z - 4 = 0, \end{cases}$$

得

$$\begin{cases} x = -2, \\ y = -2, \\ z = 8, \end{cases} \quad \text{或} \quad \begin{cases} x = 1, \\ y = 1, \\ z = 2. \end{cases}$$

故最大值、最小值分别为 $u_{\max} = (-2)^2 + (-2)^2 + 8^2 = 72$, $u_{\min} = 1^2 + 1^2 + 2^2 = 6$.

【评注】本题考查两个约束条件 $\begin{cases} \varphi(x,y,z) = 0, \\ \psi(x,y,z) = 0 \end{cases}$ 下的函数 $u = f(x,y,z)$ 的条件极值问题,可类似地构造拉格朗日函数

$$F(x,y,z,\lambda,\mu) = f(x,y,z) + \lambda\varphi(x,y,z) + \mu\psi(x,y,z),$$

解出可能极值点后,直接代入目标函数计算函数值再比较大小确定相应的极值(或最值)即可.

80 设 $f(x,y)$ 与 $\varphi(x,y)$ 均为可微函数,且 $\varphi_y'(x,y) \neq 0$,已知 (x_0,y_0) 是 $f(x,y)$ 在约束条件 $\varphi(x,y) = 0$ 下的一个极值点,下列选项正确的是( ).

2006 数学一、数学二、数学三 4 分

(A) 若 $f_x'(x_0,y_0) = 0$,则 $f_y'(x_0,y_0) = 0$ (B) 若 $f_x'(x_0,y_0) = 0$,则 $f_y'(x_0,y_0) \neq 0$

(C) 若 $f_x'(x_0,y_0) \neq 0$,则 $f_y'(x_0,y_0) = 0$ (D) 若 $f_x'(x_0,y_0) \neq 0$,则 $f_y'(x_0,y_0) \neq 0$

知识点睛 0516 二元函数极值的必要条件,0517 拉格朗日乘数法

解 作拉格朗日函数 $F(x,y,\lambda) = f(x,y) + \lambda\varphi(x,y)$,并记对应 x_0,y_0 的参数 λ 的值为 λ_0,则

$$\begin{cases} F_x'(x_0,y_0,\lambda_0) = 0, \\ F_y'(x_0,y_0,\lambda_0) = 0, \end{cases} \quad \text{即} \quad \begin{cases} f_x'(x_0,y_0) + \lambda_0\varphi_x'(x_0,y_0) = 0, \\ f_y'(x_0,y_0) + \lambda_0\varphi_y'(x_0,y_0) = 0. \end{cases}$$

消去 λ_0,得

$$f_x'(x_0,y_0)\varphi_y'(x_0,y_0) - f_y'(x_0,y_0)\varphi_x'(x_0,y_0) = 0,$$

整理得 $f_x'(x_0,y_0) = \dfrac{1}{\varphi_y'(x_0,y_0)} f_y'(x_0,y_0)\varphi_x'(x_0,y_0)$ (因为 $\varphi_y'(x,y) \neq 0$).

若 $f_x'(x_0,y_0) \neq 0$,则 $f_y'(x_0,y_0) \neq 0$.应选(D).

【评注】本题考查了二元函数极值的必要条件和拉格朗日乘数法.

81 求抛物线 $y = x^2$ 和直线 $x - y - 2 = 0$ 之间的最短距离.

知识点睛 0517 多元函数的条件极值及拉格朗日乘数法

解法 1 设 (x_1,y_1) 为抛物线 $y = x^2$ 上任意点,而 (x_2,y_2) 是直线 $x - y - 2 = 0$ 上的任意点,求函数

$$d^2 = (x_2 - x_1)^2 + (y_2 - y_1)^2$$

在条件 $y_1 = x_1^2$, $x_2 - y_2 - 2 = 0$ 下的极值.令

$$F(x_1,x_2,y_1,y_2,\lambda_1,\lambda_2)=(x_2-x_1)^2+(y_2-y_1)^2+\lambda_1(y_1-x_1^2)+\lambda_2(x_2-y_2-2),$$

解方程组

$$\begin{cases} \dfrac{\partial F}{\partial x_1}=-2(x_2-x_1)-2\lambda_1 x_1=0,\\[2mm] \dfrac{\partial F}{\partial x_2}=2(x_2-x_1)+\lambda_2=0,\\[2mm] \dfrac{\partial F}{\partial y_1}=-2(y_2-y_1)+\lambda_1=0,\\[2mm] \dfrac{\partial F}{\partial y_2}=2(y_2-y_1)-\lambda_2=0,\\[2mm] y_1=x_1^2,\\[2mm] x_2-y_2-2=0, \end{cases}$$

得唯一一组解：$x_1=\dfrac{1}{2},y_1=\dfrac{1}{4},x_2=\dfrac{11}{8},y_2=-\dfrac{5}{8}$.

显然，当$(x_1,y_1),(x_2,y_2)$中至少有一个移向无穷远处时，$d\to+\infty$，故d的最小值在有限点处达到，从而在点$\left(\dfrac{1}{2},\dfrac{1}{4}\right),\left(\dfrac{11}{8},-\dfrac{5}{8}\right)$处，取得最短距离$d=\dfrac{7}{8}\sqrt{2}$.

解法 2 在抛物线$y=x^2$上任取一点(x,y)，则(x,y)到直线$x-y-2=0$的距离$d=\dfrac{|x-y-2|}{\sqrt{2}}$.本题实质上是求$d^2=\dfrac{(x-y-2)^2}{2}$的最小值.做拉格朗日函数

$$L(x,y,\lambda)=\dfrac{(x-y-2)^2}{2}+\lambda(y-x^2),$$

令

$$\begin{cases} L_x'=x-y-2-2\lambda x=0,\\ L_y'=-x+y+2+\lambda=0,\\ L_\lambda'=y-x^2=0, \end{cases}$$

得$x=\dfrac{1}{2},y=\dfrac{1}{4}$.所以，所求的最短距离$d=\dfrac{\left|\dfrac{1}{2}-\dfrac{1}{4}-2\right|}{\sqrt{2}}=\dfrac{7}{8}\sqrt{2}$.

82 在椭圆$x^2+4y^2=4$上求一点，使其到直线$2x+3y-6=0$的距离最短.

知识点睛 0517 多元函数的条件极值及拉格朗日乘数法

解 设$P(x,y)$为椭圆$x^2+4y^2=4$上任意一点，则P到直线$2x+3y-6=0$的距离

$$d=\dfrac{|2x+3y-6|}{\sqrt{13}}.$$

要求d的最小值点即求d^2的最小值点.做

$$F(x,y,\lambda)=\dfrac{1}{13}(2x+3y-6)^2+\lambda(x^2+4y^2-4),$$

令

$$\begin{cases} F'_x = 0, \\ F'_y = 0, \\ F'_\lambda = 0, \end{cases}$$

即 $\begin{cases} \dfrac{4}{13}(2x+3y-6)+2\lambda x = 0, \\ \dfrac{6}{13}(2x+3y-6)+8\lambda y = 0, \\ x^2+4y^2-4 = 0. \end{cases}$ 解之,得

$$x_1 = \frac{8}{5}, y_1 = \frac{3}{5}; \qquad x_2 = -\frac{8}{5}, y_2 = -\frac{3}{5}.$$

于是

$$d\Big|_{(x_1,y_1)} = \frac{1}{\sqrt{13}}, \qquad d\Big|_{(x_2,y_2)} = \frac{11}{\sqrt{13}}.$$

两者相比较,并由问题的实际意义知最短距离是存在的.因此 $\left(\dfrac{8}{5}, \dfrac{3}{5}\right)$ 即为所求的点.

【评注】本题考查多元函数的条件极值,使用了拉格朗日乘数法求解.

83 在已给的椭球面 $\dfrac{x^2}{a^2}+\dfrac{y^2}{b^2}+\dfrac{z^2}{c^2}=1$ 内一切内接的长方体(各边分别平行坐标轴)中,求其体积最大者.

知识点睛 0517 拉格朗日乘数法

解 设 (x,y,z) 为长方体在第一卦限中的顶点坐标,则长方体的体积为 $V = 8xyz$. 因为 (x,y,z) 在椭球面上,所以它满足方程

$$\frac{x^2}{a^2} + \frac{y^2}{b^2} + \frac{z^2}{c^2} = 1.$$

问题是求函数 $V = 8xyz$ 在条件 $\dfrac{x^2}{a^2}+\dfrac{y^2}{b^2}+\dfrac{z^2}{c^2}=1$ 下的最大值,为此,引入下面的拉格朗日函数

$$F(x,y,z,\lambda) = 8xyz + \lambda\left(\frac{x^2}{a^2} + \frac{y^2}{b^2} + \frac{z^2}{c^2} - 1\right).$$

由

$$\frac{\partial F}{\partial x}=0, \quad \frac{\partial F}{\partial y}=0, \quad \frac{\partial F}{\partial z}=0, \quad \frac{\partial F}{\partial \lambda}=0,$$

得

$$\begin{cases} 8yz+\dfrac{2x}{a^2}\lambda=0, \\ 8zx+\dfrac{2y}{b^2}\lambda=0, \\ 8xy+\dfrac{2z}{c^2}\lambda=0, \\ \dfrac{x^2}{a^2}+\dfrac{y^2}{b^2}+\dfrac{z^2}{c^2}=1, \end{cases}$$

此方程组在第一卦限 $(x>0,y>0,z>0)$ 只有一组解

$$x=\frac{a}{\sqrt{3}},\quad y=\frac{b}{\sqrt{3}},\quad z=\frac{c}{\sqrt{3}}.$$

下面说明这组解即为所求的解.事实上,这个问题是求连续函数

$$V=8xy\sqrt{1-\frac{x^2}{a^2}-\frac{y^2}{b^2}}$$

在闭域 $x\geq0,y\geq0,\frac{x^2}{a^2}+\frac{y^2}{b^2}\leq1$ 上的最大值问题,因为在边界上函数 $V=0$,所以最大值不

可能在边界上达到,且又在开域 $x>0,y>0,\frac{x^2}{a^2}+\frac{y^2}{b^2}<1$ 内,只有一个可疑点 $\left(\frac{a}{\sqrt{3}},\frac{b}{\sqrt{3}},\frac{c}{\sqrt{3}}\right)$,故

这个可疑点就是最大值点.故长方体的最大体积为 $\frac{8abc}{3\sqrt{3}}$.

2018 数学一、
数学二、数学三
10 分

84 将长为 2 m 的铁丝分成三段,依次围成圆、正方形与正三角形.三个图形的面积之和是否存在最小值? 若存在,求出最小值.

知识点睛 0517 拉格朗日乘数法,0518 多元函数的最大值及简单应用问题.

解 设铁丝分成的三段长分别为 x,y,z,则 $x+y+z=2$,且依次围成的圆的半径,正方形的边长,正三角形的边长分别为 $\frac{x}{2\pi},\frac{y}{4},\frac{z}{3}$.

因而,三个图形的面积之和为

$$S=\pi\left(\frac{x}{2\pi}\right)^2+\left(\frac{y}{4}\right)^2+\frac{\sqrt{3}}{4}\cdot\left(\frac{z}{3}\right)^2=\frac{x^2}{4\pi}+\frac{y^2}{16}+\frac{\sqrt{3}}{36}z^2.$$

构造拉格朗日函数 $L(x,y,z,\lambda)=\frac{x^2}{4\pi}+\frac{y^2}{16}+\frac{\sqrt{3}}{36}z^2+\lambda(x+y+z-2)$,由

$$\begin{cases}L'_x=\frac{x}{2\pi}+\lambda=0,\\L'_y=\frac{y}{8}+\lambda=0,\\L'_z=\frac{\sqrt{3}}{18}z+\lambda=0,\\L'_\lambda=x+y+z-2=0\end{cases}\quad 得\quad\begin{cases}x=\frac{2\pi}{\pi+4+3\sqrt{3}},\\y=\frac{8}{\pi+4+3\sqrt{3}},\\z=\frac{6\sqrt{3}}{\pi+4+3\sqrt{3}},\end{cases}$$

此时,S 取最小值为 $\frac{1}{\pi+4+3\sqrt{3}}$.

【评注】可设三段长为 $x,y,2-x-y$ 转化为二元函数的最值问题.

85 求二元函数 $z=f(x,y)=x^2y(4-x-y)$ 在由直线 $x+y=6$、x 轴和 y 轴所围成的闭区域 D 上的极值、最大值与最小值.

知识点睛 0518 多元函数的最大、最小值

解 由方程组 $\begin{cases}f'_x(x,y)=2xy(4-x-y)-x^2y=0,\\f'_y(x,y)=x^2(4-x-y)-x^2y=0\end{cases}$ 得 $x=0(0\leq y\leq6)$,及点 $(4,0),(2,1)$.

点$(4,0)$及线段$x=0$在D的边界上,只有点$(2,1)$是可能的极值点.
$$f''_{xx}=8y-6xy-2y^2,\quad f''_{xy}=8x-3x^2-4xy,\quad f''_{yy}=-2x^2.$$
在点$(2,1)$处,
$$A=f''_{xx}(2,1)=(8y-6xy-2y^2)\Big|_{(2,1)}=-6<0,$$
$$B=f''_{xy}(2,1)=(8x-3x^2-4xy)\Big|_{(2,1)}=-4,$$
$$C=f''_{yy}(2,1)=-2x^2\Big|_{(2,1)}=-8,$$
有
$$AC-B^2=48-16=32>0,$$
因此,点$(2,1)$是极大值点,极大值为$f(2,1)=4$.

在边界$x=0(0\leq y\leq6)$和$y=0(0\leq x\leq6)$上$f(x,y)=0$,在边界$x+y=6$上,$y=6-x$,代入$f(x,y)$中得$z=2x^3-12x^2(0\leq x\leq6)$.

由$z'=6x^2-24x=0$得$x=0,x=4.z''\big|_{x=4}=12x-24\big|_{x=4}=24>0$,所以点$(4,2)$是边界上的极小值点.极小值为$f(4,2)=-64$.

经比较得,最大值为$f(2,1)=4$,最小值为$f(4,2)=-64$.

【评注】求连续函数在有界闭域D上最值的步骤:
(1)求D内的驻点和不可导点;
(2)用求极值的方法求D的边界上最值的可疑点;
(3)比较这些点的函数值的大小.

86 用拉格朗日乘数法求函数$f(x,y)=x^2+\sqrt{2}xy+2y^2$在区域$x^2+2y^2\leq4$上的最大值与最小值.

知识点睛 0517 拉格朗日乘数法

解 在$x^2+2y^2<4$内,由$f'_x=2x+\sqrt{2}y=0,f'_y=\sqrt{2}x+4y=0$得唯一驻点$P_1(0,0)$.在$x^2+2y^2=4$上,令
$$F=x^2+\sqrt{2}xy+2y^2+\lambda(x^2+2y^2-4),$$
有
$$\begin{cases}F'_x=2x+\sqrt{2}y+2\lambda x=(2+2\lambda)x+\sqrt{2}y=0,&①\\ F'_y=\sqrt{2}x+4y+4\lambda y=\sqrt{2}x+(4+4\lambda)y=0,&②\\ F'_\lambda=x^2+2y^2-4=0,&③\end{cases}$$
将$4(1+\lambda)$乘以①式减去$\sqrt{2}$乘以②式,得$(8\lambda^2+16\lambda+6)x=0$.若$8\lambda^2+16\lambda+6\neq0$,则$x=0$,由①式和②式得$y=0$,与③式矛盾.故$8\lambda^2+16\lambda+6=0$,解得$\lambda=-\dfrac{1}{2},-\dfrac{3}{2}$.

当$\lambda=-\dfrac{1}{2}$时,解得驻点$P_2(\sqrt{2},-1),P_3(-\sqrt{2},1)$;

当$\lambda=-\dfrac{3}{2}$时,解得驻点$P_4(\sqrt{2},1),P_5(-\sqrt{2},-1)$.

又 $f(P_1)=0, f(P_2)=2, f(P_3)=2, f(P_4)=6, f(P_5)=6$,故 $f_{\min}=0, f_{\max}=6$.

2007 数学一,
11 分

87 求函数 $f(x,y)=x^2+2y^2-x^2y^2$ 在区域 $D=\{(x,y)\mid x^2+y^2\leqslant 4, y\geqslant 0\}$ 上的最大值和最小值.

知识点睛 0517 拉格朗日乘数法

分析 本题求二元函数在闭区域上的最值.先求出函数在区域内的驻点,然后比较驻点的函数值和边界上的极值,则最大者为最大值,最小者为最小值.

解 先求函数在区域 $D=\{(x,y)\mid x^2+y^2<4, y>0\}$ 内的驻点.

$$\begin{cases} f'_x=2x-2xy^2=0, \\ f'_y=4y-2x^2y=0, \end{cases}$$

解得 $\begin{cases} x=\pm\sqrt{2}, \\ y=1. \end{cases}$ 相应的函数值 $f(\pm\sqrt{2},1)=2$.

函数在边界 $y=0$ $(-2\leqslant x\leqslant 2)$,$f(x,0)=x^2, -2\leqslant x\leqslant 2$,最大值 $f(\pm2,0)=4$,最小值 $f(0,0)=0$.

函数在边界 $x^2+y^2=4, y>0$,做拉格朗日函数

$$L(x,y,\lambda)=x^2+2y^2-x^2y^2+\lambda(x^2+y^2-4),$$

令 $\begin{cases} \dfrac{\partial L}{\partial x}=2x-2xy^2+2\lambda x=0, \\ \dfrac{\partial L}{\partial y}=4y-2x^2y+2\lambda y=0, \\ \dfrac{\partial L}{\partial \lambda}=x^2+y^2-4=0, \end{cases}$ 解得 $\begin{cases} x=\pm\sqrt{\dfrac{5}{2}}, \\ y=\sqrt{\dfrac{3}{2}}, \end{cases}$ 或 $\begin{cases} x=0, \\ y=2. \end{cases}$

代入,得 $f\left(\pm\sqrt{\dfrac{5}{2}},\sqrt{\dfrac{3}{2}}\right)=\dfrac{7}{4}, f(0,2)=8$.比较以上函数值,可得函数在区域 D 上的最大值为 8,最小值为 0.

【评注】多元函数的最值问题,一般都用拉格朗日乘数法解决,利用拉格朗日乘数法确定目标函数的可能极值点后,不必一一检验它们是否为极值点,只要比较目标函数在这些点处的值,最大者为最大值,最小者为最小值.但当只有唯一的可能极值点时,目标函数在这点处必取到最值,究竟是最大值还是最小值需根据问题的实际意义判定.

88 设 x,y,z 为实数,且满足关系式 $e^x+y^2+|z|=3$.试证 $e^xy^2|z|\leqslant 1$.

知识点睛 0518 多元函数的最值

证 设 $f(x,y)=e^xy^2(3-e^x-y^2)$,因为 $|z|\geqslant 0$,故函数 $f(x,y)$ 的定义域是 $D:e^x+y^2\leqslant 3$,现求函数 $f(x,y)$ 在区域 $D:e^x+y^2\leqslant 3$ 上的最大值.令

$$\begin{cases} \dfrac{\partial f}{\partial x}=y^2e^x(3-2e^x-y^2)=0, \\ \dfrac{\partial f}{\partial y}=ye^x(6-2e^x-4y^2)=0, \end{cases}$$

则 $y=0$,此时对域 D 上的点来说,应有 $x\leqslant\ln 3$,或

$$\begin{cases} 3-2e^x-y^2=0, \\ 6-2e^x-4y^2=0. \end{cases}$$

解此方程组,得

$$
\begin{cases} x = 0, \\ y = 1, \end{cases} \quad \text{或} \quad \begin{cases} x = 0, \\ y = -1, \end{cases}
$$

但当 $y = 0$ 时,$f(x,y) = 0$;而当 $x = 0, y = \pm 1$ 时,$f(0, \pm 1) = 1$.

此外,在区域 D 的边界上,即 $e^x + y^2 = 3$ 时,

$$
f(x,y) = e^x y^2 (3 - 3) = 0,
$$

所以,$f(0, \pm 1) = 1$ 为函数 $f(x,y)$ 在 $e^x + y^2 \leq 3$ 上的最大值,即 $e^x y^2 |z| \leq 1$.

89 已知函数 $z = f(x,y)$ 的全微分 $\mathrm{d}z = 2x\mathrm{d}x - 2y\mathrm{d}y$,并且 $f(1,1) = 2$.求 $f(x,y)$ 在   🅚 2005 数学二,
椭圆域 $D = \left\{ (x,y) \,\middle|\, x^2 + \dfrac{y^2}{4} \leq 1 \right\}$ 上的最大值和最小值.   10 分

知识点睛 0517 拉格朗日乘数法,0518 多元函数的最值

分析 根据全微分和初始条件可先确定 $f(x,y)$ 的表达式.而 $f(x,y)$ 在椭圆域上的最大值和最小值,可能在区域的内部达到,也可能在区域的边界上达到,且在边界上的最值又转化为求条件极值.

解 由题设,知 $\dfrac{\partial f}{\partial x} = 2x$,$\dfrac{\partial f}{\partial y} = -2y$,于是 $f(x,y) = x^2 + C(y)$,且 $C'(y) = -2y$,从而 $C(y) = -y^2 + C$,再由 $f(1,1) = 2$,得 $C = 2$,故 $f(x,y) = x^2 - y^2 + 2$.

令 $\dfrac{\partial f}{\partial x} = 0$,$\dfrac{\partial f}{\partial y} = 0$ 得可疑极值点为 $x = 0, y = 0$.且

$$
A = \frac{\partial^2 f}{\partial x^2}\bigg|_{(0,0)} = 2, \quad B = \frac{\partial^2 f}{\partial x \partial y}\bigg|_{(0,0)} = 0, \quad C = \frac{\partial^2 f}{\partial y^2}\bigg|_{(0,0)} = -2.
$$

$AC - B^2 = -4 < 0$,所以点 $(0,0)$ 不是极值点,从而也非最值点.

再考虑其在边界曲线 $x^2 + \dfrac{y^2}{4} = 1$ 上的情形.做拉格朗日函数为

$$
F(x,y,\lambda) = f(x,y) + \lambda\left(x^2 + \frac{y^2}{4} - 1 \right),
$$

令

$$
\begin{cases}
F'_x = \dfrac{\partial f}{\partial x} + 2\lambda x = 2(1 + \lambda)x = 0, \\[2mm]
F'_y = \dfrac{\partial f}{\partial y} + \dfrac{\lambda y}{2} = -2y + \dfrac{1}{2}\lambda y = 0, \\[2mm]
F'_\lambda = x^2 + \dfrac{y^2}{4} - 1 = 0,
\end{cases}
$$

解得可疑极值点 $x = 0, y = 2, \lambda = 4$;$x = 0, y = -2, \lambda = 4$;$x = 1, y = 0, \lambda = -1$;$x = -1, y = 0$,$\lambda = -1$.代入 $f(x,y)$,得 $f(0, \pm 2) = -2$,$f(\pm 1, 0) = 3$.

综上,$z = f(x,y)$ 在区域 $D = \left\{ (x,y) \,\middle|\, x^2 + \dfrac{y^2}{4} \leq 1 \right\}$ 上的最大值为 3,最小值为 -2.

【评注】 本题综合考查了多元函数微分学的知识,涉及多个重要基础概念,特别是通过偏导数反求函数关系,要求考生真正理解并掌握了相关知识.

§5.3 方向导数与梯度

2017 数学一，4 分

90 题精解视频

90 函数 $f(x,y,z)=x^2y+z^2$ 在点 $(1,2,0)$ 处沿向量 $\boldsymbol{n}=\{1,2,2\}$ 的方向导数为（　　）.

(A) 12　　　　　　(B) 6　　　　　(C) 4　　　　　(D) 2

知识点睛　0512 方向导数的计算

解　$\left.\dfrac{\partial f}{\partial x}\right|_{(1,2,0)}=2xy\Big|_{(1,2,0)}=4$,

$\left.\dfrac{\partial f}{\partial y}\right|_{(1,2,0)}=x^2\Big|_{(1,2,0)}=1$,

$\left.\dfrac{\partial f}{\partial z}\right|_{(1,2,0)}=2z\Big|_{(1,2,0)}=0$,

$\dfrac{\boldsymbol{n}}{|\boldsymbol{n}|}=\left\{\dfrac{1}{3},\dfrac{2}{3},\dfrac{2}{3}\right\}$.

所求方向导数为

$$\left.\dfrac{\partial f}{\partial \boldsymbol{n}}\right|_{(1,2,0)}=4\times\dfrac{1}{3}+1\times\dfrac{2}{3}+0\times\dfrac{2}{3}=2.$$

应选(D).

1996 数学一，3 分

91 函数 $u=\ln(x+\sqrt{y^2+z^2})$ 在点 $A(1,0,1)$ 处沿点 A 指向点 $B(3,-2,2)$ 方向的方向导数为_____.

知识点睛　0512 方向导数的计算

解　计算得

$$\left.\dfrac{\partial u}{\partial x}\right|_{(1,0,1)}=\dfrac{1}{x+\sqrt{y^2+z^2}}\Bigg|_{(1,0,1)}=\dfrac{1}{2},$$

$$\left.\dfrac{\partial u}{\partial y}\right|_{(1,0,1)}=\dfrac{1}{x+\sqrt{y^2+z^2}}\cdot\dfrac{y}{\sqrt{y^2+z^2}}\Bigg|_{(1,0,1)}=0,$$

$$\left.\dfrac{\partial u}{\partial z}\right|_{(1,0,1)}=\dfrac{1}{x+\sqrt{y^2+z^2}}\cdot\dfrac{z}{\sqrt{y^2+z^2}}\Bigg|_{(1,0,1)}=\dfrac{1}{2}.$$

方向 $\overrightarrow{AB}=\{2,-2,1\}$，方向余弦为 $\cos\alpha=\dfrac{2}{3}$，$\cos\beta=-\dfrac{2}{3}$，$\cos\gamma=\dfrac{1}{3}$，于是所求的方向导数为

$$\left.\left(\dfrac{\partial u}{\partial x}\cos\alpha+\dfrac{\partial u}{\partial y}\cos\beta+\dfrac{\partial u}{\partial z}\cos\gamma\right)\right|_{(1,0,1)}=\dfrac{1}{2}.$$

应填 $\dfrac{1}{2}$.

92 数量场 $u=xy+yz+zx$ 在点 $P(1,2,3)$ 处沿其向径方向的方向导数 $\left.\dfrac{\partial u}{\partial \boldsymbol{r}}\right|_P=$_____.

知识点睛 0512 方向导数的计算

解 向径 $\boldsymbol{r}=\overrightarrow{OP}=\{1,2,3\}$，$|\overrightarrow{OP}|=\sqrt{1^2+2^2+3^2}=\sqrt{14}$，且向径 $\boldsymbol{r}$ 的方向余弦为

$$\cos\alpha=\frac{1}{\sqrt{14}},\quad \cos\beta=\frac{2}{\sqrt{14}},\quad \cos\gamma=\frac{3}{\sqrt{14}},$$

因此

$$\frac{\partial u}{\partial \boldsymbol{r}}=\frac{\partial u}{\partial x}\cos\alpha+\frac{\partial u}{\partial y}\cos\beta+\frac{\partial u}{\partial z}\cos\gamma=(y+z)\cos\alpha+(x+z)\cos\beta+(x+y)\cos\gamma,$$

$$\frac{\partial u}{\partial \boldsymbol{r}}\Big|_P=(2+3)\frac{1}{\sqrt{14}}+(1+3)\frac{2}{\sqrt{14}}+(1+2)\frac{3}{\sqrt{14}}=\frac{22}{\sqrt{14}}.$$

应填 $\dfrac{22}{\sqrt{14}}$.

93 设 $f(x,y)=x^2+2y^2$，则在 $(0,1)$ 处的最大方向导数为_____. K 2022 数学一，5 分

知识点睛 0512 方向导数的计算

解 沿梯度方向的方向导数最大，$\mathbf{grad}\,f\big|_{(0,1)}=\left\{\dfrac{\partial f}{\partial x},\dfrac{\partial f}{\partial y}\right\}\Big|_{(0,1)}=\{0,4\}$，最大方向导数为 $|\mathbf{grad}\,f\big|_{(0,1)}|=\sqrt{0+4^2}=4$.应填 4.

94 问函数 $u=xy^2z$ 在点 $P(1,-1,2)$ 处沿什么方向的方向导数最大？并求此方向导数的最大值.

知识点睛 0512 方向导数的计算

分析 由梯度的几何意义可知,函数 u 在点 P 沿其梯度方向的方向导数值最大,且其最大值即为函数在该点处的梯度向量的模.

解 由 $u=xy^2z$ 可知

$$\frac{\partial u}{\partial x}=y^2z,\qquad \frac{\partial u}{\partial y}=2xyz,\qquad \frac{\partial u}{\partial z}=xy^2.$$

所以

$$\mathbf{grad}\,u\big|_P=\left\{\frac{\partial u}{\partial x},\frac{\partial u}{\partial y},\frac{\partial u}{\partial z}\right\}\Big|_P=\{2,-4,1\},$$

$$\left|\mathbf{grad}\,u\big|_P\right|=\sqrt{2^2+(-4)^2+1^2}=\sqrt{21},$$

于是方向 $\{2,-4,1\}$ 是函数 u 在点 P 处方向导数值最大的方向,其方向导数的最大值为 $\sqrt{21}$.

95 设 $\boldsymbol{n}$ 是曲面 $2x^2+3y^2+z^2=6$ 在点 $P(1,1,1)$ 处的指向外侧的法向量,求函数 $u=\dfrac{\sqrt{6x^2+8y^2}}{z}$ 在点 P 处沿方向 $\boldsymbol{n}$ 的方向导数. K 1991 数学一，5 分

知识点睛 0512 方向导数的计算

分析 先求出单位法向量 $\boldsymbol{n}=\{\cos\alpha,\cos\beta,\cos\gamma\}$,再利用 u 在点 P 处沿方向 $\boldsymbol{n}$ 的方向导数有公式:

$$\frac{\partial u}{\partial \boldsymbol{n}}\Big|_P=\frac{\partial u}{\partial x}\Big|_P\cdot\cos\alpha+\frac{\partial u}{\partial y}\Big|_P\cdot\cos\beta+\frac{\partial u}{\partial z}\Big|_P\cdot\cos\gamma.$$

解 设 $F(x,y,z)=2x^2+3y^2+z^2-6$,则
$$F'_x=4x, \quad F'_y=6y, \quad F'_z=2z.$$

因此,过点 $P(1,1,1)$ 处的指向外侧的法向量为 $\{4,6,2\}$,单位化得 $\boldsymbol{n}=\dfrac{1}{\sqrt{14}}\{2,3,1\}$.

又
$$\frac{\partial u}{\partial x}\bigg|_P=\frac{6x}{z\sqrt{6x^2+8y^2}}\bigg|_P=\frac{6}{\sqrt{14}}, \quad \frac{\partial u}{\partial y}\bigg|_P=\frac{8y}{z\sqrt{6x^2+8y^2}}\bigg|_P=\frac{8}{\sqrt{14}},$$

$$\frac{\partial u}{\partial z}\bigg|_P=-\frac{\sqrt{6x^2+8y^2}}{z^2}\bigg|_P=-\sqrt{14},$$

于是,有
$$\frac{\partial u}{\partial \boldsymbol{n}}\bigg|_P=\frac{6}{\sqrt{14}}\times\frac{2}{\sqrt{14}}+\frac{8}{\sqrt{14}}\times\frac{3}{\sqrt{14}}-\sqrt{14}\times\frac{1}{\sqrt{14}}=\frac{11}{7}.$$

Ⓚ 2019 数学一,
10 分

96 设 a,b 为实数,函数 $z=2+ax^2+by^2$ 在点 $(3,4)$ 处的方向导数中,沿方向 $l=-3i-4j$ 的方向导数最大,最大值为 10.

（Ⅰ）求 a,b;

（Ⅱ）求曲面 $z=2+ax^2+by^2$($z\geqslant 0$)的面积.

知识点睛 0512 方向导数的计算,0616 曲面积分的应用——曲面的面积

解 （Ⅰ）函数 $z=2+ax^2+by^2$ 在 $(3,4)$ 点处的梯度为
$$\mathbf{grad}\, z\bigg|_{(3,4)}=\{2ax,2by\}_{(3,4)}=\{6a,8b\},$$

由题意知
$$\begin{cases}\dfrac{6a}{-3}=\dfrac{8b}{-4},\\[2mm]\sqrt{(6a)^2+(8b)^2}=10,\end{cases}$$

解得 $a=b=-1$ 或 $a=b=1$(舍去).

（Ⅱ）曲面方程为 $z=2-x^2-y^2$($z\geqslant 0$),其在 xOy 面上的投影为 $D=\{(x,y)\mid x^2+y^2\leqslant 2\}$,所求面积为
$$\iint\limits_{D}\sqrt{1+(-2x)^2+(-2y)^2}\,\mathrm{d}x\mathrm{d}y=\iint\limits_{D}\sqrt{1+4x^2+4y^2}\,\mathrm{d}x\mathrm{d}y$$

$$=\int_0^{2\pi}\mathrm{d}\theta\int_0^{\sqrt{2}}\sqrt{1+4r^2}\cdot r\mathrm{d}r=\frac{13}{3}\pi.$$

【评注】曲面面积也可写成 $\iint\limits_{\Sigma}\mathrm{d}S$.

Ⓚ 2008 数学一,
4 分

97 函数 $f(x,y)=\arctan\dfrac{x}{y}$ 在点 $(0,1)$ 处的梯度等于(　　　).

（A）$\boldsymbol{i}$ 　　　　（B）$-\boldsymbol{i}$ 　　　　（C）$\boldsymbol{j}$ 　　　　（D）$-\boldsymbol{j}$

知识点睛 0512 梯度的计算

解　直接利用公式 $\mathbf{grad}f(x,y)=\dfrac{\partial f(x,y)}{\partial x}\boldsymbol{i}+\dfrac{\partial f(x,y)}{\partial y}\boldsymbol{j}.$ 因为

$$\frac{\partial f(x,y)}{\partial x}=\frac{\dfrac{1}{y}}{1+\left(\dfrac{x}{y}\right)^2}=\frac{y}{x^2+y^2},\qquad \frac{\partial f(x,y)}{\partial y}=\frac{-\dfrac{x}{y^2}}{1+\left(\dfrac{x}{y}\right)^2}=-\frac{x}{x^2+y^2},$$

所以

$$\mathbf{grad}f(x,y)\Big|_{(0,1)}=f'_x(0,1)\boldsymbol{i}+f'_y(0,1)\boldsymbol{j}=1\cdot\boldsymbol{i}+0\cdot\boldsymbol{j}=\boldsymbol{i}.$$

应选(A).

98　$\mathbf{grad}\left(xy+\dfrac{z}{y}\right)\Big|_{(2,1,1)}=$ _____.

知识点睛　0512 梯度的计算

解　根据梯度定义 $\mathbf{grad}\,f(x,y,z)=\left\{\dfrac{\partial f}{\partial x},\dfrac{\partial f}{\partial y},\dfrac{\partial f}{\partial z}\right\}$,有

$$\mathbf{grad}\left(xy+\frac{z}{y}\right)\Big|_{(2,1,1)}=\left\{y,x-\frac{z}{y^2},\frac{1}{y}\right\}\Big|_{(2,1,1)}=\{1,1,1\}.$$

故应填$\{1,1,1\}$或$\boldsymbol{i}+\boldsymbol{j}+\boldsymbol{k}$.

Ⓚ 2012 数学一,
4 分

98 题精解视频

99　函数 $u=\ln(x^2+y^2+z^2)$ 在点 $M(1,2,-2)$ 处的梯度 $\mathbf{grad}\,u\Big|_M=$ _____.

Ⓚ 1992 数学一,
3 分

知识点睛　0512 梯度的计算

解　由梯度公式 $\mathbf{grad}\,u=\dfrac{\partial u}{\partial x}\boldsymbol{i}+\dfrac{\partial u}{\partial y}\boldsymbol{j}+\dfrac{\partial u}{\partial z}\boldsymbol{k}=\dfrac{1}{x^2+y^2+z^2}(2x\boldsymbol{i}+2y\boldsymbol{j}+2z\boldsymbol{k})$,有

$$\mathbf{grad}\,u\Big|_M=\frac{2}{9}\{1,2,-2\}.$$

应填$\dfrac{2}{9}\{1,2,-2\}$.

100　设数量场 $u=\ln\sqrt{x^2+y^2+z^2}$,则 $\mathrm{div}(\mathbf{grad}\,u)=$ _____.

知识点睛　0512 梯度的计算, 0615 散度的计算

解　$\dfrac{\partial u}{\partial x}=\dfrac{1}{2}\cdot\dfrac{2x}{x^2+y^2+z^2}=\dfrac{x}{x^2+y^2+z^2}$,　$\dfrac{\partial u}{\partial y}=\dfrac{y}{x^2+y^2+z^2}$,　$\dfrac{\partial u}{\partial z}=\dfrac{z}{x^2+y^2+z^2}$,则

$$\mathbf{grad}\,u=\frac{\partial u}{\partial x}\boldsymbol{i}+\frac{\partial u}{\partial y}\boldsymbol{j}+\frac{\partial u}{\partial z}\boldsymbol{k}=\frac{x\boldsymbol{i}+y\boldsymbol{j}+z\boldsymbol{k}}{x^2+y^2+z^2},$$

$$\mathrm{div}(\mathbf{grad}\,u)=\frac{\partial}{\partial x}\left(\frac{x}{x^2+y^2+z^2}\right)+\frac{\partial}{\partial y}\left(\frac{y}{x^2+y^2+z^2}\right)+\frac{\partial}{\partial z}\left(\frac{z}{x^2+y^2+z^2}\right)$$

$$=\frac{-x^2+y^2+z^2}{(x^2+y^2+z^2)^2}+\frac{x^2-y^2+z^2}{(x^2+y^2+z^2)^2}+\frac{x^2+y^2-z^2}{(x^2+y^2+z^2)^2}=\frac{1}{x^2+y^2+z^2}.$$

应填$\dfrac{1}{x^2+y^2+z^2}$.

101　设 $r=\sqrt{x^2+y^2+z^2}$,则 $\mathrm{div}(\mathbf{grad}\,r)\Big|_{(1,-2,2)}=$ _____.

知识点睛   0512 梯度的计算，0615 散度的计算

解 $\mathbf{grad}\, r = \dfrac{\partial r}{\partial x}\boldsymbol{i} + \dfrac{\partial r}{\partial y}\boldsymbol{j} + \dfrac{\partial r}{\partial z}\boldsymbol{k} = \dfrac{x}{\sqrt{x^2+y^2+z^2}}\boldsymbol{i} + \dfrac{y}{\sqrt{x^2+y^2+z^2}}\boldsymbol{j} + \dfrac{z}{\sqrt{x^2+y^2+z^2}}\boldsymbol{k},$

$\operatorname{div}(\mathbf{grad}\, r)\Big|_{(1,-2,2)}$

$= \left[\dfrac{\partial}{\partial x}\left(\dfrac{x}{\sqrt{x^2+y^2+z^2}} \right) + \dfrac{\partial}{\partial y}\left(\dfrac{y}{\sqrt{x^2+y^2+z^2}} \right) + \dfrac{\partial}{\partial z}\left(\dfrac{z}{\sqrt{x^2+y^2+z^2}} \right) \right]\Big|_{(1,-2,2)}$

$= \dfrac{2}{\sqrt{x^2+y^2+z^2}}\Big|_{(1,-2,2)} = \dfrac{2}{3}.$

应填 $\dfrac{2}{3}$.

【评注】本题考查了梯度和散度的计算公式

$$\operatorname{div}(\mathbf{grad}\, r) = \dfrac{\partial}{\partial x}\left(\dfrac{\partial r}{\partial x} \right) + \dfrac{\partial}{\partial y}\left(\dfrac{\partial r}{\partial y} \right) + \dfrac{\partial}{\partial z}\left(\dfrac{\partial r}{\partial z} \right) = \dfrac{\partial^2 r}{\partial x^2} + \dfrac{\partial^2 r}{\partial y^2} + \dfrac{\partial r^2}{\partial z^2},$$

注意 $\operatorname{div} \boldsymbol{f}$ 应为一个数.

[K] 2018 数学一，4 分

102   设 $\boldsymbol{F}(x,y,z) = xy\boldsymbol{i} - yz\boldsymbol{j} + zx\boldsymbol{k}$，求 $\mathbf{rot}\,\boldsymbol{F}(1,1,0)$.

知识点睛   0615 旋度的计算

解   由旋度的定义

$$\mathbf{rot}\,\boldsymbol{F}(1,1,0) = \begin{vmatrix} \boldsymbol{i} & \boldsymbol{j} & \boldsymbol{k} \\ \dfrac{\partial}{\partial x} & \dfrac{\partial}{\partial y} & \dfrac{\partial}{\partial z} \\ xy & -yz & zx \end{vmatrix}_{(1,1,0)} = (y\boldsymbol{i} - z\boldsymbol{j} - x\boldsymbol{k})\Big|_{(1,1,0)} = \boldsymbol{i} - \boldsymbol{k}.$$

[K] 2016 数学一，4 分

103   向量场 $\boldsymbol{A}(x,y,z) = (x+y+z)\boldsymbol{i} + xy\boldsymbol{j} + z\boldsymbol{k}$ 的旋度 $\mathbf{rot}\,\boldsymbol{A} = $ _____.

知识点睛   0615 旋度的计算

解 $\mathbf{rot}\,\boldsymbol{A} = \begin{vmatrix} \boldsymbol{i} & \boldsymbol{j} & \boldsymbol{k} \\ \dfrac{\partial}{\partial x} & \dfrac{\partial}{\partial y} & \dfrac{\partial}{\partial z} \\ P & Q & R \end{vmatrix} = \begin{vmatrix} \boldsymbol{i} & \boldsymbol{j} & \boldsymbol{k} \\ \dfrac{\partial}{\partial x} & \dfrac{\partial}{\partial y} & \dfrac{\partial}{\partial z} \\ x+y+z & xy & z \end{vmatrix} = \boldsymbol{j} + (y-1)\boldsymbol{k}.$

应填 $\boldsymbol{j} + (y-1)\boldsymbol{k}$.

§5.4   多元函数微分学的几何应用

[K] 2018 数学一，4 分

104   过点 $(1,0,0),(0,1,0)$，且与曲面 $z = x^2+y^2$ 相切的平面为（   ）.

(A) $z=0$ 与 $x+y-z=1$ (B) $z=0$ 与 $2x+2y-z=2$

(C) $x=y$ 与 $x+y-z=1$ (D) $x=y$ 与 $2x+2y-z=2$

知识点睛   0514 曲面的切平面

解法 1   排除法. 显然平面 $z=0$ 与曲面 $z=x^2+y^2$ 相切，且过点 $(1,0,0)$ 及 $(0,1,0)$.

排除 (C)、(D).

曲面 $z=x^2+y^2$ 的法向量为 $\{2x,2y,-1\}$，对于（A），平面 $x+y-z=1$ 的法向量为

$\{1,1,-1\}$，而方程组 $\begin{cases} \dfrac{2x}{1}=\dfrac{2y}{1}=\dfrac{-1}{-1}, \\ x+y-z=1, \\ z=x^2+y^2 \end{cases}$ 无解，排除（A）.应选（B）.

解法 2　直接法.设切点坐标为 (x_0,y_0,z_0)，则

$$\begin{cases} z_0=x_0^2+y_0^2, \\ \{2x_0,2y_0,-1\}\cdot\{1,-1,0\}=0, \\ \{2x_0,2y_0,-1\}\cdot\{x_0-1,y_0,z_0\}=0, \end{cases}$$

解得 $\begin{cases} x_0=0, \\ y_0=0, \\ z_0=0 \end{cases}$ 或 $\begin{cases} x_0=1, \\ y_0=1, \\ z_0=2. \end{cases}$ 所求切平面为 $z=0$ 或 $2x+2y-z=2$.应选（B）.

105　曲面 $z=x^2(1-\sin y)+y^2(1-\sin x)$ 在点 $(1,0,1)$ 处的切平面方程为_____. 2014 数学一，4 分

知识点睛　0514 曲面的切平面

解　由于 $z=x^2(1-\sin y)+y^2(1-\sin x)$，则

$$z_x'=2x(1-\sin y)-\cos x\cdot y^2,\; z_x'(1,0)=2,$$
$$z_y'=-x^2\cos y+2y(1-\sin x),\; z_y'(1,0)=-1,$$

所以曲面在点 $(1,0,1)$ 处的法向量为 $\boldsymbol{n}=\{2,-1,-1\}$，所求切平面方程为

$$2(x-1)-(y-0)-(z-1)=0,\quad 即\quad 2x-y-z-1=0.$$

应填 $2x-y-z-1=0$.

106　曲面 $x^2+\cos(xy)+yz+x=0$ 在点 $(0,1,-1)$ 处的切平面方程为（　　）. 2013 数学一，4 分

（A）$x-y+z=-2$　　　　　　　（B）$x+y+z=0$

（C）$x-2y+z=-3$　　　　　　（D）$x-y-z=0$

知识点睛　0514 曲面的切平面

解　令 $F(x,y,z)=x^2+\cos(xy)+yz+x$，则

$$F_x'(0,1,-1)=\big[2x-y\sin(xy)+1\big]\Big|_{(0,1,-1)}=1,$$
$$F_y'(0,1,-1)=\big[-x\sin(xy)+z\big]\Big|_{(0,1,-1)}=-1,$$
$$F_z'(0,1,-1)=y\Big|_{(0,1,-1)}=1,$$

106 题精解视频

所求切平面方程为 $1\cdot(x-0)+(-1)\cdot(y-1)+1\cdot(z+1)=0$，即 $x-y+z=-2$.应选（A）.

107　曲面 $z=x^2+y^2$ 与平面 $2x+4y-z=0$ 平行的切平面方程为_____. 2003 数学一，4 分

知识点睛　0514 曲面的切平面

解　设切点为 (x_0,y_0,z_0)，则曲面在此点处的法向量 $\{2x_0,2y_0,-1\}$ 与已知平面的法向量 $\{2,4,-1\}$ 平行，因而 $\dfrac{2x_0}{2}=\dfrac{2y_0}{4}=\dfrac{-1}{-1}=1$，得 $x_0=1,y_0=2,z_0=5$，于是，所求的切平面方程为 $2x+4y-z=5$.应填 $2x+4y-z=5$.

1994 数学一,
3 分

108 曲面 $z - \mathrm{e}^z + 2xy = 3$ 在点 $(1,2,0)$ 处的切平面方程为_____.

知识点睛 0514 曲面的切平面

解 令 $F(x,y,z) = z - \mathrm{e}^z + 2xy - 3$,则在点 $(1,2,0)$ 处切平面的法向量

$$\boldsymbol{n} = \{F'_x, F'_y, F'_z\}\big|_{(1,2,0)} = \{2y, 2x, 1 - \mathrm{e}^z\}\big|_{(1,2,0)} = \{4,2,0\},$$

于是,点 $(1,2,0)$ 处的切平面方程为

$$4(x-1) + 2(y-2) = 0, \quad \text{即} \quad 2x + y - 4 = 0.$$

应填 $2x + y - 4 = 0$.

2000 数学一,
3 分

109 曲面 $x^2 + 2y^2 + 3z^2 = 21$ 在点 $(1,-2,2)$ 的法线方程为_____.

知识点睛 0514 曲面的法线

解 令 $F(x,y,z) = x^2 + 2y^2 + 3z^2 - 21$,则

$$F'_x(1,-2,2) = 2, \quad F'_y(1,-2,2) = -8, \quad F'_z(1,-2,2) = 12,$$

取 $\boldsymbol{n} = \{1,-4,6\}$,所求的法线方程为 $\dfrac{x-1}{1} = \dfrac{y+2}{-4} = \dfrac{z-2}{6}$.应填 $\dfrac{x-1}{1} = \dfrac{y+2}{-4} = \dfrac{z-2}{6}$.

109 题精解视频

【评注】本题应先求出法线的方向向量,再用直线的对称式写出法线方程.空间曲线的切线和法平面方程以及曲面的法线和切平面方程是几何应用常考题型,我们应熟记相关公式.

1992 数学一,
3 分

110 在曲线 $x = t$,$y = -t^2$,$z = t^3$ 的所有切线中,与平面 $x + 2y + z = 4$ 平行的切线( ).

(A)只有 1 条 (B)只有 2 条 (C)至少有 3 条 (D)不存在

知识点睛 0513 空间曲线的切线

解 曲线切线的方向向量为 $\boldsymbol{s} = \{1, -2t, 3t^2\}$,平面的法向量为 $\boldsymbol{n} = \{1,2,1\}$,由题意知 $\boldsymbol{s} \perp \boldsymbol{n}$,因而 $1 - 4t + 3t^2 = 0$,有 $t = 1, \dfrac{1}{3}$,所以满足题意的切线有 2 条.应选(B).

111 求曲线 $\begin{cases} x^2 + y^2 + z^2 = 6, \\ z = x^2 + y^2 \end{cases}$ 在 $(-1,1,2)$ 处的切线方程.

知识点睛 0513 空间曲线的切线

解 方程组两边对 x 求导,得 $\begin{cases} 2x + 2y\dfrac{\mathrm{d}y}{\mathrm{d}x} + 2z\dfrac{\mathrm{d}z}{\mathrm{d}x} = 0, \\ \dfrac{\mathrm{d}z}{\mathrm{d}x} = 2x + 2y\dfrac{\mathrm{d}y}{\mathrm{d}x}. \end{cases}$ 解得

$$\frac{\mathrm{d}y}{\mathrm{d}x} = -\frac{x}{y}, \quad \frac{\mathrm{d}z}{\mathrm{d}x} = 0,$$

所以,在 $(-1,1,2)$ 处切线的方向向量为

$$\boldsymbol{T} = \left\{1, \frac{\mathrm{d}y}{\mathrm{d}x}, \frac{\mathrm{d}z}{\mathrm{d}x}\right\}\bigg|_{(-1,1,2)} = \{1,1,0\},$$

从而,所求切线方程为 $\dfrac{x+1}{1} = \dfrac{y-1}{1} = \dfrac{z-2}{0}$.

112 设函数 $f(x,y)$ 在点 $(0,0)$ 附近有定义, 且 $f'_x(0,0)=3$, $f'_y(0,0)=1$, 则 ( ).

(A) $\mathrm{d}z\big|_{(0,0)}=3\mathrm{d}x+\mathrm{d}y$

(B) 曲面 $z=f(x,y)$ 在点 $(0,0,f(0,0))$ 的法向量为 $\{3,1,1\}$

(C) 曲线 $\begin{cases} z=f(x,y), \\ y=0 \end{cases}$ 在点 $(0,0,f(0,0))$ 的切向量为 $\{1,0,3\}$

(D) 曲线 $\begin{cases} z=f(x,y), \\ y=0 \end{cases}$ 在点 $(0,0,f(0,0))$ 的切向量为 $\{3,0,1\}$

知识点睛 0506 多元函数可微与偏导数的关系, 0513 空间曲线的切线

解 对于选项(C), xOz 面上 $z=f(x,0)$ 在点 $(0,0,f(0,0))$ 处的导数

$$\frac{\mathrm{d}z}{\mathrm{d}x}\bigg|_{(0,0)}=f'_x(0,0)=3,$$

且 xOz 面上的向量在 y 轴上的分量为零, 故切线的方向向量为 $\{1,0,3\}$. 应选(C).

【评注】选项(A)不对. 因为函数 $z=f(x,y)$ 在点 $M_0(x_0,y_0)$ 处存在偏导数 $\dfrac{\partial z}{\partial x}\bigg|_{M_0}$,
$\dfrac{\partial z}{\partial y}\bigg|_{M_0}$ 并不能保证 $z=f(x,y)$ 在点 M_0 处可微.

选项(B)不对. 因为偏导数存在不一定能保证函数可微, 所以也不一定能保证曲面 $z=f(x,y)$ 在相应点 $(x_0,y_0,f(x_0,y_0))$ 处存在切平面.

113 曲面 $3x^2+y^2+z^2=12$ 上点 $M(-1,0,3)$ 处的切平面与平面 $z=0$ 的夹角是 ( ).

(A) $\dfrac{\pi}{6}$ (B) $\dfrac{\pi}{4}$ (C) $\dfrac{\pi}{3}$ (D) $\dfrac{\pi}{2}$

知识点睛 0408 两平面的夹角, 0514 曲面的切平面

解 设 $F(x,y,z)=3x^2+y^2+z^2-12$, 则

$$F'_x(-1,0,3)=-6, \quad F'_y(-1,0,3)=0, \quad F'_z(-1,0,3)=6,$$

曲面在点 M 处切平面的法向量 $\boldsymbol{n}_1=\{-6,0,6\}$. 平面 $z=0$ 即 xOy 坐标平面, 其法向量可取为 $\boldsymbol{n}_2=\{0,0,1\}$. 于是切平面与平面 $z=0$ 的夹角 θ 的余弦是

$$\cos\theta=\frac{|\boldsymbol{n}_1\cdot\boldsymbol{n}_2|}{|\boldsymbol{n}_1|\cdot|\boldsymbol{n}_2|}=\frac{0+0+6}{\sqrt{(-6)^2+0^2+6^2}}\cdot\frac{1}{\sqrt{0^2+0^2+1^2}}=\frac{\sqrt{2}}{2},$$

所以, $\theta=\dfrac{\pi}{4}$. 应选(B).

114 求球面 $x^2+y^2+z^2=14$ 与椭球面 $3x^2+y^2+z^2=16$ 在点 $P(-1,-2,3)$ 处的夹角 (即交点处两个切平面的夹角).

知识点睛 0408 两平面的夹角, 0514 曲面的切平面

解 设 $F(x,y,z)=x^2+y^2+z^2-14$, $G(x,y,z)=3x^2+y^2+z^2-16$, 则

$$F'_x=2x, \qquad F'_y=2y, \qquad F'_z=2z,$$
$$G'_x=6x \qquad G'_y=2y, \qquad G'_z=2z.$$

所以,曲面 $F(x,y,z)=0$ 和 $G(x,y,z)=0$ 在点 $P(-1,-2,3)$ 处切平面的法向量分别为:
$$\boldsymbol{n}_1=\{-2,-4,6\}, \quad \boldsymbol{n}_2=\{-6,-4,6\}.$$

设两个法向量的夹角为 φ,则
$$\cos\varphi=\frac{\boldsymbol{n}_1\cdot\boldsymbol{n}_2}{|\boldsymbol{n}_1|\cdot|\boldsymbol{n}_2|}=\frac{(-2)\times(-6)+(-4)\times(-4)+6\times6}{\sqrt{(-2)^2+(-4)^2+6^2}\cdot\sqrt{(-6)^2+(-4)^2+6^2}}$$
$$=\frac{64}{\sqrt{56}\cdot\sqrt{88}}=\frac{8}{\sqrt{77}},$$

因此,$\varphi=\arccos\dfrac{8}{\sqrt{77}}$ 为所给两个曲面在点 $P(-1,-2,3)$ 处的夹角.

§5.5 综合提高题

115 求函数 $z=\arcsin(2x)+\dfrac{\sqrt{4x-y^2}}{\ln(1-x^2-y^2)}$ 的定义域.

知识点睛 0501 二元函数的定义域

分析 求多元函数的定义域,就是要求出使其表达式有意义的点的全体.首先,要写出构成各部分的简单函数的定义域,再解联立不等式组,即得所求定义域.

解 由题,$z_1=\arcsin(2x)$ 的定义域为 $|2x|\le1$,$z_2=\sqrt{4x-y^2}$ 的定义域为 $4x-y^2\ge0$,而 $z_3=\dfrac{1}{\ln(1-x^2-y^2)}$ 的定义域为 $1-x^2-y^2>0$ 且 $1-x^2-y^2\ne1$.故得联立方程组:
$$\begin{cases}|2x|\le1,\\4x-y^2\ge0,\\1-x^2-y^2>0,\\1-x^2-y^2\ne1.\end{cases}$$

因此,所求函数的定义域为
$$\left\{(x,y)\ \middle|\ -\frac{1}{2}\le x\le\frac{1}{2},y^2\le4x,0<x^2+y^2<1\right\}.$$

【评注】 与求一元函数的定义域相仿,需考虑:①分式的分母不能为零;②偶次方根号下的表达式非负;③对数的真数大于零;④反正弦、反余弦中的表达式的绝对值小于等于1,等等.再解联立不等式组,即得定义域.

116 设 $f(x-y,\ln x)=\left(1-\dfrac{y}{x}\right)\dfrac{\mathrm{e}^x}{\mathrm{e}^y\ln x^x}$,求 $f(x,y)$.

知识点睛 引入中间变量,0501 多元函数的概念

分析 此类问题解决的关键是恰当引入中间变量,令 $u=x-y,v=\ln x$,原表达式再相应凑成关于 u,v 的表达式.

解 令 $u=x-y,v=\ln x$.则
$$f(u,v)=\frac{x-y}{x}\cdot\frac{\mathrm{e}^{x-y}}{x\ln x}=\frac{u}{\mathrm{e}^v}\cdot\frac{\mathrm{e}^u}{\mathrm{e}^v\cdot v}=\frac{u\mathrm{e}^u}{v\mathrm{e}^{2v}}.$$

所以, $f(x,y)=\dfrac{x\mathrm{e}^x}{y\mathrm{e}^{2y}}$.

117 极限 $\lim\limits_{\substack{x\to 0\\ y\to 0}}\dfrac{xy}{x^2+y^2}$ 是否存在?

知识点睛 0503 二元函数的极限

解 因为 $\lim\limits_{\substack{x\to 0\\ y=kx}}\dfrac{xy}{x^2+y^2}=\lim\limits_{x\to 0}\dfrac{x\cdot kx}{x^2+k^2x^2}=\dfrac{k}{1+k^2}$, 随 k 的变化而变化, 故极限 $\lim\limits_{\substack{x\to 0\\ y\to 0}}\dfrac{xy}{x^2+y^2}$ 不存在.

118 极限 $\lim\limits_{\substack{x\to 0\\ y\to 0}}\dfrac{x^3y}{x^6+y^2}$ 是否存在?

知识点睛 0503 二元函数的极限

解 因为 $\lim\limits_{\substack{x\to 0\\ y=kx^3}}\dfrac{x^3y}{x^6+y^2}=\lim\limits_{x\to 0}\dfrac{x^3\cdot kx^3}{x^6+k^2x^6}=\dfrac{k}{1+k^2}$, 随 k 的变化而变化, 故极限 $\lim\limits_{\substack{x\to 0\\ y\to 0}}\dfrac{x^3y}{x^6+y^2}$ 不存在.

119 求 $\lim\limits_{(x,y)\to(0,0)}\dfrac{xy}{\sqrt{xy+4}-2}$.

知识点睛 分母有理化, 0503 二元函数的极限

分析 将分母有理化, 从而消去"零因子".

解 $\lim\limits_{(x,y)\to(0,0)}\dfrac{xy}{\sqrt{xy+4}-2}=\lim\limits_{(x,y)\to(0,0)}\dfrac{xy(\sqrt{xy+4}+2)}{xy+4-4}=\lim\limits_{(x,y)\to(0,0)}(\sqrt{xy+4}+2)=2+2=4.$

120 求函数 $f(x,y)=\ln(1+x+y)$ 的三阶麦克劳林公式.

知识点睛 0515 二元函数的泰勒公式

解 因为 $f'_x(x,y)=f'_y(x,y)=\dfrac{1}{1+x+y}$,

$$f''_{xx}(x,y)=f''_{xy}(x,y)=f''_{yy}(x,y)=-\dfrac{1}{(1+x+y)^2},$$

$$\dfrac{\partial^3 f}{\partial x^p \partial y^{3-p}}=\dfrac{2!}{(1+x+y)^3}\quad(p=0,1,2,3),$$

$$\dfrac{\partial^4 f}{\partial x^p \partial y^{4-p}}=-\dfrac{3!}{(1+x+y)^4}\quad(p=0,1,2,3,4),$$

所以, $\left(x\dfrac{\partial}{\partial x}+y\dfrac{\partial}{\partial y}\right)f(0,0)=xf'_x(0,0)+yf'_y(0,0)=x+y$,

$$\left(x\dfrac{\partial}{\partial x}+y\dfrac{\partial}{\partial y}\right)^2 f(0,0)=x^2 f''_{xx}(0,0)+2xy f''_{xy}(0,0)+y^2 f''_{yy}(0,0)=-(x+y)^2,$$

$$\left(x\dfrac{\partial}{\partial x}+y\dfrac{\partial}{\partial y}\right)^3 f(0,0)=x^3 f'''_{xxx}(0,0)+3x^2 y f'''_{xxy}(0,0)+3xy^2 f'''_{xyy}(0,0)+y^3 f'''_{yyy}(0,0)$$

$$=2(x+y)^3.$$

又 $f(0,0)=0$, 故

$$\ln(1+x+y)=x+y-\dfrac{1}{2}(x+y)^2+\dfrac{1}{3}(x+y)^3+R_3,$$

其中

$$R_3 = \frac{1}{4!}\left(x\frac{\partial}{\partial x} + y\frac{\partial}{\partial y}\right)^4 f(\theta x, \theta y) = -\frac{1}{4} \cdot \frac{(x+y)^4}{(1+\theta x+\theta y)^4} \quad (0 < \theta < 1).$$

121 求函数 $f(x,y) = 2x^2 - xy - y^2 - 6x - 3y + 5$ 在点 $(1,-2)$ 的泰勒公式.

知识点睛 0515 二元函数的二阶泰勒公式

解 $f(1,-2) = 5$,

$$f'_x(1,-2) = (4x-y-6)\Big|_{(1,-2)} = 0, \quad f'_y(1,-2) = (-x-2y-3)\Big|_{(1,-2)} = 0,$$

$$f''_{xx}(1,-2) = 4, f''_{xy}(1,-2) = -1, \quad f''_{yy}(1,-2) = -2.$$

又阶数为 3 的各偏导函数为零,所以

$$f(x,y) = f[1+(x-1), -2+(y+2)]$$

$$= f(1,-2) + (x-1)f'_x(1,-2) + (y+2)f'_y(1,-2) +$$

$$\frac{1}{2!}[(x-1)^2 f''_{xx}(1,-2) + 2(x-1)(y+2)f''_{xy}(1,-2) + (y+2)^2 f''_{yy}(1,-2)]$$

$$= 5 + \frac{1}{2!}[4(x-1)^2 - 2(x-1)(y+2) - 2(y+2)^2]$$

$$= 5 + 2(x-1)^2 - (x-1)(y+2) - (y+2)^2.$$

122 设 $z(x,y) = (1-y^2)f(y-2x)$,且 $f'(y) = \dfrac{ye^y}{(1+y)^2}$,$f(0) = 1$,则 $\displaystyle\int_0^2 z(1,y)\,\mathrm{d}y =$
( ).

(A) -1 (B) -2 (C) 1   (D) 2

知识点睛 0305 分部积分法, 0501 多元函数的概念

解 由 $f'(y) = \dfrac{ye^y}{(1+y)^2}$,有

$$f(y) = \int\frac{ye^y}{(1+y)^2}\mathrm{d}y = -\int ye^y\mathrm{d}\left(\frac{1}{1+y}\right) = -\frac{ye^y}{1+y} + \int e^y\mathrm{d}y = \frac{e^y}{1+y} + C,$$

再由 $f(0) = 1$,得 $C = 0$,故 $f(y) = \dfrac{e^y}{1+y}$. 于是

$$z(x,y) = (1-y^2)\frac{e^{y-2x}}{1+(y-2x)}, \quad z(1,y) = -(1+y)e^{y-2},$$

所以

$$\int_0^2 z(1,y)\,\mathrm{d}y = -\int_0^2(1+y)e^{y-2}\mathrm{d}y = -ye^{y-2}\Big|_0^2 = -2.$$

应选(B).

123 已知函数 $u = u(x,y)$ 满足方程

$$\frac{\partial^2 u}{\partial x^2} - \frac{\partial^2 u}{\partial y^2} + a\left(\frac{\partial u}{\partial x} + \frac{\partial u}{\partial y}\right) = 0, \qquad \qquad ①$$

(1)试选择参数 α, β,利用变换 $u(x,y) = v(x,y)e^{\alpha x+\beta y}$ 将原方程变形,使新方程中不出现一阶偏导数项;

(2)再令 $\xi = x+y, \eta = x-y$,使新方程变换形式.

知识点睛 0511 二阶偏导数

解 （1） $\dfrac{\partial u}{\partial x}=\dfrac{\partial v}{\partial x}\mathrm{e}^{\alpha x+\beta y}+v\alpha\mathrm{e}^{\alpha x+\beta y}=\left(\dfrac{\partial v}{\partial x}+\alpha v\right)\mathrm{e}^{\alpha x+\beta y},$ ②

$$\dfrac{\partial^2 u}{\partial x^2}=\left(\dfrac{\partial^2 v}{\partial x^2}+\alpha\,\dfrac{\partial v}{\partial x}\right)\mathrm{e}^{\alpha x+\beta y}+\left(\dfrac{\partial v}{\partial x}+\alpha v\right)\alpha\mathrm{e}^{\alpha x+\beta y}$$

$$=\left(\dfrac{\partial^2 v}{\partial x^2}+2\alpha\,\dfrac{\partial v}{\partial x}+\alpha^2 v\right)\mathrm{e}^{\alpha x+\beta y},$$ ③

$$\dfrac{\partial u}{\partial y}=\left(\dfrac{\partial v}{\partial y}+\beta v\right)\mathrm{e}^{\alpha x+\beta y},$$ ④

$$\dfrac{\partial^2 u}{\partial y^2}=\left(\dfrac{\partial^2 v}{\partial y^2}+2\beta\,\dfrac{\partial v}{\partial y}+\beta^2 v\right)\mathrm{e}^{\alpha x+\beta y}.$$ ⑤

将②,③,④,⑤代入①并消去 $\mathrm{e}^{\alpha x+\beta y}$,得

$$\dfrac{\partial^2 v}{\partial x^2}-\dfrac{\partial^2 v}{\partial y^2}+(2\alpha+a)\,\dfrac{\partial v}{\partial x}+(-2\beta+a)\,\dfrac{\partial v}{\partial y}+(\alpha^2-\beta^2+a\alpha+a\cdot\beta)v=0.$$

由题意可知,应令

$$2\alpha+a=0,\quad -2\beta+a=0,\quad \alpha=-\dfrac{a}{2},\quad \beta=\dfrac{a}{2},$$

故原方程变为 $\dfrac{\partial^2 v}{\partial x^2}-\dfrac{\partial^2 v}{\partial y^2}=0.$ ⑥

（2）令 $\xi=x+y,\eta=x-y$,故

$$\dfrac{\partial v}{\partial x}=\dfrac{\partial v}{\partial \xi}+\dfrac{\partial v}{\partial \eta},\quad \dfrac{\partial v}{\partial y}=\dfrac{\partial v}{\partial \xi}-\dfrac{\partial v}{\partial \eta},$$

$$\dfrac{\partial^2 v}{\partial x^2}=\dfrac{\partial^2 v}{\partial \xi^2}+2\,\dfrac{\partial^2 v}{\partial \xi\partial \eta}+\dfrac{\partial^2 v}{\partial \eta^2},\quad \dfrac{\partial^2 v}{\partial y^2}=\dfrac{\partial^2 v}{\partial \xi^2}-2\,\dfrac{\partial^2 v}{\partial \xi\partial \eta}+\dfrac{\partial^2 v}{\partial \eta^2},$$

代入⑥,得 $\dfrac{\partial^2 v}{\partial \xi\partial \eta}=0.$

124 设函数 $f(x,y,z)=\mathrm{e}^x yz^2$,其中 $z=z(x,y)$ 是由 $x+y+z+xyz=0$ 确定的隐函数,则 $f_x'(0,1,-1)=$ _____.

知识点睛 0211 隐函数的导数, 0505 多元函数的偏导数

解 $f_x'=\mathrm{e}^x yz^2+\mathrm{e}^x y\cdot 2z\dfrac{\partial z}{\partial x}=\mathrm{e}^x\left(yz^2+2yz\,\dfrac{\partial z}{\partial x}\right).$

由 $x+y+z+xyz=0$,两边关于 x 求导,得

$$1+\dfrac{\partial z}{\partial x}+yz+xy\dfrac{\partial z}{\partial x}=0,$$

把 $(0,1,-1)$ 代入,得

$$\dfrac{\partial z}{\partial x}\bigg|_{(0,1,-1)}=0.$$

所以 $f_x'(0,1,-1)=1.$ 应填 1.

125 求一平面,使得该平面与直线 $L:\begin{cases} x-y+z=0,\\ 2x-y+3z-2=0 \end{cases}$ 垂直,且与球面 $x^2+y^2+z^2=4$ 相切.

知识点睛 0406 平面及其方程

解　直线 L 的方向向量为

$$s = \begin{vmatrix} \boldsymbol{i} & \boldsymbol{j} & \boldsymbol{k} \\ 1 & -1 & 1 \\ 2 & -1 & 3 \end{vmatrix} = -2\boldsymbol{i} - \boldsymbol{j} + \boldsymbol{k} = \{-2, -1, 1\}.$$

令

$$F(x,y,z) = x^2 + y^2 + z^2 - 4,$$

球面方程为 $F(x,y,z) = 0$，有

$$F'_x(x,y,z) = 2x, \quad F'_y(x,y,z) = 2y, \quad F'_z(x,y,z) = 2z,$$

球面上任一点处切平面的法向量为

$$\boldsymbol{n} = \{F'_x, F'_y, F'_z\} = \{2x, 2y, 2z\}.$$

设所求平面与球面切于点 (x_0, y_0, z_0)，则有 $\boldsymbol{n} /\!/ \boldsymbol{s}$，于是有

$$\begin{cases} \dfrac{2x_0}{-2} = \dfrac{2y_0}{-1} = \dfrac{2z_0}{1}, \\ x_0^2 + y_0^2 + z_0^2 = 4, \end{cases}$$

解得

$$\begin{cases} x_0 = \dfrac{2\sqrt{6}}{3}, \\ y_0 = \dfrac{\sqrt{6}}{3}, \\ z_0 = -\dfrac{\sqrt{6}}{3}, \end{cases} \quad 与 \quad \begin{cases} x_0 = -\dfrac{2\sqrt{6}}{3}, \\ y_0 = -\dfrac{\sqrt{6}}{3}, \\ z_0 = \dfrac{\sqrt{6}}{3}. \end{cases}$$

所以所求平面有两个，其方程分别为

$$-2\left(x - \dfrac{2\sqrt{6}}{3}\right) - \left(y - \dfrac{\sqrt{6}}{3}\right) + \left(z + \dfrac{\sqrt{6}}{3}\right) = 0, \quad 即 \quad 2x + y - z - 2\sqrt{6} = 0,$$

与

$$-2\left(x + \dfrac{2\sqrt{6}}{3}\right) - \left(y + \dfrac{\sqrt{6}}{3}\right) + \left(z - \dfrac{\sqrt{6}}{3}\right) = 0, \quad 即 \quad 2x + y - z + 2\sqrt{6} = 0.$$

126　设在部分球面 $x^2 + y^2 + z^2 = 5R^2, x > 0, y > 0, z > 0$ 上函数 $f(x,y,z) = \ln x + \ln y + 3\ln z$ 有极大值，试求此极大值，并利用上述结果证明对任意正数 a, b, c 总满足

$$abc^3 \leqslant 27\left(\dfrac{a+b+c}{5}\right)^5.$$

知识点睛　0517 拉格朗日乘数法

解　设 $F(x,y,z,\lambda) = \ln x + \ln y + 3\ln z + \lambda(x^2 + y^2 + z^2 - 5R^2)$，令

$$\begin{cases} F'_x = \dfrac{1}{x} + 2\lambda x = 0, \\ F'_y = \dfrac{1}{y} + 2\lambda y = 0, \\ F'_z = \dfrac{3}{z} + 2\lambda z = 0, \\ x^2 + y^2 + z^2 = 5R^2, \end{cases} \quad 解得 \quad \begin{cases} x = R, \\ y = R, \\ z = \sqrt{3}R, \end{cases}$$

故 $xyz^3 \leqslant 3\sqrt{3}R^5$，即

$$x^2 y^2 z^6 \leqslant 27R^{10} = 27\left(\frac{x^2+y^2+z^2}{5}\right)^5.$$

令 $a=x^2, b=y^2, c=z^2$，则

$$abc^3 \leqslant 27\left(\frac{a+b+c}{5}\right)^5.$$

127 设 $y=y(x), z=z(x)$ 是由方程 $z=xf(x+y)$ 和 $F(x,y,z)=0$ 所确定的函数，其中 f 和 F 分别具有一阶连续导数和一阶连续偏导数，求 $\dfrac{\mathrm{d}z}{\mathrm{d}x}$.

知识点睛 0505 多元函数的偏导数

解 分别在 $z=xf(x+y)$ 和 $F(x,y,z)=0$ 的两端对 x 求导，得

$$\begin{cases} \dfrac{\mathrm{d}z}{\mathrm{d}x} = f + x\left(1+\dfrac{\mathrm{d}y}{\mathrm{d}x}\right)f', \\ F_x' + F_y'\dfrac{\mathrm{d}y}{\mathrm{d}x} + F_z'\dfrac{\mathrm{d}z}{\mathrm{d}x} = 0, \end{cases}$$

整理后，得

$$\begin{cases} -xf'\dfrac{\mathrm{d}y}{\mathrm{d}x} + \dfrac{\mathrm{d}z}{\mathrm{d}x} = f + xf', \\ F_y'\dfrac{\mathrm{d}y}{\mathrm{d}x} + F_z'\dfrac{\mathrm{d}z}{\mathrm{d}x} = -F_x', \end{cases}$$

由此解得

$$\frac{\mathrm{d}z}{\mathrm{d}x} = \frac{(f+xf')F_y' - xf'F_x'}{F_y' + xf'F_z'} \quad (F_y' + xf'F_z' \neq 0).$$

【评注】本题需通过含有导数的方程组求得其解.

128 讨论函数 $z = f(x,y) = \begin{cases} (x^2+y^2)\sin\dfrac{1}{\sqrt{x^2+y^2}}, & x^2+y^2 \neq 0, \\ 0, & x^2+y^2 = 0 \end{cases}$ 在点 $(0,0)$ 处

(1)是否连续；　(2)偏导数是否存在；　(3)是否可微；　(4)偏导数是否连续.

知识点睛 0503 多元函数的连续性，0505 偏导数的存在性，0506 可微性以及偏导数的连续性

解 (1)当 $(x,y) \neq (0,0)$ 时，$|f(x,y)| \leqslant x^2+y^2$，故 $\lim\limits_{\substack{x\to 0 \\ y\to 0}} f(x,y) = 0$，所以函数在点 $(0,0)$ 处连续.

(2)在点 $(0,0)$ 处，

$$\lim_{x\to 0}\frac{f(x,0)-f(0,0)}{x} = \lim_{x\to 0} x\cdot\sin\frac{1}{\sqrt{x^2}} = 0,$$

即偏导数 $f_x'(0,0)$ 存在，且 $f_x'(0,0)=0$. 同理 $\dfrac{\partial f(0,0)}{\partial y}$ 也存在，且 $\dfrac{\partial f(0,0)}{\partial y}=0$.

（3）由（2）知，$f_x'(0,0)=f_y'(0,0)=0$，故

$$\Delta z - \left[\frac{\partial f(0,0)}{\partial x}\cdot\Delta x + \frac{\partial f(0,0)}{\partial y}\cdot\Delta y\right] = f(\Delta x,\Delta y) - f(0,0) - [0\cdot\Delta x + 0\cdot\Delta y]$$

$$= \left[(\Delta x)^2+(\Delta y)^2\right]\sin\frac{1}{\sqrt{(\Delta x)^2+(\Delta y)^2}},$$

因为

$$\lim_{\rho\to 0^+}\frac{\Delta z - \left[\frac{\partial f(0,0)}{\partial x}\cdot\Delta x + \frac{\partial f(0,0)}{\partial y}\cdot\Delta y\right]}{\rho} = \lim_{\rho\to 0^+}\rho\,\sin\frac{1}{\rho} = 0,$$

其中，$\rho=\sqrt{(\Delta x)^2+(\Delta y)^2}$，故函数 $f(x,y)$ 在点 $(0,0)$ 可微，且 $\mathrm{d}z = 0\cdot\mathrm{d}x + 0\cdot\mathrm{d}y = 0$.

（4）当 $(x,y)\neq(0,0)$ 时

$$\frac{\partial z}{\partial x} = 2x\sin\frac{1}{\sqrt{x^2+y^2}} - \frac{x}{\sqrt{x^2+y^2}}\cos\frac{1}{\sqrt{x^2+y^2}},$$

$$\frac{\partial z}{\partial y} = 2y\sin\frac{1}{\sqrt{x^2+y^2}} - \frac{y}{\sqrt{x^2+y^2}}\cos\frac{1}{\sqrt{x^2+y^2}},$$

由于 $\lim\limits_{\substack{x\to 0\\ y\to 0}}2x\sin\dfrac{1}{\sqrt{x^2+y^2}}=0$，且

$$\lim_{\substack{x\to 0\\ y=x}}\frac{x}{\sqrt{x^2+y^2}}\cos\frac{1}{\sqrt{x^2+y^2}} = \lim_{x\to 0}\frac{\operatorname{sgn}x}{\sqrt{2}}\cdot\cos\frac{1}{\sqrt{2}\,|x|}\ \text{不存在},$$

故偏导数 $\dfrac{\partial f(x,y)}{\partial x}$ 在点 $(0,0)$ 处不连续，同样也可说明 $\dfrac{\partial f(x,y)}{\partial y}$ 在点 $(0,0)$ 处不连续.

Ⓚ 2007 数学二，4 分

129 二元函数 $f(x,y)$ 在点 $(0,0)$ 处可微的一个充分条件是（　　）.

（A）$\lim\limits_{(x,y)\to(0,0)}[f(x,y)-f(0,0)]=0$

（B）$\lim\limits_{x\to 0}\dfrac{f(x,0)-f(0,0)}{x}=0$，且 $\lim\limits_{y\to 0}\dfrac{f(0,y)-f(0,0)}{y}=0$

（C）$\lim\limits_{(x,y)\to(0,0)}\dfrac{f(x,y)-f(0,0)}{\sqrt{x^2+y^2}}=0$

（D）$\lim\limits_{x\to 0}[f_x'(x,0)-f_x'(0,0)]=0$，且 $\lim\limits_{y\to 0}[f_y'(0,y)-f_y'(0,0)]=0$

知识点睛　0506 多元函数全微分存在的充分条件

解　事实上，由 $\lim\limits_{(x,y)\to(0,0)}\dfrac{f(x,y)-f(0,0)}{\sqrt{x^2+y^2}}=0$ 可得

$$\lim_{x\to 0}\frac{f(x,0)-f(0,0)}{x} = \lim_{x\to 0}\frac{f(x,0)-f(0,0)}{\sqrt{x^2+0^2}}\cdot\frac{\sqrt{x^2}}{x} = 0,$$

即 $f_x'(0,0)=0$，

同理有 $f_y'(0,0)=0$. 从而

$$\lim_{\rho\to 0}\frac{[f(\Delta x,\Delta y)-f(0,0)]-[f_x'(0,0)\Delta x + f_y'(0,0)\Delta y]}{\rho}$$

$$= \lim_{\rho \to 0} \frac{f(\Delta x, \Delta y) - f(0,0)}{\rho} = \lim_{\substack{\Delta x \to 0 \\ \Delta y \to 0}} \frac{f(\Delta x, \Delta y) - f(0,0)}{\sqrt{(\Delta x)^2 + (\Delta y)^2}} = 0.$$

根据可微的定义可知函数 $f(x,y)$ 在点 $(0,0)$ 处可微,应选(C).

【评注】1.二元函数连续或偏导数存在均不能推出可微,只有当一阶偏导数连续时,才可微.

2.本题也可用排除法,(A)是函数在 $(0,0)$ 连续的定义;(B)是函数在 $(0,0)$ 处偏导数存在的条件;(D)说明一阶偏导数 $f_x'(0,0)$,$f_y'(0,0)$ 存在,但不能推导出两个一阶偏导函数 $f_x'(x,y)$,$f_y'(x,y)$ 在点 $(0,0)$ 处连续,所以(A)、(B)、(D)均不能保证 $f(x,y)$ 在点 $(0,0)$ 处可微.故应选(C).

130 设 $f(x,y) = \begin{cases} \dfrac{xy}{\sqrt{x^2+y^2}}, & (x,y) \neq (0,0) \\ 0, & (x,y) = (0,0), \end{cases}$ 求偏导数 $f_x'(x,y)$,$f_y'(x,y)$.

知识点睛 0505 多元函数的偏导数

分析 由于点 $(0,0)$ 为 $f(x,y)$ 的分界点,故需按偏导数定义单独求 $f_x'(0,0)$ 及 $f_y'(0,0)$.

解 当 $(x,y) \neq (0,0)$ 时,由商的求导法则得:

$$f_x'(x,y) = \frac{y\sqrt{x^2+y^2} - xy \cdot \frac{1}{2}(x^2+y^2)^{-\frac{1}{2}} \cdot 2x}{x^2+y^2} = \frac{y^3}{(x^2+y^2)^{\frac{3}{2}}},$$

$$f_y'(x,y) = \frac{x\sqrt{x^2+y^2} - xy \cdot \frac{1}{2}(x^2+y^2)^{-\frac{1}{2}} \cdot 2y}{x^2+y^2} = \frac{x^3}{(x^2+y^2)^{\frac{3}{2}}}.$$

当 $(x,y) = (0,0)$ 时,由定义,得

$$f_x'(0,0) = \lim_{\Delta x \to 0} \frac{f(0+\Delta x, 0) - f(0,0)}{\Delta x} = \lim_{\Delta x \to 0} \frac{0-0}{\Delta x} = 0,$$

$$f_y'(0,0) = \lim_{\Delta y \to 0} \frac{f(0, 0+\Delta y) - f(0,0)}{\Delta y} = \lim_{\Delta y \to 0} \frac{0-0}{\Delta y} = 0,$$

故

$$f_x'(x,y) = \begin{cases} \dfrac{y^3}{(x^2+y^2)^{\frac{3}{2}}}, & (x,y) \neq (0,0), \\ 0, & (x,y) = (0,0), \end{cases} \quad f_y'(x,y) = \begin{cases} \dfrac{x^3}{(x^2+y^2)^{\frac{3}{2}}}, & (x,y) \neq (0,0), \\ 0, & (x,y) = (0,0). \end{cases}$$

131 设 $f(x,y) = \begin{cases} xy \cdot \dfrac{x^2-y^2}{x^2+y^2}, & (x,y) \neq (0,0), \\ 0, & (x,y) = (0,0), \end{cases}$ 证明 $f_{xy}''(0,0) \neq f_{yx}''(0,0)$.

知识点睛 0511 二阶偏导数

分析 要求 $f_{xy}''(0,0)$,由其定义 $f_{xy}''(0,0) = \lim_{\Delta y \to 0} \dfrac{f_x'(0,0+\Delta y) - f_x'(0,0)}{\Delta y}$ 知,应先求出

$f'_x(x,y)((x,y)\neq(0,0))$ 及 $f'_x(0,0)$. 而当 $(x,y)\neq(0,0)$ 时, $f'_x(x,y)$ 用一元函数的求导公式, 将 y 看作常数对 x 求导即可. $f'_x(0,0)$ 则需按照偏导数定义来求, 同理可求出 $f''_{yx}(0,0)$.

证 当 $(x,y)\neq(0,0)$ 时,

$$f'_x(x,y)=y\cdot\frac{x^2-y^2}{x^2+y^2}+xy\cdot\frac{2x(x^2+y^2)-2x(x^2-y^2)}{(x^2+y^2)^2}=\frac{y(x^4-y^4+4x^2y^2)}{(x^2+y^2)^2},$$

$$f'_y(x,y)=\frac{x(x^4-y^4-4x^2y^2)}{(x^2+y^2)^2}.$$

当 $(x,y)=(0,0)$ 时, 由定义得

$$f'_x(0,0)=\lim_{\Delta x\to0}\frac{f(0+\Delta x,0)-f(0,0)}{\Delta x}=\lim_{\Delta x\to0}\frac{0-0}{\Delta x}=0,$$

$$f'_y(0,0)=\lim_{\Delta y\to0}\frac{f(0,0+\Delta y)-f(0,0)}{\Delta y}=\lim_{\Delta y\to0}\frac{0-0}{\Delta y}=0.$$

所以

$$f''_{xy}(0,0)=\lim_{\Delta y\to0}\frac{f'_x(0,0+\Delta y)-f'_x(0,0)}{\Delta y}=\lim_{\Delta y\to0}\frac{\dfrac{\Delta y\cdot(-\Delta y)^4}{(\Delta y)^4}-0}{\Delta y}=-1,$$

$$f''_{yx}(0,0)=\lim_{\Delta x\to0}\frac{f'_y(0+\Delta x,0)-f'_y(0,0)}{\Delta x}=\lim_{\Delta x\to0}\frac{\dfrac{\Delta x\cdot(\Delta x)^4}{(\Delta x)^4}-0}{\Delta x}=1.$$

显然, $f''_{xy}(0,0)\neq f''_{yx}(0,0)$.

K 1996 数学一, 6 分

132 设变换 $\begin{cases}u=x-2y,\\v=x+ay,\end{cases}$ 可把方程 $6\dfrac{\partial^2 z}{\partial x^2}+\dfrac{\partial^2 z}{\partial x\partial y}-\dfrac{\partial^2 z}{\partial y^2}=0$ 化简为 $\dfrac{\partial^2 z}{\partial u\partial v}=0$, 求常数 a, 其中 $z=z(x,y)$ 有二阶连续偏导数.

知识点睛 0508 复合函数的链式法则, 0511 二阶偏导数

分析 利用复合函数的链式法则, 求出 z 关于 x,y 二阶偏导数(用 u,v 表示), 代入方程变形后, 与 $\dfrac{\partial^2 z}{\partial u\partial v}=0$ 比较, 求出常数 a.

解 由复合函数的链式法则, 得

$$\frac{\partial z}{\partial x}=\frac{\partial z}{\partial u}+\frac{\partial z}{\partial v},\frac{\partial z}{\partial y}=-2\frac{\partial z}{\partial u}+a\frac{\partial z}{\partial v},$$

$$\frac{\partial^2 z}{\partial x^2}=\frac{\partial^2 z}{\partial u^2}+2\frac{\partial^2 z}{\partial u\partial v}+\frac{\partial^2 z}{\partial v^2},$$

$$\frac{\partial^2 z}{\partial x\partial y}=-2\frac{\partial^2 z}{\partial u^2}+(a-2)\frac{\partial^2 z}{\partial u\partial v}+a\frac{\partial^2 z}{\partial v^2},$$

$$\frac{\partial^2 z}{\partial y^2}=4\frac{\partial^2 z}{\partial u^2}-4a\frac{\partial^2 z}{\partial u\partial v}+a^2\frac{\partial^2 z}{\partial v^2}.$$

将上述结果代入原方程, 经整理, 得

$$(10+5a)\frac{\partial^2 z}{\partial u\partial v}+(6+a-a^2)\frac{\partial^2 z}{\partial v^2}=0.$$

由题意知

$$6 + a - a^2 = 0, \quad \text{且} \quad 10 + 5a \neq 0.$$

因而 $a = 3$.

【评注】一定要注意条件 $10+5a \neq 0$.

133 设函数 $u = f(x, y)$ 具有二阶连续偏导数, 且满足 $4\dfrac{\partial^2 u}{\partial x^2} + 12\dfrac{\partial^2 u}{\partial x \partial y} + 5\dfrac{\partial^2 u}{\partial y^2} = 0$, 确 K 2010 数学二,
11 分

定 a, b 的值, 使等式在变换 $\xi = x + ay, \eta = x + by$ 下化简为 $\dfrac{\partial^2 u}{\partial \xi \partial \eta} = 0$.

知识点睛 0508 复合函数的链式法则, 0511 二阶偏导数

分析 利用复合函数的链式法则变形原等式即可.

解 由复合函数的链式法则, 得

$$\frac{\partial u}{\partial x} = \frac{\partial u}{\partial \xi} \cdot \frac{\partial \xi}{\partial x} + \frac{\partial u}{\partial \eta} \cdot \frac{\partial \eta}{\partial x} = \frac{\partial u}{\partial \xi} + \frac{\partial u}{\partial \eta},$$

$$\frac{\partial u}{\partial y} = \frac{\partial u}{\partial \xi} \cdot \frac{\partial \xi}{\partial y} + \frac{\partial u}{\partial \eta} \cdot \frac{\partial \eta}{\partial y} = a\frac{\partial u}{\partial \xi} + b\frac{\partial u}{\partial \eta},$$

所以

$$\frac{\partial^2 u}{\partial x^2} = \frac{\partial}{\partial x}\left(\frac{\partial u}{\partial \xi} + \frac{\partial u}{\partial \eta}\right)$$

$$= \frac{\partial^2 u}{\partial \xi^2} \cdot \frac{\partial \xi}{\partial x} + \frac{\partial^2 u}{\partial \xi \partial \eta} \cdot \frac{\partial \eta}{\partial x} + \frac{\partial^2 u}{\partial \eta^2} \cdot \frac{\partial \eta}{\partial x} + \frac{\partial^2 u}{\partial \xi \partial \eta} \cdot \frac{\partial \xi}{\partial x}$$

$$= \frac{\partial^2 u}{\partial \xi^2} + \frac{\partial^2 u}{\partial \eta^2} + 2\frac{\partial^2 u}{\partial \xi \partial \eta},$$

$$\frac{\partial^2 u}{\partial x \partial y} = \frac{\partial}{\partial y}\left(\frac{\partial u}{\partial \xi} + \frac{\partial u}{\partial \eta}\right)$$

$$= \frac{\partial^2 u}{\partial \xi^2} \cdot \frac{\partial \xi}{\partial y} + \frac{\partial^2 u}{\partial \xi \partial \eta} \cdot \frac{\partial \eta}{\partial y} + \frac{\partial^2 u}{\partial \eta^2} \cdot \frac{\partial \eta}{\partial y} + \frac{\partial^2 u}{\partial \xi \partial \eta} \cdot \frac{\partial \xi}{\partial y}$$

$$= a\frac{\partial^2 u}{\partial \xi^2} + b\frac{\partial^2 u}{\partial \eta^2} + (a+b)\frac{\partial^2 u}{\partial \xi \partial \eta},$$

$$\frac{\partial^2 u}{\partial y^2} = \frac{\partial}{\partial y}\left(a\frac{\partial u}{\partial \xi} + b\frac{\partial u}{\partial \eta}\right)$$

$$= a\left(a\frac{\partial^2 u}{\partial \xi^2} + b\frac{\partial^2 u}{\partial \xi \partial \eta}\right) + b\left(b\frac{\partial^2 u}{\partial \eta^2} + a\frac{\partial^2 u}{\partial \xi \partial \eta}\right)$$

$$= a^2\frac{\partial^2 u}{\partial \xi^2} + b^2\frac{\partial^2 u}{\partial \eta^2} + 2ab\frac{\partial^2 u}{\partial \xi \partial \eta}.$$

由 $4\dfrac{\partial^2 u}{\partial x^2} + 12\dfrac{\partial u^2}{\partial x \partial y} + 5\dfrac{\partial^2 u}{\partial y^2} = 0$, 得

$$(5a^2 + 12a + 4)\frac{\partial^2 u}{\partial \xi^2} + (5b^2 + 12b + 4)\frac{\partial^2 u}{\partial \eta^2} + [12(a+b) + 10ab + 8]\frac{\partial^2 u}{\partial \xi \partial \eta} = 0.$$

因而,$\begin{cases} 5a^2+12a+4=0, \\ 5b^2+12b+4=0, \\ 12(a+b)+10ab+8\neq 0. \end{cases}$　　　解得

$$\begin{cases} a=-\dfrac{2}{5}, \\ b=-2, \end{cases} \quad \text{或} \quad \begin{cases} a=-2, \\ b=-\dfrac{2}{5}. \end{cases}$$

【评注】此题主要考查复合函数链式法则的熟练运用,计算量较大,是对运算能力的考核.

1997 数学一,
7分

134 已知 $f(u)$ 具有二阶连续导数,而 $z=f(\mathrm{e}^x\sin y)$ 满足方程 $\dfrac{\partial^2 z}{\partial x^2}+\dfrac{\partial^2 z}{\partial y^2}=\mathrm{e}^{2x}z$,求 $f(u)$.

知识点睛　0511 二阶偏导数

解　由已知得 $\dfrac{\partial z}{\partial x}=f'(u)\mathrm{e}^x\sin y$,$\dfrac{\partial z}{\partial y}=f'(u)\mathrm{e}^x\cos y$,进而

$$\frac{\partial^2 z}{\partial x^2}=f''(u)\mathrm{e}^{2x}\sin^2 y+f'(u)\mathrm{e}^x\sin y,\frac{\partial^2 z}{\partial y^2}=f''(u)\mathrm{e}^{2x}\cos^2 y-f'(u)\mathrm{e}^x\sin y,$$

代入原方程,有 $f''(u)-f(u)=0$,解此二阶常系数齐次线性方程得

$$f(u)=C_1\mathrm{e}^u+C_2\mathrm{e}^{-u}.$$

2019 数学二,
11分

135 已知函数 $u(x,y)$ 满足 $2\dfrac{\partial^2 u}{\partial x^2}-2\dfrac{\partial^2 u}{\partial y^2}+3\dfrac{\partial u}{\partial x}+3\dfrac{\partial u}{\partial y}=0$,求 a,b 的值使得在变换 $u(x,y)=v(x,y)\mathrm{e}^{ax+by}$ 之下,上述等式可化为函数 $v(x,y)$ 的不含一阶偏导数的等式.

知识点睛　0511 二阶偏导数

解　$\dfrac{\partial u}{\partial x}=\dfrac{\partial v}{\partial x}\mathrm{e}^{ax+by}+av\mathrm{e}^{ax+by}=\left(\dfrac{\partial v}{\partial x}+av\right)\mathrm{e}^{ax+by}$,

$\dfrac{\partial u}{\partial y}=\dfrac{\partial v}{\partial y}\mathrm{e}^{ax+by}+bv\mathrm{e}^{ax+by}=\left(\dfrac{\partial v}{\partial y}+bv\right)\mathrm{e}^{ax+by}$.

进而,$\dfrac{\partial^2 u}{\partial x^2}=\left(\dfrac{\partial^2 v}{\partial x^2}+a\dfrac{\partial v}{\partial x}\right)\mathrm{e}^{ax+by}+a\left(\dfrac{\partial v}{\partial x}+av\right)\mathrm{e}^{ax+by}=\left(\dfrac{\partial^2 v}{\partial x^2}+2a\dfrac{\partial v}{\partial x}+a^2v\right)\mathrm{e}^{ax+by}$.

同理,$\dfrac{\partial^2 u}{\partial y^2}=\left(\dfrac{\partial^2 v}{\partial y^2}+2b\dfrac{\partial v}{\partial y}+b^2v\right)\mathrm{e}^{ax+by}$.代入 $2\dfrac{\partial^2 u}{\partial x^2}-2\dfrac{\partial^2 u}{\partial y^2}+3\dfrac{\partial u}{\partial x}+3\dfrac{\partial u}{\partial y}=0$,得

$$2\left(\frac{\partial^2 v}{\partial x^2}-\frac{\partial^2 v}{\partial y^2}\right)+(4a+3)\frac{\partial v}{\partial x}+(3-4b)\frac{\partial v}{\partial y}+(2a^2-2b^2+3a+3b)v=0,$$

由题意,令 $4a+3=0$,$3-4b=0$,解得 $a=-\dfrac{3}{4}$,$b=\dfrac{3}{4}$.

2019 数学三,
10分

136 设函数 $f(u,v)$ 具有二阶连续偏导数,函数 $g(x,y)=xy-f(x+y,x-y)$.求

$$\frac{\partial^2 g}{\partial x^2}+\frac{\partial^2 g}{\partial x\partial y}+\frac{\partial^2 g}{\partial y^2}.$$

知识点睛　0511 二阶偏导数

解　$\dfrac{\partial g}{\partial x}=y-f'_1-f'_2$,$\dfrac{\partial g}{\partial y}=x-f'_1+f'_2$,则

$$\frac{\partial^2 g}{\partial x^2} = -f''_{11} - f''_{12} - f''_{21} - f''_{22} = -f''_{11} - 2f''_{12} - f''_{22},$$

$$\frac{\partial^2 g}{\partial x \partial y} = 1 - f''_{11} + f''_{12} - f''_{21} + f''_{22} = 1 - f''_{11} + f''_{22},$$

$$\frac{\partial^2 g}{\partial y^2} = -f''_{11} + f''_{12} + f''_{21} - f''_{22} = -f''_{11} + 2f''_{12} - f''_{22},$$

有

$$\frac{\partial^2 g}{\partial x^2} + \frac{\partial^2 g}{\partial x \partial y} + \frac{\partial^2 g}{\partial y^2} = 1 - 3f''_{11} - f''_{22}.$$

137 设函数 $f(u)$ 具有二阶连续导数，$z = f(e^x \cos y)$ 满足

$$\frac{\partial^2 z}{\partial x^2} + \frac{\partial^2 z}{\partial y^2} = (4z + e^x \cos y) e^{2x},$$

K 2014 数学一、数学二、数学三、10 分

若 $f(0) = 0, f'(0) = 0$，求 $f(u)$ 的表达式.

知识点晴 0508 复合函数的一阶偏导数，0803 一阶线性微分方程

分析 根据已知的关系式，变形得到关于 $f(u)$ 的微分方程，解该微分方程求得 $f(u)$.

解 由 $z = f(e^x \cos y)$ 得

$$\frac{\partial z}{\partial x} = f'(e^x \cos y) \cdot e^x \cos y, \frac{\partial z}{\partial y} = f'(e^x \cos y) \cdot (-e^x \sin y),$$

$$\frac{\partial^2 z}{\partial x^2} = f''(e^x \cos y) \cdot e^x \cos y \cdot e^x \cos y + f'(e^x \cos y) \cdot e^x \cos y$$

$$= f''(e^x \cos y) \cdot e^{2x} \cos^2 y + f'(e^x \cos y) \cdot e^x \cos y,$$

$$\frac{\partial^2 z}{\partial y^2} = f''(e^x \cos y) \cdot (-e^x \sin y) \cdot (-e^x \sin y) + f'(e^x \cos y) \cdot (-e^x \cos y)$$

$$= f''(e^x \cos y) \cdot e^{2x} \sin^2 y - f'(e^x \cos y) \cdot e^x \cos y,$$

由 $\frac{\partial^2 z}{\partial x^2} + \frac{\partial^2 z}{\partial y^2} = (4z + e^x \cos y) e^{2x}$，代入得

$$f''(e^x \cos y) \cdot e^{2x} = [4f(e^x \cos y) + e^x \cos y] e^{2x},$$

即 $f''(e^x \cos y) - 4f(e^x \cos y) = e^x \cos y$，令 $e^x \cos y = u$，得 $f''(u) - 4f(u) = u$.

特征方程 $\lambda^2 - 4 = 0, \lambda = \pm 2$，得齐次方程通解 $\bar{y} = C_1 e^{2u} + C_2 e^{-2u}$.

设特解 $y^* = au + b$，代入方程得 $a = -\frac{1}{4}, b = 0$，特解 $y^* = -\frac{1}{4} u$，则原方程的通解为

$$y = f(u) = C_1 e^{2u} + C_2 e^{-2u} - \frac{1}{4} u,$$

由 $f(0) = 0, f'(0) = 0$，得 $C_1 = \frac{1}{16}, C_2 = -\frac{1}{16}$，则

$$y = f(u) = \frac{1}{16} e^{2u} - \frac{1}{16} e^{-2u} - \frac{1}{4} u.$$

138 设函数 $f(u)$ 在 $(0, +\infty)$ 内具有二阶导数，且 $z = f(\sqrt{x^2 + y^2})$ 满足等式

$$\frac{\partial^2 z}{\partial x^2} + \frac{\partial^2 z}{\partial y^2} = 0,$$

K 2006 数学一、数学二，12 分

（Ⅰ）验证 $f''(u) + \dfrac{f'(u)}{u} = 0$；

（Ⅱ）若 $f(1) = 0$，$f'(1) = 1$，求函数 $f(u)$ 的表达式.

知识点睛 0511 二阶偏导数

分析 利用复合函数偏导数计算方法求出 $\dfrac{\partial^2 z}{\partial x^2}$，$\dfrac{\partial^2 z}{\partial y^2}$ 代入 $\dfrac{\partial^2 z}{\partial x^2} + \dfrac{\partial^2 z}{\partial y^2} = 0$ 即可得（Ⅰ），按常规方法解（Ⅱ）即可.

解 （Ⅰ）设 $u = \sqrt{x^2 + y^2}$，则

$$\frac{\partial z}{\partial x} = f'(u)\,\frac{x}{\sqrt{x^2 + y^2}}, \qquad \frac{\partial z}{\partial y} = f'(u)\,\frac{y}{\sqrt{x^2 + y^2}},$$

$$\frac{\partial^2 z}{\partial x^2} = f''(u) \cdot \frac{x}{\sqrt{x^2 + y^2}} \cdot \frac{x}{\sqrt{x^2 + y^2}} + f'(u) \cdot \frac{\sqrt{x^2 + y^2} - \dfrac{x^2}{\sqrt{x^2 + y^2}}}{x^2 + y^2}$$

$$= f''(u) \cdot \frac{x^2}{x^2 + y^2} + f'(u) \cdot \frac{y^2}{(x^2 + y^2)^{\frac{3}{2}}},$$

$$\frac{\partial^2 z}{\partial y^2} = f''(u) \cdot \frac{y^2}{x^2 + y^2} + f'(u) \cdot \frac{x^2}{(x^2 + y^2)^{\frac{3}{2}}},$$

将 $\dfrac{\partial^2 z}{\partial x^2}$，$\dfrac{\partial^2 z}{\partial y^2}$ 代入 $\dfrac{\partial^2 z}{\partial x^2} + \dfrac{\partial^2 z}{\partial y^2} = 0$，得 $f''(u) + \dfrac{f'(u)}{u} = 0$.

（Ⅱ）令 $f'(u) = p$，则 $p' + \dfrac{p}{u} = 0 \Rightarrow \dfrac{\mathrm{d}p}{p} = -\dfrac{\mathrm{d}u}{u}$，两边积分，得

$$\ln p = -\ln u + \ln C_1,$$

即 $p = \dfrac{C_1}{u}$，亦即 $f'(u) = \dfrac{C_1}{u}$.

由 $f'(1) = 1$ 可得 $C_1 = 1$. 所以有 $f'(u) = \dfrac{1}{u}$，两边积分得 $f(u) = \ln u + C_2$，由 $f(1) = 0$ 可得 $C_2 = 0$，故 $f(u) = \ln u$.

【评注】本题为基础题型，着重考查多元复合函数偏导数的计算及可降阶方程的求解.

139 设 $z = z(x, y)$ 是由方程 $x^2 + y^2 - z = \varphi(x + y + z)$ 所确定的函数，其中 φ 具有二阶导数，且 $\varphi' \neq -1$，求

（Ⅰ）$\mathrm{d}z$；

（Ⅱ）记 $u(x, y) = \dfrac{1}{x - y}\left(\dfrac{\partial z}{\partial x} - \dfrac{\partial z}{\partial y}\right)$，求 $\dfrac{\partial u}{\partial x}$.

知识点睛 0506 多元函数的全微分

解 （Ⅰ）**方法一** 利用一阶微分形式不变性，等式 $x^2 + y^2 - z = \varphi(x + y + z)$ 两边同时求微分，得

$$2x\mathrm{d}x + 2y\mathrm{d}y - \mathrm{d}z = \varphi'(x + y + z) \cdot (\mathrm{d}x + \mathrm{d}y + \mathrm{d}z),$$

于是有$(\varphi'+1)\mathrm{d}z = (-\varphi'+2x)\mathrm{d}x + (-\varphi'+2y)\mathrm{d}y$,即

$$\mathrm{d}z = \frac{-\varphi' + 2x}{\varphi' + 1}\mathrm{d}x + \frac{-\varphi' + 2y}{\varphi' + 1}\mathrm{d}y \quad (\varphi' \neq -1).$$

方法二 设$F(x,y,z) = x^2+y^2-z-\varphi(x+y+z)$,则

$$F'_x = 2x - \varphi', \quad F'_y = 2y - \varphi', \quad F'_z = -1 - \varphi',$$

由公式$\dfrac{\partial z}{\partial x} = -\dfrac{F'_x}{F'_z}, \dfrac{\partial z}{\partial y} = -\dfrac{F'_y}{F'_z}$,得

$$\frac{\partial z}{\partial x} = \frac{2x - \varphi'}{1 + \varphi'}, \quad \frac{\partial z}{\partial y} = \frac{2y - \varphi'}{1 + \varphi'},$$

所以

$$\mathrm{d}z = \frac{\partial z}{\partial x}\mathrm{d}x + \frac{\partial z}{\partial y}\mathrm{d}y = \frac{2x - \varphi'}{\varphi' + 1}\mathrm{d}x + \frac{2y - \varphi'}{\varphi' + 1}\mathrm{d}y \quad (\varphi' \neq -1).$$

（Ⅱ）由（Ⅰ）知$\dfrac{\partial z}{\partial x} = \dfrac{-\varphi'+2x}{\varphi'+1}, \dfrac{\partial z}{\partial y} = \dfrac{-\varphi'+2y}{\varphi'+1}$,于是

$$u(x,y) = \frac{1}{x - y}\left(\frac{-\varphi' + 2x}{\varphi' + 1} - \frac{-\varphi' + 2y}{\varphi' + 1}\right) = \frac{1}{x - y} \cdot \frac{-2y + 2x}{\varphi' + 1} = \frac{2}{\varphi' + 1},$$

从而

$$\frac{\partial u}{\partial x} = \frac{-2\varphi''\left(1 + \dfrac{\partial z}{\partial x}\right)}{(\varphi' + 1)^2} = -\frac{2\varphi''\left(1 + \dfrac{-\varphi' + 2x}{\varphi' + 1}\right)}{(\varphi' + 1)^2} = -\frac{2(1 + 2x)\varphi''}{(\varphi' + 1)^3}.$$

140 设有三元方程$xy-z\ln y+\mathrm{e}^{xz}=1$,根据隐函数存在定理,存在点$(0,1,1)$的一个邻域,在此邻域内该方程（ ）.

（A）只能确定一个具有连续偏导数的隐函数$z=z(x,y)$

（B）可确定两个具有连续偏导数的隐函数$y=y(x,z)$和$z=z(x,y)$

（C）可确定两个具有连续偏导数的隐函数$x=x(y,z)$和$z=z(x,y)$

（D）可确定两个具有连续偏导数的隐函数$x=x(y,z)$和$y=y(x,z)$

知识点睛 0509 隐函数存在定理

解 令$F(x,y,z) = xy-z\ln y+\mathrm{e}^{xz}-1$,显然$F(0,1,1) = 0$.且$\dfrac{\partial F}{\partial x} = y+z\mathrm{e}^{xz}, \dfrac{\partial F}{\partial y} = x - \dfrac{z}{y}$,

$\dfrac{\partial F}{\partial z} = -\ln y+x\mathrm{e}^{xz}$在点$(0,1,1)$的某邻域内连续,又

$$F'_x(0,1,1) = y+z\mathrm{e}^{xz}\Big|_{(0,1,1)} = 2\neq 0, \quad F'_y(0,1,1) = -1\neq 0.$$

根据隐函数存在定理知,方程$F(x,y,z) = 0$可以确定具有连续偏导数的隐函数$x=x(y,z)$和$y=y(x,z)$.因为$F'_z(0,1,1) = 0$,所以未必能确定隐函数$z=z(x,y)$.应选（D）.

141 已知$\dfrac{(x+ay)\mathrm{d}x+y\mathrm{d}y}{(x+y)^2}$为某函数的全微分,则$a$等于（ ）. 1996 数学一, 3分

（A）-1 （B）0 （C）1 （D）2

知识点睛 0506 多元函数的全微分

解 令 $P=\dfrac{x+ay}{(x+y)^2}$，$Q=\dfrac{y}{(x+y)^2}$，由于 $P\mathrm{d}x+Q\mathrm{d}y$ 为某函数的全微分，则

$$\frac{\partial P}{\partial y}=\frac{\partial Q}{\partial x},$$

即 $(a-2)x-ay=-2y$，亦是 $(a-2)x=(a-2)y$，当 $a=2$ 时，上式恒成立，应选（D）.

2012 数学一，4 分

142 如果函数 $f(x,y)$ 在 $(0,0)$ 处连续，那么下列命题正确的是（　　）.

（A）若极限 $\lim\limits_{\substack{x\to0\\y\to0}}\dfrac{f(x,y)}{|x|+|y|}$ 存在，则 $f(x,y)$ 在 $(0,0)$ 处可微

（B）若极限 $\lim\limits_{\substack{x\to0\\y\to0}}\dfrac{f(x,y)}{x^2+y^2}$ 存在，则 $f(x,y)$ 在 $(0,0)$ 处可微

（C）若 $f(x,y)$ 在 $(0,0)$ 处可微，则极限 $\lim\limits_{\substack{x\to0\\y\to0}}\dfrac{f(x,y)}{|x|+|y|}$ 存在

（D）若 $f(x,y)$ 在 $(0,0)$ 处可微，则极限 $\lim\limits_{\substack{x\to0\\y\to0}}\dfrac{f(x,y)}{x^2+y^2}$ 存在

知识点睛 0506 多元函数的可微性

解 若极限 $\lim\limits_{\substack{x\to0\\y\to0}}\dfrac{f(x,y)}{x^2+y^2}$ 存在，则有 $\lim\limits_{\substack{x\to0\\y\to0}}f(x,y)=0$，又由 $f(x,y)$ 在 $(0,0)$ 处连续，可知 $f(0,0)=0$.

$$f'_x(0,0)=\lim_{x\to0}\frac{f(x,0)-f(0,0)}{x}=\lim_{x\to0}\frac{f(x,0)}{x^2+0^2}\cdot x=0,$$

类似 $f'_y(0,0)=0$.

于是

$$\lim_{\substack{x\to0\\y\to0}}\frac{f(x,y)-f(0,0)-[f'_x(0,0)x+f'_y(0,0)y]}{\sqrt{x^2+y^2}}$$

$$=\lim_{\substack{x\to0\\y\to0}}\frac{f(x,y)}{\sqrt{x^2+y^2}}=\lim_{\substack{x\to0\\y\to0}}\frac{f(x,y)}{x^2+y^2}\cdot\sqrt{x^2+y^2}=0,$$

由可微定义知 $f(x,y)$ 在 $(0,0)$ 处可微，故应选（B）.

【评注】1.本题主要考查二元函数连续、偏导数、可微的定义.

2.可采用举反例排除错误答案.如取 $f(x,y)=|x|+|y|$ 排除（A），$f(x,y)=x+y$ 排除（C）、（D）.

2006 数学三，7 分

143 设 $f(x,y)=\dfrac{y}{1+xy}-\dfrac{1-y\sin\dfrac{\pi x}{y}}{\arctan x}$，$x>0$，$y>0$，求

（Ⅰ）$g(x)=\lim\limits_{y\to+\infty}f(x,y)$；

（Ⅱ）$\lim\limits_{x\to0^+}g(x)$.

知识点睛 0112 等价无穷小代换，0113 未定式极限，0217 洛必达法则

分析　第(Ⅰ)问求极限时注意将 x 作为常量求解,此问中含 $\dfrac{\infty}{\infty}$,$0\cdot\infty$ 型未定式极限;第(Ⅱ)问需利用第(Ⅰ)问的结果,含 $\infty-\infty$ 未定式极限.

解　(Ⅰ) $g(x)=\lim\limits_{y\to+\infty}f(x,y)=\lim\limits_{y\to+\infty}\left(\dfrac{y}{1+xy}-\dfrac{1-y\sin\dfrac{\pi x}{y}}{\arctan x}\right)$

$$=\lim_{y\to+\infty}\left(\dfrac{1}{\dfrac{1}{y}+x}-\dfrac{1-\dfrac{\sin\dfrac{\pi x}{y}}{1/y}}{\arctan x}\right)=\dfrac{1}{x}-\dfrac{1-\pi x}{\arctan x}.$$

(Ⅱ) $\lim\limits_{x\to0^+}g(x)=\lim\limits_{x\to0^+}\left(\dfrac{1}{x}-\dfrac{1-\pi x}{\arctan x}\right)=\lim\limits_{x\to0^+}\dfrac{\arctan x-x+\pi x^2}{x\arctan x}$（通分）

$$=\lim_{x\to0^+}\dfrac{\arctan x-x+\pi x^2}{x^2}=\lim_{x\to0^+}\dfrac{\dfrac{1}{1+x^2}-1+2\pi x}{2x}$$

$$=\lim_{x\to0^+}\dfrac{-x^2+2\pi x(1+x^2)}{2x}=\pi.$$

【评注】本题为基本题型,注意利用洛必达法则求未定式极限时,要充分利用等价无穷小代换,并及时整理极限式,以使求解简化.

144　求曲线 $x^3-xy+y^3=1\,(x\geqslant0,y\geqslant0)$ 上的点到坐标原点的最长距离与最短距离.

2013 数学二,10 分

知识点睛　0517 拉格朗日乘数法

分析　这是一个条件极值问题,转化为函数 $d=\sqrt{x^2+y^2}$ 在条件 $x^3-xy+y^3=1\,(x\geqslant0,y\geqslant0)$ 下的最值.构造拉格朗日函数时,注意利用等效性 $d^2=x^2+y^2$.

解　曲线上任取一点 $p(x,y)$,其到原点的距离 $d=\sqrt{x^2+y^2}$,构造拉格朗日函数 $L=x^2+y^2+\lambda(x^3-xy+y^3-1)$,令

$$
\begin{cases}
\dfrac{\partial L}{\partial x}=2x+\lambda(3x^2-y)=0, & ① \\[2mm]
\dfrac{\partial L}{\partial y}=2y+\lambda(-x+3y^2)=0, & ② \\[2mm]
\dfrac{\partial L}{\partial \lambda}=x^3-xy+y^3-1=0, & ③
\end{cases}
$$

①-②,得 $(x-y)[2+\lambda+3\lambda(x+y)]=0$,即 $x=y$ 或 $x+y=-\dfrac{2+\lambda}{3\lambda}$,①+②,得

$$(2-\lambda)(x+y)+3\lambda(x^2+y^2)=0.$$

若 $x=y$,代入③可得 $x=y=1$,此时 $d=\sqrt{x^2+y^2}=\sqrt{2}$.

若 $x+y=-\dfrac{2+\lambda}{3\lambda}$，代入 $(2-\lambda)(x+y)+3\lambda(x^2+y^2)=0$，可得 $x^2+y^2=-\dfrac{\lambda^2-4}{9\lambda^2}$.

进一步，有

$$xy=\frac{(x+y)^2-(x^2+y^2)}{2}=\frac{\dfrac{(\lambda+2)^2}{9\lambda^2}+\dfrac{\lambda^2-4}{9\lambda^2}}{2}=\frac{\lambda^2+2\lambda}{9\lambda^2}=\frac{\lambda+2}{9\lambda}.$$

而 $x^3-xy+y^3=1$ 可变为

$$(x+y)(x^2+y^2-xy)-xy=1,$$

把 $x^2+y^2,x+y,xy$ 代入此方程，得

$$-\frac{2+\lambda}{3\lambda}\left(-\frac{\lambda^2-4}{9\lambda^2}-\frac{\lambda^2+2\lambda}{9\lambda^2}\right)-\frac{\lambda^2+2\lambda}{9\lambda^2}=1,$$

化简为 $\lambda^3=-\dfrac{2}{7}$，即 $\lambda=-\sqrt[3]{\dfrac{2}{7}}$.

但此时 $xy=\dfrac{\lambda+2}{9\lambda}<0$，不满足 $x\geqslant0,y\geqslant0$，所以在 $x\geqslant0,y\geqslant0$ 内只有一个驻点 $(1,1)$.

再考虑边界上的情况，当 $x=0$ 时，$y=1$，有 $d=\sqrt{x^2+y^2}=1$，当 $y=0$ 时，$x=1$，有 $d=\sqrt{x^2+y^2}=1$.

综上所述，可知最远距离为 $\sqrt{2}$，最近距离为 1.

【评注】边界 $x=0,y=0$ 上应单独讨论.

145 设 $f(x,y,z)$ 是 k 次齐次函数，即 $f(tx,ty,tz)=t^kf(x,y,z)$，λ 为某一常数，则结论正确的是（　　）.

（A）$x\dfrac{\partial f}{\partial x}+y\dfrac{\partial f}{\partial y}+z\dfrac{\partial f}{\partial z}=k^\lambda f(x,y,z)$

（B）$x\dfrac{\partial f}{\partial x}+y\dfrac{\partial f}{\partial y}+z\dfrac{\partial f}{\partial z}=\lambda^k f(x,y,z)$

（C）$x\dfrac{\partial f}{\partial x}+y\dfrac{\partial f}{\partial y}+z\dfrac{\partial f}{\partial z}=kf(x,y,z)$

（D）$x\dfrac{\partial f}{\partial x}+y\dfrac{\partial f}{\partial y}+z\dfrac{\partial f}{\partial z}=f(x,y,z)$

知识点睛　齐次函数，0505 多元函数的偏导数

解　在 $f(tx,ty,tz)=t^kf(x,y,z)$ 两边对 t 求导，得

$$x\frac{\partial f}{\partial(tx)}+y\frac{\partial f}{\partial(ty)}+z\frac{\partial f}{\partial(tz)}=kt^{k-1}f(x,y,z),$$

令 $t=1$，得

$$x\frac{\partial f}{\partial x}+y\frac{\partial f}{\partial y}+z\frac{\partial f}{\partial z}=kf(x,y,z),$$

应选（C）.

K 2008 数学一，11 分　　**146** 已知曲线 $C:\begin{cases}x^2+y^2-2z^2=0,\\x+y+3z=5,\end{cases}$ 求曲线 C 距 xOy 面最远和最近的点.

知识点睛 0517 条件极值及拉格朗日乘数法

分析 点 (x,y,z) 到 xOy 平面的距离为 $|z|$,故求 C 上距离 xOy 面最远点和最近点的坐标,等价于求函数 $H=z^2$ 在条件 $x^2+y^2-2z^2=0$ 与 $x+y+3z=5$ 下的最大值点和最小值点.

解 设 $P(x,y,z)$ 为曲线 C 上的任意一点,则点 P 到 xOy 平面的距离为 $|z|$,问题转化为求 z^2 在约束条件 $x^2+y^2-2z^2=0$ 与 $x+y+3z=5$ 下的最值点.令拉格朗日函数为

$$F(x,y,z,\lambda,\mu)=z^2+\lambda(x^2+y^2-2z^2)+\mu(x+y+3z-5),$$

解方程组

$$\begin{cases} F'_x=2\lambda x+\mu=0, \\ F'_y=2\lambda y+\mu=0, \\ F'_z=2z-4\lambda z+3\mu=0, \\ F'_\lambda=x^2+y^2-2z^2=0, \\ F'_\mu=x+y+3z-5=0, \end{cases}$$

由前两个式子得 $x=y$,从而 $\begin{cases}2x^2-2z^2=0, \\ 2x+3z=5,\end{cases}$ 得可能极值点:

$$\begin{cases}x=1, \\ y=1, \\ z=1,\end{cases} \text{或} \begin{cases}x=-5, \\ y=-5, \\ z=5.\end{cases}$$

根据几何意义,曲线 C 上存在距离 xOy 面最远的点和最近的点,故所求点依次为 $(-5,-5,5)$ 和 $(1,1,1)$.

【评注】本题考查在两个约束条件 $\begin{cases}\varphi(x,y,z)=0, \\ \psi(x,y,z)=0\end{cases}$ 下函数 $u=f(x,y,z)$ 的条件极值问题,可类似地构造拉格朗日函数

$$F(x,y,z,\lambda,\mu)=f(x,y,z)+\lambda\varphi(x,y,z)+\mu\psi(x,y,z),$$

解出可能极值点后,直接代入目标函数计算函数值再比较大小确定相应的极值(或最值)即可.

147 已知函数 $f(x,y)=x+y+xy$,曲线 $C:x^2+y^2+xy=3$,求 $f(x,y)$ 在曲线 C 上的最大方向导数. 2015 数学一,10 分

知识点睛 0512 方向导数与梯度, 0517 条件极值及拉格朗日乘数法

分析 函数在一点处沿梯度方向的方向导数最大,进而转化为条件最值问题.

解 函数 $f(x,y)=x+y+xy$ 在点 (x,y) 处的最大方向导数为

$$\sqrt{f'^2_x(x,y)+f'^2_y(x,y)}=\sqrt{(1+y)^2+(1+x)^2}.$$

构造拉格朗日函数

$$L(x,y,\lambda)=(1+y)^2+(1+x)^2+\lambda(x^2+y^2+xy-3),$$

所以

$$\begin{cases} L'_x(x,y,\lambda)=2(1+x)+2\lambda x+\lambda y=0, & ① \\ L'_y(x,y,\lambda)=2(1+y)+2\lambda y+\lambda x=0, & ② \\ L'_\lambda(x,y,\lambda)=x^2+y^2+xy-3=0, & ③ \end{cases}$$

②-①,得$(y-x)(2+\lambda)=0$,若$y=x$,则$y=x=\pm1$,若$\lambda=-2$,则$x=-1,y=2$或$x=2,y=-1$. 把两个点坐标代入$\sqrt{(1+y)^2+(1+x)^2}$中,得$f(x,y)$在曲线C上的最大方向导数为3.

【评注】此题有一定新意,关键是转化为求条件极值问题.

♪第一届数学
竞赛预赛,5分

148 曲面$z=\dfrac{x^2}{2}+y^2-2$平行于平面$2x+2y-z=0$的切平面方程是_____.

知识点睛 0514 曲面的切平面方程

解 曲面的法向量为$n=\{x,2y,-1\}$,则切点处的法向量平行于平面$2x+2y-z=0$的法向量$\{2,2,-1\}$,因此对应坐标成比例$\dfrac{2}{x}=\dfrac{2}{2y}=\dfrac{-1}{-1}$,得切点为$(2,1,1)$,从而得切平面方程为$2x+2y-z-5=0$.应填$2x+2y-z-5=0$.

♪第六届数学
竞赛预赛,6分

149 设有曲面$S:z=x^2+2y^2$和平面$\pi:2x+2y+z=0$,则与π平行的S的切平面方程是_____.

知识点睛 0514 曲面的切平面方程

解 设$P_0(x_0,y_0,z_0)$是S上一点,则S在点P_0的切平面方程为
$$-2x_0(x-x_0)-4y_0(y-y_0)+(z-z_0)=0.$$
由于该切平面与平面π平行,所以相应的法向量成比例,即存在常数$k\neq0$,使得
$$\{-2x_0,-4y_0,1\}=k\{2,2,1\},$$
解得$x_0=-1,y_0=-\dfrac{1}{2},z_0=\dfrac{3}{2}$,从而所求切平面方程为$2x+2y+z+\dfrac{3}{2}=0$.应填$2x+2y+z+\dfrac{3}{2}=0$.

♪第八届数学
竞赛预赛,6分

150 曲面$z=\dfrac{x^2}{2}+y^2$平行于平面$2x+2y-z=0$的切平面方程是_____.

知识点睛 0514 曲面的切平面方程

解 曲面在(x_0,y_0,z_0)的切平面的法向量为$\{x_0,2y_0,-1\}$.又切平面与已知平面平行,从而两平面的法向量平行,所以有$\dfrac{x_0}{2}=\dfrac{2y_0}{2}=\dfrac{-1}{-1}$.从而$x_0=2,y_0=1$,得$z_0=3$,从而切平面方程为
$$2(x-2)+2(y-1)-(z-3)=0,\quad 即\quad 2x+2y-z=3.$$
应填$2x+2y-z=3$.

♪第十一届数学
竞赛预赛,6分

151 设$a,b,c,u>0$,曲面$xyz=\mu$与曲面$\dfrac{x^2}{a^2}+\dfrac{y^2}{b^2}+\dfrac{z^2}{c^2}=1$相切,则$\mu=$_____.

知识点睛 0514 曲面的切平面方程

解 根据题意,有$yz=\dfrac{2x}{a^2}\lambda,xz=\dfrac{2y}{b^2}\lambda,xy=\dfrac{2z}{c^2}\lambda$,以及
$$\mu=2\lambda\dfrac{x^2}{a^2},\quad \mu=2\lambda\dfrac{y^2}{b^2},\quad \mu=2\lambda\dfrac{z^2}{c^2},$$

151 题精解视频

从而,得$\mu=\dfrac{8\lambda^3}{a^2b^2c^2}$,$3\mu=2\lambda$,联立,解得$\mu=\dfrac{abc}{3\sqrt{3}}$.应填$\mu=\dfrac{abc}{3\sqrt{3}}$.

152 设 $f(u,v)$ 在全平面上有连续的偏导数,证明:曲面 $f\left(\dfrac{x-a}{z-c},\dfrac{y-b}{z-c}\right)=0$ 的所有 📀 第七届数学竞赛决赛,14 分切平面都相交于点 (a,b,c).

知识点睛 0514 曲面的切平面方程

证 记 $F(x,y,z)=f\left(\dfrac{x-a}{z-c},\dfrac{y-b}{z-c}\right)$,则

$$\{F_x',\ F_y',\ F_z'\}=\left\{\dfrac{f_1'}{z-c},\dfrac{f_2'}{z-c},\dfrac{-(x-a)f_1'-(y-b)f_2'}{(z-c)^2}\right\}.$$

取曲面的法向量

$$n=\{(z-c)f_1',(z-c)f_2',-(x-a)f_1'-(y-b)f_2'\},$$

记 (x,y,z) 为曲面上的点,(X,Y,Z) 为切平面上的点,则曲面上过点 (x,y,z) 的切平面方程为

$$[(z-c)f_1'](X-x)+[(z-c)f_2'](Y-y)+[-(x-a)f_1'-(y-b)f_2'](Z-z)=0.$$

容易验证,对任意 $(x,y,z)(z\neq c)$,$(X,Y,Z)=(a,b,c)$ 都满足上述切平面方程. 原题得证.

153 设 $F(x,y,z)$ 和 $G(x,y,z)$ 有连续偏导数,$\dfrac{\partial(F,G)}{\partial(x,z)}\neq 0$,曲线 Γ: 📀 第五届数学竞赛决赛,7 分

$\begin{cases}F(x,y,z)=0,\\ G(x,y,z)=0\end{cases}$ 过点 $P_0(x_0,y_0,z_0)$.记 Γ 在 xOy 平面上的投影曲线为 S.求 S 上过点 (x_0,y_0) 的切线方程.

153 题精解视频

知识点睛 0513 空间曲线的切线方程

解 由两方程定义的曲面在 $P_0(x_0,y_0,z_0)$ 的切平面分别为

$$F_x'(P_0)(x-x_0)+F_y'(P_0)(y-y_0)+F_z'(P_0)(z-z_0)=0,$$
$$G_x'(P_0)(x-x_0)+G_y'(P_0)(y-y_0)+G_z'(P_0)(z-z_0)=0,$$

上述两切平面的交线就是 Γ 在点 P_0 的切线,该切线在 xOy 平面上的投影就是 S 过点 (x_0,y_0) 的切线. 消去 $z-z_0$,得

$$(F_x'G_z'-G_x'F_z')\Big|_{P_0}(x-x_0)+(F_y'G_z'-G_y'F_z')\Big|_{P_0}(y-y_0)=0,$$

这里 $x-x_0$ 的系数是 $\dfrac{\partial(F,G)}{\partial(x,z)}\neq 0$,故上式是一条直线的方程,就是所求的切线.

154 设函数 $z=z(x,y)$ 由方程 $F\left(x+\dfrac{z}{y},y+\dfrac{z}{x}\right)=0$ 所决定,其中 $F(u,v)$ 具有连续 📀 第七届数学竞赛预赛,6 分的偏导数,且 $xF_u'+yF_v'\neq 0$,则 $x\dfrac{\partial z}{\partial x}+y\dfrac{\partial z}{\partial y}=$＿＿＿＿.(本小题结果要求不显含 F 及其偏导数)

154 题精解视频

知识点睛 0505 多元函数的偏导数,0509 求多元隐函数的偏导数

解 方程两端关于 x 求偏导数,可得

$$\left(1+\dfrac{1}{y}\dfrac{\partial z}{\partial x}\right)F_u'+\left(\dfrac{1}{x}\dfrac{\partial z}{\partial x}-\dfrac{z}{x^2}\right)F_v'=0,\qquad \text{解得}\qquad x\dfrac{\partial z}{\partial x}=\dfrac{y(zF_v'-x^2F_u')}{xF_u'+yF_v'}.$$

类似地,对 y 求偏导数,可得 $y\dfrac{\partial z}{\partial y}=\dfrac{x(zF'_u-y^2F'_v)}{xF'_u+yF'_v}$. 于是,有

$$x\frac{\partial z}{\partial x}+y\frac{\partial z}{\partial y}=\frac{-xy(xF'_u+yF'_v)+z(xF'_u+yF'_v)}{xF'_u+yF'_v}=z-xy.$$

应填 $z-xy$.

♪第九届数学
竞赛预赛,7 分

155题精解视频

155 设 $\omega=f(u,v)$ 具有二阶连续偏导数,且 $u=x-cy,v=x+cy$,其中 c 为非零常数,则 $\omega''_{xx}-\dfrac{1}{c^2}\omega''_{yy}=$ _____.

知识点睛 0508 多元复合函数偏导数的求法,0511 二阶偏导数

解 由题意有

$$\omega'_x=f'_1+f'_2,\quad \omega''_{xx}=f''_{11}+2f''_{12}+f''_{22},\quad \omega'_y=c(f'_2-f'_1),$$

$$\omega''_{yy}=c\frac{\partial}{\partial y}(f'_2-f'_1)=c(cf''_{11}-cf''_{12}-cf''_{21}+cf''_{22})=c^2(f''_{11}-2f''_{12}+f''_{22}),$$

所以 $\omega''_{xx}-\dfrac{1}{c^2}\omega''_{yy}=4f''_{12}$.应填 $4f''_{12}$.

♪第二届数学
竞赛预赛,5 分

156 设函数 $f(t)$ 有二阶连续导数,$r=\sqrt{x^2+y^2}$,$g(x,y)=f\left(\dfrac{1}{r}\right)$,求 $\dfrac{\partial^2 g}{\partial x^2}+\dfrac{\partial^2 g}{\partial y^2}$.

知识点睛 0508 二元复合函数的偏导数,0511 二阶偏导数

解 因为 $\dfrac{\partial r}{\partial x}=\dfrac{x}{r},\dfrac{\partial r}{\partial y}=\dfrac{y}{r}$,所以

$$\frac{\partial g}{\partial x}=-\frac{x}{r^3}f'\left(\frac{1}{r}\right),\quad \frac{\partial^2 g}{\partial x^2}=\frac{x^2}{r^6}f''\left(\frac{1}{r}\right)+\frac{2x^2-y^2}{r^5}f'\left(\frac{1}{r}\right),$$

利用对称性,有

$$\frac{\partial^2 g}{\partial x^2}+\frac{\partial^2 g}{\partial y^2}=\frac{1}{r^4}f''\left(\frac{1}{r}\right)+\frac{1}{r^3}f'\left(\frac{1}{r}\right).$$

♪第四届数学
竞赛预赛,6 分

157 已知函数 $z=u(x,y)\mathrm{e}^{ax+by}$,且 $\dfrac{\partial^2 u}{\partial x\partial y}=0$,确定常数 a 和 b,使函数 $z=z(x,y)$ 满足方程 $\dfrac{\partial^2 z}{\partial x\partial y}-\dfrac{\partial z}{\partial x}-\dfrac{\partial z}{\partial y}+z=0$.

知识点睛 0508 多元复合函数的偏导数,0511 二阶偏导数

解 $\dfrac{\partial z}{\partial x}=\mathrm{e}^{ax+by}\left[\dfrac{\partial u}{\partial x}+au(x,y)\right]$,$\dfrac{\partial z}{\partial y}=\mathrm{e}^{ax+by}\left[\dfrac{\partial u}{\partial y}+bu(x,y)\right]$,有

$$\frac{\partial^2 z}{\partial x\partial y}=\mathrm{e}^{ax+by}\left[b\frac{\partial u}{\partial x}+a\frac{\partial u}{\partial y}+abu(x,y)\right],$$

故

$$\frac{\partial^2 z}{\partial x\partial y}-\frac{\partial z}{\partial x}-\frac{\partial z}{\partial y}+z=\mathrm{e}^{ax+by}\left[(b-1)\frac{\partial u}{\partial x}+(a-1)\frac{\partial u}{\partial y}+(ab-a-b+1)u(x,y)\right].$$

若使 $\dfrac{\partial^2 z}{\partial x\partial y}-\dfrac{\partial z}{\partial x}-\dfrac{\partial z}{\partial y}+z=0$,只有

$$(b-1)\frac{\partial u}{\partial x} + (a-1)\frac{\partial u}{\partial y} + (ab-a-b+1)u(x,y) = 0,$$

因此 $a=b=1$.

158 设函数 $z=z(x,y)$ 是由方程 $F(x-y,z)=0$ 确定,其中 $F(u,v)$ 具有连续的二阶偏导数. 求 $\frac{\partial^2 z}{\partial x\partial y}$.

♩ 第十届数学竞赛决赛,6分

知识点睛 0509 多元隐函数的偏导数,0511 二阶偏导数

解 方程 $F(x-y,z)=0$ 关于 x 求导,将 y 看作常数,z 看作 x,y 的二元函数,得

$$F_1' + F_2'\frac{\partial z}{\partial x} = 0,$$

解得 $\frac{\partial z}{\partial x} = -\frac{F_1'}{F_2'}$. 同理可得 $\frac{\partial z}{\partial y} = \frac{F_1'}{F_2'}$. 从而

$$\frac{\partial^2 z}{\partial x\partial y} = \frac{\partial}{\partial y}\left(\frac{\partial z}{\partial x}\right) = \frac{\partial}{\partial y}\left(-\frac{F_1'}{F_2'}\right) = -\frac{\frac{\partial(F_1')}{\partial y}\cdot F_2' - F_1'\cdot\frac{\partial(F_2')}{\partial y}}{F_2'^2}$$

$$= -\frac{\left(-F_{11}'' + F_{12}''\frac{\partial z}{\partial y}\right)F_2' - F_1'\left(-F_{21}'' + F_{22}''\frac{\partial z}{\partial y}\right)}{F_2'^2} = \frac{F_1'^2 F_{22}'' - 2F_1'F_2'F_{12}'' + F_2'^2 F_{11}''}{F_2'^3}.$$

159 设 $z=z(x,y)$ 是由方程 $F\left(z+\frac{1}{x}, z-\frac{1}{y}\right)=0$ 确定的隐函数,且具有连续的二阶偏导数,证明:

♩ 第三届数学竞赛预赛,15分

(1) $x^2\frac{\partial z}{\partial x} - y^2\frac{\partial z}{\partial y} = 1$; (2) $x^3\frac{\partial^2 z}{\partial x^2} + xy(x-y)\frac{\partial^2 z}{\partial x\partial y} - y^3\frac{\partial^2 z}{\partial y^2} + 2 = 0$.

知识点睛 0509 多元隐函数的偏导数,0511 二阶偏导数

证 (1)对方程两边求导

$$\left(\frac{\partial z}{\partial x} - \frac{1}{x^2}\right)F_1' + \frac{\partial z}{\partial x}F_2' = 0, \quad \frac{\partial z}{\partial y}F_1' + \left(\frac{\partial z}{\partial y} + \frac{1}{y^2}\right)F_2' = 0,$$

由此解得

$$\frac{\partial z}{\partial x} = \frac{F_1'}{x^2(F_1' + F_2')}, \quad \frac{\partial z}{\partial y} = \frac{-F_2'}{y^2(F_1' + F_2')},$$

所以

$$x^2\frac{\partial z}{\partial x} - y^2\frac{\partial z}{\partial y} = 1. \qquad\qquad ①$$

(2)将①式再分别对 x,y 求导,得

$$x^2\frac{\partial^2 z}{\partial x^2} - y^2\frac{\partial^2 z}{\partial y\partial x} = -2x\frac{\partial z}{\partial x}, \quad x^2\frac{\partial^2 z}{\partial x\partial y} - y^2\frac{\partial^2 z}{\partial y^2} = 2y\frac{\partial z}{\partial y},$$

相加得到

$$x^3\frac{\partial^2 z}{\partial x^2} + xy(x-y)\frac{\partial^2 z}{\partial x\partial y} - y^3\frac{\partial^2 z}{\partial y^2} + 2 = 0.$$

第三届数学竞赛决赛,6 分

160 设函数 $f(x,y)$ 有二阶连续偏导数,满足 $f_x'^2 f_{yy}'' - 2f_x' f_y' f_{xy}'' + f_y'^2 f_{xx}'' = 0$,且 $f_y' \neq 0$,$y = y(x,z)$ 是由方程 $z = f(x,y)$ 所确定的函数.求 $\dfrac{\partial^2 y}{\partial x^2}$.

知识点睛 0509 多元隐函数的偏导数,0511 二阶偏导数

解 $z = f(x,y)$ 两边对 x 求两次偏导,分别得

$$0 = f_x' + f_y'\frac{\partial y}{\partial x}, \quad 0 = f_{xx}'' + 2f_{xy}''\frac{\partial y}{\partial x} + f_{yy}''\left(\frac{\partial y}{\partial x}\right)^2 + f_y'\frac{\partial^2 y}{\partial x^2}.$$

由前式解出 $\dfrac{\partial y}{\partial x} = -\dfrac{f_x'}{f_y'}$,代入后式,得

$$\frac{f_y'^2 f_{xx}'' - 2f_{xy}'' f_x' f_y' + f_x'^2 f_{yy}''}{f_y'^2} + 2f_y'\frac{\partial^2 y}{\partial x^2} = 0.$$

由题设条件,得 $f_y'\dfrac{\partial^2 y}{\partial x^2} = 0$,而 $f_y' \neq 0$,故 $\dfrac{\partial^2 y}{\partial x^2} = 0$.

第十二届数学竞赛预赛,12 分

161 已知 $z = xf\left(\dfrac{y}{x}\right) + 2y\varphi\left(\dfrac{x}{y}\right)$,其中 f,φ 均为二次可微函数.

(1) 求 $\dfrac{\partial z}{\partial x}, \dfrac{\partial^2 z}{\partial x \partial y}$; (2) 当 $f = \varphi$,且 $\dfrac{\partial^2 z}{\partial x \partial y}\Big|_{x=a} = -by^2$ 时,求 $f(y)$.

知识点睛 0511 二阶偏导数

解 (1) $\dfrac{\partial z}{\partial x} = f\left(\dfrac{y}{x}\right) - \dfrac{y}{x}f'\left(\dfrac{y}{x}\right) + 2\varphi'\left(\dfrac{x}{y}\right)$,$\dfrac{\partial^2 z}{\partial x \partial y} = -\dfrac{y}{x^2}f''\left(\dfrac{y}{x}\right) - \dfrac{2x}{y^2}\varphi''\left(\dfrac{x}{y}\right)$.

(2) $\dfrac{\partial^2 z}{\partial x \partial y}\Big|_{x=a} = -\dfrac{y}{a^2}f''\left(\dfrac{y}{a}\right) - \dfrac{2a}{y^2}\varphi''\left(\dfrac{a}{y}\right) = -by^2$.

因为 $f = \varphi$,所以 $\dfrac{y}{a^2}f''\left(\dfrac{y}{a}\right) + \dfrac{2a}{y^2}f''\left(\dfrac{a}{y}\right) = by^2$.令 $y = au$,则

$$\frac{u}{a}f''(u) + \frac{2}{au^2}f''\left(\frac{1}{u}\right) = a^2 bu^2,$$

即

$$u^3 f''(u) + 2f''\left(\frac{1}{u}\right) = a^3 bu^4.$$

上式中以 $\dfrac{1}{u}$ 换 u,得

$$f''\left(\frac{1}{u}\right) + 2u^3 f''(u) = a^3 b\frac{1}{u}.$$

联立以上两式,解得

$$-3u^3 f''(u) = a^3 b\left(u^4 - \frac{2}{u}\right),$$

所以

$$f''(u) = \frac{a^3 b}{3}\left(\frac{2}{u^4} - u\right),$$

从而有

$$f(u) = \frac{a^3 b}{3}\left(\frac{1}{3u^2} - \frac{u^3}{6}\right) + C_1 u + C_2,$$

故 $f(y) = \dfrac{a^3 b}{3}\left(\dfrac{1}{3y^2} - \dfrac{y^3}{6}\right) + C_1 y + C_2.$

162 设 $f(x,y)$ 在区域 D 内可微,且 $\sqrt{\left(\dfrac{\partial f}{\partial x}\right)^2 + \left(\dfrac{\partial f}{\partial y}\right)^2} \leqslant M, A(x_1, y_1), B(x_2, y_2)$ 是 D 内两点,线段 AB 包含在 D 内.证明:$|f(x_1, y_1) - f(x_2, y_2)| \leqslant M|AB|$,其中 $|AB|$ 表示线段 AB 的长度.

第十届数学竞赛预赛,14 分

知识点睛 0515 二元函数的泰勒公式

证 做辅助函数 $\varphi(t) = f(x_1 + t(x_2 - x_1), y_1 + t(y_2 - y_1))$,显然在 $[0,1]$ 上可导.根据拉格朗日中值定理,存在 $c \in (0,1)$,使得

$$\varphi(1) - \varphi(0) = \varphi'(c) = \frac{\partial f(u,v)}{\partial u}(x_2 - x_1) + \frac{\partial f(u,v)}{\partial v}(y_2 - y_1),$$

于是

$$|\varphi(1) - \varphi(0)| = |f(x_2, y_2) - f(x_1, y_1)|$$

$$= \left|\frac{\partial f(u,v)}{\partial u}(x_2 - x_1) + \frac{\partial f(u,v)}{\partial v}(y_2 - y_1)\right|$$

$$\leqslant \left[\left(\frac{\partial f(u,v)}{\partial u}\right)^2 + \left(\frac{\partial f(u,v)}{\partial v}\right)^2\right]^{\frac{1}{2}} \left[(x_2 - x_1)^2 + (y_2 - y_1)^2\right]^{\frac{1}{2}}$$

$$\leqslant M|AB|.$$

163 设 $l_j(j = 1, 2, \cdots, n)$ 是平面上点 P_0 处的 $n \geqslant 2$ 个方向向量,相邻两个向量之间的夹角为 $\dfrac{2\pi}{n}$.若函数 $f(x,y)$ 在点 P_0 有连续偏导数,证明:$\displaystyle\sum_{j=1}^{n} \frac{\partial f(P_0)}{\partial l_j} = 0.$

第六届数学竞赛决赛,12 分

知识点睛 0512 方向导数

证 不妨设 $l_j(j = 1, 2, \cdots, n)$ 都为单位向量,且设

$$l_j = \left(\cos\left(\theta + \frac{2\pi j}{n}\right), \sin\left(\theta + \frac{2\pi j}{n}\right)\right), \quad \nabla f(P_0) = \left(\frac{\partial f(P_0)}{\partial x}, \frac{\partial f(P_0)}{\partial y}\right),$$

则有

$$\frac{\partial f(P_0)}{\partial l_j} = \nabla f(P_0) \cdot l_j.$$

163 题精解视频

因此

$$\sum_{j=1}^{n} \frac{\partial f(P_0)}{\partial l_j} = \sum_{j=1}^{n} \nabla f(P_0) \cdot l_j = \nabla f(P_0) \cdot \sum_{j=1}^{n} l_j = \nabla f(P_0) \cdot \mathbf{0} = 0.$$

第 6 章
多元函数积分学

知识要点

一、二重积分

1.二重积分的概念

函数 $f(x,y)$ 在二维有界闭区域 D 上的二重积分是指下述和式的极限:

$$\iint\limits_{D} f(x,y)\,\mathrm{d}x\mathrm{d}y = \lim_{\lambda \to 0} \sum_{i=1}^{n} f(\xi_i, \eta_i) \Delta\sigma_i,$$

其中 $\Delta\sigma_i$ 是分割区域 D 为 n 个子区域 $\sigma_1, \sigma_2, \cdots, \sigma_n$ 后子区域 σ_i 的面积,而 $(\xi_i, \eta_i) \in \sigma_i, \lambda$ 为各子区域 $\sigma_i (i=1,2,\cdots,n)$ 直径之最大者.

若 $f(x,y)$ 在 D 上连续,则上述二重积分存在.

2.二重积分的性质

性质 1 $\iint\limits_{D} k f(x,y)\,\mathrm{d}\sigma = k\iint\limits_{D} f(x,y)\,\mathrm{d}\sigma$,其中 k 为常数.

性质 2 $\iint\limits_{D} [f_1(x,y) \pm f_2(x,y)]\,\mathrm{d}\sigma = \iint\limits_{D} f_1(x,y)\,\mathrm{d}\sigma \pm \iint\limits_{D} f_2(x,y)\,\mathrm{d}\sigma.$

性质 3 若有界闭区域 D 能分为两个闭区域 D_1 与 D_2,且 D_1 与 D_2 无公共内点,则

$$\iint\limits_{D} f(x,y)\,\mathrm{d}\sigma = \iint\limits_{D_1} f(x,y)\,\mathrm{d}\sigma + \iint\limits_{D_2} f(x,y)\,\mathrm{d}\sigma,$$

即二重积分对于积分区域具有可加性.

性质 4(二重积分的保号性) 若在区域 D 上,$f(x,y) \leqslant \varphi(x,y)$,则

$$\iint\limits_{D} f(x,y)\,\mathrm{d}\sigma \leqslant \iint\limits_{D} \varphi(x,y)\,\mathrm{d}\sigma.$$

性质 5(二重积分的估值定理) 设在有界闭区域 D 上 $f(x,y)$ 的最大值和最小值分别为 M 和 m,则

$$m\sigma \leqslant \iint\limits_{D} f(x,y)\,\mathrm{d}\sigma \leqslant M\sigma,$$

其中 σ 是区域 D 的面积.

性质 6(二重积分的中值定理) 设函数 $f(x,y)$ 在有界闭区域 D 上连续,则在 D 上至少存在一点 (ξ, η),使得

$$\iint\limits_{D} f(x,y)\,\mathrm{d}\sigma = f(\xi, \eta)\sigma,$$

其中,σ 表示区域 D 的面积.

3.二重积分计算法

（1）在直角坐标系中的计算法

在直角坐标系中，二重积分的面积元素 $\mathrm{d}\sigma$ 可写成 $\mathrm{d}x\mathrm{d}y$，于是

$$\iint\limits_{D} f(x,y)\,\mathrm{d}\sigma = \iint\limits_{D} f(x,y)\,\mathrm{d}x\mathrm{d}y.$$

如果积分区域 D 是由两条直线 $x=a,x=b$ 与两条曲线 $y=\varphi_1(x)$，$y=\varphi_2(x)$ 所围成（如图 1 所示）.即 $D:\begin{cases} a\leqslant x\leqslant b, \\ \varphi_1(x)\leqslant y\leqslant\varphi_2(x), \end{cases}$ 则

$$\iint\limits_{D} f(x,y)\,\mathrm{d}x\mathrm{d}y = \int_a^b \mathrm{d}x\int_{\varphi_1(x)}^{\varphi_2(x)} f(x,y)\,\mathrm{d}y.$$

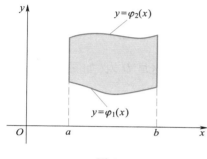
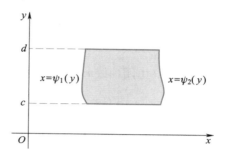

图1　　　　　　　　　　　　图2

如果积分区域 D 是由两条直线 $y=c,y=d$ 与两条曲线 $x=\psi_1(y)$，$x=\psi_2(y)$ 所围成（如图 2 所示），即 $D:\begin{cases} c\leqslant y\leqslant d, \\ \psi_1(y)\leqslant x\leqslant\psi_2(y), \end{cases}$ 则

$$\iint\limits_{D} f(x,y)\,\mathrm{d}x\mathrm{d}y = \int_c^d \mathrm{d}y\int_{\psi_1(y)}^{\psi_2(y)} f(x,y)\,\mathrm{d}x.$$

（2）在极坐标系中的计算法

在极坐标系 $\begin{cases} x=r\cos\theta, \\ y=r\sin\theta \end{cases}$ 中面积元素 $\mathrm{d}\sigma=r\mathrm{d}r\mathrm{d}\theta$.

如果极点 O 不在区域 D 上，而区域 D 是由两条射线 $\theta=\alpha,\theta=\beta$ 与两条曲线 $r=r_1(\theta)$，$r=r_2(\theta)$ 所围成（如图 3 所示），即 $D:\begin{cases} \alpha\leqslant\theta\leqslant\beta, \\ r_1(\theta)\leqslant r\leqslant r_2(\theta), \end{cases}$ 则

$$\iint\limits_{D} f(x,y)\,\mathrm{d}\sigma = \int_\alpha^\beta \mathrm{d}\theta\int_{r_1(\theta)}^{r_2(\theta)} f(r\cos\theta,r\sin\theta)\,r\mathrm{d}r.$$

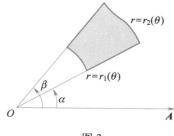

图3

如果区域 D 是曲边扇形(如图 4 所示),即 $D: \begin{cases} \alpha \leqslant \theta \leqslant \beta, \\ 0 \leqslant r \leqslant r(\theta), \end{cases}$ 则

$$\iint\limits_{D} f(x,y)\,\mathrm{d}\sigma = \int_{\alpha}^{\beta}\mathrm{d}\theta\int_{0}^{r(\theta)} f(r\cos\theta, r\sin\theta)r\mathrm{d}r.$$

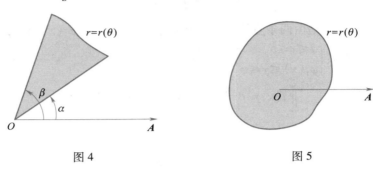

图 4   图 5

如果区域 D 由闭曲线 $r=r(\theta)$ 所围成,且极点 O 在区域 D 内(如图 5 所示),则

$$\iint\limits_{D} f(x,y)\,\mathrm{d}\sigma = \int_{0}^{2\pi}\mathrm{d}\theta\int_{0}^{r(\theta)} f(r\cos\theta, r\sin\theta)r\mathrm{d}r.$$

二、三重积分

1. 三重积分的概念

函数 $f(x,y,z)$ 在三维有界闭区域 Ω 上的三重积分是指下述和式的极限:

$$\iiint\limits_{\Omega} f(x,y,z)\,\mathrm{d}x\mathrm{d}y\mathrm{d}z = \lim_{\lambda\to 0}\sum_{i=1}^{n} f(\xi_i,\eta_i,\zeta_i)\Delta V_i,$$

其中 ΔV_i 是分割区域 Ω 为 n 个子区域 $V_1,V_2,\cdots,V_n$ 后子区域 V_i 的体积,而 (ξ_i,η_i,ζ_i) $\in V_i, \lambda$ 为各子区域 $V_i(i=1,2,\cdots,n)$ 直径之最大者.

若 $f(x,y,z)$ 在 Ω 上连续,则上述三重积分存在.

2. 三重积分的计算法

(1)在直角坐标系中的计算法

在直角坐标系中,三重积分的体积微元 $\mathrm{d}V$ 为 $\mathrm{d}x\mathrm{d}y\mathrm{d}z$.设空间有界闭区域 Ω 在 xOy 平面上的投影为 D_{xy},且平行于 z 轴的直线与 Ω 的边界曲面 S 的交点不多于两个.此时, 如果 Ω 可表示为:

$$\Omega: \begin{cases} a \leqslant x \leqslant b, \\ y_1(x) \leqslant y \leqslant y_2(x), \\ z_1(x,y) \leqslant z \leqslant z_2(x,y), \end{cases}$$

则

$$\iiint\limits_{\Omega} f(x,y,z)\,\mathrm{d}V = \iiint\limits_{\Omega} f(x,y,z)\,\mathrm{d}x\mathrm{d}y\mathrm{d}z$$

$$= \iint\limits_{D_{xy}}\mathrm{d}x\mathrm{d}y\int_{z_1(x,y)}^{z_2(x,y)} f(x,y,z)\,\mathrm{d}z = \int_{a}^{b}\mathrm{d}x\int_{y_1(x)}^{y_2(x)}\mathrm{d}y\int_{z_1(x,y)}^{z_2(x,y)} f(x,y,z)\,\mathrm{d}z.$$

(2)在柱面坐标系下的计算法

直角坐标与柱面坐标的关系是

$$\begin{cases} x = r\cos\theta, \\ y = r\sin\theta, \\ z = z, \end{cases}$$

在柱面坐标系中三重积分的体积微元 $\mathrm{d}V$ 为 $r\mathrm{d}r\mathrm{d}\theta\mathrm{d}z$,因此

$$\iiint\limits_{\Omega} f(x,y,z)\mathrm{d}V = \iiint\limits_{\Omega'} f(r\cos\theta,r\sin\theta,z) r\mathrm{d}r\mathrm{d}\theta\mathrm{d}z,$$

将右端化为累次积分,即可求得其结果.

（3）在球面坐标系下的计算法

直角坐标与球面坐标的关系是

$$\begin{cases} x = r\sin\varphi\cos\theta, \\ y = r\sin\varphi\sin\theta, \\ z = r\cos\varphi, \end{cases}$$

在球面坐标系中三重积分的体积微元 $\mathrm{d}V$ 为 $r^2\sin\varphi\mathrm{d}r\mathrm{d}\theta\mathrm{d}\varphi$,因此

$$\iiint\limits_{\Omega} f(x,y,z)\mathrm{d}V = \iiint\limits_{\Omega'} f(r\sin\varphi\cos\theta,r\sin\varphi\sin\theta,r\cos\varphi) r^2\sin\varphi\mathrm{d}r\mathrm{d}\varphi\mathrm{d}\theta,$$

将右端化为累次积分即可求得其结果.

三、重积分的应用

1.计算面积

（1）平面闭域面积为 $A = \iint\limits_{D}\mathrm{d}x\mathrm{d}y$.

（2）设曲面 Σ 的方程为 $z = f(x,y)$,Σ 在 xOy 平面上投影区域为 D,$f(x,y)$ 在 D 上存在连续偏导数,则曲面 Σ 的面积为

$$A = \iint\limits_{D}\sqrt{1 + \left(\frac{\partial z}{\partial x}\right)^2 + \left(\frac{\partial z}{\partial y}\right)^2}\,\mathrm{d}x\mathrm{d}y.$$

2.计算体积

（1）曲顶柱体的体积　设柱体上顶是连续的曲面 $z = f(x,y)$（$(x,y) \in D$,$f(x,y) \geqslant 0$）,下底是平面 $z = 0$,侧面为以区域 D 的边界曲线为准线而母线平行于 z 轴的柱面,则此柱体的体积为

$$V = \iint\limits_{D} f(x,y)\mathrm{d}x\mathrm{d}y.$$

（2）已知边界曲面的空间区域 Ω 的体积

$$V = \iiint\limits_{\Omega}\mathrm{d}x\mathrm{d}y\mathrm{d}z.$$

3.静力矩和重心

（1）占有平面区域 D 且质量密度为 $\mu(x,y)$ 的平面薄片质量 $M = \iint\limits_{D}\mu(x,y)\mathrm{d}\sigma$,它对 x 轴、y 轴的静力矩为

$$M_x = \iint\limits_{D} y\mu(x,y)\mathrm{d}\sigma, \quad M_y = \iint\limits_{D} x\mu(x,y)\mathrm{d}\sigma.$$

D 的重心坐标为

$$\overline{x} = \frac{M_y}{M}, \quad \overline{y} = \frac{M_x}{M}.$$

（2）占有空间区域 Ω 且质量密度为 $\mu(x,y,z)$ 的空间物体的重心坐标为：

$$\begin{cases} \overline{x} = \dfrac{1}{M} \iiint\limits_{\Omega} x\mu(x,y,z)\,\mathrm{d}x\mathrm{d}y\mathrm{d}z, \\[2mm] \overline{y} = \dfrac{1}{M} \iiint\limits_{\Omega} y\mu(x,y,z)\,\mathrm{d}x\mathrm{d}y\mathrm{d}z, \\[2mm] \overline{z} = \dfrac{1}{M} \iiint\limits_{\Omega} z\mu(x,y,z)\,\mathrm{d}x\mathrm{d}y\mathrm{d}z, \end{cases}$$

其中 $M = \iiint\limits_{\Omega} \mu(x,y,z)\,\mathrm{d}x\mathrm{d}y\mathrm{d}z$ 为 Ω 的质量.

四、对弧长的曲线积分

1.对弧长的曲线积分的概念（又称第一类曲线积分）

$$\int_L f(x,y)\,\mathrm{d}s = \lim_{\lambda \to 0} \sum_{i=1}^{n} f(\xi_i,\eta_i)\Delta s_i.$$

如果函数 $f(x,y)$ 在曲线 L 上连续，则 $f(x,y)$ 在曲线 L 上对弧长的曲线积分 $\int_L f(x,y)\,\mathrm{d}s$ 一定存在.

上述概念可以推广到空间，如果 $f(x,y,z)$ 是定义在空间中分段光滑曲线 L 上的有界函数，则函数 $f(x,y,z)$ 在曲线 L 上对弧长的曲线积分是

$$\int_L f(x,y,z)\,\mathrm{d}s = \lim_{\lambda \to 0} \sum_{i=1}^{n} f(\xi_i,\eta_i,\zeta_i)\Delta s_i.$$

2.对弧长的曲线积分的性质

性质 1　$\displaystyle\int_L [f_1(x,y) \pm f_2(x,y)]\,\mathrm{d}s = \int_L f_1(x,y)\,\mathrm{d}s \pm \int_L f_2(x,y)\,\mathrm{d}s.$

性质 2　$\displaystyle\int_L k f(x,y)\,\mathrm{d}s = k\int_L f(x,y)\,\mathrm{d}s$，其中 k 为常数.

性质 3　若 $L = L_1 + L_2$，且 L_1 与 L_2 无公共内点，则

$$\int_L f(x,y)\,\mathrm{d}s = \int_{L_1} f(x,y)\,\mathrm{d}s + \int_{L_2} f(x,y)\,\mathrm{d}s.$$

3.对弧长曲线积分的计算法

（1）设函数 $f(x,y)$ 在平面曲线

$$L: \begin{cases} x = x(t), \\ y = y(t) \end{cases} \quad (\alpha \leqslant t \leqslant \beta)$$

上连续，$x'(t)$，$y'(t)$ 在区间 $[\alpha,\beta]$ 上连续，则

$$\int_L f(x,y)\,\mathrm{d}s = \int_{\alpha}^{\beta} f[x(t),y(t)]\sqrt{[x'(t)]^2 + [y'(t)]^2}\,\mathrm{d}t.$$

如果曲线 L 的方程为 $y = y(x)$ 　$(a \leqslant x \leqslant b)$，且 $y'(x)$ 在区间 $[a,b]$ 上连续，则

$$\int_L f(x,y)\,\mathrm{d}s = \int_a^b f[x,y(x)]\sqrt{1 + [y'(x)]^2}\,\mathrm{d}x.$$

（2）设函数 $f(x,y,z)$ 在空间曲线

$$L:\begin{cases} x=x(t), \\ y=y(t), \quad (\alpha \leqslant t \leqslant \beta) \\ z=z(t) \end{cases}$$

上连续, $x'(t), y'(t), z'(t)$ 在 $[\alpha, \beta]$ 上连续, 则

$$\int_L f(x,y,z) \,\mathrm{d}s = \int_\alpha^\beta f[x(t),y(t),z(t)] \cdot \sqrt{[x'(t)]^2 + [y'(t)]^2 + [z'(t)]^2} \,\mathrm{d}t.$$

五、对坐标的曲线积分及格林公式

1. 对坐标的曲线积分(又称第二类曲线积分)

$$\int_L P(x,y) \,\mathrm{d}x = \lim_{\lambda \to 0} \sum_{i=1}^n P(\xi_i, \eta_i) \Delta x_i,$$

$$\int_L Q(x,y) \,\mathrm{d}y = \lim_{\lambda \to 0} \sum_{i=1}^n Q(\xi_i, \eta_i) \Delta y_i,$$

如果函数 $P(x,y)$、$Q(x,y)$ 在有向曲线 L 上连续时, 上述积分都存在.

类似地, 在空间有向曲线 Γ 上对坐标 x, y, z 的曲线积分

$$\int_\Gamma P(x,y,z) \,\mathrm{d}x = \lim_{\lambda \to 0} \sum_{i=1}^n P(\xi_i, \eta_i, \zeta_i) \Delta x_i,$$

$$\int_\Gamma Q(x,y,z) \,\mathrm{d}y = \lim_{\lambda \to 0} \sum_{i=1}^n Q(\xi_i, \eta_i, \zeta_i) \Delta y_i,$$

$$\int_\Gamma R(x,y,z) \,\mathrm{d}z = \lim_{\lambda \to 0} \sum_{i=1}^n R(\xi_i, \eta_i, \zeta_i) \Delta z_i.$$

2. 对坐标的曲线积分的性质

$$\int_{\widehat{AB}} P\mathrm{d}x + Q\mathrm{d}y = -\int_{\widehat{BA}} P\mathrm{d}x + Q\mathrm{d}y.$$

3. 对坐标的曲线积分的计算法

(1) 设函数 $P(x,y)$、$Q(x,y)$ 在有向曲线 L 上连续, L 的参数方程为

$$\begin{cases} x=x(t), \\ y=y(t) \end{cases} \quad (\alpha \leqslant t \leqslant \beta),$$

且 $x'(t), y'(t)$ 连续, 而 $t=\alpha$ 时对应于起点 A, $t=\beta$ 对应于终点 B, 则

$$\int_{\widehat{AB}} P(x,y) \,\mathrm{d}x = \int_\alpha^\beta P[x(t),y(t)] x'(t) \,\mathrm{d}t,$$

$$\int_{\widehat{AB}} Q(x,y) \,\mathrm{d}y = \int_\alpha^\beta Q[x(t),y(t)] y'(t) \,\mathrm{d}t.$$

(2) 如果曲线 L 由方程 $y=y(x)$ $(a \leqslant x \leqslant b)$ 给出, 曲线 L 的起点 A 的横坐标为 $x=a$, 终点 B 的横坐标为 $x=b$, 函数 $y(x)$ 具有连续的一阶导数, 则

$$\int_{\widehat{AB}} P(x,y) \,\mathrm{d}x = \int_a^b P[x,y(x)] \,\mathrm{d}x,$$

$$\int_{\widehat{AB}} Q(x,y) \,\mathrm{d}y = \int_a^b Q[x,y(x)] y'(x) \,\mathrm{d}x.$$

(3) 如果曲线 L 由方程 $x=x(y)$ $(c \leqslant y \leqslant d)$ 给出, 曲线 L 的起点 A 的纵坐标为 $y=c$, 终点 B 的纵坐标为 $y=d$, 函数 $x(y)$ 具有连续的一阶导数, 则

$$\int_{\overparen{AB}} P(x,y)\,\mathrm{d}x = \int_c^d P[x(y),y]x'(y)\,\mathrm{d}y,$$

$$\int_{\overparen{AB}} Q(x,y)\,\mathrm{d}y = \int_c^d Q[x(y),y]\,\mathrm{d}y.$$

(4)对于空间曲线积分,如果函数 $P(x,y,z)$、$Q(x,y,z)$、$R(x,y,z)$ 在有向曲线 Γ 上连续,Γ 的参数方程为

$$\begin{cases} x=x(t), \\ y=y(t), \quad (\alpha \leqslant t \leqslant \beta), \\ z=z(t) \end{cases}$$

而 $x'(t),y'(t),z'(t)$ 连续,且 $t=\alpha$ 对应于起点 A, $t=\beta$ 对应于终点 B,则

$$\int_\Gamma P(x,y,z)\,\mathrm{d}x = \int_\alpha^\beta P[x(t),y(t),z(t)]x'(t)\,\mathrm{d}t,$$

$$\int_\Gamma Q(x,y,z)\,\mathrm{d}y = \int_\alpha^\beta Q[x(t),y(t),z(t)]y'(t)\,\mathrm{d}t,$$

$$\int_\Gamma R(x,y,z)\,\mathrm{d}z = \int_\alpha^\beta R[x(t),y(t),z(t)]z'(t)\,\mathrm{d}t.$$

4.两类曲线积分的关系

(1)设平面上有向曲线 L 上任一点 $M(x,y)$ 处与 L 方向一致的切线的方向余弦为

$$\cos \alpha = \frac{\mathrm{d}x}{\mathrm{d}s}, \quad \cos \beta = \frac{\mathrm{d}y}{\mathrm{d}s},$$

则

$$\int_L P\mathrm{d}x + Q\mathrm{d}y = \int_L (P\cos \alpha + Q\cos \beta)\,\mathrm{d}s.$$

(2)设空间有向曲线 Γ 上任一点 $N(x,y,z)$ 处与 Γ 方向一致的切线的方向余弦为

$$\cos \alpha = \frac{\mathrm{d}x}{\mathrm{d}s}, \quad \cos \beta = \frac{\mathrm{d}y}{\mathrm{d}s}, \quad \cos \gamma = \frac{\mathrm{d}z}{\mathrm{d}s},$$

则

$$\int_L P\mathrm{d}x + Q\mathrm{d}y + R\mathrm{d}z = \int_L (P\cos \alpha + Q\cos \beta + R\cos \gamma)\,\mathrm{d}s.$$

5.格林(Green)公式

设函数 $P(x,y)$、$Q(x,y)$ 在平面区域 D 及其边界曲线 L 上具有连续的一阶偏导数,则

$$\oint_L P\mathrm{d}x + Q\mathrm{d}y = \iint_D \left(\frac{\partial Q}{\partial x} - \frac{\partial P}{\partial y} \right) \mathrm{d}x\mathrm{d}y,$$

其中 L 取正向.

6.平面上曲线积分与路径无关的条件

设函数 $P(x,y)$、$Q(x,y)$ 在平面单连通区域 D 内具有连续的一阶偏导数,则下面四个命题等价.

命题 1 曲线 $L(\overparen{AB})$ 是 D 内由点 A 到点 B 的一段有向曲线,则曲线积分

$$\int_L P\mathrm{d}x + Q\mathrm{d}y$$

与路径无关,只与起点 A 和终点 B 有关.

　　命题2　在区域 D 内沿任意一条闭曲线 L 的曲线积分,有

$$\oint_L P\mathrm{d}x + Q\mathrm{d}y = 0.$$

　　命题3　在区域 D 内任意一点 (x,y) 处,有

$$\frac{\partial P}{\partial y} = \frac{\partial Q}{\partial x}.$$

　　命题4　在 D 内存在函数 $u(x,y)$,使得 $P\mathrm{d}x+Q\mathrm{d}y$ 是函数 $u(x,y)$ 的全微分,即

$$\mathrm{d}u = P\mathrm{d}x + Q\mathrm{d}y.$$

7.已知全微分求原函数

　　如果函数 $P(x,y)$、$Q(x,y)$ 在单连通区域 D 内具有连续的一阶偏导数,且 $\dfrac{\partial P}{\partial y}=\dfrac{\partial Q}{\partial x}$,则 $P\mathrm{d}x+Q\mathrm{d}y$ 是某个函数 $u(x,y)$ 的全微分,且有

$$u(x,y) = \int_{(x_0,y_0)}^{(x,y)} P\mathrm{d}x + Q\mathrm{d}y,$$

其中 (x_0,y_0) 是区域 D 内的某一定点,(x,y) 是 D 内的任一点,即

$$u(x,y) = \int_{x_0}^{x} P(x,y_0)\mathrm{d}x + \int_{y_0}^{y} Q(x,y)\mathrm{d}y,$$

或

$$u(x,y) = \int_{y_0}^{y} Q(x_0,y)\mathrm{d}y + \int_{x_0}^{x} P(x,y)\mathrm{d}x.$$

六、对面积的曲面积分

1.对面积的曲面积分的概念(又称第一类曲面积分)

$$\iint\limits_{\Sigma} f(x,y,z)\mathrm{d}S = \lim_{\lambda\to0}\sum_{i=1}^{n} f(\xi_i,\eta_i,\zeta_i)\Delta S_i.$$

2.对面积的曲面积分的计算法

　　设光滑曲面 Σ 的方程为 $z=z(x,y)$,Σ 在 xOy 面上的投影域为 D_{xy},函数 $z=z(x,y)$ 具有一阶连续偏导数,被积函数 $f(x,y,z)$ 在 Σ 上连续,则

$$\iint\limits_{\Sigma} f(x,y,z)\mathrm{d}S = \iint\limits_{D_{xy}} f[x,y,z(x,y)]\sqrt{1+\left(\frac{\partial z}{\partial x}\right)^2+\left(\frac{\partial z}{\partial y}\right)^2}\,\mathrm{d}x\mathrm{d}y.$$

　　当光滑曲面 Σ 的方程为 $x=x(y,z)$ 或 $y=y(z,x)$ 时,可以把曲面积分化为相应的二重积分

$$\iint\limits_{\Sigma} f(x,y,z)\mathrm{d}S = \iint\limits_{D_{yz}} f[x(y,z),y,z]\sqrt{1+\left(\frac{\partial x}{\partial y}\right)^2+\left(\frac{\partial x}{\partial z}\right)^2}\,\mathrm{d}y\mathrm{d}z,$$

或

$$\iint\limits_{\Sigma} f(x,y,z)\mathrm{d}S = \iint\limits_{D_{zx}} f[x,y(x,z),z]\sqrt{1+\left(\frac{\partial y}{\partial x}\right)^2+\left(\frac{\partial y}{\partial z}\right)^2}\,\mathrm{d}z\mathrm{d}x,$$

其中 D_{yz} 和 D_{zx} 分别为曲面 Σ 在 yOz 面和 zOx 面上的投影区域.

七、对坐标的曲面积分

1.对坐标的曲面积分的概念(又称第二类曲面积分)

有向曲面 通常遇到的曲面都是双侧的,规定了正侧的曲面称为有向曲面.

设 Σ 为光滑的有向曲面, $P(x,y,z)$、$Q(x,y,z)$、$R(x,y,z)$ 都是定义在 Σ 上的有界函数,将曲面 Σ 任意分成 n 个小曲面 $\Delta S_i(i=1,2,\cdots,n)$,在每个小曲面上任取一点 $N_i(\xi_i,\eta_i,\zeta_i)$,曲面 Σ 的正侧在点 N_i 处的法向量为

$$\boldsymbol{n}_i = \cos\,\alpha_i\boldsymbol{i} + \cos\,\beta_i\boldsymbol{j} + \cos\,\gamma_i\boldsymbol{k},$$

有向小曲面 ΔS_i 在 xOy 面上投影为 $\Delta S_{i,xy} = \Delta S_i\cos\,\gamma_i$,如果当各小曲面直径的最大值 $\lambda\to0$ 时,和式 $\sum\limits_{i=1}^{n}R(\xi_i,\eta_i,\zeta_i)\Delta S_{i,xy}$ 的极限存在,则称此极限为函数 $R(x,y,z)$ 沿有向曲面 Σ 的正侧上对坐标 x,y 的曲面积分,记为 $\iint\limits_{\Sigma}R(x,y,z)\mathrm{d}x\mathrm{d}y$, 即

$$\iint\limits_{\Sigma}R(x,y,z)\mathrm{d}x\mathrm{d}y = \lim_{\lambda\to0}\sum_{i=1}^{n}R(\xi_i,\eta_i,\zeta_i)\Delta S_{i,xy}.$$

类似地,函数 $P(x,y,z)$ 沿有向曲面 Σ 的正侧上对坐标 y,z 的曲面积分

$$\iint\limits_{\Sigma}P(x,y,z)\mathrm{d}y\mathrm{d}z = \lim_{\lambda\to0}\sum_{i=1}^{n}P(\xi_i,\eta_i,\zeta_i)\Delta S_{i,yz},$$

其中 $\Delta S_{i,yz} = \Delta S_i\cos\,\alpha_i$.

函数 $Q(x,y,z)$ 沿有向曲面 Σ 的正侧上对坐标 z,x 的曲面积分

$$\iint\limits_{\Sigma}Q(x,y,z)\mathrm{d}z\mathrm{d}x = \lim_{\lambda\to0}\sum_{i=1}^{n}Q(\xi_i,\eta_i,\zeta_i)\Delta S_{i,zx},$$

其中 $\Delta S_{i,zx} = \Delta S_i\cos\,\beta_i$.

2.对坐标的曲面积分的性质

若 Σ 表示有向曲面的正侧,该曲面的另一侧为负侧,记为 Σ^-,则有

$$\iint\limits_{\Sigma}P\mathrm{d}y\mathrm{d}z + Q\mathrm{d}z\mathrm{d}x + R\mathrm{d}x\mathrm{d}y = -\iint\limits_{\Sigma^-}P\mathrm{d}y\mathrm{d}z + Q\mathrm{d}z\mathrm{d}x + R\mathrm{d}x\mathrm{d}y,$$

即当积分曲面改变为相反侧时,对坐标的曲面积分要改变符号.

3.对坐标的曲面积分的计算法

设光滑曲面 Σ 是由方程 $z=z(x,y)$ 所给出的曲面上侧, γ 是曲面 Σ 的法向量 $\boldsymbol{n}$ 与 z 轴的夹角,此时 $\cos\,\gamma>0$,曲面 Σ 在 xOy 平面上的投影区域为 D_{xy},函数 $z=z(x,y)$ 在 D_{xy} 上具有一阶连续偏导数,被积函数 $R(x,y,z)$ 在 Σ 上连续,则

$$\iint\limits_{\Sigma}R(x,y,z)\mathrm{d}x\mathrm{d}y = \iint\limits_{D_{xy}}R[x,y,z(x,y)]\mathrm{d}x\mathrm{d}y,$$

如果积分曲面取在 Σ 的下侧,此时 $\cos\,\gamma<0$,则

$$\iint\limits_{\Sigma}R(x,y,z)\mathrm{d}x\mathrm{d}y = -\iint\limits_{D_{xy}}R[x,y,z(x,y)]\mathrm{d}x\mathrm{d}y.$$

当曲面 Σ 是母线平行于 z 轴的柱面 $F(x,y)=0$ 时,此时 $\cos\,\gamma=\cos\dfrac{\pi}{2}=0$,则

$$\iint\limits_{\Sigma} R(x,y,z)\,\mathrm{d}x\mathrm{d}y = 0,$$

类似地,有

$$\iint\limits_{\Sigma} P(x,y,z)\,\mathrm{d}y\mathrm{d}z = \pm \iint\limits_{D_{yz}} P[x(y,z),y,z]\,\mathrm{d}y\mathrm{d}z,$$

$$\iint\limits_{\Sigma} Q(x,y,z)\,\mathrm{d}z\mathrm{d}x = \pm \iint\limits_{D_{zx}} Q[x,y(x,z),z]\,\mathrm{d}z\mathrm{d}x.$$

4.两类曲面积分之间的关系

设曲面 Σ 上任一点 (x,y,z) 处法向量 $\boldsymbol{n}$ 的方向余弦为 $\cos\alpha$、$\cos\beta$、$\cos\gamma$,则有

$$\iint\limits_{\Sigma} P\mathrm{d}y\mathrm{d}z + Q\mathrm{d}z\mathrm{d}x + R\mathrm{d}x\mathrm{d}y = \iint\limits_{\Sigma}(P\cos\alpha + Q\cos\beta + R\cos\gamma)\,\mathrm{d}S.$$

八、高斯公式、通量与散度、斯托克斯公式、环流量与旋度

1.高斯(Gauss) 公式

设空间闭区域 Ω 是由分片光滑的闭曲面 Σ 所围成,函数 $P(x,y,z)$、$Q(x,y,z)$、$R(x,y,z)$ 在 Ω 及其边界曲面 Σ 上具有连续的一阶偏导数,则

$$\oiint\limits_{\Sigma} P\mathrm{d}y\mathrm{d}z + Q\mathrm{d}z\mathrm{d}x + R\mathrm{d}x\mathrm{d}y = \iiint\limits_{\Omega}\left(\frac{\partial P}{\partial x} + \frac{\partial Q}{\partial y} + \frac{\partial R}{\partial z}\right)\mathrm{d}x\mathrm{d}y\mathrm{d}z,$$

或

$$\oiint\limits_{\Sigma}(P\cos\alpha + Q\cos\beta + R\cos\gamma)\,\mathrm{d}S = \iiint\limits_{\Omega}\left(\frac{\partial P}{\partial x} + \frac{\partial Q}{\partial y} + \frac{\partial R}{\partial z}\right)\mathrm{d}x\mathrm{d}y\mathrm{d}z,$$

其中 Σ 取外侧,$\cos\alpha,\cos\beta,\cos\gamma$ 是 Σ 上任一点 (x,y,z) 处外法线向量的方向余弦.

2.通量与散度

设向量场

$$\boldsymbol{A}(x,y,z) = P(x,y,z)\boldsymbol{i} + Q(x,y,z)\boldsymbol{j} + R(x,y,z)\boldsymbol{k},$$

其中 P,Q,R 具有连续的一阶偏导数,Σ 是场内的一个有向曲面,则称

$$\Phi = \iint\limits_{\Sigma}\boldsymbol{A}\cdot\mathrm{d}\boldsymbol{S} = \iint\limits_{\Sigma} P\mathrm{d}y\mathrm{d}z + Q\mathrm{d}z\mathrm{d}x + R\mathrm{d}x\mathrm{d}y$$

为向量场 $\boldsymbol{A}$ 通过曲面 Σ 的通量(或流量).

$\dfrac{\partial P}{\partial x} + \dfrac{\partial Q}{\partial y} + \dfrac{\partial R}{\partial z}$ 称为向量场 $\boldsymbol{A}$ 的散度,记作 $\mathrm{div}\boldsymbol{A}$,即

$$\mathrm{div}\boldsymbol{A} = \frac{\partial P}{\partial x} + \frac{\partial Q}{\partial y} + \frac{\partial R}{\partial z}.$$

有了散度的概念,高斯公式可写成

$$\oiint\limits_{\Sigma}\boldsymbol{A}\cdot\mathrm{d}\boldsymbol{S} = \iiint\limits_{\Omega}\mathrm{div}\boldsymbol{A}\,\mathrm{d}V,$$

其中 Σ 是空间闭区域 Ω 的边界曲面的外侧.

3.斯托克斯(Stokes) 公式

设函数 $P(x,y,z)$、$Q(x,y,z)$、$R(x,y,z)$ 在包含曲面 S 的空间域 Ω 内具有连续的一阶偏导数,L 是曲面 Σ 的边界曲线,则

$$\oint_L P\mathrm{d}x + Q\mathrm{d}y + R\mathrm{d}z = \iint\limits_{\Sigma} \begin{vmatrix} \mathrm{d}y\mathrm{d}z & \mathrm{d}z\mathrm{d}x & \mathrm{d}x\mathrm{d}y \\ \dfrac{\partial}{\partial x} & \dfrac{\partial}{\partial y} & \dfrac{\partial}{\partial z} \\ P & Q & R \end{vmatrix} = \iint\limits_{\Sigma} \begin{vmatrix} \cos\alpha & \cos\beta & \cos\gamma \\ \dfrac{\partial}{\partial x} & \dfrac{\partial}{\partial y} & \dfrac{\partial}{\partial z} \\ P & Q & R \end{vmatrix}\mathrm{d}S,$$

其中 L 的正向与 Σ 所取的正侧符合右手法则,$\cos\alpha$,$\cos\beta$,$\cos\gamma$ 是曲面 S 的正侧上任一点 (x,y,z) 处法向量 $\boldsymbol{n}$ 的方向余弦.

4.环流量与旋度

设向量场

$$\boldsymbol{A}(x,y,z) = P(x,y,z)\boldsymbol{i} + Q(x,y,z)\boldsymbol{j} + R(x,y,z)\boldsymbol{k},$$

L 是场内的一条有向闭曲线,则称

$$\varGamma = \oint_L \boldsymbol{A}\cdot\mathrm{d}\boldsymbol{S} = \oint_L P\mathrm{d}x + Q\mathrm{d}y + R\mathrm{d}z$$

为向量场 $\boldsymbol{A}$ 沿曲线 L 的环流量,并称向量

$$\left(\frac{\partial R}{\partial y} - \frac{\partial Q}{\partial z}\right)\boldsymbol{i} + \left(\frac{\partial P}{\partial z} - \frac{\partial R}{\partial x}\right)\boldsymbol{j} + \left(\frac{\partial Q}{\partial x} - \frac{\partial P}{\partial y}\right)\boldsymbol{k}$$

为向量 $\boldsymbol{A}$ 的旋度,记作 $\mathrm{rot}\,\boldsymbol{A}$,即

$$\mathrm{rot}\,\boldsymbol{A} = \left(\frac{\partial R}{\partial y} - \frac{\partial Q}{\partial z}\right)\boldsymbol{i} + \left(\frac{\partial P}{\partial z} - \frac{\partial R}{\partial x}\right)\boldsymbol{j} + \left(\frac{\partial Q}{\partial x} - \frac{\partial P}{\partial y}\right)\boldsymbol{k} = \begin{vmatrix} \boldsymbol{i} & \boldsymbol{j} & \boldsymbol{k} \\ \dfrac{\partial}{\partial x} & \dfrac{\partial}{\partial y} & \dfrac{\partial}{\partial z} \\ P & Q & R \end{vmatrix}.$$

有了旋度的概念,斯托克斯公式可写成

$$\oint_L \boldsymbol{A}\cdot\mathrm{d}\boldsymbol{r} = \iint\limits_{\Sigma} \mathrm{rot}\,\boldsymbol{A}\cdot\mathrm{d}\boldsymbol{S},$$

其中,$\mathrm{d}\boldsymbol{r} = \mathrm{d}x\boldsymbol{i} + \mathrm{d}y\boldsymbol{j} + \mathrm{d}z\boldsymbol{k}$, $\mathrm{d}\boldsymbol{S} = \mathrm{d}y\mathrm{d}z\boldsymbol{i} + \mathrm{d}z\mathrm{d}x\boldsymbol{j} + \mathrm{d}x\mathrm{d}y\boldsymbol{k}$.

§6.1　二重积分的基本概念及性质

Ⓚ 2005 数学三,
4 分

1 题精解视频

1 设 $I_1 = \iint\limits_{D}\cos\sqrt{x^2+y^2}\,\mathrm{d}\sigma$,$I_2 = \iint\limits_{D}\cos(x^2+y^2)\mathrm{d}\sigma$,$I_3 = \iint\limits_{D}\cos(x^2+y^2)^2\mathrm{d}\sigma$,其中 $D = \{(x,y)\mid x^2+y^2 \leqslant 1\}$,则(　　).

(A) $I_3 > I_2 > I_1$ 　　　　　　　　(B) $I_1 > I_2 > I_3$

(C) $I_2 > I_1 > I_3$ 　　　　　　　　(D) $I_3 > I_1 > I_2$

知识点睛　0601 二重积分的性质

解　在区域 $D = \{(x,y)\mid x^2+y^2 \leqslant 1\}$ 上,有 $0 \leqslant x^2+y^2 \leqslant 1$,从而有

$$\frac{\pi}{2} > 1 \geqslant \sqrt{x^2+y^2} \geqslant x^2+y^2 \geqslant (x^2+y^2)^2 \geqslant 0,$$

由于 $\cos x$ 在 $\left(0,\dfrac{\pi}{2}\right)$ 上为单调减少函数,于是

$$0 \leqslant \cos\sqrt{x^2+y^2} \leqslant \cos(x^2+y^2) \leqslant \cos(x^2+y^2)^2,$$

因此

$$\iint_D \cos\sqrt{x^2+y^2}\,d\sigma < \iint_D \cos(x^2+y^2)\,d\sigma < \iint_D \cos(x^2+y^2)^2\,d\sigma.$$

应选(A).

【评注】本题比较二重积分的大小,本质上涉及用二重积分的不等式性质和函数的单调性进行分析讨论.

2 设 D 是平面直角坐标系中以 $A(1,1),B(-1,1),C(1,-1)$ 为顶点的三角形区域,D_1 是 D 在第二象限的部分,则 $\iint_D (xy + e^{x^2}\sin y)\,dxdy = ($).

(A) $2\iint_{D_1} e^{x^2}\sin y\,dxdy$ 　　　　(B) $2\iint_D xy\,dxdy$

(C) $4\iint_{D_1}(xy + e^{x^2}\sin y)\,dxdy.$ 　　(D) 0

知识点睛　0601 二重积分的性质

解　积分区域 D 如 2 题图所示,作辅助线 OA,则 OA 将积分区域 D 分成 $D_2(D_1$ 在 D_2 中)与 D_3.因为 D_2 关于 y 轴对称,xy 关于 x 为奇函数,$e^{x^2}\sin y$ 关于 x 为偶函数,所以

$$\iint_{D_2} xy\,dxdy = 0,$$

$$\iint_{D_2} e^{x^2}\sin y\,dxdy = 2\iint_{D_1} e^{x^2}\sin y\,dxdy.$$

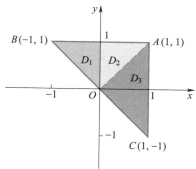

2 题图

又因为 D_3 关于 x 轴对称,xy 关于 y 为奇函数,$e^{x^2}\sin y$ 关于 y 为奇函数,所以

$$\iint_{D_3} xy\,dxdy = 0, \qquad \iint_{D_3} e^{x^2}\sin y\,dxdy = 0,$$

从而

$$\iint_D (xy + e^{x^2}\sin y)\,dxdy = \iint_{D_2} xy\,dxdy + \iint_{D_2} e^{x^2}\sin y\,dxdy + \iint_{D_3} xy\,dxdy + \iint_{D_3} e^{x^2}\sin y\,dxdy$$

$$= 2\iint_{D_1} e^{x^2}\sin y\,dxdy.$$

应选(A).

3 设 $I_1 = \iint\limits_D \dfrac{x+y}{4}\mathrm{d}x\mathrm{d}y$, $I_2 = \iint\limits_D \sqrt{\dfrac{x+y}{4}}\,\mathrm{d}x\mathrm{d}y$, $I_3 = \iint\limits_D \sqrt[3]{\dfrac{x+y}{4}}\,\mathrm{d}x\mathrm{d}y$, 且 $D = \{(x,y) \mid (x-1)^2 + (y-1)^2 \leq 2\}$, 则有( ).

 （A）$I_1 < I_2 < I_3$ （B）$I_2 < I_3 < I_1$

 （C）$I_3 < I_1 < I_2$ （D）$I_3 < I_2 < I_1$

知识点睛 0601 二重积分的性质

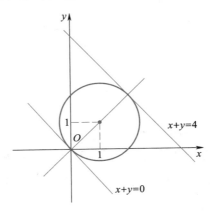

3 题图

 解 在同一积分区域上比较二重积分的大小,只要比较被积函数在积分区域上的大小即可. 对于本题,要比较 I_1,I_2,I_3 的大小,即比较 $\dfrac{x+y}{4}$, $\sqrt{\dfrac{x+y}{4}}$, $\sqrt[3]{\dfrac{x+y}{4}}$ 的大小, 关键看 $\dfrac{x+y}{4}$ 在 D 上是大于 1 或小于 1. 如 3 题图所示, 显然有

$$0 < \frac{x+y}{4} < 1, \quad \frac{x+y}{4} < \sqrt{\frac{x+y}{4}} < \sqrt[3]{\frac{x+y}{4}}, \quad 故 \quad I_1 < I_2 < I_3.$$

应选（A）.

4 题精解视频

4 已知平面区域 $D = \left\{(x,y) \;\middle|\; |x| + |y| \leq \dfrac{\pi}{2}\right\}$, 记 $I_1 = \iint\limits_D \sqrt{x^2+y^2}\,\mathrm{d}x\mathrm{d}y$, $I_2 = \iint\limits_D \sin\sqrt{x^2+y^2}\,\mathrm{d}x\mathrm{d}y$, $I_3 = \iint\limits_D (1 - \cos\sqrt{x^2+y^2})\,\mathrm{d}x\mathrm{d}y$, 则( ).

 （A）$I_3 < I_2 < I_1$ （B）$I_2 < I_1 < I_3$

 （C）$I_1 < I_2 < I_3$ （D）$I_2 < I_3 < I_1$

知识点睛 0601 二重积分的性质

 解 在区域 D 上, $0 \leq \sqrt{x^2+y^2} \leq \dfrac{\pi}{2}$, 显然

$$\sin\sqrt{x^2+y^2} \leq \sqrt{x^2+y^2}.$$

下面比较 $1 - \cos\sqrt{x^2+y^2}$ 与 $\sin\sqrt{x^2+y^2}$ 的大小. 令 $u = \sqrt{x^2+y^2}$, $0 \leq u \leq \dfrac{\pi}{2}$, 则

$$1 - \cos u - \sin u = 1 - \sqrt{2}\sin\left(\frac{\pi}{4} + u\right) \leq 0,$$

因而 $1-\cos\sqrt{x^2+y^2} \leqslant \sin\sqrt{x^2+y^2} \leqslant \sqrt{x^2+y^2}$，所以 $I_3 < I_2 < I_1$，应选（A）.

5 设 $J_i = \iint\limits_{D_i} \sqrt[3]{x-y}\,\mathrm{d}x\mathrm{d}y (i=1,2,3)$，其中 $D_1 = \{(x,y)\mid 0\leqslant x\leqslant 1, 0\leqslant y\leqslant 1\}$，$D_2 =$ 2016 数学三，4 分
$\{(x,y)\mid 0\leqslant x\leqslant 1, 0\leqslant y\leqslant\sqrt{x}\}$，$D_3 = \{(x,y)\mid 0\leqslant x\leqslant 1, x^2\leqslant y\leqslant 1\}$，则（　　）.

（A）$J_1 < J_2 < J_3$　　　　　　　　（B）$J_3 < J_1 < J_2$

（C）$J_2 < J_3 < J_1$　　　　　　　　（D）$J_2 < J_1 < J_3$

知识点睛　0601 二重积分的性质

解　直接计算，与选项比较.

D_1 关于直线 $y=x$ 对称，

$$J_1 = \frac{1}{2}\iint\limits_{D_1}(\sqrt[3]{x-y} + \sqrt[3]{y-x})\,\mathrm{d}x\mathrm{d}y = 0.$$

D_1 被直线 $y=x$ 对分成的两个积分区域记为 $D_\text{上}$ 及 $D_\text{下}$，则

$$\iint\limits_{D_\text{上}} \sqrt[3]{x-y}\,\mathrm{d}x\mathrm{d}y = -\iint\limits_{D_\text{下}} \sqrt[3]{x-y}\,\mathrm{d}x\mathrm{d}y, \iint\limits_{D_\text{上}} \sqrt[3]{x-y}\,\mathrm{d}x\mathrm{d}y < 0, \iint\limits_{D_\text{下}} \sqrt[3]{x-y}\,\mathrm{d}x\mathrm{d}y > 0,$$

在 $D_\text{上}$ 上 $\sqrt[3]{x-y}<0$，有 $J_2>0$. 在 $D_\text{下}$ 上 $\sqrt[3]{x-y}>0$，有 $J_3<0$（如 5 题图所示）. 因而 $J_3 < J_1 < J_2$.
应选（B）.

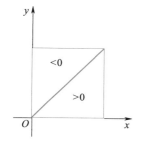 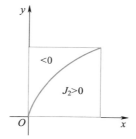 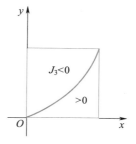

5 题图

6 $\lim\limits_{n\to\infty}\sum\limits_{i=1}^{n}\sum\limits_{j=1}^{n}\dfrac{n}{(n+i)(n^2+j^2)} = （　　）.$ 2010 数学一、数学二,4 分

（A）$\displaystyle\int_0^1 \mathrm{d}x\int_0^x \frac{1}{(1+x)(1+y^2)}\mathrm{d}y$　　　　（B）$\displaystyle\int_0^1 \mathrm{d}x\int_0^x \frac{1}{(1+x)(1+y)}\mathrm{d}y$

（C）$\displaystyle\int_0^1 \mathrm{d}x\int_0^1 \frac{1}{(1+x)(1+y)}\mathrm{d}y$　　　　（D）$\displaystyle\int_0^1 \mathrm{d}x\int_0^1 \frac{1}{(1+x)(1+y^2)}\mathrm{d}y$

知识点睛　0601 二重积分的概念

解　因为

$$\lim\limits_{n\to\infty}\sum\limits_{i=1}^{n}\sum\limits_{j=1}^{n}\frac{n}{(n+i)(n^2+j^2)} = \lim\limits_{n\to\infty}\sum\limits_{i=1}^{n}\sum\limits_{j=1}^{n}\frac{n}{n\left(1+\dfrac{i}{n}\right)n^2\left[1+\left(\dfrac{j}{n}\right)^2\right]}$$

$$= \lim\limits_{n\to\infty}\sum\limits_{i=1}^{n}\sum\limits_{j=1}^{n}\frac{1}{\left(1+\dfrac{i}{n}\right)\left[1+\left(\dfrac{j}{n}\right)^2\right]}\cdot\frac{1}{n^2}$$

$$= \int_0^1 \mathrm{d}x \int_0^1 \frac{1}{(1+x)(1+y^2)} \mathrm{d}y,$$

应选(D).

【评注】(1)本题也可用定积分定义计算:

$$\lim_{n\to\infty} \sum_{i=1}^{n} \sum_{j=1}^{n} \frac{n}{(n+i)(n^2+j^2)} = \lim_{n\to\infty} \left[\sum_{i=1}^{n} \left(\frac{1}{1+\frac{i}{n}} \cdot \frac{1}{n} \right) \sum_{j=1}^{n} \left(\frac{1}{1+\left(\frac{j}{n}\right)^2} \cdot \frac{1}{n} \right) \right]$$

$$= \lim_{n\to\infty} \sum_{i=1}^{n} \left(\frac{1}{1+\frac{i}{n}} \cdot \frac{1}{n} \right) \lim_{n\to\infty} \sum_{j=1}^{n} \left(\frac{1}{1+\left(\frac{j}{n}\right)^2} \cdot \frac{1}{n} \right)$$

$$= \int_0^1 \frac{1}{1+x} \mathrm{d}x \int_0^1 \frac{1}{1+y^2} \mathrm{d}y = \int_0^1 \mathrm{d}x \int_0^1 \frac{1}{(1+x)(1+y^2)} \mathrm{d}y.$$

(2)以往多次考过利用定积分的定义求极限,本题是首次考查利用二重积分的定义求极限,题目较新颖.

§6.2 二重积分的基本计算

7题精解视频

7 计算 $\iint\limits_{D} xy\mathrm{d}\sigma$,其中 D 是由曲线 $y^2=x$ 与直线 $y=x-2$ 所围成的区域.

知识点睛 0603 利用直角坐标计算二重积分

解 (1)采用先对 x 后对 y 的积分次序,

$$\iint\limits_{D} xy\mathrm{d}\sigma = \int_{-1}^{2} y\mathrm{d}y \int_{y^2}^{y+2} x\mathrm{d}x = \frac{45}{8}.$$

(2)采用先对 y 后对 x 的积分次序,

$$\iint\limits_{D} xy\mathrm{d}\sigma = \int_0^1 x\mathrm{d}x \int_{-\sqrt{x}}^{\sqrt{x}} y\mathrm{d}y + \int_1^4 x\mathrm{d}x \int_{x-2}^{\sqrt{x}} y\mathrm{d}y = \frac{45}{8}.$$

8 设平面区域 D 由曲线 $y=\frac{x^2}{2}$ 与直线 $y=x$ 所围成,求 $\iint\limits_{D} \frac{x}{x^2+y^2} \mathrm{d}x\mathrm{d}y$.

知识点睛 0603 利用直角坐标计算二重积分

解 解方程组 $\begin{cases} y=\dfrac{x^2}{2} \\ y=x \end{cases}$,得曲线与直线的交点为 $O(0,0)$ 与 $A(2,2)$,因此

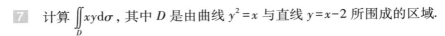

$$\iint\limits_{D} \frac{x}{x^2+y^2} \mathrm{d}x\mathrm{d}y = \int_0^2 \mathrm{d}x \int_{\frac{x^2}{2}}^{x} \frac{x}{x^2+y^2} \mathrm{d}y = \int_0^2 \left(\arctan \frac{y}{x} \, \bigg|_{\frac{x^2}{2}}^{x} \right) \mathrm{d}x$$

$$= \int_0^2 \left(\frac{\pi}{4} - \arctan \frac{x}{2} \right) \mathrm{d}x = \frac{\pi}{4} x \, \bigg|_0^2 - x \cdot \arctan \frac{x}{2} \, \bigg|_0^2 + \frac{1}{2} \int_0^2 \frac{x}{1+\frac{x^2}{4}} \mathrm{d}x$$

$$= \frac{\pi}{2} - \frac{\pi}{2} + \int_0^2 \frac{2x}{4 + x^2} \mathrm{d}x = \ln (x^2 + 4) \Big|_0^2 = \ln 2.$$

9 设 $f(x,y)$ 连续, 且 $f(x,y) = xy + \iint\limits_D f(u,v)\mathrm{d}u\mathrm{d}v$, 其中 D 是由 $y=0, y=x^2, x=1$ 所围区域, 则 $f(x,y) = (\qquad)$.

(A) xy　　　　(B) $2xy$　　　　(C) $xy + \dfrac{1}{8}$　　　　(D) $xy+1$

知识点睛　0601 二重积分的定义

解　记 $\iint\limits_D f(u,v)\mathrm{d}u\mathrm{d}v = I$, 则 $f(x,y) = xy + I.$ 等式两端同时取二重积分, 得

$$\iint\limits_D f(x,y)\mathrm{d}\sigma = \iint\limits_D xy\mathrm{d}\sigma + I\iint\limits_D \mathrm{d}\sigma = \int_0^1 \mathrm{d}x \int_0^{x^2} xy\mathrm{d}y + I\int_0^1 \mathrm{d}x \int_0^{x^2} \mathrm{d}y = \frac{1}{12} + \frac{1}{3}I,$$

故 $I = \dfrac{1}{12} + \dfrac{1}{3}I$, 解得 $I = \dfrac{1}{8}$. 所以, $f(x,y) = xy + \dfrac{1}{8}$. 应选 (C).

10 设区域 D 由 y 轴与曲线 $x = \cos y$ $\left(\text{其中} -\dfrac{\pi}{2} \leqslant y \leqslant \dfrac{\pi}{2}\right)$ 所围成, 则二重积分 $\iint\limits_D 3x^2 \sin^2 y \mathrm{d}x\mathrm{d}y = \underline{\qquad}$.

知识点睛　0603 二重积分在直角坐标系下的计算

解

$$\iint\limits_D 3x^2 \sin^2 y \mathrm{d}x\mathrm{d}y = \int_{-\frac{\pi}{2}}^{\frac{\pi}{2}} \mathrm{d}y \int_0^{\cos y} 3x^2 \sin^2 y \mathrm{d}x = \int_{-\frac{\pi}{2}}^{\frac{\pi}{2}} \sin^2 y \cos^3 y \mathrm{d}y$$

$$= \int_{-\frac{\pi}{2}}^{\frac{\pi}{2}} \sin^2 y (1 - \sin^2 y) \mathrm{d}(\sin y) = \left(\frac{1}{3}\sin^3 y - \frac{1}{5}\sin^5 y\right) \Big|_{-\frac{\pi}{2}}^{\frac{\pi}{2}} = \frac{4}{15}.$$

应填 $\dfrac{4}{15}$.

11 计算积分 $\iint\limits_D \sqrt{x^2 + y^2}\mathrm{d}x\mathrm{d}y$, 其中 D 由 $y=x, x=a, y=0$ 围成.

知识点睛　0603 利用极坐标计算二重积分

解　利用极坐标, 则

$$\iint\limits_D \sqrt{x^2 + y^2}\mathrm{d}x\mathrm{d}y = \int_0^{\frac{\pi}{4}} \mathrm{d}\theta \int_0^{a\sec\theta} r \cdot r\mathrm{d}r = \frac{a^3}{3}\int_0^{\frac{\pi}{4}} \sec^3\theta\mathrm{d}\theta$$

$$= \frac{a^3}{6}[\sqrt{2} + \ln(\sqrt{2} + 1)].$$

12 设平面区域 D 由直线 $y=x$, 圆 $x^2 + y^2 = 2y$ 及 y 轴所围成, 则二重积分 $\iint\limits_D xy\mathrm{d}\sigma = \underline{\qquad}$.　　　　K 2011 数学二, 4 分

知识点睛　0603 利用极坐标计算二重积分

解　易得圆的极坐标方程为 $r = 2\sin\theta$, 于是

$$\iint\limits_D xy\mathrm{d}\sigma = \int_{\frac{\pi}{4}}^{\frac{\pi}{2}} \mathrm{d}\theta \int_0^{2\sin\theta} r^2 \cos\theta \sin\theta \cdot r\mathrm{d}r$$

$$= 4\int_{\frac{\pi}{4}}^{\frac{\pi}{2}} \sin^5\theta\cos\theta\mathrm{d}\theta = 4\int_{\frac{\pi}{4}}^{\frac{\pi}{2}} \sin^5\theta\mathrm{d}(\sin\theta) = \frac{7}{12}.$$

应填 $\dfrac{7}{12}$.

2018 数学二,
4 分

13 题精解视频

13 $\displaystyle\int_{-1}^{0}\mathrm{d}x\int_{-x}^{2-x^2}(1-xy)\mathrm{d}y + \int_{0}^{1}\mathrm{d}x\int_{x}^{2-x^2}(1-xy)\mathrm{d}y = (\qquad)$.

(A) $\dfrac{5}{3}$ (B) $\dfrac{5}{6}$ (C) $\dfrac{7}{3}$ (D) $\dfrac{7}{6}$

知识点睛 0603 利用直角坐标计算二重积分

解 画出积分区域的图形,利用二重积分的对称性.积分区域 D 如 13 题图所示,D 关于 y 轴对称,

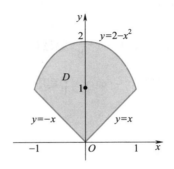

13 题图

$$\text{原式} = \iint_D (1-xy)\mathrm{d}x\mathrm{d}y = \iint_D \mathrm{d}x\mathrm{d}y = 2\int_0^1\mathrm{d}x\int_x^{2-x^2}\mathrm{d}y$$
$$= 2\int_0^1(2-x^2-x)\mathrm{d}x = \frac{7}{3}.$$

应选(C).

2015 数学一、
数学二,4 分

14 设 D 是第一象限中由曲线 $2xy=1,4xy=1$ 与直线 $y=x,y=\sqrt{3}x$ 围成的平面区域,函数 $f(x,y)$ 在 D 上连续,则 $\displaystyle\iint_D f(x,y)\mathrm{d}x\mathrm{d}y = (\qquad)$.

(A) $\displaystyle\int_{\frac{\pi}{4}}^{\frac{\pi}{3}}\mathrm{d}\theta\int_{\frac{1}{2\sin 2\theta}}^{\frac{1}{\sin 2\theta}} f(r\cos\theta,r\sin\theta)r\mathrm{d}r$ (B) $\displaystyle\int_{\frac{\pi}{4}}^{\frac{\pi}{3}}\mathrm{d}\theta\int_{\frac{1}{\sqrt{2\sin 2\theta}}}^{\frac{1}{\sqrt{\sin 2\theta}}} f(r\cos\theta,r\sin\theta)r\mathrm{d}r$

(C) $\displaystyle\int_{\frac{\pi}{4}}^{\frac{\pi}{3}}\mathrm{d}\theta\int_{\frac{1}{2\sin 2\theta}}^{\frac{1}{\sin 2\theta}} f(r\cos\theta,r\sin\theta)\mathrm{d}r$ (D) $\displaystyle\int_{\frac{\pi}{4}}^{\frac{\pi}{3}}\mathrm{d}\theta\int_{\frac{1}{\sqrt{2\sin 2\theta}}}^{\frac{1}{\sqrt{\sin 2\theta}}} f(r\cos\theta,r\sin\theta)\mathrm{d}r$

知识点睛 0603 利用极坐标表示二重积分

解 画出积分区域,用极坐标把二重积分化为二次积分.

曲线 $2xy=1,4xy=1$ 的极坐标方程分别为

$$r = \frac{1}{\sqrt{\sin 2\theta}}, \qquad r = \frac{1}{\sqrt{2\sin 2\theta}},$$

直线 $y=x,y=\sqrt{3}x$ 的极坐标方程分别为 $\theta = \dfrac{\pi}{4},\theta = \dfrac{\pi}{3}$.

所以 $\displaystyle\iint\limits_{D} f(x,y)\mathrm{d}x\mathrm{d}y = \int_{\frac{\pi}{4}}^{\frac{\pi}{3}}\mathrm{d}\theta \int_{\frac{1}{\sqrt{2\sin 2\theta}}}^{\frac{1}{\sqrt{\sin 2\theta}}} f(r\cos\theta,r\sin\theta)r\mathrm{d}r.$ 应选(B).

【评注】注意极坐标与直角坐标的转化 $\mathrm{d}x\mathrm{d}y = r\mathrm{d}r\mathrm{d}\theta.$

15 计算 $\displaystyle\iint\limits_{x^2+y^2 \leqslant 2x-4y} (3x-2y)\mathrm{d}x\mathrm{d}y.$

知识点睛 0603 利用极坐标计算二重积分

解 令 $\begin{cases} u = x-1, \\ v = y+2, \end{cases}$ 则 $u^2+v^2 \leqslant 5.$ 所以

$$\iint\limits_{x^2+y^2\leqslant 2x-4y}(3x-2y)\mathrm{d}x\mathrm{d}y = \iint\limits_{u^2+v^2\leqslant 5}[3(u+1)-2(v-2)]\mathrm{d}u\mathrm{d}v$$

$$= \iint\limits_{u^2+v^2\leqslant 5}(3u-2v+7)\mathrm{d}u\mathrm{d}v$$

$$= \int_0^{2\pi}\mathrm{d}\theta\int_0^{\sqrt 5}r(3r\cos\theta-2r\sin\theta+7)\mathrm{d}r = 35\pi.$$

16 设区域 D 为 $x^2+y^2 \leqslant R^2$, 则 $\displaystyle\iint\limits_{D}\left(\frac{x^2}{a^2}+\frac{y^2}{b^2}\right)\mathrm{d}x\mathrm{d}y = $ _____.

知识点睛 0603 利用极坐标计算二重积分

解 在极坐标系下化二重积分为二次积分:

$$\iint\limits_{D}\left(\frac{x^2}{a^2}+\frac{y^2}{b^2}\right)\mathrm{d}x\mathrm{d}y = \int_0^{2\pi}\mathrm{d}\theta\int_0^{R}\left(\frac{\cos^2\theta}{a^2}+\frac{\sin^2\theta}{b^2}\right)r^3\mathrm{d}r$$

$$= \int_0^{2\pi}\left(\frac{\cos^2\theta}{a^2}+\frac{\sin^2\theta}{b^2}\right)\mathrm{d}\theta\cdot\int_0^{R}r^3\mathrm{d}r = \frac{\pi R^4}{4}\left(\frac{1}{a^2}+\frac{1}{b^2}\right).$$

应填 $\dfrac{\pi R^4}{4}\left(\dfrac{1}{a^2}+\dfrac{1}{b^2}\right).$

17 计算 $\displaystyle\lim_{r\to 0}\frac{1}{\pi r^2}\iint\limits_{D}\mathrm{e}^{x^2-y^2}\cos(x+y)\mathrm{d}x\mathrm{d}y$, 其中 D 为 $x^2+y^2 \leqslant r^2.$

知识点睛 0602 二重积分的中值定理

解 由积分中值定理, 知

$$\lim_{r\to 0}\frac{1}{\pi r^2}\iint\limits_{D}\mathrm{e}^{x^2-y^2}\cos(x+y)\mathrm{d}x\mathrm{d}y = \lim_{r\to 0}\frac{\mathrm{e}^{\xi^2-\eta^2}\cos(\xi+\eta)\cdot\pi r^2}{\pi r^2}$$

$$= \lim_{(\xi,\eta)\to(0,0)}\mathrm{e}^{\xi^2-\eta^2}\cos(\xi+\eta) = 1, \quad 其中(\xi,\eta)\in D.$$

18 设 $f(x)$ 连续, 若 $F(u,v) = \displaystyle\iint\limits_{D_{uv}}\frac{f(x^2+y^2)}{\sqrt{x^2+y^2}}\mathrm{d}x\mathrm{d}y$, 其中区域 D_{uv} 为 18 题图中阴影部分, 则 $\dfrac{\partial F}{\partial u} = ($ $).$ K 2008 数学二、数学三,4 分

(A) $vf(u^2)$ (B) $\dfrac{v}{u}f(u^2)$ (C) $vf(u)$ (D) $\dfrac{v}{u}f(u)$

知识点睛 0603 利用极坐标表示二重积分

18 题精解视频

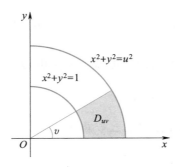

18 题图

解　利用极坐标,有

$$F(u,v) = \int_0^v \mathrm{d}\theta \int_1^u \frac{f(r^2)}{r} r\mathrm{d}r = v\int_1^u f(r^2)\,\mathrm{d}r,$$

于是 $\dfrac{\partial F}{\partial u} = v f(u^2)$,应选(A).

19　计算二重积分 $\displaystyle\iint\limits_{D}(x+y)\mathrm{d}x\mathrm{d}y$,其中 $D = \{(x,y)\mid x^2+y^2 \leqslant x+y+1\}$.

知识点睛　0603 利用极坐标计算二重积分

解　由 $x^2+y^2 \leqslant x+y+1$,得

$$\left(x-\frac{1}{2}\right)^2 + \left(y-\frac{1}{2}\right)^2 \leqslant \frac{3}{2}.$$

令 $x-\dfrac{1}{2} = r\cos\theta, y-\dfrac{1}{2} = r\sin\theta$,有

$$\iint\limits_{D}(x+y)\mathrm{d}x\mathrm{d}y = \int_0^{2\pi}\mathrm{d}\theta\int_0^{\sqrt{\frac{3}{2}}} r(1+r\cos\theta+r\sin\theta)\mathrm{d}r$$

$$= \int_0^{\sqrt{\frac{3}{2}}} r(\theta+r\sin\theta-r\cos\theta)\,\Big|_0^{2\pi}\mathrm{d}r = 2\pi\int_0^{\sqrt{\frac{3}{2}}} r\mathrm{d}r = \pi r^2\,\Big|_0^{\sqrt{\frac{3}{2}}} = \frac{3}{2}\pi.$$

20　计算积分 $\displaystyle\iint\limits_{D}\sqrt{x^2+y^2}\,\mathrm{d}x\mathrm{d}y$,其中 $D = \{(x,y)\mid 0\leqslant y\leqslant x, x^2+y^2\leqslant 2x\}$.

知识点睛　0603 利用极坐标计算二重积分

解　利用极坐标,则

$$\iint\limits_{D}\sqrt{x^2+y^2}\,\mathrm{d}x\mathrm{d}y = \int_0^{\frac{\pi}{4}}\mathrm{d}\theta\int_0^{2\cos\theta} r\cdot r\mathrm{d}r = \frac{8}{3}\int_0^{\frac{\pi}{4}}\cos^3\theta\mathrm{d}\theta$$

$$= \frac{8}{3}\int_0^{\frac{\pi}{4}}(1-\sin^2\theta)\mathrm{d}(\sin\theta) = \frac{8}{3}\left(\sin\theta - \frac{1}{3}\sin^3\theta\right)\,\Big|_0^{\frac{\pi}{4}} = \frac{10}{9}\sqrt{2}.$$

2015 数学三,
4 分

21　设 $D = \{(x,y)\mid x^2+y^2\leqslant 2x, x^2+y^2\leqslant 2y\}$,函数 $f(x,y)$ 在 D 上连续,则 $\displaystyle\iint\limits_{D}f(x,y)\mathrm{d}x\mathrm{d}y = ($　　$)$.

(A) $\displaystyle\int_0^{\frac{\pi}{4}}\mathrm{d}\theta\int_0^{2\cos\theta} f(r\cos\theta, r\sin\theta)r\mathrm{d}r + \int_{\frac{\pi}{4}}^{\frac{\pi}{2}}\mathrm{d}\theta\int_0^{2\sin\theta} f(r\cos\theta, r\sin\theta)r\mathrm{d}r$

（B）$\int_0^{\frac{\pi}{4}}\mathrm{d}\theta\int_0^{2\sin\theta}f(r\cos\theta,r\sin\theta)r\mathrm{d}r+\int_{\frac{\pi}{4}}^{\frac{\pi}{2}}\mathrm{d}\theta\int_0^{2\cos\theta}f(r\cos\theta,r\sin\theta)r\mathrm{d}r$

（C）$2\int_0^1\mathrm{d}x\int_{1-\sqrt{1-x^2}}^{x}f(x,y)\mathrm{d}y$

（D）$2\int_0^1\mathrm{d}x\int_{x}^{\sqrt{2x-x^2}}f(x,y)\mathrm{d}y$

知识点睛　0603 利用极坐标表示二重积分

解　积分区域由直线 $y=x$ 分为两部分,利用极坐标系,

$$\iint\limits_{D}f(x,y)\mathrm{d}x\mathrm{d}y=\int_0^{\frac{\pi}{4}}\mathrm{d}\theta\int_0^{2\sin\theta}f(r\cos\theta,r\sin\theta)r\mathrm{d}r+\int_{\frac{\pi}{4}}^{\frac{\pi}{2}}\mathrm{d}\theta\int_0^{2\cos\theta}f(r\cos\theta,r\sin\theta)r\mathrm{d}r.$$

应选（B）.

22　已知平面区域 $D=\left\{(r,\theta)\ \middle|\ 2\leqslant r\leqslant 2(1+\cos\theta),-\dfrac{\pi}{2}\leqslant\theta\leqslant\dfrac{\pi}{2}\right\}$,计算二重积分　🅚 2016 数学一,
10 分

$\iint\limits_{D}x\mathrm{d}x\mathrm{d}y.$

知识点睛　0603 利用极坐标计算二重积分

解　积分区域 D 关于 x 轴对称,故由对称性,知

$$\iint\limits_{D}x\mathrm{d}x\mathrm{d}y=\int_{-\frac{\pi}{2}}^{\frac{\pi}{2}}\mathrm{d}\theta\int_{2}^{2(1+\cos\theta)}r^2\cos\theta\mathrm{d}r=\frac{8}{3}\int_{-\frac{\pi}{2}}^{\frac{\pi}{2}}[(1+\cos\theta)^3-1]\cos\theta\mathrm{d}\theta$$

$$=\frac{16}{3}\int_0^{\frac{\pi}{2}}(3\cos^2\theta+3\cos^3\theta+\cos^4\theta)\mathrm{d}\theta=\frac{16}{3}\times\left(2+\frac{15}{16}\pi\right)=\frac{32}{3}+5\pi.$$

【评注】计算过程中用到了沃利斯公式

$$\int_0^{\frac{\pi}{2}}\sin^n x\mathrm{d}x=\int_0^{\frac{\pi}{2}}\cos^n x\mathrm{d}x=\begin{cases}\dfrac{n-1}{n}\cdot\dfrac{n-3}{n-2}\cdot\cdots\cdot\dfrac{1}{2}\cdot\dfrac{\pi}{2},&n\text{ 为正偶数},\\[2mm]\dfrac{n-1}{n}\cdot\dfrac{n-3}{n-2}\cdot\cdots\cdot\dfrac{2}{3}\cdot1,&n\text{ 为大于 1 的奇数}.\end{cases}$$

否则计算稍显复杂.

23　计算积分 $\iint\limits_{D}\dfrac{y^3}{(1+x^2+y^4)^2}\mathrm{d}x\mathrm{d}y$,其中 D 是第一象限中以曲线 $y=\sqrt{x}$ 与 x 轴　🅚 2017 数学三,
10 分
为边界的无界区域.

知识点睛　0603 利用直角坐标计算二重积分

解　积分区域如 23 题图所示,则

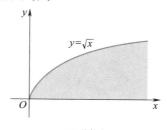

23 题图

$$\iint\limits_{D} \frac{y^3}{(1+x^2+y^4)^2}dxdy = \int_{0}^{+\infty}dx\int_{0}^{\sqrt{x}}\frac{y^3}{(1+x^2+y^4)^2}dy$$

$$= -\frac{1}{4}\int_{0}^{+\infty}\left(\frac{1}{1+2x^2}-\frac{1}{1+x^2}\right)dx$$

$$= -\frac{1}{4\sqrt{2}}\arctan\sqrt{2}x\Big|_{0}^{+\infty}+\frac{1}{4}\arctan x\Big|_{0}^{+\infty}$$

$$= \frac{\pi}{8}\left(1-\frac{1}{\sqrt{2}}\right)=\frac{2-\sqrt{2}}{16}\pi.$$

Ⓚ 2006 数学三,
7 分

24 计算二重积分 $\iint\limits_{D}\sqrt{y^2-xy}\,dxdy$,其中 D 是由直线 $y=x,y=1,x=0$ 所围成的平面区域.

知识点晴   0603 利用直角坐标计算二重积分

分析   画出积分区域,将二重积分化为累次积分即可.

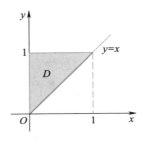

24 题图

解   积分区域如 24 题图.因为根号下的函数为关于 x 的一次函数,"先 x 后 y"积分较容易,所以

$$\iint\limits_{D}\sqrt{y^2-xy}\,dxdy = \int_{0}^{1}dy\int_{0}^{y}\sqrt{y^2-xy}\,dx$$

$$= -\frac{2}{3}\int_{0}^{1}\frac{1}{y}(y^2-xy)^{\frac{3}{2}}\Big|_{0}^{y}dy = \frac{2}{3}\int_{0}^{1}y^2dy = \frac{2}{9}.$$

【评注】计算二重积分时,首先画出积分区域的图形,然后结合积分区域的形状和被积函数的形式,选择坐标系和积分次序.

Ⓚ 2018 数学三,
10 分

25 设平面区域 D 由曲线 $y=\sqrt{3(1-x^2)}$ 与直线 $y=\sqrt{3}x$ 及 y 轴围成,计算二重积分 $\iint\limits_{D}x^2dxdy$.

知识点晴   0603 利用直角坐标计算二重积分

解   积分区域如 25 题图所示,则

$$\iint\limits_{D}x^2dxdy = \int_{0}^{\frac{\sqrt{2}}{2}}dx\int_{\sqrt{3}x}^{\sqrt{3(1-x^2)}}x^2dy = \int_{0}^{\frac{\sqrt{2}}{2}}x^2\left[\sqrt{3(1-x^2)}-\sqrt{3}x\right]dx$$

$$= \sqrt{3}\int_{0}^{\frac{\sqrt{2}}{2}}x^2\sqrt{1-x^2}\,dx - \sqrt{3}\int_{0}^{\frac{\sqrt{2}}{2}}x^3dx = \sqrt{3}\int_{0}^{\frac{\sqrt{2}}{2}}x^2\sqrt{1-x^2}\,dx - \frac{\sqrt{3}}{16}$$

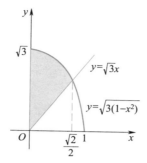

25 题图

$$\xrightarrow{x \,=\, \sin t} \sqrt{3}\int_0^{\frac{\pi}{4}} \sin^2 t \cdot \cos^2 t \mathrm{d}t - \frac{\sqrt{3}}{16}$$

$$= \frac{\sqrt{3}}{4}\int_0^{\frac{\pi}{4}} \sin^2(2t)\,\mathrm{d}t - \frac{\sqrt{3}}{16}$$

$$= \frac{\sqrt{3}}{4}\int_0^{\frac{\pi}{4}} \frac{1-\cos 4t}{2}\mathrm{d}t - \frac{\sqrt{3}}{16} = \frac{\sqrt{3}}{32}\pi - \frac{\sqrt{3}}{16}.$$

26 设 $D = \{(x,y) \mid x^2+y^2 \le x\}$，求 $\iint\limits_{D} \sqrt{x}\,\mathrm{d}x\mathrm{d}y$. 🔲 1998 数学三，
5 分

知识点睛 0603 二重积分的计算——直角坐标和极坐标

分析 选用极坐标及直角坐标均可计算.

解法 1 在极坐标系下 $D = \left\{(r,\theta) \,\middle|\, -\dfrac{\pi}{2} \le \theta \le \dfrac{\pi}{2}, 0 \le r \le \cos\theta\right\}$，所以

$$\iint\limits_{D} \sqrt{x}\,\mathrm{d}x\mathrm{d}y = \int_{-\frac{\pi}{2}}^{\frac{\pi}{2}} \mathrm{d}\theta \int_0^{\cos\theta} (\sqrt{r\cos\theta})\,r\mathrm{d}r = \int_{-\frac{\pi}{2}}^{\frac{\pi}{2}} \sqrt{\cos\theta}\,\mathrm{d}\theta \int_0^{\cos\theta} r^{\frac{3}{2}}\mathrm{d}r$$

$$= \frac{4}{5}\int_0^{\frac{\pi}{2}} \cos^3\theta\,\mathrm{d}\theta = \frac{4}{5} \times \frac{2}{3} \times 1 = \frac{8}{15}.$$

解法 2 在直角坐标系下 $D = \{(x,y) \mid 0 \le x \le 1, -\sqrt{x-x^2} \le y \le \sqrt{x-x^2}\}$，所以

$$\iint\limits_{D} \sqrt{x}\,\mathrm{d}x\mathrm{d}y = \int_0^1 \sqrt{x}\,\mathrm{d}x \int_{-\sqrt{x-x^2}}^{\sqrt{x-x^2}} \mathrm{d}y = 2\int_0^1 x\sqrt{1-x}\,\mathrm{d}x = \frac{8}{15}.$$

27 已知平面区域 $D = \{(x,y) \mid |x| \le y, (x^2+y^2)^3 \le y^4\}$，计算二重积分 🔲 2019 数学二，
10 分
$\iint\limits_{D} \dfrac{x+y}{\sqrt{x^2+y^2}}\mathrm{d}x\mathrm{d}y$.

知识点睛 0603 利用极坐标计算二重积分

解 曲线 $(x^2+y^2)^3 = y^4$ 的极坐标方程为 $r = \sin^2\theta$，积分区域 D 关于 y 轴对称，则

$$\iint\limits_{D} \frac{x+y}{\sqrt{x^2+y^2}}\mathrm{d}x\mathrm{d}y = \iint\limits_{D} \frac{y}{\sqrt{x^2+y^2}}\mathrm{d}x\mathrm{d}y = \int_{\frac{\pi}{4}}^{\frac{3}{4}\pi} \mathrm{d}\theta \int_0^{\sin^2\theta} \frac{r\sin\theta}{r} \cdot r\mathrm{d}r$$

$$= \frac{1}{2}\int_{\frac{\pi}{4}}^{\frac{3}{4}\pi} \sin^5\theta\,\mathrm{d}\theta = -\frac{1}{2}\int_{\frac{\pi}{4}}^{\frac{3}{4}\pi} (1-\cos^2\theta)^2\mathrm{d}(\cos\theta)$$

$$= -\frac{1}{2}\left(\cos\theta - \frac{2}{3}\cos^3\theta + \frac{1}{5}\cos^5\theta\right)\Bigg|_{\frac{\pi}{4}}^{\frac{3}{4}\pi}$$

$$= \frac{43}{120}\sqrt{2}.$$

2003 数学三,8 分

28 计算二重积分

$$I = \iint_D e^{-(x^2+y^2-\pi)}\sin(x^2+y^2)\,dxdy,$$

其中积分区域 $D = \{(x,y)\mid x^2+y^2\leqslant\pi\}$.

知识点睛 0603 利用极坐标计算二重积分

分析 从被积函数与积分区域可以看出,应该利用极坐标进行计算.

解 作极坐标变换:$x = r\cos\theta, y = r\sin\theta$,有

$$I = e^\pi\iint_D e^{-(x^2+y^2)}\sin(x^2+y^2)\,dxdy = e^\pi\int_0^{2\pi}d\theta\int_0^{\sqrt{\pi}}re^{-r^2}\sin r^2\,dr.$$

令 $t = r^2$,则 $I = \pi e^\pi\int_0^\pi e^{-t}\sin t\,dt$. 记 $A = \int_0^\pi e^{-t}\sin t\,dt$, 则

$$A = -\int_0^\pi \sin t\,d(e^{-t}) = -\left(e^{-t}\sin t\Big|_0^\pi - \int_0^\pi e^{-t}\cos t\,dt\right)$$

$$= -\int_0^\pi \cos t\,d(e^{-t}) = -\left(e^{-t}\cos t\Big|_0^\pi + \int_0^\pi e^{-t}\sin t\,dt\right)$$

$$= e^{-\pi} + 1 - A,$$

因此,$A = \frac{1}{2}(1+e^{-\pi})$,$I = \frac{\pi e^\pi}{2}(1+e^{-\pi}) = \frac{\pi}{2}(1+e^\pi)$.

2013 数学二、数学三,10 分

29 设平面区域 D 由直线 $x=3y, y=3x$ 及 $x+y=8$ 围成,计算 $\iint_D x^2\,dxdy$.

知识点睛 0603 利用直角坐标计算二重积分

分析 求出直线 $x+y=8$ 与另两条直线的交点,把积分区域分为两块,直角坐标系下化二重积分为二次积分,积分次序选择先 y 后 x 较易.

解 直线 $x+y=8$ 与直线 $x=3y$ 的交点为 $(6,2)$,直线 $x+y=8$ 与直线 $y=3x$ 的交点为 $(2,6)$.

化二重积分为二次积分,有

$$\iint_D x^2\,dxdy = \int_0^2 x^2\,dx\int_{\frac{1}{3}x}^{3x}dy + \int_2^6 x^2\,dx\int_{\frac{1}{3}x}^{8-x}dy$$

$$= \frac{8}{3}\int_0^2 x^3\,dx + \int_2^6\left(8 - \frac{4}{3}x\right)x^2\,dx = \frac{32}{3} + 128 = \frac{416}{3}.$$

2012 数学三,10 分

30 计算二重积分 $\iint_D xye^x\,dxdy$,其中 D 是以曲线 $y=\sqrt{x}$,$y=\dfrac{1}{\sqrt{x}}$ 及 y 轴为边界的无界区域.

知识点睛 0603 利用直角坐标计算二重积分

解 $\displaystyle\iint_D xye^x\,dxdy = \int_0^1 dx\int_{\sqrt{x}}^{\frac{1}{\sqrt{x}}} xye^x\,dy = \frac{1}{2}\int_0^1 e^x(1-x^2)\,dx$

$$= \frac{1}{2}e^x(1-x^2)\Big|_0^1 + \int_0^1 xe^x dx = -\frac{1}{2} + xe^x\Big|_0^1 - \int_0^1 e^x dx$$

$$= \frac{1}{2}.$$

§6.3 利用区域的对称性及函数的奇偶性计算积分

31 计算二重积分 $\iint_D x(x+y)dxdy$，其中 $D = \{(x,y) \mid x^2+y^2 \leq 2, y \geq x^2\}$.

知识点睛 二重积分的对称性，0603 利用直角坐标计算二重积分

分析 利用二重积分的对称性及二重积分的基本计算.

解 积分区域关于 y 轴对称，$\iint_D xy dxdy = 0$，

$$\iint_D x^2 dxdy = 2\int_0^1 dx\int_{x^2}^{\sqrt{2-x^2}} x^2 dy = 2\int_0^1 x^2(\sqrt{2-x^2}-x^2)dx$$

$$= 2\int_0^1 x^2\sqrt{2-x^2}dx - \frac{2}{5} = 8\int_0^{\frac{\pi}{4}}\sin^2 t\cos^2 t dt - \frac{2}{5}$$

$$= 2\int_0^{\frac{\pi}{4}}\sin^2 2t dt - \frac{2}{5} = \int_0^{\frac{\pi}{4}}(1-\cos 4t)dt - \frac{2}{5} = \frac{\pi}{4} - \frac{2}{5}.$$

32 设 $D = \{(x,y) \mid x^2+y^2 \leq 1\}$，则 $\iint_D (x^2-y)dxdy = $ _____.

2008 数学三,4 分

知识点睛 二重积分的对称性，0603 利用极坐标计算二重积分

解 由于积分区域 D 关于 x 轴,y 轴对称,则有

$$\iint_D y dxdy = 0, \iint_D x^2 dxdy = 4\iint_{D_1} x^2 dxdy, \text{其中} D_1 = \{(x,y) \mid x^2+y^2 \leq 1, x \geq 0, y \geq 0\},$$

从而

$$\iint_D (x^2-y)dxdy = 4\iint_{D_1} x^2 dxdy = 4\int_0^{\frac{\pi}{2}} d\theta\int_0^1 r \cdot r^2\cos^2\theta dr = \frac{1}{2}\int_0^{\frac{\pi}{2}}(1+\cos 2\theta)d\theta = \frac{\pi}{4}.$$

应填 $\frac{\pi}{4}$.

32 题精解视频

33 已知平面区域 $D = \{(x,y) \mid x^2+y^2 \leq 2y\}$，计算二重积分 $\iint_D (x+1)^2 dxdy$.

2017 数学二,11 分

知识点睛 二重积分的对称性，0603 利用极坐标计算二重积分

解 积分区域如 33 题图，有

$$\iint_D (x+1)^2 dxdy = \iint_D x^2 dxdy + 2\iint_D x dxdy + \iint_D dxdy,$$

由积分区域 D 关于 y 轴的对称性,得

$$\iint_D x^2 dxdy = 2\iint_{D_1} x^2 dxdy, \quad \iint_D x dxdy = 0,$$

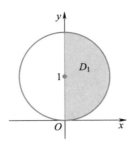

33 题图

$$\iint\limits_{D} \mathrm{d}x\mathrm{d}y = \pi, \text{即 } D \text{ 的面积.所以}$$

$$\iint\limits_{D}(x+1)^2\mathrm{d}x\mathrm{d}y = 2\int_0^{\frac{\pi}{2}}\mathrm{d}\theta\int_0^{2\sin\theta}r^2\cos^2\theta\cdot r\mathrm{d}r + \pi = 8\int_0^{\frac{\pi}{2}}\sin^4\theta\cos^2\theta\mathrm{d}\theta + \pi$$

$$= 8\int_0^{\frac{\pi}{2}}\sin^4\theta(1-\sin^2\theta)\mathrm{d}\theta + \pi = 8\int_0^{\frac{\pi}{2}}(\sin^4\theta - \sin^6\theta)\mathrm{d}\theta + \pi$$

$$= 8\left(\frac{3}{4}\times\frac{1}{2}\times\frac{\pi}{2} - \frac{5}{6}\times\frac{3}{4}\times\frac{1}{2}\times\frac{\pi}{2}\right) + \pi = \frac{5\pi}{4}.$$

34 如 34 题图所示,正方形 $\{(x,y)\mid |x|\le 1, |y|\le 1\}$ 被其对角线划分为四个区域 $D_k(k=1,2,3,4)$, $I_k = \iint\limits_{D_k}y\cos x\mathrm{d}x\mathrm{d}y$, 则 $\max\limits_{1\le k\le 4}\{I_k\} = ($).

(A) I_1 (B) I_2 (C) I_3 (D) I_4

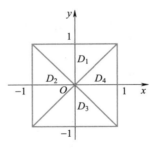

34 题图

知识点睛 二重积分的对称性,0601 二重积分的性质

解 令被积函数 $z = y\cos x$, D_2, D_4 两区域关于 x 轴对称,z 是关于 y 的奇函数,所以 $I_2 = I_4 = 0$. 由题意易知 D_1, D_3 均关于 y 轴对称,z 是关于 x 的偶函数,所以,由对称性

$$I_1 = 2\iint\limits_{D_1\text{右}}y\cos x\mathrm{d}x\mathrm{d}y = 2\int_0^1\mathrm{d}y\int_0^y y\cos x\mathrm{d}x = 2\int_0^1 y\sin y\mathrm{d}y > 0,$$

$$I_3 = 2\iint\limits_{D_3\text{右}}y\cos x\mathrm{d}x\mathrm{d}y = 2\int_{-1}^0\mathrm{d}y\int_0^{-y}y\cos x\mathrm{d}x = -2\int_0^1 y\sin y\mathrm{d}y < 0.$$

应选(A).

2016 数学三,
4 分

35 设 $D = \{(x,y)\mid |x|\le y\le 1, -1\le x\le 1\}$, 则 $\iint\limits_{D}x^2\mathrm{e}^{-y^2}\mathrm{d}x\mathrm{d}y = $ _____.

知识点睛 二重积分的对称性,0603 利用直角坐标计算二重积分

解 利用二重积分的对称性,有

$$\iint_D x^2 e^{-y^2}dxdy = 2\iint_{D_{右}} x^2 e^{-y^2}dxdy = 2\int_0^1 e^{-y^2}dy\int_0^y x^2 dx = \frac{2}{3}\int_0^1 y^3 e^{-y^2}dy$$

$$= -\frac{1}{3}\int_0^1 y^2 d(e^{-y^2}) = -\frac{1}{3}\left(y^2 e^{-y^2}\Big|_0^1 - 2\int_0^1 ye^{-y^2}dy\right)$$

$$= -\frac{1}{3}\left(e^{-1} + e^{-y^2}\Big|_0^1\right) = \frac{1}{3}(1 - 2e^{-1}).$$

应填 $\frac{1}{3}(1-2e^{-1})$.

【评注】本题若用"先 y 后 x"的积分次序则无法计算.

36 设 D_k 是圆域 $D=\{(x,y)\mid x^2+y^2\le 1\}$ 位于第 k 象限的部分,记 $I_k = \iint_{D_k}(y-x)dxdy(k=1,2,3,4)$,则( ).

2013 数学二、数学三,4分

(A) $I_1>0$ (B) $I_2>0$ (C) $I_3>0$ (D) $I_4>0$

知识点睛 0601 二重积分的性质

解 利用重积分的性质即可得出答案.因为第 1,3 象限的区域有关于 x,y 的轮换对称性,故 $\iint_{D_k}ydxdy = \iint_{D_k}xdxdy$,于是 $I_k = \iint_{D_k}(y-x)dxdy = 0(k=1,3)$.

在第 2 象限的区域 D_2 上,$y-x\ge 0$,在第 4 象限的区域 D_4 上,$y-x\le 0$,故由重积分的性质,得

$$I_2>0, I_4<0.$$

应选(B).

【评注】实际上 $I_4<0$,由于 D_1,D_3 关于直线 $y=x$ 对称,再由轮换对称性,得

$$I_1 = \frac{1}{2}\left[\iint_{D_1}(y-x)dxdy + \iint_{D_1}(x-y)dxdy\right] = 0,$$

$$I_3 = \frac{1}{2}\left[\iint_{D_3}(y-x)dxdy + \iint_{D_3}(x-y)dxdy\right] = 0.$$

37 设区域 D 由曲线 $y=\sin x, x=\pm\frac{\pi}{2}, y=1$ 围成,则 $\iint_D(xy^5-1)dxdy = ($).

2012 数学二,4分

(A) π (B) 2   (C) -2 (D) $-\pi$

知识点睛 0601 二重积分的性质

解 可根据二重积分的对称性,画出积分区域 D,D 分为 D_1,D_2 两部分,D_1 关于 x 轴对称,D_2 关于 y 轴对称(见 37 题图),xy^5 分别是 x,y 的奇函数,1 分别是 x,y 的偶函数,所以

$$\iint_D(xy^5-1)dxdy = -\iint_D dxdy = -2\iint_{D_{影}}dxdy = -\pi.$$

应选(D).

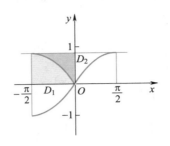

37 题图

【评注】如果直接计算也可以,但比较麻烦且容易出错.

$$\iint\limits_{D}(xy^5-1)\mathrm{d}x\mathrm{d}y = \int_{-\frac{\pi}{2}}^{\frac{\pi}{2}}\mathrm{d}x\int_{\sin x}^{1}(xy^5-1)\mathrm{d}y = \int_{-\frac{\pi}{2}}^{\frac{\pi}{2}}\left[\frac{1}{6}xy^6\Big|_{y=\sin x}^{1} - (1-\sin x)\right]\mathrm{d}x$$

$$= \int_{-\frac{\pi}{2}}^{\frac{\pi}{2}}\left(\frac{1}{6}x - \frac{1}{6}x\sin^6 x - 1 + \sin x\right)\mathrm{d}x$$

$$= -\int_{-\frac{\pi}{2}}^{\frac{\pi}{2}}\mathrm{d}x = -\pi. \text{(利用对称区间上奇函数积分的性质.)}$$

2005 数学二,
4 分

38 设区域 $D = \{(x,y) \mid x^2+y^2 \le 4, x \ge 0, y \ge 0\}$, $f(x)$ 是正值连续函数, a,b 为常数, 则 $\displaystyle\iint\limits_{D}\frac{a\sqrt{f(x)}+b\sqrt{f(y)}}{\sqrt{f(x)}+\sqrt{f(y)}}\mathrm{d}\sigma = ($).

(A) $ab\pi$ (B) $\dfrac{ab}{2}\pi$ (C) $(a+b)\pi$ (D) $\dfrac{a+b}{2}\pi$

知识点晴   二重积分的轮换对称性

解   由轮换对称性, 有

$$\iint\limits_{D}\frac{a\sqrt{f(x)}+b\sqrt{f(y)}}{\sqrt{f(x)}+\sqrt{f(y)}}\mathrm{d}\sigma = \iint\limits_{D}\frac{a\sqrt{f(y)}+b\sqrt{f(x)}}{\sqrt{f(y)}+\sqrt{f(x)}}\mathrm{d}\sigma$$

$$= \frac{1}{2}\iint\limits_{D}\left[\frac{a\sqrt{f(x)}+b\sqrt{f(y)}}{\sqrt{f(x)}+\sqrt{f(y)}} + \frac{a\sqrt{f(y)}+b\sqrt{f(x)}}{\sqrt{f(y)}+\sqrt{f(x)}}\right]\mathrm{d}\sigma$$

$$= \frac{a+b}{2}\iint\limits_{D}\mathrm{d}\sigma = \frac{a+b}{2}\cdot\frac{1}{4}\pi\cdot 2^2 = \frac{a+b}{2}\pi.$$

应选(D).

【评注】被积函数含有抽象函数时,一般考虑用对称性分析.特别地,当具有轮换对称性(x,y 互换, D 保持不变)时,往往用如下方法:

$$\iint\limits_{D}f(x,y)\mathrm{d}x\mathrm{d}y = \iint\limits_{D}f(y,x)\mathrm{d}x\mathrm{d}y = \frac{1}{2}\iint\limits_{D}[f(x,y)+f(y,x)]\mathrm{d}x\mathrm{d}y.$$

39 设 $g(x) > 0$ 为已知连续函数,在圆域 $D = \{(x,y) \mid x^2+y^2 \le a^2(a>0)\}$ 上计算二重积分 $I = \displaystyle\iint\limits_{D}\frac{\lambda g(x)+\mu g(y)}{g(x)+g(y)}\mathrm{d}x\mathrm{d}y$, 其中 λ,μ 为正常数.

知识点睛 二重积分的对称性

解 由于区域 D 关于直线 $y=x$ 对称,故对连续函数 $f(x,y)$,有

$$\iint\limits_{D}f(x,y)\mathrm{d}x\mathrm{d}y = \iint\limits_{D}f(y,x)\mathrm{d}x\mathrm{d}y,$$

因此

$$\iint\limits_{D}\frac{g(x)}{g(x)+g(y)}\mathrm{d}x\mathrm{d}y = \iint\limits_{D}\frac{g(y)}{g(y)+g(x)}\mathrm{d}x\mathrm{d}y$$

$$= \frac{1}{2}\iint\limits_{D}\left[\frac{g(x)}{g(x)+g(y)}+\frac{g(y)}{g(y)+g(x)}\right]\mathrm{d}x\mathrm{d}y$$

$$= \frac{1}{2}\iint\limits_{D}\mathrm{d}x\mathrm{d}y = \frac{1}{2}\pi a^2,$$

从而有

$$\iint\limits_{D}\frac{\lambda g(x)+\mu g(y)}{g(x)+g(y)}\mathrm{d}x\mathrm{d}y = \lambda\iint\limits_{D}\frac{g(x)}{g(x)+g(y)}\mathrm{d}x\mathrm{d}y + \mu\iint\limits_{D}\frac{g(y)}{g(x)+g(y)}\mathrm{d}x\mathrm{d}y$$

$$= \lambda\cdot\frac{1}{2}\pi a^2 + \mu\cdot\frac{1}{2}\pi a^2 = \frac{1}{2}(\lambda+\mu)\pi a^2.$$

40 设区域 $D=\{(x,y)\mid x^2+y^2\leqslant 1, x\geqslant 0\}$,计算二重积分

Ⓚ 2006 数学一, 10 分

$$\iint\limits_{D}\frac{1+xy}{1+x^2+y^2}\mathrm{d}x\mathrm{d}y.$$

知识点睛 二重积分的对称性

分析 由于积分区域 D 关于 x 轴对称,故可先利用二重积分的对称性结论简化所求积分,又因为积分区域为圆域的一部分,则将其化为极坐标系下累次积分即可.

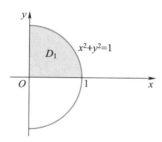

40 题图

解 积分区域 D 如 40 题图所示.因为区域 D 关于 x 轴对称,所以

函数 $f(x,y)=\dfrac{1}{1+x^2+y^2}$ 是变量 y 的偶函数;函数 $g(x,y)=\dfrac{xy}{1+x^2+y^2}$ 是变量 y 的奇函数.则

$$\iint\limits_{D}\frac{1}{1+x^2+y^2}\mathrm{d}x\mathrm{d}y = 2\iint\limits_{D_1}\frac{1}{1+x^2+y^2}\mathrm{d}x\mathrm{d}y = 2\int_0^{\frac{\pi}{2}}\mathrm{d}\theta\int_0^1\frac{r}{1+r^2}\mathrm{d}r = \frac{\pi\ln 2}{2},$$

$$\iint\limits_{D}\frac{xy}{1+x^2+y^2}\mathrm{d}x\mathrm{d}y = 0,$$

故

$$\iint\limits_{D}\frac{1+xy}{1+x^2+y^2}\mathrm{d}x\mathrm{d}y = \iint\limits_{D}\frac{1}{1+x^2+y^2}\mathrm{d}x\mathrm{d}y + \iint\limits_{D}\frac{xy}{1+x^2+y^2}\mathrm{d}x\mathrm{d}y = \frac{\pi\ln 2}{2}.$$

【评注】只要见到积分区域具有对称性的二重积分计算问题,就要想到考查被积函数或其代数和的每一部分是否具有奇偶性,以便简化计算.

2004 数学三, 8 分

41 求 $\iint\limits_{D}(\sqrt{x^2+y^2}+y)\mathrm{d}\sigma$,其中 D 是由圆 $x^2+y^2=4$ 和 $(x+1)^2+y^2=1$ 所围成的平面区域(如41题图(1)).

知识点睛 二重积分的对称性,0603 利用极坐标计算二重积分

分析 首先,将积分区域 D 分为大圆 $D_1=\{(x,y)\mid x^2+y^2\leqslant 4\}$ 减去小圆 $D_2=\{(x,y)\mid(x+1)^2+y^2\leqslant 1\}$,再利用对称性与极坐标计算即可.

解法1 令 $D_1=\{(x,y)\mid x^2+y^2\leqslant 4\}$,$D_2=\{(x,y)\mid(x+1)^2+y^2\leqslant 1\}$,由对称性, $\iint\limits_{D}y\mathrm{d}\sigma=0$,且

$$\iint\limits_{D}\sqrt{x^2+y^2}\mathrm{d}\sigma=\iint\limits_{D_1}\sqrt{x^2+y^2}\mathrm{d}\sigma-\iint\limits_{D_2}\sqrt{x^2+y^2}\mathrm{d}\sigma$$

$$=\int_0^{2\pi}\mathrm{d}\theta\int_0^2 r^2\mathrm{d}r-\int_{\frac{\pi}{2}}^{\frac{3\pi}{2}}\mathrm{d}\theta\int_0^{-2\cos\theta}r^2\mathrm{d}r.$$

$$=\frac{16\pi}{3}-\frac{32}{9}=\frac{16}{9}(3\pi-2),$$

所以 $\iint\limits_{D}(\sqrt{x^2+y^2}+y)\mathrm{d}\sigma=\frac{16}{9}(3\pi-2).$

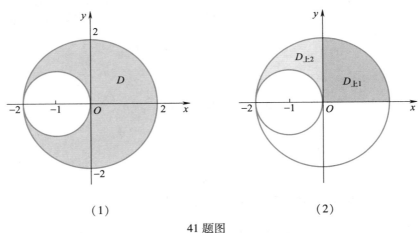

(1)   (2)

41 题图

解法2 如41题图(2)所示,由积分区域对称性和被积函数的奇偶性 $\iint\limits_{D}y\mathrm{d}\sigma=0$,则

$$原式=\iint\limits_{D}\sqrt{x^2+y^2}\mathrm{d}\sigma+0$$

$$=2\left(\iint\limits_{D_{上1}}\sqrt{x^2+y^2}\mathrm{d}\sigma+\iint\limits_{D_{上2}}\sqrt{x^2+y^2}\mathrm{d}\sigma\right)$$

$$=2\left(\int_0^{\frac{\pi}{2}}\mathrm{d}\theta\int_0^2 r^2\mathrm{d}r+\int_{\frac{\pi}{2}}^{\pi}\mathrm{d}\theta\int_{-2\cos\theta}^2 r^2\mathrm{d}r\right)$$

$$= 2\left[\frac{4}{3}\pi + \left(\frac{4}{3}\pi - \frac{16}{9}\right)\right] = \frac{16}{9}(3\pi - 2).$$

【评注】(1)本题属于在极坐标系下计算二重积分的基本题型,对于二重积分,经常利用对称性及将一个复杂区域划分为两个或三个简单区域来简化计算.

(2)在积分及化简问题中,函数的奇偶性是非常重要的,对于 $I = \iint\limits_{D} f(x,y)\mathrm{d}\sigma$,若 D 关于 x 轴对称,那么

① 当 $f(x,-y) = f(x,y)$ 时,有 $I = 2\iint\limits_{D_1} f(x,y)\mathrm{d}\sigma$,$D_1$ 是 D 位于 $y \geq 0$ 的部分.

② 当 $f(x,-y) = -f(x,y)$ 时,有 $I = 0$.

42 计算二重积分 $\iint\limits_{D}(x + y)^3\mathrm{d}\sigma$,其中 D 由曲线 $x = \sqrt{1+y^2}$ 与直线 $x + \sqrt{2}y = 0$ 及 $x - \sqrt{2}y = 0$ 所围成. 〔K 2010 数学三,10 分〕

知识点睛　二重积分的对称性

分析　被积函数展开,利用二重积分的对称性.

解　显然 D 关于 x 轴对称,且 $D = D_1 \cup D_2$,其中

$$D_1 = \{(x,y) \mid 0 \leq y \leq 1, \sqrt{2}y \leq x \leq \sqrt{1+y^2}\},$$
$$D_2 = \{(x,y) \mid -1 \leq y \leq 0, -\sqrt{2}y \leq x \leq \sqrt{1+y^2}\},$$

则

$$\iint\limits_{D}(x+y)^3\mathrm{d}\sigma = \iint\limits_{D}(x^3 + 3x^2y + 3xy^2 + y^3)\mathrm{d}x\mathrm{d}y$$

$$= \iint\limits_{D}(x^3 + 3xy^2)\mathrm{d}x\mathrm{d}y + \iint\limits_{D}(3x^2y + y^3)\mathrm{d}x\mathrm{d}y$$

$$= 2\iint\limits_{D_1}(x^3 + 3xy^2)\mathrm{d}x\mathrm{d}y + 0 \quad (\text{被积函数 } 3x^2y + y^3 \text{ 关于 } y \text{ 是奇函数})$$

$$= 2\int_0^1\mathrm{d}y\int_{\sqrt{2}y}^{\sqrt{1+y^2}}(x^3 + 3xy^2)\mathrm{d}x$$

$$= 2\int_0^1\left(\frac{1}{4}x^4 + \frac{3}{2}x^2y^2\right)\Big|_{\sqrt{2}y}^{\sqrt{1+y^2}}\mathrm{d}y$$

$$= \frac{1}{2}\int_0^1(1 + 8y^2 - 9y^4)\mathrm{d}y$$

$$= \frac{1}{2}\left(1 + \frac{8}{3} - \frac{9}{5}\right) = \frac{14}{15}.$$

【评注】对二重积分的对称性的考查一直是研究生考试的重要测试内容.

43 计算 $\iint\limits_{D}x[1 + yf(x^2 + y^2)]\mathrm{d}\sigma$,其中 D 由 $y = x^3$,$y = 1$,$x = -1$ 围成的区域,f 是 D 上的连续函数.

知识点睛   二重积分的对称性

解   如 43 题图所示,有

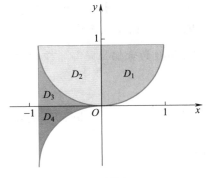

43 题图

$$\iint_D x\left[1 + y f(x^2 + y^2)\right]\mathrm{d}\sigma = \iint_{D_1+D_2} x\left[1 + y f(x^2 + y^2)\right]\mathrm{d}\sigma + \iint_{D_3+D_4} x\left[1 + y f(x^2 + y^2)\right]\mathrm{d}\sigma,$$

因为被积函数关于 x 为奇函数,所以

$$\iint_{D_1+D_2} x\left[1 + y f(x^2 + y^2)\right]\mathrm{d}\sigma = 0,$$

$$\iint_{D_3+D_4} x\left[1 + y f(x^2 + y^2)\right]\mathrm{d}\sigma = \iint_{D_3+D_4} x\mathrm{d}\sigma + \iint_{D_3+D_4} xy f(x^2 + y^2)\mathrm{d}\sigma$$

$$= 2\iint_{D_3} x\mathrm{d}\sigma = 2\int_{-1}^{0}\mathrm{d}x\int_{0}^{-x^3} x\mathrm{d}y = -\frac{2}{5}.$$

故答案为 $-\dfrac{2}{5}$.

44   设 D 是 xOy 平面上以 $(1,1)$,$(-1,1)$ 和 $(-1,-1)$ 为顶点的三角形区域,D_1 是 D 在第一象限的部分,则 $\displaystyle\iint_D (xy + \cos x\sin y)\mathrm{d}x\mathrm{d}y = ($ $)$.

(A) $2\displaystyle\iint_{D_1}\cos x\sin y\mathrm{d}x\mathrm{d}y$ (B) $2\displaystyle\iint_{D_1} xy\mathrm{d}x\mathrm{d}y$

(C) $4\displaystyle\iint_{D_1}(xy + \cos x\sin y)\mathrm{d}x\mathrm{d}y$ (D) 0

知识点睛   利用二重积分区域的对称性、被积函数的奇偶性计算二重积分

解   将区域 D 分为 D_1、D_2、D_3、D_4 四个子区域,如 44 题图所示,显然,D_1 和 D_2 关于 y 轴对称,D_3 和 D_4 关于 x 轴对称.令

$$I_1 = \iint_D xy\mathrm{d}x\mathrm{d}y, \quad I_2 = \iint_D \cos x\sin y\mathrm{d}x\mathrm{d}y.$$

由于 xy 对 x 及对 y 都是奇函数,所以

$$\iint_{D_1+D_2} xy\mathrm{d}x\mathrm{d}y = 0, \quad \iint_{D_3+D_4} xy\mathrm{d}x\mathrm{d}y = 0,$$

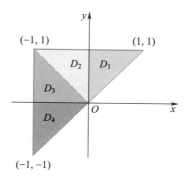

44 题图

因此, $I_1 = 0$.

而 $\cos x \cdot \sin y$ 对 y 是奇函数, 对 x 是偶函数, 故有

$$\iint\limits_{D_3 + D_4} \cos x \sin y \mathrm{d}x\mathrm{d}y = 0 \text{ 和 } \iint\limits_{D_1 + D_2} \cos x \sin y \mathrm{d}x\mathrm{d}y = 2\iint\limits_{D_1} \cos x \sin y \mathrm{d}x\mathrm{d}y,$$

故 $I_2 = 2\iint\limits_{D_1} \cos x \sin y \mathrm{d}x\mathrm{d}y$.

从而

$$\iint\limits_{D}(xy + \cos x \sin y)\mathrm{d}x\mathrm{d}y = 2\iint\limits_{D_1} \cos x \sin y \mathrm{d}x\mathrm{d}y.$$

应选(A).

【评注】在利用积分区域的对称性进行计算时, 要同时考虑被积函数的奇偶性, 通常有:

(1)设 D 关于 y 轴对称, D_1 是 D 的右半部分.

若 $f(-x,y) = -f(x,y)$, 则 $\iint\limits_{D} f(x,y)\mathrm{d}\sigma = 0$;

若 $f(-x,y) = f(x,y)$, 则 $\iint\limits_{D} f(x,y)\mathrm{d}\sigma = 2\iint\limits_{D_1} f(x,y)\mathrm{d}\sigma$.

(2)设 D 关于 x 轴对称, D_1 是 D 的上半部分.

若 $f(x,-y) = -f(x,y)$, 则 $\iint\limits_{D} f(x,y)\mathrm{d}\sigma = 0$;

若 $f(x,-y) = f(x,y)$, 则 $\iint\limits_{D} f(x,y)\mathrm{d}\sigma = 2\iint\limits_{D_1} f(x,y)\mathrm{d}\sigma$.

(3)若 D 关于原点对称, D_1, D_2 分别是 D 的关于原点对称的两部分.

若 $f(-x,-y) = -f(x,y)$, 则 $\iint\limits_{D} f(x,y)\mathrm{d}\sigma = 0$;

若 $f(-x,-y) = f(x,y)$, 则 $\iint\limits_{D} f(x,y)\mathrm{d}\sigma = 2\iint\limits_{D_1} f(x,y)\mathrm{d}\sigma$.

§6.4   分区域函数积分的计算

45 题精解视频

45 计算 $\iint\limits_{D} | y - x^2 | \, dxdy$,其中 $D : 0 \leq x \leq 1, 0 \leq y \leq 1$.

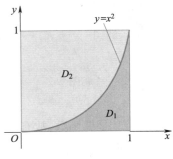

45 题图

知识点睛   分块计算,0603 利用直角坐标计算二重积分

解   如 45 题图所示,有

$$\iint\limits_{D} | y - x^2 | \, dxdy = \iint\limits_{D_1 : y < x^2} (x^2 - y) \, dxdy + \iint\limits_{D_2 : y \geq x^2} (y - x^2) \, dxdy$$

$$= \int_0^1 dx \int_0^{x^2} (x^2 - y) \, dy + \int_0^1 dx \int_{x^2}^1 (y - x^2) \, dy = \frac{11}{30}.$$

46 设 $f(x,y) = \begin{cases} x^2 y, & \text{若 } 1 \leq x \leq 2, 0 \leq y \leq x, \\ 0, & \text{其他}, \end{cases}$ 求 $\iint\limits_{D} f(x,y) \, dxdy$,其中 $D = \{ (x,y) \mid x^2 + y^2 \geq 2x \}$.

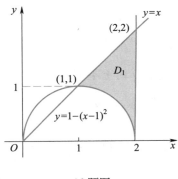

46 题图

知识点睛   0603 利用直角坐标计算二重积分

解   如 46 题图所示,记 $D_1 = \{ (x,y) \mid 1 \leq x \leq 2, \sqrt{2x-x^2} \leq y \leq x \}$,则

$$\iint\limits_{D} f(x,y) \, dxdy = \iint\limits_{D_1} x^2 y \, dxdy = \int_1^2 dx \int_{\sqrt{2x-x^2}}^x x^2 y \, dy$$

§6.4 分区域函数积分的计算 **141**

$$= \int_1^2 \left(x^2 \cdot \frac{y^2}{2} \Big|_{\sqrt{2x-x^2}}^x \right) \mathrm{d}x = \int_1^2 (x^4 - x^3) \mathrm{d}x = \frac{49}{20}.$$

【评注】本题直观看是无界区域 D 上的二重积分,但由于被积函数的特点,实际上要计算的是有界区域上的二重积分.在直角坐标系下化二重积分为二次积分可求得结果.

47 计算二重积分 $\iint_D \mathrm{e}^{\max(x^2,y^2)} \mathrm{d}x\mathrm{d}y$,其中 $D = \{(x,y) \mid 0 \le x \le 1, 0 \le y \le 1\}$. 　2002 数学一,7分

知识点睛 取最值函数的二重积分,0603 利用直角坐标计算二重积分

分析 在 $\max\{x^2,y^2\}$ 中,去掉取最大的符号,把 D 分成两个区域积分.

解 令 $D_1 = \{(x,y) \mid 0 \le x \le 1, 0 \le y \le x\}$, $D_2 = \{(x,y) \mid 0 \le y \le 1, 0 \le x \le y\}$. 则

$$\iint_D \mathrm{e}^{\max(x^2,y^2)} \mathrm{d}x\mathrm{d}y = \iint_{D_1} \mathrm{e}^{x^2} \mathrm{d}x\mathrm{d}y + \iint_{D_2} \mathrm{e}^{y^2} \mathrm{d}x\mathrm{d}y = \int_0^1 \mathrm{d}x \int_0^x \mathrm{e}^{x^2} \mathrm{d}y + \int_0^1 \mathrm{d}y \int_0^y \mathrm{e}^{y^2} \mathrm{d}x = \mathrm{e} - 1.$$

48 已知函数 $f(x) = \begin{cases} \mathrm{e}^x, & 0 \le x \le 1, \\ 0, & \text{其他}, \end{cases}$ 计算 $\int_{-\infty}^{+\infty} \mathrm{d}x \int_{-\infty}^{+\infty} f(x)f(y-x) \mathrm{d}y$. 　2022 数学三,5分

知识点睛 0603 利用直角坐标计算二重积分

解 记 $D = \{(x,y) \mid 0 \le x \le 1, 0 \le y-x \le 1\}$,则

$$\int_{-\infty}^{+\infty} \mathrm{d}x \int_{-\infty}^{+\infty} f(x)f(y-x) \mathrm{d}y = \iint_D \mathrm{e}^x \mathrm{e}^{y-x} \mathrm{d}x\mathrm{d}y$$

$$= \int_0^1 \mathrm{d}x \int_x^{x+1} \mathrm{e}^y \mathrm{d}y = \int_0^1 \mathrm{e}^x (\mathrm{e}-1) \mathrm{d}x = (\mathrm{e}-1)^2.$$

49 设 $a>0$, $f(x) = g(x) = \begin{cases} a, \text{若 } 0 \le x \le 1, \\ 0, \text{其它}, \end{cases}$ 而 D 表示全平面,则 $I = \iint_D f(x)g(y-x) \mathrm{d}x\mathrm{d}y =$ _____. 　2003 数学三,4分

知识点睛 0603 利用直角坐标计算二重积分

解 $I = \iint_D f(x)g(y-x) \mathrm{d}x\mathrm{d}y = \iint_{\substack{0 \le x \le 1 \\ 0 \le y-x \le 1}} a^2 \mathrm{d}x\mathrm{d}y$

$$= a^2 \int_0^1 \mathrm{d}x \int_x^{x+1} \mathrm{d}y = a^2 \int_0^1 [(x+1) - x] \mathrm{d}x = a^2.$$

应填 a^2.

【评注】若被积函数只在某区域内不为零,则二重积分的计算只需在积分区域与被积函数不为零的区域的公共部分上积分即可.

50 设平面区域 D 由直线 $x=1, x=2, y=x$ 与 x 轴围成,计算 $I = \iint_D \frac{\sqrt{x^2+y^2}}{x} \mathrm{d}x\mathrm{d}y$. 　2020 数学二,10分

知识点睛 0603 二重积分的计算(极坐标)

分析 根据被积函数的特点应该选择在极坐标系下计算.

解 直线 $x=1$ 和 $x=2$ 的极坐标方程分别为 $r = \sec\theta$ 及 $r = 2\sec\theta$,则

$$I = \iint_D \frac{\sqrt{x^2+y^2}}{x} \mathrm{d}x\mathrm{d}y = \int_0^{\frac{\pi}{4}} \mathrm{d}\theta \int_{\sec\theta}^{2\sec\theta} \frac{r}{r\cos\theta} \cdot r\mathrm{d}r$$

$$= \frac{3}{2} \int_0^{\frac{\pi}{4}} \sec^3 \theta \mathrm{d}\theta,$$

而

$$\int_0^{\frac{\pi}{4}} \sec^3 \theta \mathrm{d}\theta = \int_0^{\frac{\pi}{4}} \sec \theta \mathrm{d}\tan \theta = \sec \theta \tan \theta \Big|_0^{\frac{\pi}{4}} - \int_0^{\frac{\pi}{4}} \tan^2 \theta \sec \theta \mathrm{d}\theta$$

$$= \sqrt{2} - \int_0^{\frac{\pi}{4}} \sec^3 \theta \mathrm{d}\theta + \int_0^{\frac{\pi}{4}} \sec \theta \mathrm{d}\theta,$$

所以

$$\int_0^{\frac{\pi}{4}} \sec^3 \theta \mathrm{d}\theta = \frac{\sqrt{2}}{2} + \frac{1}{2} \ln |\sec \theta + \tan \theta| \, \Big|_0^{\frac{\pi}{4}}$$

$$= \frac{\sqrt{2}}{2} + \frac{1}{2} \ln(\sqrt{2} + 1),$$

因此

$$I = \iint\limits_D \frac{\sqrt{x^2 + y^2}}{x} \mathrm{d}x \mathrm{d}y = \frac{3\sqrt{2}}{4} + \frac{3}{4} \ln(\sqrt{2} + 1).$$

Ⓚ 2005 数学一,
11 分
51 设 $D = \{(x,y) \mid x^2 + y^2 \leqslant \sqrt{2}, x \geqslant 0, y \geqslant 0\}$, $[1 + x^2 + y^2]$ 表示不超过 $1 + x^2 + y^2$ 的最大整数. 计算二重积分 $\iint\limits_D xy[1 + x^2 + y^2] \mathrm{d}x \mathrm{d}y$.

知识点睛 0603 利用极坐标计算二重积分

分析 首先应设法去掉取整函数符号, 为此将积分区域分为两部分即可.

解 令 $D_1 = \{(x,y) \mid 0 \leqslant x^2 + y^2 < 1, x \geqslant 0, y \geqslant 0\}$,

$D_2 = \{(x,y) \mid 1 \leqslant x^2 + y^2 \leqslant \sqrt{2}, x \geqslant 0, y \geqslant 0\}$,

则

$$\iint\limits_D xy[1 + x^2 + y^2] \mathrm{d}x \mathrm{d}y = \iint\limits_{D_1} xy \mathrm{d}x \mathrm{d}y + 2 \iint\limits_{D_2} xy \mathrm{d}x \mathrm{d}y$$

$$= \int_0^{\frac{\pi}{2}} \sin \theta \cos \theta \mathrm{d}\theta \int_0^1 r^3 \mathrm{d}r + 2 \int_0^{\frac{\pi}{2}} \sin \theta \cos \theta \mathrm{d}\theta \int_1^{\sqrt[4]{2}} r^3 \mathrm{d}r$$

$$= \frac{1}{8} + \frac{1}{4} = \frac{3}{8}.$$

【评注】对于二重积分(或三重积分)的计算问题, 当被积函数为分区域函数时应利用积分的可加性分区域积分. 而实际考题中, 被积函数经常为隐含的分段函数, 如取绝对值函数 $|f(x,y)|$、取最值函数 $\max\{f(x,y), g(x,y)\}$ 以及取整函数 $[f(x,y)]$ 等.

Ⓚ 2007 数学二、
数学三,11 分
52 设二元函数 $f(x,y) = \begin{cases} x^2, & |x| + |y| \leqslant 1, \\ \dfrac{1}{\sqrt{x^2 + y^2}}, & 1 < |x| + |y| \leqslant 2, \end{cases}$ 计算二重积分 $\iint\limits_D f(x,y) \mathrm{d}\sigma$,

其中 $D = \{(x,y) \mid |x| + |y| \leqslant 2\}$.

知识点睛 二重积分的对称性, 0603 二重积分的计算——直角坐标和极坐标

分析 由于积分区域关于 x 轴, y 轴均对称, 所以可利用二重积分的对称性结论简

化所求积分.

解 因为被积函数关于 x,y 均为偶函数,且积分区域关于 x 轴,y 轴均对称,所以

$$\iint\limits_{D}f(x,y)\mathrm{d}\sigma = 4\iint\limits_{D_1}f(x,y)\mathrm{d}\sigma,$$其中 D_1 为 D 在第一象限内的部分.

而 $$\iint\limits_{D_1}f(x,y)\mathrm{d}\sigma = \iint\limits_{x+y\leqslant 1,x\geqslant 0,y\geqslant 0}x^2\mathrm{d}\sigma + \iint\limits_{1<x+y\leqslant 2,x\geqslant 0,y\geqslant 0}\frac{1}{\sqrt{x^2+y^2}}\mathrm{d}\sigma$$

$$= \int_0^1\mathrm{d}x\int_0^{1-x}x^2\mathrm{d}y + \left(\int_0^1\mathrm{d}x\int_{1-x}^{2-x}\frac{1}{\sqrt{x^2+y^2}}\mathrm{d}y + \int_1^2\mathrm{d}x\int_0^{2-x}\frac{1}{\sqrt{x^2+y^2}}\mathrm{d}y\right)$$

$$= \frac{1}{12} + \sqrt{2}\ln(1+\sqrt{2}),$$

所以

$$\iint\limits_{D}f(x,y)\mathrm{d}\sigma = \frac{1}{3} + 4\sqrt{2}\ln(1+\sqrt{2}).$$

【评注】被积函数包含 $\sqrt{x^2+y^2}$ 时,可考虑用极坐标,解答如下:

$$\iint\limits_{\substack{1<x+y\leqslant 2\\ x\geqslant 0,y\geqslant 0}}\frac{1}{\sqrt{x^2+y^2}}\mathrm{d}\sigma = \int_0^{\frac{\pi}{2}}\mathrm{d}\theta\int_{\frac{1}{\sin\theta+\cos\theta}}^{\frac{2}{\sin\theta+\cos\theta}}\mathrm{d}r = \sqrt{2}\ln(1+\sqrt{2}).$$

53. 计算 $\iint\limits_{D}\max\{xy,1\}\mathrm{d}x\mathrm{d}y$,其中 $D = \{(x,y)\mid 0\leqslant x\leqslant 2,0\leqslant y\leqslant 2\}$. Ⓚ 2008 数学二、数学三,11 分

知识点睛 取最值函数的二重积分,0603 利用直角坐标计算二重积分

分析 被积函数 $f(x,y)=\max\{xy,1\}$ 是分区域函数,可利用积分的可加性分区域积分.

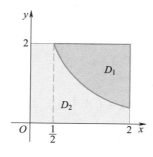

53 题图

解 $\max\{xy,1\} = \begin{cases} xy, & xy\geqslant 1, \\ 1, & xy<1, \end{cases}$ 记

$D_1 = \{(x,y)\mid xy\geqslant 1,(x,y)\in D\}$, $D_2 = \{(x,y)\mid xy<1,(x,y)\in D\}$,如 53 题图所示,则

$$\iint\limits_{D}\max\{xy,1\}\mathrm{d}x\mathrm{d}y = \iint\limits_{D_1}xy\mathrm{d}x\mathrm{d}y + \iint\limits_{D_2}\mathrm{d}x\mathrm{d}y$$

$$= \int_{\frac{1}{2}}^{2} dx \int_{\frac{1}{x}}^{2} xy dy + \int_{0}^{\frac{1}{2}} dx \int_{0}^{2} dy + \int_{\frac{1}{2}}^{2} dx \int_{0}^{\frac{1}{x}} dy$$

$$= \frac{15}{4} - \ln 2 + 1 + 2\ln 2 = \frac{19}{4} + \ln 2.$$

§6.5   交换积分次序及选择坐标系

2007 数学二、数学三,4 分

54 设函数 $f(x,y)$ 连续,则二次积分 $\int_{\frac{\pi}{2}}^{\pi} dx \int_{\sin x}^{1} f(x,y) dy$ 等于(   ).

(A) $\int_{0}^{1} dy \int_{\pi+\arcsin y}^{\pi} f(x,y) dx$ (B) $\int_{0}^{1} dy \int_{\pi-\arcsin y}^{\pi} f(x,y) dx$

(C) $\int_{0}^{1} dy \int_{\frac{\pi}{2}}^{\pi+\arcsin y} f(x,y) dx$ (D) $\int_{0}^{1} dy \int_{\frac{\pi}{2}}^{\pi-\arcsin y} f(x,y) dx$

知识点睛 交换积分次序

解 由题设可知,$\frac{\pi}{2} \leqslant x \leqslant \pi, \sin x \leqslant y \leqslant 1$,则 $0 \leqslant y \leqslant 1, \pi - \arcsin y \leqslant x \leqslant \pi$.应选(B).

2009 数学二,4 分

55 设函数 $z = f(x,y)$ 连续,则 $\int_{1}^{2} dx \int_{x}^{2} f(x,y) dy + \int_{1}^{2} dy \int_{y}^{4-y} f(x,y) dx =$(   ).

(A) $\int_{1}^{2} dx \int_{1}^{4-x} f(x,y) dy$ (B) $\int_{1}^{2} dx \int_{x}^{4-x} f(x,y) dy$

(C) $\int_{1}^{2} dy \int_{1}^{4-y} f(x,y) dx$ (D) $\int_{1}^{2} dy \int_{y}^{} f(x,y) dx$

知识点睛 交换积分次序

解 $\int_{1}^{2} dx \int_{x}^{2} f(x,y) dy + \int_{1}^{2} dy \int_{y}^{4-y} f(x,y) dx$ 的积分区域为两部分:

$D_1 = \{(x,y) \mid 1 \leqslant x \leqslant 2, x \leqslant y \leqslant 2\}, D_2 = \{(x,y) \mid 1 \leqslant y \leqslant 2, y \leqslant x \leqslant 4-y\}$,将其合并写成 $D = \{(x,y) \mid 1 \leqslant y \leqslant 2, 1 \leqslant x \leqslant 4-y\}$,故二重积分可以表示为 $\int_{1}^{2} dy \int_{1}^{4-y} f(x,y) dx$.应选(C).

2004 数学一,4 分

56 设 $f(x)$ 为连续函数,$F(t) = \int_{1}^{t} dy \int_{y}^{t} f(x) dx$,则 $F'(2)$ 等于(   ).

(A) $2f(2)$ (B) $f(2)$ (C) $-f(2)$ (D) 0

知识点睛 交换积分次序,0307 积分上限函数的导数

分析 先求导,再代入 $t=2$ 求 $F'(2)$ 即可.关键是求导前应先交换积分次序,使得被积函数中不含有变量 t.

解 交换积分次序,得

$$F(t) = \int_{1}^{t} dy \int_{y}^{t} f(x) dx = \int_{1}^{t} \left[\int_{1}^{x} f(x) dy \right] dx = \int_{1}^{t} f(x)(x-1) dx,$$

于是,$F'(t) = f(t)(t-1)$,从而有 $F'(2) = f(2)$,应选(B).

2006 数学一、数学二,4 分

57 设 $f(x,y)$ 为连续函数,则 $\int_{0}^{\frac{\pi}{4}} d\theta \int_{0}^{1} f(r\cos\theta, r\sin\theta) r dr$ 等于(   ).

（A）$\displaystyle\int_0^{\frac{\sqrt 2}{2}}\mathrm dx\int_x^{\sqrt{1-x^2}}f(x,y)\mathrm dy$ （B）$\displaystyle\int_0^{\frac{\sqrt 2}{2}}\mathrm dx\int_0^{\sqrt{1-x^2}}f(x,y)\mathrm dy$

（C）$\displaystyle\int_0^{\frac{\sqrt 2}{2}}\mathrm dy\int_y^{\sqrt{1-y^2}}f(x,y)\mathrm dx$ （D）$\displaystyle\int_0^{\frac{\sqrt 2}{2}}\mathrm dy\int_0^{\sqrt{1-y^2}}f(x,y)\mathrm dx$

知识点睛 直角坐标与极坐标之间的转化

解 由题设可知积分区域 D 如 57 题图所示，显然是 Y 型域，则

$$原式=\int_0^{\frac{\sqrt 2}{2}}\mathrm dy\int_y^{\sqrt{1-y^2}}f(x,y)\mathrm dx.$$

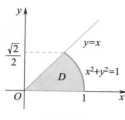

57 题图

应选（C）.

【评注】本题为基本题型，关键是首先画出积分区域的图形.

58 累次积分 $\displaystyle\int_0^{\frac{\pi}{2}}\mathrm d\theta\int_0^{\cos\theta}f(r\cos\theta,r\sin\theta)r\mathrm dr$ 可以写成（　　　）. K 1996 数学三，
3 分

（A）$\displaystyle\int_0^1\mathrm dy\int_0^{\sqrt{y-y^2}}f(x,y)\mathrm dx$ （B）$\displaystyle\int_0^1\mathrm dy\int_0^{\sqrt{1-y^2}}f(x,y)\mathrm dx$

（C）$\displaystyle\int_0^1\mathrm dy\int_0^1 f(x,y)\mathrm dx$ （D）$\displaystyle\int_0^1\mathrm dx\int_0^{\sqrt{x-x^2}}f(x,y)\mathrm dy$

知识点睛 直角坐标与极坐标之间的转化

解 在极坐标系下，积分区域

$$D=\left\{(r,\theta)\mid 0\leqslant r\leqslant\cos\theta,0\leqslant\theta\leqslant\frac{\pi}{2}\right\},$$

于是，在直角坐标系下，积分区域

$$D=\left\{(x,y)\mid 0\leqslant x\leqslant 1,0\leqslant y\leqslant\sqrt{x-x^2}\right\},$$

所以，$\displaystyle\int_0^{\frac{\pi}{2}}\mathrm d\theta\int_0^{\cos\theta}f(r\cos\theta,r\sin\theta)r\mathrm dr=\int_0^1\mathrm dx\int_0^{\sqrt{x-x^2}}f(x,y)\mathrm dy.$ 应选（D）.

59 设 $f(x,y)$ 是连续函数，则 $\displaystyle\int_0^1\mathrm dy\int_{-\sqrt{1-y^2}}^{1-y}f(x,y)\mathrm dx=$（　　　）. K 2014 数学一，
4 分

（A）$\displaystyle\int_0^1\mathrm dx\int_0^{x-1}f(x,y)\mathrm dy+\int_{-1}^0\mathrm dx\int_0^{\sqrt{1-x^2}}f(x,y)\mathrm dy$

（B）$\displaystyle\int_0^1\mathrm dx\int_0^{1-x}f(x,y)\mathrm dy+\int_{-1}^0\mathrm dx\int_{-\sqrt{1-x^2}}^0 f(x,y)\mathrm dy$

（C）$\displaystyle\int_0^{\frac{\pi}{2}}\mathrm d\theta\int_0^{\frac{1}{\cos\theta+\sin\theta}}f(r\cos\theta,r\sin\theta)\mathrm dr+\int_{\frac{\pi}{2}}^{\pi}\mathrm d\theta\int_0^1 f(r\cos\theta,r\sin\theta)\mathrm dr$

(D) $\int_0^{\frac{\pi}{2}} \mathrm{d}\theta \int_0^{\frac{1}{\cos\theta+\sin\theta}} f(r\cos\theta, r\sin\theta) r\mathrm{d}r + \int_{\frac{\pi}{2}}^{\pi} \mathrm{d}\theta \int_0^1 f(r\cos\theta, r\sin\theta) r\mathrm{d}r$

知识点睛　直角坐标与极坐标之间的转化

解　二次积分 $\int_0^1 \mathrm{d}y \int_{-\sqrt{1-y^2}}^{1-y} f(x,y)\mathrm{d}x$ 对应的积分区域为

$$D = \left\{ (x,y) \mid -\sqrt{1-y^2} \leqslant x \leqslant 1-y, 0 \leqslant y \leqslant 1 \right\},$$

则

$$\int_0^1 \mathrm{d}y \int_{-\sqrt{1-y^2}}^{1-y} f(x,y)\mathrm{d}x$$

$$= \int_0^{\frac{\pi}{2}} \mathrm{d}\theta \int_0^{\frac{1}{\cos\theta+\sin\theta}} f(r\cos\theta, r\sin\theta) r\mathrm{d}r + \int_{\frac{\pi}{2}}^{\pi} \mathrm{d}\theta \int_0^1 f(r\cos\theta, r\sin\theta) r\mathrm{d}r,$$

应选(D).

2012 数学三, 4 分

60　设函数 $f(t)$ 连续,则二次积分 $\int_0^{\frac{\pi}{2}} \mathrm{d}\theta \int_{2\cos\theta}^2 f(r^2) r\mathrm{d}r = ($ 　 $)$.

(A) $\int_0^2 \mathrm{d}x \int_{\sqrt{2x-x^2}}^{\sqrt{4-x^2}} \sqrt{x^2+y^2} f(x^2+y^2)\mathrm{d}y$

(B) $\int_0^2 \mathrm{d}x \int_{\sqrt{2x-x^2}}^{\sqrt{4-x^2}} f(x^2+y^2)\mathrm{d}y$

(C) $\int_0^2 \mathrm{d}y \int_{1+\sqrt{1-y^2}}^{\sqrt{4-y^2}} \sqrt{x^2+y^2} f(x^2+y^2)\mathrm{d}x$

(D) $\int_0^2 \mathrm{d}y \int_{1+\sqrt{1-y^2}}^{\sqrt{4-y^2}} f(x^2+y^2)\mathrm{d}x$

知识点睛　直角坐标与极坐标之间的转化

解　令 $x = r\cos\theta, y = r\sin\theta$,则 $r=2$ 所对应的直角坐标方程为 $x^2+y^2 = 2^2$, $r = 2\cos\theta$ 所对应的直角坐标方程为 $(x-1)^2 + y^2 = 1$.

由 $\int_0^{\frac{\pi}{2}} \mathrm{d}\theta \int_{2\cos\theta}^2 f(r^2) r\mathrm{d}r$ 的积分区域

$$2\cos\theta < r < 2, \quad 0 < \theta < \frac{\pi}{2},$$

在直角坐标下的表示为

$$\sqrt{2x-x^2} < y < \sqrt{4-x^2}, \quad 0 < x < 2,$$

所以, $\int_0^{\frac{\pi}{2}} \mathrm{d}\theta \int_{2\cos\theta}^2 f(r^2) r\mathrm{d}r = \int_0^2 \mathrm{d}x \int_{\sqrt{2x-x^2}}^{\sqrt{4-x^2}} f(x^2+y^2)\mathrm{d}y$. 应选(B).

61　在直角坐标系二次积分 $I = \int_0^2 \mathrm{d}y \int_{-y}^{\sqrt{2y-y^2}} f(x,y)\mathrm{d}x$,则在极坐标下先对 r 后对 θ 的二次积分 $I = $ _____.

知识点睛　直角坐标转化为极坐标

解　由已知二次积分知,积分区域由直线 $y=2$, $x=-y$ 及曲线 $x = \sqrt{2y-y^2}$ 围成,如 61 题图所示,在极坐标下积分区域可分成两部分

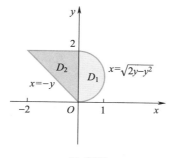

61 题图

$$D_1 = \left\{ (r,\theta) \,\middle|\, 0 \leqslant \theta \leqslant \frac{\pi}{2}, \quad 0 \leqslant r \leqslant 2\sin\theta \right\},$$

$$D_2 = \left\{ (r,\theta) \,\middle|\, \frac{\pi}{2} \leqslant \theta \leqslant \frac{3}{4}\pi, \quad 0 \leqslant r \leqslant 2\csc\theta \right\},$$

于是，$I = \displaystyle\int_0^{\frac{\pi}{2}} \mathrm{d}\theta \int_0^{2\sin\theta} f(r\cos\theta, r\sin\theta) r\mathrm{d}r + \int_{\frac{\pi}{2}}^{\frac{3}{4}\pi} \mathrm{d}\theta \int_0^{2\csc\theta} f(r\cos\theta, r\sin\theta) r\mathrm{d}r.$

62 积分 $\displaystyle\int_0^2 \mathrm{d}x \int_x^2 \mathrm{e}^{-y^2} \mathrm{d}y$ 的值等于 _____.

62 题精解视频

知识点睛 交换积分次序

解 由于被积函数 e^{-y^2} 的原函数不能用初等函数表示，所以应改变二次积分的积分次序，有

$$\int_0^2 \mathrm{d}x \int_x^2 \mathrm{e}^{-y^2} \mathrm{d}y = \int_0^2 \mathrm{d}y \int_0^y \mathrm{e}^{-y^2} \mathrm{d}x = \int_0^2 y\mathrm{e}^{-y^2} \mathrm{d}y = \frac{1}{2}(1 - \mathrm{e}^{-4}).$$

故应填 $\dfrac{1}{2}(1-\mathrm{e}^{-4})$.

【**评注**】改变二次积分的积分次序时，确定内外积分的积分限是十分重要的.

63 $\displaystyle\int_0^1 \mathrm{d}y \int_y^1 \frac{\tan x}{x} \mathrm{d}x =$ _____.

K 2017 数学二，4 分

63 题精解视频

知识点睛 交换积分次序

解 积分区域如 63 题图.交换积分次序：

$$\int_0^1 \mathrm{d}y \int_y^1 \frac{\tan x}{x} \mathrm{d}x = \int_0^1 \mathrm{d}x \int_0^x \frac{\tan x}{x} \mathrm{d}y = \int_0^1 \tan x \mathrm{d}x = -\ln(\cos x) \Big|_0^1 = -\ln(\cos 1).$$

应填 $-\ln(\cos 1)$.

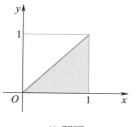

63 题图

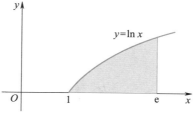

64 题图

64 将二重积分 $\iint\limits_{D} f(x,y)\mathrm{d}x\mathrm{d}y = \int_1^e \mathrm{d}x \int_0^{\ln x} f(x,y)\mathrm{d}y$ 化为先对 x，后对 y 的二次积

分，则 $\iint\limits_{D} f(x,y)\mathrm{d}x\mathrm{d}y = $ _____.

知识点睛　交换积分次序

解　将 $D: \begin{cases} 1 \leqslant x \leqslant e, \\ 0 \leqslant y \leqslant \ln x \end{cases}$ 改记成 $D: \begin{cases} 0 \leqslant y \leqslant 1, \\ e^y \leqslant x \leqslant e, \end{cases}$ 如 64 题图所示，所以

$$\iint\limits_{D} f(x,y)\mathrm{d}x\mathrm{d}y = \int_0^1 \mathrm{d}y \int_{e^y}^e f(x,y)\mathrm{d}x.$$

应填 $\int_0^1 \mathrm{d}y \int_{e^y}^e f(x,y)\mathrm{d}x$.

2022 数学二，
5 分

65 $\int_0^2 \mathrm{d}y \int_y^2 \dfrac{y}{\sqrt{1+x^3}}\mathrm{d}x = ($ 　　$)$.

$(\mathrm{A})\ \dfrac{\sqrt{2}}{6}$ 　　　　$(\mathrm{B})\ \dfrac{1}{3}$ 　　　　$(\mathrm{C})\ \dfrac{\sqrt{2}}{3}$ 　　　　$(\mathrm{D})\ \dfrac{2}{3}$

知识点睛　交换积分次序

解　交换积分次序

$$\int_0^2 \mathrm{d}y \int_y^2 \frac{y}{\sqrt{1+x^3}}\mathrm{d}x = \int_0^2 \mathrm{d}x \int_0^x \frac{y}{\sqrt{1+x^3}}\mathrm{d}y = \frac{1}{2}\int_0^2 \frac{x^2}{\sqrt{1+x^3}}\mathrm{d}x = \frac{1}{3}\sqrt{1+x^3}\,\Big|_0^2 = \frac{2}{3}.$$

应选 (D).

66 交换积分次序：$\int_0^{\frac{1}{4}} \mathrm{d}y \int_y^{\sqrt{y}} f(x,y)\mathrm{d}x + \int_{\frac{1}{4}}^{\frac{1}{2}} \mathrm{d}y \int_y^{\frac{1}{2}} f(x,y)\mathrm{d}x = $ _____.

知识点睛　交换积分次序

解　如 66 题图所示，积分区域 $D = D_1 + D_2$，其中

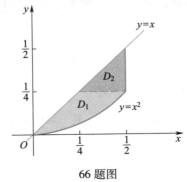

66 题图

$$D_1 = \left\{ (x,y) \,\middle|\, 0 \leqslant y \leqslant \frac{1}{4}, y \leqslant x \leqslant \sqrt{y} \right\},$$

$$D_2 = \left\{ (x,y) \,\middle|\, \frac{1}{4} \leqslant y \leqslant \frac{1}{2}, y \leqslant x \leqslant \frac{1}{2} \right\}.$$

于是，D 也可表示为

$$D = \left\{ (x,y) \,\middle|\, 0 \leqslant x \leqslant \frac{1}{2}, x^2 \leqslant y \leqslant x \right\}.$$

故

$$\int_0^{\frac{1}{4}} dy \int_y^{\sqrt{y}} f(x,y) \, dx + \int_{\frac{1}{4}}^{\frac{1}{2}} dy \int_y^{\frac{1}{2}} f(x,y) \, dx = \int_0^{\frac{1}{2}} dx \int_{x^2}^{x} f(x,y) \, dy.$$

应填 $\displaystyle\int_0^{\frac{1}{2}} dx \int_{x^2}^{x} f(x,y) \, dy$.

【评注】本题应先画出草图,即可直观明了地得出正确答案.

67 计算二重积分

$$\int_1^2 dx \int_{\sqrt{x}}^{x} \sin \frac{\pi x}{2y} dy + \int_2^4 dx \int_{\sqrt{x}}^{2} \sin \frac{\pi x}{2y} dy.$$

知识点睛 交换积分次序

解 因为 $\displaystyle\int \sin \frac{\pi x}{2y} dy$ 不能用初等函数表示,所以需要改变积分顺序,如 67 题图所示,设

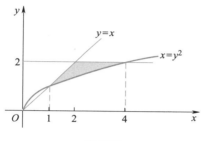

67 题图

$$D_1: \begin{cases} 1 \leqslant x \leqslant 2, \\ \sqrt{x} \leqslant y \leqslant x, \end{cases} \qquad D_2: \begin{cases} 2 \leqslant x \leqslant 4, \\ \sqrt{x} \leqslant y \leqslant 2, \end{cases}$$

$$D = D_1 + D_2: \begin{cases} 1 \leqslant y \leqslant 2, \\ y \leqslant x \leqslant y^2, \end{cases}$$

则

$$\int_1^2 dx \int_{\sqrt{x}}^{x} \sin \frac{\pi x}{2y} dy + \int_2^4 dx \int_{\sqrt{x}}^{2} \sin \frac{\pi x}{2y} dy$$

$$= \int_1^2 dy \int_y^{y^2} \sin \frac{\pi x}{2y} dx = -\int_1^2 \left(\frac{2y}{\pi} \cos \frac{\pi x}{2y} \bigg|_y^{y^2} \right) dy$$

$$= -\int_1^2 \frac{2y}{\pi} \left(\cos \frac{\pi y}{2} - \cos \frac{\pi}{2} \right) dy$$

$$= -\frac{2}{\pi} \int_1^2 y \cos \frac{\pi y}{2} dy = -\frac{4}{\pi^2} \int_1^2 y \, d\left(\sin \frac{\pi y}{2} \right) = \frac{4}{\pi^3} (2 + \pi).$$

68 计算 $\displaystyle\iint_D \frac{\sin y}{y} d\sigma$,其中 D 是由抛物线 $y^2 = x$ 与直线 $y = x$ 所围成的区域.

知识点睛 交换积分次序

解   因为 $\int \dfrac{\sin y}{y}\mathrm{d}y$ 不能用初等函数表示,所以不能先对 y 积分,故

$$\iint\limits_{D} \frac{\sin y}{y}\mathrm{d}\sigma = \int_0^1 \frac{\sin y}{y}\mathrm{d}y \int_{y^2}^{y}\mathrm{d}x = \int_0^1 (1-y)\sin y\,\mathrm{d}y = 1-\sin 1 .$$

§6.6   三重积分的计算

2009 数学一,4 分

69   设 $\Omega = \{ (x,y,z) \mid x^2+y^2+z^2 \leqslant 1 \}$,则 $\iiint\limits_{\Omega} z^2 \mathrm{d}x\mathrm{d}y\mathrm{d}z = $ _____.

知识点睛   0605 三重积分的计算——球面坐标

解法 1   由对称性,有 $\iiint\limits_{\Omega} x^2 \mathrm{d}x\mathrm{d}y\mathrm{d}z = \iiint\limits_{\Omega} y^2 \mathrm{d}x\mathrm{d}y\mathrm{d}z = \iiint\limits_{\Omega} z^2 \mathrm{d}x\mathrm{d}y\mathrm{d}z$,所以

$$\iiint\limits_{\Omega} z^2 \mathrm{d}x\mathrm{d}y\mathrm{d}z = \frac{1}{3}\iiint\limits_{\Omega} (x^2+y^2+z^2)\mathrm{d}x\mathrm{d}y\mathrm{d}z = \frac{1}{3}\int_0^{2\pi}\mathrm{d}\theta\int_0^{\pi}\sin\varphi\,\mathrm{d}\varphi\int_0^1 r^4\mathrm{d}r = \frac{4}{15}\pi.$$

解法 2   利用球面坐标,有

$$\iiint\limits_{\Omega} z^2 \mathrm{d}x\mathrm{d}y\mathrm{d}z = \int_0^{2\pi}\mathrm{d}\theta\int_0^{\pi}\mathrm{d}\varphi\int_0^1 r^2\sin\varphi\, r^2\cos^2\varphi\,\mathrm{d}r$$

$$= \int_0^{2\pi}\mathrm{d}\theta\int_0^{\pi}\cos^2\varphi\,\mathrm{d}(-\cos\varphi)\int_0^1 r^4\mathrm{d}r$$

$$= -\frac{2\pi}{15}\cos^3\varphi\,\Big|_0^{\pi} = \frac{4}{15}\pi.$$

应填 $\dfrac{4}{15}\pi$.

【评注】也可利用"先二后一"法,有

$$\iiint\limits_{\Omega} z^2 \mathrm{d}x\mathrm{d}y\mathrm{d}z = \int_{-1}^1 z^2 \mathrm{d}z \iint\limits_{D_z}\mathrm{d}x\mathrm{d}y = \int_{-1}^1 \pi z^2(1-z^2)\mathrm{d}z = \frac{4}{15}\pi,$$

其中 $D_z = \{ (x,y) \mid x^2+y^2 \leqslant 1-z^2 \}$.

70 题精解视频

70   求 $\iiint\limits_{\Omega}(x+y+z)\mathrm{d}V$,其中 Ω 为由平面 $x+y+z=1$ 与三个坐标面围成的区域.

知识点睛   0605 三重积分的计算——直角坐标

解 $\iiint\limits_{\Omega}(x+y+z)\mathrm{d}V = \int_0^1 \mathrm{d}x\int_0^{1-x}\mathrm{d}y\int_0^{1-x-y}(x+y+z)\mathrm{d}z$

$$= \int_0^1 \mathrm{d}x\int_0^{1-x}\left[(x+y)z + \frac{z^2}{2} \right]\Bigg|_0^{1-x-y}\mathrm{d}y$$

$$= \int_0^1 \mathrm{d}x\int_0^{1-x}\left[(x+y) - (x+y)^2 + \frac{(1-x-y)^2}{2} \right]\mathrm{d}y$$

$$= \int_0^1 \left[\frac{(x+y)^2}{2} - \frac{(x+y)^3}{3} - \frac{(1-x-y)^3}{6} \right]\Bigg|_0^{1-x}\mathrm{d}x$$

$$= \int_0^1 \left[\frac{1}{6} - \frac{x^2}{2} + \frac{x^3}{3} + \frac{(1-x)^3}{6} \right] dx$$

$$= \left[\frac{x}{6} - \frac{x^3}{6} + \frac{x^4}{12} - \frac{(1-x)^4}{24} \right] \Big|_0^1 = \frac{1}{8}.$$

71 求 $\iiint\limits_{\Omega} \dfrac{1}{(1+x+y+z)^3} dV$,其中 Ω 为由平面 $x+y+z=1$ 与三个坐标面围成的

区域.

知识点睛　0605 三重积分的计算——直角坐标

解　$\iiint\limits_{\Omega} \dfrac{1}{(1+x+y+z)^3} dV = \int_0^1 dx \int_0^{1-x} dy \int_0^{1-x-y} \dfrac{1}{(1+x+y+z)^3} dz$

$$= \int_0^1 dx \int_0^{1-x} \left[-\frac{1}{2(1+x+y+z)^2} \right] \Big|_0^{1-x-y} dy$$

$$= \int_0^1 dx \int_0^{1-x} \left[\frac{1}{2(1+x+y)^2} - \frac{1}{8} \right] dy$$

$$= \int_0^1 \left[-\frac{1}{2(1+x+y)} - \frac{y}{8} \right] \Big|_0^{1-x} dx$$

$$= \int_0^1 \left[-\frac{1}{4} + \frac{x-1}{8} + \frac{1}{2(1+x)} \right] dx$$

$$= \left[-\frac{x}{4} + \frac{(x-1)^2}{16} + \frac{1}{2}\ln(1+x) \right] \Big|_0^1$$

$$= \frac{1}{2}\ln 2 - \frac{5}{16}.$$

72 计算 $I = \iiint\limits_{\Omega} e^{|x|} dV, \Omega$ 为 $x^2 + y^2 + z^2 \leqslant 1$.

知识点睛　0605 三重积分的计算——直角坐标

解　设 Ω 在第一卦限的区域为 Ω_1,由于 Ω 对三个坐标面均对称,同时,函数 $e^{|x|}$ 关于 x, y, z 都为偶函数,所以

$$I = \iiint\limits_{\Omega} e^{|x|} dxdydz = 8\iiint\limits_{\Omega_1} e^{|x|} dxdydz = 8\iiint\limits_{\Omega_1} e^x dxdydz,$$

由于 Ω_1 在 x 轴上的投影区间为 $[0,1]$,在 Ω_1 上垂直于 x 轴的截面区域为 $D_{yz}: y \geqslant 0$, $z \geqslant 0, y^2 + z^2 \leqslant 1 - x^2$.所以

$$I = 8\int_0^1 dx \iint\limits_{D_{yz}} e^x dydz = 8\int_0^1 e^x \cdot \frac{1}{4}\pi(1-x^2) dx = 2\pi\int_0^1 e^x(1-x^2) dx = 2\pi.$$

73 求 $\iiint\limits_{\Omega}(x^2+y^2) dV, \Omega$ 是由曲面 $4z^2 = 25(x^2+y^2)$ 及平面 $z=5$ 所围成的区域.

知识点睛　0605 三重积分的计算——柱面坐标

解　在柱面坐标系下,有

$$\iiint\limits_{\Omega}(x^2+y^2) dV = \int_0^{2\pi} d\theta \int_0^2 r dr \int_{\frac{5}{2}r}^5 r^2 dz = 2\pi\int_0^2 \left(5r^3 - \frac{5}{2}r^4\right) dr = 8\pi.$$

74 计算 $\iiint\limits_{\Omega} z\mathrm{d}V$,其中 Ω 是由球面 $x^2 + y^2 + z^2 = 4$ 与抛物面 $x^2 + y^2 = 3z$ 所围成.

知识点睛 0605 三重积分的计算——柱面坐标

解 $\iiint\limits_{\Omega} z\mathrm{d}V = \int_0^{2\pi}\mathrm{d}\theta\int_0^{\sqrt{3}} r\mathrm{d}r\int_{\frac{r^2}{3}}^{\sqrt{4-r^2}} z\mathrm{d}z = \pi\int_0^{\sqrt{3}} r\left(4 - r^2 - \frac{r^4}{9}\right)\mathrm{d}r = \frac{13}{4}\pi.$

1997 数学一,
5 分

75 计算 $I = \iiint\limits_{\Omega}(x^2 + y^2)\mathrm{d}V$,其中 Ω 为平面曲线 $\begin{cases} y^2 = 2z \\ x = 0 \end{cases}$,绕 z 轴旋转一周形成的曲面与平面 $z = 8$ 所围成的区域.

知识点睛 0605 三重积分的计算——柱面坐标

解 $I = \iiint\limits_{\Omega}(x^2 + y^2)\mathrm{d}V = \int_0^{2\pi}\mathrm{d}\theta\int_0^4 r\mathrm{d}r\int_{\frac{r^2}{2}}^8 r^3\mathrm{d}z = \frac{1\,024}{3}\pi.$

76 计算 $\iiint\limits_{\Omega} z^2\mathrm{d}x\mathrm{d}y\mathrm{d}z$,其中区域 Ω 由 $\begin{cases} x^2 + y^2 + z^2 \leqslant R^2, \\ x^2 + y^2 + (z - R)^2 \leqslant R^2 \end{cases}$ 所确定.

知识点睛 0605 三重积分的计算——直角坐标、柱面坐标、球面坐标

解法 1 利用柱面坐标,得

$$\iiint\limits_{\Omega} z^2\mathrm{d}x\mathrm{d}y\mathrm{d}z = \int_0^{2\pi}\mathrm{d}\theta\int_0^{\frac{\sqrt{3}}{2}R} r\mathrm{d}r\int_{R-\sqrt{R^2-r^2}}^{\sqrt{R^2-r^2}} z^2\mathrm{d}z$$

$$= \frac{2}{3}\pi\int_0^{\frac{\sqrt{3}}{2}R} r\left[(R^2 - r^2)^{\frac{3}{2}} - (R - \sqrt{R^2 - r^2})^3\right]\mathrm{d}r$$

$$= \frac{2}{3}\pi\int_0^{\frac{\sqrt{3}}{2}R} r\left[2(R^2 - r^2)^{\frac{3}{2}} + 3R^2(R^2 - r^2)^{\frac{1}{2}} - 4R^3 + 3R^2r^2\right]\mathrm{d}r$$

$$= \frac{59}{480}\pi R^5.$$

解法 2 利用球面坐标(76 题图),得

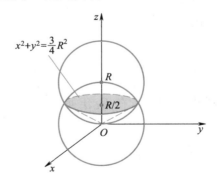

$x^2+y^2=\frac{3}{4}R^2$

76 题图

$$\iiint\limits_{\Omega} z^2\mathrm{d}x\mathrm{d}y\mathrm{d}z$$

$$= \int_0^{2\pi}\mathrm{d}\theta\int_0^{\frac{\pi}{3}}\mathrm{d}\varphi\int_0^R r^2\cos^2\varphi \cdot r^2\sin\varphi\mathrm{d}r + \int_0^{2\pi}\mathrm{d}\theta\int_{\frac{\pi}{3}}^{\frac{\pi}{2}}\mathrm{d}\varphi\int_0^{2R\cos\varphi} r^2\sin\varphi \cdot r^2\cos^2\varphi\mathrm{d}r$$

$$= 2\pi\left(-\frac{1}{3}\cos^3\varphi\right)\Big|_0^{\frac{\pi}{3}} \cdot \left(\frac{1}{5}r^5\right)\Big|_0^R + \frac{64\pi}{5}R^5\left(-\frac{1}{8}\cos^8\varphi\right)\Big|_{\frac{\pi}{3}}^{\frac{\pi}{2}}$$

$$= \frac{59}{480}\pi R^5.$$

解法 3   利用"先二后一"法,得

$$\iiint\limits_{\Omega} z^2\mathrm{d}x\mathrm{d}y\mathrm{d}z = \int_{\frac{R}{2}}^R z^2\mathrm{d}z\iint\limits_{x^2+y^2\leqslant R^2-z^2}\mathrm{d}x\mathrm{d}y + \int_0^{\frac{R}{2}} z^2\mathrm{d}z\iint\limits_{x^2+y^2\leqslant 2Rz-z^2}\mathrm{d}x\mathrm{d}y$$

$$= \int_{\frac{R}{2}}^R \pi z^2(R^2-z^2)\mathrm{d}z + \int_0^{\frac{R}{2}} z^2\cdot\pi\cdot(2Rz-z^2)\mathrm{d}z$$

$$= \frac{59}{480}\pi R^5.$$

【评注】比较上面三种解法可见,对这种类型的积分采用"先二后一"法比较简单,特别是先算的二重积分都分别表示某个圆的面积,利用圆的面积公式,便可很容易算出所给的三重积分.

77   设 $f(u)$ 具有连续导数,求 $\displaystyle\lim_{t\to 0}\frac{1}{\pi t^4}\iiint\limits_{x^2+y^2+z^2\leqslant t^2} f(\sqrt{x^2+y^2+z^2})\,\mathrm{d}x\mathrm{d}y\mathrm{d}z$.

知识点睛   0605 三重积分的计算——球面坐标

77 题精解视频

解 $\displaystyle\lim_{t\to 0}\frac{1}{\pi t^4}\iiint\limits_{x^2+y^2+z^2\leqslant t^2} f(\sqrt{x^2+y^2+z^2})\,\mathrm{d}x\mathrm{d}y\mathrm{d}z$

$$= \lim_{t\to 0}\frac{1}{\pi t^4}\left[\int_0^{2\pi}\mathrm{d}\theta\int_0^\pi\sin\varphi\mathrm{d}\varphi\int_0^t f(r)r^2\mathrm{d}r\right]$$

$$= \lim_{t\to 0}\frac{2\pi\cdot 2\cdot\int_0^t f(r)r^2\mathrm{d}r}{\pi t^4} = \lim_{t\to 0}\frac{4\pi f(t)t^2}{4\pi t^3} = \lim_{t\to 0}\frac{f(t)}{t} = \begin{cases} f'(0), & \text{若 } f(0)=0, \\ \infty, & \text{若 } f(0)\neq 0. \end{cases}$$

78   计算 $\displaystyle\iiint\limits_{\Omega}\frac{\sin\sqrt{x^2+y^2+z^2}}{x^2+y^2+z^2}\mathrm{d}V, \Omega=\{(x,y,z)\mid x^2+y^2+z^2\leqslant 1, x\geqslant 0, y\geqslant 0, z\geqslant 0\}$.

知识点睛   0605 三重积分的计算——球面坐标

解   在球面坐标系下,有

$$\iiint\limits_{\Omega}\frac{\sin\sqrt{x^2+y^2+z^2}}{x^2+y^2+z^2}\mathrm{d}V = \int_0^{\frac{\pi}{2}}\mathrm{d}\theta\int_0^{\frac{\pi}{2}}\sin\varphi\mathrm{d}\varphi\int_0^1\frac{\sin r}{r^2}\cdot r^2\mathrm{d}r$$

$$= \int_0^{\frac{\pi}{2}}\mathrm{d}\theta\cdot\int_0^{\frac{\pi}{2}}\sin\varphi\mathrm{d}\varphi\cdot\int_0^1\sin r\mathrm{d}r$$

$$= \frac{\pi}{2}\cdot(-\cos\varphi)\Big|_0^{\frac{\pi}{2}}\cdot(-\cos r)\Big|_0^1$$

$$= \frac{\pi}{2}(1-\cos 1).$$

79   计算 $\displaystyle\iiint\limits_{\Omega} xyz\mathrm{d}V$,其中 $\Omega=\{(x,y,z)\mid x^2+y^2+z^2\leqslant 1, x,y,z\geqslant 0\}$.

知识点睛　0605 三重积分的计算——柱面坐标、球面坐标

解法 1　在球面坐标系下化三重积分为三次积分计算,

$$\iiint\limits_{\Omega} xyz\mathrm{d}V = \int_0^{\frac{\pi}{2}}\mathrm{d}\theta\int_0^{\frac{\pi}{2}}\mathrm{d}\varphi\int_0^1 r\sin\varphi\cos\theta \cdot r\sin\varphi\sin\theta \cdot r\cos\varphi \cdot r^2\sin\varphi\mathrm{d}r$$

$$= \int_0^{\frac{\pi}{2}}\sin\theta\cos\theta\mathrm{d}\theta \cdot \int_0^{\frac{\pi}{2}}\sin^3\varphi\cos\varphi\mathrm{d}\varphi \cdot \int_0^1 r^5\mathrm{d}r$$

$$= \left(\frac{1}{2}\sin^2\theta\right)\bigg|_0^{\frac{\pi}{2}} \cdot \left(\frac{1}{4}\sin^4\varphi\right)\bigg|_0^{\frac{\pi}{2}} \cdot \left(\frac{1}{6}r^6\right)\bigg|_0^1 = \frac{1}{48}.$$

解法 2　在柱面坐标系下化三重积分为三次积分计算,

$$\iiint\limits_{\Omega} xyz\mathrm{d}V = \int_0^{\frac{\pi}{2}}\mathrm{d}\theta\int_0^1 r\mathrm{d}r\int_0^{\sqrt{1-r^2}} r\cos\theta \cdot r\sin\theta \cdot z\mathrm{d}z$$

$$= \int_0^{\frac{\pi}{2}}\sin\theta\cos\theta\mathrm{d}\theta \cdot \int_0^1 r^3\mathrm{d}r\int_0^{\sqrt{1-r^2}} z\mathrm{d}z$$

$$= \frac{1}{2}\sin^2\theta\bigg|_0^{\frac{\pi}{2}} \cdot \int_0^1 \frac{1}{2}r^3(1-r^2)\mathrm{d}r$$

$$= \frac{1}{2} \cdot \frac{1}{2} \cdot \left(\frac{r^4}{4} - \frac{r^6}{6}\right)\bigg|_0^1 = \frac{1}{48}.$$

80　计算 $\iiint\limits_{V}(x^2 + y^2 + z)\mathrm{d}x\mathrm{d}y\mathrm{d}z$,其中 V 是由 $\begin{cases} z = y, \\ x = 0 \end{cases}$ 绕 z 轴旋转一周而成的曲面与 $z = 1$ 所围的区域.

解　旋转曲面方程为 $x^2 + y^2 = z^2$,V 在 xy 平面上投影为 $D = \{(x,y)\mid x^2 + y^2 \leqslant 1\}$,$z_1(x,y) = \sqrt{x^2+y^2}$,$z_2(x,y) = 1$,于是

$$\iiint\limits_{V}(x^2 + y^2 + z)\mathrm{d}x\mathrm{d}y\mathrm{d}z = \iint\limits_{D}\mathrm{d}x\mathrm{d}y\int_{\sqrt{x^2+y^2}}^1 (x^2 + y^2 + z)\mathrm{d}z$$

$$= \iint\limits_{D}(x^2 + y^2)(1 - \sqrt{x^2 + y^2})\mathrm{d}x\mathrm{d}y + \frac{1}{2}\iint\limits_{D}\left[1 - (x^2 + y^2)\right]\mathrm{d}x\mathrm{d}y$$

$$= \int_0^{2\pi}\mathrm{d}\theta\int_0^1 r^2(1 - r)r\mathrm{d}r + \frac{1}{2}\int_0^{2\pi}\mathrm{d}\theta\int_0^1 (1 - r^2)r\mathrm{d}r$$

$$= \frac{\pi}{10} + \frac{\pi}{4} = \frac{7\pi}{20}.$$

2015 数学一,
4 分

81　设 Ω 是由平面 $x + y + z = 1$ 与三个坐标平面所围成的空间区域,则

$$\iiint\limits_{\Omega}(x + 2y + 3z)\mathrm{d}x\mathrm{d}y\mathrm{d}z = \underline{\qquad}.$$

知识点睛　三重积分的对称性,0605 三重积分的计算——直角坐标

解法 1　由变量的对称性,知

$$\iiint\limits_{\Omega} x\mathrm{d}x\mathrm{d}y\mathrm{d}z = \iiint\limits_{\Omega} z\mathrm{d}x\mathrm{d}y\mathrm{d}z, \qquad \iiint\limits_{\Omega} 2y\mathrm{d}x\mathrm{d}y\mathrm{d}z = \iiint\limits_{\Omega} 2z\mathrm{d}x\mathrm{d}y\mathrm{d}z,$$

则

$$\iiint\limits_{\Omega}(x+2y+3z)\mathrm{d}x\mathrm{d}y\mathrm{d}z = 6\iiint\limits_{\Omega}z\mathrm{d}x\mathrm{d}y\mathrm{d}z = 6\int_0^1\mathrm{d}x\int_0^{1-x}\mathrm{d}y\int_0^{1-x-y}z\mathrm{d}z$$

$$= 3\int_0^1\mathrm{d}x\int_0^{1-x}(1-x-y)^2\mathrm{d}y$$

$$= \int_0^1(1-x)^3\mathrm{d}x = \frac{1}{4}.$$

解法 2 由变量的对称性,知

$$\iiint\limits_{\Omega}(x+2y+3z)\mathrm{d}x\mathrm{d}y\mathrm{d}z = 6\iiint\limits_{\Omega}z\mathrm{d}x\mathrm{d}y\mathrm{d}z = 6\int_0^1z\mathrm{d}z\iint\limits_{D_z}z\mathrm{d}x\mathrm{d}y \quad (先二后一)$$

$$= 6\int_0^1z\cdot\frac{1}{2}(1-z)^2\mathrm{d}z = \frac{1}{4}.$$

应填$\dfrac{1}{4}$.

82 求球面 $x^2+y^2+z^2=4a^2$ 和柱面 $x^2+y^2=2ax$ 所包围的且在柱面内部的体积.

知识点睛 0616 三重积分的应用——求体积

解 设 Ω_1 为 Ω 的第一卦限部分,由对称性知所求体积为

$$V = 4\iiint\limits_{\Omega_1}\mathrm{d}V = 4\int_0^{\frac{\pi}{2}}\mathrm{d}\theta\int_0^{2a\cos\theta}r\mathrm{d}r\int_0^{\sqrt{4a^2-r^2}}\mathrm{d}z = 4\int_0^{\frac{\pi}{2}}\mathrm{d}\theta\int_0^{2a\cos\theta}\sqrt{4a^2-r^2}\,r\mathrm{d}r$$

$$= \frac{32}{3}a^3\int_0^{\frac{\pi}{2}}(1-\sin^3\theta)\mathrm{d}\theta = \frac{16}{3}a^3\left(\pi-\frac{4}{3}\right).$$

83 求曲面 $x^2+y^2=az$ 将球体 $x^2+y^2+z^2\leqslant 4az$ 分成两部分的体积之比($a>0$).

知识点睛 0616 三重积分的应用——求体积

解 如 83 题图所示,先求球面之下,旋转抛物面之上部分的立体体积 V_1.将 V_1 向 xOy 面投影,即求交线

$$\begin{cases}x^2+y^2=az,\\ x^2+y^2+z^2=4az\end{cases}$$

向 xOy 面的投影曲线方程,由联立方程解得

$$z^2=3az,\quad 即 \quad z=0,z=3a,$$

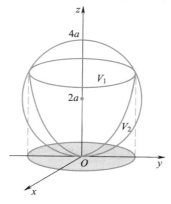

83 题图

得投影柱面方程为

$$x^2 + y^2 = 3a^2,$$

即 V_1 在 xOy 平面上的投影域为 $D:x^2+y^2 \leqslant 3a^2$,故

$$V_1 = \iiint\limits_{\Omega} 1 \mathrm{d}V = \iint\limits_{D} \mathrm{d}\sigma \int_{\frac{1}{a}(x^2+y^2)}^{2a+\sqrt{4a^2-(x^2+y^2)}} 1 \mathrm{d}z.$$

利用柱面坐标计算,得

$$
\begin{aligned}
V_1 &= \int_0^{2\pi} \mathrm{d}\theta \int_0^{\sqrt{3}a} r \mathrm{d}r \int_{\frac{1}{a}r^2}^{2a+\sqrt{4a^2-r^2}} \mathrm{d}z \\
&= \int_0^{2\pi} \mathrm{d}\theta \int_0^{\sqrt{3}a} \left(2a + \sqrt{4a^2-r^2} - \frac{1}{a}r^2 \right) r \mathrm{d}r \\
&= 2\pi \left[ar^2 - \frac{1}{3}(4a^2-r^2)^{\frac{3}{2}} - \frac{1}{a} \cdot \frac{r^4}{4} \right]\Big|_0^{\sqrt{3}a} \\
&= 2\pi \left[\left(3a^3 - \frac{1}{3}a^3 - \frac{9}{4}a^3 \right) - \left(-\frac{8}{3}a^3 \right) \right] = \frac{37}{6}\pi a^3.
\end{aligned}
$$

因为球体体积为 $V = \frac{4}{3}\pi(2a)^3 = \frac{32}{3}\pi a^3$,故

$$V_2 = V - V_1 = \frac{27}{6}\pi a^3,$$

从而两部分的体积之比为 $V_1 : V_2 = 37 : 27$.

2010 数学一,
4 分

84 设 $\Omega = \{(x,y,z) \mid x^2+y^2 \leqslant z \leqslant 1\}$,则 Ω 的形心的竖坐标 $\bar{z} = $ _____.

知识点睛 0616 三重积分的应用——求形心坐标

解
$$
\begin{aligned}
\bar{z} &= \frac{\iiint\limits_{\Omega} z \mathrm{d}x\mathrm{d}y\mathrm{d}z}{\iiint\limits_{\Omega} \mathrm{d}x\mathrm{d}y\mathrm{d}z} = \frac{\int_0^{2\pi} \mathrm{d}\theta \int_0^1 r \mathrm{d}r \int_{r^2}^1 z \mathrm{d}z}{\int_0^{2\pi} \mathrm{d}\theta \int_0^1 r \mathrm{d}r \int_{r^2}^1 \mathrm{d}z} = \frac{\int_0^{2\pi} \mathrm{d}\theta \int_0^1 r \left(\frac{1}{2} - \frac{r^4}{2} \right) \mathrm{d}r}{\frac{\pi}{2}} \\
&= \frac{\int_0^{2\pi} \left(\frac{r^2}{4} - \frac{r^6}{12} \right)\Big|_0^1 \mathrm{d}\theta}{\frac{\pi}{2}} = \frac{\frac{1}{6} \cdot 2\pi}{\frac{\pi}{2}} = \frac{2}{3}.
\end{aligned}
$$

应填 $\frac{2}{3}$.

2013 数学一,
10 分

85 设直线 L 过 $A(1,0,0)$,$B(0,1,1)$ 两点,将 L 绕 z 轴旋转一周得到曲面 Σ,Σ 与平面 $z=0$,$z=2$ 所围成的立体为 Ω.

（Ⅰ）求曲面 Σ 的方程;

（Ⅱ）求 Ω 的形心坐标.

知识点睛 0616 三重积分的应用——求形心坐标

分析 利用定义求旋转曲面 Σ 的方程,利用三重积分求 Ω 的形心坐标.

解 （Ⅰ）直线 L 的方程为 $\dfrac{x-1}{-1} = \dfrac{y}{1} = \dfrac{z}{1}$,则有 $\begin{cases} x = 1-z, \\ y = z, \end{cases}$ 所以直线 L 绕 z 轴旋转一周

得到曲面 Σ 的方程为

$$x^2+y^2=(1-z)^2+z^2, \quad \text{即} \quad x^2+y^2-2z^2+2z-1=0.$$

（Ⅱ）从曲面 Σ 的方程可看出，Ω 关于 xOz 面，yOz 面是对称的，则形心坐标为

$$\bar{x}=\bar{y}=0, \quad \bar{z}=\frac{\iiint\limits_{\Omega}z\mathrm{d}x\mathrm{d}y\mathrm{d}z}{\iiint\limits_{\Omega}\mathrm{d}x\mathrm{d}y\mathrm{d}z},$$

曲面 Σ 的柱面坐标方程为 $r=\sqrt{2z^2-2z+1}$，Ω 在 xOy 面的投影为 $D:x^2+y^2\le1$. 所以

$$\iiint\limits_{\Omega}z\mathrm{d}x\mathrm{d}y\mathrm{d}z=\int_0^2z\mathrm{d}z\int_0^{2\pi}\mathrm{d}\theta\int_0^{\sqrt{2z^2-2z+1}}\mathrm{d}r=\pi\int_0^2z(2z^2-2z+1)\mathrm{d}z=\frac{14}{3}\pi,$$

$$\iiint\limits_{\Omega}\mathrm{d}x\mathrm{d}y\mathrm{d}z=\int_0^2\mathrm{d}z\int_0^{2\pi}\mathrm{d}\theta\int_0^{\sqrt{2z^2-2z+1}}\mathrm{d}r=\pi\int_0^2(2z^2-2z+1)\mathrm{d}z=\frac{10}{3}\pi.$$

故 Ω 的形心坐标为 $\left(0,0,\dfrac{7}{5}\right)$.

【评注】本题中三重积分的计算用"先二后一"法较为方便

86　设 Ω 是由锥面 $x^2+(y-z)^2=(1-z)^2(0\le z\le1)$ 与平面 $z=0$ 围成的锥体，求 Ω 的形心坐标.　　Ⓚ 2019 数学一，10 分

知识点睛　0616 三重积分的应用——求形心坐标

解　设 Ω 的形心坐标为 $(\bar{x},\bar{y},\bar{z})$，因为 Ω 关于 yOz 面对称，所以 $\bar{x}=0$.

对于 $0\le z\le1$，记 $D_z=\{(x,y)\mid x^2+(y-z)^2\le(1-z)^2\}$，则

$$V=\iiint\limits_{\Omega}\mathrm{d}x\mathrm{d}y\mathrm{d}z=\int_0^1\mathrm{d}z\iint\limits_{D_z}\mathrm{d}x\mathrm{d}y=\int_0^1\pi(1-z)^2\mathrm{d}z=\frac{\pi}{3}.$$

$$\iiint\limits_{\Omega}y\mathrm{d}x\mathrm{d}y\mathrm{d}z=\int_0^1\mathrm{d}z\iint\limits_{D_z}y\mathrm{d}x\mathrm{d}y=\int_0^1\mathrm{d}z\int_0^{2\pi}\mathrm{d}\theta\int_0^{1-z}(z+r\sin\theta)r\mathrm{d}r=\int_0^1\pi z(1-z)^2\mathrm{d}z=\frac{\pi}{12},$$

$$\iiint\limits_{\Omega}z\mathrm{d}x\mathrm{d}y\mathrm{d}z=\int_0^1\mathrm{d}z\iint\limits_{D_z}z\mathrm{d}x\mathrm{d}y=\int_0^1\pi z(1-z)^2\mathrm{d}z=\frac{\pi}{12}.$$

所以，$\bar{y}=\dfrac{\iiint\limits_{\Omega}y\mathrm{d}x\mathrm{d}y\mathrm{d}z}{V}=\dfrac{1}{4}$，$\bar{z}=\dfrac{\iiint\limits_{\Omega}z\mathrm{d}x\mathrm{d}y\mathrm{d}z}{V}=\dfrac{1}{4}$. 故 Ω 的形心坐标为 $\left(0,\dfrac{1}{4},\dfrac{1}{4}\right)$.

§6.7　第一类曲线积分的计算

87　设 L 是由点 $O(0,0)$ 经过点 $A(1,0)$ 到点 $B(0,1)$ 的折线，则曲线积分 $\displaystyle\int_L(x+y)\mathrm{d}s=$ _____.

知识点睛　0607 第一类曲线积分的计算

解　$\displaystyle\int_L(x+y)\mathrm{d}s=\int_{\overline{OA}}(x+y)\mathrm{d}s+\int_{\overline{AB}}(x+y)\mathrm{d}s$

$$= \int_0^1 x \mathrm{d}x + \int_0^1 \sqrt{2}\,[\,x + (1-x)\,]\,\mathrm{d}x = \frac{1}{2} + \sqrt{2}.$$

应填 $\frac{1}{2} + \sqrt{2}$.

88 计算 $I = \int_L x\mathrm{d}s$,其中 L 为双曲线 $xy=1$ 从点 $\left(\frac{1}{2},2\right)$ 至点 $(1,1)$ 的弧段.

知识点睛　0607 第一类曲线积分的计算

解　L 为 $x = \frac{1}{y}$, $1 \leqslant y \leqslant 2$. 以 y 为积分变量,易得

$$\int_L x\mathrm{d}s = \int_1^2 \frac{1}{y}\sqrt{1+(x')^2}\,\mathrm{d}y = \int_1^2 \frac{\sqrt{1+y^4}}{y^3}\,\mathrm{d}y = -\frac{1}{2}\int_1^2 \sqrt{1+y^4}\,\mathrm{d}\left(\frac{1}{y^2}\right)$$

$$= -\frac{1}{2}\left(\frac{\sqrt{1+y^4}}{y^2}\bigg|_1^2 - \int_1^2 \frac{1}{y^2}\frac{2y^3}{\sqrt{1+y^4}}\,\mathrm{d}y\right)$$

$$= \frac{\sqrt{2}}{2} - \frac{\sqrt{17}}{8} + \int_1^2 \frac{y}{\sqrt{1+y^4}}\,\mathrm{d}y$$

$$= \frac{\sqrt{2}}{2} - \frac{\sqrt{17}}{8} + \frac{1}{2}\int_1^2 \frac{1}{\sqrt{1+y^4}}\,\mathrm{d}(y^2)$$

$$= \frac{\sqrt{2}}{2} - \frac{\sqrt{17}}{8} + \frac{1}{2}\ln\frac{4+\sqrt{17}}{1+\sqrt{2}}.$$

【评注】本题若以 x 为积分变量,则对 I 直接积分不容易,此时还需作代换 $x = \frac{1}{y}$,即为以上积分,读者可以自己试试.

89 计算 $\int_L y^2\mathrm{d}s$,其中 L 为摆线的一拱: $x = a(t-\sin t)$, $y = a(1-\cos t)$ $(0 \leqslant t \leqslant 2\pi)$.

知识点睛　0607 第一类曲线积分的计算

解　$\int_L y^2\mathrm{d}s = \int_0^{2\pi} a^2(1-\cos t)^2\sqrt{[a(t-\sin t)']^2 + [a(1-\cos t)']^2}\,\mathrm{d}t$

$$= \int_0^{2\pi} a^2(1-\cos t)^2\sqrt{2}\,a(1-\cos t)^{\frac{1}{2}}\,\mathrm{d}t = \sqrt{2}\,a^3\int_0^{2\pi}(1-\cos t)^{\frac{5}{2}}\,\mathrm{d}t$$

$$= \sqrt{2}\,a^3\int_0^{2\pi} 4\sqrt{2}\sin^5\frac{t}{2}\,\mathrm{d}t = 8a^3\int_0^{2\pi}\sin^4\frac{t}{2}\sin\frac{t}{2}\,\mathrm{d}t$$

$$= -16a^3\int_0^{2\pi}\left(1-\cos^2\frac{t}{2}\right)^2\,\mathrm{d}\left(\cos\frac{t}{2}\right) = \frac{256}{15}a^3.$$

90 计算 $I = \oint_L \mathrm{e}^{\sqrt{x^2+y^2}}\,\mathrm{d}s$,其中 L 为由圆周 $x^2+y^2=a^2$,直线 $y=x$ 及 x 轴在第一象限中所围图形的边界.

知识点睛　0607 分弧段计算第一类曲线积分

解　积分曲线如 90 题图所示,有

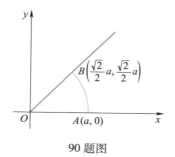

90 题图

$$\oint_L e^{\sqrt{x^2+y^2}}ds = \int_{\overline{OA}} e^{\sqrt{x^2+y^2}}ds + \int_{\widehat{AB}} e^{\sqrt{x^2+y^2}}ds + \int_{\overline{BO}} e^{\sqrt{x^2+y^2}}ds,$$

其中

$$\overline{OA}: y = 0, \quad 0 \leq x \leq a,$$

$$\widehat{AB}: x = a\cos t, y = a\sin t, 0 \leq t \leq \frac{\pi}{4},$$

$$\overline{BO}: y = x, 0 \leq x \leq \frac{\sqrt{2}}{2}a,$$

所以

$$I = \oint_L e^{\sqrt{x^2+y^2}}ds = \int_0^a e^x dx + \int_0^{\frac{\pi}{4}} e^a a \, dt + \int_0^{\frac{\sqrt{2}}{2}a} e^{\sqrt{2}x}\sqrt{2}\,dx$$

$$= e^a - 1 + \frac{\pi}{4}ae^a + e^a - 1 = 2(e^a - 1) + \frac{\pi}{4}ae^a.$$

【评注】本题主要是对积分弧段进行分段,并把每一段的表达式写出来.

91 设平面曲线 L 为下半圆周 $y = -\sqrt{1 - x^2}$,则曲线积分 $\int_L (x^2 + y^2)ds =$ _____. 🄚 1989 数学一, 3 分

知识点睛 0607 第一类曲线积分的计算

解 将积分曲线 L 的方程:$y = -\sqrt{1-x^2}$,即 $x^2 + y^2 = 1 (y \leq 0)$ 代入被积函数,得

$$\int_L (x^2 + y^2)ds = \int_L 1 \cdot ds = \pi \quad (\text{积分曲线 } L \text{ 的弧长}).$$

应填 π.

【评注】本题也可利用参数法,将曲线积分化为参变量的定积分,L 的参数方程为

$$x = \cos t, \quad y = \sin t, \quad \pi \leq t \leq 2\pi,$$

于是,$\int_L (x^2 + y^2)ds = \int_\pi^{2\pi} (\cos^2 t + \sin^2 t)\sqrt{x'^2 + y'^2}\,dt = \int_\pi^{2\pi} 1\,dt = \pi.$

92 设 L 为椭圆 $\frac{x^2}{4} + \frac{y^2}{3} = 1$,其周长记为 a,则 $\oint_L (2xy + 3x^2 + 4y^2)ds =$ _____. 🄚 1998 数学一, 3 分

知识点睛 0607 利用积分曲线对称性计算第一类曲线积分

解 将积分曲线 L 的方程:$\frac{x^2}{4} + \frac{y^2}{3} = 1$,即 $3x^2 + 4y^2 = 12$ 代入被积函数,得

$$\oint_L (3x^2 + 4y^2)\mathrm{d}s = \oint_L 12\mathrm{d}s = 12a.$$

由于 L 关于 x 轴(y 轴)对称,函数 $2xy$ 关于变量 y(变量 x)为奇函数,所以

$$\oint_L 2xy\mathrm{d}s = 0,$$

于是

$$\oint_L (2xy + 3x^2 + 4y^2)\mathrm{d}s = \oint_L 2xy\mathrm{d}s + \oint_L (3x^2 + 4y^2)\mathrm{d}s = 12a.$$

应填 $12a$.

【评注】若积分曲线关于 x 轴(或 y 轴)对称,应考查被积函数或被积函数的某一部分是否关于变量 y(或变量 x)为奇、偶函数,利用对称性化简积分.

2009 数学一,
4 分

93 题精解视频

93 已知曲线 $L: y = x^2 (0 \leq x \leq \sqrt{2})$,则 $\int_L x\mathrm{d}s = $ _____.

知识点睛 0607 第一类曲线积分的计算

解 由题意可知 $\mathrm{d}s = \sqrt{1+4x^2}\,\mathrm{d}x$. 所以,

$$\int_L x\mathrm{d}s = \int_0^{\sqrt{2}} x\sqrt{1+4x^2}\,\mathrm{d}x = \frac{1}{8}\int_0^{\sqrt{2}}\sqrt{1+4x^2}\,\mathrm{d}(1+4x^2)$$

$$= \frac{1}{8} \cdot \frac{2}{3}\sqrt{(1+4x^2)^3}\,\Big|_0^{\sqrt{2}} = \frac{13}{6}.$$

应填 $\dfrac{13}{6}$.

2018 数学一,
4 分

94 设 L 为球面 $x^2 + y^2 + z^2 = 1$ 与平面 $x + y + z = 0$ 的交线,则 $\oint_L xy\mathrm{d}s = $ _____.

知识点睛 0607 利用轮换对称性计算第一类曲线积分

解 利用第一类曲线积分的轮换对称性.

$$\oint_L xy\mathrm{d}s = \frac{1}{3}\oint_L (xy + yz + xz)\mathrm{d}s = \frac{1}{6}\oint_L \left[(x+y+z)^2 - (x^2+y^2+z^2)\right]\mathrm{d}s$$

$$= -\frac{1}{6}\oint_L \mathrm{d}s = -\frac{\pi}{3}.$$

应填 $-\dfrac{\pi}{3}$.

【评注】此题运用了变形的技巧及被积函数定义在曲线上,因而可将曲线方程代入被积函数中,从而简化运算.

§6.8   第二类曲线积分的计算

2007 数学一,
4 分

95 设曲线 $L: f(x,y) = 1$($f(x,y)$ 具有一阶连续偏导数),过第二象限内的点 M 和第四象限内的点 N,Γ 为 L 上从点 M 到点 N 的一段弧,则下列小于零的是(   ).

(A) $\displaystyle\int_\Gamma f(x,y)\mathrm{d}x$ (B) $\displaystyle\int_\Gamma f(x,y)\mathrm{d}y$

(C) $\int_{\Gamma} f(x,y)\,ds$ \qquad\qquad\qquad (D) $\int_{\Gamma} f'_x(x,y)\,dx + f'_y(x,y)\,dy$

知识点睛 0606 第二类曲线积分的性质

解 设点 M,N 的坐标分别为 $M(x_1,y_1),N(x_2,y_2)$,则由题设可知 $x_1<x_2,y_1>y_2$.
因为

$$\int_{\Gamma} f(x,y)\,dx = \int_{\Gamma} dx = x_2 - x_1 > 0,$$

$$\int_{\Gamma} f(x,y)\,dy = \int_{\Gamma} dy = y_2 - y_1 < 0,$$

$$\int_{\Gamma} f(x,y)\,ds = \int_{\Gamma} ds = \Gamma \text{ 的弧长} > 0,$$

$$\int_{\Gamma} f'_x(x,y)\,dx + f'_y(x,y)\,dy = \int_{\Gamma} 0\,dx + 0\,dy = 0,$$

所以应选(B).

【评注】本题属基本概念题型,注意求对坐标的曲线积分时要考虑方向,对于曲线积分和曲面积分,应尽量先将曲线、曲面方程代入被积表达式化简,然后再计算.

96 设函数 $Q(x,y)=\dfrac{x}{y^2}$,如果对上半平面$(y>0)$内的任意有向光滑封闭曲线 C, 都有 $\oint_C P(x,y)\,dx + Q(x,y)\,dy = 0$,那么函数 $P(x,y)$ 可取为(   ). 〔2019 数学一,4分〕

(A) $y-\dfrac{x^2}{y^3}$ \qquad (B) $\dfrac{1}{y}-\dfrac{x^2}{y^3}$ \qquad (C) $\dfrac{1}{x}-\dfrac{1}{y}$ \qquad (D) $x-\dfrac{1}{y}$

知识点睛 0609 平面曲线积分与路径无关的条件

解 由题意知,在上半平面内积分与路径无关,因而 $\dfrac{\partial Q}{\partial x}=\dfrac{\partial P}{\partial y}=\dfrac{1}{y^2}$,选 $P(x,y)=x-\dfrac{1}{y}$. 应选(D).

【评注】选项(C)虽然也满足 $\dfrac{\partial P}{\partial y}=\dfrac{1}{y^2}$,但其在 y 轴正半轴没意义.

97 已知曲线 L 的方程为 $y = 1-|x|,\ x\in[-1,1]$,起点是$(-1,0)$,终点是$(1,0)$,则曲线积分 $\int_L xy\,dx + x^2\,dy = $ _____. 〔2010 数学一,4分〕

知识点睛 0607 第二类曲线积分的计算

解 如97题图所示 $L=L_1+L_2$,其中
$$L_1:y=1+x\ (-1\leqslant x<0),\qquad L_2:y=1-x\ (0\leqslant x\leqslant 1).$$
所以

97 题精解视频

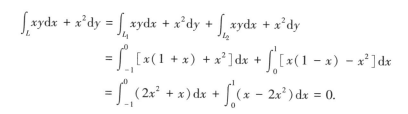

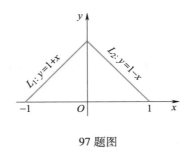

97 题图

应填 0.

【评注】此题也可补曲线,用格林公式.

2011 数学一,
4 分

98 设 L 是柱面 $x^2 + y^2 = 1$ 与平面 $z = x + y$ 的交线,从 z 轴正方向往 z 轴负方向看去为逆时针方向,则曲线积分 $\oint_L xz\mathrm{d}x + x\mathrm{d}y + \dfrac{y^2}{2}\mathrm{d}z =$ _____.

知识点睛   向量数量积,0607 第二类曲线积分的计算,0614 斯托克斯公式

解   用斯托克斯公式直接计算

$$\oint_L xz\mathrm{d}x + x\mathrm{d}y + \frac{y^2}{2}\mathrm{d}z = \iint\limits_{z=x+y} \begin{vmatrix} \mathrm{d}y\mathrm{d}z & \mathrm{d}z\mathrm{d}x & \mathrm{d}x\mathrm{d}y \\ \dfrac{\partial}{\partial x} & \dfrac{\partial}{\partial y} & \dfrac{\partial}{\partial z} \\ xz & x & \dfrac{y^2}{2} \end{vmatrix}$$

$$= \iint\limits_{z=x+y} y\mathrm{d}y\mathrm{d}z + x\mathrm{d}z\mathrm{d}x + \mathrm{d}x\mathrm{d}y$$

$$= \iint\limits_{x^2+y^2 \leqslant 1} (1 - x - y)\mathrm{d}x\mathrm{d}y$$

$$= \int_0^{2\pi} \mathrm{d}\theta \int_0^1 (1 - r\cos\theta - r\sin\theta)r\mathrm{d}r = \pi.$$

应填 π.

【评注】注意其中对坐标的曲面积分的计算,用到了向量数量积法.本题可把曲线的参数方程写出,用参数法计算也可.

2014 数学一,
4 分

99 设 L 是柱面 $x^2 + y^2 = 1$ 与平面 $y + z = 0$ 的交线,从 z 轴正向往 z 轴负向看去为逆时针方向,则曲线积分 $\oint_L z\mathrm{d}x + y\mathrm{d}z =$ _____.

知识点睛   0607 第二类曲线积分的计算

分析   直接写出 L 的参数方程,用参数法计算;或利用斯托克斯公式转化为曲面积分.

解 L 的参数方程为 $\begin{cases} x = \cos\theta, \\ y = \sin\theta, \\ z = -\sin\theta, \end{cases}$ θ 从 0 到 2π,则

$$\oint_L z\mathrm{d}x + y\mathrm{d}z = \int_0^{2\pi}(\sin^2\theta - \sin\theta\cos\theta)\mathrm{d}\theta = \pi.$$

应填 π.

【评注】可由斯托克斯公式计算,得

$$\oint_L z\mathrm{d}x + y\mathrm{d}z = \iint_\Sigma \begin{vmatrix} \mathrm{d}y\mathrm{d}z & \mathrm{d}z\mathrm{d}x & \mathrm{d}x\mathrm{d}y \\ \dfrac{\partial}{\partial x} & \dfrac{\partial}{\partial y} & \dfrac{\partial}{\partial z} \\ z & 0 & y \end{vmatrix} = \iint_\Sigma \mathrm{d}y\mathrm{d}z + \mathrm{d}z\mathrm{d}x = \iint_{D_{xy}}\mathrm{d}x\mathrm{d}y = \pi,$$

其中,$D_{xy} = \{(x,y)\mid x^2+y^2\leqslant 1\}$.

100　设 L 为取正向的圆周 $x^2 + y^2 = 9$,则曲线积分 $\oint_L(2xy - 2y)\mathrm{d}x + (x^2 - 4x)\mathrm{d}y$ 的值是 _____.

知识点睛　0607 第二类曲线积分的计算

解　令 $\begin{cases} x = 3\cos\theta, \\ y = 3\sin\theta, \end{cases}$ $0\leqslant\theta\leqslant 2\pi$,则

$$\oint_L(2xy - 2y)\mathrm{d}x + (x^2 - 4x)\mathrm{d}y$$

$$= \int_0^{2\pi}\left[(18\cos\theta\sin\theta - 6\sin\theta)(-3\sin\theta) + (9\cos^2\theta - 12\cos\theta)3\cos\theta\right]\mathrm{d}\theta$$

$$= -18\pi.$$

应填 -18π.

【评注】当积分路线为简单闭曲线时,对坐标的曲线积分的计算也可使用格林公式.即

$$\oint_L(2xy - 2y)\mathrm{d}x + (x^2 - 4x)\mathrm{d}y = \iint_{x^2+y^2\leqslant 9}(-2)\mathrm{d}x\mathrm{d}y = -2\pi\cdot 3^2 = -18\pi.$$

101　设 L 是由原点 O 沿抛物线 $y = x^2$ 到点 $A(1,1)$,再由点 A 沿直线 $y = x$ 到原点的封闭曲线,则曲线积分 $\oint_L\arctan\dfrac{y}{x}\mathrm{d}y - \mathrm{d}x = $ _____.

知识点睛　0607 第二类曲线积分的计算

解　设由原点 O 沿抛物线 $y = x^2$ 到点 $A(1,1)$ 的一段曲线为 L_1,由点 A 到原点的一段直线为 L_2,则

$$\oint_L\arctan\frac{y}{x}\mathrm{d}y - \mathrm{d}x = \int_{L_1}\arctan\frac{y}{x}\mathrm{d}y - \mathrm{d}x + \int_{L_2}\arctan\frac{y}{x}\mathrm{d}y - \mathrm{d}x$$

$$= \int_0^1(2x\cdot\arctan x - 1)\mathrm{d}x + \int_1^0\left(\frac{\pi}{4} - 1\right)\mathrm{d}x$$

$$= \left[(x^2 + 1)\arctan x - 2x\right]\Big|_0^1 + \left(1 - \frac{\pi}{4}\right) = \frac{\pi}{4} - 1.$$

应填 $\dfrac{\pi}{4} - 1$.

102 计算曲线积分 $I = \int_L (y + 2xy)\,\mathrm{d}x + (x^2 + 2x + y^2)\,\mathrm{d}y$，其中 L 是由点 $A(4,0)$ 到点 $O(0,0)$ 的上半圆周 $y = \sqrt{4x - x^2}$.

知识点睛 0607 第二类曲线积分的计算

解 曲线 L 的参数方程是

$$\begin{cases} x = 2 + 2\cos t, \\ y = 2\sin t, \end{cases} \quad t : 0 \to \pi,$$

故

$$I = \int_0^\pi \left\{ \left[2\sin t + 2(2 + 2\cos t) \cdot 2\sin t \right](-2\sin t) + \left[4(1 + \cos t)^2 + \right.\right.$$
$$\left.\left. 4(1 + \cos t) + 4\sin^2 t \right] \cdot 2\cos t \right\} \mathrm{d}t$$
$$= \int_0^\pi (-20\sin^2 t - 16\sin^2 t\cos t + 24\cos t + 24\cos^2 t)\,\mathrm{d}t = 2\pi.$$

103 计算 $\oint_L \dfrac{(x+y)\,\mathrm{d}x - (x-y)\,\mathrm{d}y}{x^2+y^2}$，其中 L 为圆周 $x^2+y^2=a^2$（按逆时针方向绕行）.

知识点睛 参数法求第二类曲线积分，0607 第二类曲线积分的计算

解 L 的参数方程为 $\begin{cases} x = a\cos t, \\ y = a\sin t, \end{cases} \quad t : 0 \to 2\pi.$ 则

$$\oint_L \frac{(x + y)\,\mathrm{d}x - (x - y)\,\mathrm{d}y}{x^2 + y^2}$$
$$= \frac{1}{a^2} \int_0^{2\pi} \left[(a\cos t + a\sin t)(a\cos t)' - (a\cos t - a\sin t)(a\sin t)' \right]\mathrm{d}t$$
$$= \frac{1}{a^2} \int_0^{2\pi} (-a^2)\,\mathrm{d}t = -2\pi.$$

104 计算 $\int_\Gamma x\,\mathrm{d}x + y\,\mathrm{d}y + (x + y - 1)\,\mathrm{d}z$，其中 Γ 是从点 $(1,1,1)$ 到点 $(2,3,4)$ 的一段直线.

知识点睛 0607 利用参数法计算第二类曲线积分

解 Γ 的参数方程为 $\begin{cases} x = 1+t, \\ y = 1+2t, \\ z = 1+3t, \end{cases} \quad t : 0 \to 1.$

$$\int_\Gamma x\,\mathrm{d}x + y\,\mathrm{d}y + (x + y - 1)\,\mathrm{d}z$$
$$= \int_0^1 \left[(1 + t)(1 + t)' + (1 + 2t)(1 + 2t)' + (1 + t + 1 + 2t - 1)(1 + 3t)' \right]\mathrm{d}t$$
$$= \int_0^1 (6 + 14t)\,\mathrm{d}t = 13.$$

105 计算曲线积分 $I = \int_L (x + \mathrm{e}^{\sin y})\,\mathrm{d}y - \left(y - \dfrac{1}{2} \right)\mathrm{d}x$，其中 L 是由位于第一象限中的直线段 $x+y=1$ 与位于第二象限中的圆弧 $x^2+y^2=1$ 构成的曲线，其方向是由 $A(1,0)$ 到 $B(0,1)$ 再到 $C(-1,0)$.（如 105 题图所示.）

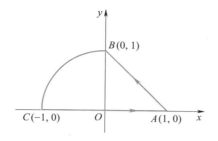

105 题图

知识点睛 0607 第二类曲线积分的计算, 0608 格林公式

分析 所求积分直接用参数方程计算比较困难, 所以可考虑用格林公式, 不过此题中积分曲线不封闭, 可增加辅助线 $\overline{CA}$, 使得 $L+\overline{CA}$ 为封闭曲线.

解 作辅助线 $\overline{CA}$, 记 L 与 $\overline{CA}$ 所围区域为 D, 由格林公式, 得

$$\int_{L+\overline{CA}} (x + e^{\sin y}) \, dy - \left(y - \frac{1}{2}\right) dx = \iint\limits_{D} \left\{ \frac{\partial(x + e^{\sin y})}{\partial x} - \frac{\partial\left[-\left(y - \frac{1}{2}\right)\right]}{\partial y} \right\} dx dy$$

$$= \iint\limits_{D} [1 - (-1)] \, dx dy = \iint\limits_{D} 2 \, dx dy = 2D = 2\left(\frac{\pi}{4} + \frac{1}{2}\right) = \frac{\pi}{2} + 1.$$

所以

$$I = \int_{L+\overline{CA}} (x + e^{\sin y}) \, dy - \left(y - \frac{1}{2}\right) dx - \int_{\overline{CA}} (x + e^{\sin y}) \, dy - \left(y - \frac{1}{2}\right) dx$$

$$= \left(\frac{\pi}{2} + 1\right) - \int_{\overline{CA}} (x + e^{\sin y}) \, dy - \left(y - \frac{1}{2}\right) dx.$$

而

$$\int_{\overline{CA}} (x + e^{\sin y}) \, dy - \left(y - \frac{1}{2}\right) dx = \int_{-1}^{1} \frac{1}{2} dx = 1,$$

因此, $I = \frac{\pi}{2} + 1 - 1 = \frac{\pi}{2}$.

【评注】 在格林公式的条件中要求 L 应为封闭曲线, 且取正方向. 但若 L 不是闭曲线, 则往往可引入辅助线 L_1, 使 $L+L_1$ 成为取正向的封闭曲线, 进而采用格林公式, 然后再减去沿 L_1 的曲线积分, 因而 L_1 的选取应尽可能简单, 既利用 L_1 与 L 所围成区域计算二重积分, 又要利用 L_1 计算曲线积分, 还要保证 L 与 L_1 所围区域满足格林公式条件.

106 计算 $\oint_L \frac{x \, dy - y \, dx}{4x^2 + y^2}$, 其中 L 是以 $(1,0)$ 为中心, 半径为 $R(R>1)$ 的正向圆周. 2000 数学一, 6 分

知识点睛 0607 第二类曲线积分的计算

分析 本题积分曲线 L 虽然为闭曲线, 但在 L 所围成的区域 D 内含有奇点 $O(0, 0)$, 不能直接在 D 上利用格林公式, 这时一般是构造适当的闭曲线挖去奇点, 为便于积分, 可构造曲线 $L_1: 4x^2 + y^2 = \varepsilon^2$, $\varepsilon > 0$ 且充分小使 L_1 在 L 的内部(如 106 题图所示).

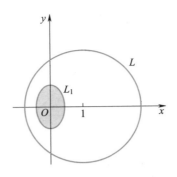

106 题图

解 这里 $P=-\dfrac{y}{4x^2+y^2}$，$Q=\dfrac{x}{4x^2+y^2}$. 当 $(x,y)\neq(0,0)$ 时，

$$\frac{\partial P}{\partial y}=\frac{y^2-4x^2}{(4x^2+y^2)^2}=\frac{\partial Q}{\partial x}.$$

作一小椭圆 $L_1:x=\dfrac{\varepsilon}{2}\cos t,y=\varepsilon\sin t$（$\varepsilon>0$，且充分小），使 $L_1\subset D$，于是

$$\oint_{L+L_1^-}\frac{x\mathrm{d}y-y\mathrm{d}x}{4x^2+y^2}=0,$$

故

$$\oint_L\frac{x\mathrm{d}y-y\mathrm{d}x}{4x^2+y^2}=\oint_{L_1}\frac{x\mathrm{d}y-y\mathrm{d}x}{4x^2+y^2}=\int_0^{2\pi}\frac{\dfrac{1}{2}\varepsilon^2}{\varepsilon^2}\mathrm{d}t=\pi.$$

【评注】本题的关键是构造合适挖去奇点的闭曲线 L_1，如果取 L_1 为小圆：$x^2+y^2=\varepsilon^2,\varepsilon>0$，其参数方程为 $\begin{cases}x=\varepsilon\cos t,\\ y=\varepsilon\sin t,\end{cases}\ t:0\to2\pi$，则 $\oint_{L_1}P\mathrm{d}x+Q\mathrm{d}y=\int_0^{2\pi}\dfrac{\mathrm{d}t}{1+3\cos^2 t}$，此定积分计算比较复杂. 另外，如果直接用 L 的参数方程：$\begin{cases}x=1+R\cos t,\\ y=R\sin t\end{cases}\ (t:0\to2\pi)$ 将积分 $I=\oint_L\dfrac{x\mathrm{d}y-y\mathrm{d}x}{4x^2+y^2}$ 直接化为定积分，则计算也很复杂.

K 2012 数学一，10 分 **107** 已知 L 是第一象限中从点 $(0,0)$ 沿圆周 $x^2+y^2=2x$ 到点 $(2,0)$，再沿圆周 $x^2+y^2=4$ 到点 $(0,2)$ 的曲线段. 计算曲线积分 $I=\displaystyle\int_L 3x^2y\mathrm{d}x+(x^3+x-2y)\mathrm{d}y$.

知识点睛 0607 第二类曲线积分的计算，0608 格林公式

分析 通过补线段后利用格林公式计算即可.

解 设点 $O(0,0)$，$A(2,0)$，$B(0,2)$，补充线段 $\overline{BO}$，且设由曲线弧 $\overset{\frown}{OA}$，$\overset{\frown}{AB}$，$\overline{BO}$ 围成的平面区域为 D，则由格林公式，有

$$I=\int_L 3x^2y\mathrm{d}x+(x^3+x-2y)\mathrm{d}y$$

$$= \int_{L+\overline{BO}} 3x^2 y \,\mathrm{d}x + (x^3 + x - 2y)\,\mathrm{d}y - \int_{\overline{BO}} 3x^2 y \,\mathrm{d}x + (x^3 + x - 2y)\,\mathrm{d}y$$

$$= \iint_D (3x^2 - 3x^2 + 1)\,\mathrm{d}x\mathrm{d}y - \int_2^0 (-2y)\,\mathrm{d}y$$

$$= \frac{1}{4}\cdot\pi\cdot2^2 - \frac{1}{2}\cdot\pi\cdot1^2 + y^2\Big|_2^0 = \frac{\pi}{2} - 4.$$

108 已知曲线 L 的方程为 $\begin{cases} z = \sqrt{2-x^2-y^2}, \\ z = x, \end{cases}$ 起点为 $A(0,\sqrt{2},0)$，终点为 $B(0,-\sqrt{2}$, ▣ 2015 数学一，
10 分

0），计算曲线积分 $I = \int_L (y+z)\,\mathrm{d}x + (z^2 - x^2 + y)\,\mathrm{d}y + x^2 y^2 \mathrm{d}z.$

知识点睛 0607 第二类曲线积分的计算

分析 直接写出空间曲线的参数方程，用基本方法计算.

解 曲线 L 投影到 xOy 面上的平面曲线方程为

$$\begin{cases} x^2 + \dfrac{y^2}{2} = 1, \\ z = 0 \end{cases} \quad (-\sqrt{2}\leqslant y\leqslant\sqrt{2}),$$

曲线 L 的参数方程为 $\begin{cases} x = \cos\theta, \\ y = \sqrt{2}\sin\theta \\ z = \cos\theta \end{cases} \left(\theta \text{ 从 }\dfrac{\pi}{2}\text{ 到 }-\dfrac{\pi}{2}\right)$，从而

$$\int_L (y+z)\,\mathrm{d}x + (z^2 - x^2 + y)\,\mathrm{d}y + x^2 y^2 \mathrm{d}z$$

$$= \int_{\frac{\pi}{2}}^{-\frac{\pi}{2}} \big[-(\sqrt{2}\sin\theta + \cos\theta)\sin\theta + \sqrt{2}\sin\theta\sqrt{2}\cos\theta +$$

$$(\cos^2\theta\cdot 2\sin^2\theta)(-\sin\theta)\big]\mathrm{d}\theta$$

$$= -\sqrt{2}\int_{\frac{\pi}{2}}^{-\frac{\pi}{2}} \sin^2\theta\,\mathrm{d}\theta \quad (奇偶性)$$

$$= 2\sqrt{2}\int_0^{\frac{\pi}{2}} \sin^2\theta\,\mathrm{d}\theta = 2\sqrt{2}\times\frac{1}{2}\times\frac{\pi}{2} = \frac{\sqrt{2}}{2}\pi.$$

【评注】 此题也可利用斯托克斯公式转化为曲面积分来计算.

109 计算 $I = \oint_L (y^2 - z^2)\,\mathrm{d}x + (2z^2 - x^2)\,\mathrm{d}y + (3x^2 - y^2)\,\mathrm{d}z$，其中 L 是平面 $x + y$ ▣ 2001 数学一，
7 分

$+ z = 2$ 与柱面 $|x| + |y| = 1$ 的交线，从 z 轴正向看去，L 为逆时针方向.

知识点睛 0607 第二类曲线积分的计算

分析 第二类空间曲线积分一般可用参数法或斯托克斯公式进行计算，本题用斯托克斯公式计算比较简单.

解 设 Σ 为平面 $x+y+z=2$ 的上侧被 L 所围成的部分，Σ 在 xOy 面的投影区域为

$$D_{xy} = \{(x,y)\mid|x|+|y|\leqslant 1\},$$

Σ 的单位法向量为 $\dfrac{1}{\sqrt{3}}\{1,1,1\}.$

由斯托克斯公式,得

$$I = \iint_{\Sigma} \begin{vmatrix} \dfrac{1}{\sqrt{3}} & \dfrac{1}{\sqrt{3}} & \dfrac{1}{\sqrt{3}} \\[2mm] \dfrac{\partial}{\partial x} & \dfrac{\partial}{\partial y} & \dfrac{\partial}{\partial z} \\[2mm] y^2 - z^2 & 2z^2 - x^2 & 3x^2 - y^2 \end{vmatrix} \mathrm{d}S$$

$$= -\frac{2}{\sqrt{3}} \iint_{\Sigma} (4x + 2y + 3z) \mathrm{d}S$$

$$= -\frac{2}{\sqrt{3}} \iint_{\Sigma} (6 + x - y) \mathrm{d}S \quad (\text{代入 } z = 2 - x - y)$$

$$= -\frac{2}{\sqrt{3}} \iint_{D_{xy}} (6 + x - y) \sqrt{1 + z_x'^2 + z_y'^2} \mathrm{d}x\mathrm{d}y$$

$$= -2 \iint_{D_{xy}} (6 + x - y) \mathrm{d}x\mathrm{d}y,$$

由二重积分的对称性质可得 $\iint\limits_{D_{xy}} (x - y)\mathrm{d}x\mathrm{d}y = 0$,所以

$$I = -12 \iint\limits_{D_{xy}} \mathrm{d}x\mathrm{d}y = -24.$$

Ⓚ 2022 数学一,
12 分 110 已知 Σ 为曲面 $4x^2 + y^2 + z^2 = 1, x \geqslant 0, y \geqslant 0, z \geqslant 0$ 的上侧,L 为 Σ 的边界曲线,其正向与 Σ 的正法向量满足右手法则,求

$$\int_L (yz^2 - \cos z)\mathrm{d}x + 2xz^2\mathrm{d}y + (2xyz + x\sin z)\mathrm{d}z.$$

知识点睛 0607 第二类曲线积分的计算

解法 1 根据斯托克斯公式,得

$$I = \int_L (yz^2 - \cos z)\mathrm{d}x + 2xz^2\mathrm{d}y + (2xyz + x\sin z)\mathrm{d}z$$

$$= \iint_{\Sigma} \begin{vmatrix} \mathrm{d}y\mathrm{d}z & \mathrm{d}z\mathrm{d}x & \mathrm{d}x\mathrm{d}y \\[2mm] \dfrac{\partial}{\partial x} & \dfrac{\partial}{\partial y} & \dfrac{\partial}{\partial z} \\[2mm] yz^2 - \cos z & 2xz^2 & 2xyz + x\sin z \end{vmatrix}$$

$$= \iint_{\Sigma} (-2xz)\mathrm{d}y\mathrm{d}z + z^2\mathrm{d}x\mathrm{d}y,$$

记 $D = \{(x,y) \mid 4x^2 + y^2 \leqslant 1, x \geqslant 0, y \geqslant 0\}, \Sigma: z = \sqrt{1 - 4x^2 - y^2}, (x,y) \in D$,因为 Σ 的上侧为正,所以

$$I = \iint_{\Sigma} (-2xz)\mathrm{d}y\mathrm{d}z + z^2\mathrm{d}x\mathrm{d}y = \iint_{D} \left(2x\sqrt{1 - 4x^2 - y^2} \cdot \frac{\partial z}{\partial x} + 1 - 4x^2 - y^2 \right) \mathrm{d}x\mathrm{d}y$$

$$= \iint_{D} (1 - 12x^2 - y^2)\mathrm{d}x\mathrm{d}y = \iint_{D} \mathrm{d}x\mathrm{d}y - \iint_{D} (12x^2 + y^2)\mathrm{d}x\mathrm{d}y$$

$$= \iint\limits_{D} \mathrm{d}x\mathrm{d}y - \iint\limits_{D}(12x^2+y^2)\,\mathrm{d}x\mathrm{d}y$$

$$\xlongequal{\begin{cases}x=\frac{1}{2}r\cos\theta\\ y=r\sin\theta\end{cases}} \frac{\pi}{4}\cdot\frac{1}{2}\cdot 1 - \int_0^{\frac{\pi}{2}}\mathrm{d}\theta\int_0^1\frac{r}{2}(3r^2\cos^2\theta+r^2\sin^2\theta)\,\mathrm{d}r$$

$$= \frac{\pi}{8} - \int_0^{\frac{\pi}{2}}\left(\frac{1}{8}+\frac{1}{4}\cos^2\theta\right)\mathrm{d}\theta = \frac{\pi}{8}-\frac{\pi}{8} = 0.$$

解法 2　曲面与三个坐标面的交线依次为

$$L_1:\begin{cases}4x^2+y^2=1,\\ z=0,\end{cases} \quad L_2:\begin{cases}y^2+z^2=1,\\ x=0,\end{cases} \quad L_3:\begin{cases}4x^2+z^2=1,\\ y=0,\end{cases}$$

对应的参数方程依次为

$$L_1:x=\frac{1}{2}\cos t, y=\sin t, z=0, \quad t:0\to\frac{\pi}{2},$$

$$L_2:y=\cos t, z=\sin t, x=0, \quad t:0\to\frac{\pi}{2},$$

$$L_3:z=\cos t, x=\frac{1}{2}\sin t, y=0, \quad t:0\to\frac{\pi}{2}.$$

分别在三条曲线上计算曲线积分,得

$$I_1 = \int_0^{\frac{\pi}{2}}(-1)\,\mathrm{d}\left(\frac{1}{2}\cos t\right) = \frac{1}{2}, \qquad I_2=0,$$

$$I_3 = \int_0^{\frac{\pi}{2}}[-\cos(\cos t)]\,\mathrm{d}\left(\frac{1}{2}\sin t\right) + \int_0^{\frac{\pi}{2}}\left[\frac{1}{2}\sin t\sin(\cos t)\right]\mathrm{d}(\cos t)$$

$$= -\frac{1}{2}\left[\int_0^{\frac{\pi}{2}}\cos t\cos(\cos t)\,\mathrm{d}t + \int_0^{\frac{\pi}{2}}\sin^2 t\sin(\cos t)\,\mathrm{d}t\right]$$

$$= -\frac{1}{2}\sin t\cos(\cos t)\bigg|_0^{\frac{\pi}{2}} = -\frac{1}{2},$$

所以 $I=I_1+I_2+I_3=0.$

111　设 L 为正向圆周 $x^2+y^2=2$ 在第一象限中的部分,则曲线积分 $\int_L x\mathrm{d}y-2y\mathrm{d}x$ 的值为＿＿＿. ☒2004数学一,4分

知识点睛　0607 第二类曲线积分的计算

解　正向圆周 $x^2+y^2=2$ 在第一象限中的部分的参数方程为

$$\begin{cases}x=\sqrt{2}\cos\theta,\\ y=\sqrt{2}\sin\theta,\end{cases} \quad \theta:0\to\frac{\pi}{2},$$

于是

$$\int_L x\mathrm{d}y-2y\mathrm{d}x = \int_0^{\frac{\pi}{2}}(\sqrt{2}\cos\theta\cdot\sqrt{2}\cos\theta + 2\sqrt{2}\sin\theta\cdot\sqrt{2}\sin\theta)\,\mathrm{d}\theta$$

$$= \pi + \int_0^{\frac{\pi}{2}}2\sin^2\theta\,\mathrm{d}\theta = \frac{3\pi}{2}.$$

应填 $\dfrac{3}{2}\pi$.

【评注】本题也可添加直线段,使之成为封闭曲线,然后用格林公式计算,而在添加的线段上用参数法化为定积分计算即可.

1993 数学一,
3 分

112 设曲线积分 $\displaystyle\int_{L}\left[f(x)-\mathrm{e}^{x}\right]\sin y\mathrm{d}x-f(x)\cos y\mathrm{d}y$ 与路径无关,其中 $f(x)$ 具有一阶连续导数,且 $f(0)=0$,则 $f(x)$ 等于(   ).

(A) $\dfrac{\mathrm{e}^{-x}-\mathrm{e}^{x}}{2}$ (B) $\dfrac{\mathrm{e}^{x}-\mathrm{e}^{-x}}{2}$ (C) $\dfrac{\mathrm{e}^{x}-\mathrm{e}^{-x}}{2}-1$ (D) $1-\dfrac{\mathrm{e}^{x}+\mathrm{e}^{-x}}{2}$

知识点睛 0607 第二类曲线积分的计算,0609 曲线积分与路径无关的条件

分析 曲线积分 $\displaystyle\int_{L}P\mathrm{d}x+Q\mathrm{d}y$ 与路径无关的充要条件为 $\dfrac{\partial Q}{\partial x}=\dfrac{\partial P}{\partial y}$,由此可得关于 $f(x)$ 的微分方程,解方程求出 $f(x)$.

解 由已知有 $\dfrac{\partial\left[-f(x)\cos y\right]}{\partial x}=\dfrac{\partial\left\{\left[f(x)-\mathrm{e}^{x}\right]\sin y\right\}}{\partial y}$,得
$$f'(x)+f(x)=\mathrm{e}^{x},$$

解此一阶线性微分方程,得
$$f(x)=\mathrm{e}^{-\int\mathrm{d}x}\left(\int\mathrm{e}^{x}\mathrm{e}^{\int\mathrm{d}x}\mathrm{d}x+C\right)=\mathrm{e}^{-x}\left(\frac{1}{2}\mathrm{e}^{2x}+C\right),$$

又 $f(0)=0$,得 $C=-\dfrac{1}{2}$,所以 $f(x)=\dfrac{\mathrm{e}^{x}-\mathrm{e}^{-x}}{2}$.应选(B).

2017 数学一,
4 分

113 若曲线积分 $\displaystyle\int_{L}\dfrac{x\mathrm{d}x-ay\mathrm{d}y}{x^{2}+y^{2}-1}$ 在区域 $D=\{(x,y)\mid x^{2}+y^{2}<1\}$ 内与路径无关,则 $a=\underline{\qquad}$.

知识点睛 0609 平面曲线积分与路径无关的条件

解 记 $P=\dfrac{x}{x^{2}+y^{2}-1}$,$Q=\dfrac{-ay}{x^{2}+y^{2}-1}$,计算得
$$\frac{\partial P}{\partial y}=\frac{-2xy}{(x^{2}+y^{2}-1)^{2}},\qquad\frac{\partial Q}{\partial x}=\frac{2axy}{(x^{2}+y^{2}-1)^{2}},$$

由曲线积分与路径无关知 $\dfrac{\partial Q}{\partial x}=\dfrac{\partial P}{\partial y}$,得 $a=-1$.应填 -1.

113 题精解视频

1989 数学一,
5 分

114 设曲线积分 $\displaystyle\int_{L}xy^{2}\mathrm{d}x+y\varphi(x)\mathrm{d}y$ 与路径无关,其中 $\varphi(x)$ 具有连续的导数,且 $\varphi(0)=0$,计算 $\displaystyle\int_{(0,0)}^{(1,1)}xy^{2}\mathrm{d}x+y\varphi(x)\mathrm{d}y$ 的值.

知识点睛 0607 第二类曲线积分的计算

分析 曲线积分 $\displaystyle\int_{L}P\mathrm{d}x+Q\mathrm{d}y$ 与路径无关 $\Leftrightarrow\dfrac{\partial Q}{\partial x}=\dfrac{\partial P}{\partial y}$,由此可得到关于 $\varphi(x)$ 的微分方程,解方程求出 $\varphi(x)$.

解 由题设知 $\dfrac{\partial(y\varphi(x))}{\partial x}=\dfrac{\partial(xy^2)}{\partial y}$，即 $y\varphi'(x)=2xy$，解方程得 $\varphi(x)=x^2+C$．又由 $\varphi(0)=0$，得 $C=0$，所以 $\varphi(x)=x^2$．所以

$$\int_{(0,0)}^{(1,1)} xy^2\,\mathrm{d}x + y\varphi(x)\,\mathrm{d}y = \int_{(0,0)}^{(1,1)} xy^2\,\mathrm{d}x + x^2y\,\mathrm{d}y$$

$$= \int_{(0,0)}^{(1,1)} \mathrm{d}\left(\frac{1}{2}x^2y^2\right)$$

$$= \frac{1}{2}x^2y^2\,\Big|_{(0,0)}^{(1,1)} = \frac{1}{2}.$$

115 设在上半平面 $D=\{(x,y)\,|\,y>0\}$ 内，函数 $f(x,y)$ 具有连续偏导数，且对任意 的 $t>0$ 都有 $f(tx,ty)=t^{-2}f(x,y)$． 〔Ⅸ 2006 数学一， 12 分

证明：对 D 内的任意分段光滑的有向简单闭曲线 L，都有

$$\oint_L yf(x,y)\,\mathrm{d}x - xf(x,y)\,\mathrm{d}y = 0.$$

知识点睛 0609 平面曲线积分与路径无关的条件

分析 利用曲线积分与路径无关的条件 $\dfrac{\partial P}{\partial y}=\dfrac{\partial Q}{\partial x}$．

证 $f(tx,ty)=t^{-2}f(x,y)$ 两边对 t 求导，得

$$x f_x'(tx,ty)+y f_y'(tx,ty)=-2t^{-3}f(x,y),$$

令 $t=1$，则

$$x f_x'(x,y)+y f_y'(x,y)=-2f(x,y). \qquad ①$$

设 $P(x,y)=yf(x,y)$，$Q(x,y)=-xf(x,y)$，则

$$\frac{\partial Q}{\partial x}=-f(x,y)-x f_x'(x,y),\qquad \frac{\partial P}{\partial y}=f(x,y)+y f_y'(x,y),$$

由①可得 $\dfrac{\partial P}{\partial y}=\dfrac{\partial Q}{\partial x}$．从而对 D 内的任意分段光滑的有向简单闭曲线 L，都有

$$\oint_L yf(x,y)\,\mathrm{d}x - xf(x,y)\,\mathrm{d}y = 0.$$

116 计算 $I=\displaystyle\int_L \dfrac{(x+y)\,\mathrm{d}x-(x-y)\,\mathrm{d}y}{x^2+y^2}$，其中 L 是沿 $y=\pi\cos x$ 由 $A(\pi,-\pi)$ 到 $B(-\pi,-\pi)$ 的曲线段．

知识点睛 0607 第二类曲线积分的计算

解 如 116 题图所示，记 $C:x^2+y^2=R^2$（$R>0$，且充分小）．有

$$P(x,y)=\frac{x+y}{x^2+y^2},\qquad Q(x,y)=-\frac{x-y}{x^2+y^2},$$

则 $\dfrac{\partial P}{\partial y}=\dfrac{\partial Q}{\partial x}$．

故由格林公式

$$\int_L \frac{(x+y)\,\mathrm{d}x-(x-y)\,\mathrm{d}y}{x^2+y^2} + \int_{\overline{BA}} \frac{(x+y)\,\mathrm{d}x-(x-y)\,\mathrm{d}y}{x^2+y^2} + \oint_{C_{顺}} \frac{(x+y)\,\mathrm{d}x-(x-y)\,\mathrm{d}y}{x^2+y^2} = 0.$$

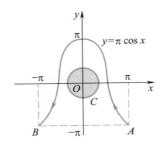

116 题图

所以

$$\int_L \frac{(x+y)\,\mathrm{d}x-(x-y)\,\mathrm{d}y}{x^2+y^2}=\int_{AB}\frac{(x+y)\,\mathrm{d}x-(x-y)\,\mathrm{d}y}{x^2+y^2}+\oint_{C_{逆}}\frac{(x+y)\,\mathrm{d}x-(x-y)\,\mathrm{d}y}{x^2+y^2},$$

$$\int_{\overline{AB}}\frac{(x+y)\,\mathrm{d}x-(x-y)\,\mathrm{d}y}{x^2+y^2}\xlongequal{y=-\pi}\int_{\pi}^{-\pi}\frac{x-\pi}{x^2+\pi^2}\,\mathrm{d}x=2\pi\int_0^{\pi}\frac{1}{x^2+\pi^2}\,\mathrm{d}x=\frac{\pi}{2},$$

$$\oint_{C_{逆}}\frac{(x+y)\,\mathrm{d}x-(x-y)\,\mathrm{d}y}{x^2+y^2}\xlongequal{\begin{cases}x=R\cos t\\ y=R\sin t\end{cases}}$$

$$\int_0^{2\pi}\frac{(R\cos t+R\sin t)(-R\sin t)-(R\cos t-R\sin t)R\cos t}{R^2}\,\mathrm{d}t=-2\pi,$$

从而 $I=-\dfrac{3}{2}\pi.$

Ⓚ 2002 数学一，8 分

117 设函数 $f(x)$ 在 $(-\infty,+\infty)$ 内具有一阶连续导数，L 是上半平面 $(y>0)$ 内的有向分段光滑曲线，其起点为 (a,b)，终点为 (c,d)．记

$$I=\int_L \frac{1}{y}[1+y^2 f(xy)]\,\mathrm{d}x+\frac{x}{y^2}[y^2 f(xy)-1]\,\mathrm{d}y.$$

（1）证明曲线积分 I 与路径 L 无关；

（2）当 $ab=cd$ 时，求积分 I 的值．

知识点睛 0609 平面曲线积分与路径无关的条件

分析 判断积分 $\int_L P\mathrm{d}x+Q\mathrm{d}y$ 是否与路径无关，只需检验 $\dfrac{\partial P}{\partial y}=\dfrac{\partial Q}{\partial x}$．利用（1）的结果，根据积分与路径无关，取特殊路径积分或求出原函数即可求得积分 I 的值．

解法 1 （1）由于

$$\frac{\partial}{\partial x}\left\{\frac{x}{y^2}[y^2 f(xy)-1]\right\}=f(xy)-\frac{1}{y^2}+xy f'(xy)=\frac{\partial}{\partial y}\left\{\frac{1}{y}[1+y^2 f(xy)]\right\}$$

在上半平面内成立，所以在上半平面内积分 I 与路径无关．

（2）由于积分 I 与路径无关，故可取积分路径：由点 (a,b) 到点 (c,b) 再到点 (c,d) 的折线段，则

$$I=\int_a^c \frac{1}{b}[1+b^2 f(bx)]\,\mathrm{d}x+\int_b^d \frac{c}{y^2}[y^2 f(cy)-1]\,\mathrm{d}y$$

$$=\frac{c}{d}-\frac{a}{b}+\int_a^c b f(bx)\,\mathrm{d}x+\int_b^d c f(cy)\,\mathrm{d}y$$

$$= \frac{c}{d} - \frac{a}{b} + \int_{ab}^{bc} f(t)\,\mathrm{d}t + \int_{bc}^{cd} f(t)\,\mathrm{d}t \quad (利用定积分换元法)$$

$$= \frac{c}{d} - \frac{a}{b} + \int_{ab}^{cd} f(t)\,\mathrm{d}t,$$

又由于 $ab = cd$，所以 $I = \dfrac{c}{d} - \dfrac{a}{b}$.

解法 2 （1）同解法 1.

（2）由（1）可知，$P\mathrm{d}x + Q\mathrm{d}y$ 的原函数存在，又

$$P\mathrm{d}x + Q\mathrm{d}y = y\,f(xy)\,\mathrm{d}x + x\,f(xy)\,\mathrm{d}y + \frac{y\mathrm{d}x - x\mathrm{d}y}{y^2}$$

$$= f(xy)\,\mathrm{d}(xy) + \mathrm{d}\left(\frac{x}{y}\right) = \mathrm{d}\left[\int_0^{xy} f(t)\,\mathrm{d}t + \frac{x}{y}\right],$$

所以，$I = \left[\displaystyle\int_0^{xy} f(t)\,\mathrm{d}t + \frac{x}{y}\right]\Bigg|_{(a,b)}^{(c,d)} = \int_0^{cd} f(t)\,\mathrm{d}t + \frac{c}{d} - \int_0^{ab} f(t)\,\mathrm{d}t - \frac{a}{b} = \frac{c}{d} - \frac{a}{b}$.

【评注】在解法 2 中应注意凑微分：$f(xy)\,\mathrm{d}(xy) = \mathrm{d}\left[\displaystyle\int_0^{xy} f(t)\,\mathrm{d}t\right]$，一般地，对于连续函数 $f(x)$，变限积分 $\displaystyle\int_a^x f(t)\,\mathrm{d}t$ 即为函数 $f(x)$ 的原函数，用变限积分 $\displaystyle\int_a^x f(t)\,\mathrm{d}t$ 表示一抽象函数 $f(x)$ 的原函数，是重要的解题思想.

118 计算 $\displaystyle\int_{\overset{\frown}{ABO}} (\mathrm{e}^x \sin y - my)\mathrm{d}x + (\mathrm{e}^x \cos y - m)\mathrm{d}y$，其中 $\overset{\frown}{ABO}$ 为从点 $A(a,0)$ 到点 $O(0,0)$ 的上半圆周 $x^2 + y^2 = ax$.

知识点睛 0607 第二类曲线积分的计算

118 题精解视频

解 如 118 题图所示. 记 $L = \overset{\frown}{ABO} + \overline{OA}$，$D$ 为由 L 所围区域.

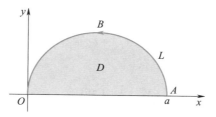

118 题图

$$\int_{\overset{\frown}{ABO}} (\mathrm{e}^x \sin y - my)\mathrm{d}x + (\mathrm{e}^x \cos y - m)\mathrm{d}y$$

$$= \oint_L (\mathrm{e}^x \sin y - my)\mathrm{d}x + (\mathrm{e}^x \cos y - m)\mathrm{d}y + \int_{\overline{AO}} (\mathrm{e}^x \sin y - my)\mathrm{d}x + (\mathrm{e}^x \cos y - m)\mathrm{d}y$$

$$= \iint_D (\mathrm{e}^x \cos y - \mathrm{e}^x \cos y + m)\mathrm{d}\sigma + \int_{\overline{AO}} (\mathrm{e}^x \sin y - my)\mathrm{d}x + (\mathrm{e}^x \cos y - m)\mathrm{d}y$$

$$= m\iint_D d\sigma + \int_a^0 0dx = \frac{m\pi}{8}a^2.$$

119 已知点 $O(0,0)$ 及点 $A(1,1)$，且曲线积分

$$I = \int_{\overline{OA}} (ax\cos y - y^2\sin x)dx + (by\cos x - x^2\sin y)dy$$

与路径无关，试确定常数 a,b，并求 I.

知识点睛 0609 平面曲线积分与路径无关的条件

解 令 $P(x,y) = ax\cos y - y^2\sin x$，$Q(x,y) = by\cos x - x^2\sin y$，有

$$\frac{\partial P}{\partial y} = -ax\sin y - 2y\sin x, \qquad \frac{\partial Q}{\partial x} = -by\sin x - 2x\sin y.$$

由题意知 $\frac{\partial P}{\partial y} = \frac{\partial Q}{\partial x}$，解得 $a=b=2$，取 $B(0,1)$，沿 $\overline{OB}$，$\overline{BA}$ 折线，则

$$I = \int_{(0,0)}^{(1,1)} Pdx + Qdy = \int_{(0,0)}^{(0,1)} Pdx + Qdy + \int_{(0,1)}^{(1,1)} Pdx + Qdy$$

$$= \int_0^1 Q(0,y)dy + \int_0^1 P(x,1)dx = \int_0^1 2ydy + \int_0^1 (2x\cos 1 - \sin x)dx = 2\cos 1.$$

【评注】 若 $\frac{\partial P}{\partial y} \equiv \frac{\partial Q}{\partial x}$，则我们可以得到两个结果：

$$(1) \int_{A(x_0,y_0)}^{B(x_1,y_1)} Pdx + Qdy = \int_{x_0}^{x_1} P(x,y_0)dx + \int_{y_0}^{y_1} Q(x_1,y)dy.$$

$$(2) \oint_L Pdx + Qdy = 0.$$

120 设曲线积分 $I = \int_L [\sin x - f(x)]\frac{y}{x}dx + f(x)dy$ 与积分路径无关，且 $f(\pi) = 1$，求 $f(x)$，并计算 L 的起点为 $A(1,0)$、终点为 $B(\pi,\pi)$ 时曲线积分 I 的值.

知识点睛 0609 平面曲线积分与路径无关的条件，0803 一阶线性微分方程

解 由 $\frac{\partial P}{\partial y} = \frac{\partial Q}{\partial x}$ 得 $[\sin x - f(x)]\frac{1}{x} = f'(x)$，整理得 $f'(x) + \frac{1}{x}f(x) = \frac{\sin x}{x}$. 解此一阶线性非齐次微分方程，得

$$f(x) = e^{-\int \frac{1}{x}dx}\left(\int \frac{\sin x}{x}e^{\int \frac{1}{x}dx}dx + C\right) = \frac{1}{x}\left(\int \frac{\sin x}{x}\cdot xdx + C\right) = \frac{1}{x}(-\cos x + C).$$

由 $f(\pi) = 1$ 得 $C = \pi - 1$，故 $f(x) = \frac{1}{x}(\pi - 1 - \cos x)$，从而

$$I = \int_{(1,0)}^{(\pi,\pi)} [\sin x - f(x)]\frac{y}{x}dx + f(x)dy = \int_1^\pi 0dx + \int_0^\pi f(\pi)dy = \pi.$$

121 选取 n，使 $\frac{(x-y)dx+(x+y)dy}{(x^2+y^2)^n}$ 为某一函数 $u(x,y)$ 的全微分，并求 $u(x,y)$.

知识点睛 0609 平面曲线积分与路径无关的条件

解 设 $P(x,y) = \frac{x-y}{(x^2+y^2)^n}$，$Q(x,y) = \frac{x+y}{(x^2+y^2)^n}$，则

$$\frac{\partial P}{\partial y}=\frac{-1}{(x^2+y^2)^n}-\frac{2n(x-y)y}{(x^2+y^2)^{n+1}},\quad \frac{\partial Q}{\partial x}=\frac{1}{(x^2+y^2)^n}-\frac{2n(x+y)x}{(x^2+y^2)^{n+1}}.$$

为使 $\dfrac{(x-y)\,\mathrm{d}x+(x+y)\,\mathrm{d}y}{(x^2+y^2)^n}$ 是 u 的全微分，须有 $\dfrac{\partial P}{\partial y}=\dfrac{\partial Q}{\partial x}$，且 $x^2+y^2\neq0$，由此得

$$-x^2-y^2-2nxy+2ny^2=x^2+y^2-2nx^2-2nxy,$$

即 $2n(x^2+y^2)=2(x^2+y^2)$，因此 $n=1.$ 由

$$\mathrm{d}u=\frac{(x-y)\,\mathrm{d}x+(x+y)\,\mathrm{d}y}{x^2+y^2}=\frac{x\mathrm{d}x+y\mathrm{d}y-y\mathrm{d}x+x\mathrm{d}y}{x^2+y^2}$$

$$=\frac{\mathrm{d}\left(\dfrac{x^2+y^2}{2}\right)+x^2\mathrm{d}\left(\dfrac{y}{x}\right)}{x^2+y^2}=\frac{1}{2}\frac{\mathrm{d}(x^2+y^2)}{x^2+y^2}+\frac{\mathrm{d}\left(\dfrac{y}{x}\right)}{1+\left(\dfrac{y}{x}\right)^2},$$

得 $u(x,y)=\dfrac{1}{2}\ln(x^2+y^2)+\arctan\dfrac{y}{x}+C.$

122 已知 $\dfrac{(x+ay)\,\mathrm{d}x+y\mathrm{d}y}{(x+y)^2}$ 为某函数的全微分，则 $a=(\quad)$.

（A）-1　　　　（B）0　　　　（C）1　　　　（D）2

知识点睛 0609 平面曲线积分与路径无关的条件

解 $P=\dfrac{x+ay}{(x+y)^2}$，$Q=\dfrac{y}{(x+y)^2}$. 由 $\dfrac{\partial P}{\partial y}=\dfrac{\partial Q}{\partial x}$，得 $a=2.$ 应选（D）.

123 设有一平面力场，其场力的大小与作用点向径的长度成正比，而从向径方向按逆时针旋转 $\dfrac{\pi}{2}$ 角为场力的方向，试求当质点沿曲线 L 从点 $A(a,0)$ 移动到点 $B(0,a)$ 时场力所做的功，其中 L 分别为

（1）圆周 $x^2+y^2=a^2$ 在第一象限的弧段；

（2）星形线 $x^{\frac{2}{3}}+y^{\frac{2}{3}}=a^{\frac{2}{3}}$ 在第一象限的弧段.

知识点睛 0616 第二类曲线积分的应用

分析 此题是变力沿曲线做功问题，是第二类曲线积分中的应用题，首先要把力 $\boldsymbol{F}(x,y)$ 正确表达出来，再由对坐标的曲线积分写出变力作功的积分表达式.

解 设作用点为 $P(x,y)$，向径 $\overrightarrow{OP}=\{x,y\}$ 逆时针旋转 $\dfrac{\pi}{2}$ 角，得向量 $\{-y,x\}$，单位向量为 $\dfrac{1}{\sqrt{x^2+y^2}}\{-y,x\}$，由题意场力 $\boldsymbol{F}$ 大小为 $|\boldsymbol{F}|=k\sqrt{x^2+y^2}$，所以

$$\boldsymbol{F}=k\sqrt{x^2+y^2}\cdot\frac{1}{\sqrt{x^2+y^2}}\{-y,x\}=k\{-y,x\},\quad \mathrm{d}\boldsymbol{r}=\{\mathrm{d}x,\mathrm{d}y\},$$

因此，所做的功为 $W=\displaystyle\int_L\boldsymbol{F}\cdot\mathrm{d}\boldsymbol{r}=k\int_L(-y\mathrm{d}x+x\mathrm{d}y).$

（1）L 的参数方程为 $\begin{cases}x=a\cos\theta,\\y=a\sin\theta,\end{cases}\theta:0\to\dfrac{\pi}{2}$，则

$$W = k\int_0^{\frac{\pi}{2}} a^2(\sin^2\theta + \cos^2\theta)\,d\theta = \frac{k\pi}{2}a^2.$$

（2）L 的参数方程为 $\begin{cases} x = a\cos^3 t, \\ y = a\sin^3 t, \end{cases}$ $t:0 \to \frac{\pi}{2}$，则

$$W = k\int_0^{\frac{\pi}{2}} 3a^2(\sin^4 t\cos^2 t + \cos^4 t\sin^2 t)\,dt = 3ka^2\int_0^{\frac{\pi}{2}}\sin^2 t\cos^2 t\,dt$$

$$= \frac{3}{4}ka^2\int_0^{\frac{\pi}{2}}\frac{1-\cos 4t}{2}\,dt = \frac{3}{16}k\pi a^2.$$

【评注】这一类问题的解决关键是要把实际问题转化为数学问题，需要掌握第二类曲线积分的物理意义.

124 设 $u(x,y) = x^2 - xy + y^2$，L 为抛物线 $y = x^2$ 自原点至点 $A(1,1)$ 的有向弧段，n 为 L 的切向量顺时针旋转 $\frac{\pi}{2}$ 角所得的法向量，$\frac{\partial u}{\partial n}$ 为函数 u 沿法向量 n 的方向导数，计算 $\int_L \frac{\partial u}{\partial n}\,ds$.

知识点睛 0606 两类曲线积分之间的关系

分析 利用两类曲线积分的关系，把第一类曲线积分问题转化成第二类曲线积分问题.

解 设 L 的单位切向量为 $t = \{\cos\alpha, \cos\beta\}$，顺时针旋转 $\frac{\pi}{2}$ 得单位法向量 $n = \{\cos\beta, -\cos\alpha\}$，由于

$$dx = \cos\alpha\,ds, \quad dy = \cos\beta\,ds,$$

所以

$$\int_L \frac{\partial u}{\partial n}\,ds = \int_L \left\{\frac{\partial u}{\partial x}, \frac{\partial u}{\partial y}\right\} \cdot n\,ds = \int_L \left\{\frac{\partial u}{\partial x}, \frac{\partial u}{\partial y}\right\} \cdot \{\cos\beta\,ds, -\cos\alpha\,ds\}$$

$$= \int_L \left(-\frac{\partial u}{\partial y}\,dx + \frac{\partial u}{\partial x}\,dy\right) = \int_L (x - 2y)\,dx + (2x - y)\,dy$$

$$= \int_0^1 [(x - 2x^2) + (2x - x^2)\cdot 2x]\,dx = \frac{2}{3}.$$

两类曲线积分小结

证明积分 $\int_L P\,dx + Q\,dy$ 与路径无关，或已知积分 $\int_L P\,dx + Q\,dy$ 与路径无关，求 P,Q 中所包含的未知函数、待定参数，是常考的题型，应熟练掌握其解题思路与方法.

1.证明积分 $\int_L P\,dx + Q\,dy$ 与路径无关，一般利用积分与路径无关的充要条件.

设 P,Q 在单连通区域 D 内具有一阶连续偏导数，则在 D 内以下结论等价：

（1）积分 $\int_L P\,dx + Q\,dy$ 在 D 内与路径 L 无关.

（2）$\frac{\partial P}{\partial y} = \frac{\partial Q}{\partial x}$.

（3）对于 D 内任一分段光滑有向闭曲线 L，有 $\oint_L P\mathrm{d}x + Q\mathrm{d}y = 0$.

（4）$P\mathrm{d}x+Q\mathrm{d}y$ 在 D 内为某二元函数 $u(x,y)$ 的全微分（称函数 $u(x,y)$ 为微分式 $P\mathrm{d}x+Q\mathrm{d}y$ 的原函数）.

2.已知积分 $\int_L P\mathrm{d}x + Q\mathrm{d}y$ 在某单连通区域 D 内与路径无关，求微分式 $P\mathrm{d}x+Q\mathrm{d}y$ 的原函数，一般有以下方法：

（1）特殊路径积分法：在区域 D 内取一特殊点 (x_0,y_0)，有原函数

$$u(x,y) = \int_{x_0}^{x} P(x,y_0)\mathrm{d}x + \int_{y_0}^{y} Q(x,y)\mathrm{d}y + C,$$

或

$$u(x,y) = \int_{y_0}^{y} Q(x_0,y)\mathrm{d}y + \int_{x_0}^{x} P(x,y)\mathrm{d}x + C.$$

（2）不定积分法：由积分与路径无关的充要条件得原函数 $u(x,y)$ 满足

$$\frac{\partial u}{\partial x}=P, \qquad \frac{\partial u}{\partial y}=Q.$$

由 $\frac{\partial u}{\partial x}=P\left(\text{或}\frac{\partial u}{\partial y}=Q\right)$ 两边对变量 x（或 y）积分，得

$$u(x,y) = \int P(x,y)\mathrm{d}x + C(y)\left(\text{或 } u(x,y) = \int Q(x,y)\mathrm{d}y + C(x)\right),$$

再由 $\frac{\partial u}{\partial y}=Q\left(\text{或}\frac{\partial u}{\partial x}=P\right)$ 确定 $C(y)$（或 $C(x)$），即可求得原函数 $u(x,y)$.

（3）凑微分法：对被积表达式 $P\mathrm{d}x+Q\mathrm{d}y$ 进行凑微分.

3.已知积分 $\int_L P\mathrm{d}x + Q\mathrm{d}y$ 在某单连通区域 D 内与路径无关，求积分 $\int_C P\mathrm{d}x + Q\mathrm{d}y$，一般有以下方法：

（1）原函数法：求出微分式 $P\mathrm{d}x+Q\mathrm{d}y$ 的原函数 $u(x,y)$，则有

$$\int_C P\mathrm{d}x + Q\mathrm{d}y = u(x,y)\Big|_A^B,$$ 其中 A,B 分别为积分曲线 C 的起点与终点.

（2）特殊路径积分法：构造与 C 具有相同起点与终点的曲线 C^*（一般为平行于坐标轴的折线段），且使得 P,Q 在 C 与 C^* 所围成的区域内没有奇点，则有

$$\int_C P\mathrm{d}x + Q\mathrm{d}y = \int_{C^*} P\mathrm{d}x + Q\mathrm{d}y.$$

4.已知积分 $\int_L P\mathrm{d}x + Q\mathrm{d}y$ 与路径无关，求 P,Q 中所包含的未知函数或待定参数，一般利用积分与路径无关的充要条件：$\frac{\partial P}{\partial y}=\frac{\partial Q}{\partial x}$.

§6.9 第一类曲面积分的计算

125 设 Σ 是平面 $x+y+z=4$ 被圆柱面 $x^2+y^2=1$ 截出的有限部分,则曲面积分 $\iint\limits_{\Sigma} y\mathrm{d}S=($).

(A) 0

(B) $\dfrac{4}{3}\sqrt{3}$

(C) $4\sqrt{3}$

(D) π

知识点睛 0612 第一类曲面积分的计算

解 这是对面积的曲面积分的计算问题,要求读者熟悉积分公式

$$\iint\limits_{\Sigma} f(x,y,z)\mathrm{d}S=\iint\limits_{D} f[x,y,z(x,y)]\sqrt{1+\left(\frac{\partial z}{\partial x}\right)^2+\left(\frac{\partial z}{\partial y}\right)^2}\mathrm{d}x\mathrm{d}y.$$

本题中 $D:x^2+y^2\leqslant 1,z=0,z=4-x-y,f(x,y,z)=y$,因而

$$\iint\limits_{\Sigma} y\mathrm{d}S=\iint\limits_{D} y\sqrt{1+1+1}\mathrm{d}x\mathrm{d}y=\sqrt{3}\iint\limits_{D} y\mathrm{d}x\mathrm{d}y=\sqrt{3}\int_0^{2\pi}\sin\theta\mathrm{d}\theta\cdot\int_0^1 r^2\mathrm{d}r=0.$$

应选(A).

2007 数学一, 4 分

126 设曲线 $\Sigma:|x|+|y|+|z|=1$,则 $\oiint\limits_{\Sigma}(x+|y|)\mathrm{d}S=$ _____.

知识点睛 0612 第一类曲面积分的计算

解 由积分区域与被积函数的对称性,有

$$\oiint\limits_{\Sigma} x\mathrm{d}S=0,\quad \oiint\limits_{\Sigma}|x|\mathrm{d}S=\oiint\limits_{\Sigma}|y|\mathrm{d}S=\oiint\limits_{\Sigma}|z|\mathrm{d}S,$$

所以

$$\oiint\limits_{\Sigma}|y|\mathrm{d}S=\frac{1}{3}\oiint\limits_{\Sigma}(|x|+|y|+|z|)\mathrm{d}S=\frac{1}{3}\oiint\limits_{\Sigma}\mathrm{d}S$$

$$=\frac{1}{3}\times 8\times\frac{\sqrt{3}}{2}=\frac{4\sqrt{3}}{3}.$$

故 $\oiint\limits_{\Sigma}(x+|y|)\mathrm{d}S=\dfrac{4}{3}\sqrt{3}$.应填 $\dfrac{4}{3}\sqrt{3}$.

【评注】对面积的曲面积分,应考虑利用积分区域的对称性简化计算.

2012 数学一, 4 分

127 设 $\Sigma=\{(x,y,z)\mid x+y+z=1,x\geqslant 0,y\geqslant 0,z\geqslant 0\}$,则 $\iint\limits_{\Sigma} y^2\mathrm{d}S=$ _____.

知识点睛 0612 第一类曲面积分的计算

解 由第一类曲面积分的计算公式,得($z=1-x-y$)

$$\iint\limits_{\Sigma} y^2\mathrm{d}S=\iint\limits_{D_{xy}} y^2\sqrt{1+\left(\frac{\partial z}{\partial x}\right)^2+\left(\frac{\partial z}{\partial y}\right)^2}\mathrm{d}x\mathrm{d}y$$

$$=\sqrt{3}\iint\limits_{D_{xy}} y^2\mathrm{d}x\mathrm{d}y=\sqrt{3}\int_0^1\mathrm{d}y\int_0^{1-y} y^2\mathrm{d}x=\frac{\sqrt{3}}{12},$$

其中平面区域 $D_{xy}:x+y<1,x\geqslant0,y\geqslant0$.应填 $\dfrac{\sqrt{3}}{12}$.

128 计算曲面积分 $\displaystyle\iint_{\Sigma}\left(z+2x+\dfrac{4}{3}y\right)\mathrm{d}S$,其中 Σ 为平面 $\dfrac{x}{2}+\dfrac{y}{3}+\dfrac{z}{4}=1$ 在第一卦限中的部分.

知识点睛 0612 第一类曲面积分的计算

解 Σ 为 $z=4-2x-\dfrac{4}{3}y$(如 128 题图所示),

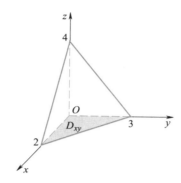

128 题图

$$\iint_{\Sigma}\left(z+2x+\dfrac{4}{3}y\right)\mathrm{d}S=\iint_{D_{xy}}4\times\dfrac{\sqrt{61}}{3}\mathrm{d}x\mathrm{d}y=\dfrac{4\sqrt{61}}{3}\iint_{D_{xy}}\mathrm{d}x\mathrm{d}y=4\sqrt{61}.$$

129 计算曲面积分 $\displaystyle\iint_{\Sigma}(2xy-2x^2-x+z)\mathrm{d}S$,其中 Σ 为平面 $2x+2y+z=6$ 在第一卦限中的部分.

知识点睛 0612 第一类曲面积分的计算

解 $\Sigma:z=6-2x-2y$ 及其在 xOy 面上的投影区域 D_{xy} 如 129 题图所示,则

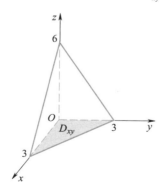

129 题图

$$\mathrm{d}S=\sqrt{1+(-2)^2+(-2)^2}\,\mathrm{d}x\mathrm{d}y=3\mathrm{d}x\mathrm{d}y,$$

$$\iint_{\Sigma}(2xy-2x^2-x+z)\mathrm{d}S$$

$$= \iint\limits_{D_{xy}} (2xy - 2x^2 - x + 6 - 2x - 2y) \cdot 3 \mathrm{d}x \mathrm{d}y$$

$$= 3 \int_0^3 \mathrm{d}x \int_0^{3-x} (6 - 3x - 2x^2 + 2xy - 2y) \mathrm{d}y$$

$$= 3 \int_0^3 (3x^3 - 10x^2 + 9) \mathrm{d}x = -\frac{27}{4}.$$

2000 数学一, 3 分

130 设 $S: x^2 + y^2 + z^2 = a^2 \quad (z \geqslant 0)$, S_1 为 S 在第一卦限中的部分,则有( ).

(A) $\iint\limits_{S} x \mathrm{d}S = 4 \iint\limits_{S_1} x \mathrm{d}S$ 　　　　　(B) $\iint\limits_{S} y \mathrm{d}S = 4 \iint\limits_{S_1} x \mathrm{d}S$

(C) $\iint\limits_{S} z \mathrm{d}S = 4 \iint\limits_{S_1} x \mathrm{d}S$ 　　　　　(D) $\iint\limits_{S} xyz \mathrm{d}S = 4 \iint\limits_{S_1} xyz \mathrm{d}S$

知识点睛　利用轮换对称性求曲面积分, 0611 第一类曲面积分的性质

解　四个选项等式右边的积分都大于零,由第一类曲面积分的对称性质,得积分

$$\iint\limits_{S} x \mathrm{d}S = \iint\limits_{S} y \mathrm{d}S = \iint\limits_{S} xyz \mathrm{d}S = 0.$$

应选(C).

【评注】事实上,对于(D)曲面 S 关于 yOz 面和 zOx 面均对称,而被积函数 z 关于变量 x, y 均为偶函数,所以有

$$\iint\limits_{S} z \mathrm{d}S = 2 \iint\limits_{S \cap (x \geqslant 0)} z \mathrm{d}S = 4 \iint\limits_{S_1} z \mathrm{d}S.$$

另外,由于曲面 S_1 在第一卦限内关于变量 x, y, z 具有轮换对称性,所以有

$$\iint\limits_{S} z \mathrm{d}S = 4 \iint\limits_{S_1} z \mathrm{d}S = 4 \iint\limits_{S_1} x \mathrm{d}S.$$

2017 数学一, 10 分

131 设薄片型物体 S 是圆锥面 $z = \sqrt{x^2 + y^2}$ 被柱面 $z^2 = 2x$ 割下的有限部分,其上任一点的密度为 $\mu(x,y,z) = 9\sqrt{x^2 + y^2 + z^2}$. 记圆锥面与柱面的交线为 C.

(1) 求 C 在 xOy 面上的投影曲线的方程;

(2) 求 S 的质量 M.

知识点睛　0616 第一类曲面积分的应用

解　(1)由题意知, C 的方程为 $\begin{cases} z = \sqrt{x^2 + y^2}, \\ z^2 = 2x, \end{cases}$ 消去 z 得 $x^2 + y^2 = 2x$.

故 C 在 xOy 面上的投影曲线方程为

$$\begin{cases} x^2 + y^2 = 2x, \\ z = 0. \end{cases}$$

(2) S 的质量为

$$M = \iint\limits_{S} \mu(x,y,z) \mathrm{d}S = \iint\limits_{S} 9 \sqrt{x^2 + y^2 + z^2} \mathrm{d}S$$

$$= \iint\limits_{D} 9\sqrt{2} \sqrt{x^2 + y^2} \sqrt{2} \mathrm{d}x \mathrm{d}y,$$

其中, $D = \{(x,y) \mid x^2+y^2 \le 2x\}$, 所以

$$M = 18\int_{-\frac{\pi}{2}}^{\frac{\pi}{2}} \mathrm{d}\theta \int_0^{2\cos\theta} r^2 \mathrm{d}r = 48\int_{-\frac{\pi}{2}}^{\frac{\pi}{2}} \cos^3\theta \mathrm{d}\theta$$

$$= 96\int_0^{\frac{\pi}{2}} \cos^3\theta \mathrm{d}\theta = 96 \times \frac{2}{3} = 64.$$

132 计算曲面积分 $\iint\limits_{\Sigma} z\mathrm{d}S$, 其中 Σ 为锥面 $z = \sqrt{x^2+y^2}$ 在柱体 $x^2+y^2 \le 2x$ 内的部分. Ⓚ 1995 数学一, 6 分

知识点睛 0612 第一类曲面积分的计算

分析 考虑到积分曲面 Σ 在 xOy 平面上的投影区域比较简单, 为圆域 $D_{xy} = \{(x, y) \mid x^2+y^2 \le 2x\}$, 将曲面积分化为该投影区域上的二重积分.

解 曲面 Σ 在 xOy 平面上的投影区域为 $D_{xy} = \{(x,y) \mid x^2+y^2 \le 2x\}$,

$$\mathrm{d}S = \sqrt{1+z_x'^2+z_y'^2} = \sqrt{2}\,\mathrm{d}x\mathrm{d}y,$$

将积分曲面方程 $z = \sqrt{x^2+y^2}$ 代入被积表达式, 于是

$$\iint\limits_{\Sigma} z\mathrm{d}S = \iint\limits_{D_{xy}} \sqrt{x^2+y^2} \cdot \sqrt{2}\,\mathrm{d}x\mathrm{d}y = \sqrt{2}\int_{-\frac{\pi}{2}}^{\frac{\pi}{2}} \mathrm{d}\theta\int_0^{2\cos\theta} r^2\mathrm{d}r = \frac{32}{9}\sqrt{2}.$$

【评注】 对于曲面积分, 应先将积分曲面方程代入被积表达式化简积分, 再计算曲面积分.

133 计算 $\oiint\limits_{\Sigma} \dfrac{1}{(1+x+y)^2}\mathrm{d}S$, 其中 Σ 为平面 $x+y+z=1$ 及三个坐标面所围立体的表面.

知识点睛 0612 第一类曲面积分的计算

解 Σ 如 133 题图所示. 记 Σ 在三个坐标面的部分分别记为 $\Sigma_{xy}, \Sigma_{yz}, \Sigma_{zx}$, 投影部分分别为 D_{xy}, D_{yz}, D_{zx}, 斜平面 $x+y+z=1$ 上的部分为 Σ_1. 则

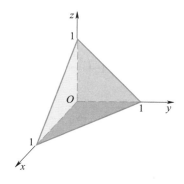

133 题图

$$I_1 = \iint\limits_{\Sigma_{xy}} \frac{1}{(1+x+y)^2}\mathrm{d}S = \iint\limits_{D_{xy}} \frac{1}{(1+x+y)^2}\mathrm{d}x\mathrm{d}y$$

$$= \int_0^1\mathrm{d}x\int_0^{1-x} \frac{1}{(1+x+y)^2}\mathrm{d}y = \int_0^1\left(\frac{1}{1+x} - \frac{1}{2}\right)\mathrm{d}x$$

$$= \ln 2 - \frac{1}{2},$$

$$I_2 = \iint_{\Sigma_{yz}} \frac{1}{(1+x+y)^2} dS = \int_0^1 dz \int_0^{1-z} \frac{1}{(1+y)^2} dy$$

$$= \int_0^1 \left(1 - \frac{1}{2-z}\right) dz = 1 - \ln 2,$$

$$I_3 = \iint_{\Sigma_{zx}} \frac{1}{(1+x+y)^2} dS = \int_0^1 dx \int_0^{1-x} \frac{1}{(1+x)^2} dz$$

$$= \int_0^1 \frac{1-x}{(1+x)^2} dx = \left[-\frac{2}{1+x} - \ln(1+x)\right] \Big|_0^1 = 1 - \ln 2,$$

$$\Sigma_1 : z = 1-x-y, \quad dS = \sqrt{1 + \left(\frac{\partial z}{\partial x}\right)^2 + \left(\frac{\partial z}{\partial y}\right)^2} \, dxdy = \sqrt{3} \, dxdy,$$

故

$$I_4 = \iint_{\Sigma_1} \frac{1}{(1+x+y)^2} dS = \iint_{D_{xy}} \frac{1}{(1+x+y)^2} \sqrt{3} \, dxdy = \sqrt{3} \left(\ln 2 - \frac{1}{2}\right),$$

所以

$$I = I_1 + I_2 + I_3 + I_4 = (\sqrt{3} - 1)\ln 2 + \frac{3-\sqrt{3}}{2}.$$

134 设 Σ 为椭球面 $\frac{x^2}{2} + \frac{y^2}{2} + z^2 = 1$ 的上半部分,点 $P(x,y,z) \in \Sigma$,π 为 Σ 在点 P 处

的切平面,$\rho(x,y,z)$ 为点 $O(0,0,0)$ 到平面 π 的距离,求 $\iint_{\Sigma} \frac{z}{\rho(x,y,z)} dS$.

知识点睛 0612 第一类曲面积分的计算

解 设 (X,Y,Z) 为 π 上任意一点,则 π 的方程为

$$\frac{xX}{2} + \frac{yY}{2} + zZ = 1,$$

从而知 $\rho(x,y,z) = \left(\frac{x^2}{4} + \frac{y^2}{4} + z^2\right)^{-\frac{1}{2}}$.由 $z = \sqrt{1 - \left(\frac{x^2}{2} + \frac{y^2}{2}\right)}$,有

$$\frac{\partial z}{\partial x} = -\frac{x}{2\sqrt{1 - \left(\frac{x^2}{2} + \frac{y^2}{2}\right)}}, \quad \frac{\partial z}{\partial y} = -\frac{y}{2\sqrt{1 - \left(\frac{x^2}{2} + \frac{y^2}{2}\right)}},$$

于是

$$dS = \sqrt{1 + \left(\frac{\partial z}{\partial x}\right)^2 + \left(\frac{\partial z}{\partial y}\right)^2} \, d\sigma = \frac{\sqrt{4-x^2-y^2}}{2\sqrt{1 - \left(\frac{x^2}{2} + \frac{y^2}{2}\right)}} \, d\sigma,$$

所以

$$\iint_{\Sigma} \frac{zdS}{\rho(x,y,z)} = \frac{1}{4} \iint_D (4 - x^2 - y^2) \, d\sigma = \frac{1}{4} \int_0^{2\pi} d\theta \int_0^{\sqrt{2}} (4 - r^2) r dr = \frac{3}{2}\pi.$$

【评注】对面积的曲面积分的计算方法是把它化为投影区域上的二重积分进行计算.具体步骤为:(1)画出曲面 Σ.(2)由曲面 Σ 的方程,例如 $z=z(x,y)$ 写出其曲面微分 $\mathrm{d}S=\sqrt{1+z_x'^2+z_y'^2}\mathrm{d}x\mathrm{d}y$.(3)计算投影区域上的二重积分,即

$$\iint_\Sigma f(x,y,z)\mathrm{d}S=\iint_D f(x,y,z(x,y))\sqrt{1+z_x'^2+z_y'^2}\mathrm{d}x\mathrm{d}y.$$

曲面积分与曲线积分一样,积分区域是由积分变量的等式给出的,因而可将 Σ 的方程直接代入被积函数表达式,若曲面 Σ 的方程是由参数方程形式给出的,例如 $x=x(u,v),y=y(u,v),z=z(u,v),(u,v)\in D$,则

$$\iint_\Sigma f(x,y,z)\mathrm{d}S=\iint_D f(x(u,v),y(u,v),z(u,v))\sqrt{A^2+B^2+C^2}\mathrm{d}u\mathrm{d}v,$$

其中 $A=\dfrac{\partial(y,z)}{\partial(u,v)},B=\dfrac{\partial(z,x)}{\partial(u,v)},C=\dfrac{\partial(x,y)}{\partial(u,v)}$.

135 设半径为 R 的球面 Σ 的球心在定球 $x^2+y^2+z^2=a^2(a>0)$ 上,问当 R 取何值时,球面 Σ 在定球内部的面积最大?

知识点睛　0616 第一类曲面积分的应用

解　设球面 Σ 的方程为 $x^2+y^2+(z-a)^2=R^2$,其中 $0<R<2a$,则球面 Σ 在定球内部部分的方程为 $z=a-\sqrt{R^2-x^2-y^2}$.

由 $\dfrac{\partial z}{\partial x}=\dfrac{x}{\sqrt{R^2-x^2-y^2}}$,　$\dfrac{\partial z}{\partial y}=\dfrac{y}{\sqrt{R^2-x^2-y^2}}$,得 $\sqrt{1+\left(\dfrac{\partial z}{\partial x}\right)^2+\left(\dfrac{\partial z}{\partial y}\right)^2}=\dfrac{R}{\sqrt{R^2-x^2-y^2}}$,从方程组 $\begin{cases}x^2+y^2+z^2=a^2,\\x^2+y^2+(z-a)^2=R^2\end{cases}$ 中消去 z,得两球面的交线在 xOy 面上的投影为

$$\begin{cases}x^2+y^2=\left(\dfrac{R}{2a}\sqrt{4a^2-R^2}\right)^2,\\z=0.\end{cases}$$

因此,球面 Σ 在定球内部的面积为

$$S(R)=\iint_\Sigma\mathrm{d}S=\iint_{D_{xy}}\dfrac{R}{\sqrt{R^2-x^2-y^2}}\mathrm{d}x\mathrm{d}y$$

$$=R\int_0^{2\pi}\mathrm{d}\theta\int_0^{\frac{R}{2a}\sqrt{4a^2-R^2}}\dfrac{r}{\sqrt{R^2-r^2}}\mathrm{d}r$$

$$=2\pi R^2-\dfrac{\pi R^3}{a},$$

于是

$$S'(R)=4\pi R-\dfrac{3\pi}{a}R^2=\pi R\left(4-\dfrac{3}{a}R\right),\quad S''(R)=4\pi-\dfrac{6\pi}{a}R.$$

令 $S'(R)=0$,得 $R=\dfrac{4}{3}a$,而 $S''\left(\dfrac{4}{3}a\right)=-4\pi<0$,故函数 $S(R)$ 在 $R=\dfrac{4}{3}a$ 时取极大值,且在定义域内仅有此唯一的极值,所以当 $R=\dfrac{4}{3}a$ 时,球面 Σ 在定球内部的面积最大.

§6.10 第二类曲面积分的计算

136 计算曲面积分 $\iint\limits_{\Sigma} x^2 y^2 z \mathrm{d}x\mathrm{d}y$，其中 Σ 是球面 $x^2+y^2+z^2=R^2$ 的下半部分的下侧.

知识点睛 0612 第二类曲面积分的计算

解 $\Sigma: z = -\sqrt{R^2-x^2-y^2}$，下侧. Σ 在 xOy 面上的投影区域 $D_{xy}: x^2+y^2 \leqslant R^2$，则

$$\iint\limits_{\Sigma} x^2 y^2 z \mathrm{d}x\mathrm{d}y = -\iint\limits_{D_{xy}} x^2 y^2 \left(-\sqrt{R^2-x^2-y^2}\right)\mathrm{d}x\mathrm{d}y$$

$$= -\int_0^{2\pi}\mathrm{d}\theta\int_0^R r^4\cos^2\theta\sin^2\theta\left(-\sqrt{R^2-r^2}\right) r\mathrm{d}r$$

$$= -\frac{1}{8}\int_0^{2\pi}\sin^2 2\theta\mathrm{d}\theta\int_0^R \left[(r^2-R^2)+R^2\right]^2\sqrt{R^2-r^2}\,\mathrm{d}(R^2-r^2) = \frac{2}{105}\pi R^7.$$

137 求 $\iint\limits_{\Sigma} xy\mathrm{d}y\mathrm{d}z + xz\mathrm{d}z\mathrm{d}x + yz\mathrm{d}x\mathrm{d}y$，其中 Σ 为圆柱面 $x^2+y^2=R^2$ 在 $y\geqslant 0, z\geqslant 0$ 两卦限内被平面 $z=0$ 和 $z=H$ 所截下的部分的外侧.

知识点睛 0612 第二类曲面积分的计算

解 如 137 题图所示，$\Sigma = \Sigma_1 + \Sigma_2$，则

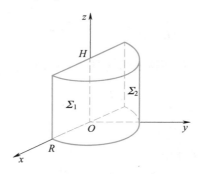

137 题图

$$\iint\limits_{\Sigma} xy\mathrm{d}y\mathrm{d}z + xz\mathrm{d}z\mathrm{d}x + yz\mathrm{d}x\mathrm{d}y$$

$$= \iint\limits_{\Sigma} xy\mathrm{d}y\mathrm{d}z + \iint\limits_{\Sigma} xz\mathrm{d}z\mathrm{d}x$$

$$= \iint\limits_{\Sigma_1} xy\mathrm{d}y\mathrm{d}z + \iint\limits_{\Sigma_2} xy\mathrm{d}y\mathrm{d}z + \iint\limits_{\Sigma} xz\mathrm{d}z\mathrm{d}x$$

$$= \iint\limits_{\substack{0\leqslant y\leqslant R\\0\leqslant z\leqslant H}} \sqrt{R^2-y^2}\,y\mathrm{d}y\mathrm{d}z - \iint\limits_{\substack{0\leqslant y\leqslant R\\0\leqslant z\leqslant H}} \left(-\sqrt{R^2-y^2}\,y\right)\mathrm{d}y\mathrm{d}z + \iint\limits_{\substack{-R\leqslant x\leqslant R\\0\leqslant z\leqslant H}} xz\mathrm{d}z\mathrm{d}x = \frac{2HR^3}{3}.$$

138 计算曲面积分 $\oiint\limits_{\Sigma} xz\mathrm{d}x\mathrm{d}y + xy\mathrm{d}y\mathrm{d}z + yz\mathrm{d}z\mathrm{d}x$，其中 Σ 是平面 $x=0, y=0, z=0, x+y+z=1$ 所围成的空间区域的整个边界曲面的外侧.

知识点睛 0612 第二类曲面积分的计算,0613 用高斯公式计算第二类曲面积分

解法 1 如 138 题图所示,$\Sigma = \Sigma_1 + \Sigma_2 + \Sigma_3 + \Sigma_4$,故

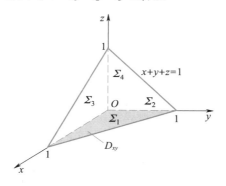

138 题图

$$\oiint_\Sigma xz\mathrm{d}x\mathrm{d}y = \iint_{\Sigma_1} xz\mathrm{d}x\mathrm{d}y + \iint_{\Sigma_2} xz\mathrm{d}x\mathrm{d}y + \iint_{\Sigma_3} xz\mathrm{d}x\mathrm{d}y + \iint_{\Sigma_4} xz\mathrm{d}x\mathrm{d}y$$

$$= 0 + 0 + 0 + \iint_{\Sigma_4} xz\mathrm{d}x\mathrm{d}y$$

$$= \iint_{D_{xy}} x(1 - x - y)\mathrm{d}x\mathrm{d}y$$

$$= \int_0^1 x\mathrm{d}x \int_0^{1-x} (1 - x - y)\mathrm{d}y = \frac{1}{24}.$$

由积分变量的轮换对称性,可知

$$\oiint_\Sigma xz\mathrm{d}x\mathrm{d}y + xy\mathrm{d}y\mathrm{d}z + yz\mathrm{d}z\mathrm{d}x = 3 \times \frac{1}{24} = \frac{1}{8}.$$

解法 2 由高斯公式,有

$$\oiint_\Sigma xz\mathrm{d}x\mathrm{d}y + xy\mathrm{d}y\mathrm{d}z + yz\mathrm{d}z\mathrm{d}x$$

$$= \iiint_V \left(\frac{\partial(xz)}{\partial z} + \frac{\partial(xy)}{\partial x} + \frac{\partial(yz)}{\partial y} \right) \mathrm{d}x\mathrm{d}y\mathrm{d}z$$

$$= \iiint_V (x+y+z)\mathrm{d}x\mathrm{d}y\mathrm{d}z$$

$$= \int_0^1 \mathrm{d}x \int_0^{1-x} \mathrm{d}y \int_0^{1-x-y} (x+y+z)\mathrm{d}z$$

$$= \frac{1}{8}.$$

139 计算

$$I = \iint_\Sigma [f(x,y,z) + x]\mathrm{d}y\mathrm{d}z + [2f(x,y,z) + y]\mathrm{d}z\mathrm{d}x + [f(x,y,z) + z]\mathrm{d}x\mathrm{d}y,$$

其中 $f(x,y,z)$ 为连续函数,Σ 为平面 $x - y + z = 1$ 在第四卦限部分的上侧.

知识点睛 0611 两类曲面积分的关系,0612 第二类曲面积分的计算

分析 Σ 为平面 $x - y + z = 1$ 在第四卦限部分,所以 Σ 的法向量的方向余弦是定值,

因此可利用两类曲面积分的关系把 I 转化为对面积的曲面积分进行计算.

解 平面 Σ 上侧法向量的方向余弦为

$$\cos\alpha = -\frac{z'_x}{\sqrt{1+z'^2_x+z'^2_y}} = \frac{1}{\sqrt{3}}, \quad \cos\beta = -\frac{z'_y}{\sqrt{1+z'^2_x+z'^2_y}} = -\frac{1}{\sqrt{3}},$$

$$\cos\gamma = \frac{1}{\sqrt{1+z'^2_x+z'^2_y}} = \frac{1}{\sqrt{3}},$$

则由两类曲面积分之间的关系,得

$$I = \iint_{\Sigma}\left\{[f(x,y,z)+x]\cos\alpha + [2f(x,y,z)+y]\cos\beta + [f(x,y,z)+z]\cos\gamma\right\}\mathrm{d}S$$

$$= \frac{1}{\sqrt{3}}\iint_{\Sigma}[f(x,y,z)+x-2f(x,y,z)-y+f(x,y,z)+z]\mathrm{d}S$$

$$= \frac{1}{\sqrt{3}}\iint_{\Sigma}(x-y+z)\mathrm{d}S = \frac{1}{\sqrt{3}}\iint_{\Sigma}\mathrm{d}S = \frac{1}{\sqrt{3}}\times\frac{\sqrt{3}}{2} = \frac{1}{2}.$$

140 设 Ω 是由锥面 $z=\sqrt{x^2+y^2}$ 与半球面 $z=\sqrt{R^2-x^2-y^2}$ 围成的空间区域,Σ 是 Ω 的整个边界的外侧,则 $\oiint\limits_{\Sigma} x\mathrm{d}y\mathrm{d}z + y\mathrm{d}z\mathrm{d}x + z\mathrm{d}x\mathrm{d}y = $ _____.

知识点睛 0613 用高斯公式计算曲面积分

解 由高斯公式,有

$$\oiint\limits_{\Sigma} x\mathrm{d}y\mathrm{d}z + y\mathrm{d}z\mathrm{d}x + z\mathrm{d}x\mathrm{d}y = \iiint\limits_{\Omega}3\mathrm{d}V = 3\int_0^{2\pi}\mathrm{d}\theta\int_0^{\frac{\pi}{4}}\mathrm{d}\varphi\int_0^R r^2\sin\varphi\mathrm{d}r = (2-\sqrt{2})\pi R^3.$$

应填 $(2-\sqrt{2})\pi R^3$.

141 设 Σ 为球面 $x^2+y^2+z^2=R^2$ 的外侧,求 $I = \oiint\limits_{\Sigma} x^3\mathrm{d}y\mathrm{d}z + y^3\mathrm{d}z\mathrm{d}x + z^3\mathrm{d}x\mathrm{d}y.$

知识点睛 0613 用高斯公式计算曲面积分

解 设 Σ 所围的空间区域为 Ω,应用高斯公式,有

$$I = 3\iiint\limits_{\Omega}(x^2+y^2+z^2)\mathrm{d}V = 3\int_0^{2\pi}\mathrm{d}\theta\int_0^{\pi}\sin\varphi\mathrm{d}\varphi\int_0^R r^4\mathrm{d}r = \frac{12}{5}\pi R^5.$$

142 设 Σ 是圆柱面 $x^2+y^2=1$ 与平面 $z=0, z=3$ 所围成的封闭曲面的外侧,则曲面积分 $\oiint\limits_{\Sigma}(x-y)\mathrm{d}x\mathrm{d}y + x(y-z)\mathrm{d}y\mathrm{d}z = $ _____.

知识点睛 0613 用高斯公式计算曲面积分

142 题精解视频

解 设曲面 Σ 所围的空间区域为 Ω,则由高斯公式有

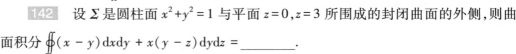

$$\oiint\limits_{\Sigma}(x-y)\mathrm{d}x\mathrm{d}y + x(y-z)\mathrm{d}y\mathrm{d}z = \iiint\limits_{\Omega}(y-z)\mathrm{d}V$$

$$= \int_0^{2\pi}\mathrm{d}\theta\int_0^1 r\mathrm{d}r\int_0^3(r\sin\theta-z)\mathrm{d}z = \int_0^{2\pi}\mathrm{d}\theta\int_0^1 r\left(3r\sin\theta-\frac{9}{2}\right)\mathrm{d}r$$

$$= \int_0^{2\pi}\left(\sin\theta-\frac{9}{4}\right)\mathrm{d}\theta = -\frac{9}{2}\pi.$$

应填 $-\dfrac{9}{2}\pi$.

143 设 Σ 为球面 $x^2+y^2+z^2=9$ 的外侧,则曲面积分 $\oiint\limits_{\Sigma} z\mathrm{d}x\mathrm{d}y =$ _____.

知识点睛 0613 利用高斯公式计算曲面积分

解 当积分曲面是封闭曲面时,对坐标的曲面积分一般应用高斯公式计算,设 Ω 是由闭曲面 Σ 所围的球体,则

$$\oiint\limits_{\Sigma} z\mathrm{d}x\mathrm{d}y = \iiint\limits_{\Omega}\mathrm{d}x\mathrm{d}y\mathrm{d}z = \frac{4}{3}\pi \cdot 3^3 = 36\pi.$$

应填 36π.

144 计算曲面积分

$$I = \iint\limits_{\Sigma} 2x^3\mathrm{d}y\mathrm{d}z + 2y^3\mathrm{d}z\mathrm{d}x + 3(z^2 - 1)\mathrm{d}x\mathrm{d}y,$$

其中 Σ 是曲面 $z=1-x^2-y^2$ $(z \geqslant 0)$ 的上侧.

K 2004 数学一, 12 分

知识点睛 0613 用高斯公式计算曲面积分

解 取 Σ_1 为 xOy 平面上被圆 $x^2+y^2=1$ 所围部分的下侧,记 Ω 为由 Σ 与 Σ_1 围成的空间闭区域,则

$$I = \oiint\limits_{\Sigma+\Sigma_1} 2x^3\mathrm{d}y\mathrm{d}z + 2y^3\mathrm{d}z\mathrm{d}x + 3(z^2 - 1)\mathrm{d}x\mathrm{d}y - \iint\limits_{\Sigma_1} 2x^3\mathrm{d}y\mathrm{d}z + 2y^3\mathrm{d}z\mathrm{d}x + 3(z^2 - 1)\mathrm{d}x\mathrm{d}y.$$

由高斯公式知

$$\oiint\limits_{\Sigma+\Sigma_1} 2x^3\mathrm{d}y\mathrm{d}z + 2y^3\mathrm{d}z\mathrm{d}x + 3(z^2 - 1)\mathrm{d}x\mathrm{d}y$$

$$= \iiint\limits_{\Omega} 6(x^2 + y^2 + z)\mathrm{d}x\mathrm{d}y\mathrm{d}z = 6\int_0^{2\pi}\mathrm{d}\theta\int_0^1 r\mathrm{d}r\int_0^{1-r^2}(z + r^2)\mathrm{d}z$$

$$= 12\pi\int_0^1\left[\frac{1}{2}r(1 - r^2)^2 + r^3(1 - r^2)\right]\mathrm{d}r = 2\pi,$$

而

$$\iint\limits_{\Sigma_1} 2x^3\mathrm{d}y\mathrm{d}z + 2y^3\mathrm{d}z\mathrm{d}x + 3(z^2 - 1)\mathrm{d}x\mathrm{d}y = -\iint\limits_{x^2+y^2\leqslant 1}(-3)\mathrm{d}x\mathrm{d}y = 3\pi,$$

因此 $I=2\pi-3\pi=-\pi$.

【评注】本题选择 Σ_1 时应注意其侧的选择,要保证与 Σ 围成封闭曲面后同为外侧或内侧.在 Σ_1 上投影积分时,要注意符号.

145 计算曲面积分

$$\iint\limits_{\Sigma} 2(1 - x^2)\mathrm{d}y\mathrm{d}z + 8xy\mathrm{d}z\mathrm{d}x - 4zx\mathrm{d}x\mathrm{d}y,$$

其中 Σ 是由 xOy 平面上的曲线 $x=\mathrm{e}^y$ $(0 \leqslant y \leqslant a)$ 绕 x 轴旋转而成的旋转面,它的法向量与 x 轴正向的夹角大于 $\dfrac{\pi}{2}$.

知识点睛 0613 用高斯公式计算曲面积分

解法 1　作辅助平面 $\Sigma_1:x=e^a$，方向和 x 轴同向，则旋转面与辅助面 Σ_1 构成一个方向为外侧表面的闭曲面（如 145 题图所示），于是

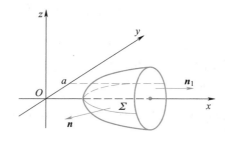

145 题图

$$\iint_{\Sigma} = \oiint_{\Sigma+\Sigma_1} - \iint_{\Sigma_1}.$$

利用高斯公式，得

$$\oiint_{\Sigma+\Sigma_1} = \iiint_{\Omega} (-4x+8x-4x)\,\mathrm{d}V = 0.$$

因为 $x=e^a$，$\mathrm{d}z\mathrm{d}x=\mathrm{d}x\mathrm{d}y=0$，所以

$$\iint_{\Sigma_1} 2(1-x^2)\mathrm{d}y\mathrm{d}z + 8xy\mathrm{d}z\mathrm{d}x - 4zx\mathrm{d}x\mathrm{d}y = \iint_{z^2+y^2\leqslant a^2} 2(1-e^{2a})\mathrm{d}y\mathrm{d}z = 2(1-e^{2a})\pi a^2,$$

从而

$$\iint_{\Sigma} = \oiint_{\Sigma_1+\Sigma} - \iint_{\Sigma_1} = 0 - 2a^2(1-e^{2a})\pi = 2\pi a^2(e^{2a}-1).$$

解法 2　因为

$$\frac{\partial P}{\partial x} + \frac{\partial Q}{\partial y} + \frac{\partial R}{\partial z} = -4x+8x-4x = 0,$$

故积分与曲面形状无关. 由此，得

$$\iint_{\Sigma} 2(1-x^2)\mathrm{d}y\mathrm{d}z + 8xy\mathrm{d}z\mathrm{d}x - 4zx\mathrm{d}x\mathrm{d}y$$

$$= \iint_{\substack{x=e^a \\ y^2+z^2\leqslant a^2}} 2(1-x^2)\mathrm{d}y\mathrm{d}z + 8xy\mathrm{d}z\mathrm{d}x - 4zx\mathrm{d}x\mathrm{d}y = - \iint_{y^2+z^2\leqslant a^2} 2(1-e^{2a})\mathrm{d}y\mathrm{d}z$$

$$= 2a^2(e^{2a}-1)\pi.$$

146　计算曲面积分 $\displaystyle\iint_{\Sigma}(2x+z)\mathrm{d}y\mathrm{d}z + z\mathrm{d}x\mathrm{d}y$，其中 Σ 为有向曲面 $z=x^2+y^2(0\leqslant z\leqslant 1)$，其法向量与 z 轴正向的夹角为锐角.

知识点睛　0613 用高斯公式计算曲面积分

解　以 Σ_1 表示法向量指向 z 轴负向的有向平面 $z=1(x^2+y^2\leqslant1)$，D 为 Σ_1 在 xOy 面上的投影区域，则

$$\iint_{\Sigma_1}(2x+z)\mathrm{d}y\mathrm{d}z + z\mathrm{d}x\mathrm{d}y = - \iint_{D}1\mathrm{d}x\mathrm{d}y = -\pi.$$

设 Ω 表示由 Σ 和 Σ_1 所围成的空间区域,则由高斯公式知

$$\oiint_{\Sigma+\Sigma_1} (2x+z)\mathrm{d}y\mathrm{d}z + z\mathrm{d}x\mathrm{d}y = -\iiint_{\Omega} (2+1)\mathrm{d}V = -3\int_0^{2\pi}\mathrm{d}\theta\int_0^1 r\mathrm{d}r\int_{r^2}^1\mathrm{d}z$$

$$= -6\pi\int_0^1 (r-r^3)\mathrm{d}r = -6\pi\left(\frac{r^2}{2} - \frac{r^4}{4}\right)\Big|_0^1 = -\frac{3}{2}\pi.$$

因此,$\displaystyle\iint_{\Sigma} (2x+z)\mathrm{d}y\mathrm{d}z + z\mathrm{d}x\mathrm{d}y = -\frac{3}{2}\pi - (-\pi) = -\frac{\pi}{2}.$

147 设 $u(x,y,z)$ 在闭区域 Ω 上具有二阶连续偏导数,Σ 为 Ω 的边界,$\dfrac{\partial u}{\partial \boldsymbol{n}}$ 为 $u(x,$

$y,z)$ 沿 Σ 的外法线的方向导数,并引用拉普拉斯算子 $\Delta = \dfrac{\partial^2}{\partial x^2} + \dfrac{\partial^2}{\partial y^2} + \dfrac{\partial^2}{\partial z^2}$,证明

$$\oiint_{\Sigma} u\frac{\partial u}{\partial \boldsymbol{n}}\mathrm{d}S = \iiint_{\Omega}\left[\left(\frac{\partial u}{\partial x}\right)^2 + \left(\frac{\partial u}{\partial y}\right)^2 + \left(\frac{\partial u}{\partial z}\right)^2\right]\mathrm{d}x\mathrm{d}y\mathrm{d}z + \iiint_{\Omega} u\Delta u\mathrm{d}x\mathrm{d}y\mathrm{d}z.$$

知识点睛 0613 用高斯公式计算曲面积分

分析 本例左端是沿闭曲面 Σ 外侧的对面积的曲面积分、而右端则是在 Σ 所围区域 Ω 上的三重积分,只有以对坐标的曲面积分为桥梁,才能把它们联系起来.因此,解题时应先用两种类型曲面积分之间的关系把左边的曲面积分化为对坐标的曲面积分,然后利用高斯公式使之化为三重积分.

证 $\displaystyle\oiint_{\Sigma} u\frac{\partial u}{\partial \boldsymbol{n}}\mathrm{d}S$

$$= \oiint_{\Sigma} u\left[\frac{\partial u}{\partial x}\cos(\widehat{n,x}) + \frac{\partial u}{\partial y}\cos(\widehat{n,y}) + \frac{\partial u}{\partial z}\cos(\widehat{n,z})\right]\mathrm{d}S$$

$$= \oiint_{\Sigma} u\cdot\frac{\partial u}{\partial x}\mathrm{d}y\mathrm{d}z + u\cdot\frac{\partial u}{\partial y}\mathrm{d}z\mathrm{d}x + u\cdot\frac{\partial u}{\partial z}\mathrm{d}x\mathrm{d}y$$

$$= \iiint_{\Omega}\left[\frac{\partial}{\partial x}\left(u\cdot\frac{\partial u}{\partial x}\right) + \frac{\partial}{\partial y}\left(u\cdot\frac{\partial u}{\partial y}\right) + \frac{\partial}{\partial z}\left(u\cdot\frac{\partial u}{\partial z}\right)\right]\mathrm{d}x\mathrm{d}y\mathrm{d}z$$

$$= \iiint_{\Omega}\left[\left(\frac{\partial u}{\partial x}\right)^2 + \left(\frac{\partial u}{\partial y}\right)^2 + \left(\frac{\partial u}{\partial z}\right)^2\right]\mathrm{d}x\mathrm{d}y\mathrm{d}z + \iiint_{\Omega}\left[u\cdot\frac{\partial^2 u}{\partial x^2} + u\cdot\frac{\partial^2 u}{\partial y^2} + u\cdot\frac{\partial^2 u}{\partial z^2}\right]\mathrm{d}x\mathrm{d}y\mathrm{d}z$$

$$= \iiint_{\Omega}\left[\left(\frac{\partial u}{\partial x}\right)^2 + \left(\frac{\partial u}{\partial y}\right)^2 + \left(\frac{\partial u}{\partial z}\right)^2\right]\mathrm{d}x\mathrm{d}y\mathrm{d}z + \iiint_{\Omega} u\Delta u\mathrm{d}x\mathrm{d}y\mathrm{d}z.$$

148 设 Σ 是锥面 $z = \sqrt{x^2+y^2}$ $(0\leqslant z\leqslant 1)$ 的下侧,则 $\displaystyle\iint_{\Sigma} x\mathrm{d}y\mathrm{d}z + 2y\mathrm{d}z\mathrm{d}x + 3(z-1)\mathrm{d}x\mathrm{d}y =$ _____.

K 2006 数学一,4分

知识点睛 0613 用高斯公式计算曲面积分

解 设 $\Sigma_1 : z=1$ $(x^2+y^2\leqslant 1)$,取上侧,记 Σ 与 Σ_1 所围区域为 Ω.则

$$\iint_{\Sigma} x\mathrm{d}y\mathrm{d}z + 2y\mathrm{d}z\mathrm{d}x + 3(z-1)\mathrm{d}x\mathrm{d}y$$

$$= \oiint_{\Sigma+\Sigma_1} x\mathrm{d}y\mathrm{d}z + 2y\mathrm{d}z\mathrm{d}x + 3(z-1)\mathrm{d}x\mathrm{d}y - \iint_{\Sigma_1} x\mathrm{d}y\mathrm{d}z + 2y\mathrm{d}z\mathrm{d}x + 3(z-1)\mathrm{d}x\mathrm{d}y,$$

而

$$\oiint_{\Sigma+\Sigma_1} x\mathrm{d}y\mathrm{d}z + 2y\mathrm{d}z\mathrm{d}x + 3(z-1)\mathrm{d}x\mathrm{d}y = \iiint_V 6\mathrm{d}x\mathrm{d}y\mathrm{d}z = 6\int_0^{2\pi}\mathrm{d}\theta\int_0^1 r\mathrm{d}r\int_r^1\mathrm{d}z = 2\pi$$

$$\iint_{\Sigma_1} x\mathrm{d}y\mathrm{d}z + 2y\mathrm{d}z\mathrm{d}x + 3(z-1)\mathrm{d}x\mathrm{d}y = 0,$$

所以

$$\iint_{\Sigma} x\mathrm{d}y\mathrm{d}z + 2y\mathrm{d}z\mathrm{d}x + 3(z-1)\mathrm{d}x\mathrm{d}y = 2\pi.$$

应填 2π.

Ⓚ 2008 数学一, 4 分

149 设曲面 Σ 是 $z=\sqrt{4-x^2-y^2}$ 的上侧,则 $\iint_{\Sigma} xy\mathrm{d}y\mathrm{d}z + x\mathrm{d}z\mathrm{d}x + x^2\mathrm{d}x\mathrm{d}y = $ _____.

知识点睛 0613 用高斯公式计算曲面积分

解 补曲面 $\Sigma_1:\begin{cases} x^2+y^2\leqslant 4, \\ z=0, \end{cases}$ 取下侧,记 $D=\{(x,y)\mid x^2+y^2\leqslant 4\}$,则

$$\iint_{\Sigma} xy\mathrm{d}y\mathrm{d}z + x\mathrm{d}z\mathrm{d}x + x^2\mathrm{d}x\mathrm{d}y = \oiint_{\Sigma+\Sigma_1} xy\mathrm{d}y\mathrm{d}z + x\mathrm{d}z\mathrm{d}x + x^2\mathrm{d}x\mathrm{d}y - \iint_{\Sigma_1} xy\mathrm{d}y\mathrm{d}z + x\mathrm{d}z\mathrm{d}x + x^2\mathrm{d}x\mathrm{d}y$$

$$= \iiint_{\Omega}\left(\frac{\partial P}{\partial x} + \frac{\partial Q}{\partial y} + \frac{\partial R}{\partial z}\right)\mathrm{d}x\mathrm{d}y\mathrm{d}z + \iint_D x^2\mathrm{d}x\mathrm{d}y$$

$$= \iiint_{\Omega} y\mathrm{d}x\mathrm{d}y\mathrm{d}z + \int_0^{2\pi}\mathrm{d}\theta\int_0^2 r^2\cos^2\theta\cdot r\mathrm{d}r$$

$$= 0 + \int_0^{2\pi}\cos^2\theta\mathrm{d}\theta\int_0^2 r^3\mathrm{d}r = 4\pi.$$

应填 4π.

Ⓚ 2019 数学一, 4 分

150 设 Σ 为曲面 $x^2+y^2+4z^2=4$ $(z\geqslant 0)$ 的上侧,则 $\iint_{\Sigma}\sqrt{4-x^2-4z^2}\,\mathrm{d}x\mathrm{d}y$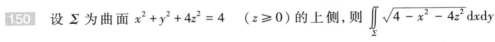

= _____.

知识点睛 0612 第二类曲面积分的计算

150 题精解视频

解 曲面 Σ 在 xOy 面上的投影为 $D=\{(x,y)\mid x^2+y^2\leqslant 4\}$,代入曲面方程化简,得

$$\iint_{\Sigma}\sqrt{4-x^2-4z^2}\,\mathrm{d}x\mathrm{d}y = \iint_{\Sigma}|y|\,\mathrm{d}x\mathrm{d}y = \iint_D|y|\,\mathrm{d}x\mathrm{d}y$$

$$= 2\int_0^{\pi}\mathrm{d}\theta\int_0^2 r\sin\theta\cdot r\mathrm{d}r = \frac{32}{3}.$$

应填 $\frac{32}{3}$.

Ⓚ 2014 数学一, 10 分

151 设 Σ 为曲面 $z=x^2+y^2$ $(z\leqslant 1)$ 的上侧,计算曲面积分

$$I = \iint_{\Sigma}(x-1)^3\mathrm{d}y\mathrm{d}z + (y-1)^3\mathrm{d}z\mathrm{d}x + (z-1)\mathrm{d}x\mathrm{d}y.$$

知识点睛 0613 用高斯公式计算曲面积分

分析 本题考查第二类曲面积分的基本计算,可补曲面后用高斯公式;投影轮换法;直接投影法(较复杂).

解法 1 Σ 非闭,补 Σ_1:平面 $z=1$,被 $z=x^2+y^2$ 所截有限部分下侧,由高斯公式,有

$$\iint_{\Sigma}(x-1)^3\mathrm{d}y\mathrm{d}z+(y-1)^3\mathrm{d}z\mathrm{d}x+(z-1)\mathrm{d}x\mathrm{d}y$$

$$=\oiint_{\Sigma+\Sigma_1}(x-1)^3\mathrm{d}y\mathrm{d}z+(y-1)^3\mathrm{d}z\mathrm{d}x+(z-1)\mathrm{d}x\mathrm{d}y-$$

$$\iint_{\Sigma_1}(x-1)^3\mathrm{d}y\mathrm{d}z+(y-1)^3\mathrm{d}z\mathrm{d}x+(z-1)\mathrm{d}x\mathrm{d}y$$

$$=-\iiint_{\Omega}[3(x-1)^2+3(y-1)^2+1]\mathrm{d}V-\iint_{\Sigma_1}(z-1)\mathrm{d}x\mathrm{d}y$$

$$=-3\iiint_{\Omega}(x^2+y^2)\mathrm{d}V+6\iiint_{\Omega}x\mathrm{d}V+6\iiint_{\Omega}y\mathrm{d}V-7\iiint_{\Omega}\mathrm{d}V-\iint_{\Sigma_1}0\mathrm{d}x\mathrm{d}y,$$

Σ 和 Σ_1 所围立体为 Ω,Ω 关于 yOz 面和 zOx 面对称,则 $\iiint_{\Omega}x\mathrm{d}V=\iiint_{\Omega}y\mathrm{d}V=0$,而

$$\iiint_{\Omega}(x^2+y^2)\mathrm{d}V=\iint_{x^2+y^2\leqslant1}(x^2+y^2)\mathrm{d}x\mathrm{d}y\int_{x^2+y^2}^1\mathrm{d}z=\int_0^{2\pi}\mathrm{d}\theta\int_0^1r^2(1-r^2)r\mathrm{d}r$$

$$=2\pi\left(\frac14r^4-\frac16r^6\right)\Big|_0^1=2\pi\left(\frac14-\frac16\right)=\frac{\pi}{6},$$

$$\iiint_{\Omega}\mathrm{d}V=\int_0^1\mathrm{d}z\iint_{x^2+y^2\leqslant z}\mathrm{d}x\mathrm{d}y=\int_0^1\pi z\mathrm{d}z=\frac{\pi}{2},$$

所以

$$\iint_{\Sigma}(x-1)^3\mathrm{d}y\mathrm{d}z+(y-1)^3\mathrm{d}z\mathrm{d}x+(z-1)\mathrm{d}x\mathrm{d}y=-4\pi.$$

解法 2 投影轮换法.

$$\iint_{\Sigma}(x-1)^3\mathrm{d}y\mathrm{d}z+(y-1)^3\mathrm{d}z\mathrm{d}x+(z-1)\mathrm{d}x\mathrm{d}y$$

$$=\iint_{\Sigma}[-2x(x-1)^3-2y(y-1)^3+(z-1)]\mathrm{d}x\mathrm{d}y$$

$$=\iint_{\Sigma}[-2x(x-1)^3-2y(y-1)^3+(x^2+y^2-1)]\mathrm{d}x\mathrm{d}y$$

$$=\iint_{D_{xy}}[-2x(x-1)^3-2y(y-1)^3+(x^2+y^2-1)]\mathrm{d}x\mathrm{d}y$$

$$=\iint_{D_{xy}}[-2(x^4+y^4)+6(x^3+y^3)-6(x^2+y^2)+2(x+y)]\mathrm{d}x\mathrm{d}y+(x^2+y^2-1)]\mathrm{d}x\mathrm{d}y,$$

其中,$D_{xy}:x^2+y^2\leqslant1$,而 $\iint_{D_{xy}}(x^3+y^3)\mathrm{d}x\mathrm{d}y=\iint_{D_{xy}}(x+y)\mathrm{d}x\mathrm{d}y=0$,所以

$$\iint_{\Sigma}(x-1)^3\mathrm{d}y\mathrm{d}z+(y-1)^3\mathrm{d}z\mathrm{d}x+(z-1)\mathrm{d}x\mathrm{d}y$$

$$=\iint_{D_{xy}}[-2(x^4+y^4)-5(x^2+y^2)]\mathrm{d}x\mathrm{d}y-\pi$$

$$=-2\int_0^{2\pi}(1-2\sin^2\theta\cos^2\theta)\,d\theta\int_0^1 r^5 dr-5\int_0^{2\pi}d\theta\int_0^1 r^3 dr-\pi$$

$$=-2\int_0^{2\pi}\left(1-\frac{1}{2}\sin^2 2\theta\right)d\theta\int_0^1 r^5 dr-\frac{7}{2}\pi=-4\pi.$$

Ⓚ 2007 数学一，10 分

152 计算曲面积分 $I=\iint\limits_{\Sigma}xz\,dydz+2yz\,dzdx+3xy\,dxdy$，其中 Σ 为曲面 $z=1-x^2-\dfrac{y^2}{4}$ $(0\leqslant z\leqslant 1)$ 的上侧.

知识点睛　0613 用高斯公式计算曲面积分

分析　本题 Σ 不是封闭曲面，首先想到加一曲面 $\Sigma_1:\begin{cases}z=0,\\x^2+\dfrac{y^2}{4}\leqslant 1,\end{cases}$ 取下侧，使 $\Sigma+\Sigma_1$ 构成封闭曲面，然后利用高斯公式转化为三重积分，再用球面（或柱面）坐标进行计算即可.

解　因为 Σ 的方程为 $z=1-x^2-\dfrac{y^2}{4}$ $(0\leqslant z\leqslant 1)$，添加一个平面 $\Sigma_1:\begin{cases}z=0,\\x^2+\dfrac{y^2}{4}\leqslant 1,\end{cases}$ 取下侧，则 Σ 与 Σ_1 构成闭曲面 Σ_*，其所围区域记为 Ω. 于是

$$I=\iint\limits_{\Sigma+\Sigma_1}-\iint\limits_{\Sigma_1}=\oiint\limits_{\Sigma_*}-\iint\limits_{\Sigma_1}.$$

而

$$\oiint\limits_{\Sigma_*}xz\,dydz+2yz\,dzdx+3xy\,dxdy=\iiint\limits_{\Omega}\left[\frac{\partial(xz)}{\partial x}+\frac{\partial(2yz)}{\partial y}+\frac{\partial(3xy)}{\partial z}\right]dxdydz$$

$$=3\iiint\limits_{\Omega}z\,dxdydz=3\int_0^1 z\,dz\iint\limits_{x^2+\frac{y^2}{4}\leqslant 1-z}dxdy$$

$$=6\pi\int_0^1 z(1-z)\,dz=\pi,$$

$$\iint\limits_{\Sigma_1}xz\,dydz+2yz\,dzdx+3xy\,dxdy=\iint\limits_{\Sigma_1}3xy\,dxdy=\iint\limits_{x^2+\frac{y^2}{4}\leqslant 1}3xy\,dxdy=0,$$

所以

$$I=\iint\limits_{\Sigma+\Sigma_1}-\iint\limits_{\Sigma_1}=\oiint\limits_{\Sigma_*}-\iint\limits_{\Sigma_1}=\pi.$$

Ⓚ 2018 数学一，10 分

153 设 Σ 是曲面 $x=\sqrt{1-3y^2-3z^2}$ 的前侧，计算曲面积分

$$I=\iint\limits_{\Sigma}x\,dydz+(y^3+2)\,dzdx+z^3\,dxdy.$$

知识点睛　0613 用高斯公式计算曲面积分

分析　补曲面用高斯公式.

解　补曲面 $\Sigma_1:\begin{cases}x=0,\\3y^2+3z^2\leqslant 1,\end{cases}$ 取后侧. 则

$$I = \oiint_{\Sigma + \Sigma_1} x\mathrm{d}y\mathrm{d}z + (y^3 + 2)\mathrm{d}z\mathrm{d}x + z^3\mathrm{d}x\mathrm{d}y - \iint_{\Sigma_1} x\mathrm{d}y\mathrm{d}z + (y^3 + 2)\mathrm{d}z\mathrm{d}x + z^3\mathrm{d}x\mathrm{d}y.$$

由高斯公式,有

$$\oiint_{\Sigma + \Sigma_1} x\mathrm{d}y\mathrm{d}z + (y^3 + 2)\mathrm{d}z\mathrm{d}x + z^3\mathrm{d}x\mathrm{d}y$$

$$= \iiint_{\Omega} (1 + 3y^2 + 3z^2)\mathrm{d}x\mathrm{d}y\mathrm{d}z$$

$$= \iiint_{\Omega} \mathrm{d}x\mathrm{d}y\mathrm{d}z + 3\iiint_{\Omega} (y^2 + z^2)\mathrm{d}x\mathrm{d}y\mathrm{d}z$$

$$= \frac{1}{2} \times \frac{4}{3}\pi \times 1 \times \frac{\sqrt{3}}{3} \times \frac{\sqrt{3}}{3} + 3\iint_{3y^2 + 3z^2 \leqslant 1} (y^2 + z^2)\sqrt{1 - 3y^2 - 3z^2}\mathrm{d}y\mathrm{d}z$$

$$= \frac{2}{9}\pi + 3\int_0^{2\pi} \mathrm{d}\theta \int_0^{\frac{1}{\sqrt{3}}} r^2\sqrt{1 - 3r^2}\,r\mathrm{d}r$$

$$= \frac{2}{9}\pi + \frac{4}{45}\pi = \frac{14}{45}\pi.$$

而 $\iint_{\Sigma_1} x\mathrm{d}y\mathrm{d}z + (y^3 + 2)\mathrm{d}z\mathrm{d}x + z^3\mathrm{d}x\mathrm{d}y = 0$,所以 $I = \dfrac{14}{45}\pi$.

154 设有界区域 Ω 由平面 $2x + y + 2z = 2$ 与三个坐标平面围成,Σ 为 Ω 整个表面的外侧,计算曲面积分 $I = \oiint_{\Sigma} (x^2 + 1)\mathrm{d}y\mathrm{d}z - 2y\mathrm{d}z\mathrm{d}x + 3z\mathrm{d}x\mathrm{d}y$. K 2016 数学一, 10 分

知识点睛 0613 用高斯公式计算曲面积分

解 由高斯公式得

$$I = \iiint_{\Omega} (2x - 2 + 3)\mathrm{d}x\mathrm{d}y\mathrm{d}z = \iiint_{\Omega} (2x + 1)\mathrm{d}x\mathrm{d}y\mathrm{d}z$$

$$= \int_0^1 \mathrm{d}x \iint_{D_x} (2x + 1)\mathrm{d}y\mathrm{d}z = \int_0^1 (2x + 1)\mathrm{d}x \iint_{D_x} \mathrm{d}y\mathrm{d}z$$

$$= \int_0^1 (2x + 1) \cdot \frac{1}{2} \cdot 2(1 - x)^2 \mathrm{d}x = \int_0^1 (2x^3 - 3x^2 + 1)\mathrm{d}x = \frac{1}{2}.$$

【评注】在三重积分的计算中,用先二后一积分较为简单,当然也可化为三次积分计算.

155 设 Σ 为曲面 $x^2 + y^2 + z^2 = 1$ 的外侧,计算曲面积分 K 1988 数学一, 5 分

$$I = \oiint_{\Sigma} x^3\mathrm{d}y\mathrm{d}z + y^3\mathrm{d}z\mathrm{d}x + z^3\mathrm{d}x\mathrm{d}y.$$

知识点睛 0613 用高斯公式计算曲面积分

分析 已知积分曲面 Σ 为闭曲面,且满足高斯公式的条件,可直接用高斯公式化为三重积分.

解 设 Ω 为闭曲面 Σ 所围成的空间区域,根据高斯公式并用球面坐标计算三重积分,得

$$I = \oiint\limits_{\Sigma} x^3 \mathrm{d}y\mathrm{d}z + y^3 \mathrm{d}z\mathrm{d}x + z^3 \mathrm{d}x\mathrm{d}y = 3\iiint\limits_{\Omega}(x^2 + y^2 + z^2)\mathrm{d}x\mathrm{d}y\mathrm{d}z$$

$$= 3\int_0^\pi \mathrm{d}\varphi \int_0^{2\pi}\mathrm{d}\theta\int_0^1 r^2 \cdot r^2\sin\varphi\,\mathrm{d}r = \frac{12\pi}{5}.$$

【评注】本题为常规题型,化为三重积分后,可考虑选用直接坐标、柱面坐标以及球面坐标进行计算,根据被积函数和空间立体的形状,本题显然用球面坐标比较方便.但考虑到球体是旋转体,也可用"先二后一"法.

2020 数学一,
10 分

156 设 Σ 为曲面 $z=\sqrt{x^2+y^2}$ $(1\leqslant x^2+y^2\leqslant 4)$ 的下侧,$f(x)$ 为连续函数. 计算

$$I = \iint\limits_{\Sigma}[xf(xy)+2x-y]\mathrm{d}y\mathrm{d}z+[yf(xy)+2y+x]\mathrm{d}z\mathrm{d}x+[zf(xy)+z]\mathrm{d}x\mathrm{d}y.$$

知识点睛 0612 第二类曲面积分的计算方法

解 记 $P=xf(xy)+2x-y$, $Q=yf(xy)+2y+x$, $R=zf(xy)+z$,曲面 $\Sigma: z=\sqrt{x^2+y^2}$ 的法向量

$$\boldsymbol{n}=\{z_x',z_y',-1\}=\left\{\frac{x}{\sqrt{x^2+y^2}},\frac{y}{\sqrt{x^2+y^2}},-1\right\},$$

则

$$I = \iint\limits_{\Sigma}\{P,Q,R\}\cdot\{z_x',z_y',-1\}\mathrm{d}x\mathrm{d}y$$

$$= -\iint\limits_{\Sigma}\left[-\frac{x(xf(xy)+2x-y)}{\sqrt{x^2+y^2}}-\frac{y(yf(xy)+2y+x)}{\sqrt{x^2+y^2}}+zf(xy)+z\right]\mathrm{d}x\mathrm{d}y$$

$$= -\iint\limits_{\Sigma}\left[-\sqrt{x^2+y^2}f(xy)-2\sqrt{x^2+y^2}+zf(xy)+z\right]\mathrm{d}x\mathrm{d}y$$

$$= \iint\limits_{D}\sqrt{x^2+y^2}\mathrm{d}x\mathrm{d}y\,(D:1\leqslant x^2+y^2\leqslant 4)$$

$$= \int_0^{2\pi}\mathrm{d}\theta\int_1^2 r\cdot r\mathrm{d}r=\frac{14}{3}\pi.$$

【评注】本题只给出 $f(x)$ 连续,因而不能采取添加辅助曲面利用高斯公式计算.

1998 数学一,
7 分

157 计算 $\iint\limits_{\Sigma}\dfrac{ax\mathrm{d}y\mathrm{d}z+(z+a)^2\mathrm{d}x\mathrm{d}y}{(x^2+y^2+z^2)^{\frac{1}{2}}}$,其中 Σ 为下半球面 $z=-\sqrt{a^2-x^2-y^2}$ 的上侧,a 为大于 0 的常数.

知识点睛 0613 用高斯公式计算曲面积分

分析 先代入曲面方程化简,然后补曲面 $\Sigma_1:\begin{cases}x^2+y^2\leqslant a^2,\\ z=0,\end{cases}$下侧,利用高斯公式.

解 先化简 $I=\dfrac{1}{a}\iint\limits_{\Sigma}ax\mathrm{d}y\mathrm{d}z+(z+a)^2\mathrm{d}x\mathrm{d}y$,补曲面 $\Sigma_1:\begin{cases}x^2+y^2\leqslant a^2,\\ z=0,\end{cases}$其法向量与 z 轴正向相反,从而得

$$I = \frac{1}{a} \oiint_{\Sigma + \Sigma_1} ax\mathrm{d}y\mathrm{d}z + (z + a)^2 \mathrm{d}x\mathrm{d}y - \frac{1}{a} \iint_{\Sigma_1} ax\mathrm{d}y\mathrm{d}z + (z + a)^2 \mathrm{d}x\mathrm{d}y$$

$$= \frac{1}{a}\left[-\iiint_{\Omega} (3a + 2z)\mathrm{d}V + \iint_{D_{xy}} a^2 \mathrm{d}x\mathrm{d}y \right] = \frac{1}{a}\left(-2\pi a^4 - 2\iiint_{\Omega} z\mathrm{d}V + \pi a^4 \right)$$

$$= \frac{1}{a}\left(-\pi a^4 - 2\int_0^{2\pi}\mathrm{d}\theta \int_0^a r\mathrm{d}r \int_{-\sqrt{a^2 - r^2}}^0 z\mathrm{d}z \right) = -\frac{\pi}{2}a^3.$$

【评注】(1)如若直接利用投影法,对坐标 y,z 的积分需把 Σ 分为前后两块,计算较复杂.

(2)补曲面要注意侧的选取.

(3)若曲面平行于某坐标轴,则对另两个坐标的曲面积分为零.

158 计算曲面积分 $I = \oiint_{\Sigma} \dfrac{x\mathrm{d}y\mathrm{d}z + y\mathrm{d}z\mathrm{d}x + z\mathrm{d}x\mathrm{d}y}{(x^2 + y^2 + z^2)^{\frac{3}{2}}}$,其中 Σ 是曲面 $2x^2 + 2y^2 + z^2 = 4$ ⓚ 2009 数学一, 10 分

的外侧.

知识点睛 0613 用高斯公式计算曲面积分

分析 用高斯公式但有奇点,根据题目特点挖掉一个小球面 $\Sigma_1: x^2 + y^2 + z^2 = R^2$.

解 $I = \oiint_{\Sigma} \dfrac{x\mathrm{d}y\mathrm{d}z + y\mathrm{d}z\mathrm{d}x + z\mathrm{d}x\mathrm{d}y}{(x^2 + y^2 + z^2)^{\frac{3}{2}}}$,其中 Σ 是曲面 $2x^2 + 2y^2 + z^2 = 4$,

$$\frac{\partial P}{\partial x} = \frac{\partial}{\partial x}\left[\frac{x}{(x^2 + y^2 + z^2)^{\frac{3}{2}}} \right] = \frac{y^2 + z^2 - 2x^2}{(x^2 + y^2 + z^2)^{\frac{5}{2}}},$$

$$\frac{\partial Q}{\partial y} = \frac{\partial}{\partial y}\left[\frac{y}{(x^2 + y^2 + z^2)^{\frac{3}{2}}} \right] = \frac{x^2 + z^2 - 2y^2}{(x^2 + y^2 + z^2)^{\frac{5}{2}}},$$

$$\frac{\partial R}{\partial z} = \frac{\partial}{\partial z}\left[\frac{z}{(x^2 + y^2 + z^2)^{\frac{3}{2}}} \right] = \frac{x^2 + y^2 - 2z^2}{(x^2 + y^2 + z^2)^{\frac{5}{2}}},$$

所以

$$\frac{\partial P}{\partial x} + \frac{\partial Q}{\partial y} + \frac{\partial R}{\partial z} = 0.$$

由于被积函数及其偏导数在点 $(0,0,0)$ 处不连续,做封闭曲面(取内侧)

$$\Sigma_1 : x^2 + y^2 + z^2 = R^2, 0 < R < 1,$$

有

$$\oiint_{\Sigma} \frac{x\mathrm{d}y\mathrm{d}z + y\mathrm{d}z\mathrm{d}x + z\mathrm{d}x\mathrm{d}y}{(x^2 + y^2 + z^2)^{\frac{3}{2}}} = \iint_{\Sigma + \Sigma_1} \frac{x\mathrm{d}y\mathrm{d}z + y\mathrm{d}z\mathrm{d}x + z\mathrm{d}x\mathrm{d}y}{(x^2 + y^2 + z^2)^{\frac{3}{2}}} - \iint_{\Sigma_1} \frac{x\mathrm{d}y\mathrm{d}z + y\mathrm{d}z\mathrm{d}x + z\mathrm{d}x\mathrm{d}y}{(x^2 + y^2 + z^2)^{\frac{3}{2}}}$$

$$= -\iint_{\Sigma_1} \frac{x\mathrm{d}y\mathrm{d}z + y\mathrm{d}z\mathrm{d}x + z\mathrm{d}x\mathrm{d}y}{R^3}$$

$$= \frac{1}{R^3}\iiint_{\Omega} 3\mathrm{d}V = \frac{3}{R^3} \cdot \frac{4\pi R^3}{3} = 4\pi.$$

【评注】这是常见的题型,但需注意挖去合适的曲面以及选取合适的曲面侧.

159 计算曲线积分 $\oint_{\Gamma} (z-y)\mathrm{d}x + (x-z)\mathrm{d}y + (x-y)\mathrm{d}z$,其中 Γ 是曲线 $\begin{cases} x^2+y^2=1, \\ x-y+z=2, \end{cases}$ 从 z 轴正向往 z 轴负向看 Γ 的方向是顺时针的.

知识点睛 0614 用斯托克斯公式计算曲线积分

解法 1 令 $x=\cos\theta, y=\sin\theta$,则 $z=2-x+y=2-\cos\theta+\sin\theta$.于是

$$\oint_{\Gamma} (z-y)\mathrm{d}x + (x-z)\mathrm{d}y + (x-y)\mathrm{d}z$$

$$=-\int_{2\pi}^{0} \left[2(\sin\theta+\cos\theta)-2\cos2\theta-1 \right]\mathrm{d}\theta$$

$$=-\left[2(-\cos\theta+\sin\theta)-\sin2\theta-\theta \right]\Big|_{2\pi}^{0} = -2\pi.$$

解法 2 设 Σ 是平面 $x-y+z=2$ 上以 Γ 为边界的有限部分,其法向量与 z 轴正向的夹角为钝角.D_{xy} 为 Σ 在 xOy 面上的投影区域.

记 $\boldsymbol{F}=(z-y)\boldsymbol{i}+(x-z)\boldsymbol{j}+(x-y)\boldsymbol{k}$,则

$$\mathbf{rot}\boldsymbol{F} = \begin{vmatrix} \boldsymbol{i} & \boldsymbol{j} & \boldsymbol{k} \\ \dfrac{\partial}{\partial x} & \dfrac{\partial}{\partial y} & \dfrac{\partial}{\partial z} \\ z-y & x-z & x-y \end{vmatrix} = 2\boldsymbol{k}.$$

利用斯托克斯公式,知

$$\oint_{\Gamma} \boldsymbol{F} \cdot \mathrm{d}\boldsymbol{l} = \iint_{\Sigma} (\mathbf{rot}\boldsymbol{F}) \cdot \mathrm{d}\boldsymbol{S} = \iint_{\Sigma} 2\mathrm{d}x\mathrm{d}y = -\iint_{D_{xy}} 2\mathrm{d}x\mathrm{d}y = -2\pi.$$

160 计算 $I = \oint_{\Gamma} (y^2-z^2)\mathrm{d}x + (2z^2-x^2)\mathrm{d}y + (3x^2-y^2)\mathrm{d}z$,其中 Γ 是平面 $x+y+z=2$ 与柱面 $|x|+|y|=1$ 的交线,从 z 轴正向看去,Γ 为逆时针方向.

知识点睛 0614 用斯托克斯公式计算曲线积分

解 设 Σ 为平面 $x+y+z=2$ 上 Γ 所围成部分的上侧,D 为 Σ 在 xOy 面上的投影,由斯托克斯公式得

$$I = \iint_{\Sigma} (-2y-4z)\mathrm{d}y\mathrm{d}z + (-2z-6x)\mathrm{d}z\mathrm{d}x + (-2x-2y)\mathrm{d}x\mathrm{d}y$$

$$=-\frac{2}{\sqrt{3}}\iint_{\Sigma} (4x+2y+3z)\mathrm{d}S = -2\iint_{D} (x-y+6)\mathrm{d}x\mathrm{d}y$$

$$=-12\iint_{D} \mathrm{d}x\mathrm{d}y = -24.$$

【评注】斯托克斯公式建立了对坐标的曲面积分与以此面的边界为曲线的对坐标的曲线积分之间的联系.有时计算对坐标的曲面积分可能更容易,例如可以用高斯公式或直接由曲面的几何意义获得.关键是根据给出的空间曲线适当地选取以此曲线为边界的曲面,大多数情况下可选空间的平面的一部分.

两类曲面积分小结

计算第二类曲面积分一直是历年考试的重点内容,一般有以下三种方法:

1.直接投影法

$$\iint\limits_{\Sigma} P\mathrm{d}y\mathrm{d}z = \pm\iint\limits_{D_{yz}} P\mathrm{d}y\mathrm{d}z\left(\text{曲面}\Sigma\text{的法向量与}x\text{轴正向的夹角小于}\frac{\pi}{2}\text{,取正号;大于}\frac{\pi}{2}\text{,取负号}\right).$$

$$\iint\limits_{\Sigma} Q\mathrm{d}z\mathrm{d}x = \pm\iint\limits_{D_{zx}} Q\mathrm{d}z\mathrm{d}x\left(\text{曲面}\Sigma\text{的法向量与}y\text{轴正向的夹角小于}\frac{\pi}{2}\text{,取正号;大于}\frac{\pi}{2}\text{,取负号}\right).$$

$$\iint\limits_{\Sigma} R\mathrm{d}x\mathrm{d}y = \pm\iint\limits_{D_{xy}} R\mathrm{d}x\mathrm{d}y\left(\text{曲面}\Sigma\text{的法向量与}z\text{轴正向的夹角小于}\frac{\pi}{2}\text{,取正号;大于}\frac{\pi}{2}\text{,取负号}\right).$$

特别注意:不要忽略正、负号.

2.向量数量积法.

对于曲面积分 $\iint\limits_{\Sigma} P\mathrm{d}y\mathrm{d}z + Q\mathrm{d}z\mathrm{d}x + R\mathrm{d}x\mathrm{d}y$,若不能利用高斯公式,且用直接投影法又比较复杂,则可考虑积分曲面 Σ 在某个坐标面上的投影区域是否比较简单.

若积分曲面 Σ 在 xOy 面上的投影区域 D_{xy} 比较简单,则将积分曲面 Σ 的方程写成形式: $z=z(x,y)$,求出 $\dfrac{\partial z}{\partial x},\dfrac{\partial z}{\partial y}$,有

$$\iint\limits_{\Sigma} P\mathrm{d}y\mathrm{d}z + Q\mathrm{d}z\mathrm{d}x + R\mathrm{d}x\mathrm{d}y = \iint\limits_{\Sigma}\left[P\cdot\left(-\frac{\partial z}{\partial x}\right) + Q\cdot\left(-\frac{\partial z}{\partial y}\right) + R\right]\mathrm{d}x\mathrm{d}y$$

$$= \pm\iint\limits_{D_{xy}}\left[P\cdot\left(-\frac{\partial z}{\partial x}\right) + Q\cdot\left(-\frac{\partial z}{\partial y}\right) + R\right]\mathrm{d}x\mathrm{d}y.$$

类似地,有其他两种情形.

3.高斯公式.

若积分曲面 Σ 为闭曲面(或者通过添加辅助有向曲面 Σ^*,使 $\Sigma+\Sigma^*$ 成为闭曲面),且在积分曲面 Σ(或 $\Sigma+\Sigma^*$)所围成的闭区域 Ω 内,P,Q,R 具有一阶连续偏导数,表达式 $\dfrac{\partial P}{\partial x}+\dfrac{\partial Q}{\partial y}+\dfrac{\partial R}{\partial z}$ 比较简单,则利用高斯公式计算积分

$$\oiint\limits_{\Sigma} P\mathrm{d}y\mathrm{d}z + Q\mathrm{d}z\mathrm{d}x + R\mathrm{d}x\mathrm{d}y = \pm\iiint\limits_{\Omega}\left(\frac{\partial P}{\partial x} + \frac{\partial Q}{\partial y} + \frac{\partial R}{\partial z}\right)\mathrm{d}V$$

(Σ 取外侧,正号;取内侧,负号).

添加辅助有向曲面 Σ^*,使 $\Sigma+\Sigma^*$ 成为闭曲面,应考虑 Σ 的侧来确定 Σ^* 的侧,使 Σ^* 与 Σ 所围成闭曲面后同为外侧(或内侧).

注意:(1)在计算曲线、曲面积分(不管是第一类还是第二类)时,应先考虑能否将积分曲线、曲面方程代入被积表达式,对积分进行化简.

(2)若投影为 xOy 面上的一条直线,则

$$\iint\limits_{\Sigma} R(x,y,z)\mathrm{d}x\mathrm{d}y = 0.$$

§ 6.11 　综合提高题

2012 数学二,
10 分

161 计算二重积分 $\iint\limits_{D} xy\mathrm{d}\sigma$,其中区域 D 由曲线 $r = 1 + \cos\theta(0 \leqslant \theta \leqslant \pi)$ 与极

轴围成.

　　知识点睛　0603 二重积分的计算 —— 极坐标

　　解法 1 　$\iint\limits_{D} xy\mathrm{d}\sigma = \int_0^\pi \mathrm{d}\theta \int_0^{1+\cos\theta} r\cos\theta \cdot r\sin\theta \cdot r\mathrm{d}r$

$$= \int_0^\pi \cos\theta \cdot \sin\theta \cdot \left(\frac{1}{4}r^4\Big|_0^{1+\cos\theta}\right)\mathrm{d}\theta$$

$$= \frac{1}{4}\int_0^\pi \cos\theta\sin\theta\,(1+\cos\theta)^4\mathrm{d}\theta$$

$$= -\frac{1}{4}\int_0^\pi \cos\theta \cdot (1+\cos\theta)^4\mathrm{d}(\cos\theta)$$

$$= -\frac{1}{4}\int_0^\pi [(1+\cos\theta)^5 - (1+\cos\theta)^4]\,\mathrm{d}(1+\cos\theta)$$

$$= -\frac{1}{24}(1+\cos\theta)^6\Big|_0^\pi + \frac{1}{20}(1+\cos\theta)^5\Big|_0^\pi$$

$$= \frac{8}{3} - \frac{8}{5} = \frac{16}{15}.$$

　　解法 2 　$\iint\limits_{D} xy\mathrm{d}\sigma = \int_0^\pi \mathrm{d}\theta \int_0^{1+\cos\theta} r\cos\theta \cdot r\sin\theta \cdot r\mathrm{d}r$

$$= \int_0^\pi \cos\theta \cdot \sin\theta \cdot \left(\frac{1}{4}r^4\Big|_0^{1+\cos\theta}\right)\mathrm{d}\theta$$

$$= \frac{1}{4}\int_0^\pi \cos\theta\sin\theta\,(1+\cos\theta)^4\mathrm{d}\theta$$

$$= \frac{1}{4}\int_0^\pi \left(2\cos^2\frac{\theta}{2} - 1\right) \cdot 2\sin\frac{\theta}{2}\cos\frac{\theta}{2} \cdot 16\cos^8\frac{\theta}{2}\mathrm{d}\theta$$

$$= -16\int_0^\pi \left(2\cos^{11}\frac{\theta}{2} - \cos^9\frac{\theta}{2}\right)\mathrm{d}\left(\cos\frac{\theta}{2}\right)$$

$$= -16\left(\frac{1}{6}\cos^{12}\frac{\theta}{2} - \frac{1}{10}\cos^{10}\frac{\theta}{2}\right)\Big|_0^\pi = \frac{16}{15}.$$

2018 数学二,
10 分

162 设平面区域 D 由曲线 $\begin{cases} x = t - \sin t, \\ y = 1 - \cos t \end{cases}(0 \leqslant t \leqslant 2\pi)$ 与 x 轴围成,计算二重

积分 $\iint\limits_{D}(x + 2y)\mathrm{d}x\mathrm{d}y$.

　　知识点睛　0603 二重积分的计算 —— 直角坐标

　　分析　本题的边界曲线部分用参数方程形式给出,题目较新,但本质上还是二重

积分的基本计算.

解 设积分区域 D 为 $0 \leqslant x \leqslant 2\pi, 0 \leqslant y \leqslant g(x)$,则

$$\iint\limits_{D}(x+2y)\mathrm{d}x\mathrm{d}y = \int_0^{2\pi}\mathrm{d}x\int_0^{g(x)}(x+2y)\mathrm{d}y = \int_0^{2\pi}[xg(x)+g^2(x)]\mathrm{d}x$$

$$= \int_0^{2\pi}[(t-\sin t)(1-\cos t)+(1-\cos t)^2](1-\cos t)\mathrm{d}t$$

$$= \int_0^{2\pi}(t-\sin t)(1-\cos t)^2\mathrm{d}t + \int_0^{2\pi}(1-\cos t)^3\mathrm{d}t$$

$$= \int_0^{2\pi}(t-2t\cos t+t\cos^2 t)\mathrm{d}t + 5\pi = 3\pi^2 + 5\pi.$$

【评注】定积分计算过程中用到了定积分的变量替换(参数方程形式),且计算做了一定的简化.

163 计算二重积分 $\iint\limits_{D}(x-y)\mathrm{d}x\mathrm{d}y$,其中

$$D = \{(x,y) \mid (x-1)^2 + (y-1)^2 \leqslant 2, y \geqslant x\}.$$

K 2009 数学二、数学三,10 分

知识点睛 0603 二重积分的计算——极坐标

分析 利用极坐标计算.

解法 1 由 $(x-1)^2+(y-1)^2 \leqslant 2$,得 $r \leqslant 2(\sin\theta+\cos\theta)$,所以

$$\iint\limits_{D}(x-y)\mathrm{d}x\mathrm{d}y = \int_{\frac{\pi}{4}}^{\frac{3}{4}\pi}\mathrm{d}\theta\int_0^{2(\sin\theta+\cos\theta)}(r\cos\theta-r\sin\theta)r\mathrm{d}r$$

$$= \int_{\frac{\pi}{4}}^{\frac{3}{4}\pi}\left[\frac{1}{3}(\cos\theta-\sin\theta)r^3\bigg|_0^{2(\sin\theta+\cos\theta)}\right]\mathrm{d}\theta$$

$$= \int_{\frac{\pi}{4}}^{\frac{3}{4}\pi}\frac{8}{3}(\cos\theta-\sin\theta)\cdot(\sin\theta+\cos\theta)^3\mathrm{d}\theta$$

$$= \frac{8}{3}\int_{\frac{\pi}{4}}^{\frac{3}{4}\pi}(\sin\theta+\cos\theta)^3\mathrm{d}(\sin\theta+\cos\theta)$$

$$= \frac{8}{3}\times\frac{1}{4}(\sin\theta+\cos\theta)^4\bigg|_{\frac{\pi}{4}}^{\frac{3}{4}\pi} = -\frac{8}{3}.$$

解法 2 如 163 题图将区域 D 分成 D_1, D_2 两部分,其中

$$D_1 = \left\{(x,y) \mid 1-\sqrt{2-(x-1)^2} \leqslant y \leqslant 1+\sqrt{2-(x-1)^2}, 1-\sqrt{2} \leqslant x \leqslant 0\right\},$$

$$D_2 = \left\{(x,y) \mid x \leqslant y \leqslant 1+\sqrt{2-(x-1)^2}, 0 \leqslant x \leqslant 2\right\},$$

由二重积分的性质知

$$\iint\limits_{D}(x-y)\mathrm{d}x\mathrm{d}y = \iint\limits_{D_1}(x-y)\mathrm{d}x\mathrm{d}y + \iint\limits_{D_2}(x-y)\mathrm{d}x\mathrm{d}y.$$

因为

$$\iint\limits_{D_1}(x-y)\mathrm{d}x\mathrm{d}y = \int_{1-\sqrt{2}}^0\mathrm{d}x\int_{1-\sqrt{2-(x-1)^2}}^{1+\sqrt{2-(x-1)^2}}(x-y)\mathrm{d}y$$

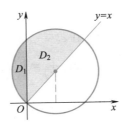

163 题图

$$= \int_{1-\sqrt{2}}^{0} 2(x-1) \sqrt{2-(x-1)^2}\, dx$$

$$= -\frac{2}{3}\left[\sqrt{2-(x-1)^2}\,\right]^3 \Big|_{1-\sqrt{2}}^{0} = -\frac{2}{3},$$

$$\iint\limits_{D_2}(x-y)\,dxdy = \int_0^2 dx \int_x^{1+\sqrt{2-(x-1)^2}}(x-y)\,dy$$

$$= -\frac{1}{2}\int_0^2 \left[2-2(x-1)\sqrt{2-(x-1)^2}\,\right] dx$$

$$= -\frac{1}{2}\left[4+\frac{2}{3}\sqrt{2-(x-1)^2}\,\Big|_0^2\right] = -2,$$

所以，$\iint\limits_{D}(x-y)\,dxdy = -\dfrac{8}{3}$.

【评注】可利用坐标变换，令 $u=x-1, v=y-1$，那么 $D=\{(u,v) \mid u^2+v^2 \leqslant 2, v \geqslant u\}$.
则原式化简为

$$\iint\limits_{D}(u-v)\,dudv = \int_{\frac{\pi}{4}}^{\frac{5}{4}\pi} d\theta \int_0^{\sqrt{2}}(r\cos\theta - r\sin\theta)\cdot r\,dr = \int_{\frac{\pi}{4}}^{\frac{5}{4}\pi}(\cos\theta - \sin\theta)\cdot \frac{r^3}{3}\Big|_0^{\sqrt{2}} d\theta$$

$$= \frac{2\sqrt{2}}{3}\int_{\frac{\pi}{4}}^{\frac{5}{4}\pi}(\cos\theta - \sin\theta)\,d\theta = \frac{2\sqrt{2}}{3}(\sin\theta + \cos\theta)\Big|_{\frac{\pi}{4}}^{\frac{5}{4}\pi}$$

$$= \frac{2\sqrt{2}}{3}\times(-2\sqrt{2}) = -\frac{8}{3}.$$

即为所求.

2011 数学一，11 分

164 已知函数 $f(x,y)$ 具有二阶连续偏导数，且 $f(1,y)=f(x,1)=0$，$\iint\limits_{D} f(x,y)$
$dxdy = a$，其中 $D=\{(x,y) \mid 0 \leqslant x \leqslant 1, 0 \leqslant y \leqslant 1\}$，计算二重积分

$$\iint\limits_{D} xyf''_{xy}(x,y)\,dxdy.$$

知识点睛　交换积分次序，0305 分部积分法

分析　把二重积分化为二次积分，用分部积分法.

解　$\iint\limits_{D} xyf''_{xy}(x,y)\,dxdy = \int_0^1 x\left[\int_0^1 yf''_{xy}(x,y)\,dy\right] dx = \int_0^1 x\left[\int_0^1 y\,df'_x(x,y)\right] dx.$

用分部积分法

$$\int_0^1 y\mathrm{d}f'_x(x,y) = yf'_x(x,y)\Big|_0^1 - \int_0^1 f'_x(x,y)\,\mathrm{d}y = -\int_0^1 f'_x(x,y)\,\mathrm{d}y,$$

交换积分次序

$$\int_0^1 x\left[\int_0^1 y\mathrm{d}f'_x(x,y)\right]\mathrm{d}x = -\int_0^1 x\left[\int_0^1 f'_x(x,y)\,\mathrm{d}y\right]\mathrm{d}x = -\int_0^1\left[\int_0^1 xf'_x(x,y)\,\mathrm{d}x\right]\mathrm{d}y,$$

再用分部积分法

$$\int_0^1 xf'_x(x,y)\,\mathrm{d}x = \int_0^1 x\mathrm{d}f(x,y) = xf(x,y)\Big|_0^1 - \int_0^1 f(x,y)\,\mathrm{d}x = -\int_0^1 f(x,y)\,\mathrm{d}x,$$

所以 $\iint\limits_D xyf''_{xy}(x,y)\,\mathrm{d}x\mathrm{d}y = \int_0^1 \mathrm{d}y\int_0^1 f(x,y)\,\mathrm{d}x = a.$

【评注】注意在计算二次积分的过程中对分部积分法及已知条件的应用.

165 设平面区域 D 由曲线 $(x^2+y^2)^2 = x^2-y^2\ (x\geqslant 0, y\geqslant 0)$ 与 x 轴围成,计算 ⓚ 2021 数学二,
$I = \iint\limits_D xy\mathrm{d}x\mathrm{d}y.$ 10 分

知识点睛　0603 二重积分的计算——极坐标

解　曲线 $(x^2+y^2)^2 = x^2-y^2$ 的极坐标方程为 $r^2 = \cos 2\theta$,则

$$I = \iint\limits_D xy\mathrm{d}x\mathrm{d}y = \int_0^{\frac{\pi}{4}}\mathrm{d}\theta\int_0^{\sqrt{\cos 2\theta}} r^2\sin\theta\cos\theta\cdot r\mathrm{d}r$$

$$= \frac{1}{8}\int_0^{\frac{\pi}{4}}\cos^2 2\theta\cdot\sin 2\theta\mathrm{d}\theta$$

$$= \left(-\frac{1}{48}\cos^3 2\theta\right)\Big|_0^{\frac{\pi}{4}} = \frac{1}{48}.$$

166 设 D 是由直线 $y=1$, $y=x$, $y=-x$ 围成的有界区域,计算二重积分 ⓚ 2016 数学二,
$\iint\limits_D \dfrac{x^2-xy-y^2}{x^2+y^2}\mathrm{d}x\mathrm{d}y.$ 10 分

知识点睛　0603 二重积分的计算——直角坐标和极坐标

分析　先利用二重积分的对称性化简,然后可用直角坐标或极坐标计算.

解　积分区域 D 关于 y 轴对称,利用对称性,有

$$\iint\limits_D \frac{x^2-xy-y^2}{x^2+y^2}\mathrm{d}x\mathrm{d}y = \iint\limits_D \frac{x^2-y^2}{x^2+y^2}\mathrm{d}x\mathrm{d}y = 2\iint\limits_{D_{\overline{k}}} \frac{x^2-y^2}{x^2+y^2}\mathrm{d}x\mathrm{d}y.$$

方法一　用直角坐标.

$$\iint\limits_{D_{\overline{k}}} \frac{x^2-y^2}{x^2+y^2}\mathrm{d}x\mathrm{d}y = \iint\limits_{D_{\overline{k}}}\left(1 - \frac{2y^2}{x^2+y^2}\right)\mathrm{d}x\mathrm{d}y = \frac{1}{2} - 2\iint\limits_{D_{\overline{k}}} \frac{y^2}{x^2+y^2}\mathrm{d}x\mathrm{d}y$$

$$= \frac{1}{2} - 2\int_0^1\mathrm{d}y\int_0^y \frac{1}{1+\left(\frac{x}{y}\right)^2}\mathrm{d}x = \frac{1}{2} - 2\int_0^1 \frac{\pi}{4}y\mathrm{d}y$$

$$= \frac{1}{2} - \frac{\pi}{4},$$

所以，$\iint\limits_{D}\dfrac{x^2-xy-y^2}{x^2+y^2}\mathrm{d}x\mathrm{d}y=1-\dfrac{\pi}{2}$.

方法二 用极坐标.

$$\iint\limits_{D右}\dfrac{x^2-y^2}{x^2+y^2}\mathrm{d}x\mathrm{d}y=\int_{\frac{\pi}{4}}^{\frac{\pi}{2}}\mathrm{d}\theta\int_0^{\frac{1}{\sin\theta}}\dfrac{r^2(\cos^2\theta-\sin^2\theta)}{r^2}r\mathrm{d}r=\dfrac{1}{2}\int_{\frac{\pi}{4}}^{\frac{\pi}{2}}\dfrac{\cos^2\theta-\sin^2\theta}{\sin^2\theta}\mathrm{d}\theta$$

$$=\dfrac{1}{2}\int_{\frac{\pi}{4}}^{\frac{\pi}{2}}\cot^2\theta\mathrm{d}\theta-\dfrac{\pi}{8}=\dfrac{1}{2}\int_{\frac{\pi}{4}}^{\frac{\pi}{2}}(\csc^2\theta-1)\,\mathrm{d}\theta-\dfrac{\pi}{8}$$

$$=-\dfrac{1}{2}\cot\theta\Big|_{\frac{\pi}{4}}^{\frac{\pi}{2}}-\dfrac{\pi}{4}=\dfrac{1}{2}-\dfrac{\pi}{4},$$

所以，$\iint\limits_{D}\dfrac{x^2-xy-y^2}{x^2+y^2}\mathrm{d}x\mathrm{d}y=1-\dfrac{\pi}{2}$.

K 2022 数学一、
数学二,12 分

167 已知平面区域 $D=\left\{(x,y)\ \middle|\ y-2\leqslant x\leqslant\sqrt{4-y^2},0\leqslant y\leqslant 2\right\}$，计算 $I=\iint\limits_{D}\dfrac{(x-y)^2}{x^2+y^2}\mathrm{d}x\mathrm{d}y$.

知识点睛 0603 二重积分的计算——极坐标

解 $I=\iint\limits_{D}\dfrac{(x-y)^2}{x^2+y^2}\mathrm{d}x\mathrm{d}y$

$$=\int_0^{\frac{\pi}{2}}\mathrm{d}\theta\int_0^2(\cos\theta-\sin\theta)^2r\mathrm{d}r+\int_{\frac{\pi}{2}}^{\pi}(\cos\theta-\sin\theta)^2\mathrm{d}\theta\int_0^{\frac{2}{\sin\theta-\cos\theta}}r\mathrm{d}r$$

$$=2\int_0^{\frac{\pi}{2}}(1-\sin 2\theta)\mathrm{d}\theta+2\int_{\frac{\pi}{2}}^{\pi}\mathrm{d}\theta=2\left(\dfrac{\pi}{2}-1\right)+\pi=2\pi-2.$$

K 2010 数学二,
10 分

168 计算二重积分

$$I=\iint\limits_{D}r^2\sin\theta\sqrt{1-r^2\cos 2\theta}\,\mathrm{d}r\mathrm{d}\theta,$$

其中，$D=\left\{(r,\theta)\ \middle|\ 0\leqslant r\leqslant\sec\theta,0\leqslant\theta\leqslant\dfrac{\pi}{4}\right\}$.

知识点睛 0603 二重积分的计算——直角坐标

分析 化极坐标积分区域为直角坐标区域，相应的被积函数也化为直角坐标系下的表示形式，然后计算二重积分.

解 直角坐标系下 $D=\{(x,y)\mid 0\leqslant x\leqslant 1,0\leqslant y\leqslant x\}$（如 168 题图所示），所以

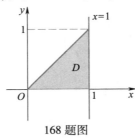

168 题图

$$I = \iint\limits_{D} r^2 \sin\theta \sqrt{1 - r^2\cos 2\theta}\, \mathrm{d}r\mathrm{d}\theta = \iint\limits_{D} r\sin\theta\sqrt{1 - r^2(\cos^2\theta - \sin^2\theta)} \cdot r\mathrm{d}r\mathrm{d}\theta$$

$$= \iint\limits_{D} y\sqrt{1 - x^2 + y^2}\,\mathrm{d}x\mathrm{d}y = \int_0^1 \mathrm{d}x \int_0^x y\sqrt{1 - x^2 + y^2}\,\mathrm{d}y$$

$$= \int_0^1 \mathrm{d}x \int_0^x \frac{1}{2}\sqrt{1 - x^2 + y^2}\,\mathrm{d}(1 - x^2 + y^2)$$

$$= \int_0^1 \frac{1}{3}\left[1 - (1 - x^2)^{\frac{3}{2}}\right]\mathrm{d}x = \frac{1}{3} - \frac{1}{3}\int_0^1 (1 - x^2)^{\frac{3}{2}}\mathrm{d}x \quad \left(\diamondsuit\ x = \sin\theta, 0 \leqslant \theta \leqslant \frac{\pi}{2}\right)$$

$$= \frac{1}{3} - \frac{1}{3}\int_0^{\frac{\pi}{2}} \cos^4\theta\,\mathrm{d}\theta$$

$$= \frac{1}{3} - \frac{1}{3} \times \frac{3}{4} \times \frac{1}{2} \times \frac{\pi}{2}$$

$$= \frac{1}{3} - \frac{1}{16}\pi.$$

169 设平面区域 $D = \{(x, y) \mid 1 \leqslant x^2 + y^2 \leqslant 4, x \geqslant 0, y \geqslant 0\}$，计算

K 2014 数学三,
10 分

$$\iint\limits_{D} \frac{x\sin\left(\pi\sqrt{x^2 + y^2}\right)}{x + y}\,\mathrm{d}x\mathrm{d}y.$$

知识点睛 二重积分的对称性，0603 二重积分的计算——极坐标

分析 根据积分区域的形状易想到利用极坐标计算.

解法 1 令 $x = r\cos\theta, y = r\sin\theta$，有

$$\iint\limits_{D} \frac{x\sin\left(\pi\sqrt{x^2 + y^2}\right)}{x + y}\,\mathrm{d}x\mathrm{d}y = \int_0^{\frac{\pi}{2}} \frac{\cos\theta}{\cos\theta + \sin\theta}\mathrm{d}\theta \int_1^2 r\sin\pi r\,\mathrm{d}r$$

$$= \int_0^{\frac{\pi}{2}} \frac{\cos\theta}{\cos\theta + \sin\theta}\mathrm{d}\theta \cdot \frac{1}{\pi}\left(-r\cos\pi r\,\Big|_1^2 + \int_1^2 \cos\pi r\,\mathrm{d}r\right)$$

$$= -\frac{3}{\pi}\int_0^{\frac{\pi}{2}} \frac{\cos\theta}{\cos\theta + \sin\theta}\mathrm{d}\theta.$$

又

$$I = \int_0^{\frac{\pi}{2}} \frac{\cos\theta}{\cos\theta + \sin\theta}\mathrm{d}\theta = \int_0^{\frac{\pi}{2}} \frac{\sin\theta}{\cos\theta + \sin\theta}\mathrm{d}\theta \quad \left(\diamondsuit\ \theta = \frac{\pi}{2} - t\right)$$

$$= \frac{1}{2}\int_0^{\frac{\pi}{2}} \frac{\cos\theta + \sin\theta}{\cos\theta + \sin\theta}\mathrm{d}\theta = \frac{\pi}{4},$$

所以，$\iint\limits_{D} \dfrac{x\sin\left(\pi\sqrt{x^2 + y^2}\right)}{x + y}\,\mathrm{d}x\mathrm{d}y = -\dfrac{3}{\pi} \cdot \dfrac{\pi}{4} = -\dfrac{3}{4}.$

解法 2 显然积分区域 D 关于 x, y 有轮换对称性，于是

$$\iint\limits_{D} \frac{x\sin\left(\pi\sqrt{x^2 + y^2}\right)}{x + y}\,\mathrm{d}x\mathrm{d}y = \iint\limits_{D} \frac{y\sin\left(\pi\sqrt{y^2 + x^2}\right)}{y + x}\,\mathrm{d}x\mathrm{d}y,$$

所以

$$\iint\limits_{D}\frac{x\sin\left(\pi\sqrt{x^2+y^2}\right)}{x+y}\mathrm{d}x\mathrm{d}y$$

$$=\frac{1}{2}\left[\iint\limits_{D}\frac{x\sin\left(\pi\sqrt{x^2+y^2}\right)}{x+y}\mathrm{d}x\mathrm{d}y+\iint\limits_{D}\frac{y\sin\left(\pi\sqrt{y^2+x^2}\right)}{y+x}\mathrm{d}x\mathrm{d}y\right]$$

$$=\frac{1}{2}\iint\limits_{D}\sin\left(\pi\sqrt{x^2+y^2}\right)\mathrm{d}x\mathrm{d}y$$

$$=\frac{1}{2}\int_{0}^{\frac{\pi}{2}}\mathrm{d}\theta\int_{1}^{2}r\sin\pi r\mathrm{d}r\quad(\diamondsuit\ x=r\cos\theta,y=r\sin\theta)$$

$$=\frac{1}{2}\int_{0}^{\frac{\pi}{2}}\mathrm{d}\theta\cdot\frac{1}{\pi}\left(-r\cos\pi r\bigg|_{1}^{2}+\int_{1}^{2}\cos\pi r\mathrm{d}r\right)$$

$$=\frac{\pi}{4}\cdot\left(-\frac{3}{\pi}\right)=-\frac{3}{4}.$$

【评注】重积分的计算中一定要利用好积分区域的对称性、被积函数的奇偶性和坐标变换等手段.

170 求 $\lim\limits_{n\to\infty}\dfrac{\pi}{2n^4}\sum\limits_{i=1}^{n}\sum\limits_{j=1}^{n}i^2\sin\dfrac{j\pi}{2n}$.

知识点睛 0601 二重积分的概念

解 由二重积分定义及函数 $x^2\sin y$ 在区域 $0\leqslant x\leqslant 1,0\leqslant y\leqslant\dfrac{\pi}{2}$ 上的连续性,可知

$$\lim_{n\to\infty}\frac{\pi}{2n^4}\sum_{i=1}^{n}\sum_{j=1}^{n}i^2\sin\frac{j\pi}{2n}=\lim_{n\to\infty}\sum_{i=1}^{n}\sum_{j=1}^{n}\left[\left(\frac{i}{n}\right)^2\sin\left(j\frac{\pi}{2n}\right)\right]\frac{1}{n}\frac{\pi}{2n}$$

$$=\iint\limits_{\substack{0\leqslant x\leqslant 1\\0\leqslant y\leqslant\frac{\pi}{2}}}x^2\sin y\mathrm{d}x\mathrm{d}y=\int_{0}^{1}x^2\mathrm{d}x\int_{0}^{\frac{\pi}{2}}\sin y\mathrm{d}y=\frac{1}{3}.$$

171 设函数 $f(x)$ 在区间 $[0,1]$ 上连续,并设 $\int_{0}^{1}f(x)\mathrm{d}x=A$, 求

$$\int_{0}^{1}\mathrm{d}x\int_{x}^{1}f(x)f(y)\mathrm{d}y.$$

知识点睛 交换积分次序

解 交换积分次序,可得

$$\int_{0}^{1}\mathrm{d}x\int_{x}^{1}f(x)f(y)\mathrm{d}y=\int_{0}^{1}\mathrm{d}y\int_{0}^{y}f(x)f(y)\mathrm{d}x=\int_{0}^{1}\mathrm{d}x\int_{0}^{x}f(x)f(y)\mathrm{d}y,$$

$$2\int_{0}^{1}\mathrm{d}x\int_{x}^{1}f(x)f(y)\mathrm{d}y=\int_{0}^{1}\mathrm{d}x\int_{0}^{x}f(x)f(y)\mathrm{d}y+\int_{0}^{1}\mathrm{d}x\int_{x}^{1}f(x)f(y)\mathrm{d}y$$

$$=\int_{0}^{1}\mathrm{d}x\int_{0}^{1}f(x)f(y)\mathrm{d}y=\int_{0}^{1}f(x)\mathrm{d}x\int_{0}^{1}f(y)\mathrm{d}y=\left[\int_{0}^{1}f(x)\mathrm{d}x\right]^2=A^2.$$

所以,$\int_{0}^{1}\mathrm{d}x\int_{x}^{1}f(x)f(y)\mathrm{d}y=\dfrac{1}{2}A^2.$

172 设闭区域 $D: x^2 + y^2 \leqslant y, x \geqslant 0$. $f(x,y)$ 为 D 上的连续函数，且

$$f(x,y) = \sqrt{1 - x^2 - y^2} - \frac{8}{\pi} \iint\limits_{D} f(u,v)\,\mathrm{d}u\mathrm{d}v,$$

求 $f(x,y)$.

知识点睛 0601 二重积分的概念

解 设 $\iint\limits_{D} f(u,v)\,\mathrm{d}u\mathrm{d}v = A$，在已知等式两边求区域 D（如 172 题

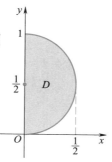

图所示）上的二重积分，有

$$\iint\limits_{D} f(x,y)\,\mathrm{d}x\mathrm{d}y = \iint\limits_{D} \sqrt{1 - x^2 - y^2}\,\mathrm{d}x\mathrm{d}y - \frac{8A}{\pi} \iint\limits_{D} \mathrm{d}x\mathrm{d}y,$$

从而 $A = \iint\limits_{D} \sqrt{1 - x^2 - y^2}\,\mathrm{d}x\mathrm{d}y - A$. 另外

$$2A = \int_0^{\frac{\pi}{2}} \mathrm{d}\theta \int_0^{\sin\theta} \sqrt{1 - r^2} \cdot r\mathrm{d}r = \frac{1}{3} \int_0^{\frac{\pi}{2}} (1 - \cos^3\theta)\,\mathrm{d}\theta = \frac{1}{3}\left(\frac{\pi}{2} - \frac{2}{3}\right),$$

172 题图

故 $A = \frac{1}{6}\left(\frac{\pi}{2} - \frac{2}{3}\right)$. 于是

$$f(x,y) = \sqrt{1 - x^2 - y^2} - \frac{4}{3\pi}\left(\frac{\pi}{2} - \frac{2}{3}\right).$$

【评注】由二重积分的定义知 $\iint\limits_{D} f(u,v)\,\mathrm{d}u\mathrm{d}v$ 是常数，且 $\iint\limits_{D} f(x,y)\,\mathrm{d}x\mathrm{d}y = \iint\limits_{D} f(u,$

$v)\,\mathrm{d}u\mathrm{d}v$，这样就把求 $f(x,y)$ 的问题转化为求 $\iint\limits_{D} f(x,y)\,\mathrm{d}x\mathrm{d}y$ 的问题.

一般地，若连续函数 $f(x,y)$ 满足

$$f(x,y) = g(x,y) + h(x,y)\iint\limits_{D} f(u,v)\,\mathrm{d}u\mathrm{d}v,$$

又 $g(x,y), h(x,y)$ 为已知，则可令 $A = \iint\limits_{D} f(u,v)\,\mathrm{d}u\mathrm{d}v$，从而有

$$\iint\limits_{D} f(x,y)\,\mathrm{d}x\mathrm{d}y = \iint\limits_{D} g(x,y)\,\mathrm{d}x\mathrm{d}y + \iint\limits_{D} h(x,y)\,\mathrm{d}x\mathrm{d}y \cdot \iint\limits_{D} f(u,v)\,\mathrm{d}u\mathrm{d}v,$$

即 $A = \iint\limits_{D} g(x,y)\,\mathrm{d}x\mathrm{d}y + A \cdot \iint\limits_{D} h(x,y)\,\mathrm{d}x\mathrm{d}y$，即可解得 A.

173 计算 $I = \int_{-\infty}^{+\infty} \int_{-\infty}^{+\infty} \min\{x,y\}\, \mathrm{e}^{-(x^2+y^2)}\,\mathrm{d}x\mathrm{d}y$.

知识点睛 泊松积分，反常二重积分

解法 1 由题设

$$I = \int_{-\infty}^{+\infty} \mathrm{e}^{-y^2}\,\mathrm{d}y \int_{-\infty}^{y} x\mathrm{e}^{-x^2}\,\mathrm{d}x + \int_{-\infty}^{+\infty} \mathrm{e}^{-x^2}\,\mathrm{d}x \int_{-\infty}^{x} y\mathrm{e}^{-y^2}\,\mathrm{d}y$$

$$= -\frac{1}{2} \int_{-\infty}^{+\infty} \mathrm{e}^{-2y^2}\,\mathrm{d}y - \frac{1}{2} \int_{-\infty}^{+\infty} \mathrm{e}^{-2x^2}\,\mathrm{d}x = -\int_{-\infty}^{+\infty} \mathrm{e}^{-2x^2}\,\mathrm{d}x,$$

作换元，令 $x = \dfrac{t}{2}, \mathrm{d}x = \dfrac{\mathrm{d}t}{2}$，有

$$I = -\frac{1}{2}\int_{-\infty}^{+\infty} \mathrm{e}^{-\frac{t^2}{2}}\mathrm{d}t = -\frac{\sqrt{2\pi}}{2}\cdot\frac{1}{\sqrt{2\pi}}\int_{-\infty}^{+\infty}\mathrm{e}^{-\frac{t^2}{2}}\mathrm{d}t = -\frac{\sqrt{2\pi}}{2} = -\sqrt{\frac{\pi}{2}}.$$

$\left(\text{其中泊松积分}\displaystyle\int_{-\infty}^{+\infty}\mathrm{e}^{-\frac{t^2}{2}}\mathrm{d}t = \sqrt{2\pi}.\right)$

解法 2
$$I = \int_{-\frac{3}{4}\pi}^{\frac{\pi}{4}}\mathrm{d}\theta\int_0^{+\infty} r\cdot r\sin\theta\cdot\mathrm{e}^{-r^2}\mathrm{d}r + \int_{\frac{\pi}{4}}^{\frac{5}{4}\pi}\mathrm{d}\theta\int_0^{+\infty} r\cdot r\cos\theta\cdot\mathrm{e}^{-r^2}\mathrm{d}r$$

$$= \int_{-\frac{3}{4}\pi}^{\frac{\pi}{4}}\sin\theta\,\mathrm{d}\theta\int_0^{+\infty} r^2\mathrm{e}^{-r^2}\mathrm{d}r + \int_{\frac{\pi}{4}}^{\frac{5\pi}{4}}\cos\theta\,\mathrm{d}\theta\int_0^{+\infty} r^2\mathrm{e}^{-r^2}\mathrm{d}r$$

$$= -2\sqrt{2}\int_0^{+\infty} r^2\mathrm{e}^{-r^2}\mathrm{d}r$$

$$\xlongequal{u=r^2} -2\sqrt{2}\int_0^{+\infty} u\cdot\mathrm{e}^{-u}\cdot\frac{1}{2\sqrt{u}}\mathrm{d}u$$

$$= -\sqrt{2}\int_0^{+\infty} u^{\frac{1}{2}}\mathrm{e}^{-u}\mathrm{d}u$$

$$= -\sqrt{2}\,\Gamma\left(\frac{3}{2}\right) = -\sqrt{2}\cdot\frac{1}{2}\cdot\sqrt{\pi} = -\frac{\sqrt{2\pi}}{2}.$$

【评注】当二重积分的积分区域无界，或被积函数无界时，称此时的二重积分为反常二重积分，它的定义为：若 $\displaystyle\iint_D f(x,y)\mathrm{d}\sigma$ 为反常积分，则取 D'，使 $D'\subset D$ 并且 $\displaystyle\iint_{D'}f(x,y)\mathrm{d}\sigma$ 为一般的二重积分，则

$$\iint_D f(x,y)\mathrm{d}\sigma = \lim_{D'\to D}\iint_{D'}f(x,y)\mathrm{d}\sigma.$$

事实上，当反常二重积分可积时，其计算方法与一般二重积分基本相同.

174 设函数 $f(x,y), g(x,y)$ 在有界闭区域 D 上连续，且 $g(x,y)\geq 0$，试证：必存在点 $(\xi,\eta)\in D$，使

$$\iint_D f(x,y)g(x,y)\mathrm{d}\sigma = f(\xi,\eta)\iint_D g(x,y)\mathrm{d}\sigma.$$

知识点睛 0504 二元连续函数的介值定理，0602 二重积分的中值定理

证 因为 $f(x,y)$ 在有界闭区域 D 上连续，所以 $f(x,y)$ 在 D 上有最大值 M 与最小值 m，且因 $g(x,y)\geq 0$，故有 $mg(x,y)\leq f(x,y)g(x,y)\leq Mg(x,y)$，积分得

$$m\iint_D g(x,y)\mathrm{d}\sigma \leq \iint_D f(x,y)g(x,y)\mathrm{d}\sigma \leq M\iint_D g(x,y)\mathrm{d}\sigma. \qquad ①$$

由 $g(x,y)\geq 0$ 知 $\displaystyle\iint_D g(x,y)\mathrm{d}x\mathrm{d}y\geq 0$，当 $\displaystyle\iint_D g(x,y)\mathrm{d}\sigma>0$ 时，由①有

$$m\leq \frac{\displaystyle\iint_D f(x,y)g(x,y)\mathrm{d}\sigma}{\displaystyle\iint_D g(x,y)\mathrm{d}\sigma}\leq M,$$

从而,由二元连续函数的介值定理,必存在一点 $(\xi,\eta)\in D$, 使

$$f(\xi,\eta)=\frac{\iint\limits_{D}f(x,y)g(x,y)\,\mathrm{d}\sigma}{\iint\limits_{D}g(x,y)\,\mathrm{d}\sigma},$$

即 $\iint\limits_{D}f(x,y)g(x,y)\,\mathrm{d}\sigma=f(\xi,\eta)\iint\limits_{D}g(x,y)\,\mathrm{d}\sigma.$

当 $\iint\limits_{D}g(x,y)\,\mathrm{d}x\mathrm{d}y=0$ 时,由①知所证等式显然成立.

175 计算二重积分

$$\iint\limits_{D}|x^2+y^2-1|\,\mathrm{d}\sigma,$$

K 2005 数学二、数学三,9 分

其中 $D=\{(x,y)\mid 0\leqslant x\leqslant1,0\leqslant y\leqslant1\}$.

知识点睛 0603 二重积分的计算

解 如 175 题图所示,将 D 分成 D_1 与 D_2 两部分.

$$\iint\limits_{D}|x^2+y^2-1|\,\mathrm{d}\sigma,$$

$$=\iint\limits_{D_1}(1-x^2-y^2)\,\mathrm{d}\sigma+\iint\limits_{D_2}(x^2+y^2-1)\,\mathrm{d}\sigma,$$

由于 $\iint\limits_{D_1}(1-x^2-y^2)\,\mathrm{d}\sigma=\int_0^{\frac{\pi}{2}}\mathrm{d}\theta\int_0^1(1-r^2)r\mathrm{d}r=\frac{\pi}{8}$,

175 题图

$$\iint\limits_{D_2}(x^2+y^2-1)\,\mathrm{d}\sigma=\int_0^1\mathrm{d}x\int_{\sqrt{1-x^2}}^1(x^2+y^2-1)\,\mathrm{d}y$$

$$=\int_0^1\left(x^2y+\frac{y^3}{3}-y\right)\Big|_{\sqrt{1-x^2}}^1\mathrm{d}x$$

$$=\int_0^1\left[x^2-\frac{2}{3}+\frac{2}{3}(1-x^2)^{\frac{3}{2}}\right]\mathrm{d}x$$

$$=\int_0^1\left(x^2-\frac{2}{3}\right)\mathrm{d}x+\frac{2}{3}\int_0^1(1-x^2)^{\frac{3}{2}}\mathrm{d}x$$

$$=-\frac{1}{3}+\frac{2}{3}I,$$

其中

$$I=\int_0^1(1-x^2)^{\frac{3}{2}}\mathrm{d}x\xrightarrow{x=\sin t}\int_0^{\frac{\pi}{2}}\cos^4t\mathrm{d}t=\frac{3}{4}\cdot\frac{1}{2}\cdot\frac{\pi}{2}=\frac{3\pi}{16},$$

$$\iint\limits_{D_2}(x^2+y^2-1)\,\mathrm{d}\sigma=-\frac{1}{3}+\frac{2}{3}\cdot\frac{3\pi}{16}=\frac{\pi}{8}-\frac{1}{3}.$$

因此

$$\iint\limits_{D}|x^2+y^2-1|\,\mathrm{d}\sigma=\frac{\pi}{8}+\frac{\pi}{8}-\frac{1}{3}=\frac{\pi}{4}-\frac{1}{3}.$$

【评注】形如 $\iint\limits_{D}|f(x,y)|\mathrm{d}\sigma$，$\iint\limits_{D}\max\{f(x,y),g(x,y)\}\mathrm{d}\sigma$，$\iint\limits_{D}\min\{f(x,$ $y)\}\mathrm{d}\sigma$，$\iint\limits_{D}[f(x,y)]\mathrm{d}\sigma$（其中 $[f(x,y)]$ 为取整函数，表示不超过 $f(x,y)$ 的最大整数部分），$\iint\limits_{D}\mathrm{sgn}\{f(x,y)-g(x,y)\}\mathrm{d}\sigma$ 的积分，一定要先去掉绝对值、最值等符号，将区域 D 分成若干个小区域分别积分. 积分时，要根据积分域的形状来选择在直角坐标系下或是极坐标系下进行计算.

176 设 $f(x)$ 为 $[0,1]$ 上的单调增加的连续函数，证明：

$$\frac{\int_0^1 xf^3(x)\mathrm{d}x}{\int_0^1 xf^2(x)\mathrm{d}x} \geqslant \frac{\int_0^1 f^3(x)\mathrm{d}x}{\int_0^1 f^2(x)\mathrm{d}x}.$$

知识点睛 利用二重积分证明积分不等式

证 由于

$$I = \int_0^1 xf^3(x)\mathrm{d}x \int_0^1 f^2(x)\mathrm{d}x - \int_0^1 f^3(x)\mathrm{d}x \int_0^1 xf^2(x)\mathrm{d}x$$

$$= \iint\limits_{D} xf^3(x)f^2(y)\mathrm{d}x\mathrm{d}y - \iint\limits_{D} f^3(x)yf^2(y)\mathrm{d}x\mathrm{d}y$$

$$= \iint\limits_{D} f^3(x)f^2(y)(x-y)\mathrm{d}x\mathrm{d}y, \qquad ①$$

其中 $D=\{(x,y)\mid 0\leqslant x\leqslant1,0\leqslant y\leqslant1\}$. 同理可得

$$I = \iint\limits_{D} f^2(x)f^3(y)(y-x)\mathrm{d}x\mathrm{d}y. \qquad ②$$

将①、②相加，并注意到假设，即

$$(x-y)[f(x)-f(y)] \geqslant 0,$$

故

$$2I = \iint\limits_{D}(x-y)f^2(x)f^2(y)[f(x)-f(y)]\mathrm{d}x\mathrm{d}y \geqslant 0,$$

即 $I\geqslant0$. 由此可推知命题成立.

177 假设 $f(x)$ 在区间 $[0,1]$ 上连续，证明

$$\int_0^1\mathrm{d}x\int_x^1\mathrm{d}y\int_x^y f(x)f(y)f(z)\mathrm{d}z = \frac{1}{3!}\left[\int_0^1 f(t)\mathrm{d}t\right]^3.$$

知识点睛 0307 积分上限函数及其导数

分析 等式左端是三次累次定积分，对三个变量地位等同，因为 f 未知，对哪个变量也无法实现第一次积分，但因 $f(x)$ 在 $[0,1]$ 连续，故它有一个原函数 $F(x)=\int_0^x f(t)\mathrm{d}t$，从而可逐次计算左端的累次积分.

证 设 $F(x)=\int_0^x f(t)\mathrm{d}t$，则 $F'(x)=f(x)$. 故

$$\int_0^1 dx \int_x^1 dy \int_x^y f(x)f(y)f(z)\,dz = \int_0^1 f(x)\,dx \int_x^1 f(y)\,dy \int_x^y f(z)\,dz$$

$$= \int_0^1 f(x)\,dx \int_x^1 f(y)F(z)\Big|_x^y dy = \int_0^1 f(x)\,dx \int_x^1 [F(y)-F(x)]\,dF(y)$$

$$= \int_0^1 f(x) \cdot \left[\frac{1}{2}F^2(y) - F(x)F(y)\right]\Big|_x^1 dx$$

$$= \int_0^1 f(x)\left\{\frac{1}{2}F^2(1) - F(x)F(1) - \left[\frac{1}{2}F^2(x) - F^2(x)\right]\right\}dx$$

$$= \int_0^1 \left[\frac{1}{2}F^2(1) - F(x)F(1) + \frac{1}{2}F^2(x)\right]dF(x)$$

$$= \left[\frac{1}{2}F^2(1)F(x) - \frac{1}{2}F^2(x)F(1) + \frac{1}{2}\cdot\frac{1}{3}F^3(x)\right]\Big|_0^1$$

$$= \left[\frac{1}{2}F^3(1) - \frac{1}{2}F^3(1) + \frac{1}{3!}F^3(1)\right] - \left[\frac{1}{2}F^2(1)F(0) - \frac{1}{2}F^2(0)F(1) + \frac{1}{3!}F^3(0)\right]$$

$$= \frac{1}{3!}F^3(1) - \left[\frac{1}{2}F^2(1)F(0) - \frac{1}{2}F^2(0)F(1) + \frac{1}{3!}F^3(0)\right].$$

因为

$$F(x) = \int_0^x f(t)\,dt, \quad F(1) = \int_0^1 f(x)\,dx, \quad F(0) = \int_0^0 f(x)\,dx = 0,$$

故

$$\int_0^1 dx \int_x^1 dy \int_x^y f(x)f(y)f(z)\,dz = \frac{1}{3!}F^3(1) = \frac{1}{3!}\left[\int_0^1 f(x)\,dx\right]^3.$$

178 设 $F(t) = \int_0^t dx \int_0^x dy \int_0^y f(z)\,dz$,其中 $f(z)$ 连续,试把 $F(t)$ 化成对 z 的定积分,并求 $F'''(t)$.

知识点睛 交换积分次序

解 设 $F(t) = \iiint\limits_{\Omega} f(z)\,dV$. 把区域 Ω 投影到 xOz 面上得平面区域如 178 题图所示,把原积分改变积分次序,得

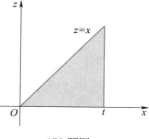

178 题图

$$F(t) = \int_0^t dz \int_z^t dx \int_z^x f(z)\,dy = \int_0^t f(z)\,dz \int_z^t (x-z)\,dx$$

$$= \frac{1}{2}\int_0^t (t-z)^2 f(z)\,dz = \frac{1}{2}\int_0^t (t^2 - 2tz + z^2) f(z)\,dz$$

$$= \frac{1}{2}t^2 \int_0^t f(z)\,dz - t\int_0^t zf(z)\,dz + \frac{1}{2}\int_0^t z^2 f(z)\,dz,$$

$$F'(t) = t\int_0^t f(z)\,dz + \frac{1}{2}t^2 f(t) - \int_0^t zf(z)\,dz - t^2 f(t) + \frac{1}{2}t^2 f(t)$$

$$= t\int_0^t f(z)\,dz - \int_0^t zf(z)\,dz,$$

$$F''(t) = \int_0^t f(z)\,dz + tf(t) - tf(t) = \int_0^t f(z)\,dz,$$

故 $F'''(t) = f(t)$.

179 求二次积分 $\displaystyle\int_0^{2\pi} \mathrm{d}\theta \int_{\frac{\theta}{2}}^{\pi} (\theta^2 - 1) \,\mathrm{e}^{r^2}\mathrm{d}r$.

知识点睛 交换积分次序

解 如179题图所示, 在 (θ, r) 平面上积分换序,

$$D: \begin{cases} 0 \leqslant \theta \leqslant 2\pi, \\ \dfrac{\theta}{2} \leqslant r \leqslant \pi \end{cases} \text{换为} \begin{cases} 0 \leqslant r \leqslant \pi, \\ 0 \leqslant \theta \leqslant 2r, \end{cases}$$

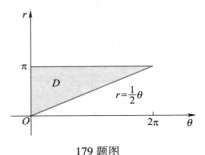

179 题图

所以

$$\text{原式} = \int_0^{\pi} \mathrm{d}r \int_0^{2r} (\theta^2 - 1)\,\mathrm{e}^{r^2}\mathrm{d}\theta = \int_0^{\pi} \mathrm{e}^{r^2} \left(\frac{\theta^3}{3} - \theta\right)\Bigg|_0^{2r} \mathrm{d}r$$

$$= \frac{8}{3}\int_0^{\pi} r^3 \mathrm{e}^{r^2}\mathrm{d}r - 2\int_0^{\pi} r\mathrm{e}^{r^2}\mathrm{d}r \xlongequal{t = r^2} \frac{4}{3}\int_0^{\pi^2} t\mathrm{e}^t\mathrm{d}t - \int_0^{\pi^2}\mathrm{e}^t\mathrm{d}t$$

$$= \frac{4}{3}\mathrm{e}^t(t - 1)\Bigg|_0^{\pi^2} - \mathrm{e}^t\Bigg|_0^{\pi^2} = \frac{1}{3}\mathrm{e}^{\pi^2}(4\pi^2 - 7) + \frac{7}{3}.$$

180 设 $f(x)$ 为连续偶函数, 证明:

$$\iint\limits_D f(x - y)\mathrm{d}x\mathrm{d}y = 2\int_0^{2a} (2a - u)f(u)\,\mathrm{d}u,$$

其中 D 为正方形 $|x| \leqslant a, |y| \leqslant a (a > 0)$.

知识点睛 交换积分次序

证 根据题意, 有

$$\iint\limits_D f(x - y)\mathrm{d}x\mathrm{d}y = \int_{-a}^a \mathrm{d}x \int_{-a}^a f(x - y)\mathrm{d}y \xlongequal{\diamond u = x - y} \int_{-a}^a \mathrm{d}x \int_{x+a}^{x-a} [-f(u)]\,\mathrm{d}u$$

$$= \int_{-a}^a \mathrm{d}x \int_{x-a}^{x+a} f(u)\,\mathrm{d}u,$$

参看180题图, 变换积分顺序, 上式化为

$$\int_{-2a}^0 \mathrm{d}u \int_{-a}^{u+a} f(u)\,\mathrm{d}x + \int_0^{2a} \mathrm{d}u \int_{u-a}^a f(u)\,\mathrm{d}x$$

$$= \int_{-2a}^0 f(u)(u + 2a)\mathrm{d}u + \int_0^{2a} f(u)(2a - u)\mathrm{d}u.$$

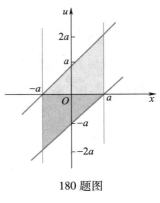

180 题图

因为 $f(x)$ 为偶函数, 有

$$\int_{-2a}^0 f(u)(u + 2a)\mathrm{d}u \xlongequal{v = -u} -\int_0^{2a} f(-v)(2a - v)\mathrm{d}(-v)$$

$$= \int_0^{2a} f(v)(2a - v)\mathrm{d}v$$

$$= \int_0^{2a} f(u)(2a - u)\mathrm{d}u,$$

故

$$\iint\limits_D f(x - y)\mathrm{d}x\mathrm{d}y = 2\int_0^{2a} (2a - u)f(u)\,\mathrm{d}u.$$

181 求 $\lim\limits_{t\to 0^+}\dfrac{1}{t^6}\displaystyle\int_0^t \mathrm{d}x\int_x^t \sin(xy)^2\mathrm{d}y$.

知识点睛 交换积分次序

解 交换积分次序,有

$$\int_0^t \mathrm{d}x\int_x^t \sin(xy)^2\mathrm{d}y = \int_0^t \mathrm{d}y\int_0^y \sin(xy)^2\mathrm{d}x,$$

两次应用洛必达法则和积分变换,则

$$原式 = \lim\limits_{t\to 0^+}\dfrac{\displaystyle\int_0^t \sin(tx)^2\mathrm{d}x}{6t^5} = \lim\limits_{t\to 0^+}\dfrac{\displaystyle\int_0^{t^2}\sin u^2\mathrm{d}u}{6t^6} = \lim\limits_{t\to 0^+}\dfrac{2t\sin t^4}{36t^5} = \dfrac{1}{18}.$$

182 设 $f(x,y)$ 是定义在区域 $0\leqslant x\leqslant 1,0\leqslant y\leqslant 1$ 上的二元函数,$f(0,0)=0$,且在点 $(0,0)$ 处 $f(x,y)$ 可微,求极限

$$\lim\limits_{x\to 0^+}\dfrac{\displaystyle\int_0^{x^2}\mathrm{d}t\int_x^{\sqrt{t}}f(t,u)\mathrm{d}u}{1-\mathrm{e}^{-\frac{x^4}{4}}}.$$

知识点睛 交换积分次序,0217 洛必达法则,0304 定积分中值定理

解 交换积分次序,有

$$\int_0^{x^2}\mathrm{d}t\int_x^{\sqrt{t}}f(t,u)\mathrm{d}u = -\int_0^x\left(\int_0^{u^2}f(t,u)\mathrm{d}t\right)\mathrm{d}u,$$

应用洛必达法则与积分中值定理,则

$$原式 = \lim\limits_{x\to 0^+}\dfrac{-\displaystyle\int_0^x\left(\int_0^{u^2}f(t,u)\mathrm{d}t\right)\mathrm{d}u}{\dfrac{x^4}{4}} = \lim\limits_{x\to 0^+}\dfrac{-\displaystyle\int_0^{x^2}f(t,x)\mathrm{d}t}{x^3}$$

$$= -\lim\limits_{x\to 0^+}\dfrac{f(\xi(x),x)\cdot x^2}{x^3}$$

$$= -\lim\limits_{x\to 0^+}\dfrac{f(\xi(x),x)}{x}\quad (0<\xi(x)<x^2).$$

由于 $f(x,y)$ 在 $(0,0)$ 处可微,$f(0,0)=0$,及 $\xi(x)=o(x)$,所以

$$f(\xi(x),x)=f(0,0)+f_x'(0,0)\xi(x)+f_y'(0,0)x+o\left(\sqrt{\xi^2(x)+x^2}\right)$$

$$=f_y'(0,0)x+o(x),$$

因此

$$原式 = -\lim\limits_{x\to 0^+}\dfrac{f_y'(0,0)x+o(x)}{x} = -f_y'(0,0).$$

183 计算 $\displaystyle\iint\limits_{\sqrt{x}+\sqrt{y}\leqslant 1}\sqrt[3]{\sqrt{x}+\sqrt{y}}\,\mathrm{d}x\mathrm{d}y$.

知识点睛 0603 二重积分的计算——直角坐标

解 $原式 = \displaystyle\int_0^1\mathrm{d}x\int_0^{(1-\sqrt{x})^2}\sqrt[3]{\sqrt{x}+\sqrt{y}}\,\mathrm{d}y\quad (令\ t=\sqrt{y})$

$$= 2 \int_0^1 dx \int_0^{1-\sqrt{x}} \sqrt[3]{\sqrt{x} + t} \cdot t dt \quad (\text{令 } u = \sqrt{x} + t)$$

$$= 2 \int_0^1 dx \int_{\sqrt{x}}^1 \sqrt[3]{u} \cdot (u - \sqrt{x}) du = 2 \int_0^1 \left[\frac{3}{7} u^{\frac{7}{3}} - \frac{3}{4} \sqrt{x} u^{\frac{4}{3}} \right]_{\sqrt{x}}^1 dx$$

$$= 2 \int_0^1 \left(\frac{3}{7} - \frac{3}{4} \sqrt{x} + \frac{9}{28} x^{\frac{7}{6}} \right) dx = \frac{2}{13}.$$

K 2003 数学一，12分

184 设函数 $f(x)$ 连续且恒大于零，

$$F(t) = \frac{\iiint\limits_{\Omega(t)} f(x^2 + y^2 + z^2) \, dV}{\iint\limits_{D(t)} f(x^2 + y^2) \, d\sigma}, \quad G(t) = \frac{\iint\limits_{D(t)} f(x^2 + y^2) \, d\sigma}{\int_{-t}^t f(x^2) \, dx},$$

其中，$\Omega(t) = \{(x,y,z) \mid x^2+y^2+z^2 \leq t^2\}$，$D(t) = \{(x,y) \mid x^2+y^2 \leq t^2\}$.

(1) 讨论 $F(t)$ 在区间 $(0, +\infty)$ 内的单调性；

(2) 证明当 $t>0$ 时，$F(t) > \dfrac{2}{\pi} G(t)$.

知识点睛 0603 二重积分的计算——极坐标，0605 三重积分的计算——球面坐标

分析 (1) 先分别在球面坐标下计算分子的三重积分和在极坐标下计算分母的重积分，再根据导函数 $F'(t)$ 的符号确定单调性；(2) 将待证的不等式作适当的恒等变形后，构造辅助函数，再用单调性进行证明即可.

解 (1) 因为

$$F(t) = \frac{\int_0^{2\pi} d\theta \int_0^{\pi} d\varphi \int_0^t f(r^2) r^2 \sin\varphi \, dr}{\int_0^{2\pi} d\theta \int_0^t f(r^2) r \, dr} = \frac{2 \int_0^t f(r^2) r^2 \, dr}{\int_0^t f(r^2) r \, dr},$$

$$F'(t) = 2 \frac{t f(t^2) \int_0^t f(r^2) r(t - r) \, dr}{\left[\int_0^t f(r^2) r \, dr \right]^2},$$

所以在 $(0, +\infty)$ 上 $F'(t) > 0$，故 $F(t)$ 在 $(0, +\infty)$ 内单调增加.

(2) 因为 $G(t) = \dfrac{\pi \int_0^t f(r^2) r \, dr}{\int_0^t f(r^2) \, dr}$，要证明 $t>0$ 时，$F(t) > \dfrac{2}{\pi} G(t)$，只需证明 $t>0$ 时，

$F(t) - \dfrac{2}{\pi} G(t) > 0$，即

$$\int_0^t f(r^2) r^2 \, dr \int_0^t f(r^2) \, dr - \left[\int_0^t f(r^2) r \, dr \right]^2 > 0.$$

令

$$g(t) = \int_0^t f(r^2) r^2 \, dr \int_0^t f(r^2) \, dr - \left[\int_0^t f(r^2) r \, dr \right]^2,$$

则 $g'(t)=f(t^2)\int_0^t f(r^2)(t-r)^2 dr>0$，故 $g(t)$ 在 $(0,+\infty)$ 内单调增加.

因为 $g(t)$ 在 $t=0$ 处连续，所以当 $t>0$ 时，有 $g(t)>g(0)$.

又 $g(0)=0$，故当 $t>0$ 时，$g(t)>0$，因此，当 $t>0$ 时，$F(t)>\dfrac{2}{\pi}G(t)$.

【评注】本题将定积分、二重积分和三重积分等多个知识点结合起来了，但难点是证明(2)中的不等式.事实上，这里也可用柯西积分不等式：

$$\left[\int_a^b f(x)g(x)dx\right]^2 \leqslant \int_a^b f^2(x)dx \cdot \int_a^b g^2(x)dx$$

进行证明.在上式中取 $f(x)$ 为 $\sqrt{f(r^2)}\,r$，$g(x)$ 为 $\sqrt{f(r^2)}$ 即可.

185 求 $\displaystyle\iiint_\Omega \sqrt{x^2+y^2}\,dxdydz$，其中 Ω 为由曲面 $z=\sqrt{x^2+y^2}$，$z=\sqrt{1-x^2-y^2}$ 所围成的立体.

知识点睛 0605 三重积分的计算——球面坐标

解 用球面坐标计算.如185题图所示，有

$$\begin{cases} x=r\sin\varphi\cos\theta, \\ y=r\sin\varphi\sin\theta, \\ z=r\cos\varphi, \end{cases} \quad \Omega: \begin{cases} 0\leqslant\theta\leqslant 2\pi, \\ 0\leqslant\varphi\leqslant\dfrac{\pi}{4}, \\ 0\leqslant r\leqslant 1, \end{cases}$$

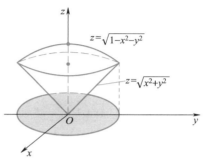

185 题图

故

$$\iiint_\Omega \sqrt{x^2+y^2}\,dxdydz = \int_0^{2\pi}d\theta\int_0^{\frac{\pi}{4}}d\varphi\int_0^1 r\sin\varphi\cdot r^2\sin\varphi\,dr$$

$$= 2\pi\int_0^{\frac{\pi}{4}}\sin^2\varphi\,d\varphi \cdot \int_0^1 r^3 dr$$

$$= \frac{\pi}{16}(\pi-2).$$

186 证明不等式

$$28\sqrt{3}\,\pi \leqslant \iiint_{x^2+y^2+z^2\leqslant 3}(x+y-z+10)dxdydz \leqslant 52\sqrt{3}\,\pi.$$

知识点睛 0517 拉格朗日乘数法，0601 三重积分的性质

证法1 令 $f(x,y,z)=x+y-z+10$，则 $f_x'=f_y'=1$，$f_z'=-1$，所以 f 在 $x^2+y^2+z^2<3$ 内无驻点.在 $x^2+y^2+z^2=3$ 上，令

$$F(x,y,z,\lambda)=x+y-z+10+\lambda(x^2+y^2+z^2-3),$$

由

$$\begin{cases} F_x'=1+2\lambda x=0, \\ F_y'=1+2\lambda y=0, \\ F_z'=-1+2\lambda z=0, \\ F_\lambda'=x^2+y^2+z^2-3=0 \end{cases}$$

解得可疑的条件极值点为 $(1,1,-1)$ 与 $(-1,-1,1)$, 它们对应的函数值分别为 $f(1,1,-1)=13, f(-1,-1,1)=7$. 于是

$$f_{\max}=f(1,1,-1)=13, \quad f_{\min}=f(-1,-1,1)=7.$$

由积分的保号性(设 $\Omega: x^2+y^2+z^2 \leqslant 3$), 即得

$$\iiint_{\Omega} f \mathrm{d}V \leqslant 13 \iiint_{\Omega} \mathrm{d}V = 13 \cdot \frac{4}{3}\pi (\sqrt{3})^3 = 52\sqrt{3}\pi,$$

$$\iiint_{\Omega} f \mathrm{d}V \geqslant 7 \iiint_{\Omega} \mathrm{d}V = 7 \cdot \frac{4}{3}\pi (\sqrt{3})^3 = 28\sqrt{3}\pi.$$

证法 2 由于 x 为奇函数, Ω 关于 $x=0$ 对称, 所以 $\iiint_{\Omega} x \mathrm{d}V = 0$; 由于 y 为奇函数, Ω 关于 $y=0$ 对称, 所以 $\iiint_{\Omega} y \mathrm{d}V = 0$; 由于 z 为奇函数, Ω 关于 $z=0$ 对称, 所以 $\iiint_{\Omega} z \mathrm{d}V = 0$ $(\Omega: x^2+y^2+z^2 \leqslant 3)$. 于是

$$\iiint_{\Omega} (x+y-z+10) \mathrm{d}V = 10 \iiint_{\Omega} \mathrm{d}V = 10 \cdot \frac{4}{3}\pi (\sqrt{3})^3 = 40\sqrt{3}\pi,$$

显见 $28\sqrt{3}\pi < 40\sqrt{3}\pi < 52\sqrt{3}\pi$.

187 求 $\oint_{\Gamma} (x^2+y^2)^2 \mathrm{d}s$, 其中 Γ 为曲线 $\begin{cases} x^2+y^2+z^2=1, \\ x=y. \end{cases}$

知识点睛 0607 第一类曲线积分的计算

解 $\Gamma: \begin{cases} x^2+y^2+z^2=1, \\ x=y \end{cases}$, 化为参数方程

$$\begin{cases} x = \dfrac{1}{\sqrt{2}}\cos\theta, \\ y = \dfrac{1}{\sqrt{2}}\cos\theta, \quad\quad 0 \leqslant \theta \leqslant 2\pi, \\ z = \sin\theta, \end{cases}$$

所以

$$原式 = \int_0^{2\pi} \cos^4\theta \mathrm{d}\theta = \int_0^{2\pi} \left(\frac{1+\cos 2\theta}{2} \right)^2 \mathrm{d}\theta$$

$$= \frac{1}{4} \int_0^{2\pi} (1+2\cos 2\theta) \mathrm{d}\theta + \frac{1}{8} \int_0^{2\pi} (1+\cos 4\theta) \mathrm{d}\theta = \frac{3}{4}\pi.$$

188 计算 $\int_{\widehat{AmB}} [f(y)e^x - 3y] \mathrm{d}x + [f'(y)e^x - 3] \mathrm{d}y$, 其中 $f'(y)$ 连续, $\widehat{AmB}$ 为连结点 $A(2,3)$ 和点 $B(4,1)$ 的任意路径且与线段 AB 围成的面积为 5, $\widehat{AmB}$ 在直线 AB 的一侧.

知识点睛 0607 第二类曲线积分的计算

解 如 188 题图(1)所示:

$$\int_{\widehat{AmB}} [f(y)e^x - 3y] \mathrm{d}x + [f'(y)e^x - 3] \mathrm{d}y + \int_{\overline{BA}} [f(y)e^x - 3y] \mathrm{d}x + [f'(y)e^x - 3] \mathrm{d}y$$

$$= - \oint_L [f(y)\mathrm{e}^x - 3y]\, \mathrm{d}x + [f'(y)\mathrm{e}^x - 3]\, \mathrm{d}y = - \iint_D [f'(y)\mathrm{e}^x - f'(y)\mathrm{e}^x + 3]\, \mathrm{d}\sigma$$

$$= - 3\iint_D \mathrm{d}\sigma = - 15,$$

而

$$\int_{\overline{BA}} [f(y)\mathrm{e}^x - 3y]\, \mathrm{d}x + [f'(y)\mathrm{e}^x - 3]\, \mathrm{d}y = \int_{\overline{BA}} f(y)\mathrm{e}^x \mathrm{d}x + f'(y)\mathrm{e}^x \mathrm{d}y - 3\int_{\overline{BA}} y\mathrm{d}x + \mathrm{d}y$$

$$= \int_{\overline{BA}} \mathrm{d}[f(y)\mathrm{e}^x] - 3\int_{\overline{BA}} y\mathrm{d}x + \mathrm{d}y = f(y)\mathrm{e}^x \Big|_{(4,1)}^{(2,3)} - 3\int_1^3 (-y+1)\,\mathrm{d}y = \mathrm{e}^2 f(3) - \mathrm{e}^4 f(1) + 6,$$

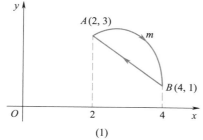 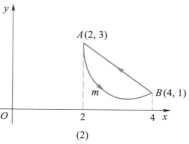

(1)　　　　　　　　　　　　(2)

188 题图

所以

$$I = - 15 - \int_{\overline{BA}} [f(y)\mathrm{e}^x - 3y]\, \mathrm{d}x + [f'(y)\mathrm{e}^x - 3]\, \mathrm{d}y = \mathrm{e}^4 f(1) - \mathrm{e}^2 f(3) - 21.$$

如 188 题图(2)所示,有

$$\int_{\overarc{AmB}} [f(y)\mathrm{e}^x - 3y]\, \mathrm{d}x + [f'(y)\mathrm{e}^x - 3]\, \mathrm{d}y + \int_{\overline{BA}} [f(y)\mathrm{e}^x - 3y]\, \mathrm{d}x + [f'(y)\mathrm{e}^x - 3]\, \mathrm{d}y$$

$$= \oint_L [f(y)\mathrm{e}^x - 3y]\, \mathrm{d}x + [f'(y)\mathrm{e}^x - 3]\, \mathrm{d}y = 3\iint_D \mathrm{d}\sigma = 15,$$

所以,$I = 15 - \int_{\overline{BA}} [f(y)\mathrm{e}^x - 3y]\, \mathrm{d}x + [f'(y)\mathrm{e}^x - 3]\, \mathrm{d}y = \mathrm{e}^4 f(1) - \mathrm{e}^2 f(3) + 9.$

189 计算 $\displaystyle\lim_{R\to+\infty} \oint_L \frac{x\mathrm{d}y - y\mathrm{d}x}{(x^2 + xy + y^2)^2}$,$L$ 是 $x^2 + y^2 = R^2$,取正向.

知识点睛 0607 第二类曲线积分的计算

解 从被积分式和积分路径看,将路径以参数方程表示,化成对参数的定积分计算为宜. 将 L 表示成参数方程如下:

$$L:\begin{cases} x = R\cos t, \\ y = R\sin t, \end{cases} \quad 0 \le t \le 2\pi,$$

于是

$$\oint_L \frac{x\mathrm{d}y - y\mathrm{d}x}{(x^2 + xy + y^2)^2} = \int_0^{2\pi} \frac{R^2\cos^2 t + R^2\sin^2 t}{(R^2 + R^2\sin t\cos t)^2}\mathrm{d}t = \frac{1}{R^2}\int_0^{2\pi} \frac{\mathrm{d}t}{\left(1 + \dfrac{1}{2}\sin 2t\right)^2}.$$

一般来说,应先计算积分 $\displaystyle\int_0^{2\pi} \frac{\mathrm{d}t}{\left(1 + \dfrac{1}{2}\sin 2t\right)^2}$,再计算极限,但在上述计算过程中,

已分离出 $\dfrac{1}{R^2}$，而 $\displaystyle\int_0^{2\pi}\dfrac{1}{\left(1+\dfrac{1}{2}\sin 2t\right)^2}\mathrm{d}t$ 已与极限变量 R 无关，又因为 $\dfrac{1}{\left(1+\dfrac{1}{2}\sin 2t\right)^2}$

在区间 $[0,2\pi]$ 上连续，上述积分一定存在，故我们有

$$\lim_{R\to+\infty}\oint_L\frac{x\mathrm{d}y-y\mathrm{d}x}{(x^2+xy+y^2)^2}=\lim_{R\to+\infty}\frac{1}{R^2}\int_0^{2\pi}\frac{\mathrm{d}t}{\left(1+\dfrac{1}{2}\sin 2t\right)^2}=0.$$

190 计算 $\displaystyle\oint_L\frac{(x+y)\mathrm{d}x-(x-y)\mathrm{d}y}{x^2+y^2}$. 其中 L 是

（1）不包围也不通过原点的任意闭曲线；

（2）以原点为中心的正向的单位圆；

（3）包围原点的任意正向闭曲线.

知识点睛 0607 第二类曲线积分的计算

解 因为有任意闭路积分的问题，故先验证积分是否与路径无关，即验证 $\dfrac{\partial P}{\partial y}$ 与

$\dfrac{\partial Q}{\partial x}$ 是否处处相等.

$$\frac{\partial P}{\partial y}=\frac{(x^2+y^2)-(x+y)2y}{(x^2+y^2)^2}=\frac{x^2-2xy-y^2}{(x^2+y^2)^2},$$

$$\frac{\partial Q}{\partial x}=\frac{(x^2+y^2)(-1)-(y-x)2x}{(x^2+y^2)^2}=\frac{x^2-2xy-y^2}{(x^2+y^2)^2},$$

所以在全平面上除掉原点 $(0,0)$ 的复连通域内，有 $\dfrac{\partial P}{\partial y}=\dfrac{\partial Q}{\partial x}$.

（1）在不包围也不经过原点的任意闭曲线 L_1 上（如
190 题图所示），有

$$\oint_{L_1}\frac{(x+y)\mathrm{d}x-(x-y)\mathrm{d}y}{x^2+y^2}=0.$$

因为由 L_1 所围域 D_1 是单连通域，且有 $\dfrac{\partial P}{\partial y}=\dfrac{\partial Q}{\partial x}$ 处处

成立，由曲线积分与路径无关的等价条件知

$$\oint_{L_1}\frac{(x+y)\mathrm{d}x-(x-y)\mathrm{d}y}{x^2+y^2}=0.$$

190 题图

（2）设 L_2 是以原点为中心的单位圆，方向取为正向，
由于 L_2 所围的区域包围原点，是复连通区域，可利用参数

方程直接计算$\left(\text{其中 }L_2:\begin{cases}x=\cos t,\\y=\sin t,\end{cases}0\leqslant t\leqslant 2\pi\right)$：

$$\oint_{L_2}\frac{(x+y)\mathrm{d}x-(x-y)\mathrm{d}y}{x^2+y^2}=\int_0^{2\pi}\frac{(\cos t+\sin t)\mathrm{d}\cos t-(\cos t-\sin t)\mathrm{d}\sin t}{\cos^2 t+\sin^2 t}$$

$$= \int_0^{2\pi} [\cos t(-\sin t) - \sin^2 t - \cos^2 t + \cos t \cdot \sin t]\, dt$$

$$= \int_0^{2\pi} (-1)\, dt = -2\pi.$$

（3）如 190 题图所示，由于 L_3 包围原点，故是复连通区域，又 L_3 是任意闭曲线（包围原点），直接积分不现实，为了除去原点，在 L_3 和单位圆 L_2（当 L_3 不能完全包含 L_2 时，在 L_3 内任作一个中心在原点、半径为充分小正数 δ 的小圆即可解决）之间作辅助线 AB（如 190 题图所示），使连接 L_3 和 L_2，则 $L' = L_3 + \overline{AB} - L_2 + \overline{BA}$ 成为一条闭曲线（其中 $-L_2$ 表示 L_2 的负向闭曲线），这条闭曲线不包围原点，所以在以 L' 为边界曲线的单连通域上，恒有

$$\frac{\partial P}{\partial y} = \frac{\partial Q}{\partial x},$$

故

$$\oint_{L'} \frac{(x+y)\,dx - (x-y)\,dy}{x^2+y^2} = 0,$$

即

$$\oint_{L'} \frac{(x+y)\,dx - (x-y)\,dy}{x^2+y^2} = \oint_{L_3} \frac{(x+y)\,dx - (x-y)\,dy}{x^2+y^2}$$
$$+ \int_{\overline{AB}} \frac{(x+y)\,dx - (x-y)\,dy}{x^2+y^2} + \oint_{-L_2} \frac{(x+y)\,dx - (x-y)\,dy}{x^2+y^2}$$
$$+ \int_{\overline{BA}} \frac{(x+y)\,dx - (x-y)\,dy}{x^2+y^2} = 0.$$

因为

$$\int_{\overline{AB}} \frac{(x+y)\,dx - (x-y)\,dy}{x^2+y^2} = -\int_{\overline{BA}} \frac{(x+y)\,dx - (x-y)\,dy}{x^2+y^2},$$

所以

$$\oint_{L_3} \frac{(x+y)\,dx - (x-y)\,dy}{x^2+y^2} + \oint_{-L_2} \frac{(x+y)\,dx - (x-y)\,dy}{x^2+y^2} = 0,$$

$$\oint_{L_3} \frac{(x+y)\,dx - (x-y)\,dy}{x^2+y^2} = -\oint_{-L_2} \frac{(x+y)\,dx - (x-y)\,dy}{x^2+y^2}$$
$$= \oint_{L_2} \frac{(x+y)\,dx - (x-y)\,dy}{x^2+y^2}.$$

由此推出了包围原点的任意正向闭路 L_3 上的积分等于包围原点的正向单位圆的积分. 故

$$\oint_{L_3} \frac{(x+y)\,dx - (x-y)\,dy}{x^2+y^2} = -2\pi.$$

191 确定常数 λ，使在右半平面 $x>0$ 上的向量 $\boldsymbol{A}(x,y) = 2xy(x^4+y^2)^\lambda \boldsymbol{i} - x^2(x^4+y^2)^\lambda \boldsymbol{j}$ 为某二元函数 $u(x,y)$ 的梯度，并求 $u(x,y)$.

知识点睛 0512 梯度

解 令 $P=2xy(x^4+y^2)^\lambda, Q=-x^2(x^4+y^2)^\lambda$.

$A(x,y)$ 在右半平面 $x>0$ 上为某二元函数 $u(x,y)$ 的梯度的充要条件是 $\dfrac{\partial P}{\partial y}\equiv\dfrac{\partial Q}{\partial x}$.

此即 $4x(x^4+y^2)^\lambda(\lambda+1)=0$, 解之得 $\lambda=-1$.

于是, 在右半平面内任取一点, 例如 $(1,0)$ 作为积分路径的起点, 则得

$$u(x,y)=\int_{(1,0)}^{(x,y)}\frac{2xy\mathrm{d}x-x^2\mathrm{d}y}{x^4+y^2}+C=\int_1^x\frac{2x\cdot 0}{x^4+0^2}\mathrm{d}x-\int_0^y\frac{x^2}{x^4+y^2}\mathrm{d}y+C$$

$$=-\arctan\frac{y}{x^2}+C.$$

【评注】若 $P(x,y),Q(x,y)$ 在某一单连通区域上连续, 且有连续的一阶偏导数, 满足 $\dfrac{\partial P}{\partial y}=\dfrac{\partial Q}{\partial x}$, 则存在二元函数 $u(x,y)$, 使 $\mathrm{d}u=P\mathrm{d}x+Q\mathrm{d}y$. 其中

$$u(x,y)=\int_{x_0}^x P(x,y_0)\,\mathrm{d}x+\int_{y_0}^y Q(x,y)\,\mathrm{d}y,$$

或

$$u(x,y)=\int_{x_0}^x P(x,y)\,\mathrm{d}x+\int_{y_0}^y Q(x_0,y)\,\mathrm{d}y.$$

Ⓚ 2013 数学一, 4 分

192 设 $L_1:x^2+y^2=1, L_2:x^2+y^2=2, L_3:x^2+2y^2=2, L_4:2x^2+y^2=2$ 为四条逆时针方向的平面曲线, 记 $I_i=\oint_{L_i}\left(y+\dfrac{y^3}{6}\right)\mathrm{d}x+\left(2x-\dfrac{x^3}{3}\right)\mathrm{d}y(i=1,2,3,4)$, 则 $\max\{I_1,I_2,I_3,I_4\}=($).

(A) I_1 (B) I_2 (C) I_3 (D) I_4

知识点睛 0607 第二类曲线积分的计算

分析 题中 $I_i(i=1,2,3,4)$ 是四个第二类曲线积分, 直接无法比较大小, 可利用格林公式转化为二重积分, 然后比较大小.

解 由题意知 $P(x,y)=y+\dfrac{y^3}{6}, Q(x,y)=2x-\dfrac{x^3}{3}$, 于是 $\dfrac{\partial Q}{\partial x}-\dfrac{\partial P}{\partial y}=1-x^2-\dfrac{y^2}{2}$.

设 $L_i(i=1,2,3,4)$ 所围的区域为 $D_i(i=1,2,3,4)$, 由格林公式, 有

$$I_1=\iint_{D_1}\left(1-x^2-\frac{y^2}{2}\right)\mathrm{d}x\mathrm{d}y\xrightarrow[y=r\sin\theta]{x=r\cos\theta}\int_0^{2\pi}\mathrm{d}\theta\int_0^1\left(1-r^2\cos^2\theta-\frac{r^2\sin^2\theta}{2}\right)r\mathrm{d}r$$

$$=\int_0^{2\pi}\mathrm{d}\theta\int_0^1\left(r-\frac{r^3\cos^2\theta}{2}-\frac{r^3}{2}\right)\mathrm{d}r=\int_0^{2\pi}\left(\frac{r^2}{2}-\frac{r^4\cos^2\theta}{8}-\frac{r^4}{8}\right)\bigg|_0^1\mathrm{d}\theta$$

$$=\int_0^{2\pi}\left(\frac{3}{8}-\frac{\cos^2\theta}{8}\right)\mathrm{d}\theta=\int_0^{2\pi}\left(\frac{3}{8}-\frac{1+\cos 2\theta}{16}\right)\mathrm{d}\theta=\frac{5}{8}\pi.$$

$$I_2=\iint_{D_2}\left(1-x^2-\frac{y^2}{2}\right)\mathrm{d}x\mathrm{d}y\xrightarrow[y=r\sin\theta]{x=r\cos\theta}\int_0^{2\pi}\mathrm{d}\theta\int_0^{\sqrt{2}}\left(1-r^2\cos^2\theta-\frac{r^2\sin^2\theta}{2}\right)r\mathrm{d}r$$

$$=\int_0^{2\pi}\mathrm{d}\theta\int_0^{\sqrt{2}}\left(r-\frac{r^3\cos^2\theta}{2}-\frac{r^3}{2}\right)\mathrm{d}r=\int_0^{2\pi}\left(\frac{r^2}{2}-\frac{r^4\cos^2\theta}{8}-\frac{r^4}{8}\right)\bigg|_0^{\sqrt{2}}\mathrm{d}\theta$$

$$= \int_0^{2\pi} \frac{\sin^2\theta}{2} d\theta = \int_0^{2\pi} \frac{1-\cos 2\theta}{4} d\theta = \frac{1}{2}\pi.$$

$$I_3 = \iint\limits_{D_3} \left(1 - x^2 - \frac{y^2}{2}\right) dxdy \xlongequal[y=r\sin\theta]{x=\sqrt{2}r\cos\theta} \int_0^{2\pi} d\theta \int_0^1 \left(1 - 2r^2\cos^2\theta - \frac{r^2\sin^2\theta}{2}\right)\sqrt{2}\, rdr$$

$$= \sqrt{2}\int_0^{2\pi} d\theta \int_0^1 \left(r - \frac{3}{2}r^3\cos^2\theta - \frac{r^3}{2}\right) dr = \sqrt{2}\int_0^{2\pi} \left(\frac{r^2}{2} - \frac{3r^4\cos^2\theta}{8} - \frac{r^4}{8}\right)\Big|_0^1 d\theta$$

$$= \sqrt{2}\int_0^{2\pi} \frac{3}{8}\sin^2\theta d\theta = \frac{3\sqrt{2}}{16}\int_0^{2\pi}(1 - \cos 2\theta) d\theta = \frac{3\sqrt{2}}{8}\pi.$$

$$I_4 = \iint\limits_{D_4} \left(1 - x^2 - \frac{y^2}{2}\right) dxdy \xlongequal[y=\sqrt{2}r\sin\theta]{x=r\cos\theta} \int_0^{2\pi} d\theta \int_0^1 (1 - r^2\cos^2\theta - r^2\sin^2\theta)\sqrt{2}\, rdr$$

$$= \sqrt{2}\int_0^{2\pi} d\theta \int_0^1 (r - r^3) dr = \sqrt{2}\int_0^{2\pi} \frac{1}{4} d\theta = \frac{\sqrt{2}}{2}\pi.$$

比较如上四个数的大小，$\max\limits_{1 \leqslant i \leqslant 4}\{I_i\} = I_4$，应选（D）.

193 已知平面区域 $D = \{(x, y) \mid 0 \leqslant x \leqslant \pi, 0 \leqslant y \leqslant \pi\}$，$L$ 为 D 的正向边界. 试证：　　　　　　　　　　　　　　　　　　　　　　　　　　　　Ⓚ 2003 数学一, 10 分

（Ⅰ）$\oint_L xe^{\sin y}dy - ye^{-\sin x}dx = \oint_L xe^{-\sin y}dy - ye^{\sin x}dx$；

（Ⅱ）$\oint_L xe^{\sin y}dy - ye^{-\sin x}dx \geqslant 2\pi^2$.

知识点睛　0608 格林公式

分析　本题边界曲线为折线段，可将曲线积分直接化为定积分，或曲线为封闭正向曲线，自然可想到用格林公式；（Ⅱ）的证明应注意用（Ⅰ）的结果.

解法 1　由题意，有

（Ⅰ）左边 $= \int_0^\pi \pi e^{\sin y}dy - \int_\pi^0 \pi e^{-\sin x}dx = \pi\int_0^\pi (e^{\sin x} + e^{-\sin x}) dx,$

右边 $= \int_0^\pi \pi e^{-\sin y}dy - \int_\pi^0 \pi e^{\sin x}dx = \pi\int_0^\pi (e^{\sin x} + e^{-\sin x}) dx,$

所以 $\oint_L xe^{\sin y}dy - ye^{-\sin x}dx = \oint_L xe^{-\sin y}dy - ye^{\sin x}dx.$

（Ⅱ）由于 $e^{\sin x} + e^{-\sin x} \geqslant 2$，故由（Ⅰ）得

$$\oint_L xe^{\sin y}dy - ye^{-\sin x}dx = \pi\int_0^\pi (e^{\sin x} + e^{-\sin x}) dx \geqslant 2\pi^2.$$

解法 2

（Ⅰ）根据格林公式，得

$$\oint_L xe^{\sin y}dy - ye^{-\sin x}dx = \iint\limits_D (e^{\sin y} + e^{-\sin x}) dxdy,$$

$$\oint_L xe^{-\sin y}dy - ye^{\sin x}dx = \iint\limits_D (e^{-\sin y} + e^{\sin x}) dxdy,$$

因为 D 具有轮换对称性，所以

$$\iint\limits_{D}(e^{\sin y}+e^{-\sin x})\,dxdy=\iint\limits_{D}(e^{-\sin y}+e^{\sin x})\,dxdy,$$

故

$$\oint_{L}xe^{\sin y}dy-ye^{-\sin x}dx=\oint_{L}xe^{-\sin y}dy-ye^{\sin x}dx.$$

（Ⅱ）由（Ⅰ）知

$$\oint_{L}xe^{\sin y}dy-ye^{-\sin x}dx=\iint\limits_{D}(e^{\sin y}+e^{-\sin x})\,dxdy$$

$$=\iint\limits_{D}e^{\sin y}dxdy+\iint\limits_{D}e^{-\sin x}dxdy$$

$$=\iint\limits_{D}e^{\sin x}dxdy+\iint\limits_{D}e^{-\sin x}dxdy\quad（利用轮换对称性）$$

$$=\iint\limits_{D}(e^{\sin x}+e^{-\sin x})\,dxdy\geqslant\iint\limits_{D}2dxdy=2\pi^{2}.$$

【评注】本题解法1与解法2中的定积分与二重积分是很难直接计算出来的,因此期望通过计算出结果去证明恒等式与不等式是困难的.另外,一个题由两部分构成时,证明第二部分时应首先想到利用第一部分的结果,事实上,第一部分往往是起桥梁作用的.

194 计算曲线积分 $\int_{L}\sin 2xdx+2(x^{2}-1)ydy$,其中 L 是曲线 $y=\sin x$ 上从点 $(0,0)$ 到点 $(\pi,0)$ 的一段.

知识点睛 0608 格林公式

分析 利用曲线的参数方程直接转化为定积分计算或添加线段使之形成封闭曲线,再用格林公式,而添加线段上用参数法.

解法1 由题意,有

$$\int_{L}\sin 2xdx+2(x^{2}-1)ydy=\int_{0}^{\pi}[\sin 2x+2(x^{2}-1)\sin x\cdot\cos x]\,dx$$

$$=\int_{0}^{\pi}x^{2}\sin 2xdx=-\frac{x^{2}}{2}\cos 2x\Big|_{0}^{\pi}+\int_{0}^{\pi}x\cos 2xdx$$

$$=-\frac{\pi^{2}}{2}+\frac{x}{2}\sin 2x\Big|_{0}^{\pi}-\frac{1}{2}\int_{0}^{\pi}\sin 2xdx=-\frac{\pi^{2}}{2}.$$

解法2 添加 x 轴上从点 $(\pi,0)$ 到点 $(0,0)$ 的直线段 L_{1},D 为 L 与 L_{1} 围成的封闭区域,则

$$\int_{L}\sin 2xdx+2(x^{2}-1)ydy=\oint_{L+L_{1}}\sin 2xdx+2(x^{2}-1)ydy-\int_{L_{1}}\sin 2xdx+2(x^{2}-1)ydy$$

$$=-\iint\limits_{D}4xydxdy+\int_{0}^{\pi}\sin 2xdx=-\int_{0}^{\pi}dx\int_{0}^{\sin x}4xydy$$

$$=-\int_{0}^{\pi}2x\sin^{2}xdx=-\int_{0}^{\pi}x(1-\cos 2x)\,dx=-\frac{\pi^{2}}{2}.$$

195 设函数 $f(x,y)$ 满足 $\dfrac{\partial f(x,y)}{\partial x} = (2x+1)\mathrm{e}^{2x-y}$, 且 $f(0,y) = y+1$, L_t 是从点 🄚 2016 数学一, 10分

$(0,0)$ 到点 $(1,t)$ 的光滑曲线. 计算曲线积分 $I(t) = \displaystyle\int_{L_t} \dfrac{\partial f(x,y)}{\partial x}\mathrm{d}x + \dfrac{\partial f(x,y)}{\partial y}\mathrm{d}y$, 并求

$I(t)$ 的最小值.

知识点睛 0609 平面曲线积分与路径无关的条件

分析 先用不定积分法求出 $f(x,y)$, 再利用积分与路径无关并选取特殊积分路径求出 $I(t)$.

解 因 $\dfrac{\partial f(x,y)}{\partial x} = (2x+1)\mathrm{e}^{2x-y}$, 故 $f(x,y) = x\mathrm{e}^{2x} \cdot \mathrm{e}^{-y} + \varphi(y)$.

又 $f(0,y) = \varphi(y) = y+1$, 从而 $f(x,y) = x\mathrm{e}^{2x-y} + y + 1$, 则

$$\frac{\partial f(x,y)}{\partial y} = -x\mathrm{e}^{2x-y} + 1,$$

所以

$$I(t) = \int_{L_t} \frac{\partial f(x,y)}{\partial x}\mathrm{d}x + \frac{\partial f(x,y)}{\partial y}\mathrm{d}y = \int_{L_t}(2x+1)\mathrm{e}^{2x-y}\mathrm{d}x + (1 - x\mathrm{e}^{2x-y})\,\mathrm{d}y$$

$$= \int_{L_t} P(x,y)\mathrm{d}x + Q(x,y)\mathrm{d}y.$$

由 $\dfrac{\partial P}{\partial y} = \dfrac{\partial Q}{\partial x} = -(2x+1)\mathrm{e}^{2x-y}$, 知曲线积分与路径无关, 故

$$I(t) = \int_0^1 (2x+1)\mathrm{e}^{2x}\mathrm{d}x + \int_0^t (1 - \mathrm{e}^{2-y})\,\mathrm{d}y = t + \mathrm{e}^{2-t}.$$

由 $I'(t) = 1 - \mathrm{e}^{2-t} = 0$, 得 $t=2$, 而 $I''(t) = \mathrm{e}^{2-t}$, $I''(2) = 1 > 0$, 所以, 当 $t=2$ 时, $I(t)$ 取极小值, 即最小值, 最小值为 $I(2) = 3$.

196 求 $I = \displaystyle\int_L (\mathrm{e}^x\sin y - b(x+y))\,\mathrm{d}x + (\mathrm{e}^x\cos y - ax)\,\mathrm{d}y$, 其中 a,b 为正的常数, 🄚 1999 数学一, 5分

L 为从点 $A(2a,0)$ 沿曲线 $y = \sqrt{2ax - x^2}$ 到点 $O(0,0)$ 的弧.

知识点睛 0608 格林公式

分析 本题用参数法计算比较复杂, 可考虑添加有向曲线段, 使之成为闭曲线, 利用格林公式计算; 另外, 考虑到被积表达式的一部分存在原函数, 可将被积表达式分为两部分, 一部分的积分归结为求原函数, 另一部分用参数法计算.

解法 1 添加有向直线段 $\overline{OA}: y = 0, 0 \leqslant x \leqslant 2a$, 则

$$I = \int_L (\mathrm{e}^x\sin y - b(x+y))\,\mathrm{d}x + (\mathrm{e}^x\cos y - ax)\,\mathrm{d}y$$

$$= \oint_{L+\overline{OA}} (\mathrm{e}^x\sin y - b(x+y))\,\mathrm{d}x + (\mathrm{e}^x\cos y - ax)\,\mathrm{d}y$$

$$\quad - \int_{\overline{OA}} (\mathrm{e}^x\sin y - b(x+y))\,\mathrm{d}x + (\mathrm{e}^x\cos y - ax)\,\mathrm{d}y$$

$$= I_1 - I_2.$$

对于积分 I_1, 由格林公式得

$$I_1 = \iint\limits_{D} \left(\frac{\partial Q}{\partial x} - \frac{\partial P}{\partial y} \right) \mathrm{d}x\mathrm{d}y = \iint\limits_{D} (b - a)\mathrm{d}x\mathrm{d}y = \frac{\pi}{2}(b - a)a^2,$$

对于积分 I_2，化为定积分得

$$I_2 = \int_{\overline{OA}} (\mathrm{e}^x \sin y - b(x + y))\,\mathrm{d}x + (\mathrm{e}^x \cos y - ax)\,\mathrm{d}y = \int_0^{2a} (-bx)\,\mathrm{d}x = -2a^2 b,$$

所以

$$I = \int_L (\mathrm{e}^x \sin y - b(x + y))\,\mathrm{d}x + (\mathrm{e}^x \cos y - ax)\,\mathrm{d}y$$

$$= I_1 - I_2 = \frac{\pi}{2}(b - a)a^2 + 2a^2 b.$$

解法 2   由被积表达式

$$P\mathrm{d}x + Q\mathrm{d}y = \mathrm{e}^x \sin y\,\mathrm{d}x + \mathrm{e}^x \cos y\,\mathrm{d}y - b(x + y)\,\mathrm{d}x - ax\,\mathrm{d}y$$

$$= \mathrm{d}(\mathrm{e}^x \sin y) - b(x + y)\,\mathrm{d}x - ax\,\mathrm{d}y,$$

前一积分 $\displaystyle\int_L \mathrm{e}^x \sin y\,\mathrm{d}x + \mathrm{e}^x \cos y\,\mathrm{d}y = \mathrm{e}^x \sin y \Big|_{(2a,0)}^{(0,0)} = 0.$

对于后一积分 $\displaystyle\int_L b(x + y)\,\mathrm{d}x + ax\,\mathrm{d}y$，取 L 的参数方程：

$$\begin{cases} x = a + a\cos t, \\ y = a\sin t, \end{cases} (t: 0 \to \pi),$$

得

$$\int_L b(x + y)\,\mathrm{d}x + ax\,\mathrm{d}y = \int_0^{\pi} (-a^2 b\sin t - a^2 b\sin t\cos t - a^2 b\sin^2 t + a^3 \cos t + a^3 \cos^2 t)\,\mathrm{d}t$$

$$= \frac{\pi}{2}(b - a)a^2 + 2a^2 b,$$

因此

$$I = \int_L (\mathrm{e}^x \sin y - b(x + y))\,\mathrm{d}x + (\mathrm{e}^x \cos y - ax)\,\mathrm{d}y = \frac{\pi}{2}(b - a)a^2 + 2a^2 b.$$

【评注】当积分曲线 L 不是闭曲线，且用参数法计算比较复杂时，典型的方法是：添加有向曲线段，利用格林公式计算；而对于解法 2，利用凑微分的方法求原函数，也是值得借鉴的方法.

1995 数学一，8 分

197   设函数 $Q(x, y)$ 在 xOy 平面上具有一阶连续偏导数，曲线积分 $\displaystyle\int_L 2xy\mathrm{d}x + Q(x, y)\mathrm{d}y$ 与路径无关，并对任意 t，恒有

$$\int_{(0,0)}^{(t,1)} 2xy\mathrm{d}x + Q(x, y)\,\mathrm{d}y = \int_{(0,0)}^{(1,t)} 2xy\mathrm{d}x + Q(x, y)\,\mathrm{d}y,$$

求 $Q(x, y)$.

知识点睛   0609 平面曲线积分与路径无关的条件

分析   首先由曲线积分 $\displaystyle\int_L P\mathrm{d}x + Q\mathrm{d}y$ 与路径无关 $\Leftrightarrow \dfrac{\partial Q}{\partial x} = \dfrac{\partial P}{\partial y}$ 可得到关于 $Q(x, y)$ 的关系式，然后取特殊路径积分，将已知等式转化为含有变限积分的等式，再对等式两

边求导即可求出 $Q(x,y)$.

解法 1 由题设,有 $\dfrac{\partial Q(x,y)}{\partial x}=\dfrac{\partial(2xy)}{\partial y}$,即 $\dfrac{\partial Q(x,y)}{\partial x}=2x$,两边对 x 积分,得 $Q(x,y)=x^2+C(y)$,取特殊路径积分,得

$$\int_{(0,0)}^{(t,1)}2xy\mathrm{d}x+Q(x,y)\mathrm{d}y=t^2+\int_0^1 C(y)\mathrm{d}y,$$

$$\int_{(0,0)}^{(1,t)}2xy\mathrm{d}x+Q(x,y)\mathrm{d}y=t+\int_0^t C(y)\mathrm{d}y.$$

于是,$t^2+\int_0^1 C(y)\mathrm{d}y=t+\int_0^t C(y)\mathrm{d}y$,两边对 t 求导,得

$$C(t)=2t-1,\quad 即\quad C(y)=2y-1,$$

因此,$Q(x,y)=x^2+2y-1$.

解法 2 同解法 1,求得 $Q(x,y)=x^2+C(y)$,则被积表达式

$$2xy\mathrm{d}x+Q(x,y)\mathrm{d}y=2xy\mathrm{d}x+x^2\mathrm{d}y+C(y)\mathrm{d}y$$
$$=\mathrm{d}(x^2y)+\mathrm{d}\int_0^y C(v)\mathrm{d}v=\mathrm{d}\left[x^2y+\int_0^y C(v)\mathrm{d}v\right],$$

由 $\int_{(0,0)}^{(t,1)}2xy\mathrm{d}x+Q(x,y)\mathrm{d}y=\int_{(0,0)}^{(1,t)}2xy\mathrm{d}x+Q(x,y)\mathrm{d}y$,得

$$\left[x^2y+\int_0^y C(v)\mathrm{d}v\right]\Big|_{(0,0)}^{(t,1)}=\left[x^2y+\int_0^y C(v)\mathrm{d}v\right]\Big|_{(0,0)}^{(1,t)},$$

即 $t^2+\int_0^1 C(v)\mathrm{d}v=t+\int_0^t C(v)\mathrm{d}v$,两边对 t 求导,得

$$C(t)=2t-1,\quad 即\quad C(y)=2y-1.$$

因此,$Q(x,y)=x^2+2y-1$.

【评注】本题 $Q(x,y)$ 是 x,y 的二元函数,故 $\dfrac{\partial Q(x,y)}{\partial x}=2x$ 也是 x,y 的二元函数,当两边对变量 x 积分时,积分常数应为变量 y 的函数,即 $Q(x,y)=x^2+C(y)$.

198 设 P 为椭球面 $S:x^2+y^2+z^2-yz=1$ 上的动点,若 S 在点 P 处的切平面与 xOy 面垂直,求点 P 的轨迹 C,并计算曲面积分 $I=\iint\limits_{\Sigma}\dfrac{(x+\sqrt{3})\,|\,y-2z\,|}{\sqrt{4+y^2+z^2-4yz}}\mathrm{d}S$,其中 Σ 是椭球面 S 位于曲线 C 上方的部分. 〔2010 数学一,10 分〕

知识点睛 0612 第一类曲面积分的计算

分析 本题考查了空间曲线的计算与投影,第一型曲面积分的计算等多个知识点,属综合题.

解 (1)求轨迹 C.

令 $F(x,y,z)=x^2+y^2+z^2-yz-1$,故动点 $P(x,y,z)$ 处的切平面的法向量为

$$\boldsymbol{n}=\{2x,2y-z,2z-y\},$$

由切平面与 xOy 平面垂直,得 $2z-y=0$.

注意到 P 在椭球面 $S:x^2+y^2+z^2-yz=1$ 上,故所求曲线 C 的方程为:

$$\begin{cases} x^2+y^2+z^2-yz=1, \\ 2z-y=0, \end{cases} \quad 即 \quad \begin{cases} x^2+\dfrac{3}{4}y^2=1, \\ 2z-y=0. \end{cases}$$

（2）计算曲面积分.

因为曲线 C 在 xOy 平面的投影为 $D_{xy}:x^2+\dfrac{y^2}{\dfrac{4}{3}}=1$，又方程 $x^2+y^2+z^2-yz=1$ 两边分

别对 x，y 求导，得

$$2x + 2z\frac{\partial z}{\partial x} - y\frac{\partial z}{\partial x} = 0, \quad 2y + 2z\frac{\partial z}{\partial y} - z - y\frac{\partial z}{\partial y} = 0,$$

解得

$$\frac{\partial z}{\partial x} = \frac{2x}{y-2z}, \quad \frac{\partial z}{\partial y} = \frac{2y-z}{y-2z}.$$

$$\mathrm{d}S = \sqrt{1 + z_x'^2 + z_y'^2}\,\mathrm{d}x\mathrm{d}y = \sqrt{1 + \left(\frac{2x}{y-2z}\right)^2 + \left(\frac{2y-z}{y-2z}\right)^2}\,\mathrm{d}x\mathrm{d}y$$

$$= \frac{\sqrt{4x^2 + 5y^2 + 5z^2 - 8yz}}{|y-2z|}\,\mathrm{d}x\mathrm{d}y = \frac{\sqrt{4 + y^2 + z^2 - 4yz}}{|y-2z|}\,\mathrm{d}x\mathrm{d}y.$$

于是

$$I = \iint_{\Sigma} \frac{(x+\sqrt{3})\,|y-2z|}{\sqrt{4+y^2+z^2-4yz}}\,\mathrm{d}S$$

$$= \iint_{D_{xy}} (x+\sqrt{3})\,\mathrm{d}x\mathrm{d}y = \sqrt{3}\iint_{D_{xy}}\mathrm{d}x\mathrm{d}y$$

$$= \sqrt{3} \times \pi \times 1 \times \frac{2}{\sqrt{3}} = 2\pi.$$

【评注】对于第一类曲面积分注意利用曲面的方程化简被积函数表达式.

1994 数学一，6 分 **199** 计算曲面积分 $\displaystyle\oiint_{S} \frac{x\mathrm{d}y\mathrm{d}z + z^2\mathrm{d}x\mathrm{d}y}{x^2+y^2+z^2}$，其中 S 是由曲面 $x^2+y^2=R^2$ 及两平面 $z=R$，$z=-R(R>0)$ 所围立体表面的外侧.

知识点睛 0612 第二类曲面积分的计算

分析 考虑到函数 $P=\dfrac{x}{x^2+y^2+z^2}$，$R=\dfrac{z^2}{x^2+y^2+z^2}$ 在曲面 S 内部的点 $(0,0,0)$ 处没有意义，即不具有一阶连续偏导数，所以不能直接利用高斯公式. 只能对 S 的三张曲面：$x^2+y^2=R^2$，$z=R$，$z=-R$ 分别积分.

解 设 S_1,S_2,S_3 依次为 S 的上、下底和圆柱面部分，则有

$$\oiint_{S} \frac{x\mathrm{d}y\mathrm{d}z + z^2\mathrm{d}x\mathrm{d}y}{x^2+y^2+z^2} = \oiint_{S_1+S_2+S_3} \frac{x\mathrm{d}y\mathrm{d}z + z^2\mathrm{d}x\mathrm{d}y}{x^2+y^2+z^2},$$

而

$$\iint\limits_{S_1} \frac{x\mathrm{d}y\mathrm{d}z}{x^2+y^2+z^2} = \iint\limits_{S_2}\frac{x\mathrm{d}y\mathrm{d}z}{x^2+y^2+z^2} = 0,$$

令 $D_{xy}:\begin{cases} z=0, \\ x^2+y^2\leqslant R^2,\end{cases}$ 表示 S_1,S_2 在 xOy 面上的投影区域,有

$$\iint\limits_{S_1+S_2}\frac{z^2\mathrm{d}x\mathrm{d}y}{x^2+y^2+z^2} = \iint\limits_{D_{xy}}\frac{R^2}{x^2+y^2+R^2}\mathrm{d}x\mathrm{d}y - \iint\limits_{D_{xy}}\frac{(-R)^2}{x^2+y^2+R^2}\mathrm{d}x\mathrm{d}y = 0,$$

在 S_3 上, $\iint\limits_{S_3}\frac{z^2\mathrm{d}x\mathrm{d}y}{x^2+y^2+z^2}=0.$

令 $D_{yz}:\begin{cases} x=0, \\ -R\leqslant y\leqslant R,\ -R\leqslant z\leqslant R,\end{cases}$ 表示 S_3 在 yOz 面的投影区域,有

$$\iint\limits_{S_3}\frac{x\mathrm{d}y\mathrm{d}z}{x^2+y^2+z^2} = \iint\limits_{D_{yz}}\frac{\sqrt{R^2-y^2}}{R^2+z^2}\mathrm{d}y\mathrm{d}z - \iint\limits_{D_{yz}}\frac{-\sqrt{R^2-y^2}}{R^2+z^2}\mathrm{d}y\mathrm{d}z$$

$$= 2\iint\limits_{D_{yz}}\frac{\sqrt{R^2-y^2}}{R^2+z^2}\mathrm{d}y\mathrm{d}z$$

$$= 2\int_{-R}^{R}\mathrm{d}y\int_{-R}^{R}\frac{\sqrt{R^2-y^2}}{R^2+z^2}\mathrm{d}z = \frac{1}{2}\pi^2 R.$$

于是

$$\oiint\limits_{S}\frac{x\mathrm{d}y\mathrm{d}z+z^2\mathrm{d}x\mathrm{d}y}{x^2+y^2+z^2} = \frac{1}{2}\pi^2 R.$$

【评注】(1) 在式子 $\iint\limits_{S_3}\frac{x\mathrm{d}y\mathrm{d}z}{x^2+y^2+z^2} = \iint\limits_{D_{yz}}\frac{\sqrt{R^2-y^2}}{R^2+z^2}\mathrm{d}y\mathrm{d}z - \iint\limits_{D_{yz}}\frac{-\sqrt{R^2-y^2}}{R^2+z^2}\mathrm{d}y\mathrm{d}z$ 中,是将曲面 S_3 分为前、后两部分,它们的方程分别为 $x=\sqrt{R^2-y^2}$ 与 $x=-\sqrt{R^2-y^2}$,在 yOz 面的投影区域都为 D_{yz},但它们的侧相反,前部分取前侧,后部分取后侧.

(2) 不能直接将方程 $x^2+y^2=R^2$ 代入积分 $I=\oiint\limits_{S}\frac{x\mathrm{d}y\mathrm{d}z+z^2\mathrm{d}x\mathrm{d}y}{x^2+y^2+z^2}$,化为 $I=\oiint\limits_{S}\frac{x\mathrm{d}y\mathrm{d}z+z^2\mathrm{d}x\mathrm{d}y}{R^2+z^2}$,因为积分曲面 S 是由三片曲面: $x^2+y^2=R^2,z=R,z=-R$ 组成的,而 $x^2+y^2=R^2$ 只是组成 S 的三片曲面中的一片曲面的方程.

200 已知 Γ 为 $x^2+y^2+z^2=6y$ 与 $x^2+y^2=4y(z\geqslant0)$ 的交线,从 z 轴正向看上去为逆时针方向,计算曲线积分

$$\oint_{\Gamma}(x^2+y^2-z^2)\mathrm{d}x + (y^2+z^2-x^2)\mathrm{d}y + (z^2+x^2-y^2)\mathrm{d}z.$$

知识点睛 0607 第二类曲线积分的计算

解 记曲线 Γ 的 $x\geqslant0$ 的部分与 $x\leqslant0$ 的部分分别为 Γ_1 与 Γ_2,其参数方程分别为

$$\Gamma_1:x=\sqrt{4t-t^2},y=t,z=\sqrt{2t},t\text{ 从 }0\text{ 变到 }4,$$

$$\Gamma_2:x=-\sqrt{4t-t^2},y=t,z=\sqrt{2t},t\text{ 从 }4\text{ 变到 }0.$$

分别在 Γ_1 和 Γ_2 上积分, 有

$$\oint_{\Gamma_1}(x^2+y^2-z^2)\,dx+(y^2+z^2-x^2)\,dy+(z^2+x^2-y^2)\,dz$$

$$=\int_0^4\left[\left(\frac{2t(2-t)}{\sqrt{4t-t^2}}+2(t^2-t)+\sqrt{2}\,\frac{3t-t^2}{\sqrt{t}}\right)\right]dt,$$

$$\oint_{\Gamma_2}(x^2+y^2-z^2)\,dx+(y^2+z^2-x^2)\,dy+(z^2+x^2-y^2)\,dz$$

$$=\int_4^0\left[\left(\frac{-2t(2-t)}{\sqrt{4t-t^2}}+2(t^2-t)+\sqrt{2}\,\frac{3t-t^2}{\sqrt{t}}\right)\right]dt$$

$$=\int_0^4\left[\left(\frac{2t(2-t)}{\sqrt{4t-t^2}}-2(t^2-t)-\sqrt{2}\,\frac{3t-t^2}{\sqrt{t}}\right)\right]dt.$$

两式相加,得

$$原式=4\int_0^4\frac{t(2-t)}{\sqrt{4t-t^2}}dt\xrightarrow{\text{令}\,t-2=u}4\int_{-2}^2\frac{-(2+u)u}{\sqrt{4-u^2}}du$$

$$=-8\int_0^2\frac{u^2}{\sqrt{4-u^2}}du\xrightarrow{\text{令}\,u=2\sin t}-8\int_0^{\frac{\pi}{2}}4\sin^2 t\,dt=-8\pi.$$

201 设椭圆 $\dfrac{x^2}{4}+\dfrac{y^2}{9}=1$ 在 $A\left(1,\dfrac{3\sqrt{3}}{2}\right)$ 点的切线交 y 轴于 B 点, 设 L 为从 A 到 B 的直线段, 试计算

$$\int_L\left(\frac{\sin y}{x+1}-\sqrt{3}\,y\right)dx+\left[\cos y\ln(x+1)+2\sqrt{3}\,x-\sqrt{3}\,\right]dy.$$

知识点睛 0607 第二类曲线积分的计算

解 运用隐函数求导, 有 $\dfrac{x}{2}+\dfrac{2yy'}{9}=0$, 则 $y'=-\dfrac{9x}{4y}$, 于是椭圆在点 A 的切线方程为

$$y-\frac{3\sqrt{3}}{2}=-\frac{\sqrt{3}}{2}(x-1),$$

求得点 B 的坐标为 $(0,2\sqrt{3})$, 如 201 题图所示, 取点 $C\left(0,\dfrac{3\sqrt{3}}{2}\right)$, 应用格林公式, 有

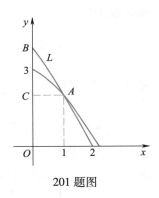

201 题图

$$\oint_{\overline{BC}+\overline{CA}+\overline{AB}}\left(\frac{\sin y}{x+1}-\sqrt{3}\,y\right)dx+\left[\cos y\ln(x+1)+2\sqrt{3}\,x-\sqrt{3}\,\right]dy$$

$$=\iint_D 3\sqrt{3}\,dxdy=3\sqrt{3}\cdot\frac{1}{2}\cdot 1\cdot\frac{1}{2}\sqrt{3}=\frac{9}{4},$$

所以

$$原式=\frac{9}{4}-\int_{2\sqrt{3}}^{\frac{3\sqrt{3}}{2}}(-\sqrt{3})\,dy-\int_0^1\left[\frac{\sin(3\sqrt{3}/2)}{x+1}-\sqrt{3}\cdot\frac{3\sqrt{3}}{2}\right]dx$$

$$=\frac{21}{4}-\sin\frac{3\sqrt{3}}{2}\cdot\ln 2.$$

202 设 Γ 为 $x^2+y^2=2x(y\geqslant 0)$ 上从 $O(0,0)$ 到 $A(2,0)$ 的一段弧,$f(x)$ 为连续

函数,满足

$$f(x)=x^2+\int_\Gamma y[f(x)+\mathrm{e}^x]\mathrm{d}x+(\mathrm{e}^x-xy^2)\mathrm{d}y,$$

求 $f(x)$.

202 题图

知识点睛 0608 格林公式

解 设 $\int_\Gamma y[f(x)+\mathrm{e}^x]\mathrm{d}x+(\mathrm{e}^x-xy^2)\mathrm{d}y=a$,则

$f(x)=x^2+a$. 如 202 题图所示,有 $\overline{AO}:y=0,x:2\to 0$,则

$$a=\oint_{\Gamma+AO}y[f(x)+\mathrm{e}^x]\mathrm{d}x+(\mathrm{e}^x-xy^2)\mathrm{d}y-\int_{AO}y[f(x)+\mathrm{e}^x]\mathrm{d}x+(\mathrm{e}^x-xy^2)\mathrm{d}y$$

$$=-\iint_D(\mathrm{e}^x-y^2-f(x)-\mathrm{e}^x)\mathrm{d}x\mathrm{d}y-0$$

$$=-\iint_D(-y^2-x^2-a)\mathrm{d}x\mathrm{d}y=\iint_D(x^2+y^2)\mathrm{d}x\mathrm{d}y+a\iint_D\mathrm{d}x\mathrm{d}y$$

$$=\int_0^{\frac{\pi}{2}}\mathrm{d}\theta\int_0^{2\cos\theta}r^3\mathrm{d}r+\frac{\pi}{2}a=\frac{3}{4}\pi+\frac{\pi}{2}a,$$

所以 $a=\dfrac{3\pi}{2(2-\pi)}$,于是 $f(x)=x^2+\dfrac{3\pi}{2(2-\pi)}$.

203 设 L 是柱面 $x^2+y^2=1$ 与平面 $z=x+y$ 的交线,从 z 轴正向往 z 轴负向看

去为逆时针方向,则曲线积分 $\oint_L xz\mathrm{d}x+x\mathrm{d}y+\dfrac{y^2}{2}\mathrm{d}z=$ _____.

知识点睛 0614 用斯托克斯公式计算曲线积分

解 令 $P=xz,Q=x,R=\dfrac{y^2}{2}$,由斯托克斯公式,得

$$\oint_L xz\mathrm{d}x+x\mathrm{d}y+\frac{y^2}{2}\mathrm{d}z=\iint_\Sigma\left(\frac{\partial R}{\partial y}-\frac{\partial Q}{\partial z}\right)\mathrm{d}y\mathrm{d}z+\left(\frac{\partial P}{\partial z}-\frac{\partial R}{\partial x}\right)\mathrm{d}x\mathrm{d}z+\left(\frac{\partial Q}{\partial x}-\frac{\partial P}{\partial y}\right)\mathrm{d}x\mathrm{d}y$$

$$=\iint_\Sigma y\mathrm{d}y\mathrm{d}z+x\mathrm{d}x\mathrm{d}z+\mathrm{d}x\mathrm{d}y,$$

其中 Σ 为位于柱面 $x^2+y^2=1$ 内的平面 $z=x+y$,取上侧,且

$$\iint_\Sigma y\mathrm{d}y\mathrm{d}z=0,\iint_\Sigma x\mathrm{d}x\mathrm{d}z=0,\iint_\Sigma\mathrm{d}x\mathrm{d}y=\iint_{D_{xy}:x^2+y^2\leqslant 1}\mathrm{d}x\mathrm{d}y=\pi,$$

因此 $\oint_L xz\mathrm{d}x+x\mathrm{d}y+\dfrac{y^2}{2}\mathrm{d}z=\pi$.应填 π.

204 设有界区域 Ω 由平面 $2x+y+2z=2$ 与 3 个坐标平面围成,Σ 为 Ω 整个表面

的外侧,计算曲面积分

$$I=\oiint_\Sigma(x^2+1)\mathrm{d}y\mathrm{d}z-2y\mathrm{d}z\mathrm{d}x+3z\mathrm{d}x\mathrm{d}y.$$

知识点睛 0613 用高斯公式计算曲面积分

分析 本题考查第二类曲面积分的计算,直接利用高斯公式即可.

解　因为被积函数和积分区域满足高斯公式的条件，所以利用高斯公式即可.由高斯公式,得

$$I = \iiint_{\Omega} (2x + 1)\,dxdydz, \quad \Omega: \begin{cases} 0 \leqslant x \leqslant 1, \\ 0 \leqslant y \leqslant 2(1-x), \\ 0 \leqslant z \leqslant 1 - x - \dfrac{y}{2}, \end{cases}$$

因为

$$\iiint_{\Omega} dxdydz = \frac{1}{3} \times \frac{1}{2} \times 2 \times 1 = \frac{1}{3},$$

$$\iiint_{\Omega} x\,dxdydz = \int_0^1 x\,dx \int_0^{2(1-x)} dy \int_0^{1-x-\frac{y}{2}} dz = \int_0^1 x\,dx \int_0^{2(1-x)} \left(1 - x - \frac{y}{2}\right) dy$$

$$= \int_0^1 x(1-x)^2\,dx = \frac{1}{12},$$

所以，原积分 $I = 2 \times \dfrac{1}{12} + \dfrac{1}{3} = \dfrac{1}{2}$.

【评注】只要第二类曲面积分满足高斯公式的条件，就可以使用高斯公式将曲面积分转化为三重积分. 高斯定理如下：

若 $P(x,y,z),Q(x,y,z),R(x,y,z)$ 在封闭曲面 Σ 及其围成的空间立体 Ω 上具有连续的一阶偏导数，且取 Σ 的外侧，则

$$\oiint_{\Sigma} P(x,y,z)\,dydz + Q(x,y,z)\,dzdx + R(x,y,z)\,dxdy = \iiint_{\Omega} \left(\frac{\partial P}{\partial x} + \frac{\partial Q}{\partial y} + \frac{\partial R}{\partial z}\right) dxdydz.$$

205　计算曲面积分 $I = \iint_{\Sigma} \dfrac{2dydz}{x\cos^2 x} + \dfrac{dzdx}{\cos^2 y} - \dfrac{dxdy}{z\cos^2 z}$，其中 Σ 是球面 $x^2 + y^2 + z^2 = 1$ 的外侧.

知识点睛　0611 两类曲面积分之间的关系

解　由 Σ 的对称性,可知

$$I = \iint_{\Sigma} \frac{2dxdy}{z\cos^2 z} + \frac{dxdy}{\cos^2 z} - \frac{dxdy}{z\cos^2 z} = \iint_{\Sigma} \left(\frac{1}{z\cos^2 z} + \frac{1}{\cos^2 z}\right) dxdy,$$

且

$$\iint_{\Sigma} \frac{1}{\cos^2 z}\,dxdy = \iint_{x^2+y^2 \leqslant 1} \frac{1}{\cos^2 \sqrt{1-x^2-y^2}}\,dxdy - \iint_{x^2+y^2 \leqslant 1} \frac{1}{\cos^2(-\sqrt{1-x^2-y^2})}\,dxdy = 0.$$

于是

$$I = \iint_{\Sigma} \frac{1}{z\cos^2 z}\,dxdy$$

$$= \iint_{x^2+y^2 \leqslant 1} \frac{1}{\sqrt{1-x^2-y^2}\cos^2\sqrt{1-x^2-y^2}}\,dxdy$$

$$- \iint_{x^2+y^2 \leqslant 1} \frac{1}{-\sqrt{1-x^2-y^2}\cos^2(-\sqrt{1-x^2-y^2})}\,dxdy$$

$$= 2 \iint\limits_{x^2+y^2 \leqslant 1} \frac{1}{\sqrt{1-x^2-y^2}\cos^2\sqrt{1-x^2-y^2}}\,\mathrm{d}x\mathrm{d}y$$

$$= 2 \int_0^{2\pi}\mathrm{d}\theta \int_0^1 \frac{1}{\sqrt{1-r^2}\cos^2\sqrt{1-r^2}}r\mathrm{d}r$$

$$= -4\pi \int_0^1 \frac{1}{\cos^2\sqrt{1-r^2}}\mathrm{d}(\sqrt{1-r^2})$$

$$= -4\pi\tan\sqrt{1-r^2}\ \bigg|_0^1 = 4\pi\tan 1.$$

206 求 $\iint\limits_{\Sigma} x(y^2+z)\mathrm{d}y\mathrm{d}z + y(z^2+x)\mathrm{d}z\mathrm{d}x + z(x^2+y)\mathrm{d}x\mathrm{d}y$，其中 Σ 为球面 $x^2+y^2+z^2=2z$ 的外侧.

知识点睛 0613 用高斯公式计算曲面积分

解 设球面 Σ 所包围的区域为 Ω，应用高斯公式，有

$$原式 = \iiint\limits_{\Omega}\left(\frac{\partial P}{\partial x}+\frac{\partial Q}{\partial y}+\frac{\partial R}{\partial z}\right)\mathrm{d}V = \iiint\limits_{\Omega}(y^2+z+z^2+x+x^2+y)\mathrm{d}V$$

$$= \iiint\limits_{\Omega}(x^2+y^2+z^2)\mathrm{d}V + \iiint\limits_{\Omega}(z+x+y)\mathrm{d}V$$

$$= \int_0^{2\pi}\mathrm{d}\theta \int_0^{\frac{\pi}{2}}\mathrm{d}\varphi \int_0^{2\cos\varphi}r^4\sin\varphi\mathrm{d}r + \int_0^{2\pi}\mathrm{d}\theta \int_0^{\frac{\pi}{2}}\mathrm{d}\varphi \int_0^{2\cos\varphi}r^3\cos\varphi\sin\varphi\mathrm{d}r + 0 + 0$$

$$= 2\pi\int_0^{\frac{\pi}{2}}\sin\varphi\cdot\frac{32}{5}\cos^5\varphi\mathrm{d}\varphi + 2\pi\int_0^{\frac{\pi}{2}}\sin\varphi\cos\varphi\cdot\frac{16}{4}\cos^4\varphi\mathrm{d}\varphi$$

$$= 2\pi\cdot\frac{52}{5}\cdot\left(-\frac{1}{6}\right)\cos^6\varphi\ \bigg|_0^{\frac{\pi}{2}} = \frac{52}{15}\pi.$$

207 设 Σ 为 $x^2+y^2+z^2=1(z\geqslant 0)$ 的外侧，连续函数 $f(x,y)$ 满足

$$f(x,y) = 2(x-y)^2 + \iint\limits_{\Sigma}x(z^2+\mathrm{e}^z)\mathrm{d}y\mathrm{d}z + y(z^2+\mathrm{e}^z)\mathrm{d}z\mathrm{d}x + [zf(x,y)-2\mathrm{e}^z]\mathrm{d}x\mathrm{d}y,$$

求 $f(x,y)$.

知识点睛 0613 用高斯公式计算曲面积分

解 设 $\iint\limits_{\Sigma}x(z^2+\mathrm{e}^z)\mathrm{d}y\mathrm{d}z + y(z^2+\mathrm{e}^z)\mathrm{d}z\mathrm{d}x + [zf(x,y)-2\mathrm{e}^z]\mathrm{d}x\mathrm{d}y = a$，则 $f(x,y)=2(x-y)^2+a$. 设 D 为 xOy 面上的圆 $x^2+y^2\leqslant 1$，Σ_1 为 D 的下侧，Ω 为 Σ 与 Σ_1 包围的区域，应用高斯公式，有

$$a = \oiint\limits_{\Sigma+\Sigma_1}x(z^2+\mathrm{e}^z)\mathrm{d}y\mathrm{d}z + y(z^2+\mathrm{e}^z)\mathrm{d}z\mathrm{d}x + [zf(x,y)-2\mathrm{e}^z]\mathrm{d}x\mathrm{d}y$$

$$\quad - \iint\limits_{\Sigma_1}x(z^2+\mathrm{e}^z)\mathrm{d}y\mathrm{d}z + y(z^2+\mathrm{e}^z)\mathrm{d}z\mathrm{d}x + [zf(x,y)-2\mathrm{e}^z]\mathrm{d}x\mathrm{d}y$$

$$= \iiint\limits_{\Omega}[2z^2+2(x-y)^2+a]\mathrm{d}V + \iint\limits_{D}(-2)\mathrm{d}x\mathrm{d}y$$

$$= \iiint\limits_{\Omega} \left[2(x^2 + y^2 + z^2) - 4xy + a \right] dV - 2\pi$$

$$= 2\int_0^{2\pi} d\theta \int_0^{\frac{\pi}{2}} \sin\varphi d\varphi \int_0^1 r^4 dr - 0 + \frac{2}{3}\pi a - 2\pi = -\frac{6}{5}\pi + \frac{2}{3}\pi a,$$

故 $a = \dfrac{18\pi}{5(2\pi-3)}$，于是 $f(x,y) = 2(x-y)^2 + \dfrac{18\pi}{5(2\pi-3)}$.

208 应用高斯公式计算

$$\iint\limits_{\Sigma} (ax^2 + by^2 + cz^2) dS \quad (a,b,c \text{ 为常数}),$$

其中 $\Sigma: x^2+y^2+z^2=2z$.

知识点睛 0613 用高斯公式计算曲面积分

解 令 $F = x^2+y^2+z^2-2z = 0$，则 Σ 的外侧的法向量为 $\boldsymbol{n} = \{F'_x, F'_y, F'_z\} = \{2x, 2y, 2z-2\}$，其方向余弦为 $\boldsymbol{n}^0 = \{\cos\alpha, \cos\beta, \cos\gamma\} = \{x, y, z-1\}$，则

$$原式 = \iint\limits_{\Sigma} \left[ax^2 + by^2 + cz(z-1) \right] dS + \iint\limits_{\Sigma} c(z-1) dS + \iint\limits_{\Sigma} c dS$$

$$= \iint\limits_{\Sigma} (ax\cos\alpha + by\cos\beta + cz\cos\gamma) dS + \iint\limits_{\Sigma} c\cos\gamma dS + \iint\limits_{\Sigma} c dS$$

$$= \iint\limits_{\Sigma} ax dydz + by dzdx + cz dxdy + \iint\limits_{\Sigma} c dxdy + \iint\limits_{\Sigma} c dS$$

$$= \iiint\limits_{\Omega} (a+b+c) dxdydz + \iiint\limits_{\Omega} 0 dxdydz + \iint\limits_{\Sigma} c dS$$

$$= \frac{4}{3}\pi(a+b+c) + 4\pi c.$$

209 设 $\varphi(x,y,z)$ 为原点到椭球面 Σ：

$$\frac{x^2}{a^2} + \frac{y^2}{b^2} + \frac{z^2}{c^2} = 1 \quad (a>0, b>0, c>0)$$

上点 (x,y,z) 处的切平面的距离，求 $\iint\limits_{\Sigma} \varphi(x,y,z) dS$.

知识点睛 0612 第一类曲面积分的计算，0613 高斯公式

解 椭球面 $\dfrac{x^2}{a^2}+\dfrac{y^2}{b^2}+\dfrac{z^2}{c^2}=1$ 上任一点 $P(x,y,z)$ 处的切平面方程为 $\dfrac{xX}{a^2}+\dfrac{yY}{b^2}+\dfrac{zZ}{c^2}=1$. 坐标原点到切平面的距离为 $\varphi(x,y,z) = \dfrac{1}{\sqrt{\dfrac{x^2}{a^4}+\dfrac{y^2}{b^4}+\dfrac{z^2}{c^4}}}$.

方法 1 因为 $\varphi(x,y,z)$ 关于 x，y，z 均为偶函数，Σ 关于 zOx 面、zOx 面、xOy 面均对称，设 Σ_1 为 Σ 位于第一象限的部分，则

$$\iint\limits_{\Sigma} \varphi(x,y,z) dS = 8\iint\limits_{\Sigma_1} \varphi(x,y,z) dS.$$

$$\Sigma_1 : z = c\sqrt{1 - \frac{x^2}{a^2} - \frac{y^2}{b^2}}\ (x \geqslant 0, y \geqslant 0).\ \Sigma_1\ 在\ xOy\ 面上的投影为$$

$$D_1 = \left\{(x,y)\ \middle|\ \frac{x^2}{a^2} + \frac{y^2}{b^2} \leqslant 1, x \geqslant 0, y \geqslant 0\right\},$$

由于

$$z'_x = \frac{-cx}{a^2\sqrt{1 - \frac{x^2}{a^2} - \frac{y^2}{b^2}}},\qquad z'_y = \frac{-cy}{b^2\sqrt{1 - \frac{x^2}{a^2} - \frac{y^2}{b^2}}},$$

$$dS = \sqrt{1 + z'^2_x + z'^2_y}\,dxdy = \frac{c^2}{z}\sqrt{\frac{x^2}{a^4} + \frac{y^2}{b^4} + \frac{z^2}{c^4}}\,dxdy = \frac{c}{\sqrt{1 - \frac{x^2}{a^2} - \frac{y^2}{b^2}}\varphi(x,y,z)}\,dxdy,$$

因此

$$\iint\limits_{\Sigma}\varphi(x,y,z)\,dS = 8\iint\limits_{\Sigma_1}\varphi(x,y,z)\,dS = 8c\iint\limits_{D_1}\frac{1}{\sqrt{1 - \frac{x^2}{a^2} - \frac{y^2}{b^2}}}\,dxdy$$

$$\xrightarrow[{y = br\sin\theta}]{x = ar\cos\theta} 8c\int_0^{\frac{\pi}{2}}d\theta\int_0^1\frac{abr}{\sqrt{1 - r^2}}\,dr$$

$$= 4\pi abc\int_0^1\frac{r}{\sqrt{1 - r^2}}\,dr = 4\pi abc.$$

方法 2　记 $u = \dfrac{x^2}{a^4} + \dfrac{y^2}{b^4} + \dfrac{z^2}{c^4}$，则 $\varphi(x,y,z) = \dfrac{1}{\sqrt{u}}$，于是

$$\iint\limits_{\Sigma}\varphi(x,y,z)\,dS = \iint\limits_{\Sigma}\frac{1}{\sqrt{u}}\,dS = \iint\limits_{\Sigma}\frac{1}{\sqrt{u}}\left(\frac{x^2}{a^2} + \frac{y^2}{b^2} + \frac{z^2}{c^2}\right)dS. \qquad ①$$

因椭球面 Σ 上 P 点处的外侧法向量的方向余弦为

$$\cos\alpha = \frac{x}{\sqrt{u}\,a^2},\qquad \cos\beta = \frac{y}{\sqrt{u}\,b^2},\qquad \cos\gamma = \frac{z}{\sqrt{u}\,c^2},$$

由此化简①式，得

$$\iint\limits_{\Sigma}\varphi(x,y,z)\,dS = \iint\limits_{\Sigma}(x\cos\alpha + y\cos\beta + z\cos\gamma)\,dS$$

$$= \iint\limits_{\Sigma}x\,dydz + y\,dzdx + z\,dxdy \qquad （高斯公式）$$

$$= \iiint\limits_{\Omega}3\,dV = 3\cdot\frac{4}{3}\pi abc = 4\pi abc.$$

210　计算 $I = \displaystyle\iint\limits_{D}\frac{(x+y)\ln\left(1 + \dfrac{y}{x}\right)}{\sqrt{1 - x - y}}\,dxdy$，其中区域 D 是由直线 $x + y = 1$ 与两坐 🎵 第一届数学

标轴所围三角区域.
竞赛预赛，5分

知识点睛　0604 二重积分的一般换元公式

解　取变换 $u = x+y, v = x$, 则 $\mathrm{d}x\mathrm{d}y = \mathrm{d}u\mathrm{d}v$, 从而

$$I = \int_0^1 \mathrm{d}u \int_0^u \frac{u\ln u - u\ln v}{\sqrt{1-u}}\mathrm{d}v = \frac{16}{15}.$$

第三届数学竞赛预赛, 6 分

211　求 $\iint\limits_D \mathrm{sgn}(xy-1)\mathrm{d}x\mathrm{d}y$, 其中 $D = \{(x,y) \mid 0 \leqslant x \leqslant 2, 0 \leqslant y \leqslant 2\}$.

知识点睛　0603 二重积分的计算——直角坐标

解　设

$$D_1 = \left\{(x,y) \mid 0 \leqslant x \leqslant \frac{1}{2}, 0 \leqslant y \leqslant 2\right\},$$

$$D_2 = \left\{(x,y) \mid \frac{1}{2} \leqslant x \leqslant 2, 0 \leqslant y \leqslant \frac{1}{x}\right\},$$

$$D_3 = \left\{(x,y) \mid \frac{1}{2} \leqslant x \leqslant 2, \frac{1}{x} \leqslant y \leqslant 2\right\},$$

则

$$\iint\limits_{D_1 \cup D_2} \mathrm{d}x\mathrm{d}y = 1 + \int_{\frac{1}{2}}^2 \frac{\mathrm{d}x}{x} = 1 + 2\ln 2, \iint\limits_{D_3} \mathrm{d}x\mathrm{d}y = 3 - 2\ln 2,$$

从而

$$\iint\limits_D \mathrm{sgn}(xy-1)\mathrm{d}x\mathrm{d}y = \iint\limits_{D_3} \mathrm{d}x\mathrm{d}y - \iint\limits_{D_1 \cup D_2} \mathrm{d}x\mathrm{d}y = 2 - 4\ln 2.$$

第七届数学竞赛预赛, 6 分

212　曲面 $z = x^2+y^2+1$ 在点 $M(1,-1,3)$ 的切平面与曲面 $z = x^2+y^2$ 所围区域的体积为_____.

知识点睛　0415 空间曲线在坐标面上的投影, 0514 曲面的切平面, 0616 二重积分的应用

解　曲面 $z = x^2+y^2+1$ 在点 $M(1,-1,3)$ 处的切平面为
$$2(x-1) - 2(y+1) - (z-3) = 0, \quad 即 \quad z = 2x - 2y - 1.$$

212 题精解视频

联立 $\begin{cases} z = x^2+y^2, \\ z = 2x-2y-1, \end{cases}$ 得所围区域在 xOy 面上的投影 D 为
$$D = \{(x,y) \mid (x-1)^2 + (y+1)^2 \leqslant 1\},$$

所求体积为
$$V = \iint\limits_D [(2x-2y-1) - (x^2+y^2)]\mathrm{d}\sigma = \iint\limits_D [1 - (x-1)^2 - (y+1)^2]\mathrm{d}\sigma.$$

令 $x-1 = r\cos\theta, y+1 = r\sin\theta$, 则 $\mathrm{d}\sigma = r\mathrm{d}\theta\mathrm{d}r, D: \begin{cases} 0 \leqslant \theta \leqslant 2\pi, \\ 0 \leqslant r \leqslant 1, \end{cases}$ 则

$$V = \int_0^{2\pi} \mathrm{d}\theta \int_0^1 (1-r^2)r\mathrm{d}r = \frac{\pi}{2}.$$

应填 $\dfrac{\pi}{2}$.

第七届数学竞赛预赛, 16 分

213　设 $f(x,y)$ 在 $x^2+y^2 \leqslant 1$ 上有连续的二阶偏导数, $f''^2_{xx} + 2f''^2_{xy} + f''^2_{yy} \leqslant M$. 若

$f(0,0) = 0, f'_x(0,0) = f'_y(0,0) = 0$, 证明: $\left| \iint\limits_{x^2+y^2 \leqslant 1} f(x,y)\mathrm{d}x\mathrm{d}y \right| \leqslant \dfrac{\pi\sqrt{M}}{4}$.

知识点睛 0515 二元函数的二阶泰勒公式

证 在 $(0,0)$ 处展开 $f(x,y)$, 得

$$f(x,y) = \frac{1}{2}\left(x\frac{\partial}{\partial x} + y\frac{\partial}{\partial y}\right)^2 f(\theta x,\theta y)$$

$$= \frac{1}{2}\left(x^2\frac{\partial^2}{\partial x^2} + 2xy\frac{\partial^2}{\partial x\partial y} + y^2\frac{\partial^2}{\partial y^2}\right)f(\theta x,\theta y), \quad \theta \in (0,1).$$

记 $(u,v,w) = \left(\dfrac{\partial^2}{\partial x^2}, \dfrac{\partial^2}{\partial x\partial y}, \dfrac{\partial^2}{\partial y^2}\right)f(\theta x,\theta y)$, 则

$$f(x,y) = \frac{1}{2}(ux^2 + 2vxy + wy^2).$$

由于 $\|(u,\sqrt{2}v,w)\| = \sqrt{u^2+2v^2+w^2} \leqslant \sqrt{M}$ 以及 $\|(x^2,\sqrt{2}xy,y^2)\| = x^2+y^2$, 于是有

$$\left|(u,\sqrt{2}v,w) \cdot (x^2,\sqrt{2}xy,y^2)\right| \leqslant \sqrt{M}(x^2 + y^2),$$

即 $|f(x,y)| \leqslant \dfrac{1}{2}\sqrt{M}(x^2+y^2)$, 从而

$$\left| \iint\limits_{x^2+y^2 \leqslant 1} f(x,y)\mathrm{d}x\mathrm{d}y \right| \leqslant \left| \frac{\sqrt{M}}{2} \iint\limits_{x^2+y^2 \leqslant 1} (x^2 + y^2)\,\mathrm{d}x\mathrm{d}y \right| = \frac{\pi\sqrt{M}}{4}.$$

214 已知 $\displaystyle\int_0^{+\infty} \frac{\sin x}{x}\mathrm{d}x = \frac{\pi}{2}$, 则 $\displaystyle\int_0^{+\infty}\int_0^{+\infty} \frac{\sin x \sin(x+y)}{x(x+y)}\mathrm{d}x\mathrm{d}y = $ _____.

📕 第十二届数学竞赛预赛, 6 分

知识点睛 无界区域上的二重积分

解 令 $u=x+y$, 得

$$I = \int_0^{+\infty} \frac{\sin x}{x}\mathrm{d}x \int_0^{+\infty} \frac{\sin(x+y)}{x+y}\mathrm{d}y = \int_0^{+\infty} \frac{\sin x}{x}\mathrm{d}x \int_x^{+\infty} \frac{\sin u}{u}\mathrm{d}u$$

$$= \int_0^{+\infty} \frac{\sin x}{x}\mathrm{d}x\left(\int_0^{+\infty} \frac{\sin u}{u}\mathrm{d}u - \int_0^x \frac{\sin u}{u}\mathrm{d}u\right)$$

$$= \left(\int_0^{+\infty} \frac{\sin x}{x}\mathrm{d}x\right)^2 - \int_0^{+\infty} \frac{\sin x}{x}\mathrm{d}x \int_0^x \frac{\sin u}{u}\mathrm{d}u,$$

令 $F(x) = \displaystyle\int_0^x \frac{\sin u}{u}\mathrm{d}u$, 则 $F'(x) = \dfrac{\sin x}{x}$, $\displaystyle\lim_{x\to+\infty} F(x) = \dfrac{\pi}{2}$, 所以

$$I = \frac{\pi^2}{4} - \int_0^{+\infty} F(x)F'(x)\mathrm{d}x = \frac{\pi^2}{4} - \frac{1}{2}\left[F(x)\right]^2\Big|_0^{+\infty} = \frac{\pi^2}{4} - \frac{1}{2}\left(\frac{\pi}{2}\right)^2 = \frac{\pi^2}{8}.$$

应填 $\dfrac{\pi^2}{8}$.

215 求二重积分 $I = \displaystyle\iint\limits_{x^2+y^2 \leqslant 1} |x^2 + y^2 - x - y|\mathrm{d}x\mathrm{d}y$.

📕 第四届数学竞赛决赛, 15 分

知识点睛 0603 二重积分的计算——极坐标

解 由对称性, 可以只考虑区域 $y \geqslant x$, 由极坐标变换, 得

$$I = 2\int_{\frac{\pi}{4}}^{\frac{5\pi}{4}} \mathrm{d}\varphi \int_0^1 \left| r - \sqrt{2}\sin\left(\varphi + \frac{\pi}{4}\right)\right| r^2 \mathrm{d}r = 2\int_0^\pi \mathrm{d}\varphi \int_0^1 \left| r - \sqrt{2}\cos\varphi\right| r^2 \mathrm{d}r.$$

后一个积分里,(φ, r) 所在的区域为矩形 $D: 0 \leqslant \varphi \leqslant \pi, 0 \leqslant r \leqslant 1$, 把 D 分解为 $D_1 \cup D_2$, 其中

$$D_1: 0 \leqslant \varphi \leqslant \frac{\pi}{2}, 0 \leqslant r \leqslant 1, \quad D_2: \frac{\pi}{2} \leqslant \varphi \leqslant \pi, 0 \leqslant r \leqslant 1.$$

又记 $D_3: \frac{\pi}{4} \leqslant \varphi \leqslant \pi, \sqrt{2}\cos\varphi \leqslant r \leqslant 1$, 这里 D_3 是 D_1 的子集, 且记

$$I_i = \iint_{D_i} \left| r - \sqrt{2}\cos\varphi\right| r^2 \mathrm{d}\varphi \mathrm{d}r (i = 1, 2, 3),$$

则 $I = 2(I_1 + I_2)$.

注意到 $(r - \sqrt{2}\cos\varphi)r^2$ 在 $D_1 \backslash D_3, D_2, D_3$ 的符号分别为负、正、正, 则

$$I_3 = \int_{\frac{\pi}{4}}^{\frac{\pi}{2}} \mathrm{d}\varphi \int_{\sqrt{2}\cos\varphi}^1 (r - \sqrt{2}\cos\varphi)r^2 \mathrm{d}r = \frac{3\pi}{32} + \frac{1}{4} - \frac{\sqrt{2}}{3},$$

$$I_1 = \iint_{D_1} (\sqrt{2}\cos\varphi - r)r^2 \mathrm{d}\varphi \mathrm{d}r + 2I_3 = \frac{\pi}{16} + \frac{1}{2} - \frac{\sqrt{2}}{3},$$

$$I_2 = \iint_{D_2} (r - \sqrt{2}\cos\varphi)r^2 \mathrm{d}\varphi \mathrm{d}r = \frac{\pi}{8} + \frac{\sqrt{2}}{3},$$

所以 $I = 2(I_1 + I_2) = 1 + \dfrac{3\pi}{8}$.

216 设 $D = \{(x,y) \mid 0 \leqslant x \leqslant 1, 0 \leqslant y \leqslant 1\}$, $I = \iint_D f(x,y)\mathrm{d}x\mathrm{d}y$, 其中函数 $f(x,y)$ 在 D 上有连续的二阶偏导数. 若对任何 x, y 有 $f(0,y) = f(x,0) = 0$ 且 $\dfrac{\partial^2 f}{\partial x \partial y} \leqslant A$. 证明:

$$I \leqslant \frac{A}{4}.$$

知识点睛 交换积分次序

证 由题意, $I = \int_0^1 \mathrm{d}y \int_0^1 f(x,y)\mathrm{d}x = -\int_0^1 \mathrm{d}y \int_0^1 f(x,y)\mathrm{d}(1-x)$. 对固定的 y, $(1-x)f(x,y)\Big|_{x=0}^{x=1} = 0$, 由分部积分法可得

$$\int_0^1 f(x,y)\mathrm{d}(1-x) = -\int_0^1 (1-x)\frac{\partial f(x,y)}{\partial x}\mathrm{d}x,$$

交换积分次序, 可得

$$I = \int_0^1 (1-x)\mathrm{d}x \int_0^1 \frac{\partial f(x,y)}{\partial x}\mathrm{d}y.$$

因为 $f(x,0) = 0$, 所以 $\dfrac{\partial f(x,0)}{\partial x} = 0$, 从而 $(1-y)\dfrac{\partial f(x,y)}{\partial x}\Big|_{y=0}^{y=1} = 0$. 再由分部积分法, 得

$$\int_0^1 \frac{\partial f(x,y)}{\partial x}\mathrm{d}y = -\int_0^1 \frac{\partial f(x,y)}{\partial x}\mathrm{d}(1-y) = \int_0^1 (1-y)\frac{\partial^2 f}{\partial x\partial y}\mathrm{d}y,$$

故

$$I = \int_0^1 (1-x)\mathrm{d}x\int_0^1 (1-y)\frac{\partial^2 f}{\partial x\partial y}\mathrm{d}y = \iint_D (1-x)(1-y)\frac{\partial^2 f}{\partial x\partial y}\mathrm{d}x\mathrm{d}y.$$

因 $\frac{\partial^2 f}{\partial x\partial y}\leqslant A$，且 $(1-x)(1-y)$ 在 D 上非负，从而 $I\leqslant A\iint_D (1-x)(1-y)\mathrm{d}x\mathrm{d}y = \frac{A}{4}$.

217 设函数 $f(x,y)$ 在区域 $D=\{(x,y)\mid x^2+y^2\leqslant a^2\}$ 上具有一阶连续偏导数， 第九届数学竞赛决赛，12分

且满足 $f(x,y)\big|_{x^2+y^2=a^2}=a^2$，以及 $\max\limits_{(x,y\in D)}\left\{\left(\frac{\partial f}{\partial x}\right)^2+\left(\frac{\partial f}{\partial y}\right)^2\right\}=a^2$，其中 $a>0$. 证明:

$$\left|\iint_D f(x,y)\mathrm{d}x\mathrm{d}y\right|\leqslant \frac{4}{3}\pi a^4.$$

知识点睛 柯西不等式，0608 格林公式

证 在格林公式

$$\int_C P(x,y)\mathrm{d}x + Q(x,y)\mathrm{d}y = \iint_D\left(\frac{\partial Q}{\partial x}-\frac{\partial P}{\partial y}\right)\mathrm{d}x\mathrm{d}y$$

中，依次取 $P=yf(x,y),Q=0$ 和取 $P=0,Q=xf(x,y)$，分别可得

$$\iint_D f(x,y)\mathrm{d}x\mathrm{d}y = -\int_C yf(x,y)\mathrm{d}x - \iint_D y\frac{\partial f}{\partial y}\mathrm{d}x\mathrm{d}y,$$

$$\iint_D f(x,y)\mathrm{d}x\mathrm{d}y = \int_C xf(x,y)\mathrm{d}y - \iint_D x\frac{\partial f}{\partial x}\mathrm{d}x\mathrm{d}y,$$

两式相加，得

$$\iint_D f(x,y)\mathrm{d}x\mathrm{d}y = \frac{a^2}{2}\int_C -y\mathrm{d}x + x\mathrm{d}y - \frac{1}{2}\iint_D\left(x\frac{\partial f}{\partial x}+y\frac{\partial f}{\partial y}\right)\mathrm{d}x\mathrm{d}y = I_1 + I_2.$$

对 I_1 再次利用格林公式，得

$$I_1 = \frac{a^2}{2}\int_C -y\mathrm{d}x + x\mathrm{d}y = a^2\iint_D\mathrm{d}x\mathrm{d}y = \pi a^4,$$

对 I_2 的被积函数利用柯西不等式，得

$$|I_2|\leqslant \frac{1}{2}\iint_D\left|x\frac{\partial f}{\partial x}+y\frac{\partial f}{\partial y}\right|\mathrm{d}x\mathrm{d}y$$

$$\leqslant \frac{1}{2}\iint_D\sqrt{x^2+y^2}\sqrt{\left(\frac{\partial f}{\partial x}\right)^2+\left(\frac{\partial f}{\partial y}\right)^2}\mathrm{d}x\mathrm{d}y$$

$$\leqslant \frac{a}{2}\iint_D\sqrt{x^2+y^2}\mathrm{d}x\mathrm{d}y = \frac{1}{3}\pi a^4,$$

因此，有 $\left|\iint_D f(x,y)\mathrm{d}x\mathrm{d}y\right|\leqslant \pi a^4 + \frac{1}{3}\pi a^4 = \frac{4}{3}\pi a^4.$

218 计算三重积分 $\iiint_\Omega \frac{\mathrm{d}x\mathrm{d}y\mathrm{d}z}{(1+x^2+y^2+z^2)^2}$，其中 $\Omega:0\leqslant x\leqslant 1,0\leqslant y\leqslant 1,0\leqslant$ 第十届数学竞赛决赛，12分

$z\leqslant 1$.

218题精解视频

知识点睛　变量代换,0605 三重积分的计算(利用对称性计算)

解　采用"先二后一"法,并利用对称性,得

$$I = 2\int_0^1 dz \iint_D \frac{dxdy}{(1+x^2+y^2+z^2)^2},$$

其中,$D:0 \leqslant x \leqslant 1,0 \leqslant y \leqslant x$. 用极坐标计算二重积分,得

$$I = 2\int_0^1 dz \int_0^{\frac{\pi}{4}} d\theta \int_0^{\sec\theta} \frac{rdr}{(1+r^2+z^2)^2}$$

$$= \int_0^1 dz \int_0^{\frac{\pi}{4}} \left(\frac{1}{1+z^2} - \frac{1}{1+\sec^2\theta+z^2}\right) d\theta.$$

交换积分次序,得

$$I = \int_0^{\frac{\pi}{4}} d\theta \int_0^1 \left(\frac{1}{1+z^2} - \frac{1}{1+\sec^2\theta+z^2}\right) dz$$

$$= \frac{\pi^2}{16} - \int_0^{\frac{\pi}{4}} d\theta \int_0^1 \frac{1}{1+\sec^2\theta+z^2} dz,$$

作变量代换:$z = \tan t$,并利用对称性,得

$$\int_0^{\frac{\pi}{4}} d\theta \int_0^1 \frac{1}{1+\sec^2\theta+z^2} dz = \int_0^{\frac{\pi}{4}} d\theta \int_0^{\frac{\pi}{4}} \frac{\sec^2 t}{\sec^2\theta + \sec^2 t} dt$$

$$= \int_0^{\frac{\pi}{4}} d\theta \int_0^{\frac{\pi}{4}} \frac{\sec^2\theta}{\sec^2\theta + \sec^2 t} dt$$

$$= \frac{1}{2} \int_0^{\frac{\pi}{4}} d\theta \int_0^{\frac{\pi}{4}} \frac{\sec^2\theta + \sec^2 t}{\sec^2\theta + \sec^2 t} dt = \frac{1}{2} \times \frac{\pi^2}{16} = \frac{\pi^2}{32},$$

所以,$I = \frac{\pi^2}{16} - \frac{\pi^2}{32} = \frac{\pi^2}{32}$.

第四届数学竞赛预赛,12分

219　设 $F(x)$ 为连续函数,$t>0$. 区域 Ω 由抛物线 $z=x^2+y^2$ 和球面 $x^2+y^2+z^2=t^2$ 所围部分. 定义三重积分 $F(t) = \iiint_\Omega f(x^2+y^2+z^2) dV$,求 $F(t)$ 的导数 $F'(t)$.

知识点睛　0605 三重积分的计算,球面坐标计算

解法1　记 $g = g(t) = \dfrac{\sqrt{1+4t^2}-1}{2}$,则 Ω 在 xOy 平面上的投影为 $x^2+y^2 \leqslant g$.

在曲线 $S:\begin{cases} x^2+y^2=z, \\ x^2+y^2+z^2=t^2 \end{cases}$ 上任取一点 (x,y,z),则原点到该点的射线和 z 轴的夹角

为 $\theta_t = \arccos\dfrac{z}{t} = \arccos\dfrac{g}{t}$. 取 $\Delta t>0$,则 $\theta_t > \theta_{t+\Delta t}$. 对于固定的 $t>0$,考虑积分差 $F(t+\Delta t)-F(t)$,这是一个在厚度为 Δt 的球壳上的积分. 原点到球壳边缘上的点的射线和 z 轴夹角在 $\theta_{t+\Delta t}$ 和 θ_t 之间.

我们使用球坐标变换来做这个积分,由积分的连续性可知,存在 $\alpha = \alpha(\Delta t)$,$\theta_{t+\Delta t} \leqslant \alpha \leqslant \theta_t$,使得

$$F(t+\Delta t) - F(t) = \int_0^{2\pi} d\varphi \int_0^\alpha d\theta \int_t^{t+\Delta t} f(r^2) r^2 \sin\theta dr,$$

这样就有 $F(t+\Delta t)-F(t)=2\pi(1-\cos\alpha)\int_t^{t+\Delta t}f(r^2)r^2\mathrm{d}r$. 而当 $\Delta t\to0^+$ 时

$$\cos\alpha\to\cos\theta_t=\frac{g(t)}{t},\qquad\frac{1}{\Delta t}\int_t^{t+\Delta t}f(r^2)r^2\mathrm{d}r\to t^2f(t^2).$$

故 $F(t)$ 的右导数为

$$2\pi\left(1-\frac{g(t)}{t}\right)t^2f(t^2)=\pi\left(2t+1-\sqrt{1+4t^2}\right)tf(t^2).$$

当 $\Delta t<0$ 时，考虑 $F(t)-F(t+\Delta t)$ 可以得到同样的左导数.因此

$$F'(t)=\pi\left(2t+1-\sqrt{1+4t^2}\right)tf(t^2).$$

解法 2 令 $\begin{cases}x=r\cos\theta,\\y=r\sin\theta,\\z=z,\end{cases}$ 则 $\Omega:\begin{cases}0\leqslant\theta\leqslant2\pi,\\0\leqslant r\leqslant a,\\r^2\leqslant z\leqslant\sqrt{t^2-r^2},\end{cases}$ 其中 a 满足 $a^2+a^4=t^2$，即 $a^2=$

$\dfrac{\sqrt{1+4t^2}-1}{2}$. 故有

$$F(t)=\int_0^{2\pi}\mathrm{d}\theta\int_0^a r\mathrm{d}r\int_{r^2}^{\sqrt{t^2-r^2}}f(r^2+z^2)\mathrm{d}z=2\pi\int_0^a r\left(\int_{r^2}^{\sqrt{t^2-r^2}}f(r^2+z^2)\mathrm{d}z\right)\mathrm{d}r,$$

从而有

$$F'(t)=2\pi\left(a\int_{a^2}^{\sqrt{t^2-a^2}}f(a^2+z^2)\mathrm{d}z\cdot\frac{\mathrm{d}a}{\mathrm{d}t}+\int_0^a rf(r^2+t^2-r^2)\frac{t}{\sqrt{t^2-r^2}}\mathrm{d}r\right),$$

注意到 $\sqrt{t^2-a^2}=a^2$，第一个积分为 0,得到

$$F'(t)=2\pi f(t^2)t\int_0^a r\frac{1}{\sqrt{t^2-r^2}}\mathrm{d}r=-\pi tf(t^2)\int_0^a\frac{\mathrm{d}(t^2-r^2)}{\sqrt{t^2-r^2}},$$

所以, $F'(t)=2\pi tf(t^2)(t-a^2)=\pi tf(t^2)\left(2t+1-\sqrt{1+4t^2}\right)$.

220 某物体所在的空间区域为 $\Omega:x^2+y^2+2z^2\leqslant x+y+2z$. 密度函数为 $x^2+y^2+z^2$，求 第八届数学
竞赛预赛, 14 分 质量 $M=\iiint\limits_{\Omega}(x^2+y^2+z^2)\mathrm{d}x\mathrm{d}y\mathrm{d}z$.

知识点睛 0616 三重积分的应用

解 由于 $\Omega:\left(x-\dfrac{1}{2}\right)^2+\left(y-\dfrac{1}{2}\right)^2+2\left(z-\dfrac{1}{2}\right)^2\leqslant1$，是一个各轴长分别为 $1,1,\dfrac{\sqrt{2}}{2}$ 的椭球，它的体积为 $V=\dfrac{2\sqrt{2}}{3}\pi$.

做变换 $u=x-\dfrac{1}{2},v=y-\dfrac{1}{2},w=\sqrt{2}\left(z-\dfrac{1}{2}\right)$，将区域变成单位球 $\Omega':u^2+v^2+w^2\leqslant1$，而 $\dfrac{\partial(x,y,z)}{\partial(u,v,w)}=\dfrac{\sqrt{2}}{2}$，所以

$$M=\iiint\limits_{u^2+v^2+w^2\leqslant1}\left[\left(u+\frac{1}{2}\right)^2+\left(v+\frac{1}{2}\right)^2+\left(\frac{w}{\sqrt{2}}+\frac{1}{2}\right)^2\right]\cdot\frac{\sqrt{2}}{2}\mathrm{d}u\mathrm{d}v\mathrm{d}w.$$

$$= \frac{\sqrt{2}}{2} \iiint\limits_{u^2+v^2+w^2 \leqslant 1} \left(u^2 + v^2 + \frac{w^2}{2} \right) \mathrm{d}u\mathrm{d}v\mathrm{d}w + \frac{1}{\sqrt{2}} \left(\frac{1}{4} + \frac{1}{4} + \frac{1}{4} \right) \cdot \frac{4\pi}{3}.$$

$$= \frac{\sqrt{2}}{2} \cdot \left(\frac{1}{3} + \frac{1}{3} + \frac{1}{6} \right) \iiint\limits_{u^2+v^2+w^2 \leqslant 1} \left(u^2 + v^2 + w^2 \right) \mathrm{d}u\mathrm{d}v\mathrm{d}w + \frac{\pi}{\sqrt{2}}.$$

$$= \frac{\sqrt{2}}{2} \cdot \frac{5}{6} \int_0^{2\pi} \mathrm{d}\theta \int_0^{\pi} \mathrm{d}\varphi \int_0^1 r^2 \cdot r^2 \sin\varphi \mathrm{d}r + \frac{\pi}{\sqrt{2}} \quad (\text{球坐标})$$

$$= \frac{\sqrt{2}}{3}\pi + \frac{\sqrt{2}}{2}\pi = \frac{5\sqrt{2}}{6}\pi.$$

第十届数学
竞赛预赛，12 分

221 计算三重积分 $\iiint\limits_{(V)} (x^2 + y^2)\, \mathrm{d}V$，其中 (V) 是由(1) $x^2 + y^2 + (z-2)^2 \geqslant 4$，

$(2) x^2 + y^2 + (z-1)^2 \leqslant 9, (3) z \geqslant 0$ 所围成的空心立体.

知识点睛　0616 三重积分的应用

解　(1)对(V_1)：$\begin{cases} x = r\sin\varphi\cos\theta, y = r\sin\varphi\sin\theta, z - 1 = r\cos\varphi, \\ 0 \leqslant r \leqslant 3, 0 \leqslant \varphi \leqslant \pi, 0 \leqslant \theta \leqslant 2\pi, \end{cases}$ 有

$$\iiint\limits_{(V_1)} (x^2 + y^2)\, \mathrm{d}V = \int_0^{2\pi} \mathrm{d}\theta \int_0^{\pi} \mathrm{d}\varphi \int_0^3 r^2 \sin^2\varphi \cdot r^2 \sin\varphi \mathrm{d}r = \frac{8}{15} \cdot 3^5 \cdot \pi.$$

(2)对(V_2)：$\begin{cases} x = r\sin\varphi\cos\theta, y = r\sin\varphi\sin\theta, z - 2 = r\cos\varphi, \\ 0 \leqslant r \leqslant 2, 0 \leqslant \varphi \leqslant \pi, 0 \leqslant \theta \leqslant 2\pi, \end{cases}$ 有

$$\iiint\limits_{(V_2)} (x^2 + y^2)\, \mathrm{d}V = \int_0^{2\pi} \mathrm{d}\theta \int_0^{\pi} \mathrm{d}\varphi \int_0^2 r^2 \sin^2\varphi \cdot r^2 \sin\varphi \mathrm{d}r = \frac{8}{15} \cdot 2^5 \cdot \pi.$$

(3)对(V_3)：$\begin{cases} x = r\cos\theta, y = r\sin\theta, 1 - \sqrt{9 - r^2} \leqslant z \leqslant 0, \\ 0 \leqslant r \leqslant 2\sqrt{2}, 0 \leqslant \theta \leqslant 2\pi, \end{cases}$ 有

$$\iiint\limits_{(V_3)} (x^2 + y^2)\, \mathrm{d}V = \iint\limits_{r \leqslant 2\sqrt{2}} r\mathrm{d}r\mathrm{d}\theta \int_{1-\sqrt{9-r^2}}^0 r^2 \mathrm{d}z$$

$$= \int_0^{2\pi} \mathrm{d}\theta \int_0^{2\sqrt{2}} r^3 \left(\sqrt{9 - r^2} - 1 \right) \mathrm{d}r = \left(124 - \frac{2}{5} \cdot 3^5 + \frac{2}{5} \right) \pi.$$

从而

$$\iiint\limits_{(V)} (x^2 + y^2)\, \mathrm{d}V = \iiint\limits_{(V_1)} (x^2 + y^2)\, \mathrm{d}V - \iiint\limits_{(V_2)} (x^2 + y^2)\, \mathrm{d}V - \iiint\limits_{(V_3)} (x^2 + y^2)\, \mathrm{d}V = \frac{256}{3}\pi.$$

第十一届数学
竞赛预赛，14 分

222 计算三重积分 $\iiint\limits_{\Omega} \dfrac{xyz}{x^2 + y^2}\mathrm{d}x\mathrm{d}y\mathrm{d}z$，其中 Ω 是由曲面 $(x^2 + y^2 + z^2)^2 = 2xy$ 围

成的区域在第一卦限部分.

知识点睛　0605 三重积分的计算

解　采用球面坐标计算，得

$$I = \int_0^{\frac{\pi}{4}} \mathrm{d}\theta \int_0^{\frac{\pi}{2}} \mathrm{d}\varphi \int_0^{\sqrt{2}\sin\varphi\sqrt{\sin\theta\cos\theta}} \frac{r^3 \sin^2\varphi\cos\theta\sin\theta\cos\varphi}{r^2 \sin^2\varphi} r^2 \sin\varphi \mathrm{d}r$$

$$= \int_0^{\frac{\pi}{4}} \sin\theta\cos\theta \mathrm{d}\theta \int_0^{\frac{\pi}{2}} \sin\varphi\cos\varphi \mathrm{d}\varphi \int_0^{\sqrt{2}\sin\varphi\sqrt{\sin\theta\cos\theta}} r^3 \mathrm{d}r$$

222 题精解视频

$$= \int_0^{\frac{\pi}{4}} \sin^3\theta \cos^3\theta d\theta \int_0^{\frac{\pi}{2}} \sin^5\varphi \cos\varphi d\varphi = \frac{1}{8} \int_0^{\frac{\pi}{4}} \sin^3 2\theta d\theta \int_0^{\frac{\pi}{2}} \sin^5\varphi d(\sin\varphi)$$

$$= \frac{1}{96} \int_0^{\frac{\pi}{2}} \sin^3 t dt = \frac{1}{96} \cdot \frac{2}{3} = \frac{1}{144}.$$

223 设函数 $f(x,y,z)$ 在区域 $\Omega = \{(x,y,z) \mid x^2+y^2+z^2 \leqslant 1\}$ 上具有连续的二阶 ▮第八届数学
偏导数，且满足 $\frac{\partial^2 f}{\partial x^2}+\frac{\partial^2 f}{\partial y^2}+\frac{\partial^2 f}{\partial z^2} = \sqrt{x^2+y^2+z^2}$，计算 竞赛决赛, 14 分

$$I = \iiint_\Omega \left(x\frac{\partial f}{\partial x} + y\frac{\partial f}{\partial y} + z\frac{\partial f}{\partial z} \right) dxdydz.$$

知识点睛 0605 三重积分的计算

解 记球面 $\Sigma : x^2+y^2+z^2=1$ 外侧的单位法向量为 $\boldsymbol{n} = \{\cos\alpha, \cos\beta, \cos\gamma\}$，则

$$\frac{\partial f}{\partial \boldsymbol{n}} = \frac{\partial f}{\partial x}\cos\alpha + \frac{\partial f}{\partial y}\cos\beta + \frac{\partial f}{\partial z}\cos\gamma.$$

考虑曲面积分等式：

$$\iint_\Sigma \frac{\partial f}{\partial \boldsymbol{n}} dS = \iint_\Sigma (x^2+y^2+z^2)\frac{\partial f}{\partial \boldsymbol{n}} dS, \qquad ①$$

对两边都利用高斯公式，得

$$\iint_\Sigma \frac{\partial f}{\partial \boldsymbol{n}} dS = \iint_\Sigma \left(\frac{\partial f}{\partial x}\cos\alpha + \frac{\partial f}{\partial y}\cos\beta + \frac{\partial f}{\partial z}\cos\gamma \right) dS = \iiint_\Omega \left(\frac{\partial^2 f}{\partial x^2} + \frac{\partial^2 f}{\partial y^2} + \frac{\partial^2 f}{\partial z^2} \right) dV, \qquad ②$$

$$\iint_\Sigma (x^2+y^2+z^2)\frac{\partial f}{\partial \boldsymbol{n}} dS = \iint_\Sigma (x^2+y^2+z^2)\left(\frac{\partial f}{\partial x}\cos\alpha + \frac{\partial f}{\partial y}\cos\beta + \frac{\partial f}{\partial z}\cos\gamma \right) dS$$

$$= 2\iiint_\Omega \left(x\frac{\partial f}{\partial x} + y\frac{\partial f}{\partial y} + z\frac{\partial f}{\partial z} \right) dV + \iiint_\Omega (x^2+y^2+z^2)\left(\frac{\partial^2 f}{\partial x^2} + \frac{\partial^2 f}{\partial y^2} + \frac{\partial^2 f}{\partial z^2} \right) dV, \qquad ③$$

将②式，③式代入①式并整理，得

$$I = \frac{1}{2} \iiint_\Omega (1-(x^2+y^2+z^2))\sqrt{x^2+y^2+z^2} dV$$

$$= \frac{1}{2} \int_0^{2\pi} d\theta \int_0^\pi \sin\varphi d\varphi \int_0^1 (1-r^2) r^3 dr = \frac{\pi}{6}.$$

224 设函数 $u=u(x)$ 连续可微，$u(2)=1$，且 $\int_L (x+2y)udx + (x+u^3)udy$ 在右 ▮第四届数学
半平面与路径无关，求 $u(x)$. 竞赛预赛, 6 分

知识点睛 0609 平面曲线积分与路径无关的条件

解 由 $\frac{\partial}{\partial x}(u(x+u^3)) = \frac{\partial}{\partial y}((x+2y)u)$ 得 $(x+4u^3)u' = u$，即 $\frac{dx}{du} - \frac{1}{u}x = 4u^2$，方程通
解为

$$x = e^{\ln u}\left(\int 4u^2 e^{-\ln u} du + C \right) = u\left(\int 4u du + C \right) = u(2u^2 + C),$$

由 $u(2)=1$ 得 $C=0$，故 $u = \left(\frac{x}{2}\right)^{\frac{1}{3}}$.

♪第五届数学
竞赛预赛, 14 分

225　设 $I_a(r) = \int_C \dfrac{y\mathrm{d}x - x\mathrm{d}y}{(x^2 + y^2)^a}$, 其中 a 为常数, 曲线 C 为椭圆 $x^2 + xy + y^2 = r^2$, 取正向. 求极限 $\lim\limits_{r\to+\infty} I_a(r)$.

　　知识点睛　0607 第二类曲线积分的计算

　　解　作变换 $\begin{cases} x = \dfrac{u-v}{\sqrt{2}}, \\ y = \dfrac{u+v}{\sqrt{2}}, \end{cases}$ 曲线 C 变为 uOv 平面上的曲线 $\Gamma: \dfrac{3}{2}u^2 + \dfrac{1}{2}v^2 = r^2$, 也是取正

向, 且有 $x^2 + y^2 = u^2 + v^2$,　$y\mathrm{d}x - x\mathrm{d}y = v\mathrm{d}u - u\mathrm{d}v$, 则 $I_a(r) = \int_\Gamma \dfrac{v\mathrm{d}u - u\mathrm{d}v}{(u^2+v^2)^a}$.

　　作变换 $\begin{cases} u = \sqrt{\dfrac{2}{3}}\, r\cos\theta, \\ v = \sqrt{2}\, r\sin\theta, \end{cases}$

则有 $v\mathrm{d}u - u\mathrm{d}v = -\dfrac{2}{\sqrt{3}} r^2 \mathrm{d}\theta$, 从而

$$I_a(r) = -\frac{2}{\sqrt{3}} r^{2(1-a)} \int_0^{2\pi} \frac{\mathrm{d}\theta}{\left(\dfrac{2}{3}\cos^2\theta + 2\sin^2\theta\right)^a} = -\frac{2}{\sqrt{3}} r^{-2(1-a)} J_a,$$

其中

$$J_a = \int_0^{2\pi} \frac{\mathrm{d}\theta}{\left(\dfrac{2}{3}\cos^2\theta + 2\sin^2\theta\right)^a},\quad 0 < J_a < +\infty,$$

因此当 $a>1$ 和 $a<1$ 时, 所求极限分别为 0 和 $+\infty$.

　　而当 $a=1$ 时,

$$J_1 = \int_0^{2\pi} \frac{\mathrm{d}\theta}{\dfrac{2}{3}\cos^2\theta + 2\sin^2\theta} = 4\int_0^{\frac{\pi}{2}} \frac{\mathrm{d}\theta}{\cos^2\theta\left(\dfrac{2}{3} + 2\tan^2\theta\right)}$$

$$= 4\int_0^{\frac{\pi}{2}} \frac{\mathrm{d}\tan\theta}{\dfrac{2}{3} + 2\tan^2\theta} = 2\int_0^{+\infty} \frac{\mathrm{d}t}{\left(\dfrac{\sqrt{3}}{3}\right)^2 + t^2} = \frac{2}{\dfrac{\sqrt{3}}{3}}\arctan\frac{t}{\dfrac{\sqrt{3}}{3}}\Bigg|_0^{+\infty} = \sqrt{3}\,\pi,$$

故所求极限为

$$\lim_{r\to+\infty} I_a(r) = \begin{cases} 0 & a > 1, \\ -\infty, & a < 1, \\ -2\pi, & a = 1. \end{cases}$$

♪第九届数学
竞赛预赛, 14 分

226　设曲线 Γ 为在 $x^2+y^2+z^2=1, x+z=1, x\geqslant 0, y\geqslant 0, z\geqslant 0$ 上从点 $A(1,0,0)$ 到点 $B(0,0,1)$ 的一段, 求曲线积分 $I = \int_\Gamma y\mathrm{d}x + z\mathrm{d}y + x\mathrm{d}z$.

　　知识点睛　0607 第二类曲线积分的计算

解 记 Γ_1 为从 B 到 A 的直线段，则 $x=t, y=0, z=1-t, 0 \leqslant t \leqslant 1$，

$$\iint_{\Gamma_1} y\mathrm{d}x + z\mathrm{d}y + x\mathrm{d}z = \int_0^1 t\mathrm{d}(1-t) = -\frac{1}{2}.$$

设 Γ 和 Γ_1 围成的平面区域为 Σ，方向按右手法则，由斯托克斯公式得到

$$\left(\int_\Gamma + \int_{\Gamma_1}\right) y\mathrm{d}x + z\mathrm{d}y + x\mathrm{d}z = \iint_\Sigma \begin{vmatrix} \mathrm{d}y\mathrm{d}z & \mathrm{d}z\mathrm{d}x & \mathrm{d}x\mathrm{d}y \\ \dfrac{\partial}{\partial x} & \dfrac{\partial}{\partial y} & \dfrac{\partial}{\partial z} \\ y & z & x \end{vmatrix} = -\iint_\Sigma \mathrm{d}y\mathrm{d}z + \mathrm{d}z\mathrm{d}x + \mathrm{d}x\mathrm{d}y,$$

右边 3 个积分都是 Σ 在各个坐标面上的投影面积，而 Σ 在 zOx 平面上投影面积为 0，故

$$I + \int_{\Gamma_1} = -\iint_\Sigma \mathrm{d}y\mathrm{d}z + \mathrm{d}x\mathrm{d}y.$$

曲线 Γ 在 xOy 面上的投影方程为 $\dfrac{\left(x-\dfrac{1}{2}\right)^2}{\left(\dfrac{1}{2}\right)^2} + \dfrac{y^2}{\left(\dfrac{1}{\sqrt{2}}\right)^2} = 1$，由该投影（半个椭圆）的面

积得到 $\iint_\Sigma \mathrm{d}x\mathrm{d}y = \dfrac{\pi}{4\sqrt{2}}.$

同理可得，$\iint_\Sigma \mathrm{d}y\mathrm{d}z = \dfrac{\pi}{4\sqrt{2}}.$ 这样就有，$I = \dfrac{1}{2} - \dfrac{\pi}{2\sqrt{2}}.$

227 设函数 $f(t)$ 在 $t \neq 0$ 时一阶连续可导，且 $f(1)=0$，求函数 $f(x^2-y^2)$，使得曲线积分 第十届数学竞赛预赛, 8 分

$$\int_L [y(2-f(x^2-y^2))]\mathrm{d}x + xf(x^2-y^2)\mathrm{d}y$$

与路径无关，其中 L 为任一不与直线 $y=\pm x$ 相交的分段光滑的闭曲线.

知识点睛 0607 第二类曲线积分的计算，0609 平面曲线积分与路径无关的条件

解 $P(x,y)=y(2-f(x^2-y^2))$，$Q(x,y)=xf(x^2-y^2)$，由题设可知，积分与路径无关，于是有

$$\frac{\partial P(x,y)}{\partial y} = \frac{\partial Q(x,y)}{\partial x},$$

由此可知

$$(x^2-y^2)f'(x^2-y^2) + f(x^2-y^2) = 1.$$

记 $t=x^2-y^2$，则得微分方程 $tf'(t)+f(t)=1$，即 $(tf(t))'=1$，从而得 $tf(t)=t+C.$ 又 $f(1)=0$，可得 $C=-1$，于是得 $f(t)=1-\dfrac{1}{t}$，从而 $f(x^2-y^2)=1-\dfrac{1}{x^2-y^2}.$

228 已知 $\mathrm{d}u(x,y)=\dfrac{y\mathrm{d}x-x\mathrm{d}y}{3x^2-2xy+3y^2}$，求 $u(x,y)$. 第十一届数学竞赛预赛, 6 分

知识点睛 0609 平面曲线积分与路径无关的条件

解
$$du(x,y) = \frac{y\mathrm{d}x - x\mathrm{d}y}{3x^2 - 2xy + 3y^2} = \frac{\mathrm{d}\left(\dfrac{x}{y}\right)}{3\left(\dfrac{x}{y}\right)^2 - \dfrac{2x}{y} + 3}$$

$$= \frac{1}{2\sqrt{2}}\mathrm{d}\arctan\frac{3}{2\sqrt{2}}\left(\frac{x}{y} - \frac{1}{3}\right),$$

所以
$$u(x,y) = \frac{1}{2\sqrt{2}}\arctan\frac{3}{2\sqrt{2}}\left(\frac{x}{y} - \frac{1}{3}\right) + \mathrm{C}.$$

第十二届数学
竞赛预赛, 12 分

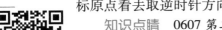

229 计算 $I = \oint_{\Gamma} \left|\sqrt{3}y - x\right|\mathrm{d}x - 5z\mathrm{d}z$, 曲线 $\Gamma:\begin{cases} x^2 + y^2 + z^2 = 8, \\ x^2 + y^2 = 2z, \end{cases}$ 从 z 轴正向往坐标原点看去取逆时针方向.

知识点睛 0607 第二类曲线积分的计算

解 曲线 Γ 也可表示为 $\begin{cases} z = 2, \\ x^2 + y^2 = 4, \end{cases}$ 所以 Γ 的参数方程为 $\begin{cases} x = 2\cos\theta, \\ y = 2\sin\theta, \\ z = 2, \end{cases}$ 参数的范围:

229 题精解视频

$0 \le \theta \le 2\pi$.注意到在曲线 Γ 上 $\mathrm{d}z = 0$, 所以

$$I = -\int_0^{2\pi} \left|2\sqrt{3}\sin\theta - 2\cos\theta\right|2\sin\theta\mathrm{d}\theta$$

$$= -8\int_0^{2\pi} \left|\frac{\sqrt{3}}{2}\sin\theta - \frac{1}{2}\cos\theta\right|\sin\theta\mathrm{d}\theta$$

$$= -8\int_0^{2\pi} \left|\cos\left(\theta + \frac{\pi}{3}\right)\right|\sin\theta\mathrm{d}\theta$$

$$= -8\int_{\frac{\pi}{3}}^{2\pi+\frac{\pi}{3}} |\cos t|\sin\left(t - \frac{\pi}{3}\right)\mathrm{d}t \quad \left(\text{代换：} t = \theta + \frac{\pi}{3}\right).$$

根据周期函数的积分性质, 得

$$I = -8\int_{-\pi}^{\pi} |\cos t|\sin\left(t - \frac{\pi}{3}\right)\mathrm{d}t$$

$$= -4\int_{-\pi}^{\pi} |\cos t|(\sin t - \sqrt{3}\cos t)\mathrm{d}t$$

$$= 8\sqrt{3}\int_0^{\pi} |\cos t|\cos t\mathrm{d}t.$$

令 $u = t - \dfrac{\pi}{2}$, 则 $I = -8\sqrt{3}\int_{-\frac{\pi}{2}}^{\frac{\pi}{2}} |\sin u|\sin u\mathrm{d}u = 0.$

第三届数学
竞赛决赛, 12 分

230 设连续可微函数 $z = z(x,y)$ 由方程 $F(xz-y, x-yz) = 0$（其中 $F(u,v)$ 有连续的偏导数）唯一确定, L 为正向单位圆周, 试求:
$$I = \oint_L (xz^2 + 2yz)\,\mathrm{d}y - (2xz + yz^2)\,\mathrm{d}x.$$

知识点睛 0607 第二类曲线积分的计算
解 令 $P(x,y) = -2xz - yz^2$, $Q(x,y) = xz^2 + 2yz$, 则

$$\frac{\partial Q}{\partial x} - \frac{\partial P}{\partial y} = 2(xz + y)\frac{\partial z}{\partial x} + 2(x + yz)\frac{\partial z}{\partial y} + 2z^2,$$

利用格林公式,得

$$I = 2\iint\limits_{x^2+y^2\leqslant 1}\left[(xz + y)\frac{\partial z}{\partial x} + (x + yz)\frac{\partial z}{\partial y} + z^2\right]\mathrm{d}x\mathrm{d}y.$$

方程 $F = 0$ 对 x 求导,得到 $\left(z + x\frac{\partial z}{\partial x}\right)F'_u + \left(1 - y\frac{\partial z}{\partial x}\right)F'_v = 0$,即 $\frac{\partial z}{\partial x} = -\frac{zF'_u + F'_v}{xF'_u - yF'_v}$,同样,可

得 $\frac{\partial z}{\partial y} = \frac{F'_u + zF'_v}{xF'_u - yF'_v}$. 于是

$$x\frac{\partial z}{\partial x} + y\frac{\partial z}{\partial y} = \frac{z(-xF'_u + yF'_v) + (yF'_u - xF'_v)}{xF'_u - yF'_v} = \frac{yF'_u - xF'_v}{xF'_u - yF'_v} - z,$$

$$y\frac{\partial z}{\partial x} + x\frac{\partial z}{\partial y} = \frac{z(-yF'_u + xF'_v) + (xF'_u - yF'_v)}{xF'_u - yF'_v} = 1 - \frac{z(yF'_u - xF'_v)}{xF'_u - yF'_v},$$

$$(xz + y)\frac{\partial z}{\partial x} + (x + yz)\frac{\partial z}{\partial y} = 1 - z^2,$$

故 $\oint_L (xz^2 + 2yz)\mathrm{d}y - (2xz + yz^2)\mathrm{d}x = 2\iint\limits_{x^2+y^2\leqslant 1}\mathrm{d}x\mathrm{d}y = 2\pi.$

231 设曲线积分 $I = \int_L \frac{x\mathrm{d}y - y\mathrm{d}x}{|x| + |y|}$,其中 L 是以 $(1,0)$,$(0,1)$,$(-1,0)$, 第六届数学竞赛决赛,5 分

$(0, -1)$ 为顶点的正方形的边界曲线,方向为逆时针,则 $I = $ _____.

知识点睛 0607 第二类曲线积分的计算,0608 格林公式

解 曲线 L 的方程为 $|x| + |y| = 1$,记该曲线所围区域为正方形 D,其边长为 $\sqrt{2}$,

面积为 2.由格林公式,有

$$I = \oint_L x\mathrm{d}y - y\mathrm{d}x = \iint\limits_D (1 + 1)\mathrm{d}\sigma = 2\sigma(D) = 4.$$

231 题精解视频

应填 4.

232 设曲线 L 是空间区域 $0\leqslant x\leqslant 1, 0\leqslant y\leqslant 1, 0\leqslant z\leqslant 1$ 的表面与平面 $x + y + z = \frac{3}{2}$ 第十届数学竞赛决赛,6 分

的交线,则 $\left|\oint_L (z^2 - y^2)\mathrm{d}x + (x^2 - z^2)\mathrm{d}y + (y^2 - x^2)\mathrm{d}z\right| = $ _____.

知识点睛 0607 第二类曲线积分的计算

解 空间区域与平面 $x + y + z = \frac{3}{2}$ 的交线 L 如 232 题图所示,L 所围图形 Σ 是边长

为 $\frac{\sqrt{2}}{2}$ 的正六边形. 平面 $x + y + z = \frac{3}{2}$ 的法向量为 $\boldsymbol{n} = \{1, 1, 1\}$,其方向余弦为 $\cos\alpha = $

$\cos\beta = \cos\gamma = \frac{\sqrt{3}}{3}$. 由斯托克斯公式,得

$$\left|\oint_L (z^2 - y^2)\mathrm{d}x + (x^2 - z^2)\mathrm{d}y + (y^2 - x^2)\mathrm{d}z\right|$$

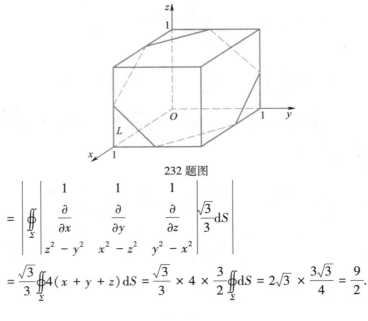

232 题图

$$= \left| \oint\limits_{\Sigma} \begin{vmatrix} 1 & 1 & 1 \\ \dfrac{\partial}{\partial x} & \dfrac{\partial}{\partial y} & \dfrac{\partial}{\partial z} \\ z^2 - y^2 & x^2 - z^2 & y^2 - x^2 \end{vmatrix} \dfrac{\sqrt{3}}{3} \mathrm{d}S \right|$$

$$= \dfrac{\sqrt{3}}{3} \oint\limits_{\Sigma} 4(x + y + z)\,\mathrm{d}S = \dfrac{\sqrt{3}}{3} \times 4 \times \dfrac{3}{2} \oint\limits_{\Sigma} \mathrm{d}S = 2\sqrt{3} \times \dfrac{3\sqrt{3}}{4} = \dfrac{9}{2}.$$

应填 $\dfrac{9}{2}$.

第三届数学
竞赛预赛, 15 分

233 设函数 $f(x)$ 连续, a, b, c 为常数, Σ 是单位球面 $x^2 + y^2 + z^2 = 1$. 记第一型曲面积分 $I = \iint\limits_{\Sigma} f(ax + by + cz)\,\mathrm{d}S$. 求证: $I = 2\pi \displaystyle\int_{-1}^{1} f\left(\sqrt{a^2 + b^2 + c^2}\,u\right)\,\mathrm{d}u$.

233 题精解视频

知识点睛 0612 第一类曲面积分的计算

解 由 Σ 的面积为 4π 可见: 当 a, b, c 都为零时, 等式成立.

当它们不全为零时, 可知: 原点到平面 $ax + by + cz + d = 0$ 的距离是 $\dfrac{|d|}{\sqrt{a^2 + b^2 + c^2}}$.

设平面 $P_u : u = \dfrac{ax + by + cz}{\sqrt{a^2 + b^2 + c^2}}$, 其中 u 固定, 则 $|u|$ 是原点到平面 P_u 的距离, 从而 $-1 \leqslant u \leqslant 1$, 被积函数取值为 $f\left(\sqrt{a^2 + b^2 + c^2}\,u\right)$. 两平面 P_u 和 $P_{u+\mathrm{d}u}$ 截单位球 Σ 所截下的部分, 这部分摊开可以看成一个细长条. 这个细长条的长是 $2\pi\sqrt{1-u^2}$, 宽是 $\dfrac{\mathrm{d}u}{\sqrt{1-u^2}}$, 它的面积是 $2\pi\mathrm{d}u$, 得证.

第十一届数学
竞赛预赛, 14 分

234 计算积分 $I = \displaystyle\int_0^{2\pi} \mathrm{d}\phi \int_0^{\pi} \mathrm{e}^{\sin\theta(\cos\phi - \sin\phi)} \sin\theta\,\mathrm{d}\theta$.

知识点睛 0603 二重积分的计算, 0612 第一类曲面积分的计算

解 设球面 $\Sigma : x^2 + y^2 + z^2 = 1$, 由球面参数方程
$$x = \sin\theta\cos\phi, \quad y = \sin\theta\sin\phi, \quad z = \cos\theta$$

知 $\mathrm{d}S = \sin\theta\mathrm{d}\theta\mathrm{d}\phi$, 所以, 所求积分可化为第一型曲面积分 $I = \iint\limits_{\Sigma} \mathrm{e}^{x-y}\mathrm{d}S$, 设平面 P_t:

$\dfrac{x-y}{\sqrt{2}} = t$, $-1 \leqslant t \leqslant 1$, 其中 t 为平面 P_t 被球面截下部分中心到原点距离. 用平面 P_t 分

割球面 Σ，球面在平面 $P_t, P_{t+\mathrm{d}t}$ 之间的部分形如圆台外表面状，记为 $\Sigma_{t,\mathrm{d}t}$. 被积函数在其上为 $\mathrm{e}^{x-y} = \mathrm{e}^{\sqrt{2}t}$.

由于 $\Sigma_{t,\mathrm{d}t}$ 半径为 $r_t = \sqrt{1-t^2}$，半径的增长率为 $\mathrm{d}\sqrt{1-t^2} = \dfrac{-t\mathrm{d}t}{\sqrt{1-t^2}}$ 就是 $\Sigma_{t,\mathrm{d}t}$ 上下底半径之差. 记圆台外表面斜高为 h_t，则由微元法知

$$\mathrm{d}t^2 + \left(\mathrm{d}\sqrt{1-t^2}\right)^2 = h_t^2,$$

得到 $h_t = \dfrac{\mathrm{d}t}{\sqrt{1-t^2}}$，所以 $\Sigma_{t,\mathrm{d}t}$ 的面积为 $\mathrm{d}S = 2\pi r_t h_t = 2\pi\mathrm{d}t$，从而

$$I = \int_{-1}^{1} \mathrm{e}^{\sqrt{2}t} 2\pi\mathrm{d}t = \frac{2\pi}{\sqrt{2}}\mathrm{e}^{\sqrt{2}t}\,\Big|_{-1}^{1} = \sqrt{2}\pi\left(\mathrm{e}^{\sqrt{2}} - \mathrm{e}^{-\sqrt{2}}\right).$$

235 已知 S 是空间曲线 $\begin{cases} x^2 + 3y^2 = 1, \\ z = 0 \end{cases}$ 绕 y 轴旋转形成的椭球面的上半部分（z 第二届数学竞赛决赛, 16 分

$\geqslant 0$）（取上侧），Π 是 S 在点 $P(x,y,z)$ 处的切平面，$\rho(x,y,z)$ 是原点到切平面 Π 的距离，λ, μ, ν 表示 S 的正法向的方向余弦. 计算：

(1) $\displaystyle\iint\limits_{S} \frac{z}{\rho(x,y,z)}\mathrm{d}S$；　(2) $\displaystyle\iint\limits_{S} z(\lambda x + 3\mu y + \nu z)\mathrm{d}S$.

知识点睛 0612 第一类曲面积分的计算

解 (1) 由题设，S 的方程为

$$x^2 + 3y^2 + z^2 = 1, \quad z \geqslant 0.$$

设 (X, Y, Z) 为切平面 Π 上任意一点，则 Π 的方程为 $xX + 3yY + zZ = 1$，从而由点到平面的距离公式，以及 $P(x,y,z) \in S$，得

$$\rho(x,y,z) = (x^2 + 9y^2 + z^2)^{-\frac{1}{2}} = (1 + 6y^2)^{-\frac{1}{2}}.$$

由 S 为上半椭球面 $z = \sqrt{1-x^2-3y^2}$，知

$$z'_x = -\frac{x}{\sqrt{1-x^2-3y^2}}, \quad z'_y = -\frac{3y}{\sqrt{1-x^2-3y^2}},$$

于是

$$\mathrm{d}S = \sqrt{1 + z_x'^2 + z_y'^2}\,\mathrm{d}x\mathrm{d}y = \frac{\sqrt{1+6y^2}}{\sqrt{1-x^2-3y^2}}\mathrm{d}x\mathrm{d}y.$$

又 S 在 xOy 平面上的投影为 $D_{xy}: x^2 + 3y^2 \leqslant 1$，故

$$\iint\limits_{S} \frac{z}{\rho(x,y,z)}\mathrm{d}S = \iint\limits_{D_{xy}} \sqrt{1-x^2-3y^2} \cdot \frac{1}{(1+6y^2)^{-\frac{1}{2}}} \cdot \frac{\sqrt{1+6y^2}}{\sqrt{1-x^2-3y^2}}\mathrm{d}x\mathrm{d}y$$

$$= \iint\limits_{D_{xy}} (1 + 6y^2)\mathrm{d}x\mathrm{d}y = \frac{\sqrt{3}}{2}\pi,$$

其中 $\displaystyle\iint\limits_{D_{xy}}\mathrm{d}x\mathrm{d}y = \frac{\pi}{\sqrt{3}}$. 令 $\begin{cases} x = r\cos\theta, \\ y = \dfrac{1}{\sqrt{3}}r\sin\theta \end{cases}$（广义极坐标），则

$$\iint\limits_{D_{xy}} 6y^2 \mathrm{d}x\mathrm{d}y = 6 \times \frac{1}{\sqrt{3}} \int_0^{2\pi} \sin^2\theta\mathrm{d}\theta \int_0^1 \frac{1}{3}r^3\mathrm{d}r = \frac{1}{2\sqrt{3}} \int_0^{2\pi} \frac{1 - \cos 2\theta}{2}\mathrm{d}\theta = \frac{\pi}{2\sqrt{3}}.$$

（2）由于 S 取上侧，故正法向量

$$\boldsymbol{n} = \left\{ \frac{x}{\sqrt{x^2 + (3y)^2 + z^2}}, \frac{3y}{\sqrt{x^2 + (3y)^2 + z^2}}, \frac{z}{\sqrt{x^2 + (3y)^2 + z^2}} \right\},$$

所以

$$\lambda = \frac{x}{\sqrt{x^2 + (3y)^2 + z^2}}, \quad \mu = \frac{3y}{\sqrt{x^2 + (3y)^2 + z^2}}, \quad \nu = \frac{z}{\sqrt{x^2 + (3y)^2 + z^2}},$$

于是

$$\iint\limits_S z(\lambda x + 3\mu y + \nu z)\mathrm{d}S = \iint\limits_S z \cdot \frac{x^2 + 9y^2 + z^2}{\sqrt{x^2 + 9y^2 + z^2}}\mathrm{d}S = \iint\limits_S \frac{z}{\rho(x,y,z)}\mathrm{d}S = \frac{\sqrt{3}}{2}\pi.$$

第五届数学
竞赛预赛，14 分
236 设 Σ 是一个光滑封闭曲面，方向朝外. 给定第二型曲面积分

$$I = \iint\limits_{\Sigma} (x^3 - x)\mathrm{d}y\mathrm{d}z + (2y^3 - y)\mathrm{d}z\mathrm{d}x + (3z^3 - z)\mathrm{d}x\mathrm{d}y.$$

试确定曲面 Σ，使得积分 I 的值最小，并求该最小值.

知识点睛 0612 第二类曲面积分的计算

解 记 Σ 围成的立体为 V，由高斯公式，

$$I = \iiint\limits_V (3x^2 + 6y^2 + 9z^2 - 3)\mathrm{d}V = 3\iiint\limits_V (x^2 + 2y^2 + 3z^2 - 1)\mathrm{d}x\mathrm{d}y\mathrm{d}z,$$

为了使 I 达到最小，则

$$V = \{(x,y,z) \mid x^2 + 2y^2 + 3z^2 \leqslant 1\},$$

即当 V 是一个椭球，Σ 是椭球 V 的表面时，积分 I 最小.

为求该最小值，作变换

$$\begin{cases} x = u, \\ y = \dfrac{v}{\sqrt{2}}, \\ z = \dfrac{w}{\sqrt{3}}, \end{cases}$$

则 $\dfrac{\partial(x,y,z)}{\partial(u,v,w)} = \dfrac{1}{\sqrt{6}}$，有

$$I = \frac{3}{\sqrt{6}} \iiint\limits_{u^2+v^2+w^2 \leqslant 1} (u^2 + v^2 + w^2 - 1)\,\mathrm{d}u\mathrm{d}v\mathrm{d}w,$$

使用球坐标变换，得

$$I = \frac{3}{\sqrt{6}} \int_0^{2\pi}\mathrm{d}\theta \int_0^{\pi}\mathrm{d}\varphi \int_0^1 (r^2 - 1)r^2\sin\varphi\mathrm{d}r = -\frac{4\sqrt{6}}{15}\pi.$$

第六届数学
竞赛预赛，14 分
237 （1）设一球缺高为 h，所在球的半径为 R. 证明：该球缺的体积为 $\dfrac{\pi}{3}(3R-h)h^2$，球冠的面积为 $2\pi Rh$.

（2）设球体 $(x-1)^2+(y-1)^2+(z-1)^2\leqslant 12$ 被平面 $P:x+y+z=6$ 所截的小球缺为 Ω.
记球缺上的球冠为 Σ，方向指向球外，求第二型曲面积分 $I = \iint\limits_{\Sigma} x\mathrm{d}y\mathrm{d}z + y\mathrm{d}z\mathrm{d}x + z\mathrm{d}x\mathrm{d}y$.

知识点睛 0612 第二类曲面积分的计算

（1）**证** 设球缺所在球表面的方程为 $x^2+y^2+z^2=R^2$，球缺的中心线为 z 轴，且设球缺所在的圆锥顶角为 2α.

记球缺的区域为 Ω，则其体积为

$$\iiint\limits_{\Omega} \mathrm{d}V = \int_{R-h}^{R} \mathrm{d}z \iint\limits_{D_z} \mathrm{d}x\mathrm{d}y = \int_{R-h}^{R} \pi(R^2 - z^2)\,\mathrm{d}z = \frac{\pi}{3}(3R - h)h^2.$$

由于球面的面积元素为 $\mathrm{d}S = R^2\sin\theta\mathrm{d}\theta$，所以球冠的面积为

$$\int_0^{2\pi} \mathrm{d}\varphi \int_0^{\alpha} R^2\sin\theta\mathrm{d}\theta = 2\pi R^2(1 - \cos\alpha) = 2\pi Rh.$$

（2）**解** 记球缺的底面圆为 P_1，方向指向球缺外，且记

$$J = \iint\limits_{P_1} x\mathrm{d}y\mathrm{d}z + y\mathrm{d}z\mathrm{d}x + z\mathrm{d}x\mathrm{d}y.$$

由高斯公式得 $I + J = \iiint\limits_{\Omega} 3\mathrm{d}V = 3V(\Omega)$，其中 $V(\Omega)$ 为 Ω 的体积.

由于平面 P_1 的正向单位法向量为 $-\dfrac{1}{\sqrt{3}}\{1,1,1\}$，故

$$J = -\frac{1}{\sqrt{3}}\iint\limits_{P_1} (x + y + z)\mathrm{d}S = -\frac{6}{\sqrt{3}}\sigma(P_1) = -2\sqrt{3}\,\sigma(P_1)\,,$$

其中 $\sigma(P_1)$ 为 P_1 的面积，从而

$$I = 3V(\Omega) - J = 3V + 2\sqrt{3}\,\sigma(P_1).$$

由于球缺底面圆心为 $Q(2,2,2)$，而球缺的顶点为 $D(3,3,3)$，故球缺的高度为 $h = |QD| = \sqrt{3}$，再由（1）所证并代入 $h=\sqrt{3}, R=2\sqrt{3}$，得

$$I = 3 \cdot \frac{\pi}{3}(3R - h)h^2 + 2\sqrt{3}\pi(2Rh - h^2) = 33\sqrt{3}\pi.$$

238 计算 $\iint\limits_{\Sigma} \dfrac{ax\mathrm{d}y\mathrm{d}z + (z + a)^2\mathrm{d}x\mathrm{d}y}{\sqrt{x^2 + y^2 + z^2}}$，其中 Σ 为下半球面 $z = -\sqrt{a^2 - x^2 - y^2}$ 的 上侧，$a > 0$. 第一届数学
竞赛决赛，5分

知识点睛 0612 第二类曲面积分的计算

解 将 Σ（或分片后）投影到相应坐标平面上化为二重积分逐块计算.

$$I_1 = \frac{1}{a}\iint\limits_{\Sigma} ax\mathrm{d}y\mathrm{d}z = -2\iint\limits_{D_{yz}} \sqrt{a^2 - (y^2 + z^2)}\,\mathrm{d}y\mathrm{d}z,$$

其中 D_{yz} 为 yOz 平面上的半圆 $y^2+z^2\leqslant a^2, z\leqslant 0$. 利用极坐标，得

$$I_1 = -2\int_{\pi}^{2\pi} \mathrm{d}\theta \int_0^{a} \sqrt{a^2 - r^2}\,r\mathrm{d}r = -\frac{2}{3}\pi a^3$$

$$I_2 = \frac{1}{a}\iint\limits_{\Sigma} (z + a)^2\mathrm{d}x\mathrm{d}y = \frac{1}{a}\iint\limits_{D_{xy}} \left[a - \sqrt{a^2 - (x^2 + y^2)}\right]^2\mathrm{d}x\mathrm{d}y,$$

其中 D_{xy} 为 xOy 平面上的圆域 $x^2+y^2 \leqslant a^2$. 利用极坐标, 得

$$I_2 = \frac{1}{a} \int_0^{2\pi} \mathrm{d}\theta \int_0^a \left(2a^2 - 2a\sqrt{a^2-r^2} - r^2\right) r\mathrm{d}r = \frac{\pi}{6}a^3.$$

因此, $I=I_1+I_2=-\dfrac{\pi}{2}a^3$.

第五届数学
竞赛决赛, 12 分

239 设函数 $f(x)$ 具有一阶连续导数, $P=Q=R=f((x^2+y^2)z)$, 有向曲面 Σ_t 是圆柱体 $x^2+y^2 \leqslant t^2, 0 \leqslant z \leqslant 1$ 的表面, 方向朝外. 记第二型曲面积分为

$$I_t = \oiint_{\Sigma_t} P\mathrm{d}y\mathrm{d}z + Q\mathrm{d}z\mathrm{d}x + R\mathrm{d}x\mathrm{d}y,$$

求极限 $\lim\limits_{t\to 0^+}\dfrac{I_t}{t^4}$.

知识点睛 0612 第二类曲面积分的计算

解 由高斯公式得

$$I_t = \iiint_V \left(\frac{\partial P}{\partial x} + \frac{\partial Q}{\partial y} + \frac{\partial R}{\partial z}\right) \mathrm{d}x\mathrm{d}y\mathrm{d}z = \iiint_V \left(2xz + 2yz + x^2 + y^2\right) f'((x^2+y^2)z) \mathrm{d}x\mathrm{d}y\mathrm{d}z,$$

由对称性得 $\iiint_V (2xz+2yz)f'((x^2+y^2)z)\mathrm{d}x\mathrm{d}y\mathrm{d}z = 0$, 从而

$$I_t = \iiint_V (x^2+y^2) f'((x^2+y^2)z) \mathrm{d}x\mathrm{d}y\mathrm{d}z = \int_0^1 \left[\int_0^{2\pi} \mathrm{d}\theta \int_0^t f'(r^2z) r^3\mathrm{d}r\right] \mathrm{d}z$$

$$= 2\pi \int_0^1 \left[\int_0^t f'(r^2z) r^3\mathrm{d}r\right] \mathrm{d}z,$$

于是

$$\lim_{t\to 0^+} \frac{I_t}{t^4} = \lim_{t\to 0^+} \frac{2\pi \int_0^1 \left[\int_0^t f'(r^2z) r^3\mathrm{d}r\right] \mathrm{d}z}{t^4}$$

$$= \lim_{t\to 0^+} \frac{2\pi \int_0^1 f'(t^2z) t^3\mathrm{d}z}{4t^3} = \lim_{t\to 0^+} \frac{\pi}{2} \int_0^1 f'(t^2z) \mathrm{d}z = \frac{\pi}{2}f'(0).$$

第七届数学
竞赛决赛, 14 分

240 设 $P(x,y,z)$ 和 $R(x,y,z)$ 在空间上有连续偏导数, 设上半球面 $S: z = z_0 + \sqrt{r^2-(x-x_0)^2-(y-y_0)^2}$, 方向向上, 若对任何点 (x_0,y_0,z_0) 和 $r>0$, 第二型曲面积分 $\iint_S P\mathrm{d}y\mathrm{d}z + R\mathrm{d}x\mathrm{d}y = 0$. 证明: $\dfrac{\partial P}{\partial x} \equiv 0$.

知识点睛 0612 第二类曲面积分的计算

证 记上半球面 S 的底平面为 D, 方向向下, S 和 D 围成的区域记为 Ω, 由高斯公式得

$$\left(\iint_S + \iint_D\right) P\mathrm{d}y\mathrm{d}z + R\mathrm{d}x\mathrm{d}y = \iiint_\Omega \left(\frac{\partial P}{\partial x} + \frac{\partial R}{\partial z}\right) \mathrm{d}V.$$

由于 $\iint_D P\mathrm{d}y\mathrm{d}z + R\mathrm{d}x\mathrm{d}y = -\iint_D R\mathrm{d}\sigma$ 和题设条件 ($\mathrm{d}\sigma$ 是 xOy 面上的面积微元), 则有

$$-\iint\limits_{D} R \mathrm{d}\sigma = \iiint\limits_{\Omega} \left(\frac{\partial P}{\partial x} + \frac{\partial R}{\partial z} \right) \mathrm{d}V. \qquad \text{①}$$

注意到上式对任何 $r > 0$ 成立, 由此证明 $R(x_0, y_0, z_0) = 0$. 若不然, 设

$R(x_0, y_0, z_0) \neq 0$, 则 $\iint\limits_{D} R \mathrm{d}\sigma = R(\xi, \eta, z_0) \pi r^2$, 其中 $(\xi, \eta, z_0) \in D$.

而当 $r \to 0^+$ 时, $R(\xi, \eta, z_0) \to R(x_0, y_0, z_0)$, 故①式左端为 r 的二阶无穷小.

类似地, 当 $\dfrac{\partial P(x_0, y_0, z_0)}{\partial x} + \dfrac{\partial R(x_0, y_0, z_0)}{\partial z} \neq 0$ 时, $\iiint\limits_{\Omega} \left(\dfrac{\partial P}{\partial x} + \dfrac{\partial R}{\partial z} \right) \mathrm{d}V$ 是 r 的三阶无

穷小.

当 $\dfrac{\partial P(x_0, y_0, z_0)}{\partial x} + \dfrac{\partial R(x_0, y_0, z_0)}{\partial z} = 0$ 时, 该积分是比 r^3 高阶的无穷小, 因此①式右端

是左端的高阶无穷小, 从而当 r 很小时, 有

$$\left| \iint\limits_{D} R \mathrm{d}\sigma \right| \geq \left| \iiint\limits_{\Omega} \left(\frac{\partial P}{\partial x} + \frac{\partial R}{\partial z} \right) \mathrm{d}V \right|,$$

这与①式矛盾. 由于在任何点 $R(x_0, y_0, z_0) = 0$, 故 $R(x, y, z) = 0$. 代入①式得

$\iiint\limits_{\Omega} \dfrac{\partial P(x, y, z)}{\partial x} \mathrm{d}V = 0$. 重复前面的证明可知 $\dfrac{\partial P(x_0, y_0, z_0)}{\partial x} = 0$. 由 (x_0, y_0, z_0) 的任意性

得 $\dfrac{\partial P}{\partial x} \equiv 0$.

第 7 章 无穷级数

知识要点

一、数项级数的概念与性质

1.常数项级数的概念

设有数列 $\{u_n\}$: $u_1, u_2, \cdots, u_n, \cdots$,将其各项依次累加所得的式子 $u_1 + u_2 + \cdots + u_n + \cdots$ 称为(常数项)无穷级数,简称(常数项)级数,记作 $\sum\limits_{n=1}^{\infty} u_n$,即 $\sum\limits_{n=1}^{\infty} u_n = u_1 + u_2 + \cdots + u_n + \cdots$.

2.常数项级数收敛的概念

设给定常数项级数

$$\sum_{n=1}^{\infty} u_n = u_1 + u_2 + \cdots + u_n + \cdots, \qquad\qquad ①$$

称 $S_n = \sum\limits_{i=1}^{n} u_i = u_1 + u_2 + \cdots + u_n$ 为级数 $\sum\limits_{n=1}^{\infty} u_n$ 的前 n 项部分和,若 $\lim\limits_{n \to \infty} S_n = S$(有限值),则称级数①收敛;若 $\lim\limits_{n \to \infty} S_n$ 不存在,则称级数①发散.

3.常数项级数的基本性质

(1)级数 $\sum\limits_{n=1}^{\infty} u_n$ 与 $\sum\limits_{n=1}^{\infty} k u_n$ 有相同的敛散性(k 是不为零的常数).

(2)若级数 $\sum\limits_{n=1}^{\infty} u_n$, $\sum\limits_{n=1}^{\infty} v_n$ 均收敛,则级数 $\sum\limits_{n=1}^{\infty} (u_n \pm v_n)$ 亦收敛,且有

$$\sum_{n=1}^{\infty} (u_n \pm v_n) = \sum_{n=1}^{\infty} u_n \pm \sum_{n=1}^{\infty} v_n.$$

(3)在级数中去掉或添加有限项,不影响级数的敛散性(但收敛时,级数和一般会改变).

(4)收敛级数任意加括号后所成的级数仍收敛.如果正项级数加括号后所成的级数收敛,则原级数收敛.

(5)级数收敛的必要条件:若 $\sum\limits_{n=1}^{\infty} u_n$ 收敛,则 $\lim\limits_{n \to \infty} u_n = 0$.

二、正项级数

1.比较判别法

(1)设有两个正项级数 $\sum\limits_{n=1}^{\infty} u_n$ 及 $\sum\limits_{n=1}^{\infty} v_n$,而且 $u_n \leqslant v_n$ ($n = 1, 2, \cdots$).

①如果级数 $\sum\limits_{n=1}^{\infty} v_n$ 收敛,则级数 $\sum\limits_{n=1}^{\infty} u_n$ 也收敛.

②如果级数 $\sum\limits_{n=1}^{\infty} u_n$ 发散,则级数 $\sum\limits_{n=1}^{\infty} v_n$ 也发散.

（2）设 $\sum\limits_{n=1}^{\infty} u_n$ 和 $\sum\limits_{n=1}^{\infty} v_n$ 都是正项级数,且存在正整数 N,使当 $n \geqslant N$ 时,有 $u_n \leqslant kv_n$ （$k>0$）成立.则

①如果级数 $\sum\limits_{n=1}^{\infty} v_n$ 收敛,则级数 $\sum\limits_{n=1}^{\infty} u_n$ 收敛.

②如果级数 $\sum\limits_{n=1}^{\infty} u_n$ 发散,则级数 $\sum\limits_{n=1}^{\infty} v_n$ 发散.

（3）比较判别法的极限形式:设 $\sum\limits_{n=1}^{\infty} u_n$ 和 $\sum\limits_{n=1}^{\infty} v_n$ 都是正项级数,且 $\lim\limits_{n \to \infty} \dfrac{u_n}{v_n}=l$.

①如果 $0<l<+\infty$,则级数 $\sum\limits_{n=1}^{\infty} u_n$ 和 $\sum\limits_{n=1}^{\infty} v_n$ 的敛散性一致;

②如果 $l=0$,若 $\sum\limits_{n=1}^{\infty} v_n$ 收敛,则 $\sum\limits_{n=1}^{\infty} u_n$ 收敛;若 $\sum\limits_{n=1}^{\infty} u_n$ 发散,则 $\sum\limits_{n=1}^{\infty} v_n$ 发散.

③如果 $l=+\infty$,若 $\sum\limits_{n=1}^{\infty} u_n$ 收敛,则 $\sum\limits_{n=1}^{\infty} v_n$ 收敛;若 $\sum\limits_{n=1}^{\infty} v_n$ 发散,则 $\sum\limits_{n=1}^{\infty} u_n$ 发散.

2.比值判别法

设 $\sum\limits_{n=1}^{\infty} u_n$ 是正项级数,且 $\lim\limits_{n \to \infty} \dfrac{u_{n+1}}{u_n}=\rho$,则

（1）当 $\rho<1$ 时,级数 $\sum\limits_{n=1}^{\infty} u_n$ 收敛.

（2）当 $\rho>1$ 时,级数 $\sum\limits_{n=1}^{\infty} u_n$ 发散.

（3）当 $\rho=1$ 时,级数 $\sum\limits_{n=1}^{\infty} u_n$ 可能收敛,也可能发散.

3.根值判别法

设 $\sum\limits_{n=1}^{\infty} u_n$ 是正项级数,且 $\lim\limits_{n \to \infty} \sqrt[n]{u_n}=\rho$,则

（1）当 $\rho<1$ 时,级数 $\sum\limits_{n=1}^{\infty} u_n$ 收敛.

（2）当 $\rho>1$ 时,级数 $\sum\limits_{n=1}^{\infty} u_n$ 发散.

（3）当 $\rho=1$ 时,级数 $\sum\limits_{n=1}^{\infty} u_n$ 可能收敛,也可能发散.

4.积分判别法

设 $f(x)$ 为 $[1,+\infty)$ 上非负减函数,则正项级数 $\sum\limits_{n=1}^{\infty} f(n)$ 与反常积分 $\int_1^{+\infty} f(x)\mathrm{d}x$ 的敛散性一致.

5.两个重要级数的敛散性

等比级数：$\sum\limits_{n=0}^{\infty} ar^n (a \neq 0)$，当 $|r|<1$ 时收敛，当 $|r| \geqslant 1$ 时发散.

p-级数：$\sum\limits_{n=1}^{\infty} \dfrac{1}{n^p}$，当 $p>1$ 时收敛，当 $p \leqslant 1$ 时发散.

6.正项级数 $\sum\limits_{n=1}^{\infty} u_n$ 判断敛散性的一般步骤

（1）考查 u_n 当 $n \to \infty$ 时是否趋于 0，若 $\lim\limits_{n \to \infty} u_n \neq 0$，则级数发散；

（2）若 $u_n \to 0$，用比值法或根值法判定级数敛散性；

（3）若比值判别法或根值判别法均无效，则用比较判别法；

（4）若上述方法都行不通时，考虑定义，看 S_n 是否有极限.

从上述步骤可知，比值判别法和根值判别法是比较重要的判别法，也是易掌握的判别法.

三、任意项级数

1.交错级数的莱布尼茨判别法

若 $u_n>0, u_n \geqslant u_{n+1}, \lim\limits_{n \to \infty} u_n=0$，则交错级数 $\sum\limits_{n=1}^{\infty}(-1)^{n-1} u_n$ 收敛，且其和 $s<u_1$.

2.任意项级数　绝对收敛与条件收敛

若 $\sum\limits_{n=1}^{\infty} u_n$ 为任意项级数，且 $\sum\limits_{n=1}^{\infty}|u_n|$ 收敛，则 $\sum\limits_{n=1}^{\infty} u_n$ 收敛，并称 $\sum\limits_{n=1}^{\infty} u_n$ 绝对收敛；若 $\sum\limits_{n=1}^{\infty} u_n$ 收敛，而 $\sum\limits_{n=1}^{\infty}|u_n|$ 发散，则称 $\sum\limits_{n=1}^{\infty} u_n$ 条件收敛.

3.判定任意项级数 $\sum\limits_{n=1}^{\infty} u_n$ 的敛散性的主要方法

若 $\sum\limits_{n=1}^{\infty}|u_n|$ 收敛，则 $\sum\limits_{n=1}^{\infty} u_n$ 绝对收敛；若 $\sum\limits_{n=1}^{\infty}|u_n|$ 发散，则 $\sum\limits_{n=1}^{\infty} u_n$ 敛散性判别主要利用"莱布尼茨判别法"或 $u_n \to 0$ 或求 S_n.

四、幂级数

1.函数项级数的一般概念

（1）函数项级数的定义　设给定一个定义在区间 $[a,b]$ 上的函数列
$$u_1(x), u_2(x), \cdots, u_n(x), \cdots,$$
则式子
$$u_1(x)+u_2(x)+\cdots+u_n(x)+\cdots \qquad \qquad ①$$
叫做函数项级数.

（2）函数项级数的收敛域　对于区间 $[a,b]$ 上的每一个值 x_0，级数①成为常数项级数
$$u_1(x_0)+u_2(x_0)+\cdots+u_n(x_0)+\cdots, \qquad \qquad ②$$
如果②收敛，则称 x_0 是级数①的收敛点；如果②发散，则称 x_0 是级数①的发散点，①的所有收敛点的全体称为函数项级数①的收敛域.

（3）函数项级数的和函数　对于收敛域内的任一点 x，级数①都有一个确定的和

$$S(x) = \sum_{n=1}^{\infty} u_n(x),$$

$S(x)$ 是定义在收敛域上的函数，称为级数①的和函数.

2.幂级数及其收敛域

（1）幂级数的定义　形如

$$a_0 + a_1(x-x_0) + a_2(x-x_0)^2 + \cdots + a_n(x-x_0)^n + \cdots,$$

或

$$a_0 + a_1 x + a_2 x^2 + \cdots + a_n x^n + \cdots$$

的级数称为幂级数.

（2）阿贝尔（Abel）引理　若 x_0 是幂级数 $\sum_{n=0}^{\infty} a_n x^n$ 的收敛点，则对于一切满足 $|x|<|x_0|$ 的点 x，幂级数都绝对收敛；若 x_0 是幂级数 $\sum_{n=0}^{\infty} a_n x^n$ 的发散点，则对一切满足 $|x|>|x_0|$ 的点 x，幂级数都发散.

（3）幂级数的收敛半径　对任一幂级数 $\sum_{n=0}^{\infty} a_n x^n$，必存在一个非负实数 R（R 可为无穷大），使得对一切 $|x|<R$ 的点 x（当 $R=0$ 时，$x=0$），幂级数都收敛；而对一切 $|x|>R$ 的点 x，幂级数都发散.R 称为幂级数的收敛半径，R 的求法如下：

设幂级数 $\sum_{n=0}^{\infty} a_n x^n$，若 $\lim_{n\to\infty}\left|\dfrac{a_{n+1}}{a_n}\right|=\rho$，则幂级数的收敛半径

$$R=\begin{cases} \dfrac{1}{\rho}, & 0<\rho<+\infty, \\ +\infty, & \rho=0, \\ 0, & \rho=+\infty. \end{cases}$$

（4）幂级数的收敛域　在幂级数 $\sum_{n=0}^{\infty} a_n x^n$ 的收敛区间 $(-R,R)$ 上，加上收敛区间端点中的收敛点，就得到幂级数 $\sum_{n=0}^{\infty} a_n x^n$ 的收敛域.若 R 是不为零的有限数，则其收敛域为以下四种情形之一：

$$(-R,R),\quad [-R,R],\quad (-R,R],\quad [-R,R).$$

3.幂级数的性质

若幂级数 $\sum_{n=0}^{\infty} a_n x^n$ 的收敛半径为 R，则有

（1）和函数 $S(x)$ 在 $(-R,R)$ 内是连续的.若 $\sum_{n=0}^{\infty} a_n x^n$ 在端点 $x=R$（或 $x=-R$）处收敛，则和函数在点 $x=R$ 左连续（或在点 $x=-R$ 右连续）.

（2）幂级数可以逐项微分，即

$$S'(x) = \left(\sum_{n=0}^{\infty} a_n x^n\right)' = \sum_{n=0}^{\infty}(a_n x^n)' = \sum_{n=1}^{\infty} n a_n x^{n-1},\quad x\in(-R,R).$$

若逐项微分后得到的幂级数 $\sum\limits_{n=1}^{\infty} na_n x^{n-1}$ 在端点 $x=R$（或 $x=-R$）处收敛,则逐项微分以前的幂级数在点 $x=R$（或 $x=-R$）也收敛.

（3）幂级数可以逐项积分,即

$$\int_0^x S(t)\,\mathrm{d}t = \int_0^x \left(\sum_{n=0}^{\infty} a_n t^n\right)\mathrm{d}t = \sum_{n=0}^{\infty}\int_0^x a_n t^n\mathrm{d}t = \sum_{n=0}^{\infty}\frac{a_n}{n+1}x^{n+1},\quad x\in(-R,R).$$

若幂级数 $\sum\limits_{n=0}^{\infty} a_n x^n$ 在端点 $x=R$（或 $x=-R$）处收敛,则积分上限 x 可取为 $x=R$（或 $x=-R$）.

4.幂级数的运算

设 $\sum\limits_{n=0}^{\infty} a_n x^n = f(x)$ 的收敛半径为 R_1, $\sum\limits_{n=0}^{\infty} b_n x^n = h(x)$ 的收敛半径为 R_2,则对于这两个幂级数可以进行下列四则运算:

$$\left(\sum_{n=0}^{\infty} a_n x^n\right) \pm \left(\sum_{n=0}^{\infty} b_n x^n\right) = \sum_{n=0}^{\infty}(a_n \pm b_n)x^n = f(x) \pm h(x),$$

收敛半径 $R=\min\{R_1,R_2\}$.

$$\left(\sum_{n=0}^{\infty} a_n x^n\right)\left(\sum_{n=0}^{\infty} b_n x^n\right) = \sum_{n=0}^{\infty}(a_0 b_n + a_1 b_{n-1} + \cdots + a_n b_0)x^n = f(x)\cdot h(x),$$

收敛半径 $R=\min\{R_1,R_2\}$.

$$\frac{\sum\limits_{n=0}^{\infty} a_n x^n}{\sum\limits_{n=0}^{\infty} b_n x^n} = \sum_{n=0}^{\infty} c_n x^n \quad (\text{其中 } b_0 \neq 0),$$

系数 c_n 可由幂级数的乘法 $\left(\sum\limits_{n=0}^{\infty} b_n x^n\right)\left(\sum\limits_{n=0}^{\infty} c_n x^n\right) = \sum\limits_{n=0}^{\infty} a_n x^n$,并比较同次幂的系数得到.

相除后得到的幂级数 $\sum\limits_{n=0}^{\infty} c_n x^n$ 的收敛区间可能比原来两个幂级数的收敛区间小得多.

五、函数的幂级数展开

1.泰勒（Taylor）级数

当 $f(x)$ 在点 x_0 的某领域内存在任意阶导数时,幂级数

$$\sum_{n=0}^{\infty}\frac{f^{(n)}(x_0)}{n!}(x-x_0)^n$$

$$=f(x_0)+\frac{f'(x_0)}{1!}(x-x_0)+\frac{f''(x_0)}{2!}(x-x_0)^2+\cdots+\frac{f^{(n)}(x_0)}{n!}(x-x_0)^n+\cdots,$$

称为 $f(x)$ 在点 x_0 处的泰勒级数.

当 $x_0=0$ 时,泰勒级数为

$$\sum_{n=0}^{\infty}\frac{f^{(n)}(0)}{n!}x^n = f(0)+f'(0)x+\frac{f''(0)}{2!}x^2+\cdots+\frac{f^{(n)}(0)}{n!}x^n+\cdots,$$

称为麦克劳林（Maclaurin）级数.

2.函数的幂级数展开式

函数展为幂级数有直接法与间接法两种(以下主要讨论函数 $f(x)$ 在点 $x=0$ 处展为幂级数的问题).

直接法　用直接法将函数展开为 x 的幂级数的步骤是:

(1)求出 $f(x)$ 在点 $x=0$ 处各阶导数值 $f^{(n)}(0)$,$n=0,1,2,\cdots$

(2)写出幂级数

$$\sum_{n=0}^{\infty}\frac{f^{(n)}(0)}{n!}x^n=f(0)+f'(0)x+\frac{f''(0)}{2!}x^2+\cdots+\frac{f^{(n)}(0)}{n!}x^n+\cdots,$$

并求出收敛半径 R.

(3)在收敛区间 $(-R,R)$ 内考察泰勒级数余项 $R_n(x)$ 的极限

$$\lim_{n\to\infty}R_n(x)=\lim_{n\to\infty}\frac{f^{(n+1)}(\xi)}{(n+1)!}x^{n+1}\quad(\xi\text{ 介于 }0\text{ 与 }x\text{ 之间})$$

是否为零,如果为零,则第(2)步写出的幂级数就是 $f(x)$ 的幂级数展开式.

间接法　这种方法是利用已知函数的幂级数展开式,经过适当的四则运算、复合及逐项微分、逐项积分等把所给函数展为幂级数.常用的函数展开式有

(1) $\dfrac{1}{1-x}=1+x+x^2+\cdots+x^n+\cdots,x\in(-1,1)$.

(2) $\mathrm{e}^x=1+x+\dfrac{1}{2!}x^2+\cdots+\dfrac{1}{n!}x^n+\cdots,x\in(-\infty,+\infty)$.

(3) $\sin x=x-\dfrac{x^3}{3!}+\dfrac{x^5}{5!}-\cdots+(-1)^{n-1}\dfrac{x^{2n-1}}{(2n-1)!}+\cdots,x\in(-\infty,+\infty)$.

(4) $\cos x=1-\dfrac{x^2}{2!}+\dfrac{x^4}{4!}-\cdots+(-1)^n\dfrac{x^{2n}}{(2n)!}+\cdots,x\in(-\infty,+\infty)$.

(5) $\ln(1+x)=x-\dfrac{x^2}{2}+\dfrac{x^3}{3}-\cdots+(-1)^{n-1}\dfrac{x^n}{n}+\cdots,x\in(-1,1]$.

(6) $(1+x)^m=1+mx+\dfrac{m(m-1)}{2!}x^2+\cdots+\dfrac{m(m-1)\cdots(m-n+1)}{n!}x^n+\cdots,x\in(-1,1)$

(当 $x=\pm1$ 时,级数是否收敛取决于 m 的取值).

六、傅里叶级数

1.函数的傅里叶(Fourier)级数

设函数 $f(x)$ 在区间 $[-\pi,\pi]$(或 $[0,2\pi]$)上可积,则称

$$a_n=\frac{1}{\pi}\int_{-\pi}^{\pi}f(x)\cos nx\mathrm{d}x,\quad n=0,1,2,\cdots,$$

$$b_n=\frac{1}{\pi}\int_{-\pi}^{\pi}f(x)\sin nx\mathrm{d}x,\quad n=1,2,\cdots,$$

为函数 $f(x)$ 的傅里叶系数.由上述 a_n,b_n 所形成的三角级数

$$\frac{a_0}{2}+\sum_{n=1}^{\infty}(a_n\cos nx+b_n\sin nx),$$

称为函数 $f(x)$ 的傅里叶级数.

2.狄利克雷(Dirichlet)定理

设函数 $f(x)$ 在区间 $[-\pi,\pi]$(或 $[0,2\pi]$)上满足条件:

(1)连续或只有有限个第一类间断点;

(2)至多只有有限个极值点,

则 $f(x)$ 的傅里叶级数

$$\frac{a_0}{2} + \sum_{n=1}^{\infty} (a_n \cos nx + b_n \sin nx)$$

在区间 $[-\pi,\pi]$(或 $[0,2\pi]$)上收敛.并且,若其和函数为 $S(x)$,则有:

(1)在 $f(x)$ 的连续点处,$S(x) = f(x)$;

(2)在 $f(x)$ 的间断点 x 处,$S(x) = \dfrac{f(x-0)+f(x+0)}{2}$;

(3)在端点 $x = \pm\pi$ 处,

$$S(x) = \frac{f(-\pi+0)+f(\pi-0)}{2} \left(\text{或在 } x = 0, 2\pi \text{ 处}, S(x) = \frac{f(0+0)+f(2\pi-0)}{2}\right),$$

其中 $f(x_0-0)$,$f(x_0+0)$ 分别表示 $f(x)$ 在 x_0 处的左、右极限.且

$$a_n = \frac{1}{\pi}\int_{-\pi}^{\pi} f(x) \cos nx \mathrm{d}x, \quad n = 0,1,2,\cdots,$$

$$b_n = \frac{1}{\pi}\int_{-\pi}^{\pi} f(x) \sin nx \mathrm{d}x, \quad n = 1,2,\cdots.$$

3.正弦级数

若 $f(x)$ 是 $(-\pi,\pi)$ 上的奇函数,则

$$f(x) = \sum_{n=1}^{\infty} b_n \sin nx,$$

其中 $b_n = \dfrac{2}{\pi}\int_0^{\pi} f(x) \sin nx \mathrm{d}x, n = 1,2,\cdots.$

4.余弦级数

若 $f(x)$ 是 $(-\pi,\pi)$ 上的偶函数,则

$$f(x) = \frac{a_0}{2} + \sum_{n=1}^{\infty} a_n \cos nx,$$

其中 $a_n = \dfrac{2}{\pi}\int_0^{\pi} f(x) \cos nx \mathrm{d}x, n = 0,1,2,\cdots.$

5.一般周期函数的傅里叶级数

设函数 $f(x)$ 在长为 $2l$ 的区间 $[-l,l]$(或 $[0,2l]$)上满足狄利克雷定理条件,作变量替换 $t = \dfrac{\pi x}{l}$,则函数 $f(x) = f\left(\dfrac{l}{\pi}t\right) = \varphi(t)$,而 $\varphi(t)$ 在区间 $[-\pi,\pi]$ 上满足狄利克雷定理条件,所以 $f(x)$ 在 $[-l,l]$ 上的傅里叶级数 $\dfrac{a_0}{2} + \sum_{n=1}^{\infty}\left(a_n\cos\dfrac{n\pi}{l}x + b_n\sin\dfrac{n\pi}{l}x\right)$ 收敛,并且,若其和函数为 $S(x)$,则有

(1)在 $f(x)$ 的连续点处,$S(x) = f(x)$.

（2）在 $f(x)$ 的间断点 x 处，$S(x) = \dfrac{f(x-0)+f(x+0)}{2}$.

（3）在端点 $x = \pm l$ 处，

$$S(x) = \frac{f(-l+0)+f(l-0)}{2} \quad \left(\text{或在 } x = 0, 2l \text{ 处}, S(x) = \frac{f(0+0)+f(2l-0)}{2} \right),$$

其中

$$a_n = \frac{1}{l} \int_{-l}^{l} f(x) \cos \frac{n\pi x}{l} \mathrm{d}x, \quad n = 0, 1, 2, \cdots,$$

$$b_n = \frac{1}{l} \int_{-l}^{l} f(x) \sin \frac{n\pi x}{l} \mathrm{d}x, \quad n = 1, 2, \cdots.$$

可见，任意区间 $[-l, l]$ 上的傅里叶级数是区间 $[-\pi, \pi]$ 上的傅里叶级数的推广. 而区间 $[-\pi, \pi]$ 上的傅里叶级数是区间 $[-l, l]$ 上的傅里叶级数的特殊情况.

§7.1　数项级数敛散性的判定

1 用定义判别级数 $\dfrac{1}{1 \cdot 6} + \dfrac{1}{6 \cdot 11} + \cdots + \dfrac{1}{(5n-4)(5n+1)} + \cdots$ 是否收敛.

1 题精解视频

知识点睛 0701 常数项级数的收敛与发散

分析 用定义判别级数是否收敛，即是判别部分和数列 $\{S_n\}$ 是否有极限. 注意到级数通项 $u_n = \dfrac{1}{(5n-4)(5n+1)}$ 可写成两项之差 $\dfrac{1}{5}\left(\dfrac{1}{5n-4} - \dfrac{1}{5n+1}\right)$，则 S_n 中能消去中间各项，剩下首尾项，从而 S_n 可求，由此可判定其极限是否存在.

解 前 n 项之和

$$\begin{aligned} S_n &= \frac{1}{1 \cdot 6} + \frac{1}{6 \cdot 11} + \cdots + \frac{1}{(5n-4)(5n+1)} \\ &= \frac{1}{5}\left(1 - \frac{1}{6} + \frac{1}{6} - \frac{1}{11} + \cdots + \frac{1}{5n-4} - \frac{1}{5n+1}\right) \\ &= \frac{1}{5}\left(1 - \frac{1}{5n+1}\right) = \frac{1}{5} - \frac{1}{5(5n+1)}, \end{aligned}$$

则 $\lim\limits_{n \to \infty} S_n = \dfrac{1}{5}$. 因此，原级数收敛.

【评注】 将通项 u_n 拆成两项之差，以求得前 n 项和 S_n，这种方法叫拆项法.

2 讨论级数 $1 + \dfrac{1}{1+2} + \dfrac{1}{1+2+3} + \cdots + \dfrac{1}{1+2+\cdots+n} + \cdots$ 的敛散性. 若收敛，求其和.

知识点睛 0701 常数项级数的收敛与发散

解 $u_n = \dfrac{1}{1+2+\cdots+n} = \dfrac{2}{n(n+1)} = 2\left(\dfrac{1}{n} - \dfrac{1}{n+1}\right)$，故

$$S_n = 2\left[\left(1 - \frac{1}{2}\right) + \left(\frac{1}{2} - \frac{1}{3}\right) + \cdots + \left(\frac{1}{n} - \frac{1}{n+1}\right)\right] = 2 - \frac{2}{n+1},$$

所以 $\lim\limits_{n\to\infty}S_n=2$. 从而级数收敛, 且其和为 2.

③ 级数 $\sum\limits_{n=1}^{\infty}(\sqrt{n+2}-2\sqrt{n+1}+\sqrt{n})=$ _____.

知识点睛 0702 收敛级数的和

解 由于 $u_n=\sqrt{n+2}-2\sqrt{n+1}+\sqrt{n}=(\sqrt{n+2}-\sqrt{n+1})-(\sqrt{n+1}-\sqrt{n})$, 所以

$$\begin{aligned}
S_n&=u_1+u_2+\cdots+u_n\\
&=[(\sqrt{3}-\sqrt{2})-(\sqrt{2}-\sqrt{1})]+[(\sqrt{4}-\sqrt{3})-(\sqrt{3}-\sqrt{2})]+\\
&\quad\cdots+[(\sqrt{n+2}-\sqrt{n+1})-(\sqrt{n+1}-\sqrt{n})]\\
&=[(\sqrt{3}-\sqrt{2})+(\sqrt{4}-\sqrt{3})+\cdots+(\sqrt{n+2}-\sqrt{n+1})]-\\
&\quad[(\sqrt{2}-\sqrt{1})+(\sqrt{3}-\sqrt{2})+\cdots+(\sqrt{n+1}-\sqrt{n})]\\
&=(\sqrt{n+2}-\sqrt{2})-(\sqrt{n+1}-\sqrt{1})=\sqrt{n+2}-\sqrt{n+1}-\sqrt{2}+1\\
&=\frac{1}{\sqrt{n+2}+\sqrt{n+1}}-\sqrt{2}+1,
\end{aligned}$$

从而 $\lim\limits_{n\to\infty}S_n=-\sqrt{2}+1$. 应填 $-\sqrt{2}+1$.

4 题精解视频

④ 用定义验证级数 $\sum\limits_{n=1}^{\infty}\dfrac{1}{n(n+1)(n+2)}$ 是否收敛.

知识点睛 0701 常数项级数的收敛与发散

解 因为 $u_n=\dfrac{1}{n(n+1)(n+2)}=\dfrac{1}{2}\dfrac{(n+2)-n}{n(n+1)(n+2)}$

$$=\frac{1}{2}\left[\frac{1}{n(n+1)}-\frac{1}{(n+1)(n+2)}\right],$$

所以

$$\begin{aligned}
S_n&=\sum_{k=1}^{n}\frac{1}{k(k+1)(k+2)}\\
&=\frac{1}{2}\left(\frac{1}{1\cdot2}-\frac{1}{2\cdot3}\right)+\frac{1}{2}\left(\frac{1}{2\cdot3}-\frac{1}{3\cdot4}\right)+\cdots+\frac{1}{2}\left[\frac{1}{n(n+1)}-\frac{1}{(n+1)(n+2)}\right]\\
&=\frac{1}{2}\left[\frac{1}{2}-\frac{1}{(n+1)(n+2)}\right],
\end{aligned}$$

故 $\lim\limits_{n\to\infty}S_n=\dfrac{1}{4}$, 所以原级数收敛.

⑤ 根据级数收敛与发散的定义判别下列级数的敛散性

$$\sin\frac{\pi}{6}+\sin\frac{2\pi}{6}+\cdots+\sin\frac{n\pi}{6}+\cdots.$$

知识点睛 0701 常数项级数的收敛与发散

解 $S_n=\sin\dfrac{\pi}{6}+\sin\dfrac{2\pi}{6}+\sin\dfrac{3\pi}{6}+\cdots+\sin\dfrac{n\pi}{6}$

$$=\frac{1}{2\sin\dfrac{\pi}{12}}\left(2\sin\frac{\pi}{12}\sin\frac{\pi}{6}+2\sin\frac{\pi}{12}\sin\frac{2\pi}{6}+2\sin\frac{\pi}{12}\sin\frac{3\pi}{6}+\cdots+2\sin\frac{\pi}{12}\sin\frac{n\pi}{6}\right)$$

$$= \frac{1}{2\sin\frac{\pi}{12}}\left[\left(\cos\frac{\pi}{12}-\cos\frac{3\pi}{12}\right)+\left(\cos\frac{3\pi}{12}-\cos\frac{5\pi}{12}\right)+\left(\cos\frac{5\pi}{12}-\cos\frac{7\pi}{12}\right)+\right.$$

$$\left.\cdots+\left(\cos\frac{2n-1}{12}\pi-\cos\frac{2n+1}{12}\pi\right)\right]$$

$$=\frac{1}{2\sin\frac{\pi}{12}}\left(\cos\frac{\pi}{12}-\cos\frac{2n+1}{12}\pi\right).$$

由于 $\lim\limits_{n\to\infty}\cos\dfrac{2n+1}{12}\pi$ 不存在,所以 $\lim\limits_{n\to\infty}S_n$ 不存在.因而级数发散.

6 用定义验证级数 $\sum\limits_{n=2}^{\infty}\ln\left(1-\dfrac{1}{n^2}\right)$ 是否收敛.

知识点睛 0701 常数项级数的收敛与发散

解 因为 $u_n=\ln\left(1-\dfrac{1}{n^2}\right)=\ln\left(1+\dfrac{1}{n}\right)+\ln\left(1-\dfrac{1}{n}\right)=\ln(n+1)+\ln(n-1)-2\ln n$,
所以

6 题精解视频

$$\begin{aligned}S_{n-1}&=\sum_{k=2}^{n}u_k\\&=(\ln 3+\ln 1-2\ln 2)+(\ln 4+\ln 2-2\ln 3)+\cdots+[\ln(n+1)+\ln(n-1)-2\ln n]\\&=\ln(n+1)-\ln n-\ln 2=\ln\left(1+\frac{1}{n}\right)-\ln 2,\end{aligned}$$

故 $\lim\limits_{n\to\infty}S_{n-1}=-\ln 2$,所以原级数收敛.

7 设级数 $\sum\limits_{n=1}^{\infty}u_n$ 收敛,则必收敛的级数为(　　　).

(A) $\sum\limits_{n=1}^{\infty}(-1)^n\dfrac{u_n}{n}$

(B) $\sum\limits_{n=1}^{\infty}u_n^2$

(C) $\sum\limits_{n=1}^{\infty}(u_{2n-1}-u_{2n})$

(D) $\sum\limits_{n=1}^{\infty}(u_n+u_{n+1})$

知识点睛 0703 级数的基本性质

解 记 $\sum\limits_{n=1}^{\infty}(u_n+u_{n+1})$ 部分和为 σ_n,一般项为 v_n,则

$$\begin{aligned}\sigma_n&=v_1+v_2+\cdots+v_n=(u_1+u_2)+(u_2+u_3)+\cdots+(u_n+u_{n+1})\\&=u_1+2u_2+2u_3+\cdots+2u_n+u_{n+1}\\&=2(u_1+u_2+\cdots+u_{n+1})-u_1-u_{n+1}.\end{aligned}$$

因为 $\sum\limits_{n=1}^{\infty}u_n$ 收敛,所以其部分和 $\{S_n\}$ 极限存在,即 $\lim\limits_{n\to\infty}S_n=A$,且 $\lim\limits_{n\to\infty}u_n=0$,

从而 $\lim\limits_{n\to\infty}\sigma_n=2A-u_1$,所以 $\sum\limits_{n=1}^{\infty}(u_n+u_{n+1})$ 收敛.应选(D).

8 求下列级数的和

$$\frac{1}{2}+\frac{1}{3}+\frac{1}{2^2}+\frac{1}{3^2}+\cdots+\frac{1}{2^n}+\frac{1}{3^n}+\cdots.$$

知识点睛 0702 收敛级数的和

分析 若按常规思路,求 S_n 会涉及 n 为偶数与奇数的讨论,由于注意到奇数项的特点与偶数项的特点,我们不妨先求出 S_{2n},进而求出 S_{2n-1},当且仅当 S_{2n} 与 S_{2n-1} 极限均存在且相等时,S_n 的极限才存在,级数和 s 才可求.

解 前 $2n$ 项之和

$$S_{2n} = \frac{1}{2} + \frac{1}{3} + \frac{1}{2^2} + \frac{1}{3^2} + \cdots + \frac{1}{2^n} + \frac{1}{3^n}$$

$$= \left(\frac{1}{2} + \frac{1}{2^2} + \cdots + \frac{1}{2^n} \right) + \left(\frac{1}{3} + \frac{1}{3^2} + \cdots + \frac{1}{3^n} \right) = \frac{\frac{1}{2}\left(1 - \frac{1}{2^n}\right)}{1 - \frac{1}{2}} + \frac{\frac{1}{3}\left(1 - \frac{1}{3^n}\right)}{1 - \frac{1}{3}}$$

$$= 1 - \frac{1}{2^n} + \frac{1}{2} - \frac{1}{2 \cdot 3^n} = \frac{3}{2} - \frac{1}{2^n} - \frac{1}{2 \cdot 3^n},$$

$$S_{2n-1} = S_{2n} - \frac{1}{3^n} = \frac{3}{2} - \frac{1}{2^n} - \frac{1}{2 \cdot 3^n} - \frac{1}{3^n} = \frac{3}{2} - \frac{1}{2^n} - \frac{1}{2 \cdot 3^{n-1}}.$$

由于 $\lim\limits_{n \to \infty} S_{2n} = \frac{3}{2}$,$\lim\limits_{n \to \infty} S_{2n-1} = \frac{3}{2}$,故 $\lim\limits_{n \to \infty} S_n = \frac{3}{2}$. 于是 $s = \lim\limits_{n \to \infty} S_n = \frac{3}{2}$.

【评注】当求 S_n 有困难时,要采取灵活的策略,最终求出 S_n 的极限即可.

9 若级数 $\sum\limits_{n=1}^{\infty} (a_n + b_n)$ 收敛,则( ).

(A) $\sum\limits_{n=1}^{\infty} a_n$,$\sum\limits_{n=1}^{\infty} b_n$ 均收敛

(B) $\sum\limits_{n=1}^{\infty} a_n$,$\sum\limits_{n=1}^{\infty} b_n$ 中至少有一个收敛

(C) $\sum\limits_{n=1}^{\infty} a_n$,$\sum\limits_{n=1}^{\infty} b_n$ 不一定收敛

(D) $\sum\limits_{n=1}^{\infty} |a_n + b_n|$ 收敛

知识点睛 0703 级数的基本性质

解 若级数 $\sum\limits_{n=1}^{\infty} (a_n + b_n)$ 收敛,不能保证级数 $\sum\limits_{n=1}^{\infty} a_n$,$\sum\limits_{n=1}^{\infty} b_n$ 收敛.例如,取 $a_n = \frac{1}{n}$,$b_n = -\frac{1}{n}$,则 $\sum\limits_{n=1}^{\infty} (a_n + b_n) = \sum\limits_{n=1}^{\infty} 0$ 收敛,但级数 $\sum\limits_{n=1}^{\infty} \frac{1}{n}$,$\sum\limits_{n=1}^{\infty} \left(-\frac{1}{n}\right)$ 均发散.应选(C).

10 若级数 $\sum\limits_{n=1}^{\infty} (u_{2n-1} + u_{2n})$ 收敛,则( ).

(A) $\sum\limits_{n=1}^{\infty} u_n$ 必收敛

(B) $\sum\limits_{n=1}^{\infty} u_n$ 未必收敛

(C) $\lim\limits_{n \to \infty} u_n = 0$

(D) $\sum\limits_{n=1}^{\infty} u_n$ 发散

知识点睛 0703 级数的基本性质

解 级数 $\sum\limits_{n=1}^{\infty} (u_{2n-1} + u_{2n})$ 是由 $\sum\limits_{n=1}^{\infty} u_n$ 加括号后所得到的级数,由 $\sum\limits_{n=1}^{\infty} (u_{2n-1} + u_{2n})$ 收敛不能得出级数 $\sum\limits_{n=1}^{\infty} u_n$ 收敛.例如 $\sum\limits_{n=1}^{\infty} (-1)^{n-1}$ 发散,且 $u_n \neq 0$,但 $(1-1) + (1-1)$

$+\cdots+(1-1)+\cdots=\sum_{n=1}^{\infty}(u_{2n-1}+u_{2n})=0$ 收敛. 应选(B).

11 已知级数 $\sum_{n=1}^{\infty}(-1)^{n-1}a_n=2$, $\sum_{n=1}^{\infty}a_{2n-1}=5$, 则级数 $\sum_{n=1}^{\infty}a_n=$ ( ).

(A) 3　　　　　　(B) 7　　　　　　(C) 8　　　　　　(D) 9

知识点睛　0702 收敛级数的和

解　解答此题要用到无穷级数的两个基本性质:

(1) 若 $\sum_{n=1}^{\infty}a_n=s$, k 是常数, 则 $\sum_{n=1}^{\infty}ka_n=ks$;

(2) 若级数 $\sum_{n=1}^{\infty}a_n=s_1$, $\sum_{n=1}^{\infty}b_n=s_2$, 则 $\sum_{n=1}^{\infty}(a_n\pm b_n)=s_1\pm s_2$.

由题设及性质(1) 知 $\sum_{n=1}^{\infty}2a_{2n-1}=10$, 再由 $\sum_{n=1}^{\infty}(-1)^{n-1}a_n=2$, 及 $\sum_{n=1}^{\infty}2a_{2n-1}=10$ 并结合性质(2), 知

$$\sum_{n=1}^{\infty}a_n=\sum_{n=1}^{\infty}[2a_{2n-1}-(-1)^{n-1}a_n]=8.$$

应选(C).

12 判别级数 $\sum_{n=1}^{\infty}\dfrac{n^{n+\frac{1}{n}}}{\left(n+\dfrac{1}{n}\right)^n}$ 的敛散性.

知识点睛　0703 级数收敛的必要条件

解　设 $u_n=\dfrac{n^{n+\frac{1}{n}}}{\left(n+\dfrac{1}{n}\right)^n}=\dfrac{\sqrt[n]{n}}{\left(1+\dfrac{1}{n^2}\right)^n}$. 由于 $\lim\limits_{n\to\infty}\sqrt[n]{n}=1$, 且 $\lim\limits_{n\to\infty}\left(1+\dfrac{1}{n^2}\right)^n=1$,

所以 $\lim\limits_{n\to\infty}u_n=1\neq0$. 故级数 $\sum_{n=1}^{\infty}\dfrac{n^{n+\frac{1}{n}}}{\left(n+\dfrac{1}{n}\right)^n}$ 发散.

13 判别级数 $\sum_{n=1}^{\infty}\dfrac{n^2}{\left(1+\dfrac{1}{n}\right)^n}$ 的敛散性.

知识点睛　0703 级数收敛的必要条件

解　因为 $\lim\limits_{n\to\infty}\left(1+\dfrac{1}{n}\right)^n=\mathrm{e}$, 所以 $\lim\limits_{n\to\infty}\dfrac{n^2}{\left(1+\dfrac{1}{n}\right)^n}=\infty$, 根据级数收敛的必要条件知原级数发散.

14 用比较判别法判别下列级数的敛散性.

(1) $\sum_{n=1}^{\infty}\sin\dfrac{\pi}{2^n}$;　　(2) $\sum_{n=1}^{\infty}\dfrac{2+(-1)^n}{4^n}$;　　(3) $\sum_{n=1}^{\infty}\dfrac{1}{n\sqrt[n]{n}}$;

(4) $\sum_{n=1}^{\infty}\dfrac{1}{\sqrt{n}}$;　　(5) $\sum_{n=1}^{\infty}\dfrac{1+n^2}{1+n^3}$;　　(6) $\sum_{n=1}^{\infty}\dfrac{1}{na+b}$　($a>0,b>0$).

知识点睛 0706 正项级数的比较判别法

解 （1）由于 $\sin \dfrac{\pi}{2^n} < \dfrac{\pi}{2^n}$，而级数 $\sum\limits_{n=1}^{\infty} \dfrac{\pi}{2^n}$ 为等比级数，且公比为 $\dfrac{1}{2} < 1$，从而收敛，根据正项级数的比较判别法知 $\sum\limits_{n=1}^{\infty} \sin \dfrac{\pi}{2^n}$ 收敛.

（2）由于 $0 < \dfrac{2+(-1)^n}{4^n} < \dfrac{3}{4^n}$，而 $\sum\limits_{n=1}^{\infty} \dfrac{3}{4^n}$ 为收敛级数，所以根据正项级数的比较判别法知级数 $\sum\limits_{n=1}^{\infty} \dfrac{2+(-1)^n}{4^n}$ 收敛.

（3）因为 $\lim\limits_{n \to \infty} \dfrac{\frac{1}{n\sqrt[n]{n}}}{\frac{1}{n}} = \lim\limits_{n \to \infty} \dfrac{1}{\sqrt[n]{n}} = 1$，即 $\sum\limits_{n=1}^{\infty} \dfrac{1}{n\sqrt[n]{n}}$ 与 $\sum\limits_{n=1}^{\infty} \dfrac{1}{n}$ 有相同的敛散性，而 $\sum\limits_{n=1}^{\infty} \dfrac{1}{n}$ 发散，故 $\sum\limits_{n=1}^{\infty} \dfrac{1}{n\sqrt[n]{n}}$ 发散.

（4）因为 $\dfrac{1}{\sqrt{n}} \geqslant \dfrac{1}{n}$，而 $\sum\limits_{n=1}^{\infty} \dfrac{1}{n}$ 发散，根据正项级数的比较判别法知，级数 $\sum\limits_{n=1}^{\infty} \dfrac{1}{\sqrt{n}}$ 发散.

（5）因为 $\dfrac{1+n^2}{1+n^3} \geqslant \dfrac{1+n^2}{n+n^3} = \dfrac{1}{n}$，而级数 $\sum\limits_{n=1}^{\infty} \dfrac{1}{n}$ 发散，所以级数 $\sum\limits_{n=1}^{\infty} \dfrac{1+n^2}{1+n^3}$ 也发散.

（6）因为 $\lim\limits_{n \to \infty} \dfrac{\frac{1}{na+b}}{\frac{1}{n}} = \dfrac{1}{a} \neq 0$，根据正项级数的比较判别法的极限形式知 $\sum\limits_{n=1}^{\infty} \dfrac{1}{na+b}$ 与 $\sum\limits_{n=1}^{\infty} \dfrac{1}{n}$ 同时收敛或同时发散，而调和级数 $\sum\limits_{n=1}^{\infty} \dfrac{1}{n}$ 发散，从而级数 $\sum\limits_{n=1}^{\infty} \dfrac{1}{na+b}$ 发散.

15 用比较判别法判别下列级数的敛散性.

（1）$\sum\limits_{n=1}^{\infty} \left(a^{\frac{1}{n^2}} - 1 \right) \quad (a > 1)$；

（2）$\sum\limits_{n=1}^{\infty} 2^n \cdot \sin \dfrac{\pi}{3^n}$；

（3）$\sum\limits_{n=1}^{\infty} \dfrac{1}{1+a^n} \quad (a > 0)$；

（4）$\sum\limits_{n=1}^{\infty} \dfrac{\ln n}{n^{\frac{4}{3}}}$.

知识点睛 0706 正项级数的比较判别法

解 （1）因为 $\lim\limits_{n \to \infty} \dfrac{a^{\frac{1}{n^2}} - 1}{\frac{1}{n^2}} = \ln a$，所以根据正项级数的比较判别法的极限形式知 $\sum\limits_{n=1}^{\infty} (a^{\frac{1}{n^2}} - 1)$ 与 $\sum\limits_{n=1}^{\infty} \dfrac{1}{n^2}$ 敛散性相同，再由 $\sum\limits_{n=1}^{\infty} \dfrac{1}{n^2}$ 收敛知级数 $\sum\limits_{n=1}^{\infty} (a^{\frac{1}{n^2}} - 1)$ 收敛.

（2）由于 $2^n \cdot \sin \dfrac{\pi}{3^n} < 2^n \cdot \dfrac{\pi}{3^n} = \pi \cdot \left(\dfrac{2}{3} \right)^n$，而级数 $\sum\limits_{n=1}^{\infty} \pi \cdot \left(\dfrac{2}{3} \right)^n$ 收敛，根据正项级数

的比较判别法知 $\displaystyle\sum_{n=1}^{\infty} 2^n \cdot \sin\frac{\pi}{3^n}$ 收敛.

（3）当 $0<a<1$ 时，因为 $\displaystyle\lim_{n\to\infty}\frac{1}{1+a^n}=1\neq 0$，所以由级数收敛的必要条件知级数发散；

当 $a=1$ 时，$\displaystyle\lim_{n\to\infty}\frac{1}{1+a^n}=\frac{1}{2}\neq 0$，所以级数也发散；

当 $a>1$ 时，$\dfrac{1}{1+a^n}<\dfrac{1}{a^n}=\left(\dfrac{1}{a}\right)^n$，而 $\displaystyle\sum_{n=1}^{\infty}\left(\frac{1}{a}\right)^n$ 收敛，根据正项级数的比较判别法知级数收敛.

（4）因为 $\displaystyle\lim_{n\to\infty}\frac{\dfrac{\ln n}{n^{\frac{4}{3}}}}{\dfrac{1}{n^{\frac{7}{6}}}}=\lim_{n\to\infty}\frac{\ln n}{n^{\frac{1}{6}}}=0$，根据正项级数比较判别法的极限形式知 $\displaystyle\sum_{n=1}^{\infty}\frac{\ln n}{n^{\frac{4}{3}}}$ 与

$\displaystyle\sum_{n=1}^{\infty}\frac{1}{n^{\frac{7}{6}}}$ 有相同的收敛性，而 $\displaystyle\sum_{n=1}^{\infty}\frac{1}{n^{\frac{7}{6}}}$ 收敛，所以 $\displaystyle\sum_{n=1}^{\infty}\frac{\ln n}{n^{\frac{4}{3}}}$ 收敛.

16　设 $u_n\geqslant 0$，$\displaystyle\sum_{n=1}^{\infty}u_n$ 收敛，证明当 $\alpha>1$ 时 $\displaystyle\sum_{n=1}^{\infty}\sqrt{\frac{u_n}{n^\alpha}}$ 也收敛.

知识点睛　0706 正项级数的比较判别法

证　因为 $\displaystyle\sum_{n=1}^{\infty}u_n$ 收敛，$\displaystyle\sum_{n=1}^{\infty}\frac{1}{n^\alpha}$ 当 $\alpha>1$ 时收敛.

而 $\sqrt{\dfrac{u_n}{n^\alpha}}=\sqrt{u_n}\cdot\sqrt{\dfrac{1}{n^\alpha}}\leqslant\dfrac{1}{2}\left(u_n+\dfrac{1}{n^\alpha}\right)$，所以由 $\displaystyle\sum_{n=1}^{\infty}\frac{1}{2}\left(u_n+\frac{1}{n^\alpha}\right)$ 收敛知 $\displaystyle\sum_{n=1}^{\infty}\sqrt{\frac{u_n}{n^\alpha}}$ 收敛.

17　设级数 $\displaystyle\sum_{n=1}^{\infty}a_n$ 与 $\displaystyle\sum_{n=1}^{\infty}b_n$ 收敛，且 $a_n\leqslant c_n\leqslant b_n$（$n=1,2,\cdots$），试证级数 $\displaystyle\sum_{n=1}^{\infty}c_n$ 也收敛.

知识点睛　0706 正项级数的比较判别法

证　因为 $0\leqslant c_n-a_n\leqslant b_n-a_n$，所以 $\displaystyle\sum_{n=1}^{\infty}(c_n-a_n)$ 为正项级数，且由正项级数的比较判别法知 $\displaystyle\sum_{n=1}^{\infty}(c_n-a_n)$ 收敛.

而 $c_n=(c_n-a_n)+a_n$，由 $\displaystyle\sum_{n=1}^{\infty}(c_n-a_n)$ 及 $\displaystyle\sum_{n=1}^{\infty}a_n$ 的收敛性及级数的性质知原级数收敛.

18　下述各项正确的是（　　）.

（A）若 $\displaystyle\sum_{n=1}^{\infty}u_n^2$ 和 $\displaystyle\sum_{n=1}^{\infty}v_n^2$ 都收敛，则 $\displaystyle\sum_{n=1}^{\infty}(u_n+v_n)^2$ 收敛

（B）若 $\displaystyle\sum_{n=1}^{\infty}|u_n v_n|$ 收敛，则 $\displaystyle\sum_{n=1}^{\infty}u_n^2$ 与 $\displaystyle\sum_{n=1}^{\infty}v_n^2$ 都收敛

（C）若正项级数 $\displaystyle\sum_{n=1}^{\infty}u_n$ 发散，则 $u_n\geqslant\dfrac{1}{n}$

(D)若级数 $\sum\limits_{n=1}^{\infty} u_n$ 收敛,且 $u_n \geqslant v_n$ $(n=1,2,\cdots)$,则级数 $\sum\limits_{n=1}^{\infty} v_n$ 也收敛

知识点睛　0706 正项级数的比较判别法

解　因为 $|u_n|^2 + |v_n|^2 \geqslant 2|u_n v_n|$,由正项级数的比较判别法知 $\sum\limits_{n=1}^{\infty} |u_n v_n|$ 收敛,所以 $\sum\limits_{n=1}^{\infty} u_n v_n$ 绝对收敛.即 $\sum\limits_{n=1}^{\infty} (u_n + v_n)^2$ 收敛.应选(A).

【评注】比较判别法只适用于正项级数敛散性的判别,因此选项(D)是不对的.这是任意项级数与正项级数敛散性判别的一个根本区别.

K 2004 数学一,4分

19　设 $\sum\limits_{n=1}^{\infty} a_n$ 为正项级数,下列结论中正确的是(　　).

(A)若 $\lim\limits_{n\to\infty} na_n = 0$,则级数 $\sum\limits_{n=1}^{\infty} a_n$ 收敛

(B)若存在非零常数 λ,使得 $\lim\limits_{n\to\infty} na_n = \lambda$,则级数 $\sum\limits_{n=1}^{\infty} a_n$ 发散

(C)若级数 $\sum\limits_{n=1}^{\infty} a_n$ 收敛,则 $\lim\limits_{n\to\infty} n^2 a_n = 0$

(D)若级数 $\sum\limits_{n=1}^{\infty} a_n$ 发散,则存在非零常数 λ,使得 $\lim\limits_{n\to\infty} na_n = \lambda$

知识点睛　0706 正项级数的比较判别法

解　取 $a_n = \dfrac{1}{n\ln n}$,则 $\lim\limits_{n\to\infty} na_n = 0$,但 $\sum\limits_{n=2}^{\infty} a_n = \sum\limits_{n=2}^{\infty} \dfrac{1}{n\ln n}$ 发散,排除(A)、(D),又取 $a_n = \dfrac{1}{n\sqrt{n}}$,则级数 $\sum\limits_{n=1}^{\infty} a_n$ 收敛,但 $\lim\limits_{n\to\infty} n^2 a_n = \infty$,排除(C).应选(B).

【评注】本题也可用比较判别法的极限形式,$\lim\limits_{n\to\infty} na_n = \lim\limits_{n\to\infty} \dfrac{a_n}{\dfrac{1}{n}} = \lambda \neq 0$,而级数 $\sum\limits_{n=1}^{\infty} \dfrac{1}{n}$ 发散,因此级数 $\sum\limits_{n=1}^{\infty} a_n$ 也发散,故应选(B).

K 2013 数学三,4分

20　设 $\{a_n\}$ 为正项数列,下列选项正确的是(　　).

(A)若 $a_n > a_{n+1}$,则 $\sum\limits_{n=1}^{\infty} (-1)^{n-1} a_n$ 收敛

(B)若 $\sum\limits_{n=1}^{\infty} (-1)^{n-1} a_n$ 收敛,则 $a_n > a_{n+1}$

(C)若 $\sum\limits_{n=1}^{\infty} a_n$ 收敛,则存在常数 $p>1$,使 $\lim\limits_{n\to\infty} n^p a_n$ 存在

(D)若存在常数 $p>1$,使 $\lim\limits_{n\to\infty} n^p a_n$ 存在,则 $\sum\limits_{n=1}^{\infty} a_n$ 收敛

知识点睛　一般项级数敛散性判别

分析 本题考查抽象级数敛散性的判定,包括 p-级数、交错级数的收敛性以及正项级数的敛散性判别法.一种方法是直接找出正确答案,另一种方法是利用举反例排除错误的答案.

解 先查看(D),由于极限 $\lim\limits_{n\to\infty} n^p a_n = \lim\limits_{n\to\infty} \dfrac{a_n}{\dfrac{1}{n^p}}$ 存在,而级数 $\sum\limits_{n=1}^{\infty} \dfrac{1}{n^p}(p>1)$ 收敛,利用

正项级数比较判别法的极限形式,级数 $\sum\limits_{n=1}^{\infty} a_n$ 收敛.应选(D).

也可举反例如下:取 $a_n = \dfrac{n+1}{n}$,排除(A);取 $a_n = \dfrac{3+2(-1)^n}{n^2}$,$\sum\limits_{n=1}^{\infty}(-1)^{n-1}a_n$ 收敛,但

$a_1 = 1 < a_2 = \dfrac{5}{4}$,排除(B);取 $a_n = \dfrac{1}{n\ln^2 n}$,$\sum\limits_{n=2}^{\infty} a_n$ 收敛,但对任意 $p>1$,$\lim\limits_{n\to\infty} n^p a_n = \lim\limits_{n\to\infty} \dfrac{n^{p-1}}{\ln^2 n}$,

考虑

$$\lim_{x\to+\infty} \frac{x^{p-1}}{\ln^2 x} = \lim_{x\to+\infty} \frac{(p-1)x^{p-1}}{2\ln x} = \lim_{x\to+\infty} \frac{(p-1)^2 x^{p-2}}{\dfrac{2}{x}} = \lim_{x\to+\infty} \frac{(p-1)^2 x^{p-1}}{2} = \infty,$$

因而 $\lim\limits_{n\to\infty} n^p a_n$ 不存在,排除(C).应选(D).

21 若级数 $\sum\limits_{n=1}^{\infty} a_n$ 收敛,则级数(   ).

K 2006 数学一、数学三,4分

(A) $\sum\limits_{n=1}^{\infty} |a_n|$ 收敛

(B) $\sum\limits_{n=1}^{\infty}(-1)^n a_n$ 收敛

(C) $\sum\limits_{n=1}^{\infty} a_n a_{n+1}$ 收敛

(D) $\sum\limits_{n=1}^{\infty} \dfrac{a_n + a_{n+1}}{2}$ 收敛

知识点睛 0703 级数收敛的性质

解 由 $\sum\limits_{n=1}^{\infty} a_n$ 收敛知 $\sum\limits_{n=1}^{\infty} a_{n+1}$ 收敛,所以级数 $\sum\limits_{n=1}^{\infty} \dfrac{a_n + a_{n+1}}{2}$ 收敛,应选(D).

【评注】也可利用排除法:

取 $a_n = (-1)^n \dfrac{1}{n}$,则可排除选项(A)、(B);

取 $a_n = (-1)^n \dfrac{1}{\sqrt{n}}$,则可排除选项(C).故(D)项正确.

22 设 $\{u_n\}$ 是单调增加的有界数列,则下列级数中收敛的是(   ).

K 2019 数学一,4分

(A) $\sum\limits_{n=1}^{\infty} \dfrac{u_n}{n}$

(B) $\sum\limits_{n=1}^{\infty}(-1)^n \dfrac{1}{u_n}$

(C) $\sum\limits_{n=1}^{\infty} \left(1 - \dfrac{u_n}{u_{n+1}}\right)$

(D) $\sum\limits_{n=1}^{\infty}(u_{n+1}^2 - u_n^2)$

知识点睛 0701 数项级数的收敛与发散

解 对级数 $\sum\limits_{n=1}^{\infty}(u_{n+1}^2 - u_n^2)$,其部分和

22 题精解视频

$$S_n = (u_{n+1}^2 - u_n^2) + (u_n^2 - u_{n-1}^2) + \cdots + (u_2^2 - u_1^2) = u_{n+1}^2 - u_1^2.$$

数列 $\{u_n\}$ 单调增加且有界,则 $\lim\limits_{n\to\infty} u_n$ 存在.因而 $\lim\limits_{n\to\infty} S_n$ 存在,即级数 $\sum\limits_{n=1}^{\infty}(u_{n+1}^2 - u_n^2)$ 收敛.应选(D).

2009 数学一,
4 分

23 设有两个数列 $\{a_n\}$,$\{b_n\}$,若 $\lim\limits_{n\to\infty} a_n = 0$,则(   ).

(A)当 $\sum\limits_{n=1}^{\infty} b_n$ 收敛时,$\sum\limits_{n=1}^{\infty} a_n b_n$ 收敛

(B)当 $\sum\limits_{n=1}^{\infty} b_n$ 发散时,$\sum\limits_{n=1}^{\infty} a_n b_n$ 发散

(C)当 $\sum\limits_{n=1}^{\infty} |b_n|$ 收敛时,$\sum\limits_{n=1}^{\infty} a_n^2 b_n^2$ 收敛

(D)当 $\sum\limits_{n=1}^{\infty} |b_n|$ 发散时,$\sum\limits_{n=1}^{\infty} a_n^2 b_n^2$ 发散

知识点睛 0701 数项级数的收敛与发散

解 取 $a_n = b_n = (-1)^n \dfrac{1}{\sqrt{n}}$,排除(A).取 $a_n = b_n = \dfrac{1}{n}$,排除(B)、(D).应选(C).

【评注】可直接证明(C)正确,由 $\lim\limits_{n\to\infty} a_n = 0$,知存在 $M>0$,当 n 充分大时,有 $|a_n| \leq M$,因而 $a_n^2 b_n^2 \leq M^2 b_n^2$,由 $\sum\limits_{n=1}^{\infty} |b_n|$ 收敛可知 $\sum\limits_{n=1}^{\infty} b_n^2$ 收敛,所以应选(C).

24 证明:若 $\sum\limits_{n=1}^{\infty} u_n$ ($u_n \geq 0$) 收敛,则 $\sum\limits_{n=1}^{\infty} u_n^2$ 收敛,反之不成立,并举例说明.

知识点睛 0706 正项级数的比较判别法

证 因为 $\sum\limits_{n=1}^{\infty} u_n$ 收敛,所以 $\lim\limits_{n\to\infty} u_n = 0$,所以存在 $M>0$,对所有 n,有 $0 \leq u_n < M$.

而 $0 < u_n^2 = u_n \cdot u_n < M u_n$,由正项级数的比较判别法知 $\sum\limits_{n=1}^{\infty} u_n^2$ 收敛.反之不然,例如级数 $\sum\limits_{n=1}^{\infty} \dfrac{1}{n^2}$ 收敛,但级数 $\sum\limits_{n=1}^{\infty} \dfrac{1}{n}$ 发散.

25 设 α 为常数,则级数 $\sum\limits_{n=1}^{\infty} \left[\dfrac{\sin(n\alpha)}{n^2} - \dfrac{1}{\sqrt{n}} \right]$ (   ).

(A)绝对收敛　　　　　　(B)条件收敛
(C)发散　　　　　　　　(D)收敛性与 α 的取值有关

知识点睛 0701 数项级数的收敛与发散

解 由 $\left| \dfrac{\sin(n\alpha)}{n^2} \right| \leq \dfrac{1}{n^2}$,根据正项级数的比较判别法知 $\sum\limits_{n=1}^{\infty} \dfrac{\sin(n\alpha)}{n^2}$ 绝对收敛,而 $\sum\limits_{n=1}^{\infty} \dfrac{1}{\sqrt{n}}$ 发散(p-级数,$p = \dfrac{1}{2} < 1$,故发散),由无穷级数的性质知,级数 $\sum\limits_{n=1}^{\infty} \left[\dfrac{\sin(n\alpha)}{n^2} - \dfrac{1}{\sqrt{n}} \right]$ 发散.应选(C).

26 级数 $\sum\limits_{n=1}^{\infty}\left(\dfrac{1}{\sqrt{n}}-\dfrac{1}{\sqrt{n+1}}\right)\sin\,(n+k)$ （k 为常数）（　　）.

2016 数学三，
4 分

（A）绝对收敛　　　　　　　　　　（B）条件收敛

（C）发散　　　　　　　　　　　　（D）收敛性与 k 有关

知识点睛　0701 数项级数的收敛与发散

解　$\left|\left(\dfrac{1}{\sqrt{n}}-\dfrac{1}{\sqrt{n+1}}\right)\sin\,(n+k)\right|\leqslant\dfrac{1}{\sqrt{n}}-\dfrac{1}{\sqrt{n+1}}=\dfrac{\sqrt{n+1}-\sqrt{n}}{\sqrt{n(n+1)}}$

$$=\dfrac{1}{\sqrt{n(n+1)}\,(\sqrt{n+1}+\sqrt{n})}\leqslant\dfrac{1}{n^{\frac{3}{2}}},$$

因而级数绝对收敛.应选（A）.

27　若级数 $\sum\limits_{n=2}^{\infty}\left[\sin\dfrac{1}{n}-k\ln\left(1-\dfrac{1}{n}\right)\right]$ 收敛,则 $k=$（　　）.

2017 数学三，
4 分

（A）1　　　　　　（B）2　　　　　　（C）-1　　　　　　（D）-2

知识点睛　0216 泰勒展开式,0701 数项级数的收敛与发散

解　利用泰勒展开式,有

$$\sin\dfrac{1}{n}-k\ln\left(1-\dfrac{1}{n}\right)=\dfrac{1}{n}-\dfrac{1}{6n^3}+\dfrac{k}{n}+\dfrac{k}{2n^2}+\dfrac{k}{3n^3}+o\left(\dfrac{1}{n^3}\right)$$

$$=\dfrac{1+k}{n}+\dfrac{k}{2n^2}-\dfrac{1}{6n^3}+\dfrac{k}{3n^3}+o\left(\dfrac{1}{n^3}\right),$$

因为级数收敛,所以 $1+k=0$ 即 $k=-1$,应选（C）.

27 题精解视频

【评注】本题也可考虑用比较判别法,由极限 $\lim\limits_{n\to\infty}\dfrac{\sin\dfrac{1}{n}-k\ln\left(1-\dfrac{1}{n}\right)}{\left(\dfrac{1}{n}\right)^{\alpha}}$ 存在求出解.

28　判别下列级数的敛散性.

（1）$\sum\limits_{n=1}^{\infty}\dfrac{(2n-1)!!}{3^n\cdot n!}$;　　　　（2）$\sum\limits_{n=1}^{\infty}\dfrac{2n\cdot n!}{n^n}$;　　　　（3）$\sum\limits_{n=1}^{\infty}\dfrac{(n!)^2}{(2n)!}$.

知识点睛　0706 正项级数的比值判别法

解　（1）使用正项级数的比值判别法,因为

$$\lim_{n\to\infty}\dfrac{u_{n+1}}{u_n}=\lim_{n\to\infty}\dfrac{(2n+1)!!}{3^{n+1}\cdot(n+1)!}\cdot\dfrac{3^n\cdot n!}{(2n-1)!!}=\dfrac{1}{3}\lim_{n\to\infty}\dfrac{2n+1}{n+1}=\dfrac{2}{3}<1,$$

所以原级数收敛.

（2）使用正项级数的比值判别法,因为

$$\lim_{n\to\infty}\dfrac{u_{n+1}}{u_n}=\lim_{n\to\infty}\dfrac{(2n+2)\cdot(n+1)!}{(n+1)^{n+1}}\cdot\dfrac{n^n}{2n\cdot n!}=\lim_{n\to\infty}\dfrac{2(n+1)}{2n}\cdot\dfrac{1}{\left(1+\dfrac{1}{n}\right)^n}=\dfrac{1}{e}<1,$$

所以原级数收敛.

（3）使用正项级数的比值判别法,因为

$$\lim_{n\to\infty}\frac{u_{n+1}}{u_n}=\lim_{n\to\infty}\frac{[(n+1)!]^2}{[2(n+1)]!}\cdot\frac{(2n)!}{(n!)^2}=\lim_{n\to\infty}\frac{(n+1)^2}{(2n+1)(2n+2)}=\frac{1}{4}<1,$$

所以原级数收敛.

29 设 $0\leqslant a_n<\dfrac{1}{n}$ $(n=1,2,\cdots)$,则下列级数中肯定收敛的是(   ).

(A) $\displaystyle\sum_{n=1}^{\infty}a_n$ (B) $\displaystyle\sum_{n=1}^{\infty}(-1)^n a_n$ (C) $\displaystyle\sum_{n=1}^{\infty}\sqrt{a_n}$ (D) $\displaystyle\sum_{n=1}^{\infty}(-1)^n a_n^2$

知识点睛 0701 数项级数的收敛与发散

解 取 $a_n=\dfrac{1}{4n}$,显然满足 $0\leqslant a_n<\dfrac{1}{n}$,但级数 $\displaystyle\sum_{n=1}^{\infty}\frac{1}{4n}$、$\displaystyle\sum_{n=1}^{\infty}\frac{1}{2\sqrt{n}}$ 均是发散的,故(A)、(C)不可选.

取 $a_n=\dfrac{1}{2n}\left|\sin\dfrac{n}{2}\pi\right|$,则 $0\leqslant a_n<\dfrac{1}{n}$,此时,

$$\sum_{n=1}^{\infty}(-1)^n a_n=\frac{1}{2}\sum_{n=1}^{\infty}\frac{(-1)^n}{n}\left|\sin\frac{n}{2}\pi\right|=\frac{1}{2}\left(-1+0-\frac{1}{3}+0-\frac{1}{5}+\cdots\right),$$

所以

$$S_{2n-1}=\frac{1}{2}\left(-1+0-\frac{1}{3}+\cdots-\frac{1}{2n-1}\right)=-\frac{1}{2}\sum_{k=1}^{n}\frac{1}{2k-1}.$$

当 $n\to\infty$ 时,$S_{2n-1}\to-\infty$,故 $\displaystyle\sum_{n=1}^{\infty}(-1)^n a_n$ 发散.

以上通过举反例排除了(A)、(B)、(C)三项,只有(D)是正确的.事实上,由正项级数的比较判别法易知(D)项正确,因为

$$0\leqslant|(-1)^n a_n^2|\leqslant\frac{1}{n^2},$$

而级数 $\displaystyle\sum_{n=1}^{\infty}\frac{1}{n^2}$ 收敛,所以级数 $\displaystyle\sum_{n=1}^{\infty}(-1)^n a_n^2$ 绝对收敛.应选(D).

K 2015 数学三,4 分

30 下列级数中发散的是(   ).

(A) $\displaystyle\sum_{n=1}^{\infty}\frac{n}{3^n}$ (B) $\displaystyle\sum_{n=1}^{\infty}\frac{1}{\sqrt{n}}\ln\left(1+\frac{1}{n}\right)$

(C) $\displaystyle\sum_{n=2}^{\infty}\frac{(-1)^n+1}{\ln n}$ (D) $\displaystyle\sum_{n=1}^{\infty}\frac{n!}{n^n}$

知识点睛 0701 数项级数的收敛与发散,0707 莱布尼茨判别法

解 利用级数敛散性的性质及判别法.

对于(A),$\displaystyle\lim_{n\to\infty}\frac{u_{n+1}}{u_n}=\frac{1}{3}\lim_{n\to\infty}\frac{n+1}{n}=\frac{1}{3}$,由比值判别法知,该级数收敛;

对于(B),$\dfrac{1}{\sqrt{n}}\ln\left(1+\dfrac{1}{n}\right)\sim\dfrac{1}{n^{\frac{3}{2}}}$,级数 $\displaystyle\sum_{n=1}^{\infty}\frac{1}{n^{\frac{3}{2}}}$ 收敛,该级数收敛;

对于(D),$\displaystyle\lim_{n\to\infty}\frac{u_{n+1}}{u_n}=\lim_{n\to\infty}\frac{n^n}{(n+1)^n}=\frac{1}{\mathrm{e}}<1$,由比值判别法知,该级数收敛;

对于(C),用莱布尼茨判别法知级数 $\sum\limits_{n=2}^{\infty}\dfrac{(-1)^n}{\ln n}$ 收敛,而级数 $\sum\limits_{n=2}^{\infty}\dfrac{1}{\ln n}$ 发散,该级数发散.应选(C).

31 设 $\{u_n\}$ 是数列,则下列命题正确的是(　　).

◪ 2011 数学三,4 分

(A)若 $\sum\limits_{n=1}^{\infty}u_n$ 收敛,则 $\sum\limits_{n=1}^{\infty}(u_{2n-1}+u_{2n})$ 收敛

(B)若 $\sum\limits_{n=1}^{\infty}(u_{2n-1}+u_{2n})$ 收敛,则 $\sum\limits_{n=1}^{\infty}u_n$ 收敛

(C)若 $\sum\limits_{n=1}^{\infty}u_n$ 收敛,则 $\sum\limits_{n=1}^{\infty}(u_{2n-1}-u_{2n})$ 收敛

(D)若 $\sum\limits_{n=1}^{\infty}(u_{2n-1}-u_{2n})$ 收敛,则 $\sum\limits_{n=1}^{\infty}u_n$ 收敛

知识点睛 0701 数项级数的收敛与发散,0703 级数的基本性质

解 若 $\sum\limits_{n=1}^{\infty}u_n$ 收敛,则该级数加括号后得到的级数仍收敛.应选(A).

32 设有下列命题:

◪ 2004 数学三,4 分

(1)若 $\sum\limits_{n=1}^{\infty}(u_{2n-1}+u_{2n})$ 收敛,则 $\sum\limits_{n=1}^{\infty}u_n$ 收敛;

(2)若 $\sum\limits_{n=1}^{\infty}u_n$ 收敛,则 $\sum\limits_{n=1}^{\infty}u_{n+1000}$ 收敛;

(3)若 $\lim\limits_{n\to\infty}\dfrac{u_{n+1}}{u_n}>1$,则 $\sum\limits_{n=1}^{\infty}u_n$ 发散;

(4)若 $\sum\limits_{n=1}^{\infty}(u_n+v_n)$ 收敛,则 $\sum\limits_{n=1}^{\infty}u_n,\sum\limits_{n=1}^{\infty}v_n$ 都收敛,

则以上命题中正确的是(　　).

(A) (1)(2)　　　　(B) (2)(3)　　　　(C) (3)(4)　　　　(D) (1)(4)

知识点睛 0703 级数的基本性质

解 可以通过举反例及级数的性质来说明4个命题的正确性.

(1)错误,如令 $u_n=(-1)^n$,显然, $\sum\limits_{n=1}^{\infty}u_n$ 发散,而 $\sum\limits_{n=1}^{\infty}(u_{2n-1}+u_{2n})$ 收敛.

(2)正确,因为改变、增加或减少级数的有限项,不改变级数的收敛性.

(3)正确,因为由 $\lim\limits_{n\to\infty}\dfrac{u_{n+1}}{u_n}>1$ 可得到 u_n 不趋向于零($n\to\infty$),所以 $\sum\limits_{n=1}^{\infty}u_n$ 发散.

(4)错误,如令 $u_n=\dfrac{1}{n},v_n=-\dfrac{1}{n}$,显然, $\sum\limits_{n=1}^{\infty}u_n,\sum\limits_{n=1}^{\infty}v_n$ 都发散,而 $\sum\limits_{n=1}^{\infty}(u_n+v_n)$ 收敛.应选(B).

【评注】本题主要考查级数的性质与收敛性的判别法,属于基本题型.

33 级数 $\sum\limits_{n=1}^{\infty}(-1)^n\left(1-\cos\dfrac{a}{n}\right)$ (常数 $a>0$)(　　).

(A)绝对收敛　　　　　　　　　　(B)条件收敛

(C)发散 　　　　　　　　　　　　(D)收敛性与 a 的取值有关

知识点睛 0708 任意项级数的绝对收敛

解 因为 $\lim\limits_{n\to\infty}\dfrac{1-\cos\dfrac{a}{n}}{\dfrac{1}{2}\left(\dfrac{a}{n}\right)^2}=1$，而 $\sum\limits_{n=1}^{\infty}\dfrac{a^2}{2n^2}$ 收敛，所以 $\sum\limits_{n=1}^{\infty}(-1)^n\left(1-\cos\dfrac{a}{n}\right)$ 绝对收敛.

应选(A).

34 判别级数 $\sum\limits_{n=1}^{\infty}\dfrac{1}{n^2}\sin\dfrac{n\pi}{2}$ 的敛散性.

知识点睛 0708 任意项级数的绝对收敛

解 因为 $\left|\dfrac{1}{n^2}\sin\dfrac{n\pi}{2}\right|\leqslant\dfrac{1}{n^2}$，所以根据正项级数的比较判别法及 $\sum\limits_{n=1}^{\infty}\dfrac{1}{n^2}$ 收敛知级数 $\sum\limits_{n=1}^{\infty}\dfrac{1}{n^2}\sin\dfrac{n\pi}{2}$ 绝对收敛.

35 设常数 $\lambda>0$，且级数 $\sum\limits_{n=1}^{\infty}a_n^2$ 收敛，则级数 $\sum\limits_{n=1}^{\infty}(-1)^n\dfrac{|a_n|}{\sqrt{n^2+\lambda}}$ （　　）.

(A)发散 　　　　　　　　　　　　(B)条件收敛

(C)绝对收敛 　　　　　　　　　　(D)收敛性与 λ 有关

知识点睛 0708 任意项级数的绝对收敛

解 $\left|(-1)^n\dfrac{|a_n|}{\sqrt{n^2+\lambda}}\right|=\dfrac{|a_n|}{\sqrt{n^2+\lambda}}\leqslant\dfrac{1}{2}\left(a_n^2+\dfrac{1}{n^2}\right)$. 由于级数 $\sum\limits_{n=1}^{\infty}a_n^2,\sum\limits_{n=1}^{\infty}\dfrac{1}{n^2}$ 均收敛，根据正项级数的比较判别法知原级数绝对收敛.应选(C).

36 设 $a_n>0$ $(n=1,2,\cdots)$，且 $\sum\limits_{n=1}^{\infty}a_n$ 收敛，常数 $\lambda\in\left(0,\dfrac{\pi}{2}\right)$，则级数 $\sum\limits_{n=1}^{\infty}(-1)^n\left(n\tan\dfrac{\lambda}{n}\right)a_{2n}$ （　　）.

(A)绝对收敛 　　　　　　　　　　(B)条件收敛

(C)发散 　　　　　　　　　　　　(D)敛散性与 λ 有关

知识点睛 0708 任意项级数的绝对收敛

解 因为 $a_n>0$，且 $\sum\limits_{n=1}^{\infty}a_n$ 收敛，所以 $\sum\limits_{n=1}^{\infty}a_{2n}$ 收敛.

又 $\lim\limits_{n\to\infty}n\tan\dfrac{\lambda}{n}=\lambda$，所以级数 $\sum\limits_{n=1}^{\infty}(-1)^n\left(n\tan\dfrac{\lambda}{n}\right)a_{2n}$ 绝对收敛.应选(A).

【评注】若正项级数 $\sum\limits_{n=1}^{\infty}a_n$ 收敛，且有 $\lim\limits_{n\to\infty}b_n=k$ 存在，则级数 $\sum\limits_{n=1}^{\infty}a_nb_n$ 与级数 $\sum\limits_{n=1}^{\infty}(-1)^na_nb_n$ 均绝对收敛.此题不能采用判别交错级数的莱布尼茨判别法，因为所给条件不满足该定理的要求.

37 判别下列级数的收敛性：$\displaystyle\sum_{n=1}^{\infty}\dfrac{n!\ 2^n\sin\dfrac{n\pi}{5}}{n^n}$.

知识点睛 0706 正项级数的比值判别法，0708 任意项级数的绝对收敛

解 $|u_n|=\left|\dfrac{n!\ 2^n\sin\dfrac{n\pi}{5}}{n^n}\right|\leqslant\dfrac{n!\ 2^n}{n^n}=v_n,$

$$\lim_{n\to\infty}\frac{v_{n+1}}{v_n}=\lim_{n\to\infty}\frac{(n+1)!\ 2^{n+1}}{(n+1)^{n+1}}\cdot\frac{n^n}{n!\ 2^n}=2\lim_{n\to\infty}\frac{1}{\left(1+\dfrac{1}{n}\right)^n}=\frac{2}{\mathrm{e}}<1.$$

由正项级数的比值判别法知级数 $\displaystyle\sum_{n=1}^{\infty}v_n$ 收敛，再由正项级数的比较判别法知 $\displaystyle\sum_{n=1}^{\infty}|u_n|$ 收敛，从而原级数绝对收敛.

38 证明：若 $\displaystyle\sum_{n=1}^{\infty}a_n$ 绝对收敛，则 $\displaystyle\sum_{n=1}^{\infty}\left(1+\dfrac{1}{n}\right)^n a_n$ 也绝对收敛.

知识点睛 0706 正项级数的比较判别法，0708 任意项级数的绝对收敛

证 因为 $\left|\left(1+\dfrac{1}{n}\right)^n a_n\right|<3|a_n|$，而 $\displaystyle\sum_{n=1}^{\infty}|a_n|$ 收敛，根据正项级数的比较判别法知 $\displaystyle\sum_{n=1}^{\infty}\left(1+\dfrac{1}{n}\right)^n a_n$ 绝对收敛.

39 判别级数 $\displaystyle\sum_{n=1}^{\infty}\dfrac{n\cos n\pi}{1+n^2}$ 的敛散性.

知识点睛 0707 交错级数与莱布尼茨判别法

解 $u_n=\dfrac{n\cos n\pi}{1+n^2}=(-1)^n\dfrac{n}{1+n^2}.$

因为 $\lim_{n\to\infty}\dfrac{\dfrac{n}{1+n^2}}{\dfrac{1}{n}}=1$，而 $\displaystyle\sum_{n=1}^{\infty}\dfrac{1}{n}$ 发散，根据正项级数的比较判别法的极限形式知 $\displaystyle\sum_{n=1}^{\infty}\left|(-1)^n\cdot\dfrac{n}{1+n^2}\right|$ 发散.

而原级数为交错级数，且满足 $u_n=\dfrac{n}{1+n^2}>\dfrac{n+1}{1+(n+1)^2}=u_{n+1}$，$\lim_{n\to\infty}u_n=0.$ 由交错级数的莱布尼茨判别法知 $\displaystyle\sum_{n=1}^{\infty}u_n$ 收敛，故原级数条件收敛.

40 设 $u_n=\displaystyle\int_{n\pi}^{(n+1)\pi}\dfrac{\sin x}{x}\mathrm{d}x$，证明级数 $\displaystyle\sum_{n=1}^{\infty}u_n$ 收敛.

知识点睛 0707 交错级数与莱布尼茨判别法

解 $u_n=\displaystyle\int_{n\pi}^{(n+1)\pi}\dfrac{\sin x}{x}\mathrm{d}x\xrightarrow{\ 令\,x=n\pi+t\ }\int_0^{\pi}\dfrac{\sin(n\pi+t)}{n\pi+t}\mathrm{d}t$

$$= \int_0^\pi \frac{(-1)^n \sin t}{n\pi + t} \mathrm{d}t = (-1)^n \int_0^\pi \frac{\sin t}{n\pi + t} \mathrm{d}t.$$

由交错级数判别法知 $\sum\limits_{n=1}^\infty (-1)^n \int_0^\pi \frac{\sin t}{n\pi + t} \mathrm{d}t$ 收敛, 从而 $\sum\limits_{n=1}^\infty u_n$ 收敛.

41 判别级数 $\sum\limits_{n=1}^\infty (-1)^n \frac{n+2}{n+1} \cdot \frac{1}{\sqrt{n}}$ 的敛散性.

知识点睛 0708 条件收敛与绝对收敛及其关系

解 $\sum\limits_{n=1}^\infty (-1)^n \frac{n+2}{n+1} \cdot \frac{1}{\sqrt{n}} = \sum\limits_{n=1}^\infty (-1)^n \cdot \frac{1}{\sqrt{n}} + \sum\limits_{n=1}^\infty (-1)^n \cdot \frac{1}{(n+1)\sqrt{n}}$. 由于

$\sum\limits_{n=1}^\infty (-1)^n \cdot \frac{1}{\sqrt{n}}$ 条件收敛, $\sum\limits_{n=1}^\infty (-1)^n \cdot \frac{1}{(n+1)\sqrt{n}}$ 绝对收敛, 故级数 $\sum\limits_{n=1}^\infty (-1)^n \cdot \frac{n+2}{n+1} \cdot$

$\frac{1}{\sqrt{n}}$ 条件收敛.

42 判别级数 $\sum\limits_{n=2}^\infty \sin\left(n\pi + \frac{1}{\ln n}\right)$ 的敛散性.

知识点睛 0708 任意项级数的条件收敛

解 $\sin\left(n\pi + \frac{1}{\ln n}\right) = (-1)^n \sin \frac{1}{\ln n}$, 故级数为交错级数.

由于 $\lim\limits_{n\to\infty} \dfrac{\sin \dfrac{1}{\ln n}}{\dfrac{1}{n}} = \infty$, 所以 $\sum\limits_{n=2}^\infty \left| \sin\left(n\pi + \frac{1}{\ln n}\right) \right|$ 发散.

而原级数为交错级数, 满足 $u_n = \sin \dfrac{1}{\ln n} > \sin \dfrac{1}{\ln(n+1)} = u_{n+1}$, 且 $\lim\limits_{n\to\infty} \sin \dfrac{1}{\ln n} = 0$, 根据交错级数判别法知, 原级数收敛, 且为条件收敛.

43 设 $u_n = (-1)^n \ln\left(1 + \frac{1}{\sqrt{n}}\right)$, 则级数(   ).

(A) $\sum\limits_{n=1}^\infty u_n$ 与 $\sum\limits_{n=1}^\infty u_n^2$ 都收敛   (B) $\sum\limits_{n=1}^\infty u_n$ 与 $\sum\limits_{n=1}^\infty u_n^2$ 都发散

(C) $\sum\limits_{n=1}^\infty u_n$ 收敛, 而 $\sum\limits_{n=1}^\infty u_n^2$ 发散   (D) $\sum\limits_{n=1}^\infty u_n$ 发散, 而 $\sum\limits_{n=1}^\infty u_n^2$ 收敛

知识点睛 0701 数项级数的收敛与发散

解 $\sum\limits_{n=1}^\infty u_n$ 为一交错级数. 由于 $\lim\limits_{n\to\infty} \ln\left(1 + \frac{1}{\sqrt{n}}\right) = 0$ 及 $\ln(1+x)$ 的单调性可保证

$$u_{n+1} = \ln\left(1 + \frac{1}{\sqrt{n+1}}\right) < \ln\left(1 + \frac{1}{\sqrt{n}}\right) = u_n,$$

根据交错级数判别法知 $\sum\limits_{n=1}^\infty u_n$ 收敛.

而

$$\lim_{n\to\infty}\frac{\left[\ln\left(1+\frac{1}{\sqrt{n}}\right)\right]^2}{\frac{1}{n}}=\lim_{n\to\infty}\frac{\left(\frac{1}{\sqrt{n}}\right)^2}{\frac{1}{n}}=1,$$

故 $\sum\limits_{n=1}^{\infty}u_n^2$ 与 $\sum\limits_{n=1}^{\infty}\frac{1}{n}$ 同时收敛或发散. 由 $\sum\limits_{n=1}^{\infty}\frac{1}{n}$ 发散得 $\sum\limits_{n=1}^{\infty}u_n^2$ 发散. 应选(C).

44 若级数 $\sum\limits_{n=1}^{\infty}\frac{(-1)^n+a}{n}$ 收敛,则 a 的值为_____.

知识点睛 0701 数项级数的收敛与发散

解 因为级数 $\sum\limits_{n=1}^{\infty}\frac{(-1)^n}{n}$ 和 $\sum\limits_{n=1}^{\infty}\frac{(-1)^n+a}{n}$ 均收敛,故

$$\sum_{n=1}^{\infty}\frac{(-1)^n+a}{n}-\sum_{n=1}^{\infty}\frac{(-1)^n}{n}=\sum_{n=1}^{\infty}\frac{a}{n}$$

收敛,由此可知 $a=0$. 应填 0.

45 若级数 $\sum\limits_{n=1}^{\infty}u_n$ 收敛,则级数 $\sum\limits_{n=1}^{\infty}u_n^2$ 是( ).

(A)绝对收敛   (B)条件收敛

(C)发散   (D)可能收敛,也可能发散

知识点睛 0701 数项级数的收敛与发散

解 这是基本概念题,若能举出例子则很容易得到答案:

(1) $\sum\limits_{n=1}^{\infty}\frac{1}{n^2}$ 收敛, $\sum\limits_{n=1}^{\infty}\frac{1}{n^4}$ 也收敛;

(2) $\sum\limits_{n=1}^{\infty}(-1)^n\frac{1}{\sqrt{n}}$ 收敛,但 $\sum\limits_{n=1}^{\infty}\frac{1}{n}$ 发散.

应选(D).

46 设 $u_n\neq0(n=1,2,\cdots)$,且 $\lim\limits_{n\to\infty}\frac{n}{u_n}=1$,则级数 $\sum\limits_{n=1}^{\infty}(-1)^{n+1}\left(\frac{1}{u_n}+\frac{1}{u_{n+1}}\right)$ ( ).

(A)发散   (B)绝对收敛

(C)条件收敛   (D)收敛性根据所给条件不能判定

知识点睛 0708 任意项级数的条件收敛

解 由 $\lim\limits_{n\to\infty}\frac{n}{u_n}=1$ 得 $\lim\limits_{n\to\infty}\frac{\frac{1}{u_n}}{\frac{1}{n}}=1$,即 $n\to\infty$ 时, $\frac{1}{u_n}$ 与 $\frac{1}{n}$ 等价. 所以 $\sum\limits_{n=1}^{\infty}(-1)^{n+1}\cdot$

$\left(\frac{1}{u_n}+\frac{1}{u_{n+1}}\right)$ 的敛散性应与 $\sum\limits_{n=1}^{\infty}(-1)^{n+1}\frac{2}{n}$ 一致. 应选(C).

47 若 $\sum\limits_{n=1}^{\infty}u_n$ 收敛,且 $\lim\limits_{n\to\infty}\frac{v_n}{u_n}=1$,则可否断定 $\sum\limits_{n=1}^{\infty}v_n$ 收敛.

知识点睛 0701 数项级数的收敛与发散

解 若 $\sum\limits_{n=1}^{\infty} u_n$, $\sum\limits_{n=1}^{\infty} v_n$ 为正项级数,则结论成立.

因为 $\lim\limits_{n\to\infty}\dfrac{v_n}{u_n}=1$,所以存在 $M>0$,使得 $0\leqslant\dfrac{v_n}{u_n}\leqslant M$,即 $0\leqslant v_n\leqslant Mu_n$.因为 $\sum\limits_{n=1}^{\infty} u_n$ 收敛,所以根据正项级数的比较判别法可断定 $\sum\limits_{n=1}^{\infty} v_n$ 收敛.

若 $\sum\limits_{n=1}^{\infty} u_n$, $\sum\limits_{n=1}^{\infty} v_n$ 不是正项级数,则不能判定.例如,$u_n=\dfrac{(-1)^n}{\sqrt{n}}$,$v_n=\dfrac{(-1)^n}{\sqrt{n}}+\dfrac{1}{n}$,则 $\lim\limits_{n\to\infty}\dfrac{u_n}{v_n}=1$, $\sum\limits_{n=1}^{\infty} u_n$ 收敛,但 $\sum\limits_{n=1}^{\infty} v_n$ 发散.

2019 数学三,
4 分

48 题精解视频

48 若 $\sum\limits_{n=1}^{\infty} nu_n$ 绝对收敛, $\sum\limits_{n=1}^{\infty}\dfrac{v_n}{n}$ 条件收敛,则(　　).

(A) $\sum\limits_{n=1}^{\infty} u_nv_n$ 条件收敛

(B) $\sum\limits_{n=1}^{\infty} u_nv_n$ 绝对收敛

(C) $\sum\limits_{n=1}^{\infty}(u_n+v_n)$ 收敛

(D) $\sum\limits_{n=1}^{\infty}(u_n+v_n)$ 发散

知识点睛 0708 任意项级数的绝对收敛与条件收敛

解 由 $\sum\limits_{n=1}^{\infty}\dfrac{v_n}{n}$ 条件收敛,有 $\lim\limits_{n\to\infty}\dfrac{v_n}{n}=0$,即存在常数 $C>0$,使得 $\left|\dfrac{v_n}{n}\right|\leqslant C$,则

$$|u_nv_n|=\left|nu_n\cdot\dfrac{v_n}{n}\right|\leqslant C|nu_n|,$$

而级数 $\sum\limits_{n=1}^{\infty} nu_n$ 绝对收敛,由比较判别法知 $\sum\limits_{n=1}^{\infty} u_nv_n$ 绝对收敛.应选(B).

2005 数学三,
4 分

49 设 $a_n>0$,$n=1,2,\cdots$,若 $\sum\limits_{n=1}^{\infty} a_n$ 发散, $\sum\limits_{n=1}^{\infty}(-1)^{n-1}a_n$ 收敛,则下列结论正确的是(　　).

(A) $\sum\limits_{n=1}^{\infty} a_{2n-1}$ 收敛, $\sum\limits_{n=1}^{\infty} a_{2n}$ 发散

(B) $\sum\limits_{n=1}^{\infty} a_{2n}$ 收敛, $\sum\limits_{n=1}^{\infty} a_{2n-1}$ 发散

(C) $\sum\limits_{n=1}^{\infty}(a_{2n-1}+a_{2n})$ 收敛

(D) $\sum\limits_{n=1}^{\infty}(a_{2n-1}-a_{2n})$ 收敛

知识点睛 0701 常数项级数的收敛与发散,0703 级数的基本性质

解法 1 记 $\sum\limits_{n=1}^{\infty}(a_{2n-1}-a_{2n})$ 的部分和为 σ_n,一般项为 u_n,则

$$\sigma_n=u_1+u_2+\cdots+u_n=(a_1-a_2)+(a_3-a_4)+\cdots+(a_{2n-1}-a_{2n}).$$

由 $\sum\limits_{n=1}^{\infty}(-1)^{n-1}a_n$ 收敛知,其部分和数列 $\{S_n\}$ 收敛,$\lim\limits_{n\to\infty}S_n=s$,从而 $\lim\limits_{n\to\infty}S_{2n}=s$.又

$$S_{2n}=a_1-a_2+a_3-a_4+\cdots+a_{2n-1}-a_{2n}=\sigma_n,$$

故 $\lim\limits_{n\to\infty}\sigma_n=\lim\limits_{n\to\infty}S_{2n}=s$,即 $\sum\limits_{n=1}^{\infty}(a_{2n-1}-a_{2n})$ 收敛,选项(D)正确.应选(D).

解法 2 取 $a_n = \dfrac{1}{n}$, 则 $\sum\limits_{n=1}^{\infty} a_n$ 发散, $\sum\limits_{n=1}^{\infty} (-1)^{n-1} a_n$ 收敛, 但 $\sum\limits_{n=1}^{\infty} a_{2n-1}$ 与 $\sum\limits_{n=1}^{\infty} a_{2n}$ 均发散, 排除(A)、(B)选项, 且 $\sum\limits_{n=1}^{\infty} (a_{2n-1} + a_{2n})$ 发散, 进一步排除(C). 事实上, 级数 $\sum\limits_{n=1}^{\infty} (a_{2n-1} - a_{2n})$ 的部分和数列极限存在. 应选(D).

【评注】 通过举反例用排除法找答案是求解类似无穷级数选择题的最常用方法.

50 已知级数 $\sum\limits_{n=1}^{\infty} (-1)^n \sqrt{n} \sin \dfrac{1}{n^\alpha}$ 绝对收敛, 级数 $\sum\limits_{n=1}^{\infty} \dfrac{(-1)^n}{n^{2-\alpha}}$ 条件收敛, 则 ( ). K 2012 数学三, 4 分

(A) $0 < \alpha \leqslant \dfrac{1}{2}$ (B) $\dfrac{1}{2} < \alpha \leqslant 1$

(C) $1 < \alpha \leqslant \dfrac{3}{2}$ (D) $\dfrac{3}{2} < \alpha < 2$

知识点睛 0708 任意项级数的绝对收敛与条件收敛

分析 本题考查绝对收敛和条件收敛的性质, 以及 p-级数的收敛性.

解 由级数 $\sum\limits_{n=1}^{\infty} (-1)^n \sqrt{n} \sin \dfrac{1}{n^\alpha}$ 绝对收敛, 且当 $n \to \infty$ 时, $\left| (-1)^n \sqrt{n} \sin \dfrac{1}{n^\alpha} \right| \sim \dfrac{1}{n^{\alpha - \frac{1}{2}}}$, 故 $\alpha - \dfrac{1}{2} > 1$, 即 $\alpha > \dfrac{3}{2}$. 由 $\sum\limits_{n=1}^{\infty} \dfrac{(-1)^n}{n^{2-\alpha}}$ 条件收敛知, $\alpha < 2$. 应选(D).

数项级数收敛性判定小结

1. 解题思路

(1) 若 $\lim\limits_{n \to \infty} u_n \neq 0$, 则 $\sum\limits_{n=1}^{\infty} u_n$ 发散; 否则进一步判断.

(2) 若 $\sum\limits_{n=1}^{\infty} u_n$ 为正项级数, 先化简 u_n, 视其特点选择适当的判别法:

①若 u_n 中含有 $\dfrac{1}{n^\alpha} \left(\text{或} \dfrac{1}{n^\alpha \ln^p n} \right)$, 则可与 p-级数(或对数 p-级数)比较;

②若 u_n 中含有 n 的乘积的形式(包括 $n!$), 则可考虑用比值判别法;

③若 u_n 中含有形如 $a^{f(n)}$ 的因子, 则可考虑用根值判别法;

④以上方法均失效, 则可利用已知级数的敛散性质, 结合敛散性的定义和性质, 考查其收敛性.

(3) 若 $\sum\limits_{n=1}^{\infty} u_n$ 为任意项级数, 则可用方法(1)和(2)判断 $\sum\limits_{n=1}^{\infty} |u_n|$ 的敛散性.

①若 $\sum\limits_{n=1}^{\infty} |u_n|$ 收敛,则 $\sum\limits_{n=1}^{\infty} u_n$ 绝对收敛;

②若 $\sum\limits_{n=1}^{\infty} |u_n|$ 发散,则看 $\sum\limits_{n=1}^{\infty} u_n$ 是否是交错级数,若是,用莱布尼茨判别法判断 $\sum\limits_{n=1}^{\infty} u_n$ 是否条件收敛.

2.除了掌握以上判定级数敛散性的基本思路,熟悉以下结论有助于我们判定级数的敛散性.

(1)对于三个级数 $\sum\limits_{n=1}^{\infty} u_n , \sum\limits_{n=1}^{\infty} v_n , \sum\limits_{n=1}^{\infty} (u_n \pm v_n)$,

①如果有两个收敛,则第三个收敛;

②如果其中一个收敛,另一个发散,则第三个发散;

③如果有两个发散,则第三个的敛散性不能确定;

④如果有两个绝对收敛,则第三个绝对收敛;

⑤如果其中一个绝对收敛,另一个条件收敛,则第三个条件收敛;

⑥如果有两个条件收敛,则第三个收敛,但不能判定它是绝对收敛还是条件收敛.

(2)①对于正项级数 $\sum\limits_{n=1}^{\infty} u_n , \sum\limits_{n=1}^{\infty} u_n$ 收敛 $\Leftrightarrow \sum\limits_{n=1}^{\infty} u_{2n-1}$ 与 $\sum\limits_{n=1}^{\infty} u_{2n}$ 都收敛;

② $\sum\limits_{n=1}^{\infty} u_n$ 绝对收敛 $\Leftrightarrow \sum\limits_{n=1}^{\infty} \dfrac{|u_n|+u_n}{2}$ 与 $\sum\limits_{n=1}^{\infty} \dfrac{|u_n|-u_n}{2}$ 都收敛;

③ $\sum\limits_{n=1}^{\infty} u_n$ 条件收敛,则 $\sum\limits_{n=1}^{\infty} \dfrac{|u_n|+u_n}{2}$ 与 $\sum\limits_{n=1}^{\infty} \dfrac{|u_n|-u_n}{2}$ 都发散;

④ $\sum\limits_{n=1}^{\infty} \dfrac{|u_n|+u_n}{2}$ 与 $\sum\limits_{n=1}^{\infty} \dfrac{|u_n|-u_n}{2}$ 一个收敛,一个发散,则 $\sum\limits_{n=1}^{\infty} u_n$ 发散.

(3)对于正项级数 $\sum\limits_{n=1}^{\infty} u_n$,若 $\sum\limits_{n=1}^{\infty} u_n$ 收敛,则 $\sum\limits_{n=1}^{\infty} u_n^p$ $(p \geq 1)$ 一定收敛;若 $\sum\limits_{n=1}^{\infty} u_n$ 收敛,则 $\sum\limits_{n=1}^{\infty} u_{2n} , \sum\limits_{n=1}^{\infty} u_{3n}$ 均收敛.

§7.2　幂级数的收敛半径、收敛区间及收敛域

51　级数 $\sum\limits_{n=1}^{\infty} (\ln x)^n$ 的收敛域是_____.

知识点睛　0709 函数项级数的收敛域

解　由

$$\lim_{n \to \infty} \left| \frac{u_{n+1}(x)}{u_n(x)} \right| = \lim_{n \to \infty} \left| \frac{(\ln x)^{n+1}}{(\ln x)^n} \right| = |\ln x| ,$$

知,当 $|\ln x|<1$,即 $\dfrac{1}{e}<x<e$ 时,级数绝对收敛;

当 $|\ln x|>1$,即 $x>e$ 或 $0<x<\dfrac{1}{e}$ 时,级数发散;

当 $x=e$ 或 $x=\dfrac{1}{e}$ 时,级数成为 $\displaystyle\sum_{n=1}^{\infty}(\pm1)^n$,根据级数收敛的必要条件知级数是发散

的.所以,级数 $\displaystyle\sum_{n=1}^{\infty}(\ln x)^n$ 的收敛域是 $\left(\dfrac{1}{e},e\right)$.应填 $\left(\dfrac{1}{e},e\right)$.

52 已知级数 $\displaystyle\sum_{n=1}^{\infty}\dfrac{n!}{n^n}e^{-nx}$ 的收敛域为 $(a,+\infty)$,则 $a=$_____.

2022 数学一,
5 分

知识点晴 0709 函数项级数的收敛域

解 令 $u_n(x)=\dfrac{n!}{n^n}e^{-nx}$,则由比值判别法,得

$$\lim_{n\to\infty}\frac{u_{n+1}(x)}{u_n(x)}=\lim_{n\to\infty}\frac{\dfrac{(n+1)!}{(n+1)^{n+1}}e^{-(n+1)x}}{\dfrac{n!}{n^n}e^{-nx}}=e^{-x}\lim_{n\to\infty}\frac{1}{\left(1+\dfrac{1}{n}\right)^n}=e^{-x-1},$$

52 题精解视频

当 $e^{-x-1}<1$,即 $x>-1$ 时,级数收敛;当 $e^{-x-1}>1$,即 $x<-1$ 时,级数发散,因此 $a=-1$.应填 -1.

53 若 $\displaystyle\sum_{n=1}^{\infty}a_nx^n$ 在 $x=3$ 处发散,则级数 $\displaystyle\sum_{n=1}^{\infty}a_n\left(x-\dfrac{1}{2}\right)^n$ 在 $x=-3$ 处（   ）.

(A)条件收敛　　　(B)绝对收敛　　　(C)发散　　　(D)敛散性不定

知识点晴 阿贝尔引理

解 根据阿贝尔引理,因为 $\left|-3-\dfrac{1}{2}\right|>3$,所以级数在 $x=-3$ 处发散.应选(C).

54 若级数 $\displaystyle\sum_{n=1}^{\infty}a_n$ 条件收敛,则 $x=\sqrt{3}$ 与 $x=3$ 依次为幂级数 $\displaystyle\sum_{n=1}^{\infty}na_n(x-1)^n$ 的（   ）.

2015 数学一,
4 分

(A)收敛点,收敛点　　　　　　(B)收敛点,发散点
(C)发散点,收敛点　　　　　　(D)发散点,发散点

知识点晴 0712 幂级数在其收敛区间内的基本性质

解 由级数 $\displaystyle\sum_{n=1}^{\infty}a_n$ 条件收敛可知幂级数 $\displaystyle\sum_{n=1}^{\infty}a_n(x-1)^n$ 在 $x=2$ 处条件收敛,则 $x=2$

为幂级数 $\displaystyle\sum_{n=1}^{\infty}a_n(x-1)^n$ 的收敛区间的端点,故其收敛半径为 1.

由幂级数的性质可知幂级数 $\displaystyle\sum_{n=1}^{\infty}na_n(x-1)^n$ 的收敛半径也为 1.

由于 $|\sqrt{3}-1|<1$,$|3-1|>1$,则 $x=\sqrt{3}$ 为收敛点,$x=3$ 为发散点,应选(B).

55 已知幂级数 $\displaystyle\sum_{n=0}^{\infty}a_n(x+2)^n$ 在 $x=0$ 处收敛,在 $x=-4$ 处发散,则幂级数

2008 数学一,
4 分

$\sum\limits_{n=0}^{\infty} a_n(x-3)^n$ 的收敛域为_____.

知识点睛 0710 幂级数的收敛域

解 由题设知,当 $|x+2|<|0+2|=2$,即 $-4<x<0$ 时,幂级数收敛;而当 $|x+2|>|-4+2|=2$,即 $x<-4$ 或 $x>0$ 时,幂级数发散.可见幂级数的收敛半径为 2.

于是,幂级数 $\sum\limits_{n=0}^{\infty} a_n(x-3)^n$ 当 $|x-3|<2$,即 $1<x<5$ 时收敛,故 $\sum\limits_{n=0}^{\infty} a_n(x-3)^n$ 的收敛区间为 $(1,5)$.

另外,幂级数 $\sum\limits_{n=0}^{\infty} a_n(x+2)^n$ 在 $x=0$ 处收敛,相当于幂级数 $\sum\limits_{n=0}^{\infty} a_n(x-3)^n$ 在 $x=5$ 处收敛,故所求收敛域为 $(1,5]$.应填 $(1,5]$

【评注】收敛区间一律指开区间,而收敛域应考虑在端点的敛散性.

56 已知级数 $\sum\limits_{n=1}^{\infty} (-1)^{n-1} \dfrac{x^n}{n} = x - \dfrac{x^2}{2} + \dfrac{x^3}{3} - \cdots$,求收敛半径及收敛域.

知识点睛 0710 幂级数的收敛域

解 因为 $\rho = \lim\limits_{n\to\infty} \left| \dfrac{a_{n+1}}{a_n} \right| = \lim\limits_{n\to\infty} \dfrac{\frac{1}{n+1}}{\frac{1}{n}} = 1$,所以 $R=1$.

当 $x=1$ 时,$\sum\limits_{n=1}^{\infty} (-1)^{n-1} \dfrac{1}{n}$ 收敛;当 $x=-1$ 时,$\sum\limits_{n=1}^{\infty} (-1)^{n-1} \cdot \dfrac{(-1)^n}{n} = -\sum\limits_{n=1}^{\infty} \dfrac{1}{n}$ 发散.所以,收敛半径为 1,收敛域为 $(-1,1]$.

57 设有级数 $\sum\limits_{n=0}^{\infty} a_n \left(\dfrac{x+1}{2} \right)^n$,若 $\lim\limits_{n\to\infty} \left| \dfrac{a_n}{a_{n+1}} \right| = \dfrac{1}{3}$,则该幂级数的收敛半径 $=$_____.

知识点睛 0710 幂级数的收敛半径

解 注意到幂级数 $\sum\limits_{n=0}^{\infty} a_n \left(\dfrac{x+1}{2} \right)^n$ 的系数并非 a_n,因此,不要误以为 $\lim\limits_{n\to\infty} \left| \dfrac{a_n}{a_{n+1}} \right|$ 即为该幂级数的收敛半径.实际上,

$$\rho = \lim_{n\to\infty} \left| \dfrac{a_{n+1} \cdot \frac{1}{2^{n+1}}}{a_n \cdot \frac{1}{2^n}} \right| = \dfrac{1}{2} \lim_{n\to\infty} \left| \dfrac{a_{n+1}}{a_n} \right| = \dfrac{3}{2},$$

所以原幂级数的收敛半径为 $R = \dfrac{1}{\rho} = \dfrac{2}{3}$.应填 $\dfrac{2}{3}$.

58 求 $\sum\limits_{n=0}^{\infty} \dfrac{x^{2n}}{(2n)!} = 1 + \dfrac{x^2}{2!} + \dfrac{x^4}{4!} + \cdots + \dfrac{x^{2n}}{(2n)!} + \cdots$ 的收敛区间.

知识点睛 0710 幂级数的收敛区间

解 令 $x^2 = y$.从而 $\sum\limits_{n=0}^{\infty} \dfrac{x^{2n}}{(2n)!} = \sum\limits_{n=0}^{\infty} \dfrac{y^n}{(2n)!}$,有

$$\lim_{n \to \infty} \left| \frac{a_{n+1}}{a_n} \right| = \lim_{n \to \infty} \frac{\dfrac{1}{(2n+2)!}}{\dfrac{1}{(2n)!}} = \lim_{n \to \infty} \frac{1}{(2n+1)(2n+2)} = 0.$$

所以 $R = +\infty$. 从而 $\displaystyle\sum_{n=0}^{\infty} \frac{y^n}{(2n)!}$ 收敛区间为 $(-\infty, +\infty)$, $|y| = |x^2| < +\infty$. 于是 $|x| < +\infty$. 从而, 原幂级数的收敛区间为 $(-\infty, +\infty)$.

59 幂级数 $\displaystyle\sum_{n=1}^{\infty} \frac{n}{2^n + (-3)^n} x^{2n-1}$ 的收敛半径 $R = $ _____.

知识点睛 0710 幂级数的收敛半径

解 $\displaystyle\lim_{n \to \infty} \left| \frac{a_{n+1}}{a_n} \right| = \lim_{n \to \infty} \left| \frac{\dfrac{n+1}{2^{n+1} + (-3)^{n+1}}}{\dfrac{n}{2^n + (-3)^n}} \right| = \lim_{n \to \infty} \left| \frac{\left(-\dfrac{2}{3}\right)^n + 1}{2 \cdot \left(-\dfrac{2}{3}\right)^n + (-3)} \right| = \frac{1}{3},$

当 $|x^2| < 3$ 时级数收敛, 从而 $R = \sqrt{3}$. 应填 $\sqrt{3}$.

60 若幂级数 $\displaystyle\sum_{n=1}^{\infty} a_n x^n$ 的收敛域为 $(-8, 8]$, 则 $\displaystyle\sum_{n=2}^{\infty} \frac{a_n x^n}{n(n-1)}$ 的收敛半径为

_____, $\displaystyle\sum_{n=1}^{\infty} a_n x^{3n+1}$ 的收敛域为 _____.

知识点睛 0710 幂级数的收敛半径与收敛域

解 根据幂级数的性质知 $\displaystyle\sum_{n=1}^{\infty} a_n x^n$ 与 $\displaystyle\sum_{n=2}^{\infty} \frac{a_n x^n}{n(n-1)}$ 有相同的收敛半径, 而 $\displaystyle\sum_{n=1}^{\infty} a_n x^n$

的收敛半径为 8, 所以 $\displaystyle\sum_{n=2}^{\infty} \frac{a_n x^n}{n(n-1)}$ 的收敛半径为 8. 应填 8.

$\displaystyle\sum_{n=1}^{\infty} a_n x^{3n+1} = x \cdot \sum_{n=1}^{\infty} a_n (x^3)^n = x \cdot \sum_{n=1}^{\infty} a_n y^n$, 其中 $y = x^3$. 由已知条件知, $\displaystyle\sum_{n=1}^{\infty} a_n y^n$ 当 $-8 < y \leq 8$ 时收敛, 即 $-2 < x \leq 2$. 应填 $(-2, 2]$.

61 求幂级数 $\displaystyle\sum_{n=1}^{\infty} \frac{1}{3^n + (-2)^n} \frac{x^n}{n}$ 的收敛区间, 并讨论该区间端点处的收敛性.

知识点睛 0710 幂级数的收敛区间

解 因为

$$\lim_{n \to \infty} \frac{[3^n + (-2)^n] n}{[3^{n+1} + (-2)^{n+1}](n+1)} = \lim_{n \to \infty} \frac{\left[1 + \left(-\dfrac{2}{3}\right)^n\right] n}{3\left[1 + \left(-\dfrac{2}{3}\right)^{n+1}\right](n+1)} = \frac{1}{3},$$

所以收敛半径为 3, 收敛区间为 $(-3, 3)$.

当 $x = 3$ 时, 因为 $\dfrac{3^n}{3^n + (-2)^n} \cdot \dfrac{1}{n} > \dfrac{1}{2n}$, 且 $\displaystyle\sum_{n=1}^{\infty} \frac{1}{n}$ 发散, 所以原级数在点 $x = 3$ 处发散.

当 $x=-3$ 时,由于

$$\frac{(-3)^n}{3^n+(-2)^n}\cdot\frac{1}{n}=(-1)^n\frac{1}{n}-\frac{2^n}{3^n+(-2)^n}\cdot\frac{1}{n}$$

且

$$\sum_{n=1}^{\infty}\frac{(-1)^n}{n}\ \text{与}\ \sum_{n=1}^{\infty}\frac{2^n}{3^n+(-2)^n}\cdot\frac{1}{n}$$

都收敛,所以原级数在点 $x=-3$ 处收敛.

【评注】本题重点考查的是区间端点收敛性的讨论.当 $x=-3$ 时,无穷级数

$$\sum_{n=1}^{\infty}\frac{(-3)^n}{3^n+(-2)^n}\cdot\frac{1}{n}$$

为交错级数,但不满足莱布尼茨判别法条件,不能用该判别法判别其敛散性.应从性质出发,把级数化为两个级数的代数和,分别判别敛散性得结果.

1997 数学一,3分

62 设幂级数 $\sum_{n=0}^{\infty}a_nx^n$ 的收敛半径为3,则幂级数 $\sum_{n=1}^{\infty}na_n(x-1)^{n+1}$ 的收敛区间为_____.

知识点睛 0710 幂级数的收敛区间

解 幂级数 $\sum_{n=0}^{\infty}a_nx^n$ 与 $\left(\sum_{n=0}^{\infty}a_nx^n\right)'=\sum_{n=1}^{\infty}na_nx^{n-1}$ 有相同的收敛半径及收敛区间,即幂级数 $\sum_{n=1}^{\infty}na_nx^{n-1}$ 的收敛区间为 $(-3,3)$.

因而 $\sum_{n=1}^{\infty}na_n(x-1)^{n+1}=(x-1)^2\sum_{n=1}^{\infty}na_n(x-1)^{n-1}$ 的收敛区间为 $|x-1|<3$,即 $(-2,4)$.应填 $(-2,4)$.

2009 数学三,4分

63 幂函数 $\sum_{n=1}^{\infty}\frac{e^n-(-1)^n}{n^2}x^n$ 的收敛半径为_____.

知识点睛 0710 幂级数的收敛半径

解 由题意知,$a_n=\dfrac{e^n-(-1)^n}{n^2}>0$,有

$$\left|\frac{a_{n+1}}{a_n}\right|=\frac{e^{n+1}-(-1)^{n+1}}{(n+1)^2}\cdot\frac{n^2}{e^n-(-1)^n}=\frac{n^2}{(n+1)^2}\cdot\frac{e^{n+1}\left[1-\left(-\frac{1}{e}\right)^{n+1}\right]}{e^n\left[1-\left(-\frac{1}{e}\right)^n\right]}\to e\quad(n\to\infty),$$

所以,该幂级数的收敛半径为 $\dfrac{1}{e}$.应填 $\dfrac{1}{e}$.

64 求幂级数 $\sum_{n=1}^{\infty}\frac{1}{a^n+b^n}x^n$ 的收敛域,其中 a,b 均为大于零的常数.

知识点睛 0710 幂级数的收敛域

解 因为

$$\lim_{n\to\infty}\left|\frac{u_{n+1}}{u_n}\right|=\lim_{n\to\infty}\frac{a^n+b^n}{a^{n+1}+b^{n+1}}=\begin{cases}\lim\limits_{n\to\infty}\dfrac{1+\left(\frac{b}{a}\right)^n}{a\left[1+\left(\frac{b}{a}\right)^{n+1}\right]}=\dfrac{1}{a}, & \text{当 } a>b \text{ 时,}\\[4mm]\lim\limits_{n\to\infty}\dfrac{2a^n}{2a^{n+1}}=\dfrac{1}{a}, & \text{当 } a=b \text{ 时,}\\[4mm]\lim\limits_{n\to\infty}\dfrac{\left(\frac{a}{b}\right)^n+1}{\left[\left(\frac{a}{b}\right)^{n+1}+1\right]b}=\dfrac{1}{b}, & \text{当 } a<b \text{ 时,}\end{cases}$$

所以,幂级数的收敛半径

$$R=\begin{cases}a, & \text{当 } a\geqslant b \text{ 时,}\\ b, & \text{当 } a<b \text{ 时.}\end{cases}$$

当 $x=R$ 时,

$a\geqslant b$ 时,$\sum\limits_{n=1}^{\infty}\dfrac{x^n}{a^n+b^n}=\sum\limits_{n=1}^{\infty}\dfrac{a^n}{a^n+b^n}$,而 $\lim\limits_{n\to\infty}\dfrac{a^n}{a^n+b^n}=1$,故级数发散;

$a<b$ 时,$\sum\limits_{n=1}^{\infty}\dfrac{x^n}{a^n+b^n}=\sum\limits_{n=1}^{\infty}\dfrac{b^n}{a^n+b^n}$ 发散.所以,当 $x=R$ 时,级数发散.

当 $x=-R$ 时,

$a\geqslant b$ 时,$\sum\limits_{n=1}^{\infty}\dfrac{x^n}{a^n+b^n}=\sum\limits_{n=1}^{\infty}\dfrac{(-a)^n}{a^n+b^n}$;

$a<b$ 时,$\sum\limits_{n=1}^{\infty}\dfrac{x^n}{a^n+b^n}=\sum\limits_{n=1}^{\infty}\dfrac{(-b)^n}{a^n+b^n}$.

因 $\lim\limits_{n\to\infty}\dfrac{(-a)^n}{a^n+b^n}\neq0$,$\lim\limits_{n\to\infty}\dfrac{(-b)^n}{a^n+b^n}\neq0$,所以当 $x=-R$ 时,级数发散.

综上所述,当 $a\geqslant b$ 时,收敛域为 $(-a,a)$;当 $a<b$ 时,收敛域为 $(-b,b)$.

65 设数列 $\{a_n\}$ 单调减少,$\lim\limits_{n\to\infty}a_n=0$,$S_n=\sum\limits_{k=1}^{n}a_k$ $(n=1,2,\cdots)$ 无界,则幂级数 $\sum\limits_{n=1}^{\infty}a_n(x-1)^n$ 的收敛域是(   ). 【K】2011 数学一,4 分

(A) $(-1,1]$　　　(B) $[-1,1)$　　　(C) $[0,2)$　　　(D) $(0,2]$

知识点睛 0710 幂级数的收敛域

解 幂级数 $\sum\limits_{n=1}^{\infty}a_n(x-1)^n$ 的收敛区间是以 1 为中心的对称区间,排除(A)、(B).

而 $x=0$ 时,由莱布尼茨判别法,级数 $\sum\limits_{n=1}^{\infty}(-1)^na_n$ 收敛.$x=2$ 时,由部分和数列 $S_n=\sum\limits_{k=1}^{n}a_k(n=1,2,\cdots)$ 无界知级数 $\sum\limits_{n=1}^{\infty}a_n$ 发散.应选(C).

§7.3 幂级数的和函数及数项级数求和

66 求 $\sum\limits_{n=1}^{\infty} nx^{n-1}$ 的收敛域及和函数,并求级数 $\sum\limits_{n=1}^{\infty} \dfrac{n}{2^n}$ 的和 s.

知识点睛 0711 幂级数的和函数

解 (1) 求 $\sum\limits_{n=1}^{\infty} nx^{n-1}$ 的收敛域.

$\lim\limits_{n\to\infty} \left|\dfrac{a_{n+1}}{a_n}\right| = \lim\limits_{n\to\infty} \dfrac{n+1}{n} = 1$,收敛半径 $R=1$,在端点 $x=1$ 处,级数为 $\sum\limits_{n=1}^{\infty} n$,发散;在

$x=-1$ 处,级数为 $\sum\limits_{n=1}^{\infty} n(-1)^{n-1}$,发散,故收敛域为 $(-1,1)$.

(2) 求 $\sum\limits_{n=1}^{\infty} nx^{n-1}$ 的和函数 $S(x)$.

设 $S(x) = \sum\limits_{n=1}^{\infty} nx^{n-1}, x \in (-1,1)$,两边积分,得

$$\int_0^x S(t)\,\mathrm{d}t = \int_0^x \Big[\sum_{n=1}^{\infty} nt^{n-1}\Big]\,\mathrm{d}t = \sum_{n=1}^{\infty} \int_0^x nt^{n-1}\,\mathrm{d}t = \sum_{n=1}^{\infty} x^n = \frac{x}{1-x}.$$

然后两边对 x 求导,

$$\frac{\mathrm{d}}{\mathrm{d}x}\Big[\int_0^x S(t)\,\mathrm{d}t\Big] = \Big(\frac{x}{1-x}\Big)', \quad \text{得} \quad S(x) = \frac{1}{(1-x)^2}.$$

下面求 $\sum\limits_{n=1}^{\infty} \dfrac{n}{2^n}$ 的和. 因为 $\sum\limits_{n=1}^{\infty} nx^{n-1} = \dfrac{1}{(1-x)^2}, x \in (-1,1)$,令 $x=\dfrac{1}{2}$,则有

$$\sum_{n=1}^{\infty} n\Big(\frac{1}{2}\Big)^{n-1} = \frac{1}{\Big(\frac{1}{2}\Big)^2} = 4.$$

故 $\sum\limits_{n=1}^{\infty} n\Big(\dfrac{1}{2}\Big)^n = \dfrac{1}{2} \cdot 4 = 2$,即 $s=2$.

67 求幂级数 $\sum\limits_{n=1}^{\infty} \dfrac{1}{n(n+1)}x^n$ 的收敛域,并求其和函数.

知识点睛 0710 幂级数的收敛域, 0711 幂级数的和函数

解 $\rho = \lim\limits_{n\to\infty} \left|\dfrac{a_{n+1}}{a_n}\right| = \lim\limits_{n\to\infty} \dfrac{n(n+1)}{(n+1)(n+2)} = 1$,收敛半径 $R = \dfrac{1}{\rho} = 1$.

当 $x=-1$ 时,原级数为 $\sum\limits_{n=1}^{\infty} \dfrac{(-1)^n}{n(n+1)}$ 收敛;当 $x=1$ 时,原级数为 $\sum\limits_{n=1}^{\infty} \dfrac{1}{n(n+1)}$ 收敛.故幂级数的收敛域为 $[-1,1]$.

令 $S(x) = \sum\limits_{n=1}^{\infty} \dfrac{1}{n(n+1)}x^n, x \in (-1,0) \cup (0,1)$,有

$$S'(x) = \sum_{n=1}^{\infty} \frac{1}{n+1}x^{n-1} = \frac{1}{x^2}\sum_{n=1}^{\infty} \frac{1}{n+1}x^{n+1} = \frac{1}{x^2}\Big[\int_0^x \Big(\sum_{n=1}^{\infty} \frac{1}{n+1}t^{n+1}\Big)'\,\mathrm{d}t\Big]$$

$$= \frac{1}{x^2} \int_0^x \sum_{n=1}^{\infty} t^n dt = \frac{1}{x^2} \int_0^x \frac{t}{1-t} dt = \frac{1}{x^2} \left[-x - \ln(1-x) \right]$$

$$= -\frac{1}{x} - \frac{1}{x^2} \ln(1-x),$$

则

$$S(x) = \int_0^x S'(t) dt = \int_0^x \left[-\frac{1}{t} - \frac{1}{t^2} \ln(1-t) \right] dt$$

$$= \lim_{\varepsilon \to 0^+} \int_\varepsilon^x \left[-\frac{1}{t} - \frac{1}{t^2} \ln(1-t) \right] dt$$

$$= 1 + \frac{\ln(1-x)}{x} - \ln(1-x).$$

当 $x=0$ 时,原级数为 $\sum_{n=1}^{\infty} 0 = 0$,收敛,

$$S(0) = \lim_{x \to 0} \left[1 + \frac{\ln(1-x)}{x} - \ln(1-x) \right] = 0;$$

当 $x=1$ 时,级数为 $\sum_{n=1}^{\infty} \frac{1}{n(n+1)} = 1$(因为 $u_n = \frac{1}{n} - \frac{1}{n+1}, S_n = 1 - \frac{1}{n+1} \to 1$,当 $n \to \infty$ 时);

当 $x=-1$ 时,级数为 $\sum_{n=1}^{\infty} \frac{(-1)^n}{n(n+1)} = 1 - 2\ln 2$.

故 $\sum_{n=1}^{\infty} \frac{1}{n(n+1)} x^n$ 的和函数 $S(x)$ 为

$$S(x) = \begin{cases} 1 + \frac{\ln(1-x)}{x} - \ln(1-x), & -1 \leq x < 0, 0 < x < 1, \\ 0, & x=0, \\ 1, & x=1. \end{cases}$$

【评注】本题也可以按下面方法求解

$$\sum_{n=1}^{\infty} \frac{1}{n(n+1)} x^n = \sum_{n=1}^{\infty} \left(\frac{1}{n} - \frac{1}{n+1} \right) x^n = \sum_{n=1}^{\infty} \frac{1}{n} x^n - \sum_{n=1}^{\infty} \frac{1}{n+1} x^n.$$

分别求出 $\sum_{n=1}^{\infty} \frac{1}{n} x^n, \sum_{n=1}^{\infty} \frac{1}{n+1} x^n$ 的和,就可得出 $\sum_{n=1}^{\infty} \frac{1}{n(n+1)} x^n$ 的和.

68 求幂级数 $\sum_{n=1}^{\infty} \left(\frac{1}{2n+1} - 1 \right) x^{2n}$ 在区间 $(-1,1)$ 内的和函数 $S(x)$. Ⓚ 2005 数学三, 9 分

知识点睛 0711 幂级数的和函数

解 设

$$S(x) = \sum_{n=1}^{\infty} \left(\frac{1}{2n+1} - 1 \right) x^{2n}, \quad S_1(x) = \sum_{n=1}^{\infty} \frac{x^{2n}}{2n+1}, \quad S_2(x) = \sum_{n=1}^{\infty} x^{2n},$$

则

$$S(x) = S_1(x) - S_2(x), \quad x \in (-1,1).$$

由于

$$S_2(x) = \sum_{n=1}^{\infty} x^{2n} = \frac{x^2}{1-x^2}, \quad [xS_1(x)]' = \sum_{n=1}^{\infty} x^{2n} = \frac{x^2}{1-x^2}, \quad x \in (-1,1),$$

因此

$$xS_1(x) = \int_0^x \frac{t^2}{1-t^2}dt = -x + \frac{1}{2}\ln\frac{1+x}{1-x}.$$

又由于 $S_1(0)=0$,故

$$S_1(x) = \begin{cases} -1 + \dfrac{1}{2x}\ln\dfrac{1+x}{1-x}, & x \in (-1,0) \cup (0,1), \\ 0, & x=0, \end{cases}$$

所以

$$S(x) = S_1(x) - S_2(x) = \begin{cases} \dfrac{1}{2x}\ln\dfrac{1+x}{1-x} - \dfrac{1}{1-x^2}, & x \in (-1,0) \cup (0,1), \\ 0, & x=0. \end{cases}$$

【评注】(1) 由几何级数的和函数公式 $\sum_{n=0}^{\infty} x^n = \dfrac{1}{1-x}$ ($|x|<1$) 出发,经过逐项求导、逐项积分、换元以及加减法等运算,可以求出某些幂级数的和函数. 例如

① $\displaystyle\sum_{n=1}^{\infty} nx^n = \frac{x}{(1-x)^2}, \quad |x|<1;$

② $\displaystyle\sum_{n=1}^{\infty} n^2 x^n = \frac{x(1+x)}{(1-x)^3}, \quad |x|<1;$

③ $\displaystyle\sum_{n=1}^{\infty} \frac{x^n}{n} = -\ln(1-x), \quad -1 \leqslant x < 1;$

④ $\displaystyle\sum_{n=0}^{\infty} (-1)^n x^{2n} = \frac{1}{1+x^2}, \quad |x|<1;$

⑤ $\displaystyle\sum_{n=0}^{\infty} \frac{(-1)^n}{2n+1} x^{2n+1} = \arctan x, \quad |x| \leqslant 1.$

(2) 本题中的幂级数求和可将其转化为形如 $\sum_{n=1}^{\infty} \dfrac{x^n}{n}$ 或 $\sum_{n=1}^{\infty} nx^{n-1}$ 的幂级数,再通过逐项求导或逐项积分求出其和函数.本题应特别注意 $x=0$ 的情形.

Ⓚ 2005 数学一,
12 分

69 求幂级数 $\displaystyle\sum_{n=1}^{\infty} (-1)^{n-1}\left(1 + \frac{1}{n(2n-1)}\right)x^{2n}$ 的收敛区间与和函数 $f(x)$.

知识点睛 0710 幂级数的收敛区间,0711 幂级数的和函数

解 因为

$$\lim_{n\to\infty} \frac{(n+1)(2n+1)+1}{(n+1)(2n+1)} \cdot \frac{n(2n-1)}{n(2n-1)+1} = 1,$$

所以当 $x^2<1$ 时,原级数绝对收敛;当 $x^2>1$ 时,原级数发散.因此原级数的收敛半径为 1,收敛区间为 $(-1,1)$.

记 $S(x) = \displaystyle\sum_{n=1}^{\infty} \frac{(-1)^{n-1}}{2n(2n-1)} x^{2n}, \quad x \in (-1,1)$,则

$$S'(x) = \sum_{n=1}^{\infty} \frac{(-1)^{n-1}}{2n-1} x^{2n-1}, \quad x \in (-1,1),$$

$$S''(x) = \sum_{n=1}^{\infty} (-1)^{n-1} x^{2n-2} = \frac{1}{1+x^2}, \quad x \in (-1,1).$$

由于 $S(0)=0, S'(0)=0$,所以

$$S'(x) = \int_0^x S''(t)\,dt = \int_0^x \frac{1}{1+t^2}\,dt = \arctan x,$$

$$S(x) = \int_0^x S'(t)\,dt = \int_0^x \arctan t\,dt = x\arctan x - \frac{1}{2}\ln(1+x^2).$$

又 $\sum_{n=1}^{\infty} (-1)^{n-1} x^{2n} = \frac{x^2}{1+x^2}, \quad x \in (-1,1)$,从而

$$f(x) = 2S(x) + \frac{x^2}{1+x^2} = 2x\arctan x - \ln(1+x^2) + \frac{x^2}{1+x^2}, \quad x \in (-1,1).$$

【评注】本题求收敛区间是基本题型,应注意收敛区间一律指开区间.而幂级数求和尽量将其转化为形如 $\sum_{n=1}^{\infty} \frac{x^n}{n}$ 或 $\sum_{n=1}^{\infty} nx^{n-1}$ 幂级数形式,再通过逐项求导或逐项积分求出其和函数.

70 求 $\sum_{n=0}^{\infty} \frac{(-4)^n+1}{4^n(2n+1)} x^{2n}$ 的收敛域及和函数 $S(x)$.

K 2022 数学三,12 分

知识点睛 0710 幂级数的收敛域,0711 幂级数的和函数

解 记 $u_n(x) = \frac{(-4)^n+1}{4^n(2n+1)} x^{2n}$,由比值判别法,有

$$\lim_{n\to\infty} \left| \frac{u_{n+1}(x)}{u_n(x)} \right| = \lim_{n\to\infty} \left| \frac{\frac{(-4)^{n+1}+1}{4^{n+1}(2n+3)} x^{2n+2}}{\frac{(-4)^n+1}{4^n(2n+1)} x^{2n}} \right| = x^2,$$

所以,当 $x^2 < 1$,即 $-1 < x < 1$ 时,级数收敛,即级数的收敛半径 $R=1$,收敛区间为 $(-1,1)$.

当 $x = \pm 1$ 时,级数变为 $\sum_{n=0}^{\infty} \frac{(-4)^n+1}{4^n(2n+1)} = \sum_{n=0}^{\infty} \left[\frac{(-1)^n}{2n+1} + \frac{1}{4^n(2n+1)} \right]$,收敛,收敛域为 $[-1,1]$.

$$S(x) = \sum_{n=0}^{\infty} \frac{(-1)^n}{2n+1} x^{2n} + \sum_{n=0}^{\infty} \frac{1}{4^n(2n+1)} x^{2n} = S_1(x) + S_2(x),$$

$$S_1(x) = \sum_{n=0}^{\infty} \frac{(-1)^n}{2n+1} x^{2n} = \frac{1}{x} \sum_{n=0}^{\infty} \frac{(-1)^n}{2n+1} x^{2n+1} = \frac{1}{x} \varphi(x), \quad x \neq 0,$$

$$\varphi(x) = \sum_{n=0}^{\infty} \frac{(-1)^n}{2n+1} x^{2n+1}, \quad \varphi'(x) = \sum_{n=0}^{\infty} (-1)^n x^{2n} = \frac{1}{1+x^2},$$

所以, $\varphi(x) = \int_0^x \frac{1}{1+t^2}dt + \varphi(0) = \arctan x$, 进而 $S_1(x) = \frac{\arctan x}{x}$.

$$S_2(x) = \sum_{n=0}^{\infty} \frac{1}{4^n(2n+1)}x^{2n} = \frac{1}{x}\sum_{n=0}^{\infty}\frac{x^{2n+1}}{4^n(2n+1)} = \frac{1}{x}\psi(x), \quad x \neq 0,$$

$$\psi(x) = \sum_{n=0}^{\infty}\frac{x^{2n+1}}{4^n(2n+1)}, \quad \psi'(x) = \sum_{n=0}^{\infty}\frac{x^{2n}}{4^n} = \sum_{n=0}^{\infty}\left(\frac{x^2}{4}\right)^n = \frac{1}{1-\frac{x^2}{4}} = \frac{4}{4-x^2},$$

所以, $\psi(x) = \int_0^x \frac{4}{4-t^2}dt + \psi(0) = \ln\frac{2+x}{2-x}$, 进而 $S_2(x) = \frac{1}{x}\ln\frac{2+x}{2-x}$, 故

$$S(x) = \frac{1}{x}\left(\arctan x + \ln\frac{2+x}{2-x}\right), x \neq 0; \quad 当 x=0 时, S(0)=2,$$

即
$$S(x) = \begin{cases} \frac{1}{x}\left(\arctan x + \ln\frac{2+x}{2-x}\right), & x \in [-1,0) \cup (0,1], \\ 2, & x=0. \end{cases}$$

71 求幂级数 $\sum_{n=1}^{\infty} \frac{2n+2}{n!}x^{2n+1}$ 的收敛域, 并求其和函数.

知识点睛 0710 幂级数的收敛域, 0711 幂级数的和函数

解 因为
$$\rho = \lim_{n\to\infty}\left|\frac{2n+4}{(n+1)!}\cdot\frac{n!}{2n+2}\right| = \lim_{n\to\infty}\frac{2n+4}{(n+1)(2n+2)} = 0,$$

所以收敛半径 $R = +\infty$, 故该级数的收敛域为 $(-\infty, +\infty)$.

设 $S(x) = \sum_{n=1}^{\infty}\frac{2n+2}{n!}x^{2n+1}$, 则

$$S(x) = \left[\sum_{n=1}^{\infty}\frac{x^{2n+2}}{n!}\right]' = \left[x^2\cdot\sum_{n=1}^{\infty}\frac{(x^2)^n}{n!}\right]'$$
$$= [x^2(e^{x^2}-1)]' = 2x(e^{x^2}-1) + 2x^3 e^{x^2}, \quad -\infty < x < +\infty.$$

72 $\sum_{n=1}^{\infty} n\left(\frac{1}{2}\right)^{n-1} = \underline{\quad\quad}$.

知识点睛 用幂级数的和函数求数项级数的和

解 记 $S(x) = \sum_{n=1}^{\infty}nx^{n-1}$, 两边积分, 得

$$\int_0^x S(t)dt = \int_0^x\left(\sum_{n=1}^{\infty}nt^{n-1}\right)dt = \sum_{n=1}^{\infty}\left(\int_0^x nt^{n-1}dt\right) = \sum_{n=1}^{\infty}x^n = \frac{x}{1-x}, \quad |x|<1,$$

所以, $S(x) = \left(\frac{x}{1-x}\right)' = \frac{1}{(1-x)^2}, |x|<1$.

当 $x=\frac{1}{2}$ 时, $S\left(\frac{1}{2}\right) = \frac{1}{\left(1-\frac{1}{2}\right)^2} = 4$. 所以 $\sum_{n=1}^{\infty}n\left(\frac{1}{2}\right)^{n-1} = S\left(\frac{1}{2}\right) = 4$. 应填 4.

71 题精解视频

【评注】本题中把级数 $\sum\limits_{n=1}^{\infty} u_n$ 视为幂级数 $\sum\limits_{n=1}^{\infty} a_n x^n$ 在 $x = x_0$ 时所得的数项级数,通过求幂级数 $\sum\limits_{n=1}^{\infty} a_n x^n$ 的和函数 $S(x)$,可得 $\sum\limits_{n=1}^{\infty} u_n = S(x_0)$,这是求数项级数和函数的常用方法.

73 求级数 $\sum\limits_{n=0}^{\infty} \dfrac{(-1)^n (n^2 - n + 1)}{2^n}$ 的和.

知识点睛　数项级数求和

解　$\sum\limits_{n=0}^{\infty} \dfrac{(-1)^n (n^2 - n + 1)}{2^n} = \sum\limits_{n=2}^{\infty} n(n-1)\left(-\dfrac{1}{2}\right)^n + \sum\limits_{n=0}^{\infty} \left(-\dfrac{1}{2}\right)^n$,其中

$$\sum_{n=0}^{\infty} \left(-\dfrac{1}{2}\right)^n = \dfrac{1}{1 + \dfrac{1}{2}} = \dfrac{2}{3}.$$

设 $S(x) = \sum\limits_{n=2}^{\infty} n(n-1) x^{n-2}, x \in (-1, 1)$,则

$$\int_0^x \left[\int_0^u S(t)\,dt\right]du = \sum_{n=2}^{\infty} x^n = \dfrac{x^2}{1-x}, \quad S(x) = \left(\dfrac{x^2}{1-x}\right)'' = \dfrac{2}{(1-x)^3}.$$

$$\sum_{n=2}^{\infty} n(n-1) x^n = \dfrac{2x^2}{(1-x)^3}, x \in (-1, 1). \quad \sum_{n=2}^{\infty} n(n-1)\left(-\dfrac{1}{2}\right)^n = \dfrac{4}{27}.$$

所以

$$\sum_{n=0}^{\infty} \dfrac{(-1)^n (n^2 - n + 1)}{2^n} = \dfrac{4}{27} + \dfrac{2}{3} = \dfrac{22}{27}.$$

74 幂级数 $\sum\limits_{n=1}^{\infty} (-1)^{n-1} n x^{n-1}$ 在区间 $(-1, 1)$ 内的和函数 $S(x) =$ _____.

Ⓚ 2017 数学一,4分

知识点睛　0711 幂级数的和函数

解　$S(x) = \left(\sum\limits_{n=1}^{\infty} (-1)^{n-1} x^n\right)' = \left(\dfrac{x}{1+x}\right)' = \dfrac{1}{(1+x)^2}$,应填 $\dfrac{1}{(1+x)^2}$.

75 $\sum\limits_{n=0}^{\infty} (-1)^n \dfrac{2n+3}{(2n+1)!} = ($ 　　$).$

Ⓚ 2018 数学一,4分

(A) $\sin 1 + \cos 1$　　　　　　　　(B) $2\sin 1 + \cos 1$

(C) $2\sin 1 + 2\cos 1$　　　　　　　(D) $2\sin 1 + 3\cos 1$

知识点睛　数项级数求和

解　$\sum\limits_{n=0}^{\infty} (-1)^n \cdot \dfrac{2n+3}{(2n+1)!} = \sum\limits_{n=0}^{\infty} (-1)^n \dfrac{1}{(2n)!} + 2\sum\limits_{n=0}^{\infty} (-1)^n \cdot \dfrac{1}{(2n+1)!}$

$\qquad\qquad\qquad\qquad = \cos 1 + 2\sin 1.$

应选(B).

75题精解视频

【评注】此题利用了 $\sin x$ 及 $\cos x$ 的幂级数展开式.

K 2019 数学一，
4 分

76 幂级数 $\displaystyle\sum_{n=0}^{\infty} \frac{(-1)^n}{(2n)!} x^n$ 在 $(0,+\infty)$ 内的和函数 $S(x) = $ _____.

知识点睛 0711 幂级数的和函数

解 利用余弦函数的幂级数展开式，可得

$$S(x) = \sum_{n=0}^{\infty} \frac{(-1)^n}{(2n)!} x^n = \sum_{n=0}^{\infty} \frac{(-1)^n}{(2n)!} (\sqrt{x})^{2n} = \cos\sqrt{x}.$$

应填 $\cos\sqrt{x}$.

K 2009 数学一，
9 分

77 设 a_n 为曲线 $y = x^n$ 与 $y = x^{n+1}$ $(n = 1, 2, \cdots)$ 所围成区域的面积，记 $S_1 = \displaystyle\sum_{n=1}^{\infty} a_n, S_2 = \displaystyle\sum_{n=1}^{\infty} a_{2n-1}$，求 S_1 与 S_2 的值.

知识点睛 用幂级数展开式求数项级数的和

解 曲线 $y = x^n$ 与 $y = x^{n+1}$ 的交点为 $(0,0), (1,1)$，所以

$$a_n = \int_0^1 (x^n - x^{n+1}) \, \mathrm{d}x = \left(\frac{1}{n+1} x^{n+1} - \frac{1}{n+2} x^{n+2} \right) \Big|_0^1 = \frac{1}{n+1} - \frac{1}{n+2},$$

从而

$$S_1 = \sum_{n=1}^{\infty} a_n = \lim_{n \to \infty} \sum_{k=1}^{n} a_k = \lim_{n \to \infty} \left(\frac{1}{2} - \frac{1}{3} + \cdots + \frac{1}{n+1} - \frac{1}{n+2} \right)$$

$$= \lim_{n \to \infty} \left(\frac{1}{2} - \frac{1}{n+2} \right) = \frac{1}{2},$$

$$S_2 = \sum_{n=1}^{\infty} a_{2n-1} = \sum_{n=1}^{\infty} \left(\frac{1}{2n} - \frac{1}{2n+1} \right) = \frac{1}{2} - \frac{1}{3} + \frac{1}{4} - \frac{1}{5} + \frac{1}{6} - \cdots.$$

由 $\ln(1+x) = x - \frac{1}{2}x^2 + \cdots + (-1)^{n-1}\frac{x^n}{n} + \cdots$，令 $x = 1$，得

$$\ln 2 = 1 - \left(\frac{1}{2} - \frac{1}{3} + \frac{1}{4} - \cdots \right) = 1 - S_2, \quad S_2 = 1 - \ln 2.$$

【评注】 此题是定积分的几何意义与级数求和的一个综合题，特别是用到了常见函数 $\ln(1+x)$ 的幂级数展开式.

K 2010 数学一，
10 分

78 求幂级数 $\displaystyle\sum_{n=1}^{\infty} \frac{(-1)^{n-1}}{2n-1} x^{2n}$ 的收敛域及和函数.

知识点睛 0710 幂级数的收敛域，0711 幂级数的和函数

分析 用比值判别法确定收敛区间，进而确定收敛域；利用幂级数的逐项求导求和函数.

解 因为 $\displaystyle\lim_{n \to \infty} \left| \frac{u_{n+1}}{u_n} \right| = \lim_{n \to \infty} \left| \frac{x^{2n+2}(2n-1)}{x^{2n}(2n+1)} \right| = x^2$，所以当 $x^2 < 1$，即 $-1 < x < 1$ 时，原幂级数绝对收敛.

当 $x = \pm 1$ 时，级数为 $\displaystyle\sum_{n=1}^{\infty} \frac{(-1)^{n-1}}{2n-1}$，由莱布尼茨判别法知显然收敛，故原幂级数的收敛域为 $[-1, 1]$.

又 $\sum_{n=1}^{\infty} \dfrac{(-1)^{n-1}}{2n-1}x^{2n} = x\sum_{n=1}^{\infty} \dfrac{(-1)^{n-1}}{2n-1}x^{2n-1}$，令

$$f(x) = \sum_{n=1}^{\infty} \frac{(-1)^{n-1}}{2n-1}x^{2n-1}, \quad x \in (-1,1),$$

则 $f'(x) = \sum_{n=1}^{\infty}(-1)^{n-1}x^{2(n-1)} = \dfrac{1}{1+x^2}$.

由于 $f(0)=0$，所以 $f(x) = \int_0^x f'(t)\mathrm{d}t + f(0) = \arctan x$. 从而幂级数的收敛域为 $[-1, 1]$，和函数为 $x\arctan x$，$x \in [-1,1]$.

【评注】对于缺项的幂级数，一般用比值判别法确定收敛区间；本题也可令 $t=x^2$ 转化为不缺项的幂级数.

79 求幂级数 $\sum_{n=1}^{\infty} \dfrac{1}{n2^n}x^{n-1}$ 的收敛域，并求其和函数.

1987 数学一, 10 分

知识点睛 0710 幂级数的收敛域，0711 幂级数的和函数

分析 先用公式求出收敛半径及收敛区间，再考查端点处的敛散性可得到收敛域. 将幂级数 $\sum_{n=1}^{\infty} \dfrac{1}{n2^n}x^{n-1}$ 转化为基本情形 $\sum_{n=1}^{\infty}\dfrac{x^n}{n}$，可求得和函数.

解 因为 $\rho = \lim_{n\to\infty}\left|\dfrac{a_{n+1}}{a_n}\right| = \lim_{n\to\infty}\dfrac{n2^n}{(n+1)2^{n+1}} = \dfrac{1}{2}$，所以收敛半径 $R=2$，收敛区间为 $(-2,2)$.

当 $x=2$ 时，级数 $\sum_{n=1}^{\infty}\dfrac{1}{2n}$ 发散，当 $x=-2$ 时，级数 $\sum_{n=1}^{\infty}(-1)^{n-1}\dfrac{1}{2n}$ 收敛，所以幂级数 $\sum_{n=1}^{\infty}\dfrac{1}{n2^n}x^{n-1}$ 的收敛域为 $[-2,2)$.

令 $S(x) = \sum_{n=1}^{\infty}\dfrac{1}{n2^n}x^n = \sum_{n=1}^{\infty}\dfrac{1}{n}\left(\dfrac{x}{2}\right)^n$，则

$$S'(x) = \frac{1}{2}\sum_{n=1}^{\infty}\left(\frac{x}{2}\right)^{n-1} = \frac{1}{2}\frac{1}{1-\frac{x}{2}} = \frac{1}{2-x} \quad (-2\le x<2),$$

所以 $S(x) = S(0) + \int_0^x S'(t)\mathrm{d}t = \int_0^x \dfrac{1}{2-t}\mathrm{d}t = -\ln\left(1-\dfrac{x}{2}\right) \quad (-2\le x<2)$.

于是，当 $x\neq 0$ 时，$\sum_{n=1}^{\infty}\dfrac{1}{n2^n}x^{n-1} = \dfrac{1}{x}S(x) = -\dfrac{1}{x}\ln\left(1-\dfrac{x}{2}\right)$，当 $x=0$ 时，

$$\left(\sum_{n=1}^{\infty}\frac{1}{n2^n}x^{n-1}\right)\bigg|_{x=0} = \frac{1}{2},$$

因此，$\sum_{n=1}^{\infty}\dfrac{1}{n2^n}x^{n-1} = \begin{cases} -\dfrac{1}{x}\ln\left(1-\dfrac{x}{2}\right), & -2\le x<2, x\neq 0, \\ \dfrac{1}{2}, & x=0. \end{cases}$

【评注】求幂级数的和函数,一般先通过幂级数的代数运算、逐项微分、逐项积分等性质将其化为典型的幂级数求和问题:$\sum\limits_{n=0}^{\infty} x^n$.

2017 数学三, 10分

80　设 $a_0=1$,$a_1=0$,$a_{n+1}=\dfrac{1}{n+1}(na_n+a_{n-1})$　$(n=1,2,3,\cdots)$,$S(x)$ 为幂级数

$\sum\limits_{n=0}^{\infty} a_n x^n$ 的和函数.

（Ⅰ）证明幂级数 $\sum\limits_{n=0}^{\infty} a_n x^n$ 的收敛半径不小于 1.

（Ⅱ）证明 $(1-x)S'(x)-xS(x)=0$　$(x\in(-1,1))$,并求 $S(x)$ 的表达式.

知识点睛　0710 幂级数的收敛半径

证　（Ⅰ）由已知 $a_0=1$,$a_1=0$,$a_{n+1}=\dfrac{1}{n+1}(na_n+a_{n-1})$,所以 $0\leqslant a_{n+1}\leqslant 1$.

记 R 为幂级数 $\sum\limits_{n=0}^{\infty} a_n x^n$ 的收敛半径.当 $|x|<1$ 时,因为 $|a_n x^n|\leqslant|x^n|$ 且级数 $\sum\limits_{n=0}^{\infty}|x^n|$

收敛,所以幂级数 $\sum\limits_{n=0}^{\infty} a_n x^n$ 绝对收敛,于是 $(-1,1)\subseteq(-R,R)$,故 $R\geqslant 1$.

（Ⅱ）利用幂级数的逐项求导,得

$$S'(x)=\sum_{n=1}^{\infty} na_n x^{n-1}=\sum_{n=0}^{\infty}(n+1)a_{n+1}x^n,$$

则

$$(1-x)S'(x)=\sum_{n=1}^{\infty}[(n+1)a_{n+1}-na_n]x^n+a_1,$$

$$xS(x)=\sum_{n=0}^{\infty} a_n x^{n+1}=\sum_{n=1}^{\infty} a_{n-1}x^n,$$

进而 $(1-x)S'(x)-xS(x)=\sum\limits_{n=1}^{\infty}[(n+1)a_{n+1}-na_n-a_{n-1}]x^n+a_1.$ 由已知

$$(n+1)a_{n+1}-na_n-a_{n-1}=0,a_1=0,$$

所以

$$(1-x)S'(x)-xS(x)=0.$$

解微分方程 $\dfrac{S'(x)}{S(x)}=\dfrac{x}{1-x}$,得

$$S(x)=\frac{Ce^{-x}}{x-1},$$

由 $S(0)=a_0=1$,得 $C=-1$,有

$$S(x)=\frac{e^{-x}}{1-x}.$$

§7.4 函数的幂级数展开

81 设 $f(x) = \begin{cases} \dfrac{1+x^2}{x}\arctan x, & x \neq 0, \\ 1, & x = 0, \end{cases}$ 试将 $f(x)$ 展开成 x 的幂级数,并求级数

$\displaystyle\sum_{n=1}^{\infty} \frac{(-1)^n}{1-4n^2}$ 的和.

知识点睛 0715 将函数间接展开为幂级数

解 因 $\dfrac{1}{1+x^2} = \displaystyle\sum_{n=0}^{\infty}(-1)^n x^{2n}, \quad x \in (-1,1)$,故

$$\arctan x = \int_0^x (\arctan t)' \mathrm{d}t = \sum_{n=0}^{\infty} \frac{(-1)^n}{2n+1} x^{2n+1}, \quad x \in [-1,1],$$

于是

$$f(x) = 1 + \sum_{n=1}^{\infty} \frac{(-1)^n}{2n+1} x^{2n} + \sum_{n=0}^{\infty} \frac{(-1)^n}{2n+1} x^{2n+2}$$

$$= 1 + \sum_{n=1}^{\infty} \frac{(-1)^n}{2n+1} x^{2n} + \sum_{n=1}^{\infty} \frac{(-1)^{n-1}}{2n-1} x^{2n}$$

$$= 1 + 2\sum_{n=1}^{\infty} \frac{(-1)^n}{1-4n^2} x^{2n}, \quad x \in [-1,1],$$

因此,$\displaystyle\sum_{n=1}^{\infty} \frac{(-1)^n}{1-4n^2} = \frac{1}{2}[f(1)-1] = \frac{\pi}{4} - \frac{1}{2}$.

【评注】由于 $\dfrac{1+x^2}{x} = x^{-1} + x$ 已是 x 的幂级数形式,故可用间接法将 $\arctan x$ 展开为 x 的幂级数.

82 将函数 $f(x) = x\arctan x - \ln\sqrt{1+x^2}$ 展开为 x 的幂级数.

知识点睛 0715 将函数间接展开为幂级数

解法 1 $\arctan x = \displaystyle\int_0^x \frac{1}{1+t^2}\mathrm{d}t = \int_0^x \left(\sum_{n=0}^{\infty}(-1)^n t^{2n}\right)\mathrm{d}t$

$$= \sum_{n=0}^{\infty}(-1)^n \frac{x^{2n+1}}{2n+1} = \sum_{n=1}^{\infty}(-1)^{n-1}\frac{x^{2n-1}}{2n-1}, \quad |x| \leqslant 1,$$

$$\ln\sqrt{1+x^2} = \frac{1}{2}\ln(1+x^2) = \frac{1}{2}\sum_{n=1}^{\infty}(-1)^{n-1}\frac{x^{2n}}{n}, \quad |x| \leqslant 1,$$

所以 $$f(x) = x\sum_{n=1}^{\infty}(-1)^{n-1}\frac{x^{2n-1}}{2n-1} - \frac{1}{2}\sum_{n=1}^{\infty}(-1)^{n-1}\frac{x^{2n}}{n}$$

$$= \sum_{n=1}^{\infty}(-1)^{n-1}\frac{x^{2n}}{2n(2n-1)}, \quad |x| \leqslant 1.$$

解法 2 $f'(x) = \arctan x + \dfrac{x}{1+x^2} - \dfrac{1}{2}\cdot\dfrac{2x}{1+x^2} = \arctan x$,

$$f''(x) = \frac{1}{1+x^2} = \sum_{n=0}^{\infty} (-1)^n x^{2n}, x \in (-1,1),$$

所以

$$f'(x) = \int_0^x f''(t)\,\mathrm{d}t + f'(0)$$

$$= \int_0^x \left(\sum_{n=0}^{\infty} (-1)^n t^{2n} \right) \mathrm{d}t + 0 = \sum_{n=0}^{\infty} \frac{(-1)^n}{2n+1} x^{2n+1},$$

$$f(x) = \int_0^x f'(t)\,\mathrm{d}t + f(0) = \int_0^x \left(\sum_{n=0}^{\infty} \frac{(-1)^n}{2n+1} t^{2n+1} \right) \mathrm{d}t + 0$$

$$= \sum_{n=0}^{\infty} \frac{(-1)^n}{(2n+1)(2n+2)} x^{2n+2}$$

$$= \sum_{n=1}^{\infty} \frac{(-1)^{n-1}}{2n(2n-1)} x^{2n}, x \in [-1,1].$$

Ⓚ 1989 数学一，
6 分

83 将 $f(x) = \arctan \dfrac{1+x}{1-x}$ 展开为 x 的幂级数.

知识点睛 0715 将函数间接展开为幂级数

分析 幂级数展开有两种方法，即直接法和间接法. 一般考查间接法，通过适当的恒等变形、求导或积分等，转化为幂级数展开式已知的函数.

解 因为 $f'(x) = \dfrac{1}{1+x^2}$，所以 $f'(x) = \dfrac{1}{1+x^2} = \sum\limits_{n=0}^{\infty}(-1)^n x^{2n}$ $(-1 < x < 1)$，有

$$f(x) = f(0) + \int_0^x f'(t)\,\mathrm{d}t = \frac{\pi}{4} + \int_0^x \sum_{n=0}^{\infty} (-1)^n t^{2n}\,\mathrm{d}t$$

$$= \frac{\pi}{4} + \sum_{n=0}^{\infty} \frac{(-1)^n}{2n+1} x^{2n+1} \quad (-1 \leqslant x < 1).$$

【评注】 幂级数 $\sum\limits_{n=0}^{\infty}(-1)^n x^{2n}$ 的收敛域为 $(-1,1)$，但逐项积分后所得幂级数

$\sum\limits_{n=0}^{\infty} \dfrac{(-1)^n}{2n+1} x^{2n+1}$ 的收敛域为 $[-1,1)$，其实 $\sum\limits_{n=0}^{\infty} \dfrac{(-1)^n}{2n+1} x^{2n+1}$ 在 $x=1$ 处也收敛，若对

函数 $f(x)$ 补充定义：

$$f(1) = \lim_{x \to 1^-} f(x) = \lim_{x \to 1^-} \arctan \frac{1+x}{1-x} = \frac{\pi}{2},$$

则 $f(x) = \dfrac{\pi}{4} + \sum\limits_{n=0}^{\infty} \dfrac{(-1)^n}{2n+1} x^{2n+1}$ 在 $[-1,1]$ 上成立.

另外，幂级数经过有限次的逐项求导、积分不改变其收敛半径及收敛区间，但在收敛区间的端点处的敛散性有可能会改变，读者尤其要注意.

Ⓚ 2003 数学一，
12 分

84 将函数 $f(x) = \arctan \dfrac{1-2x}{1+2x}$ 展开成 x 的幂级数，并求级数 $\sum\limits_{n=0}^{\infty} \dfrac{(-1)^n}{2n+1}$ 的和.

知识点睛 0715 将函数间接展开为幂级数

解 因为

$$f'(x) = \frac{-2}{1+4x^2} = -2\sum_{n=0}^{\infty}(-1)^n 4^n x^{2n}, \quad x \in \left(-\frac{1}{2}, \frac{1}{2}\right),$$

又 $f(0) = \dfrac{\pi}{4}$，所以

$$f(x) = f(0) + \int_0^x f'(t)\,\mathrm{d}t = \frac{\pi}{4} - 2\int_0^x \left[\sum_{n=0}^{\infty}(-1)^n 4^n t^{2n}\right]\mathrm{d}t$$

$$= \frac{\pi}{4} - 2\sum_{n=0}^{\infty}\frac{(-1)^n 4^n}{2n+1}x^{2n+1}, \quad x \in \left(-\frac{1}{2}, \frac{1}{2}\right).$$

因为级数 $\displaystyle\sum_{n=0}^{\infty}\frac{(-1)^n}{2n+1}$ 收敛，函数 $f(x)$ 在 $x = \dfrac{1}{2}$ 处连续，所以

$$f(x) = \frac{\pi}{4} - 2\sum_{n=0}^{\infty}\frac{(-1)^n 4^n}{2n+1}x^{2n+1}, \quad x \in \left(-\frac{1}{2}, \frac{1}{2}\right].$$

令 $x = \dfrac{1}{2}$，得

$$f\left(\frac{1}{2}\right) = \frac{\pi}{4} - 2\sum_{n=0}^{\infty}\left[\frac{(-1)^n 4^n}{2n+1}\cdot\frac{1}{2^{2n+1}}\right],$$

再由 $f\left(\dfrac{1}{2}\right) = 0$，得

$$\sum_{n=0}^{\infty}\frac{(-1)^n}{2n+1} = \frac{\pi}{4} - f\left(\frac{1}{2}\right) = \frac{\pi}{4}.$$

85 展开 $\dfrac{\mathrm{d}}{\mathrm{d}x}\left(\dfrac{\mathrm{e}^x - 1}{x}\right)$ 为 x 的幂级数，并求 $\displaystyle\sum_{n=1}^{\infty}\frac{n}{(n+1)!}$ 的和.

85题精解视频

知识点睛 0715 将函数间接展开为幂级数

分析 显然可以先求出导函数再展开，也可以先展开后再求导，而后者更简单些.

解 因 $\mathrm{e}^x = 1 + x + \dfrac{x^2}{2!} + \cdots + \dfrac{x^n}{n!} + \cdots = \displaystyle\sum_{n=0}^{\infty}\frac{x^n}{n!}, \quad x \in (-\infty, +\infty)$，故

$$\frac{\mathrm{e}^x - 1}{x} = 1 + \frac{x}{2!} + \frac{x^2}{3!} + \cdots + \frac{x^{n-1}}{n!} + \cdots = \sum_{n=1}^{\infty}\frac{x^{n-1}}{n!}, \quad x \in (-\infty, +\infty),$$

$$\frac{\mathrm{d}}{\mathrm{d}x}\left(\frac{\mathrm{e}^x-1}{x}\right) = \frac{1}{2!} + \frac{2x}{3!} + \cdots + \frac{(n-1)x^{n-2}}{n!} + \cdots$$

$$= \sum_{n=2}^{\infty}\frac{(n-1)x^{n-2}}{n!} = \sum_{n=1}^{\infty}\frac{nx^{n-1}}{(n+1)!}, \quad x \in (-\infty, +\infty).$$

由 $\dfrac{\mathrm{d}}{\mathrm{d}x}\left(\dfrac{\mathrm{e}^x-1}{x}\right)$ 的展开式，知

$$\sum_{n=1}^{\infty}\frac{n}{(n+1)!} = \left[\frac{\mathrm{d}}{\mathrm{d}x}\left(\frac{\mathrm{e}^x-1}{x}\right)\right]\Bigg|_{x=1} = \frac{x\mathrm{e}^x - (\mathrm{e}^x - 1)}{x^2}\Bigg|_{x=1} = 1.$$

86 将函数 $f(x) = \dfrac{x}{x^2 - 5x + 6}$ 展开成 $x-5$ 的幂级数.

知识点睛 0715 将函数间接展开为幂级数

解 $f(x) = \dfrac{x}{x^2-5x+6} = \dfrac{3}{x-3} - \dfrac{2}{x-2} = \dfrac{3}{2+(x-5)} - \dfrac{2}{3+(x-5)}$

$\qquad = \dfrac{3}{2} \dfrac{1}{1+\dfrac{x-5}{2}} - \dfrac{2}{3} \dfrac{1}{1+\dfrac{x-5}{3}}$

$\qquad = \dfrac{3}{2} \sum_{n=0}^{\infty} (-1)^n \dfrac{(x-5)^n}{2^n} - \dfrac{2}{3} \sum_{n=0}^{\infty} (-1)^n \dfrac{(x-5)^n}{3^n}$

$\qquad = \sum_{n=0}^{\infty} (-1)^n \left(\dfrac{3}{2^{n+1}} - \dfrac{2}{3^{n+1}} \right) (x-5)^n,$

收敛区间应取 $-1 < \dfrac{x-5}{2} < 1$ 与 $-1 < \dfrac{x-5}{3} < 1$ 的交集,即 $(3,7)$.

87 将函数 $f(x) = \dfrac{1}{x(x-1)}$ 展开成 $x-2$ 的幂级数.

知识点睛 0715 将函数间接展开为幂级数

分析 函数 $f(x) = \dfrac{1}{x(x-1)} = \dfrac{1}{x-1} - \dfrac{1}{x}$.使用间接展开法计算,需将 $\dfrac{1}{x-1}$ 与 $\dfrac{1}{x}$ 化成 $\dfrac{1}{1\pm(x-2)}$,以便利用 $\dfrac{1}{1\pm x}$ 的幂级数展开式,将 $\dfrac{1}{1\pm(x-2)}$ 展开为 $x-2$ 的幂级数即可.

解 $f(x) = \dfrac{1}{x(x-1)} = \dfrac{1}{x-1} - \dfrac{1}{x} = \dfrac{1}{1+(x-2)} - \dfrac{1}{2} \dfrac{1}{1+\dfrac{x-2}{2}}$

$\qquad = \sum_{n=0}^{\infty} (-1)^n (x-2)^n - \dfrac{1}{2} \sum_{n=0}^{\infty} (-1)^n \left(\dfrac{x-2}{2} \right)^n$

$\qquad = \sum_{n=0}^{\infty} (-1)^n \left(1 - \dfrac{1}{2^{n+1}} \right) (x-2)^n.$

幂级数 $\sum_{n=0}^{\infty} (-1)^n (x-2)^n$ 的收敛域是 $|x-2|<1$,幂级数 $\sum_{n=0}^{\infty} (-1)^n \left(\dfrac{x-2}{2} \right)^n$ 的收敛域是 $|x-2|<2$,故知所得幂级数的收敛域是 $|x-2|<1$,即 $1<x<3$.

【评注】 读者需注意:展开为幂级数后,还要讨论其收敛域.

2007 数学三,
10 分

88 将函数 $f(x) = \dfrac{1}{x^2-3x-4}$ 展开成 $x-1$ 的幂级数,并指出其收敛区间.

知识点睛 0715 将函数间接展开为幂级数

分析 本题考查函数的幂级数展开,利用间接法.

解 $f(x) = \dfrac{1}{x^2-3x-4} = \dfrac{1}{(x-4)(x+1)} = \dfrac{1}{5} \left(\dfrac{1}{x-4} - \dfrac{1}{x+1} \right)$,而

$\qquad \dfrac{1}{x-4} = -\dfrac{1}{3} \cdot \dfrac{1}{1-\dfrac{x-1}{3}} = -\dfrac{1}{3} \sum_{n=0}^{\infty} \left(\dfrac{x-1}{3} \right)^n$

$\qquad\qquad = -\sum_{n=0}^{\infty} \dfrac{(x-1)^n}{3^{n+1}}, \qquad -2 < x < 4,$

$$\frac{1}{x+1} = \frac{1}{2} \cdot \frac{1}{1+\dfrac{x-1}{2}} = \frac{1}{2}\sum_{n=0}^{\infty}\left(-\frac{x-1}{2}\right)^n$$

$$= \sum_{n=0}^{\infty}\frac{(-1)^n(x-1)^n}{2^{n+1}}, \quad -1 < x < 3,$$

所以

$$f(x) = \frac{1}{5}\left(-\sum_{n=0}^{\infty}\frac{(x-1)^n}{3^{n+1}} - \sum_{n=0}^{\infty}\frac{(-1)^n(x-1)^n}{2^{n+1}}\right)$$

$$= -\frac{1}{5}\sum_{n=0}^{\infty}\left[\frac{1}{3^{n+1}} + \frac{(-1)^n}{2^{n+1}}\right](x-1)^n,$$

收敛区间为 $(-1,3)$.

89 将函数 $f(x) = \dfrac{1}{x^2+3x+2}$ 展开成 $x-1$ 的幂级数,并证明:

(1) $\displaystyle\sum_{n=1}^{\infty}\left(\frac{1}{2^n} - \frac{1}{3^n}\right) = \frac{1}{2}$;

(2) $\displaystyle\sum_{n=1}^{\infty}(-1)^{n-1}\left(\frac{1}{2^n} - \frac{1}{3^n}\right) = \frac{1}{12}$.

知识点睛 0715 将函数间接展开为幂级数

解 $f(x) = \dfrac{1}{x^2+3x+2} = \dfrac{1}{(x+1)(x+2)} = \dfrac{1}{x+1} - \dfrac{1}{x+2}$,其中,

$$\frac{1}{x+1} = \frac{1}{2\left(1+\dfrac{x-1}{2}\right)} = \frac{1}{2}\sum_{n=0}^{\infty}(-1)^n\left(\frac{x-1}{2}\right)^n, \quad -1 < x < 3,$$

$$\frac{1}{x+2} = \frac{1}{3\left(1+\dfrac{x-1}{3}\right)} = \frac{1}{3}\sum_{n=0}^{\infty}(-1)^n\left(\frac{x-1}{3}\right)^n, \quad -2 < x < 4,$$

于是

$$f(x) = \frac{1}{x^2+3x+2}$$

$$= \frac{1}{2}\sum_{n=0}^{\infty}(-1)^n\left(\frac{x-1}{2}\right)^n - \frac{1}{3}\sum_{n=0}^{\infty}(-1)^n\left(\frac{x-1}{3}\right)^n$$

$$= \sum_{n=0}^{\infty}(-1)^n\left(\frac{1}{2^{n+1}} - \frac{1}{3^{n+1}}\right)(x-1)^n, \quad -1 < x < 3.$$

(1) 令 $x=0$,代入上式,得 $\dfrac{1}{2} = \displaystyle\sum_{n=1}^{\infty}\left(\frac{1}{2^n} - \frac{1}{3^n}\right)$;

(2) 令 $x=2$,代入上式,得 $\dfrac{1}{12} = \displaystyle\sum_{n=1}^{\infty}(-1)^{n-1}\left(\frac{1}{2^n} - \frac{1}{3^n}\right)$.

90 将函数 $y = \ln(1-x-2x^2)$ 展成 x 的幂级数,并指出其收敛区间.

知识点睛 0715 将函数间接展开为幂级数

解 $\ln (1-x-2x^2)=\ln (1-2x)(1+x)=\ln (1+x)+\ln (1-2x)$. 其中,

$$\ln (1+x)=x-\frac{x^2}{2}+\frac{x^3}{3}+\cdots+(-1)^{n-1}\frac{x^n}{n}+\cdots,$$

其收敛区间为 $(-1,1)$;

$$\ln (1-2x)=(-2x)-\frac{(-2x)^2}{2}+\frac{(-2x)^3}{3}-\cdots+(-1)^{n-1}\frac{(-2x)^n}{n}+\cdots,$$

其收敛区间为 $\left(-\frac{1}{2},\frac{1}{2}\right)$.

于是,有

$$\ln (1-x-2x^2)=\sum_{n=1}^{\infty}\left[(-1)^{n-1}\frac{x^n}{n}+(-1)^{n-1}\frac{(-2x)^n}{n}\right]$$

$$=\sum_{n=1}^{\infty}\frac{(-1)^{n-1}-2^n}{n}x^n,$$

其收敛区间为 $\left(-\frac{1}{2},\frac{1}{2}\right)$.

【评注】本题考查幂级数展开的间接展开法.

值得注意的是: 函数 $\ln (1-2x)(1+x)$ 的定义域为 $(1-2x)(1+x)>0$, 所以 $\begin{cases}1-2x>0,\\1+x>0,\end{cases}$ 或 $\begin{cases}1-2x<0,\\1+x<0,\end{cases}$ 因为 $\begin{cases}1-2x<0\\1+x<0\end{cases}$ 无解, 因此恒有

$$\ln (1-2x)(1+x)=\ln (1-2x)+\ln (1+x).$$

K 2006 数学一,
12 分

91 将函数 $f(x)=\dfrac{x}{2+x-x^2}$ 展成 x 的幂级数.

知识点睛 0715 将函数间接展开为幂级数

分析 利用常见函数的幂级数展开式.

解 $f(x)=\dfrac{x}{2+x-x^2}=\dfrac{x}{(2-x)(1+x)}=\dfrac{A}{2-x}+\dfrac{B}{1+x}$, 比较两边系数可得 $A=\dfrac{2}{3}, B=-\dfrac{1}{3}$, 即

$$f(x)=\frac{1}{3}\left(\frac{2}{2-x}-\frac{1}{1+x}\right)=\frac{1}{3}\left(\frac{1}{1-\dfrac{x}{2}}-\frac{1}{1+x}\right). 而$$

$$\frac{1}{1+x}=\sum_{n=0}^{\infty}(-1)^n x^n, \quad x\in (-1,1),$$

$$\frac{1}{1-\dfrac{x}{2}}=\sum_{n=0}^{\infty}\left(\frac{x}{2}\right)^n, \quad x\in (-2,2),$$

故

$$f(x)=\frac{x}{2+x-x^2}=\frac{1}{3}\left(-\sum_{n=0}^{\infty}(-1)^n x^n+\sum_{n=0}^{\infty}\frac{1}{2^n}x^n\right)$$

$$=\frac{1}{3}\sum_{n=0}^{\infty}\left[(-1)^{n+1}+\frac{1}{2^n}\right]x^n, \quad x\in (-1,1).$$

【评注】分式函数的幂级数展开一般采用间接法.要熟记常用函数的幂级数展开公式:

(1) $\dfrac{1}{1-u} = 1 + u + u^2 + \cdots + u^n + \cdots = \displaystyle\sum_{n=0}^{\infty} u^n, \quad u \in (-1,1);$

(2) $\dfrac{1}{1+u} = 1 - u + u^2 - \cdots + (-1)^n u^n + \cdots = \displaystyle\sum_{n=0}^{\infty} (-1)^n u^n, \quad u \in (-1,1);$

(3) $\mathrm{e}^u = 1 + u + \dfrac{1}{2!}u^2 + \cdots + \dfrac{1}{n!}u^n + \cdots = \displaystyle\sum_{n=0}^{\infty} \dfrac{1}{n!}u^n, \quad u \in (-\infty, +\infty);$

(4) $\sin u = u - \dfrac{u^3}{3!} + \cdots + (-1)^n \dfrac{u^{2n+1}}{(2n+1)!} + \cdots = \displaystyle\sum_{n=0}^{\infty} \dfrac{(-1)^n u^{2n+1}}{(2n+1)!}, u \in (-\infty, +\infty);$

(5) $\cos u = 1 - \dfrac{u^2}{2!} + \cdots + (-1)^n \dfrac{u^{2n}}{(2n)!} + \cdots = \displaystyle\sum_{n=0}^{\infty} \dfrac{(-1)^n u^{2n}}{(2n)!}, \quad u \in (-\infty, +\infty);$

(6) $\ln(1+u) = u - \dfrac{u^2}{2} + \dfrac{u^3}{3} - \cdots + (-1)^{n-1} \dfrac{u^n}{n} + \cdots = \displaystyle\sum_{n=1}^{\infty} \dfrac{(-1)^{n-1} u^n}{n}, u \in (-1,1];$

(7) $(1+u)^\alpha = 1 + \alpha u + \dfrac{\alpha(\alpha-1)}{2!}u^2 + \cdots + \dfrac{\alpha(\alpha-1)\cdots(\alpha-n+1)}{n!}u^n + \cdots, u \in (-1,1).$

§7.5 傅里叶级数

92 设函数 $f(x) = \pi x + x^2$ $(-\pi < x < \pi)$ 的傅里叶级数展开式为

$$\frac{a_0}{2} + \sum_{n=1}^{\infty} (a_n \cos nx + b_n \sin nx),$$

则其系数 $b_3 = $ _____.

知识点睛 0716 函数的傅里叶系数

92 题精解视频

解 $b_3 = \dfrac{1}{\pi}\displaystyle\int_{-\pi}^{\pi} (\pi x + x^2)\sin 3x\,\mathrm{d}x = \dfrac{2}{\pi}\displaystyle\int_0^{\pi} \pi x \sin 3x\,\mathrm{d}x$

$= -\dfrac{2}{3}x\cos 3x\,\Big|_0^{\pi} + \dfrac{2}{3}\displaystyle\int_0^{\pi} \cos 3x\,\mathrm{d}x = \dfrac{2}{3}\pi + \dfrac{2}{9}\sin 3x\,\Big|_0^{\pi} = \dfrac{2}{3}\pi.$

应填 $\dfrac{2}{3}\pi.$

93 设 $f(x)$ 是以 2π 为周期的周期函数,且其傅里叶系数为 a_n, b_n,试求 $f(x+h)$ (h 为实数) 的傅里叶系数: $a_n' = $ _____, $b_n' = $ _____.

知识点睛 0716 函数的傅里叶系数

解 $a_n' = \dfrac{1}{\pi}\displaystyle\int_{-\pi}^{\pi} f(x+h)\cos nx\,\mathrm{d}x = \dfrac{1}{\pi}\displaystyle\int_{-\pi}^{\pi} f(x+h)\cos[n(x+h) - nh]\,\mathrm{d}x$

$= \dfrac{1}{\pi}\displaystyle\int_{-\pi}^{\pi} f(x+h)\cos nh\cos n(x+h)\,\mathrm{d}x + \dfrac{1}{\pi}\displaystyle\int_{-\pi}^{\pi} f(x+h)\sin nh\sin n(x+h)\,\mathrm{d}x$

$= a_n\cos nh + b_n\sin nh.$

同理可得 $b'_n = b_n \cos nh - a_n \sin nh$.

应填 $a_n \cos nh + b_n \sin nh, b_n \cos nh - a_n \sin nh$.

94　设函数 $f(x) = \begin{cases} -1, & -\pi < x \leqslant 0, \\ 1+x^2, & 0 < x \leqslant \pi, \end{cases}$ 则其以 2π 为周期的傅里叶级数在点 $x = \pi$ 处收敛于 _____.

知识点睛　0717 狄利克雷定理

解　所给函数 $f(x)$ 在区间 $(-\pi, \pi]$ 上满足傅里叶级数收敛定理的条件,并且延拓为周期函数时在点 $x = k\pi(k = 0, \pm 1, \pm 2, \cdots)$ 处不连续,因此其傅里叶级数在点 $x = \pi$ 处收敛于

$$\frac{1}{2}\left[f(\pi - 0) + f(-\pi + 0)\right] = \frac{1}{2}(1 + \pi^2 - 1) = \frac{1}{2}\pi^2.$$

应填 $\frac{1}{2}\pi^2$.

95　设函数 $f(x)$ 是以 2π 为周期的周期函数,且在闭区间 $[-\pi, \pi]$ 上有

$$f(x) = \begin{cases} 1 - x, & -\pi \leqslant x < 0, \\ 1 + x, & 0 \leqslant x \leqslant \pi, \end{cases}$$

则 $f(x)$ 的傅里叶级数在 $x = \pi$ 处收敛于(　　).

（A）$1 + \pi$　　　　（B）$1 - \pi$　　　　（C）1　　　　（D）0

知识点睛　0717 狄利克雷定理

解　因为 $f(-\pi) = 1 - (-\pi) = 1 + \pi, f(\pi) = 1 + \pi$,所以 $f(x)$ 的傅里叶级数在 $x = \pi$ 处收敛于

$$\frac{f(-\pi + 0) + f(\pi - 0)}{2} = \frac{1 + \pi + 1 + \pi}{2} = 1 + \pi.$$

应选(A).

K 2013 数学一,4 分

96 题精解视频

96　设函数 $f(x) = \left|x - \frac{1}{2}\right|, b_n = 2\int_0^1 f(x) \sin n\pi x \mathrm{d}x (n = 1, 2, \cdots)$,令 $S(x) = \sum_{n=1}^{\infty} b_n \sin n\pi x$,则 $S\left(-\frac{9}{4}\right) = (\quad)$.

（A）$\frac{3}{4}$　　　　（B）$\frac{1}{4}$　　　　（C）$-\frac{1}{4}$　　　　（D）$-\frac{3}{4}$

知识点睛　奇延拓,0717 狄利克雷定理

分析　由题意知,需要对 $f(x) = \left|x - \frac{1}{2}\right|$ 作周期为 2 的奇延拓,然后用狄利克雷收敛定理.

解　对 $f(x) = \left|x - \frac{1}{2}\right|$ 作周期为 2 的奇延拓,则

$$S\left(-\frac{9}{4}\right) = S\left(-2 - \frac{1}{4}\right) = S\left(-\frac{1}{4}\right) = -S\left(\frac{1}{4}\right) = -f\left(\frac{1}{4}\right) = -\frac{1}{4}.$$

应选(C).

97 设 $f(x)$ 是周期为 2 的周期函数,它在区间 $(-1,1]$ 上定义为

K 1988 数学一,
3 分

$$f(x)=\begin{cases}2, & -1<x\leq0,\\ x^3, & 0<x\leq1,\end{cases}$$

则 $f(x)$ 的傅里叶级数在 $x=1$ 处收敛于_____.

知识点睛 0717 狄利克雷定理

分析 根据狄利克雷收敛定理即可得到结果.

解 由狄利克雷收敛定理知,$f(x)$ 的傅里叶级数在 $x=1$ 处收敛于

$$\frac{f(-1+0)+f(1-0)}{2}=\frac{2+1}{2}=\frac{3}{2}.$$

应填 $\frac{3}{2}$.

【评注】应注意在不连续点与左、右端点处收敛定理的结论:收敛于相应点左、右极限的算术平均值.

98 设 $f(x)$ 是可积函数,且在 $[-\pi,\pi]$ 上恒有 $f(x+\pi)=f(x)$,则 $a_{2n-1}=$_____,$b_{2n-1}=$_____.

知识点睛 0716 函数的傅里叶系数

解 $a_n=\frac{1}{\pi}\int_{-\pi}^{\pi}f(x)\cos nx\mathrm{d}x=\frac{1}{\pi}\int_{-\pi}^{0}f(x)\cos nx\mathrm{d}x+\frac{1}{\pi}\int_{0}^{\pi}f(x)\cos nx\mathrm{d}x$,有

$$\int_{0}^{\pi}f(x)\cos nx\mathrm{d}x\xLeftarrow{x=t+\pi}\int_{-\pi}^{0}f(t+\pi)\cos n(t+\pi)\mathrm{d}t$$

$$=\int_{-\pi}^{0}f(t+\pi)(-1)^n\cos nt\mathrm{d}t=\int_{-\pi}^{0}f(t)(-1)^n\cos nt\mathrm{d}t$$

$$=\int_{-\pi}^{0}f(x)(-1)^n\cos nx\mathrm{d}x.$$

故 $a_n=\frac{1}{\pi}\int_{-\pi}^{0}[1+(-1)^n]f(x)\cos nx\mathrm{d}x$,则 $a_{2n-1}=0.$同理可得 $b_{2n-1}=0.$应填 $0,0.$

99 已知 $f(x)=\begin{cases}x, & -\pi<x\leq0,\\ 1+x, & 0<x\leq\pi\end{cases}$ 的傅里叶级数为

$$\frac{a_0}{2}+\sum_{n=1}^{\infty}(a_n\cos nx+b_n\sin nx),$$

其和函数为 $S(x)$,则 $S(1)=$_____,$S(0)=$_____,$S(\pi)=$_____.

知识点睛 0717 狄利克雷定理

解 根据傅里叶级数收敛定理,有

$$S(1)=f(1)=1+1=2,\quad S(0)=\frac{f(0-0)+f(0+0)}{2}=\frac{0+1}{2}=\frac{1}{2},$$

$$S(\pi)=\frac{f(-\pi+0)+f(\pi-0)}{2}=\frac{-\pi+1+\pi}{2}=\frac{1}{2}.$$

应填 $2,\frac{1}{2},\frac{1}{2}.$

100 将函数 $f(x) = \begin{cases} 0, & -\pi < x \leq 0, \\ x, & 0 < x \leq \pi \end{cases}$ 展开成傅里叶级数.

知识点睛 0718 函数在 $[-\pi, \pi]$ 上的傅里叶级数

解 所给函数满足收敛定理的条件,傅里叶系数为

$$a_0 = \frac{1}{\pi}\int_{-\pi}^{\pi} f(x)\,\mathrm{d}x = \frac{1}{\pi}\int_{-\pi}^{0} 0 \cdot \mathrm{d}x + \frac{1}{\pi}\int_{0}^{\pi} x\mathrm{d}x = \frac{\pi}{2},$$

$$a_n = \frac{1}{\pi}\int_{-\pi}^{\pi} f(x)\cos nx\mathrm{d}x = \frac{1}{\pi}\int_{-\pi}^{0} 0 \cdot \cos nx\mathrm{d}x + \frac{1}{\pi}\int_{0}^{\pi} x\cos nx\mathrm{d}x$$

$$= \frac{1}{\pi}\left(\frac{x\sin nx}{n} + \frac{\cos nx}{n^2}\right)\bigg|_{0}^{\pi} = \frac{-1 + (-1)^n}{\pi n^2}.$$

又

$$b_n = \frac{1}{\pi}\int_{-\pi}^{\pi} f(x)\sin nx\mathrm{d}x = \frac{1}{\pi}\int_{-\pi}^{0} 0 \cdot \sin nx\mathrm{d}x + \frac{1}{\pi}\int_{0}^{\pi} x\sin nx\mathrm{d}x$$

$$= \frac{1}{\pi}\left(-\frac{x\cos nx}{n} + \frac{\sin nx}{n^2}\right)\bigg|_{0}^{\pi} = \frac{(-1)^{n+1}}{n} \quad (n = 1, 2, \cdots).$$

所以,$f(x)$ 的傅里叶级数展开式为

$$f(x) = \frac{\pi}{4} + \sum_{n=1}^{\infty}\left[\frac{(-1)^n - 1}{n^2\pi}\cos nx + \frac{(-1)^{n+1}}{n}\sin nx\right],$$

当 $x = \pm\pi$ 时,傅里叶级数收敛于 $\dfrac{f(-\pi+0) + f(\pi-0)}{2} = \dfrac{0+\pi}{2} = \dfrac{\pi}{2}$.

101 将函数 $f(x) = \cos x$ 在区间 $[0, \pi]$ 上展开成正弦级数.

知识点睛 0719 函数在 $[0, \pi]$ 上的正弦级数

解 对 $f(x)$ 进行奇延拓,得

$$a_n = 0 \quad (n = 0, 1, 2, \cdots),$$

$$b_n = \frac{2}{\pi}\int_{0}^{\pi} \cos x\sin nx\mathrm{d}x = \frac{1}{\pi}\int_{0}^{\pi}\left[\sin(n+1)x + \sin(n-1)x\right]\mathrm{d}x.$$

当 $n = 1$ 时,$b_1 = \dfrac{1}{\pi}\int_{0}^{\pi}\sin 2x\mathrm{d}x = 0$,当 $n \neq 1$ 时,

$$b_n = \frac{1}{\pi}\int_{0}^{\pi}\left[\sin(n+1)x + \sin(n-1)x\right]\mathrm{d}x$$

$$= \frac{1}{\pi}\left[\frac{-\cos(n+1)x}{n+1} + \frac{-\cos(n-1)x}{n-1}\right]\bigg|_{0}^{\pi}$$

$$= \frac{2n}{\pi}\left[\frac{(-1)^n + 1}{n^2 - 1}\right],$$

所以

$$\cos x = \frac{2}{\pi}\sum_{n=2}^{\infty}\left[(-1)^n + 1\right] \cdot \frac{n}{n^2 - 1} \cdot \sin nx$$

$$= \frac{8}{\pi}\left(\frac{\sin 2x}{1 \cdot 3} + \frac{2\sin 4x}{3 \cdot 5} + \cdots + \frac{k\sin 2kx}{(2k-1)(2k+1)} + \cdots\right) \quad (0 \leq x \leq \pi).$$

事实上,右端的级数在 $x=0,\pi$ 处收敛于 $\dfrac{1}{2}[f(0+0)+f(\pi-0)]=0$.

102 将函数 $f(x)=1-x^2$ $(0\leqslant x\leqslant\pi)$ 展开成余弦级数,并求 $\sum\limits_{n=1}^{\infty}\dfrac{(-1)^{n-1}}{n^2}$ 的和. **K** 2008 数学一, 11 分

知识点睛 0719 函数在 $[0,\pi]$ 上的余弦级数

解 因为 $f(x)$ 为偶函数,于是 $b_n=0(n=1,2,\cdots)$,对 $n=1,2,\cdots$,有

$$a_n=\frac{2}{\pi}\int_0^\pi f(x)\cos nx\mathrm{d}x=\frac{2}{\pi}\Big(\int_0^\pi\cos nx\mathrm{d}x-\int_0^\pi x^2\cos nx\mathrm{d}x\Big)$$

$$=\frac{2}{\pi}\Big(0-\frac{1}{n}\int_0^\pi x^2\mathrm{d}\sin nx\Big)=-\frac{2}{n\pi}\Big(x^2\sin nx\Big|_0^\pi-\int_0^\pi 2x\sin nx\mathrm{d}x\Big)$$

$$=-\frac{4}{n^2\pi}\int_0^\pi x\mathrm{d}\cos nx=-\frac{4}{n^2\pi}\Big(x\cos nx\Big|_0^\pi-\int_0^\pi\cos nx\mathrm{d}x\Big)$$

$$=-\frac{4}{n^2\pi}\cdot\pi(-1)^n=\frac{4\cdot(-1)^{n+1}}{n^2},$$

$$a_0=\frac{2}{\pi}\int_0^\pi(1-x^2)\mathrm{d}x=2\Big(1-\frac{\pi^2}{3}\Big),$$

所以 $f(x)=\dfrac{a_0}{2}+\sum\limits_{n=1}^{\infty}a_n\cos nx=1-\dfrac{\pi^2}{3}+4\sum\limits_{n=1}^{\infty}\dfrac{(-1)^{n+1}}{n^2}\cos nx,\quad 0\leqslant x\leqslant\pi.$

令 $x=0$,得 $f(0)=1-\dfrac{\pi^2}{3}+4\sum\limits_{n=1}^{\infty}\dfrac{(-1)^{n+1}}{n^2}$,故 $\sum\limits_{n=1}^{\infty}\dfrac{(-1)^{n-1}}{n^2}=\dfrac{\pi^2}{12}$.

103 设 $x^2=\sum\limits_{n=0}^{\infty}a_n\cos nx$ $(-\pi\leqslant x\leqslant\pi)$,则 $a_2=$ _____.

知识点睛 0716 函数的傅里叶系数

解 根据余弦级数的系数计算公式,有

$$a_2=\frac{2}{\pi}\int_0^\pi x^2\cos 2x\mathrm{d}x=\frac{1}{\pi}\int_0^\pi x^2\mathrm{d}(\sin 2x)=\frac{1}{\pi}\Big(x^2\sin 2x\Big|_0^\pi-\int_0^\pi\sin 2x\cdot 2x\mathrm{d}x\Big)$$

$$=\frac{1}{\pi}\int_0^\pi x\mathrm{d}(\cos 2x)=\frac{1}{\pi}\Big(x\cos 2x\Big|_0^\pi-\int_0^\pi\cos 2x\mathrm{d}x\Big)=1.$$

应填 1.

104 将 $f(x)=x^2$ 在 $(0,\pi)$ 上展为余弦级数,并求级数 $\sum\limits_{n=1}^{\infty}\dfrac{1}{(2n-1)^2}$ 的和.

知识点睛 偶延拓,0719 函数在 $[0,\pi]$ 上的余弦级数

解 将函数 $f(x)$ 偶延拓,则有

$$b_n=0,a_0=\frac{2}{\pi}\int_0^\pi x^2\mathrm{d}x=\frac{2}{3}\pi^2,$$

$$a_n=\frac{2}{\pi}\int_0^\pi x^2\cos nx\mathrm{d}x=\frac{2}{\pi}\Big(\frac{x^2}{n}\sin nx+\frac{2x}{n^2}\cos nx-\frac{2}{n^3}\sin nx\Big)\Big|_0^\pi=\frac{4}{n^2}(-1)^n,$$

故

$$\frac{\pi^2}{3}+4\sum_{n=1}^{\infty}\frac{(-1)^n}{n^2}\cos nx=x^2\quad(0<x<\pi).$$

在 $x=0$ 处,级数收敛于 0,所以 $\sum\limits_{n=1}^{\infty}\dfrac{(-1)^{n-1}}{n^2}=\dfrac{\pi^2}{12}$,在 $x=\pi$ 处,级数收敛于 π^2,所以

$\sum\limits_{n=1}^{\infty}\dfrac{1}{n^2}=\dfrac{\pi^2}{6}$,因此

$$\sum_{n=1}^{\infty}\frac{1}{(2n-1)^2}=\frac{1}{2}\left(\frac{\pi^2}{12}+\frac{\pi^2}{6}\right)=\frac{\pi^2}{8}.$$

105 将函数 $f(x)=2+|x|$ $(-1\leqslant x\leqslant 1)$ 展开成以 2 为周期的傅里叶级数,并由此求级数 $\sum\limits_{n=1}^{\infty}\dfrac{1}{n^2}$ 的和.

知识点睛 0718 函数在 $[-l,l]$ 上的傅里叶级数

解 由于 $f(x)=2+|x|$ $(-1\leqslant x\leqslant 1)$ 是偶函数,故

$$a_0=2\int_0^1(2+x)\mathrm{d}x=5,$$

$$a_n=2\int_0^1(2+x)\cos n\pi x\mathrm{d}x=2\int_0^1 x\cos n\pi x\mathrm{d}x=\frac{2[(-1)^n-1]}{n^2\pi^2},\quad n=1,2,\cdots,$$

$$b_n=0,\quad n=1,2,\cdots,$$

即有

$$f(x)=2+|x|\sim\frac{5}{2}+2\sum_{n=1}^{\infty}\frac{(-1)^n-1}{n^2\pi^2}\cos n\pi x$$

$$=\frac{5}{2}-\frac{4}{\pi^2}\sum_{k=0}^{\infty}\frac{\cos(2k+1)\pi x}{(2k+1)^2}.$$

由狄利克雷定理知该级数收敛于 $2+|x|,-1\leqslant x\leqslant 1$.取 $x=0$,有

$$2=\frac{5}{2}-\frac{4}{\pi^2}\sum_{k=0}^{\infty}\frac{1}{(2k+1)^2},即\sum_{k=0}^{\infty}\frac{1}{(2k+1)^2}=\frac{\pi^2}{8},$$

所以, $\sum\limits_{k=1}^{\infty}\dfrac{1}{n^2}=\sum\limits_{k=0}^{\infty}\dfrac{1}{(2k+1)^2}+\sum\limits_{k=1}^{\infty}\dfrac{1}{(2k)^2}=\sum\limits_{k=0}^{\infty}\dfrac{1}{(2k+1)^2}+\dfrac{1}{4}\sum\limits_{n=1}^{\infty}\dfrac{1}{n^2}$,从而

$$\sum_{n=1}^{\infty}\frac{1}{n^2}=\frac{4}{3}\sum_{k=0}^{\infty}\frac{1}{(2k+1)^2}=\frac{4}{3}\cdot\frac{\pi^2}{8}=\frac{\pi^2}{6}.$$

106 将函数 $f(x)=x^2,x\in[-1,1]$ 展开为以 2 为周期的傅里叶级数,并由此求级数 $\sum\limits_{n=1}^{\infty}\dfrac{(-1)^n}{n^2}$ 的和.

知识点睛 0718 函数在 $[-l,l]$ 上的傅里叶级数

解 因为 $f(x)$ 为偶函数,故 $b_n=0,n=1,2,\cdots$,而

$$a_0=2\int_0^1 x^2\mathrm{d}x=\frac{2}{3},$$

$$a_n=2\int_0^1 x^2\cos n\pi x\mathrm{d}x=\frac{2}{n\pi}\int_0^1 x^2\mathrm{d}(\sin n\pi x)$$

$$=-\frac{4}{n\pi}\int_0^1 x\sin n\pi x\mathrm{d}x=\frac{4}{n^2\pi^2}(-1)^n,\quad n=1,2,\cdots,$$

当 $x = \pm 1$ 时,$\dfrac{f(-1+0)+f(1-0)}{2} = 1 = f(\pm 1)$,所以

$$\frac{1}{3} + \frac{4}{\pi^2}\sum_{n=1}^{\infty}\frac{(-1)^n}{n^2}\cos n\pi x = x^2, \quad x \in [-1,1].$$

令 $x = 0$,得 $\dfrac{1}{3} + \dfrac{4}{\pi^2}\sum\limits_{n=1}^{\infty}\dfrac{(-1)^n}{n^2} = 0$,所以 $\sum\limits_{n=1}^{\infty}\dfrac{(-1)^n}{n^2} = -\dfrac{\pi^2}{12}$.

§7.6 综合提高题

107 设 $p_n = \dfrac{a_n + |a_n|}{2}, q_n = \dfrac{|a_n| - a_n}{2}, \quad n = 1, 2, \cdots$,则下列命题正确的是( ).

(A) 若 $\sum\limits_{n=1}^{\infty} a_n$ 条件收敛,则 $\sum\limits_{n=1}^{\infty} p_n$ 与 $\sum\limits_{n=1}^{\infty} q_n$ 都收敛

(B) 若 $\sum\limits_{n=1}^{\infty} a_n$ 绝对收敛,则 $\sum\limits_{n=1}^{\infty} p_n$ 与 $\sum\limits_{n=1}^{\infty} q_n$ 都收敛

(C) 若 $\sum\limits_{n=1}^{\infty} a_n$ 条件收敛,则 $\sum\limits_{n=1}^{\infty} p_n$ 与 $\sum\limits_{n=1}^{\infty} q_n$ 的敛散性都不定

(D) 若 $\sum\limits_{n=1}^{\infty} a_n$ 绝对收敛,则 $\sum\limits_{n=1}^{\infty} p_n$ 与 $\sum\limits_{n=1}^{\infty} q_n$ 的敛散性都不定

知识点睛 0708 级数的绝对收敛与条件收敛

解 若 $\sum\limits_{n=1}^{\infty} a_n$ 条件收敛,则 $\sum\limits_{n=1}^{\infty} |a_n|$ 发散,由级数的性质知 $\sum\limits_{n=1}^{\infty} p_n$,$\sum\limits_{n=1}^{\infty} q_n$ 都发散,排除选项(A),(C);若 $\sum\limits_{n=1}^{\infty} a_n$ 绝对收敛,则 $\sum\limits_{n=1}^{\infty} a_n$ 收敛,由级数的性质知 $\sum\limits_{n=1}^{\infty} p_n$,$\sum\limits_{n=1}^{\infty} q_n$ 都收敛,排除选项(D).应选(B).

108 求 $\sum\limits_{k=1}^{\infty}\dfrac{k+2}{k! + (k+1)! + (k+2)!}$ 的和.

知识点睛 0702 收敛级数求和

解
$$\frac{k+2}{k! + (k+1)! + (k+2)!} = \frac{k+2}{k!(k+2) + (k+2)!} = \frac{1}{k! + (k+1)!}$$
$$= \frac{1}{k!(k+2)} = \frac{k+1}{(k+2)!}$$
$$= \frac{(k+2)-1}{(k+2)!} = \frac{1}{(k+1)!} - \frac{1}{(k+2)!},$$

故

$$\sum_{k=1}^{\infty}\frac{k+2}{k! + (k+1)! + (k+2)!} = \lim_{n\to\infty}\left[\frac{1}{2} - \frac{1}{(n+2)!}\right]$$
$$= \frac{1}{2}.$$

109 已知 $a_n = \int_0^1 x^2(1-x)^n \mathrm{d}x$, $(n = 1, 2, \cdots)$.证明 $\sum\limits_{n=1}^{\infty} a_n$ 收敛,并求其和.

知识点睛 0702 收敛级数求和

解 a_n 有两种求法,求法一

$$
\begin{aligned}
a_n &= -\frac{1}{n+1}\int_0^1 x^2 \mathrm{d}(1-x)^{n+1} \\
&= -\frac{1}{n+1}\cdot x^2 \cdot (1-x)^{n+1}\Big|_0^1 + \frac{1}{n+1}\int_0^1 2x(1-x)^{n+1}\mathrm{d}x \\
&= \frac{2}{n+1}\int_0^1 x(1-x)^{n+1}\mathrm{d}x = -\frac{2}{(n+1)(n+2)}\int_0^1 x\mathrm{d}(1-x)^{n+2} \\
&= -\frac{2}{(n+1)(n+2)}\cdot x \cdot (1-x)^{n+2}\Big|_0^1 + \frac{2}{(n+1)(n+2)}\int_0^1 (1-x)^{n+2}\mathrm{d}x \\
&= -\frac{2}{(n+1)(n+2)}\cdot \frac{1}{n+3}(1-x)^{n+3}\Big|_0^1 \\
&= \frac{2}{(n+1)(n+2)(n+3)}.
\end{aligned}
$$

另一种求法:

$$
\begin{aligned}
a_n &= \int_0^1 x^2(1-x)^n\mathrm{d}x \xlongequal{u=1-x} \int_0^1 (1-u)^2 u^n\mathrm{d}u \\
&= \frac{1}{n+1}-\frac{2}{n+2}+\frac{1}{n+3}=\frac{2}{(n+1)(n+2)(n+3)},
\end{aligned}
$$

所以,$\sum\limits_{n=1}^{\infty} a_n$ 的敛散性应与 $\sum\limits_{n=1}^{\infty}\frac{1}{n^3}$ 一致,从而 $\sum\limits_{n=1}^{\infty} a_n$ 收敛.

$$
\begin{aligned}
S_n &= \sum_{k=1}^n \frac{2}{(k+1)(k+2)(k+3)}= \sum_{k=1}^n \left(\frac{1}{k+1}-\frac{2}{k+2}+\frac{1}{k+3}\right) \\
&= \left(\frac{1}{2}-\frac{2}{3}+\frac{1}{4}\right)+\left(\frac{1}{3}-\frac{2}{4}+\frac{1}{5}\right)+\left(\frac{1}{4}-\frac{2}{5}+\frac{1}{6}\right)+\cdots+\left(\frac{1}{n+1}-\frac{2}{n+2}+\frac{1}{n+3}\right) \\
&= \frac{1}{2}-\frac{1}{3}-\frac{1}{n+2}+\frac{1}{n+3},
\end{aligned}
$$

故 $\lim\limits_{n\to\infty}S_n=\frac{1}{6}$.

110 题精解视频

110 设级数 $\sum\limits_{n=1}^{\infty} u_n$ 的通项 u_n 与其部分和 S_n 满足方程 $2S_n^2 = 2u_n S_n - u_n, n\geqslant 2$.求证级数收敛并求其和.

知识点睛 0702 收敛级数求和

证 当 $n\geqslant 2$ 时,$u_n=S_n-S_{n-1}$,代入 $2S_n^2=2u_n S_n-u_n$,得
$$2S_n^2=2(S_n-S_{n-1})S_n-(S_n-S_{n-1}),$$

化简、整理得
$$\frac{1}{S_n}=\frac{1}{S_{n-1}}+2, \quad n\geqslant 2,$$

因此
$$\frac{1}{S_n}=\frac{1}{S_{n-1}}+2=\frac{1}{S_{n-2}}+2\cdot 2=\cdots=\frac{1}{S_1}+2(n-1)=\frac{1}{u_1}+2(n-1),$$

故 $S_n = \dfrac{u_1}{1+2(n-1)u_1}$，于是

$$\lim_{n\to\infty} S_n = \lim_{n\to\infty} \frac{u_1}{1+2(n-1)u_1} = 0,$$

因此，级数收敛，且其和为 0.

111 判别级数 $\displaystyle\sum_{n=1}^{\infty} \arctan \frac{1}{2n^2}$ 的敛散性，若此级数收敛，则求其和.

知识点睛 0702 收敛级数求和

解 级数 $\displaystyle\sum_{n=1}^{\infty} \arctan \frac{1}{2n^2}$ 的一般项 $u_n = \arctan \dfrac{1}{2n^2}$，当 $n\to\infty$ 时，$\arctan \dfrac{1}{2n^2} \sim \dfrac{1}{2n^2}$，用比较判别法的极限形式，因为

$$\lim_{n\to\infty} \frac{\arctan \dfrac{1}{2n^2}}{\dfrac{1}{n^2}} = \frac{1}{2},$$

又级数 $\displaystyle\sum_{n=1}^{\infty} \dfrac{1}{n^2}$ 收敛，所以 $\displaystyle\sum_{n=1}^{\infty} \arctan \dfrac{1}{2n^2}$ 也收敛.

下面我们求 $\displaystyle\sum_{n=1}^{\infty} \arctan \dfrac{1}{2n^2}$ 的和 S.

$$S_1 = \arctan \frac{1}{2},$$

$$S_2 = u_1 + u_2 = \arctan \frac{1}{2} + \arctan \frac{1}{8} = \arctan \frac{\dfrac{1}{2}+\dfrac{1}{8}}{1-\dfrac{1}{2}\cdot\dfrac{1}{8}} = \arctan \frac{2}{3},$$

$$S_3 = S_2 + u_3 = \arctan \frac{2}{3} + \arctan \frac{1}{18} = \arctan \frac{\dfrac{2}{3}+\dfrac{1}{18}}{1-\dfrac{2}{3}\cdot\dfrac{1}{18}} = \arctan \frac{3}{4}, \cdots.$$

由数学归纳法，得到

$$S_n = \arctan \frac{n}{n+1},$$

从而 $s = \lim\limits_{n\to\infty} \arctan \dfrac{n}{n+1} = \arctan 1 = \dfrac{\pi}{4}$，于是 $\displaystyle\sum_{n=1}^{\infty} \arctan \dfrac{1}{2n^2} = \dfrac{\pi}{4}$.

112 求级数 $\displaystyle\sum_{n=1}^{\infty} \dfrac{1}{2^n} \tan \dfrac{m}{2^n}$ 的和（m 为某自然数）.

知识点睛 0702 收敛级数求和

解 因为 $\cot 2m = \dfrac{1-\tan^2 m}{2\tan m} = \dfrac{1}{2}(\cot m - \tan m)$，所以

$$2\cot 2m - \cot m = -\tan m. \qquad ①$$

把①中的 m 依次用 $\dfrac{m}{2}, \dfrac{m}{4}, \cdots, \dfrac{m}{2^n}, \cdots$ 代替,得

$$2\cot m - \cot\frac{m}{2} = -\tan\frac{m}{2},$$

$$2\cot\frac{m}{2} - \cot\frac{m}{4} = -\tan\frac{m}{4},$$

$$\cdots\cdots$$

$$2\cot\frac{m}{2^{n-1}} - \cot\frac{m}{2^n} = -\tan\frac{m}{2^n}.$$

用 $\dfrac{1}{2}, \dfrac{1}{2^2}, \cdots, \dfrac{1}{2^n}$ 依次乘上面等式,然后两边相加,得

$$\cot m - \frac{1}{2^n}\cot\frac{m}{2^n} = -\sum_{k=1}^{n}\frac{1}{2^k}\tan\frac{m}{2^k},$$

$$\lim_{n\to\infty}S_n = \lim_{n\to\infty}\left(\frac{1}{2^n}\cot\frac{m}{2^n} - \cot m\right) = \frac{1}{m} - \cot m,$$

故 $\displaystyle\sum_{n=1}^{\infty}\frac{1}{2^n}\tan\frac{m}{2^n} = \frac{1}{m} - \cot m.$

113题精解视频

113 已知 $\displaystyle\sum_{n=1}^{\infty}\frac{1}{n^2} = \frac{\pi^2}{6}$,求级数 $\displaystyle\sum_{n=1}^{\infty}\frac{1}{(2n-1)^2}$ 的和.

知识点睛 0702 收敛级数求和

解 令 $S = \displaystyle\sum_{n=1}^{\infty}\frac{1}{n^2}, S_1 = \displaystyle\sum_{n=1}^{\infty}\frac{1}{(2n-1)^2}$,则

$$S = 1 + \frac{1}{2^2} + \frac{1}{3^2} + \frac{1}{4^2} + \cdots$$

$$= \left(1 + \frac{1}{3^2} + \frac{1}{5^2} + \cdots + \frac{1}{(2n-1)^2} + \cdots\right) + \left(\frac{1}{2^2} + \frac{1}{4^2} + \cdots + \frac{1}{(2n)^2} + \cdots\right)$$

$$= \left(1 + \frac{1}{3^2} + \frac{1}{5^2} + \cdots + \frac{1}{(2n-1)^2} + \cdots\right) + \frac{1}{4}\left(1 + \frac{1}{2^2} + \frac{1}{3^2} + \cdots + \frac{1}{n^2} + \cdots\right)$$

$$= S_1 + \frac{1}{4}S,$$

于是, $S_1 = \dfrac{3}{4}S = \dfrac{3}{4}\cdot\dfrac{\pi^2}{6} = \dfrac{\pi^2}{8}$,即 $\displaystyle\sum_{n=1}^{\infty}\frac{1}{(2n-1)^2} = \frac{\pi^2}{8}.$

114 设 $a_n > 0 (n = 1, 2, \cdots)$,证明级数 $\displaystyle\sum_{n=1}^{\infty}\frac{a_n}{(1+a_1)(1+a_2)\cdots(1+a_n)}$ 收敛.

知识点睛 0701 数项级数的收敛

证 当 $n \geq 2$ 时,

$$\frac{a_n}{(1+a_1)(1+a_2)\cdots(1+a_n)} = \frac{1}{(1+a_1)(1+a_2)\cdots(1+a_{n-1})} - \frac{1}{(1+a_1)(1+a_2)\cdots(1+a_n)},$$

$$S_n = \frac{a_1}{1+a_1} + \left[\frac{1}{1+a_1} - \frac{1}{(1+a_1)(1+a_2)}\right] + \left[\frac{1}{(1+a_1)(1+a_2)} - \frac{1}{(1+a_1)(1+a_2)(1+a_3)}\right]$$

$$+ \cdots + \left[\frac{1}{(1+a_1)(1+a_2)\cdots(1+a_{n-1})} - \frac{1}{(1+a_1)(1+a_2)\cdots(1+a_n)}\right]$$

$$= \frac{a_1}{1+a_1} + \frac{1}{1+a_1} - \frac{1}{(1+a_1)(1+a_2)\cdots(1+a_n)}$$

$$= 1 - \frac{1}{(1+a_1)(1+a_2)\cdots(1+a_n)} < 1,$$

所以, $\displaystyle\sum_{n=1}^{\infty} \frac{a_n}{(1+a_1)(1+a_2)\cdots(1+a_n)}$ 收敛.

115 设 $u_n > 0$,记 $S_n = \displaystyle\sum_{k=1}^{n} u_k$,证明级数 $\displaystyle\sum_{n=1}^{\infty} \frac{u_n}{S_n^2}$ 收敛.

知识点睛 0701 数项级数的收敛

证 $u_n = S_n - S_{n-1}$, $n \geqslant 2$,从而

$$\sum_{k=1}^{n} \frac{u_k}{S_k^2} = \frac{u_1}{S_1^2} + \sum_{k=2}^{\infty} \frac{S_k - S_{k-1}}{S_k^2} \leqslant \frac{1}{u_1} + \sum_{k=2}^{n} \frac{S_k - S_{k-1}}{S_k \cdot S_{k-1}}$$

$$= \frac{1}{u_1} + \sum_{k=2}^{n} \left(\frac{1}{S_{k-1}} - \frac{1}{S_k}\right) = \frac{1}{u_1} + \frac{1}{S_1} - \frac{1}{S_n}$$

$$= \frac{2}{u_1} - \frac{1}{S_n} < \frac{2}{u_1},$$

所以级数 $\displaystyle\sum_{n=1}^{\infty} \frac{u_n}{S_n^2}$ 收敛.

116 判断级数 $\displaystyle\sum_{n=1}^{\infty} \frac{(-1)^n}{n^p}$ 的敛散性,并说明是绝对收敛、条件收敛或发散.

知识点睛 0703 级数的绝对收敛与条件收敛

解 当 $p < 0$ 时,因为 $\displaystyle\lim_{n\to\infty} \frac{(-1)^n}{n^p} \neq 0$,所以级数发散;

当 $0 < p \leqslant 1$ 时,由于 $\displaystyle\sum_{n=1}^{\infty} \frac{1}{n^p}$ 发散,而交错级数 $\displaystyle\sum_{n=1}^{\infty} \frac{(-1)^n}{n^p}$ 收敛,故原级数条件收敛;

当 $p > 1$ 时,由于 $\displaystyle\sum_{n=1}^{\infty} \frac{1}{n^p}$ 收敛,所以原级数绝对收敛.

117 判别级数 $\displaystyle\sum_{n=2}^{\infty} \frac{(-1)^n}{[n+(-1)^n]^p} (p > 0)$ 的敛散性,并说明是绝对收敛,条件收敛或发散.

知识点睛 0708 级数的绝对收敛与条件收敛

解 $\dfrac{(-1)^n}{[n+(-1)^n]^p} = \dfrac{(-1)^n}{n^p}\left[1 + \dfrac{(-1)^n}{n}\right]^{-p}$,将其展为泰勒公式,有

$$\frac{(-1)^n}{[n+(-1)^n]^p}=\frac{(-1)^n}{n^p}\cdot\left[1+\frac{(-1)^n}{n}\cdot(-p)+o\left(\frac{1}{n^2}\right)\right]$$

$$=\frac{(-1)^n}{n^p}-p\cdot\frac{1}{n^{p+1}}+\frac{(-1)^n}{n^p}\cdot o\left(\frac{1}{n^2}\right).$$

根据上题结果知 $0<p\leqslant1$ 时,原级数条件收敛;当 $p>1$ 时,原级数绝对收敛.

118 设 $a_1=2,a_{n+1}=\dfrac{1}{2}\left(a_n+\dfrac{1}{a_n}\right)$ $(n=1,2,\cdots)$,证明

(1) $\lim\limits_{n\to\infty}a_n$ 存在;(2) 级数 $\sum\limits_{n=1}^{\infty}\left(\dfrac{a_n}{a_{n+1}}-1\right)$ 收敛.

知识点睛 0701 数项级数的收敛,比较判别法

证 (1)因 $a_{n+1}=\dfrac{1}{2}\left(a_n+\dfrac{1}{a_n}\right)\geqslant\sqrt{a_n\cdot\dfrac{1}{a_n}}=1.$

$$a_{n+1}-a_n=\frac{1}{2}\left(a_n+\frac{1}{a_n}\right)-a_n=\frac{1-a_n^2}{2a_n}\leqslant0,$$

故 $\{a_n\}$ 递减且有下界,所以 $\lim\limits_{n\to\infty}a_n$ 存在.

(2)由(1)知 $0\leqslant\dfrac{a_n}{a_{n+1}}-1=\dfrac{a_n-a_{n+1}}{a_{n+1}}\leqslant a_n-a_{n+1}$,记

$$S_n=\sum_{k=1}^{n}(a_k-a_{k+1})=a_1-a_{n+1},$$

因 $\lim\limits_{n\to\infty}a_{n+1}$ 存在,故 $\lim S_n$ 存在,所以级数 $\sum\limits_{n=1}^{\infty}(a_n-a_{n+1})$ 收敛.

因此由比较判别法知,级数 $\sum\limits_{n=1}^{\infty}\left(\dfrac{a_n}{a_{n+1}}-1\right)$ 收敛.

1999 数学一,
7 分

119 设 $a_n=\displaystyle\int_0^{\frac{\pi}{4}}\tan^n x\,\mathrm{d}x.$

(1) 求 $\sum\limits_{n=1}^{\infty}\dfrac{1}{n}(a_n+a_{n+2})$ 的值;

(2) 试证:对任意的常数 $\lambda>0$,级数 $\sum\limits_{n=1}^{\infty}\dfrac{a_n}{n^{\lambda}}$ 收敛.

知识点睛 0701 数项级数的收敛

证 (1)因为

$$\frac{1}{n}(a_n+a_{n+2})=\frac{1}{n}\int_0^{\frac{\pi}{4}}\tan^n x(1+\tan^2 x)\,\mathrm{d}x$$

$$=\frac{1}{n}\int_0^{\frac{\pi}{4}}\tan^n x\sec^2 x\,\mathrm{d}x\xrightarrow{\tan x=t}\frac{1}{n}\int_0^1 t^n\,\mathrm{d}t=\frac{1}{n(n+1)},$$

$$S_n=\sum_{i=1}^{n}\frac{1}{i}(a_i+a_{i+2})=\sum_{i=1}^{n}\frac{1}{i(i+1)}=1-\frac{1}{n+1},$$

所以 $\sum\limits_{n=1}^{\infty}\dfrac{1}{n}(a_n+a_{n+2})=\lim\limits_{n\to\infty}S_n=1.$

（2）因为

$$a_n = \int_0^{\frac{\pi}{4}} \tan^n x\,dx \xrightarrow{\tan x = t} \int_0^1 \frac{t^n}{1+t^2}dt < \int_0^1 t^n dt = \frac{1}{n+1},$$

所以 $\dfrac{a_n}{n^\lambda} < \dfrac{1}{n^\lambda(n+1)} < \dfrac{1}{n^{\lambda+1}}$. 由 $\lambda + 1 > 1$ 知，$\displaystyle\sum_{n=1}^\infty \dfrac{1}{n^{\lambda+1}}$ 收敛，从而 $\displaystyle\sum_{n=1}^\infty \dfrac{a_n}{n^\lambda}$ 收敛.

【评注】级数敛散性证明题是高等数学的一个难点，主要是因为级数的敛散性直接与数列的极限（S_n 的极限）联系在一起，是高等数学中两个难点的结合，证明方法经常用到导数、泰勒公式、定积分等.

120 设正项数列 $\{a_n\}$ 单调减少，且 $\displaystyle\sum_{n=1}^\infty (-1)^n a_n$ 发散，试问级数 $\displaystyle\sum_{n=1}^\infty \left(\dfrac{1}{a_n+1}\right)^n$ 是否收敛？并说明理由.

K 1998 数学一，5分

知识点睛 0707 交错级数与莱布尼茨判别法

解 由于正项数列 $\{a_n\}$ 单调减少有下界，故 $\lim\limits_{n\to\infty} a_n$ 存在，记这个极限值为 a，则 $a \geq 0$. 若 $a = 0$，则由莱布尼茨定理知 $\displaystyle\sum_{n=1}^\infty (-1)^n a_n$ 收敛，与题设矛盾，故 $a > 0$. 于是

$$\frac{1}{a_n+1} < \frac{1}{a+1} < 1, \quad 从而 \quad \left(\frac{1}{a_n+1}\right)^n < \left(\frac{1}{a+1}\right)^n.$$

而 $\displaystyle\sum_{n=1}^\infty \left(\dfrac{1}{a+1}\right)^n$ 是公比为 $\dfrac{1}{a+1} < 1$ 的几何级数，故收敛. 因此由比较判别法知原级数收敛.

【评注】利用已知级数的敛散性，使用正项级数的比较判别法可判断正项级数的敛散性. 已知敛散性的级数如：几何级数 $\displaystyle\sum_{n=1}^\infty aq^{n-1}$ 当 $|q| < 1$ 时收敛，当 $|q| \geq 1$ 时发散；p-级数 $\displaystyle\sum_{n=1}^\infty \dfrac{1}{n^p}$ 当 $p > 1$ 时收敛，当 $p \leq 1$ 时发散. 判定级数的敛散性，重点掌握比较判别法的极限形式.

121 设偶函数 $f(x)$ 的二阶导数 $f''(x)$ 在 $x = 0$ 的某邻域内连续，且 $f(0) = 1$，$f''(0) = 2$，试证级数 $\displaystyle\sum_{n=1}^\infty \left[f\left(\dfrac{1}{n}\right) - 1\right]$ 绝对收敛.

知识点睛 0708 级数的绝对收敛

解 对于正项级数

$$\sum_{n=1}^\infty \frac{1}{n^2} 与 \sum_{n=1}^\infty \left[f\left(\frac{1}{n}\right) - 1\right],$$

考虑 $\lim\limits_{n\to\infty} \dfrac{f\left(\frac{1}{n}\right) - 1}{\frac{1}{n^2}}$，因为

$$\lim_{t\to+\infty}\frac{f\left(\frac{1}{t}\right)-1}{\frac{1}{t^2}}\xlongequal{x=\frac{1}{t}}\lim_{x\to0}\frac{f(x)-1}{x^2}=\lim_{x\to0}\frac{f'(x)}{2x}=\lim_{x\to0}\frac{f''(x)}{2}=\frac{f''(0)}{2}=1.$$

因此

$$\lim_{n\to\infty}\frac{f\left(\frac{1}{n}\right)-1}{\frac{1}{n^2}}=1,$$

由比较判别法的极限形式知 $\sum_{n=1}^{\infty}\left[f\left(\frac{1}{n}\right)-1\right]$ 收敛,且绝对收敛.

2002 数学一、数学三,7 分

122 (1)验证函数 $y(x)=1+\dfrac{x^3}{3!}+\dfrac{x^6}{6!}+\dfrac{x^9}{9!}+\cdots+\dfrac{x^{3n}}{(3n)!}+\cdots$ (−∞<x<+∞)满足微分方程 $y''+y'+y=\mathrm{e}^x$;

(2)利用(1)的结果求幂级数 $\sum_{n=0}^{\infty}\dfrac{x^{3n}}{(3n)!}$ 的和函数.

知识点睛 0711 幂级数的和函数,0804 齐次微分方程,0812 二阶常系数非齐次线性微分方程

解 (1)因为

$$y(x)=1+\frac{x^3}{3!}+\frac{x^6}{6!}+\frac{x^9}{9!}+\cdots+\frac{x^{3n}}{(3n)!}+\cdots,$$

$$y'(x)=\frac{x^2}{2!}+\frac{x^5}{5!}+\frac{x^8}{8!}+\cdots+\frac{x^{3n-1}}{(3n-1)!}+\cdots,$$

$$y''(x)=x+\frac{x^4}{4!}+\frac{x^7}{7!}+\cdots+\frac{x^{3n-2}}{(3n-2)!}+\cdots,$$

所以 $y''+y'+y=\mathrm{e}^x$.

(2)与 $y''+y'+y=\mathrm{e}^x$ 对应的齐次微分方程为 $y''+y'+y=0$.其特征方程为 $\lambda^2+\lambda+1=0$,特征根为 $\lambda_{1,2}=-\dfrac{1}{2}\pm\dfrac{\sqrt{3}}{2}\mathrm{i}$.因此,齐次微分方程的通解为

$$Y=\mathrm{e}^{-\frac{x}{2}}\left(C_1\cos\frac{\sqrt{3}}{2}x+C_2\sin\frac{\sqrt{3}}{2}x\right).$$

设非齐次微分方程的特解为 $y^*=A\mathrm{e}^x$.将 y^* 代入方程 $y''+y'+y=\mathrm{e}^x$ 得 $A=\dfrac{1}{3}$,于是 $y^*=\dfrac{1}{3}\mathrm{e}^x$,方程通解为

$$y=Y+y^*=\mathrm{e}^{-\frac{x}{2}}\left(C_1\cos\frac{\sqrt{3}}{2}x+C_2\sin\frac{\sqrt{3}}{2}x\right)+\frac{1}{3}\mathrm{e}^x.$$

当 $x=0$ 时,有

$$\begin{cases} y(0) = 1 = C_1 + \dfrac{1}{3}, \\ y'(0) = 0 = -\dfrac{1}{2}C_1 + \dfrac{\sqrt{3}}{2}C_2 + \dfrac{1}{3}, \end{cases}$$

由此得 $C_1 = \dfrac{2}{3}, C_2 = 0.$

于是幂级数 $\displaystyle\sum_{n=0}^{\infty} \dfrac{x^{3n}}{(3n)!}$ 的和函数为

$$y(x) = \frac{2}{3}e^{-\frac{x}{2}}\cos\frac{\sqrt{3}}{2}x + \frac{1}{3}e^x \quad (-\infty < x < +\infty).$$

【评注】本题综合考查了无穷级数与微分方程两大知识点.根据幂级数的性质及二阶常系数线性非齐次微分方程的求解方法可顺利求得结果.

本题的(1)若改为"已知 $y(x) = 1 + \dfrac{x^3}{3!} + \dfrac{x^6}{6!} + \cdots + \dfrac{x^{3n}}{(3n)!} + \cdots \quad (-\infty < x < +\infty)$,求 $y'' + y' + y$,并用初等函数表示",则难度就大大增加了.

123 设 $\{a_n\}, \{b_n\}$ 为满足 $e^{a_n} = a_n + e^{b_n} (n = 1, 2, \cdots)$ 的两个实数列,已知 $a_n > 0 \ (n = 1, 2, \cdots)$,且 $\displaystyle\sum_{n=1}^{\infty} a_n$ 收敛,证明:$\displaystyle\sum_{n=1}^{\infty} \dfrac{b_n}{a_n}$ 也收敛.

知识点睛 0701 数项级数的收敛

证 由于 $\displaystyle\sum_{n=1}^{\infty} a_n$ 收敛,所以 $\displaystyle\lim_{n\to\infty} a_n = 0.$ 因 $a_n > 0$,且

$$b_n = \ln(e^{a_n} - a_n) = \ln\left(1 + a_n + \frac{a_n^2}{2} + o(a_n^2) - a_n\right)$$

$$= \ln\left(1 + \frac{a_n^2}{2} + o(a_n^2)\right) \sim \frac{a_n^2}{2} + o(a_n^2) \sim \frac{a_n^2}{2} \quad (n \to \infty),$$

故 $b_n > 0$,且 $\dfrac{b_n}{a_n} \sim \dfrac{a_n}{2}$,于是级数 $\displaystyle\sum_{n=1}^{\infty} \dfrac{b_n}{a_n}$ 收敛.

124 讨论 $\displaystyle\sum_{n=1}^{\infty} \dfrac{1}{x_n^2}$ 的敛散性,其中 $\{x_n\}$ 是方程 $x = \tan x$ 的正根按递增顺序编号而得的序列.

知识点睛 0706 正项级数收敛判别法——比较判别法

解 $x > 0$,且 $\tan x$ 为周期函数,因此

$$n\pi - \frac{\pi}{2} < x_n < n\pi + \frac{\pi}{2}, \quad n = 1, 2, \cdots,$$

124 题精解视频

于是 $x_n > n\pi - \dfrac{\pi}{2} > n$,故 $\dfrac{1}{x_n^2} < \dfrac{1}{n^2}.$ 又 $\displaystyle\sum_{n=1}^{\infty} \dfrac{1}{n^2}$ 收敛,故 $\displaystyle\sum_{n=1}^{\infty} \dfrac{1}{x_n^2}$ 收敛.

125 已知 $\{u_n\}$ 是单调增加的正数列,证明:级数 $\displaystyle\sum_{n=1}^{\infty}\left(1 - \dfrac{u_n}{u_{n+1}}\right)$ 收敛的充分必要

条件是数列 $\{u_n\}$ 有界.

知识点睛 0701 数项级数的收敛,0704 柯西收敛准则

证 先证充分性.令 $a_n = 1 - \dfrac{u_n}{u_{n+1}}$,因 $\{u_n\}$ 单调增加,所以 $a_n \geqslant 0$,且 $a_n \leqslant \dfrac{u_{n+1}-u_n}{u_1}$.记 $b_n = \dfrac{u_{n+1}-u_n}{u_1}$,由于

$$\sum_{k=1}^{n} b_k = \frac{1}{u_1}(u_2 - u_1 + u_3 - u_2 + \cdots + u_{n+1} - u_n) = \frac{1}{u_1}(u_{n+1} - u_1),$$

因 $\{u_n\}$ 单调增加并有界,故数列 $\{u_n\}$ 收敛.设 $\lim\limits_{n\to\infty} u_n = A$,则 $\lim\limits_{n\to\infty}\sum\limits_{k=1}^{n} b_k = \dfrac{1}{u_1}(A - u_1)$,故级数 $\sum\limits_{n=1}^{\infty} b_n$ 收敛,由比较判别法知 $\sum\limits_{n=1}^{\infty}\left(1 - \dfrac{u_n}{u_{n+1}}\right)$ 收敛.

再证必要性.若 $\{u_n\}$ 无界,则对于任意的 $k \in \mathbf{N}$,均存在 $n > k$,使 $u_n > 3u_k$.令 $a_i = 1 - \dfrac{u_i}{u_{i+1}}$,记 $S_n = \sum\limits_{i=1}^{n} a_i$,则

$$S_{n-1} - S_{k-1} = \sum_{i=k}^{n-1}\left(1 - \frac{u_i}{u_{i+1}}\right) = \frac{u_{k+1} - u_k}{u_{k+1}} + \frac{u_{k+2} - u_{k+1}}{u_{k+2}} + \cdots + \frac{u_n - u_{n-1}}{u_n}$$

$$\geqslant \frac{1}{u_n}(u_{k+1} - u_k + u_{k+2} - u_{k+1} + \cdots + u_n - u_{n-1}) = \frac{u_n - u_k}{u_n} \geqslant \frac{2}{3}.$$

由柯西收敛准则知数列 $\{S_n\}$ 发散,则原级数发散,矛盾.因此数列 $\{u_n\}$ 有界.

126 已知数列 $\{a_n\}$:$a_1 = 1, a_2 = 2, a_3 = 5, \cdots, a_{n+1} = 3a_n - a_{n-1}(n = 2,3,\cdots)$,记 $x_n = \dfrac{1}{a_n}$,判别级数 $\sum\limits_{n=1}^{\infty} x_n$ 的敛散性.

知识点睛 0706 正项级数收敛判别法——比较判别法

解 $a_1 = 1 > 0, a_2 = 2 > 0, a_2 - a_1 = 1 > 0$.不妨归纳假设 $a_n > 0, a_n - a_{n-1} > 0$,则

$$a_{n+1} - a_n = 3a_n - a_{n-1} - a_n = 2a_n - a_{n-1} = (a_n - a_{n-1}) + a_n > 0,$$

故 $a_{n+1} > a_n > 0$,即 $\{a_n\}$ 严格单调增加,且 $\forall n \in \mathbf{N}, a_n > 0$.

$$3a_n = a_{n-1} + a_{n+1} < 2a_{n+1} \Rightarrow a_{n+1} > \frac{3}{2}a_n > 0 \Rightarrow 0 < x_{n+1} < \frac{2}{3}x_n,$$

故有

$$0 < x_n < \frac{2}{3}x_{n-1} < \left(\frac{2}{3}\right)^2 x_{n-2} < \cdots < \left(\frac{2}{3}\right)^{n-1} x_1 = \left(\frac{2}{3}\right)^{n-1}.$$

又 $\sum\limits_{n=1}^{\infty}\left(\dfrac{2}{3}\right)^{n-1}$ 收敛,所以由比较判别法知 $\sum\limits_{n=1}^{\infty} x_n$ 收敛.

127 已知正项级数 $\sum\limits_{n=1}^{\infty} a_n$ 收敛,证明级数 $\sum\limits_{n=1}^{\infty} \sqrt[n]{a_1 a_2 \cdots a_n}$ 收敛.

知识点睛 几何平均数不大于算术平均数,0701 数项级数的收敛

证 对于正项级数 $\sum\limits_{n=1}^{\infty} \sqrt[n]{a_1 a_2 \cdots a_n}$ 的部分和

$$\sum_{k=1}^{n} \sqrt[k]{a_1 a_2 \cdots a_k} = \sum_{k=1}^{n} \frac{\sqrt[k]{a_1 \cdot 2a_2 \cdot 3a_3 \cdot \cdots \cdot ka_k}}{\sqrt[k]{k!}},$$

应用不等式 $k! \geqslant \left(\dfrac{k}{2}\right)^k$ $(k \in \mathbf{N}^*)$ 及几何平均数小于等于算术平均数,有

$$\sum_{k=1}^{n} \frac{\sqrt[k]{a_1 \cdot 2a_2 \cdot 3a_3 \cdot \cdots \cdot ka_k}}{\sqrt[k]{k!}} \leqslant \sum_{k=1}^{n} \frac{2}{k} \sum_{i=1}^{k} \frac{ia_i}{k} = 2\sum_{i=1}^{n} a_i \left(i \sum_{k=i}^{n} \frac{1}{k^2}\right).$$

由于

$$i \sum_{k=i}^{n} \frac{1}{k^2} = i \left[\frac{1}{i^2} + \frac{1}{(i+1)^2} + \frac{1}{(i+2)^2} + \cdots + \frac{1}{n^2}\right]$$

$$< i \left[\frac{1}{i^2} + \frac{1}{i(i+1)} + \frac{1}{(i+1)(i+2)} + \cdots + \frac{1}{(n-1)n}\right]$$

$$= i \left(\frac{1}{i^2} + \frac{1}{i} - \frac{1}{i+1} + \frac{1}{i+1} - \frac{1}{i+2} + \cdots + \frac{1}{n-1} - \frac{1}{n}\right)$$

$$= i \left(\frac{1}{i^2} + \frac{1}{i} - \frac{1}{n}\right) < i \left(\frac{1}{i^2} + \frac{1}{i}\right) = \frac{1}{i} + 1 \leqslant 2 (i \geqslant 1),$$

所以

$$\sum_{k=1}^{n} \sqrt[k]{a_1 a_2 \cdots a_k} \leqslant 2 \sum_{i=1}^{n} a_i \left(i \sum_{k=i}^{n} \frac{1}{k^2}\right) < 4 \sum_{i=1}^{n} a_i.$$

由于收敛级数 $\displaystyle\sum_{n=1}^{\infty} a_n$ 的部分和有界,所以级数 $\displaystyle\sum_{n=1}^{\infty} \sqrt[n]{a_1 a_2 \cdots a_n}$ 的部分和有界,于是级数 $\displaystyle\sum_{n=1}^{\infty} \sqrt[n]{a_1 a_2 \cdots a_n}$ 收敛.

128 设函数 $\varphi(x)$ 是 $(-\infty, +\infty)$ 上连续的周期函数,周期为 1,且 $\displaystyle\int_0^1 \varphi(x)\,\mathrm{d}x = 0$,函数 $f(x)$ 在 $[0,1]$ 上有连续的导数,$a_n = \displaystyle\int_0^1 f(x)\varphi(nx)\,\mathrm{d}x$,证明 $\displaystyle\sum_{n=1}^{\infty} a_n^2$ 收敛.

知识点睛 0706 正项级数收敛判别法——比较判别法

证 $a_n = \displaystyle\int_0^1 f(x)\varphi(nx)\,\mathrm{d}x \xlongequal{nx=t} \frac{1}{n}\int_0^n f\left(\frac{t}{n}\right)\varphi(t)\,\mathrm{d}t.$

令 $G(x) = \displaystyle\int_0^x \varphi(t)\,\mathrm{d}t$,则 $G(0) = 0$,$G'(x) = \varphi(x)$,且

$$G(n) = \int_0^n \varphi(t)\,\mathrm{d}t = n\int_0^1 \varphi(t)\,\mathrm{d}t = 0,$$

$$G(x+n) = \int_0^{x+n} \varphi(t)\,\mathrm{d}t = \int_0^x \varphi(t)\,\mathrm{d}t + \int_x^{x+n} \varphi(t)\,\mathrm{d}t$$

$$= \int_0^x \varphi(t)\,\mathrm{d}t + n\int_0^1 \varphi(t)\,\mathrm{d}t = \int_0^x \varphi(t)\,\mathrm{d}t + 0 = G(x),$$

所以,$G(x)$ 是在 $(-\infty, +\infty)$ 上连续可导的周期函数,于是 $G(x)$ 在 $(-\infty, +\infty)$ 上有界,记作 $|G(x)| \leqslant M_1.$ $\forall x \in (-\infty, +\infty)$,有

$$a_n = \frac{1}{n}\int_0^n f\left(\frac{t}{n}\right)\mathrm{d}G(t) = \frac{1}{n}\left[f\left(\frac{t}{n}\right)G(t)\;\bigg|_0^n - \int_0^n f'\left(\frac{t}{n}\right)\frac{1}{n}G(t)\,\mathrm{d}t\right]$$

$$= -\frac{1}{n^2}\int_0^n f'\left(\frac{t}{n}\right)G(t)\,\mathrm{d}t.$$

因 $f'(x)$ 在区间 $[0,1]$ 上连续,所以 $f'(x)$ 在 $[0,1]$ 上有界,即 $\forall x \in [0,1]$,有 $|f'(x)| \leqslant M_2$,于是

$$|a_n| \leqslant \frac{1}{n^2}\int_0^n M_1 M_2 \mathrm{d}t = \frac{M_1 M_2}{n} \Rightarrow a_n^2 \leqslant \frac{(M_1 M_2)^2}{n^2},$$

而 $\displaystyle\sum_{n=1}^{\infty}\frac{(M_1 M_2)^2}{n^2}$ 收敛,故由比较判别法知 $\displaystyle\sum_{n=1}^{\infty}a_n^2$ 收敛.

129 题精解视频

129 试讨论级数 $\displaystyle\sum_{n=2}^{\infty}\left(1-\frac{1}{n}\right)^{n\ln n}$ 的敛散性.

知识点睛 0706 正项级数收敛判别法——比较判别法

解 当 $n \to \infty$ 时,有

$$\ln\left[\left(1-\frac{1}{n}\right)^{n\ln n}\right] = n\ln n\ln\left(1-\frac{1}{n}\right) = n\ln n\cdot\left[-\left(\frac{1}{n}+\frac{1}{2n^2}+o\left(\frac{1}{n^2}\right)\right)\right]$$

$$= -\ln n - \frac{\ln n}{2n} + o\left(\frac{1}{n}\right)\cdot\ln n \sim -\ln n,$$

所以 $\left(1-\dfrac{1}{n}\right)^{n\ln n} \sim \mathrm{e}^{-\ln n} = \dfrac{1}{n}(n \to \infty)$. 故 $\displaystyle\sum_{n=2}^{\infty}\left(1-\frac{1}{n}\right)^{\ln n}$ 发散.

130 (1) 先讨论级数 $\displaystyle\sum_{n=1}^{\infty}\left(\frac{1}{n} - \ln\left(1+\frac{1}{n}\right)\right)$ 的敛散性. 又已知 $x_n = 1 + \dfrac{1}{2} + \cdots + \dfrac{1}{n} - \ln(1+n)$,证明数列 $\{x_n\}$ 收敛;

(2) 求 $\displaystyle\lim_{n\to\infty}\frac{1}{\ln n}\left(1+\frac{1}{2}+\cdots+\frac{1}{n}\right)$.

知识点睛 0216 泰勒公式,0706 正项级数收敛判别法——比较判别法

证 (1) 应用 $\ln(1+x)$ 的麦克劳林展式,有

$$\ln(1+x) = x - \frac{1}{2}x^2 + o(x^2) \quad (x \to 0),$$

所以当 n 充分大时,有

$$\ln\left(1+\frac{1}{n}\right) = \frac{1}{n} - \frac{1}{2n^2} + o\left(\frac{1}{n^2}\right), \quad \frac{1}{n} - \ln\left(1+\frac{1}{n}\right) = \frac{1}{2n^2} + o\left(\frac{1}{n^2}\right) \sim \frac{1}{2n^2}.$$

而级数 $\displaystyle\sum_{n=1}^{\infty}\frac{1}{2n^2}$ 收敛,所以级数 $\displaystyle\sum_{n=1}^{\infty}\left(\frac{1}{n} - \ln\left(1+\frac{1}{n}\right)\right)$ 收敛,该级数的部分和为

$$\sum_{k=1}^{n}\left(\frac{1}{k} - \ln\left(1+\frac{1}{k}\right)\right) = 1 + \frac{1}{2} + \cdots + \frac{1}{n} - \ln(1+n) = x_n,$$

所以数列 $\{x_n\}$ 收敛.

(2) 由于 $\displaystyle\lim_{n\to\infty}\frac{1}{\ln n} = 0$,设 $x_n \to A$,则

$$\lim_{n\to\infty}\frac{x_n}{\ln n}=\lim_{n\to\infty}\frac{1+\dfrac{1}{2}+\cdots+\dfrac{1}{n}}{\ln n}-\lim_{n\to\infty}\frac{\ln(1+n)}{\ln n}=0. \qquad ①$$

应用洛必达法则,有

$$\lim_{x\to+\infty}\frac{\ln(1+x)}{\ln x}=\lim_{x\to+\infty}\frac{\dfrac{1}{1+x}}{\dfrac{1}{x}}=\lim_{x\to+\infty}\frac{1}{1+\dfrac{1}{x}}=1,$$

所以, $\lim\limits_{n\to\infty}\dfrac{\ln(1+n)}{\ln n}=1$,由 ① 式即得

$$\lim_{n\to\infty}\frac{1}{\ln n}\Big(1+\frac{1}{2}+\cdots+\frac{1}{n}\Big)=\lim_{n\to\infty}\frac{\ln(1+n)}{\ln n}=1.$$

131 设 $f(x)=\dfrac{1}{1-x-x^2}$, $a_n=\dfrac{1}{n!}f^{(n)}(0)$,证明级数 $\sum\limits_{n=0}^{\infty}\dfrac{a_{n+1}}{a_n a_{n+2}}$ 收敛,并求其和.

知识点睛 0701 数项级数的收敛,0702 收敛级数求和

证 令 $F(x)=(1-x-x^2)f(x)$,则 $F(x)=1$.根据莱布尼茨公式,对上式两边求 $n+2$ 阶导数,有

$$F^{(n+2)}(x)=f^{(n+2)}(x)(1-x-x^2)+C_{n+2}^1 f^{(n+1)}(x)(-1-2x)+C_{n+2}^2 f^{(n)}(x)(-2)=0.$$

令 $x=0$,得

$$(n+2)!\,a_{n+2}+C_{n+2}^1 a_{n+1}(n+1)!\,(-1)+C_{n+2}^2 a_n n!\,(-2)=0,$$
$$(n+2)!\,a_{n+2}-(n+2)!\,a_{n+1}-(n+2)!\,a_n=0,$$

于是 $a_{n+2}=a_{n+1}+a_n$,且

$$a_0=\frac{1}{0!}f^{(0)}(0)=1,\quad a_1=\frac{1}{1!}f'(0)=\frac{-(-1-2x)}{(1-x-x^2)^2}\Big|_{x=0}=1,$$

归纳可得 $n\to\infty$ 时有 $a_n\to\infty$.原级数的部分和

$$S_n=\sum_{k=0}^{n}\frac{a_{k+1}}{a_k a_{k+2}}=\sum_{k=0}^{n}\frac{a_{k+2}-a_k}{a_k a_{k+2}}=\sum_{k=0}^{n}\Big(\frac{1}{a_k}-\frac{1}{a_{k+2}}\Big)$$
$$=\Big(\frac{1}{a_0}-\frac{1}{a_2}\Big)+\Big(\frac{1}{a_1}-\frac{1}{a_3}\Big)+\Big(\frac{1}{a_2}-\frac{1}{a_4}\Big)+\cdots+\Big(\frac{1}{a_{n-1}}-\frac{1}{a_{n+1}}\Big)+\Big(\frac{1}{a_n}-\frac{1}{a_{n+2}}\Big)$$
$$=\frac{1}{a_0}+\frac{1}{a_1}-\frac{1}{a_{n+1}}-\frac{1}{a_{n+2}}\to 2\quad(n\to\infty),$$

于是,级数 $\sum\limits_{n=0}^{\infty}\dfrac{a_{n+1}}{a_n a_{n+2}}$ 收敛,且和为 2.

132 判别级数 $\sum\limits_{n=1}^{\infty}\Big(n\ln\dfrac{2n+1}{2n-1}-1\Big)$ 的敛散性.

知识点睛 0706 正项级数收敛判别法——比较判别法

解 $n\ln\dfrac{2n+1}{2n-1}-1=n\ln\Big(1+\dfrac{2}{2n-1}\Big)-1$
$$=n\Big[\frac{2}{2n-1}-\frac{1}{2}\Big(\frac{2}{2n-1}\Big)^2+\frac{1}{3}\Big(\frac{2}{2n-1}\Big)^3+o\Big(\frac{1}{n^3}\Big)\Big]-1$$

$$= \frac{2n+3}{3(2n-1)^3} + o\left(\frac{1}{n^2}\right),$$

于是

$$\lim_{n\to\infty} \frac{n\ln\frac{2n+1}{2n-1}-1}{\frac{1}{n^2}} = \lim_{n\to\infty} \frac{\frac{2n+3}{3(2n-1)^3}+o\left(\frac{1}{n^2}\right)}{\frac{1}{n^2}} = \frac{1}{12}.$$

而 $\sum_{n=1}^{\infty}\frac{1}{n^2}$ 收敛,故 $\sum_{n=1}^{\infty}\left(n\ln\frac{2n+1}{2n-1}-1\right)$ 收敛.

133 设 $\alpha > 1$,求证级数 $\sum_{n=1}^{\infty}\frac{n}{1^\alpha+2^\alpha+\cdots+n^\alpha}$ 收敛.

知识点睛 0706 正项级数收敛判别法——比较判别法

证 $\lim_{n\to\infty}\frac{\frac{n}{1^\alpha+2^\alpha+\cdots+n^\alpha}}{\frac{1}{n^\alpha}} = \lim_{n\to\infty}\frac{1}{\frac{1}{n}\left[\left(\frac{1}{n}\right)^\alpha+\left(\frac{2}{n}\right)^\alpha+\cdots+\left(\frac{n}{n}\right)^\alpha\right]}$

$$=\lim_{n\to\infty}\frac{1}{\frac{1}{n}\sum_{k=1}^{n}\left(\frac{k}{n}\right)^\alpha} = \frac{1}{\lim_{n\to\infty}\sum_{k=1}^{n}\left(\frac{k}{n}\right)^\alpha\cdot\frac{1}{n}}$$

$$=\frac{1}{\int_0^1 x^\alpha dx} = \frac{1}{\frac{1}{\alpha+1}} = \alpha+1,$$

因此,原级数与 $\sum_{n=1}^{\infty}\frac{1}{n^\alpha}$ 同敛散. $\alpha>1$, $\sum_{n=1}^{\infty}\frac{1}{n^\alpha}$ 收敛,故 $\sum_{n=1}^{\infty}\frac{n}{1^\alpha+2^\alpha+\cdots+n^\alpha}$ 收敛.

134 判别级数 $\sum_{n=1}^{\infty}(-1)^n\tan(\sqrt{n^2+2}\pi)$ 是否收敛,若收敛,是条件收敛还是绝对收敛.

知识点睛 0708 级数的绝对收敛与条件收敛

解 令 $a_n=\tan(\sqrt{n^2+2}\pi)$,则

$$a_n=\tan(\sqrt{n^2+2}\pi)=\tan(\sqrt{n^2+2}-n)\pi=\tan\frac{2\pi}{\sqrt{n^2+2}+n}.$$

显然 $\{a_n\}$ 单调递减,且 $\lim_{n\to\infty}a_n=0$,故 $\sum_{n=1}^{\infty}(-1)^na_n$ 收敛.又

$$a_n=\tan(\sqrt{n^2+2}\pi)=\tan\frac{2\pi}{\sqrt{n^2+2}+n}>\frac{2\pi}{\sqrt{n^2+2}+n}>\frac{2\pi}{(n+1)+n}>\frac{1}{n},$$

故 $\sum_{n=1}^{\infty}a_n$ 发散.因此 $\sum_{n=1}^{\infty}(-1)^n\tan(\sqrt{n^2+2}\pi)$ 条件收敛.

135 对常数 p,讨论级数

$$\sum_{n=1}^{\infty}(-1)^{n+1}\frac{\sqrt{n+1}-\sqrt{n}}{n^p}$$

何时绝对收敛、何时条件收敛、何时发散.

知识点睛　0707 交错级数与莱布尼茨判别法

解　令 $a_n = \dfrac{\sqrt{n+1}-\sqrt{n}}{n^p}$，则

$$a_n = \frac{1}{(\sqrt{n+1}+\sqrt{n})\,n^p} = \frac{1}{\sqrt{n}\left(\sqrt{1+\dfrac{1}{n}}+1\right)n^p} \sim \frac{1}{2n^{p+\frac{1}{2}}}.$$

故当 $p+\dfrac{1}{2}>1\left(即\,p>\dfrac{1}{2}\right)$ 时 $\displaystyle\sum_{n=1}^{\infty}a_n$ 收敛,则原级数绝对收敛;当 $p+\dfrac{1}{2}\leqslant$

$1\left(即\,p\leqslant\dfrac{1}{2}\right)$ 时 $\displaystyle\sum_{n=1}^{\infty}a_n$ 发散,则原级数非绝对收敛.

当 $0<p+\dfrac{1}{2}\leqslant1\left(即-\dfrac{1}{2}<p\leqslant\dfrac{1}{2}\right)$ 时显然 $a_n\to0(n\to\infty)$.令

$$f(x) = x^p(\sqrt{x+1}+\sqrt{x}),\quad x>0.$$

由于

$$f'(x) = x^{p-1}(\sqrt{x+1}+\sqrt{x})\left(p+\frac{\sqrt{x}}{2\sqrt{x+1}}\right),$$

且 $x^{p-1}>0, \sqrt{x+1}+\sqrt{x}>0$,而

$$\lim_{x\to+\infty}\left(p+\frac{\sqrt{x}}{2\sqrt{x+1}}\right) = p+\frac{1}{2}>0,$$

所以 x 充分大时 $f(x)$ 单调增加,于是 n 充分大时, $a_n=\dfrac{1}{f(n)}$ 单调减少,应用莱布尼茨判

别法推知,当 $-\dfrac{1}{2}<p\leqslant\dfrac{1}{2}$ 时原级数条件收敛.

当 $p+\dfrac{1}{2}\leqslant0$ 时 $a_n\nrightarrow0(n\to\infty)$,故 $p\leqslant-\dfrac{1}{2}$ 时原级数发散.

136　设 $f(x)$ 在 $(-\infty,+\infty)$ 上有定义,在 $x=0$ 的邻域内 $f(x)$ 有连续的导数,且 $\displaystyle\lim_{x\to0}\frac{f(x)}{x}=a>0$,讨论级数 $\displaystyle\sum_{n=1}^{\infty}(-1)^{n+1}f\left(\frac{1}{n}\right)$ 的敛散性.

知识点睛　0707 交错级数与莱布尼茨判别法

解　由于 $\displaystyle\lim_{x\to0}\frac{f(x)}{x}=a>0$,所以当 $x\to0$ 时, $f(x)\sim ax$, $f\left(\dfrac{1}{n}\right)\sim\dfrac{a}{n}$,而级数 $\displaystyle\sum_{n=1}^{\infty}\frac{a}{n}$ 发

散,所以级数 $\displaystyle\sum_{n=1}^{\infty}(-1)^{n+1}f\left(\frac{1}{n}\right)$ 非绝对收敛.又由条件可得 $f(0)=0$,于是

$$f'(0) = \lim_{x\to0}\frac{f(x)-f(0)}{x} = \lim_{x\to0}\frac{f(x)}{x} = a,$$

且 $a>0$.因 $f'(x)$ 在 $x=0$ 连续,所以存在 $x=0$ 的某邻域 U,其内 $f'(x)>0$,因而在 U 中 $f(x)$ 严格增,于是当 n 充分大时,有

$$f\left(\frac{1}{n+1}\right) < f\left(\frac{1}{n}\right),$$

即 $\left\{f\left(\frac{1}{n}\right)\right\}$ 单调减少,且 $\lim\limits_{n\to\infty}f\left(\frac{1}{n}\right)=f(0)=0$,应用莱布尼茨判别法得原级数条件收敛.

137 已知级数 $\sum\limits_{n=2}^{\infty}(-1)^n\dfrac{n^k}{n-1}$ 为条件收敛,求常数 k 的取值范围.

知识点睛 0707 交错级数与莱布尼茨判别法

解 令 $a_n=\dfrac{n^k}{n-1}$,则

$$a_n=\frac{n^k}{n-1}=\frac{1}{n^{1-k}-n^{-k}}\sim\frac{1}{n^{1-k}}.$$

因此,当 $1-k>1$,即 $k<0$ 时,$\sum\limits_{n=2}^{\infty}(-1)^n\dfrac{n^k}{n-1}$ 绝对收敛;当 $1-k\leqslant 1$ 时,$\sum\limits_{n=2}^{\infty}(-1)^n\dfrac{n^k}{n-1}$ 不绝对收敛.

当 $k\geqslant 1$ 时,$\lim\limits_{n\to\infty}a_n=\lim\limits_{n\to\infty}\dfrac{n^k}{n-1}=\begin{cases}1,k=1,\\\infty,k>1,\end{cases}$ 故 $\sum\limits_{n=2}^{\infty}(-1)^n\dfrac{n^k}{n-1}$ 发散.

当 $0\leqslant k<1$ 时,$\lim\limits_{n\to\infty}\dfrac{n^k}{n-1}=0$,且 $\dfrac{n^k}{n-1}=\dfrac{1}{n^{1-k}-n^{-k}}$ 单调减少.此时 $\sum\limits_{n=2}^{\infty}(-1)^n\dfrac{n^k}{n-1}$ 收敛.

综上,当 $0\leqslant k<1$ 时原级数条件收敛.

138 讨论级数 $1-\dfrac{1}{2^p}+\dfrac{1}{\sqrt{3}}-\dfrac{1}{4^p}+\dfrac{1}{\sqrt{5}}-\dfrac{1}{6^p}+\cdots$ 的敛散性(p 为常数).

知识点睛 0707 交错级数与莱布尼茨判别法

解 当 $p=\dfrac{1}{2}$ 时,原级数为 $\sum\limits_{n=1}^{\infty}(-1)^{n+1}\dfrac{1}{\sqrt{n}}$,此为交错级数,$\dfrac{1}{\sqrt{n}}$ 单调减少且收敛于 0,由莱布尼茨判别法知,当 $p=\dfrac{1}{2}$ 时原级数收敛.

当 $p\leqslant 0$ 时,原级数的通项 $a_n\nrightarrow 0$,所以原级数发散.

当 $p>\dfrac{1}{2}$ 时,考虑加括号(两项一括)的级数

$$\sum_{n=1}^{\infty}\left(\frac{1}{\sqrt{2n-1}}-\frac{1}{(2n)^p}\right),\qquad\text{①}$$

由于 $n\to\infty$ 时,$\dfrac{1}{\sqrt{2n-1}}-\dfrac{1}{(2n)^p}$(在 $p>\dfrac{1}{2}$ 时)与 $\dfrac{1}{\sqrt{2n-1}}$ 同阶,而 $\dfrac{1}{\sqrt{2n-1}}$ 与 $\dfrac{1}{\sqrt{n}}$ 同阶,$\sum\limits_{n=1}^{\infty}\dfrac{1}{\sqrt{n}}$ 发散,所以 $p>\dfrac{1}{2}$ 时,加括号后的级数 ① 发散,因而原级数也发散.

当 $0<p<\dfrac{1}{2}$ 时,原级数为

$$\sum_{n=1}^{\infty}\left(\frac{1}{\sqrt{2n-1}}-\frac{1}{(2n)^p}\right)=\sum_{n=1}^{\infty}\left(\frac{1}{\sqrt{2n-1}}-\frac{1}{\sqrt{2n}}\right)-\sum_{n=1}^{\infty}\left(\frac{1}{(2n)^p}-\frac{1}{\sqrt{2n}}\right).$$

因为 $\frac{1}{(2n)^p}-\frac{1}{\sqrt{2n}}>0$,而且当 $n\to\infty$ 时,$\frac{1}{(2n)^p}-\frac{1}{\sqrt{2n}}$ 与 $\frac{1}{(2n)^p}$ 等价,而 $\sum\limits_{n=1}^{\infty}\frac{1}{(2n)^p}$ 发散,

所以 $\sum\limits_{n=1}^{\infty}\left(\frac{1}{(2n)^p}-\frac{1}{\sqrt{2n}}\right)$ 发散.而

$$\sum_{n=1}^{\infty}\left(\frac{1}{\sqrt{2n-1}}-\frac{1}{\sqrt{2n}}\right)=\sum_{n=1}^{\infty}\frac{1}{2n\sqrt{2n-1}+(2n-1)\sqrt{2n}}$$

收敛,故 $\sum\limits_{n=1}^{\infty}\left(\frac{1}{\sqrt{2n-1}}-\frac{1}{(2n)^p}\right)$ 发散.

139 设数列 $\{a_n\}$,$\{b_n\}$ 满足 $0<a_n<\frac{\pi}{2}$,$0<b_n<\frac{\pi}{2}$,$\cos a_n-a_n=\cos b_n$,且级 数 $\sum\limits_{n=1}^{\infty}b_n$ 收敛. ⬚2014 数学一, 10 分

（Ⅰ）证明：$\lim\limits_{n\to\infty}a_n=0$；

（Ⅱ）证明：级数 $\sum\limits_{n=1}^{\infty}\frac{a_n}{b_n}$ 收敛.

知识点睛 0108 夹逼准则,0706 正项级数收敛判别法——比较判别法

分析 （Ⅰ）用极限的夹逼准则；（Ⅱ）用级数收敛的比较判别法.

证 （Ⅰ）因为 $\sum\limits_{n=1}^{\infty}b_n$ 收敛,所以 $\lim\limits_{n\to\infty}b_n=0$.而

$$a_n=\cos a_n-\cos b_n=-2\sin\frac{a_n+b_n}{2}\sin\frac{a_n-b_n}{2}>0,\quad 且\quad \sin\frac{a_n+b_n}{2}>0,$$

有 $\sin\frac{a_n-b_n}{2}<0$.又 $-\frac{\pi}{4}<\frac{a_n-b_n}{2}<\frac{\pi}{4}$,故 $-\frac{\pi}{4}<\frac{a_n-b_n}{2}<0$,即 $0<a_n<b_n$,由夹 逼准则 $\lim\limits_{n\to\infty}a_n=0$.

（Ⅱ）**解法 1** 由（Ⅰ）,$a_n=-2\sin\frac{a_n+b_n}{2}\sin\frac{a_n-b_n}{2}$,所以

$$\frac{a_n}{b_n}=\frac{-2\sin\frac{a_n+b_n}{2}\sin\frac{a_n-b_n}{2}}{b_n}\leqslant\frac{2\frac{a_n+b_n}{2}\frac{b_n-a_n}{2}}{b_n}=\frac{b_n^2-a_n^2}{2b_n}<\frac{b_n^2}{2b_n}=\frac{b_n}{2},$$

又 $\sum\limits_{n=1}^{\infty}b_n$ 收敛,进而 $\sum\limits_{n=1}^{\infty}\frac{b_n}{2}$ 收敛,由比较判别法知级数 $\sum\limits_{n=1}^{\infty}\frac{a_n}{b_n}$ 收敛.

解法 2 因为 $\lim\limits_{n\to\infty}\frac{\frac{a_n}{b_n}}{b_n}=\lim\limits_{n\to\infty}\frac{a_n}{b_n^2}=\lim\limits_{n\to\infty}\frac{1-\cos b_n}{b_n^2}\cdot\frac{a_n}{1-\cos b_n}$

$$=\frac{1}{2}\lim\limits_{n\to\infty}\frac{a_n}{1-\cos b_n}$$

$$= \frac{1}{2} \lim_{n \to \infty} \frac{a_n}{a_n + 1 - \cos a_n} = \frac{1}{2},$$

且级数 $\sum_{n=1}^{\infty} b_n$ 收敛,于是由正项级数的比较判别法知级数 $\sum_{n=1}^{\infty} \frac{a_n}{b_n}$ 收敛.

K 2004 数学一,
11 分

140 设有方程 $x^n + nx - 1 = 0$,其中 n 为正整数.证明此方程存在唯一正实根 x_n,并证明当 $\alpha > 1$ 时,级数 $\sum_{n=1}^{\infty} x_n^{\alpha}$ 收敛.

知识点睛 0706 正项级数收敛判别法——比较判别法

分析 利用零点定理证明存在性,利用单调性证明唯一性,而正项级数的敛散性可用比较判别法判定.

证 记 $f_n(x) = x^n + nx - 1$.由 $f_n(0) = -1 < 0, f_n(1) = n > 0$,及连续函数的零点定理知,方程 $x^n + nx - 1 = 0$ 存在正实数根 $x_n \in (0, 1)$.

当 $x > 0$ 时,$f_n'(x) = nx^{n-1} + n > 0$,可见 $f_n(x)$ 在 $[0, +\infty)$ 上单调增加,故方程 $x^n + nx - 1 = 0$ 存在唯一正实数根 x_n.

由 $x^n + nx - 1 = 0$ 与 $x_n > 0$ 知 $0 < x_n = \frac{1 - x_n^n}{n} < \frac{1}{n}$,故当 $\alpha > 1$ 时,$0 < x_n^{\alpha} < \left(\frac{1}{n}\right)^{\alpha}$.而正项级数 $\sum_{n=1}^{\infty} \frac{1}{n^{\alpha}}$ 收敛,所以,当 $\alpha > 1$ 时,级数 $\sum_{n=1}^{\infty} x_n^{\alpha}$ 收敛.

K 2016 数学一,
10 分

141 已知 $f(x)$ 可导,且 $f(0) = 1, 0 < f'(x) < \frac{1}{2}$,设数列 $\{x_n\}$ 满足 $x_{n+1} = f(x_n)$ ($n = 1, 2, \cdots$),证明:

(Ⅰ)级数 $\sum_{n=1}^{\infty} (x_{n+1} - x_n)$ 绝对收敛;

(Ⅱ)$\lim_{n \to \infty} x_n$ 存在,且 $0 < \lim_{n \to \infty} x_n < 2$.

知识点睛 0708 级数的绝对收敛

证 (Ⅰ)依题意知

$$|x_{n+1} - x_n| = |f(x_n) - f(x_{n-1})| = |f'(\xi)(x_n - x_{n-1})| \quad \text{(其中 } \xi \text{ 介于 } x_n \text{ 与 } x_{n-1} \text{ 之间)}$$

$$< \frac{1}{2}|x_n - x_{n-1}| < \frac{1}{2^2}|x_{n-1} - x_{n-2}|$$

$$< \cdots < \frac{1}{2^{n-1}}|x_2 - x_1|.$$

因为 $\sum_{n=1}^{\infty} \frac{1}{2^{n-1}}|x_2 - x_1| = |x_2 - x_1| \sum_{n=1}^{\infty} \frac{1}{2^{n-1}}$ 收敛,所以 $\sum_{n=1}^{\infty} |x_{n+1} - x_n|$ 收敛,即 $\sum_{n=1}^{\infty} (x_{n+1} - x_n)$ 绝对收敛.

(Ⅱ)由(Ⅰ)的结论知 $\sum_{n=1}^{\infty} (x_{n+1} - x_n)$ 绝对收敛,其部分和的极限

$$\lim_{n \to \infty} S_n = \lim_{n \to \infty} (x_{n+1} - x_1) = \lim_{n \to \infty} x_{n+1} - x_1$$

存在,故 $\lim_{n \to \infty} x_n$ 存在.

设 $\lim_{n\to\infty}x_n=a$,由于 $f(x)$ 可导,从而 $f(x)$ 连续,对 $x_{n+1}=f(x_n)$ 两边取极限得 $a=f(a)$.

又 $f(a)-f(0)=f'(\xi)a,\xi$ 介于 0 与 a 之间,从而 $a-1=f'(\xi)a$,即

$$a=\frac{1}{1-f'(\xi)},$$

由已知条件知 $0<f'(\xi)<\frac{1}{2}$,故 $1<a<2$,即 $0<\lim_{n\to\infty}x_n<2$.

142 设幂级数 $\sum_{n=0}^{\infty}a_nx^n$ 在 $(-\infty,+\infty)$ 内收敛,其和函数 $y(x)$ 满足

Ⓚ 2007 数学一, 10 分

$$y''-2xy'-4y=0,y(0)=0,y'(0)=1,$$

(Ⅰ)证明: $a_{n+2}=\frac{2}{n+1}a_n(n=1,2,\cdots)$;

(Ⅱ)求 $y(x)$ 的表达式.

知识点睛 0216 泰勒公式,0712 幂级数的基本性质

分析 可将幂级数代入微分方程通过比较同次幂系数,从而证得(Ⅰ);由(Ⅰ)求(Ⅱ).

解 (Ⅰ)对 $y=\sum_{n=0}^{\infty}a_nx^n$ 求一、二阶导数,得

$$y'=\sum_{n=1}^{\infty}na_nx^{n-1},$$

$$y''=\sum_{n=2}^{\infty}n(n-1)a_nx^{n-2}=\sum_{n=0}^{\infty}(n+1)(n+2)a_{n+2}x^n,$$

代入 $y''-2xy'-4y=0,y(0)=0,y'(0)=1$,可得

$$\sum_{n=0}^{\infty}(n+1)(n+2)a_{n+2}x^n-2\sum_{n=1}^{\infty}na_nx^n-4\sum_{n=0}^{\infty}a_nx^n=0,a_0=0,a_1=1,a_2=0,$$

即

$$2a_2-4a_0+\sum_{n=1}^{\infty}[(n+2)(n+1)a_{n+2}-2(n+2)a_n]x^n=0.$$

比较同次幂系数,可得

$$2a_2-4a_0=0,(n+1)(n+2)a_{n+2}-2(n+2)a_n=0,\quad n=1,2,\cdots,$$

从而

$$a_{n+2}=\frac{2}{n+1}a_n,\quad n=1,2,\cdots.$$

(Ⅱ)由 $a_0=0,a_1=1,a_2=0,a_{n+2}=\frac{2}{n+1}a_n,n=1,2,\cdots$,可得

$$a_{2n}=0,a_{2n+1}=\frac{2}{2n}a_{2n-1}=\frac{2}{2n}\cdot\frac{2}{(2n-2)}a_{2n-3}=\cdots=\frac{1}{n!}a_1=\frac{1}{n!},$$

故

$$y=\sum_{n=0}^{\infty}\frac{1}{n!}x^{2n+1}=x\sum_{n=0}^{\infty}\frac{1}{n!}(x^2)^n=xe^{x^2}.$$

【评注】本题为一道幂级数与二阶微分方程的综合题,考查了幂级数的逐项微分法及 e^x 的麦克劳林级数展开式.所以需记住 e^x, $\dfrac{1}{1-x}$, $\ln(1+x)$ 等常见函数的麦克劳林级数展开式.

2012 数学一,10分

143 求幂级数 $\displaystyle\sum_{n=0}^{\infty} \dfrac{4n^2+4n+3}{2n+1} x^{2n}$ 的收敛域及和函数.

知识点睛 0710 幂级数的收敛域, 0711 幂级数的和函数

分析 由此幂级数的构成知,其和函数可以通过几何级数求导及求积分得到,因此可以先求和函数,再由幂级数的性质得收敛半径,然后讨论端点处的收敛性,得幂级数的收敛域.

解
$$\sum_{n=0}^{\infty} \frac{4n^2+4n+3}{2n+1} x^{2n} = \sum_{n=0}^{\infty} \frac{(2n+1)^2+2}{2n+1} x^{2n}$$
$$= \sum_{n=0}^{\infty}(2n+1)x^{2n} + \sum_{n=0}^{\infty} \frac{2}{2n+1} x^{2n},$$

其中,$\displaystyle\sum_{n=0}^{\infty}(2n+1)x^{2n} = \left(\sum_{n=0}^{\infty} x^{2n+1}\right)' = \left(\frac{x}{1-x^2}\right)' = \frac{1+x^2}{(1-x^2)^2}$, $-1<x<1$.

当 $x \neq 0$ 时,$\displaystyle\sum_{n=0}^{\infty} \frac{2}{2n+1} x^{2n} = \frac{2}{x}\sum_{n=0}^{\infty} \frac{1}{2n+1} x^{2n+1}$,而

$$\left(\sum_{n=0}^{\infty} \frac{1}{2n+1} x^{2n+1}\right)' = \sum_{n=0}^{\infty} x^{2n} = \frac{1}{1-x^2},$$

则

$$\sum_{n=0}^{\infty} \frac{1}{2n+1} x^{2n+1} = \int_0^x \frac{1}{1-t^2}\mathrm{d}t = \frac{1}{2}\ln\frac{1+x}{1-x}, \quad -1<x<1.$$

当 $x=0$ 时,$\displaystyle\sum_{n=0}^{\infty} \frac{2}{2n+1} x^{2n} = 2$,所以

$$\sum_{n=0}^{\infty} \frac{2}{2n+1} x^{2n} = \begin{cases} \dfrac{1}{x}\ln\dfrac{1+x}{1-x}, & x \in (-1,0) \cup (0,1), \\ 2, & x=0. \end{cases}$$

综上,当 $x=\pm 1$ 时,原级数为 $\displaystyle\sum_{n=0}^{\infty} \frac{4n^2+4n+3}{2n+1}$,由 $\displaystyle\lim_{n\to\infty} \frac{4n^2+4n+3}{2n+1} = +\infty \neq 0$ 知级数发散;当 $x=0$ 时,$\displaystyle\sum_{n=0}^{\infty} \frac{4n^2+4n+3}{2n+1} x^{2n} = 3$,因此,幂级数 $\displaystyle\sum_{n=0}^{\infty} \frac{4n^2+4n+3}{2n+1} x^{2n}$ 的收敛域为 $-1<x<1$,其和函数

$$S(x) = \begin{cases} \dfrac{1+x^2}{(1-x^2)^2} + \dfrac{1}{x}\ln\dfrac{1+x}{1-x}, & x \in (-1,0) \cup (0,1), \\ 3, & x=0. \end{cases}$$

144　设数列 $\{a_n\}$ 满足条件:$a_0=3,a_1=1,a_{n-2}-n(n-1)a_n=0(n\geqslant2)$,$S(x)$ 是幂级数 $\sum\limits_{n=0}^{\infty}a_nx^n$ 的和函数.

K 2013 数学一,10 分

（Ⅰ）证明 $S''(x)-S(x)=0$;

（Ⅱ）求 $S(x)$ 的表达式.

知识点睛　0712 幂级数的基本性质

分析　利用幂级数可逐项求导的性质,验证（Ⅰ）成立;解微分方程求出 $S(x)$,注意初始条件的使用.

解　（Ⅰ）$S(x)=\sum\limits_{n=0}^{\infty}a_nx^n$ 得 $S'(x)=\sum\limits_{n=1}^{\infty}na_nx^{n-1}$,$S''(x)=\sum\limits_{n=2}^{\infty}n(n-1)a_nx^{n-2}$,再由 $a_{n-2}-n(n-1)a_n=0$,有

$$S''(x)=\sum\limits_{n=2}^{\infty}n(n-1)a_nx^{n-2}=\sum\limits_{n=2}^{\infty}a_{n-2}x^{n-2}=\sum\limits_{n=0}^{\infty}a_nx^n=S(x),$$

即 $S''(x)-S(x)=0$.

（Ⅱ）二阶常系数齐次线性微分方程 $S''(x)-S(x)=0$ 的特征方程为 $\lambda^2-1=0$,解得 $\lambda=\pm1$,于是 $S''(x)-S(x)=0$ 的通解为

$$S(x)=C_1\mathrm{e}^x+C_2\mathrm{e}^{-x}.$$

显然,初始条件为 $\begin{cases}S(0)=a_0,\\S'(0)=a_1,\end{cases}$ 进而有 $\begin{cases}C_1+C_2=3,\\C_1-C_2=1,\end{cases}$ 解得 $\begin{cases}C_1=2,\\C_2=1.\end{cases}$ 所以

$$S(x)=2\mathrm{e}^x+\mathrm{e}^{-x}.$$

145　求幂级数 $\sum\limits_{n=0}^{\infty}\dfrac{x^{2n+2}}{(n+1)(2n+1)}$ 的收敛域及和函数.

K 2016 数学三,10 分

知识点睛　0710 幂级数的收敛域,0711 幂级数的和函数

分析　此幂级数只有偶数次幂项,求收敛域时可把其看作一般的函数项级数,用比值判别法求出.

解　因为

$$\lim_{n\to\infty}\left|\dfrac{u_{n+1}}{u_n}\right|=\lim_{n\to\infty}\left|\dfrac{\dfrac{x^{2(n+1)+2}}{(n+2)(2n+3)}}{\dfrac{x^{2n+2}}{(n+1)(2n+1)}}\right|=x^2,$$ 所以,当 $x^2<1$ 时,原级数收敛;当 $x^2>1$ 时,

原级数发散.因此,故原级数的收敛区间为 $(-1,1)$.

而 $x=\pm1$ 时,原级数变为 $\sum\limits_{n=0}^{\infty}\dfrac{1}{(n+1)(2n+1)}$,是收敛的,故原级数的收敛域为 $[-1,1]$.

设 $S(x)=\sum\limits_{n=0}^{\infty}\dfrac{x^{2n+2}}{(n+1)(2n+1)}$,$x\in(-1,1)$,则 $\forall x\in(-1,1)$,有

$$S'(x)=2\sum\limits_{n=0}^{\infty}\dfrac{x^{2n+1}}{2n+1},\quad S''(x)=2\sum\limits_{n=0}^{\infty}x^{2n}=\dfrac{2}{1-x^2},$$

所以 $S'(x) = S'(0) + \int_0^x S''(t)\mathrm{d}t = \int_0^x \dfrac{2}{1-t^2}\mathrm{d}t = \ln\dfrac{1+x}{1-x}$，于是

$$S(x) = S(0) + \int_0^x S'(t)\mathrm{d}t = \int_0^x \ln\dfrac{1+t}{1-t}\mathrm{d}t$$

$$= t\ln\dfrac{1+t}{1-t}\Big|_0^x - \int_0^x t\mathrm{d}\ln\dfrac{1+t}{1-t} = x\ln\dfrac{1+x}{1-x} - \int_0^x \dfrac{2t}{1-t^2}\mathrm{d}t$$

$$= x\ln\dfrac{1+x}{1-x} + \ln(1-x^2),$$

$x = \pm 1$ 时，

$$\sum_{n=0}^\infty \dfrac{1}{(n+1)(2n+1)} = 2\sum_{n=0}^\infty \dfrac{1}{(2n+2)(2n+1)} = 2\sum_{n=0}^\infty \left(\dfrac{1}{2n+1} - \dfrac{1}{2n+2}\right)$$

$$= 2\left(1 - \dfrac{1}{2} + \dfrac{1}{3} - \dfrac{1}{4} + \dfrac{1}{5} - \dfrac{1}{6} + \cdots\right) = 2\ln 2.$$

所以，$S(x) = \begin{cases} x\ln\dfrac{1+x}{1-x} + \ln(1-x^2), & -1 < x < 1, \\ 2\ln 2, & x = \pm 1. \end{cases}$

Ⓚ 2006 数学三，10 分

▮146▮ 求幂级数 $\displaystyle\sum_{n=1}^\infty \dfrac{(-1)^{n-1}x^{2n+1}}{n(2n-1)}$ 的收敛域及和函数 $S(x)$.

知识点睛 0710 幂级数的收敛域，0711 幂级数的和函数

分析 因为幂级数缺项，按函数项级数收敛域的求法计算；利用逐项求导或逐项积分并结合已知函数的幂级数展开式计算和函数.

解 记 $u_n(x) = \dfrac{(-1)^{n-1}x^{2n+1}}{n(2n-1)}$，则

$$\lim_{n\to\infty}\left|\dfrac{u_{n+1}(x)}{u_n(x)}\right| = \lim_{n\to\infty}\left|\dfrac{\dfrac{(-1)^n x^{2n+3}}{(n+1)(2n+1)}}{\dfrac{(-1)^{n-1}x^{2n+1}}{n(2n-1)}}\right| = |x|^2,$$

所以，当 $|x|^2 < 1$，即 $|x| < 1$ 时，所给幂级数收敛；当 $|x| > 1$ 时，所给幂级数发散；当 $x = \pm 1$ 时，所给幂级数为 $\displaystyle\sum_{n=1}^\infty \dfrac{(-1)^{n-1}}{n(2n-1)}$，$\displaystyle\sum_{n=1}^\infty \dfrac{(-1)^n}{n(2n-1)}$，均收敛，从而所给幂级数的收敛域为 $[-1,1]$.

在 $(-1,1)$ 内，$S(x) = \displaystyle\sum_{n=1}^\infty \dfrac{(-1)^{n-1}x^{2n+1}}{n(2n-1)} = 2x\sum_{n=1}^\infty \dfrac{(-1)^{n-1}x^{2n}}{(2n-1)(2n)} = 2xS_1(x)$，

而 $S_1'(x) = \displaystyle\sum_{n=1}^\infty \dfrac{(-1)^{n-1}x^{2n-1}}{2n-1}$，$S_1''(x) = \displaystyle\sum_{n=1}^\infty (-1)^{n-1}x^{2n-2} = \dfrac{1}{1+x^2}$，所以

$$S_1'(x) - S_1'(0) = \int_0^x S_1''(t)\mathrm{d}t = \int_0^x \dfrac{1}{1+t^2}\mathrm{d}t = \arctan x,$$

又 $S_1'(0) = 0$，于是 $S_1'(x) = \arctan x$. 同理

$$S_1(x) - S_1(0) = \int_0^x S_1'(t)\,dt = \int_0^x \arctan t\,dt$$

$$= t\arctan t \Big|_0^x - \int_0^x \frac{t}{1+t^2}\,dt = x\arctan x - \frac{1}{2}\ln(1+x^2),$$

又 $S_1(0) = 0$，所以 $S_1(x) = x\arctan x - \frac{1}{2}\ln(1+x^2)$. 故

$$S(x) = 2x^2\arctan x - x\ln(1+x^2). \quad x \in (-1,1).$$

由于所给幂级数在 $x = \pm1$ 处都收敛，且 $S(x) = 2x^2\arctan x - x\ln(1+x^2)$ 在 $x = \pm1$ 处都连续，所以 $S(x)$ 在 $x = \pm1$ 也成立，即

$$S(x) = 2x^2\arctan x - x\ln(1+x^2), \quad x \in [-1,1].$$

147 求幂级数 $\sum\limits_{n=0}^{\infty}(n+1)(n+3)x^n$ 的收敛域及和函数.

知识点睛 0710 幂级数的收敛域, 0711 幂级数的和函数

分析 利用已知几何级数的收敛性, 幂级数的逐项求导、逐项积分性质求解.

解法 1 因几何级数 $\sum\limits_{n=0}^{\infty}x^n = \frac{1}{1-x}$, 且收敛域为 $x \in (-1,1)$. 又

$$\sum_{n=0}^{\infty}(n+1)(n+3)x^n = \sum_{n=0}^{\infty}(n+1)(n+2)x^n + \sum_{n=0}^{\infty}(n+1)x^n$$

$$= \left(\sum_{n=0}^{\infty}x^{n+2}\right)'' + \left(\sum_{n=0}^{\infty}x^{n+1}\right)'$$

$$= \left(\frac{x^2}{1-x}\right)'' + \left(\frac{x}{1-x}\right)' = \left[\frac{2x-x^2}{(1-x)^2}\right]' + \frac{1}{(1-x)^2}$$

$$= \frac{3-x}{(1-x)^3}, \quad x \in (-1,1).$$

由幂级数的逐项求导性质知 $\sum\limits_{n=0}^{\infty}(n+1)(n+3)x^n$ 的收敛域为 $(-1,1)$, 和函数

$$S(x) = \frac{3-x}{(1-x)^3}, \quad x \in (-1,1).$$

解法 2 幂级数 $\sum\limits_{n=0}^{\infty}(n+1)(n+3)x^n$ 的系数 $a_n = (n+1)(n+3)$, 又

$$\lim_{n\to\infty}\frac{a_{n+1}}{a_n} = \lim_{n\to\infty}\frac{(n+2)(n+4)}{(n+1)(n+3)} = 1,$$

所以, 收敛半径 $R = 1$.

当 $x = 1$ 时, $\sum\limits_{n=0}^{\infty}(n+1)(n+3)x^n = \sum\limits_{n=0}^{\infty}(n+1)(n+3)$ 发散;

当 $x = -1$ 时, $\sum\limits_{n=0}^{\infty}(n+1)(n+3)x^n = \sum\limits_{n=0}^{\infty}(n+1)(n+3)(-1)^n$ 发散, 故所求收敛域为 $(-1,1)$.

设 $S(x) = \sum\limits_{n=0}^{\infty}(n+1)(n+3)x^n, \quad x \in (-1,1)$. 则

⊠2014 数学三,
10 分

$$\int_0^x S(t)\,\mathrm{d}t = \sum_{n=0}^{\infty}(n+3)x^{n+1} = \sum_{n=0}^{\infty}(n+2)x^{n+1} + \sum_{n=0}^{\infty}x^{n+1}$$

$$= \left[\sum_{n=0}^{\infty}\int_0^x (n+2)t^{n+1}\mathrm{d}t\right]' + \frac{x}{1-x}$$

$$= \left(\sum_{n=0}^{\infty}x^{n+2}\right)' + \frac{x}{1-x} = \left(\frac{x^2}{1-x}\right)' + \frac{x}{1-x}$$

$$= \frac{2x-x^2}{(1-x)^2} + \frac{x}{1-x} = \frac{3x-2x^2}{(1-x)^2},$$

故和函数 $S(x) = \left[\dfrac{3x-2x^2}{(1-x)^2}\right]' = \dfrac{3-x}{(1-x)^3},\quad x\in(-1,1)$.

> **【评注】** 幂级数逐项求导后,其收敛半径不变,但端点可能由收敛变为发散,即收敛域可能缩小;逐项积分后,其收敛半径不变,但端点可能由发散变为收敛,即收敛域可能扩大.

148 求幂级数 $\displaystyle\sum_{n=1}^{\infty}\frac{n}{n+1}x^n$ 的收敛域与和函数.

知识点睛 0710 幂级数的收敛域,0711 幂级数的和函数

解 $\displaystyle\sum_{n=1}^{\infty}\frac{n}{n+1}x^n = \sum_{n=1}^{\infty}x^n - \sum_{n=1}^{\infty}\frac{1}{n+1}x^n = \frac{x}{1-x} - \frac{1}{x}\sum_{n=1}^{\infty}\frac{1}{n+1}x^{n+1}$

$$= \frac{x}{1-x} - \frac{1}{x}\left(\sum_{n=1}^{\infty}\frac{x^n}{n} - x\right) = \frac{x}{1-x} + \frac{1}{x}\ln(1-x) + 1$$

$$= \frac{1}{1-x} + \frac{1}{x}\ln(1-x).$$

又 $\displaystyle\sum_{n=1}^{\infty}x^n$ 的收敛域为 $(-1,1)$, $\displaystyle\sum_{n=1}^{\infty}\frac{1}{n+1}x^n$ 的收敛域为 $[-1,1)$,取其公共部分,得收敛域为 $(-1,1)$.

而和函数为

$$S(x) = \begin{cases} \dfrac{1}{1-x} + \dfrac{1}{x}\ln(1-x), & -1 < x < 0 \text{ 或 } 0 < x < 1, \\ 0, & x = 0. \end{cases}$$

149 求 $\displaystyle\sum_{n=0}^{\infty}\frac{(-1)^n n^3}{(n+1)!}x^n$ 的收敛区间与和函数.

知识点睛 0710 幂级数的收敛区间,0711 幂级数的和函数

解 令 $a_n = \dfrac{(-1)^n n^3}{(n+1)!}$,则

$$\lim_{n\to\infty}\left|\frac{a_n}{a_{n+1}}\right| = \lim_{n\to\infty}\frac{n^3}{(n+1)!}\cdot\frac{(n+2)!}{(n+1)^3} = +\infty,$$

于是,原级数的收敛区间为 $(-\infty,+\infty)$.因为

$$\frac{n^3}{(n+1)!} = \frac{n^3+1-1}{(n+1)!} = \frac{(n+1)(n^2-n+1)}{(n+1)!} - \frac{1}{(n+1)!}$$

$$= \frac{n(n-1)+1}{n!} - \frac{1}{(n+1)!} = \frac{1}{(n-2)!} + \frac{1}{n!} - \frac{1}{(n+1)!},$$

所以

$$\sum_{n=0}^{\infty} \frac{(-1)^n n^3}{(n+1)!} x^n = \sum_{n=1}^{\infty} \frac{n^3}{(n+1)!} (-x)^n$$

$$= -\frac{x}{2} + \sum_{n=2}^{\infty} \frac{(-x)^n}{(n-2)!} + \sum_{n=2}^{\infty} \frac{(-x)^n}{n!} - \sum_{n=2}^{\infty} \frac{(-x)^n}{(n+1)!}$$

$$= -\frac{x}{2} + (-x)^2 \sum_{n=0}^{\infty} \frac{(-x)^n}{n!} + \sum_{n=2}^{\infty} \frac{(-x)^n}{n!} + \frac{1}{x} \sum_{n=3}^{\infty} \frac{(-x)^n}{n!}$$

$$= -\frac{x}{2} + x^2 e^{-x} + (e^{-x} - 1 + x) + \frac{1}{x}\left(e^{-x} - 1 + x - \frac{1}{2}x^2\right)$$

$$= e^{-x}\left(x^2 + 1 + \frac{1}{x}\right) - \frac{1}{x} \quad (x \neq 0).$$

综上所述,和函数 $S(x) = \begin{cases} e^{-x}\left(x^2 + 1 + \frac{1}{x}\right) - \frac{1}{x}, & x \neq 0, \\ 0, & x = 0. \end{cases}$

150 求 $\sum_{n=0}^{\infty} \frac{x^{2^n}}{x^{2^{n+1}} - 1} (|x| < 1)$ 的和函数.

知识点睛 0711 幂级数的和函数

解 因为

$$\frac{x^{2^n}}{x^{2^{n+1}} - 1} = \frac{x^{2^n}+1-1}{(x^{2^n}+1)(x^{2^n}-1)} = \frac{1}{x^{2^n}-1} - \frac{1}{x^{2^{n+1}}-1},$$

所以级数的部分和函数为

$$S_n(x) = \sum_{k=0}^{n} \frac{x^{2^k}}{x^{2^{k+1}} - 1} = \sum_{k=0}^{n}\left[\frac{1}{x^{2^k}-1} - \frac{1}{x^{2^{k+1}}-1}\right] = \frac{1}{x-1} - \frac{1}{x^{2^{n+1}}-1}.$$

由于 $|x| < 1$,所以 $\lim_{n\to\infty} x^{2^{n+1}} = 0$,于是

$$\lim_{n\to\infty} S_n(x) = \lim_{n\to\infty}\left(\frac{1}{x-1} - \frac{1}{x^{2^{n+1}}-1}\right) = \frac{1}{x-1} + 1 = \frac{x}{x-1}, \quad |x| < 1,$$

从而

$$\sum_{n=0}^{\infty} \frac{x^{2^n}}{x^{2^{n+1}} - 1} = \frac{x}{x-1}, \quad |x| < 1.$$

151 设 $a_0 = 1, a_1 = -2, a_2 = \frac{7}{2}, a_{n+1} = -\left(1 + \frac{1}{n+1}\right) a_n (n = 2, 3, \cdots)$. 证明:当 $|x| < 1$ 时幂级数 $\sum_{n=0}^{\infty} a_n x^n$ 收敛,并求其和函数 $S(x)$.

知识点睛 0711 幂级数的和函数

证 因为 $a_{n+1}=-\left(1+\dfrac{1}{n+1}\right)a_n$，所以 $\dfrac{a_n}{a_{n+1}}=-\dfrac{n+1}{n+2}$，且

$$\lim_{n\to\infty}\left|\dfrac{a_n}{a_{n+1}}\right|=\lim_{n\to\infty}\left|-\dfrac{n+1}{n+2}\right|=1,$$

所以幂级数的收敛半径 $R=1$，故当 $|x|<1$ 时，幂级数 $\sum\limits_{n=0}^{\infty}a_nx^n$ 收敛.

由 $a_{n+1}=-\left(1+\dfrac{1}{n+1}\right)a_n(n=2,3,\cdots)$，即 $a_n=-\left(1+\dfrac{1}{n}\right)a_{n-1}(n=3,4,\cdots)$，得

$$a_n=-\dfrac{n+1}{n}\cdot\left(-\dfrac{n}{n-1}\right)a_{n-2}=(-1)^2\dfrac{n+1}{n-1}a_{n-2}=\cdots$$

$$=(-1)^{n-2}\dfrac{n+1}{3}\cdot a_2=(-1)^n\dfrac{7}{6}(n+1)\quad(n=3,4,\cdots),$$

则

$$S(x)=a_0+a_1x+a_2x^2+\sum_{n=3}^{\infty}a_nx^n=1-2x+\dfrac{7}{2}x^2+\sum_{n=3}^{\infty}(-1)^n\dfrac{7}{6}(n+1)x^n.$$

考虑 $\sum\limits_{n=3}^{\infty}(-1)^n(n+1)x^n=f(x)$，逐项积分，得

$$\int_0^x[-f(x)]\mathrm{d}x=\sum_{n=3}^{\infty}(-x)^{n+1}=\dfrac{x^4}{1+x},$$

两边求导数，得 $f(x)=-\left(\dfrac{x^4}{1+x}\right)'=-\dfrac{4x^3+3x^4}{(1+x)^2}$，所以

$$S(x)=\dfrac{1}{(1+x)^2}\left(1+\dfrac{x^2}{2}+\dfrac{x^3}{3}\right),\quad|x|<1.$$

152 设 $a_1=1,a_2=1,a_{n+2}=2a_{n+1}+3a_n$，$n\geqslant1$，求 $\sum\limits_{n=1}^{\infty}a_nx^n$ 的收敛半径、收敛域及和函数.

知识点睛 0710 幂级数的收敛区间与收敛域，0711 幂级数的和函数

解 由于 $a_{n+2}+a_{n+1}=3(a_{n+1}+a_n)$，令 $b_n=a_{n+1}+a_n$，则

$$b_{n+1}=3b_n=3^2b_{n-1}=\cdots=3^nb_1=3^n\cdot2.$$

考察

$$b_1-b_2+b_3-b_4+\cdots+(-1)^{n+1}b_n$$

$$=(a_2+a_1)-(a_3+a_2)+(a_4+a_3)-\cdots+(-1)^{n+1}(a_{n+1}+a_n)$$

$$=a_1+(-1)^{n+1}a_{n+1}=1+(-1)^{n+1}a_{n+1}$$

$$=2\cdot(3^0-3+3^2-3^3+\cdots+(-1)^{n+1}3^{n-1})$$

$$=2\cdot(1-3+3^2-3^3+\cdots+(-3)^{n-1})$$

$$=2\cdot\dfrac{1-(-3)^n}{1-(-3)}=\dfrac{1}{2}(1-(-3)^n),$$

由此可得 $a_{n+1}=(-1)^n\cdot\dfrac{1}{2}+3^n\cdot\dfrac{1}{2}\Rightarrow a_n=(-1)^{n-1}\cdot\dfrac{1}{2}+3^{n-1}\cdot\dfrac{1}{2}$，于是

$$\sum_{n=1}^{\infty} a_n x^n = \sum_{n=1}^{\infty} \frac{1}{2}(-1)^{n-1}x^n + \sum_{n=1}^{\infty} \frac{1}{2}3^{n-1}x^n$$

$$= -\frac{1}{2}\sum_{n=1}^{\infty}(-x)^n + \frac{1}{6}\sum_{n=1}^{\infty}(3x)^n$$

$$= -\frac{1}{2} \cdot \frac{-x}{1-(-x)} + \frac{1}{6} \cdot \frac{3x}{1-3x} = \frac{x(1-x)}{(1+x)(1-3x)},$$

其中,$|x| < 1$ 且 $|3x| < 1$,故所求级数收敛半径 $R = \frac{1}{3}$,收敛域为 $\left(-\frac{1}{3}, \frac{1}{3}\right)$,和函数

为 $\frac{x(1-x)}{(1+x)(1-3x)}$.

153 求幂级数 $\sum_{n=1}^{\infty} \frac{1}{n-(-1)^n}x^n$ 的收敛域.

知识点睛 0710 幂级数的收敛域

解 令 $a_n = \frac{1}{n-(-1)^n}$,则 $R = \lim_{n\to\infty} \left|\frac{a_n}{a_{n+1}}\right| = \lim_{n\to\infty}\frac{n+1-(-1)^{n+1}}{n-(-1)^n} = 1$.

当 $x = 1$ 时,级数为 $\sum_{n=1}^{\infty}\frac{1}{n-(-1)^n}$,因为 $\frac{1}{n-(-1)^n} \sim \frac{1}{n}(n\to\infty)$,而 $\sum_{n=1}^{\infty}\frac{1}{n}$ 发散,

所以 $\sum_{n=1}^{\infty}\frac{1}{n-(-1)^n}$ 发散,即 $x = 1$ 时原级数发散.

当 $x = -1$ 时,级数为

$$\sum_{n=1}^{\infty}\frac{(-1)^n}{n-(-1)^n} = -\frac{1}{2} + \sum_{n=2}^{\infty}\frac{n+(-1)^n}{n^2-1} \cdot (-1)^n$$

$$= -\frac{1}{2} + \sum_{n=2}^{\infty}(-1)^n\frac{n}{n^2-1} + \sum_{n=2}^{\infty}\frac{1}{n^2-1}.$$

令 $f(n) = \frac{n}{n^2-1}$,则 $f'(x) = \frac{-1-x^2}{(x^2-1)^2} < 0(x\geqslant 2)$,故 $f(x)$ 严格递减,因此 $f(n)$ 单

减,且 $\lim_{n\to\infty}f(n) = 0$,所以 $\sum_{n=2}^{\infty}\frac{(-1)^n \cdot n}{n^2-1}$ 收敛.而 $\sum_{n=2}^{\infty}\frac{1}{n^2-1}$ 也收敛,即 $x = -1$ 时级数收敛.

所以收敛域为 $[-1,1)$.

154 求幂级数 $\sum_{n=1}^{\infty}\frac{1}{n(3^n+(-1)^n)}x^n$ 的收敛域.

知识点睛 0710 幂级数的收敛域

解 令 $a_n = \frac{1}{n(3^n+(-1)^n)}$,则

$$\lim_{n\to\infty}\left|\frac{a_n}{a_{n+1}}\right| = \lim_{n\to\infty}\frac{(n+1)(3^{n+1}+(-1)^{n+1})}{n(3^n+(-1)^n)} = \lim_{n\to\infty}\frac{3+(-1)\left(-\frac{1}{3}\right)^n}{1+\left(-\frac{1}{3}\right)^n} = 3,$$

所以幂级数的收敛半径 $R = 3$.当 $x = 3$ 时,原幂级数化为 $\sum_{n=1}^{\infty}\frac{3^n}{n(3^n+(-1)^n)}$.因为

$$\frac{3^n}{n(3^n+(-1)^n)} > \frac{1}{2n}, \sum_{n=1}^{\infty}\frac{1}{2n} \text{ 发散},$$ 由比较判别法知 $x=3$ 时原幂级数发散. 当 $x=-3$ 时，原级数化为

$$\sum_{n=1}^{\infty}(-1)^n\frac{3^n}{n(3^n+(-1)^n)} = \sum_{n=1}^{\infty}(-1)^n\frac{1}{n} - \sum_{n=1}^{\infty}\frac{1}{n(3^n+(-1)^n)}.$$

因为 $\sum_{n=1}^{\infty}(-1)^n\frac{1}{n}$ 为莱布尼茨型级数，收敛；令 $b_n = \frac{1}{n(3^n+(-1)^n)}$，由于 $b_n>0$，且

$$\lim_{n\to\infty}\frac{b_{n+1}}{b_n} = \lim_{n\to\infty}\frac{n(3^n+(-1)^n)}{(n+1)(3^{n+1}+(-1)^{n+1})} = \lim_{n\to\infty}\frac{1+\left(-\frac{1}{3}\right)^n}{3+(-1)\left(-\frac{1}{3}\right)^n} = \frac{1}{3}<1, \text{由比值判别}$$

法知 $\sum_{n=1}^{\infty}b_n$ 收敛. 故收敛域为 $[-3,3)$.

155 求幂级数 $\sum_{n=1}^{\infty}\left(1+\frac{1}{2}+\cdots+\frac{1}{n}\right)^{-1}x^n$ 的收敛域.

知识点睛 0710 幂级数的收敛域

解 令 $a_n = \left(1+\frac{1}{2}+\cdots+\frac{1}{n}\right)^{-1} = \frac{1}{1+\frac{1}{2}+\cdots+\frac{1}{n}}$，因为 $\sum_{n=1}^{\infty}\frac{1}{n}$ 发散，故部分和

$1+\frac{1}{2}+\cdots+\frac{1}{n}\to+\infty\,(n\to\infty)$. 所以有

$$\lim_{n\to\infty}\frac{a_n}{a_{n+1}} = \lim_{n\to\infty}\frac{1+\frac{1}{2}+\frac{1}{3}+\cdots+\frac{1}{n}+\frac{1}{n+1}}{1+\frac{1}{2}+\frac{1}{3}+\cdots+\frac{1}{n}}$$

$$= \lim_{n\to\infty}\left(1+\frac{1}{n+1}\cdot\frac{1}{1+\frac{1}{2}+\cdots+\frac{1}{n}}\right) = 1,$$

故收敛半径 $R=1$，收敛区间为 $(-1,1)$.

当 $x=1$ 时，原级数为 $\sum_{n=1}^{\infty}a_n$. 因 $a_n = \frac{1}{1+\frac{1}{2}+\cdots+\frac{1}{n}} > \frac{1}{1+1+\cdots+1} = \frac{1}{n}$，故

$\sum_{n=1}^{\infty}a_n$ 发散.

当 $x=-1$ 时，原级数为 $\sum_{n=1}^{\infty}(-1)^n a_n$. 因为 $\{a_n\}$ 单调递减且 $\lim_{n\to\infty}a_n=0$，所以由莱布尼茨判别法知 $\sum_{n=1}^{\infty}(-1)^n a_n$ 收敛.

综上，收敛域为 $[-1,1)$.

156 （1）设幂级数 $\sum_{n=1}^{\infty}a_n^2 x^n$ 的收敛域为 $[-1,1]$，求证：幂级数 $\sum_{n=1}^{\infty}\frac{a_n}{n}x^n$ 的收敛域

也为 $[-1,1]$.

（2）试问命题（1）的逆命题是否正确？若正确，给出证明；若不正确，举一反例说明.

知识点睛　0710 幂级数的收敛域

证　（1）因 $\sum\limits_{n=1}^{\infty} a_n^2$ 收敛，$\sum\limits_{n=1}^{\infty} \dfrac{1}{n^2}$ 收敛，而 $\left|\dfrac{a_n}{n}\right| \leqslant \dfrac{1}{2}\left(a_n^2 + \dfrac{1}{n^2}\right)$，由比较判别法知 $\sum\limits_{n=1}^{\infty} \left|\dfrac{a_n}{n}\right|$ 收敛，故 $\sum\limits_{n=1}^{\infty} \dfrac{a_n}{n}x^n$ 在 $x = \pm 1$ 时（绝对）收敛.

下面证明：$\forall x_0,\ |x_0| > 1$，级数 $\sum\limits_{n=1}^{\infty} \dfrac{a_n}{n}x_0^n$ 发散.（反证法.）假设 $\sum\limits_{n=1}^{\infty} \dfrac{a_n}{n}x_0^n$ 收敛，则对 $\forall r$，只要 $|r| < |x_0|$，则 $\sum\limits_{n=1}^{\infty} \left|\dfrac{a_n}{n}r^n\right|$ 收敛，取 r_1 使得 $1 < |r_1| < |r| < |x_0|$. 由于 $\lim\limits_{n\to\infty} a_n^2 = 0$，$\lim\limits_{n\to\infty} n\left|\dfrac{r_1}{r}\right|^n = 0$，所以 n 充分大时，$|a_n| < 1$，$n\left|\dfrac{r_1}{r}\right|^n < 1$. 于是

$$|a_n^2 r_1^n| = \left|\dfrac{a_n}{n}r^n\right| |a_n| n\left|\dfrac{r_1}{r}\right|^n \leqslant \left|\dfrac{a_n}{n}r^n\right|,$$

故 $\sum\limits_{n=1}^{\infty} a_n^2 r_1^n$ 收敛，此与 $\sum\limits_{n=1}^{\infty} a_n^2 x^n$ 在 $|x| > 1$ 时发散矛盾. 所以 $\sum\limits_{n=1}^{\infty} \dfrac{a_n}{n}x^n$ 的收敛域为 $[-1,1]$.

（2）命题（1）的逆命题不成立. 反例 $a_n = \dfrac{1}{\sqrt{n}}$，则 $\sum\limits_{n=1}^{\infty} \dfrac{a_n}{n}x^n = \sum\limits_{n=1}^{\infty} \dfrac{1}{n^{3/2}}x^n$，其收敛域为 $[-1,1]$，但 $\sum\limits_{n=1}^{\infty} a_n^2 x^n = \sum\limits_{n=1}^{\infty} \dfrac{1}{n}x^n$ 的收敛域为 $[-1,1)$.

157　求 $\lim\limits_{n\to\infty}\left(\dfrac{1^2}{2^1} + \dfrac{2^2}{2^2} + \dfrac{3^2}{2^3} + \cdots + \dfrac{n^2}{2^n}\right)$.

知识点睛　用幂级数求数项级数的和

解　首先考虑幂级数

$$f(x) = \sum_{n=1}^{\infty} n^2 x^{n-1} \quad (|x| < 1),$$

逐项积分，得

$$\int_0^x f(t)\,dt = \sum_{n=1}^{\infty} n x^n \quad (|x| < 1).$$

令 $g(x) = \sum\limits_{n=1}^{\infty} n x^{n-1}(|x| < 1)$，逐项积分，得

$$\int_0^x g(t)\,dt = \sum_{n=1}^{\infty} x^n = \dfrac{x}{1-x} \quad (|x| < 1),$$

两边求导，得

$$g(x) = \left(\dfrac{x}{1-x}\right)' = \dfrac{1}{(1-x)^2} \quad (|x| < 1),$$

于是

$$\int_0^x f(t)\,\mathrm{d}t = xg(x) = \frac{x}{(1-x)^2} \quad (\mid x\mid < 1),$$

两边求导,得

$$f(x) = \left[\frac{x}{(1-x)^2}\right]' = \frac{1+x}{(1-x)^3} \quad (\mid x\mid < 1),$$

从而

$$原式 = \frac{1}{2}f\left(\frac{1}{2}\right) = \frac{1}{2}\frac{1+\dfrac{1}{2}}{\left(1-\dfrac{1}{2}\right)^3} = 6.$$

158 求级数 $\displaystyle\sum_{n=1}^{\infty} \frac{(-1)^{n-1}}{n(2n-1)3^n}$ 的和.

知识点睛 用幂级数求数项级数的和

解 令

$$f(x) = \sum_{n=1}^{\infty} \frac{(-1)^{n-1}}{2n(2n-1)}x^{2n}, \quad \mid x\mid \leqslant 1,$$

两次逐项求导,得

$$f'(x) = \sum_{n=1}^{\infty} \frac{(-1)^{n-1}}{2n-1}x^{2n-1}, \quad \mid x\mid < 1,$$

$$f''(x) = \sum_{n=1}^{\infty} (-1)^{n-1}x^{2n-2} = \sum_{n=1}^{\infty} (-x^2)^{n-1} = \frac{1}{1+x^2}, \quad \mid x\mid < 1. \qquad ①$$

①式两边积分,得

$$f'(x) = f'(0) + \int_0^x \frac{1}{1+t^2}\mathrm{d}t = \arctan x, \quad \mid x\mid < 1, \qquad ②$$

②式两边积分,得

$$f(x) = f(0) + \int_0^x \arctan t\,\mathrm{d}t = t\arctan t\,\Big|_0^x - \int_0^x \frac{t}{1+t^2}\mathrm{d}t$$

$$= x\arctan x - \frac{1}{2}\ln(1+x^2), \quad \mid x\mid < 1,$$

于是

$$原式 = 2f\left(\frac{1}{\sqrt{3}}\right) = \frac{2}{\sqrt{3}}\arctan\frac{1}{\sqrt{3}} - \ln\frac{4}{3} = \frac{\pi}{9}\sqrt{3} - 2\ln 2 + \ln 3.$$

159 证明:当 $p \geqslant 1$ 时,有

$$\sum_{n=1}^{\infty} \frac{1}{(n+1)\sqrt[p]{n}} \leqslant p.$$

知识点睛 0702 收敛级数求和

证 令 $x_n = \dfrac{1}{(n+1)\sqrt[p]{n}}$,于是

$$x_n = n^{1-\frac{1}{p}} \frac{1}{n(n+1)} = n^{1-\frac{1}{p}} \left(\frac{1}{n} - \frac{1}{n+1} \right) = n^{1-\frac{1}{p}} \left(\left(\frac{1}{\sqrt[p]{n}} \right)^p - \left(\frac{1}{\sqrt[p]{n+1}} \right)^p \right).$$

由拉格朗日中值定理,存在 $\theta \in (0,1)$,使得

$$\left(\frac{1}{\sqrt[p]{n}} \right)^p - \left(\frac{1}{\sqrt[p]{n+1}} \right)^p = p \left(\frac{1}{\sqrt[p]{n+\theta}} \right)^{p-1} \left(\frac{1}{\sqrt[p]{n}} - \frac{1}{\sqrt[p]{n+1}} \right),$$

于是

$$x_n = \left(\frac{n}{n+\theta} \right)^{1-\frac{1}{p}} p \left(\frac{1}{\sqrt[p]{n}} - \frac{1}{\sqrt[p]{n+1}} \right) \leqslant p \left(\frac{1}{\sqrt[p]{n}} - \frac{1}{\sqrt[p]{n+1}} \right).$$

又 $\sum\limits_{n=1}^{\infty} \left(\frac{1}{\sqrt[p]{n}} - \frac{1}{\sqrt[p]{n+1}} \right) = \lim\limits_{n \to \infty} \left(1 - \frac{1}{\sqrt[p]{2n}} \right) = 1$,因此

$$\sum_{n=1}^{\infty} \frac{1}{(n+1)\sqrt[p]{n}} \leqslant p \sum_{n=1}^{\infty} \left(\frac{1}{\sqrt[p]{n}} - \frac{1}{\sqrt[p]{n+1}} \right) = p.$$

160 试求 $\dfrac{1 + \frac{\pi^4}{5!} + \frac{\pi^8}{9!} + \frac{\pi^{12}}{13!} + \cdots}{\frac{1}{3!} + \frac{\pi^4}{7!} + \frac{\pi^8}{11!} + \frac{\pi^{12}}{15!} + \cdots}$.

知识点睛 幂级数展开式的应用

解 记 $p = 1 + \frac{\pi^4}{5!} + \frac{\pi^8}{9!} + \frac{\pi^{12}}{13!} + \cdots, q = \frac{1}{3!} + \frac{\pi^4}{7!} + \frac{\pi^8}{11!} + \frac{\pi^{12}}{15!} + \cdots$,则

$$\pi p - \pi^3 q = \pi - \frac{\pi^3}{3!} + \frac{\pi^5}{5!} - \frac{\pi^7}{7!} + \frac{\pi^9}{9!} - \cdots,$$

由于 $\sin x$ 的幂级数展开式为

$$\sin x = x - \frac{1}{3!}x^3 + \frac{1}{5!}x^5 - \frac{1}{7!}x^7 + \frac{1}{9!}x^9 - \cdots,$$

所以 $\pi p - \pi^3 q = \sin \pi = 0$,即原式 $= \dfrac{p}{q} = \pi^2$.

161 将函数 $f(x) = \dfrac{x^2 - 4x + 14}{(x-3)^2(2x+5)}$ 展为麦克劳林级数,并写出其收敛域.

知识点睛 有理式分解为部分分式之和,0715 将函数间接展开为幂级数

解 因为

$$f(x) = \frac{x^2 - 4x + 14}{(x-3)^2(2x+5)} = \frac{1}{(x-3)^2} + \frac{1}{2x+5}.$$

下面分别将 $g(x) = \dfrac{1}{(x-3)^2}, h(x) = \dfrac{1}{2x+5}$ 展为幂级数,因为

$$\int_0^x g(t)\,dt = \int_0^x \frac{1}{(t-3)^2}\,dt = \frac{-1}{t-3}\bigg|_0^x = \frac{x}{3(3-x)}$$

$$= \frac{x}{9} \cdot \frac{1}{1-\frac{x}{3}} = \sum_{n=0}^{\infty} \frac{1}{3^{n+2}} x^{n+1}, \quad |x| < 3,$$

两边求导,得

$$g(x) = \sum_{n=0}^{\infty} \left(\frac{x^{n+1}}{3^{n+2}}\right)' = \sum_{n=0}^{\infty} \frac{n+1}{3^{n+2}} x^n, \quad |x| < 3.$$

又因为

$$h(x) = \frac{1}{2x+5} = \frac{1}{5} \frac{1}{1 + \frac{2}{5}x} = \sum_{n=0}^{\infty} (-1)^n \frac{2^n}{5^{n+1}} x^n, \quad |x| < \frac{5}{2},$$

所以 $f(x)$ 的幂级数展式为

$$f(x) = g(x) + h(x) = \sum_{n=0}^{\infty} \frac{n+1}{3^{n+2}} x^n + \sum_{n=0}^{\infty} (-1)^n \frac{2^n}{5^{n+1}} x^n$$

$$= \sum_{n=0}^{\infty} \left(\frac{n+1}{3^{n+2}} + (-1)^n \frac{2^n}{5^{n+1}}\right) x^n,$$

其收敛域为 $|x| < 3$ 与 $|x| < \frac{5}{2}$ 的交集,即 $|x| < \frac{5}{2}$.

162　将幂级数 $\sum_{n=0}^{\infty} \frac{(-1)^n}{(2n+1)! \ 2^{2n}} x^{2n+1}$ 的和函数展开为 $x-1$ 的幂级数.

知识点睛　0216 泰勒公式,0715 将函数间接展开为幂级数

解　应用函数 $\sin x$ 的麦克劳林展式得原级数的和函数为

$$\sum_{n=0}^{\infty} \frac{(-1)^n}{(2n+1)! \ 2^{2n}} x^{2n+1} = 2 \sum_{n=0}^{\infty} \frac{(-1)^n}{(2n+1)!} \left(\frac{x}{2}\right)^{2n+1} = 2\sin \frac{x}{2}.$$

令 $x-1 = t$,应用 $\sin x$ 与 $\cos x$ 的麦克劳林展式,得

$$2\sin \frac{x}{2} = 2\sin \frac{1+t}{2} = 2\sin \frac{1}{2} \cdot \cos \frac{t}{2} + 2\cos \frac{1}{2} \cdot \sin \frac{t}{2}$$

$$= 2\sin \frac{1}{2} \cdot \sum_{n=0}^{\infty} \frac{(-1)^n}{(2n)!} \left(\frac{t}{2}\right)^{2n} + 2\cos \frac{1}{2} \cdot \sum_{n=0}^{\infty} \frac{(-1)^n}{(2n+1)!} \left(\frac{t}{2}\right)^{2n+1}$$

$$= \sum_{n=0}^{\infty} 2(-1)^n \left[\frac{\sin \frac{1}{2}}{2^{2n}(2n)!} (x-1)^{2n} + \frac{\cos \frac{1}{2}}{2^{2n+1}(2n+1)!} (x-1)^{2n+1}\right], |x| < +\infty.$$

163　设 $f(x)$ 是以 2π 为周期的连续函数,并且其傅里叶系数为 $a_0, a_n, b_n (n=1, 2, \cdots)$.

(1)试求 $G(x) = \frac{1}{\pi} \int_{-\pi}^{\pi} f(t)f(x+t)\,dt$ 的傅里叶系数 $A_0, A_n, B_n (n=1,2,\cdots)$;

(2)利用上述结果证明

$$\frac{1}{\pi} \int_{-\pi}^{\pi} f^2(x)\,dx = \frac{a_0^2}{2} + \sum_{n=1}^{\infty} (a_n^2 + b_n^2).$$

知识点睛　0716 函数的傅里叶系数

解　(1)因为

$$G(-x) = \frac{1}{\pi} \int_{-\pi}^{\pi} f(t)f(-x+t)\,dt \xlongequal{-x+t=y} \frac{1}{\pi} \int_{-\pi-x}^{\pi-x} f(x+y)f(y)\,dy,$$

又因为 $f(x)$ 是以 2π 为周期的连续函数,所以

$$G(-x) = \frac{1}{\pi}\int_{-\pi}^{\pi} f(x+y)f(y)\mathrm{d}y = \frac{1}{\pi}\int_{-\pi}^{\pi} f(t)f(x+t)\mathrm{d}t = G(x),$$

即 $G(x)$ 为偶函数.由此可得

$$B_n = 0, \quad n = 1,2,\cdots,$$

$$A_0 = \frac{1}{\pi}\int_{-\pi}^{\pi} G(x)\mathrm{d}x = \frac{1}{\pi}\int_{-\pi}^{\pi}\left[\frac{1}{\pi}\int_{-\pi}^{\pi} f(t)f(x+t)\mathrm{d}t\right]\mathrm{d}x$$

$$= \frac{1}{\pi^2}\int_{-\pi}^{\pi}\mathrm{d}x\int_{-\pi}^{\pi} f(t)f(x+t)\mathrm{d}t = \frac{1}{\pi^2}\int_{-\pi}^{\pi}\mathrm{d}t\int_{-\pi}^{\pi} f(t)f(x+t)\mathrm{d}x$$

$$= \frac{1}{\pi^2}\int_{-\pi}^{\pi} f(t)\mathrm{d}t\int_{-\pi}^{\pi} f(x+t)\mathrm{d}x = \frac{1}{\pi}\int_{-\pi}^{\pi} f(t)\left[\frac{1}{\pi}\int_{-\pi+t}^{\pi+t} f(u)\mathrm{d}u\right]\mathrm{d}t$$

$$= \frac{1}{\pi}\int_{-\pi}^{\pi} f(t)\left[\frac{1}{\pi}\int_{-\pi}^{\pi} f(u)\mathrm{d}u\right]\mathrm{d}t = \frac{1}{\pi}\int_{-\pi}^{\pi} a_0 f(t)\mathrm{d}t = a_0^2.$$

$$A_n = \frac{1}{\pi}\int_{-\pi}^{\pi} G(x)\cos nx\mathrm{d}x = \frac{1}{\pi}\int_{-\pi}^{\pi}\left[\frac{1}{\pi}\int_{-\pi}^{\pi} f(t)f(x+t)\mathrm{d}t\right]\cos nx\mathrm{d}x$$

$$= \frac{1}{\pi}\int_{-\pi}^{\pi} f(t)\left[\frac{1}{\pi}\int_{-\pi}^{\pi} f(x+t)\cos nx\mathrm{d}x\right]\mathrm{d}t$$

$$= \frac{1}{\pi}\int_{-\pi}^{\pi} f(t)\left[\frac{1}{\pi}\int_{-\pi+t}^{\pi+t} f(u)\cos n(u-t)\mathrm{d}u\right]\mathrm{d}t$$

$$= \frac{1}{\pi}\int_{-\pi}^{\pi} f(t)\left[\cos nt \cdot \frac{1}{\pi}\int_{-\pi+t}^{\pi+t} f(u)\cos nu\mathrm{d}u + \sin nt \cdot \frac{1}{\pi}\int_{-\pi+t}^{\pi+t} f(u)\sin nu\mathrm{d}u\right]\mathrm{d}t$$

$$= \frac{1}{\pi}\int_{-\pi}^{\pi} f(t)\left[\cos nt \cdot \frac{1}{\pi}\int_{-\pi}^{\pi} f(u)\cos nu\mathrm{d}u + \sin nt \cdot \frac{1}{\pi}\int_{-\pi}^{\pi} f(u)\sin nu\mathrm{d}u\right]\mathrm{d}t$$

$$= \frac{1}{\pi}\int_{-\pi}^{\pi} f(t)\left[a_n\cos nt + b_n\sin nt\right]\mathrm{d}t$$

$$= a_n \cdot \frac{1}{\pi}\int_{-\pi}^{\pi} f(t)\cos nt\mathrm{d}t + b_n \cdot \frac{1}{\pi}\int_{-\pi}^{\pi} f(t)\sin nt\mathrm{d}t$$

$$= a_n^2 + b_n^2, \quad n = 1,2,\cdots.$$

(2) 因为 $G(x)$ 为偶函数,由狄利克雷定理知,在 $[-\pi,\pi]$ 上

$$G(x) = \frac{A_0}{2} + \sum_{n=1}^{\infty} A_n\cos nx,$$

即在 $[-\pi,\pi]$ 上,有

$$\frac{1}{\pi}\int_{-\pi}^{\pi} f(t)f(x+t)\mathrm{d}t = \frac{a_0^2}{2} + \sum_{n=1}^{\infty}(a_n^2 + b_n^2)\cos nx,$$

所以,当 $x = 0$ 时,有

$$\frac{1}{\pi}\int_{-\pi}^{\pi} f^2(t)\mathrm{d}t = \frac{a_0^2}{2} + \sum_{n=1}^{\infty}(a_n^2 + b_n^2),$$

即

$$\frac{1}{\pi}\int_{-\pi}^{\pi} f^2(x)\mathrm{d}x = \frac{a_0^2}{2} + \sum_{n=1}^{\infty}(a_n^2 + b_n^2).$$

164 已知 $u_n(x)$ 满足 $u_n'(x) = u_n(x) + x^{n-1}\mathrm{e}^x$，$n = 1, 2, \cdots$，且 $u_n(1) = \dfrac{\mathrm{e}}{n}$，求函数项级数 $\displaystyle\sum_{n=1}^{\infty} u_n(x)$ 之和.

知识点晴 0709 函数项级数的和函数

解 先解一阶常系数微分方程，求出 $u_n(x)$ 的表达式，然后再求 $\displaystyle\sum_{n=1}^{\infty} u_n(x)$ 的和.

由已知条件可知 $u_n'(x) - u_n(x) = x^{n-1}\mathrm{e}^x$ 是关于 $u_n(x)$ 的一个一阶线性非齐次微分方程，其通解为

$$u_n(x) = \mathrm{e}^{\int \mathrm{d}x}\left(\int x^{n-1}\mathrm{e}^x \mathrm{e}^{-\int \mathrm{d}x}\mathrm{d}x + C\right) = \mathrm{e}^x\left(\frac{x^n}{n} + C\right).$$

由条件 $u_n(1) = \dfrac{\mathrm{e}}{n}$，得 $C = 0$，故 $u_n(x) = \dfrac{x^n \mathrm{e}^x}{n}$，从而

$$\sum_{n=1}^{\infty} u_n(x) = \sum_{n=1}^{\infty} \frac{x^n \mathrm{e}^x}{n} = \mathrm{e}^x \sum_{n=1}^{\infty} \frac{x^n}{n}.$$

记 $s(x) = \displaystyle\sum_{n=1}^{\infty} \dfrac{x^n}{n}$，其收敛域为 $[-1, 1)$，当 $x \in (-1, 1)$ 时，有 $s'(x) = \displaystyle\sum_{n=1}^{\infty} x^{n-1} = \dfrac{1}{1-x}$，故

$$s(x) = \int_0^x \frac{1}{1-t}\mathrm{d}t = -\ln(1-x).$$

当 $x = -1$ 时，$\displaystyle\sum_{n=1}^{\infty} u_n(x) = -\mathrm{e}^{-1}\ln 2$. 于是，当 $-1 \leqslant x < 1$ 时，有

$$\sum_{n=1}^{\infty} u_n(x) = -\mathrm{e}^x \ln(1-x).$$

【评注】 $s'(x) = \dfrac{1}{1-x}$ 两边积分后，收敛域仍为 $[-1, 1)$，也可不讨论当 $x = -1$ 时，

$$\sum_{n=1}^{\infty} u_n(x) = -\mathrm{e}^{-1}\ln 2.$$

165 设 $a_n > 0$，$S_n = \displaystyle\sum_{k=1}^{n} a_k$，证明：

(1) 当 $\alpha > 1$ 时，级数 $\displaystyle\sum_{n=1}^{\infty} \dfrac{a_n}{S_n^\alpha}$ 收敛；

(2) 当 $\alpha \leqslant 1$ 时，且 $S_n \to +\infty$ $(n \to \infty)$ 时，级数 $\displaystyle\sum_{n=1}^{\infty} \dfrac{a_n}{S_n^\alpha}$ 发散.

知识点晴 0701 数项级数的收敛

证 令 $f(x) = x^{1-\alpha}$，$x \in [S_{n-1}, S_n]$. 将 $f(x)$ 在区间 $[S_{n-1}, S_n]$ 上用拉格朗日中值定理，存在 $\xi \in (S_{n-1}, S_n)$，使 $f(S_n) - f(S_{n-1}) = f'(\xi)(S_n - S_{n-1})$，即 $S_n^{1-\alpha} - S_{n-1}^{1-\alpha} = (1-\alpha)\xi^{-\alpha} a_n$.

(1) 当 $\alpha > 1$ 时，

$$\frac{1}{S_{n-1}^{\alpha-1}} - \frac{1}{S_n^{\alpha-1}} = (\alpha-1)\frac{a_n}{\xi^\alpha} \geqslant (\alpha-1)\frac{a_n}{S_n^\alpha},$$

显然 $\left\{ \dfrac{1}{S_{n-1}^{\alpha-1}} - \dfrac{1}{S_n^{\alpha-1}} \right\}$ 的前 n 项和有界,从而收敛,所以级数 $\displaystyle\sum_{n=1}^{\infty} \frac{a_n}{S_n^\alpha}$ 收敛.

(2)当 $\alpha=1$ 时,因为 $a_n>0$,S_n 单调递增,所以

$$\sum_{k=n+1}^{n+p} \frac{a_k}{S_k} \geqslant \frac{1}{S_{n+p}} \sum_{k=n+1}^{n+p} a_k = \frac{S_{n+p}-S_n}{S_{n+p}} = 1 - \frac{S_n}{S_{n+p}}.$$

因为 $S_n \to +\infty$,对任意 n,当 $p \in \mathbf{N}$,$\dfrac{S_n}{S_{n+p}} < \dfrac{1}{2}$,从而 $\displaystyle\sum_{k=n+1}^{n+p} \frac{a_k}{S_k} \geqslant \frac{1}{2}$.所以级数 $\displaystyle\sum_{n=1}^{\infty} \frac{a_n}{S_n}$ 发散.

当 $\alpha < 1$ 时,$\dfrac{a_n}{S_n^\alpha} \geqslant \dfrac{a_n}{S_n}$.由 $\displaystyle\sum_{n=1}^{\infty} \frac{a_n}{S_n}$ 发散及比较判别法,知 $\displaystyle\sum_{n=1}^{\infty} \frac{a_n}{S_n^\alpha}$ 发散.

166 设 $\displaystyle\sum_{n=1}^{\infty} a_n$ 与 $\displaystyle\sum_{n=1}^{\infty} b_n$ 均为正项级数.证明: 第四届数学
竞赛预赛,14 分

(1)若 $\displaystyle\lim_{n\to\infty} \left(\frac{a_n}{a_{n+1}b_n} - \frac{1}{b_{n+1}} \right) > 0$,则 $\displaystyle\sum_{n=1}^{\infty} a_n$ 收敛;

(2)若 $\displaystyle\lim_{n\to\infty} \left(\frac{a_n}{a_{n+1}b_n} - \frac{1}{b_{n+1}} \right) < 0$,且 $\displaystyle\sum_{n=1}^{\infty} b_n$ 发散,则 $\displaystyle\sum_{n=1}^{\infty} a_n$ 发散.

知识点睛 0701 数项级数的收敛

证 (1)设 $\displaystyle\lim_{n\to\infty} \left(\frac{a_n}{a_{n+1}b_n} - \frac{1}{b_{n+1}} \right) = 2\delta > \delta > 0$,则存在 $N \in \mathbf{N}$,对于任意的 $n \geqslant N$,有

$$\frac{a_n}{a_{n+1}} \frac{1}{b_n} - \frac{1}{b_{n+1}} > \delta, \quad \frac{a_n}{b_n} - \frac{a_{n+1}}{b_{n+1}} > \delta a_{n+1}, \quad a_{n+1} < \frac{1}{\delta} \left(\frac{a_n}{b_n} - \frac{a_{n+1}}{b_{n+1}} \right),$$

$$\sum_{n=N}^{m} a_{n+1} \leqslant \frac{1}{\delta} \sum_{n=N}^{m} \left(\frac{a_n}{b_n} - \frac{a_{n+1}}{b_{n+1}} \right) \leqslant \frac{1}{\delta} \left(\frac{a_N}{b_N} - \frac{a_{m+1}}{b_{m+1}} \right) \leqslant \frac{1}{\delta} \frac{a_N}{b_N},$$

因而 $\displaystyle\sum_{n=1}^{\infty} a_n$ 的部分和有上界,从而 $\displaystyle\sum_{n=1}^{\infty} a_n$ 收敛.

(2)若 $\displaystyle\lim_{n\to\infty} \left(\frac{a_n}{a_{n+1}} \frac{1}{b_n} - \frac{1}{b_{n+1}} \right) < 0$,则存在 $N \in \mathbf{N}$,对于任意的 $n \geqslant N$,有 $\dfrac{a_n}{a_{n+1}} < \dfrac{b_n}{b_{n+1}}$,于是

$$a_{n+1} > \frac{b_{n+1}}{b_n} a_n > \cdots > \frac{b_{n+1}}{b_n} \frac{b_n}{b_{n-1}} \cdots \frac{b_{N+1}}{b_N} a_N = \frac{a_N}{b_N} b_{n+1},$$

于是由 $\displaystyle\sum_{n=1}^{\infty} b_n$ 发散,得到 $\displaystyle\sum_{n=1}^{\infty} a_n$ 发散.

167 判别级数 $\displaystyle\sum_{n=1}^{\infty} \frac{1 + \dfrac{1}{2} + \cdots + \dfrac{1}{n}}{(n+1)(n+2)}$ 的敛散性,若收敛,求其和. 第五届数学
竞赛预赛,14 分

知识点睛 0701 数项级数的收敛

解 (1)记 $a_n = 1 + \dfrac{1}{2} + \cdots + \dfrac{1}{n}$,$u_n = \dfrac{a_n}{(n+1)(n+2)}$,$n = 1, 2, \cdots$.因为当 n 充分大时,

$$0 < a_n = 1 + \frac{1}{2} + \cdots + \frac{1}{n} < 1 + \int_1^n \frac{1}{x} \mathrm{d}x = 1 + \ln n < \sqrt{n},$$

所以 $u_n \leqslant \dfrac{\sqrt{n}}{(n+1)(n+2)} < \dfrac{1}{n^{\frac{3}{2}}}$,而 $\displaystyle\sum_{n=1}^{\infty} \frac{1}{n^{\frac{3}{2}}}$ 收敛,所以 $\displaystyle\sum_{n=1}^{\infty} u_n$ 收敛.

（2）$a_k = 1 + \dfrac{1}{2} + \cdots + \dfrac{1}{k}(k = 1, 2, \cdots)$,

$$S_n = \sum_{k=1}^{n} \frac{1 + \dfrac{1}{2} + \cdots + \dfrac{1}{k}}{(k+1)(k+2)} = \sum_{k=1}^{n} \frac{a_k}{(k+1)(k+2)} = \sum_{k=1}^{n} \left(\frac{a_k}{k+1} - \frac{a_k}{k+2} \right)$$

$$= \left(\frac{a_1}{2} - \frac{a_1}{3} \right) + \left(\frac{a_2}{3} - \frac{a_2}{4} \right) + \cdots + \left(\frac{a_{n-1}}{n} - \frac{a_{n-1}}{n+1} \right) + \left(\frac{a_n}{n+1} - \frac{a_n}{n+2} \right)$$

$$= \frac{1}{2} a_1 + \frac{1}{3}(a_2 - a_1) + \frac{1}{4}(a_3 - a_2) + \cdots + \frac{1}{n+1}(a_n - a_{n-1}) - \frac{1}{n+2} a_n$$

$$= \left(\frac{1}{1 \cdot 2} + \frac{1}{2 \cdot 3} + \frac{1}{3 \cdot 4} + \cdots + \frac{1}{n \cdot (n+1)} \right) - \frac{1}{n+2} a_n = 1 - \frac{1}{n+1} - \frac{1}{n+2} a_n.$$

因为 $0 < a_n < 1 + \ln n$,所以 $0 < \dfrac{a_n}{n+2} < \dfrac{1 + \ln n}{n+2}$ 且 $\displaystyle\lim_{n \to \infty} \frac{1 + \ln n}{n+2} = 0$. 故 $\displaystyle\lim_{n \to \infty} \frac{a_n}{n+2} = 0$. 于是 $S = \displaystyle\lim_{n \to \infty} S_n = 1 - 0 - 0 = 1$.

♩第十届数学
竞赛预赛,14 分
168 已知 $\{a_k\}$,$\{b_k\}$ 是正项级数,且 $b_{k+1} - b_k \geqslant \delta > 0$,$k = 1, 2, \cdots$,$\delta$ 为一常数.证明:

若级数 $\displaystyle\sum_{k=1}^{\infty} a_k$ 收敛,则级数 $\displaystyle\sum_{k=1}^{\infty} \frac{k \sqrt[k]{(a_1 a_2 \cdots a_k)(b_1 b_2 \cdots b_k)}}{b_{k+1} b_k}$ 收敛.

知识点睛 0701 数项级数的收敛

证 令 $S_k = \displaystyle\sum_{i=1}^{k} a_i b_i$,则 $a_k b_k = S_k - S_{k-1}$,$S_0 = 0$,$a_k = \dfrac{S_k - S_{k-1}}{b_k}$, $k = 1, 2, \cdots$

$$\sum_{k=1}^{N} a_k = \sum_{k=1}^{N} \frac{S_k - S_{k-1}}{b_k} = \sum_{k=1}^{N-1} \left(\frac{S_k}{b_k} - \frac{S_k}{b_{k+1}} \right) + \frac{S_N}{b_N} = \sum_{k=1}^{N-1} \frac{b_{k+1} - b_k}{b_k b_{k+1}} S_k + \frac{S_N}{b_N} \geqslant \sum_{k=1}^{N-1} \frac{\delta}{b_k b_{k+1}} S_k,$$ 所

以 $\displaystyle\sum_{k=1}^{\infty} \frac{S_k}{b_{k+1} b_k}$ 收敛.

♩第四届数学
竞赛决赛,15 分
169 若对于任何收敛于零的数列 $\{x_n\}$,级数 $\displaystyle\sum_{n=1}^{\infty} a_n x_n$ 都收敛,证明:级数

$\displaystyle\sum_{n=1}^{\infty} |a_n|$ 收敛.

知识点睛 0701 数项级数的收敛

证 用反证法.若 $\displaystyle\sum_{n=1}^{\infty} |a_n|$ 发散,必有 $\displaystyle\sum_{n=1}^{\infty} |a_n| = +\infty$,则存在自然数 $m_1 < m_2 < \cdots$

$< m_k < \cdots$,使得

$$\sum_{i=1}^{m_1} |a_i| \geqslant 1, \quad \sum_{i=m_{k-1}+1}^{m_k} |a_i| \geqslant k, \quad k = 2, 3, \cdots.$$

取 $x_i = \dfrac{1}{k}\mathrm{sgn}\, a_i \quad (m_{k-1} \leqslant i \leqslant m_k)$，则 $\displaystyle\sum_{i=m_{k-1}+1}^{m_k} a_i x_i = \sum_{i=m_{k-1}+1}^{m_k} \dfrac{\mid a_i \mid}{k} \geqslant 1$，由此可知，存在

数列 $\{x_n\}$，$\displaystyle\lim_{n\to\infty} x_n = 0$，使得 $\displaystyle\sum_{n=1}^{\infty} a_n x_n$ 发散，矛盾. 所以 $\displaystyle\sum_{n=1}^{\infty} \mid a_n \mid$ 收敛.

170 设幂级数 $\displaystyle\sum_{n=0}^{\infty} a_n x^n$ 的收敛半径为 1，$\displaystyle\lim_{n\to\infty} n a_n = 0$，且 $\displaystyle\lim_{x\to 1^-} \sum_{n=0}^{\infty} a_n x^n = A$. 证明：

♩ 第五届数学
竞赛决赛, 12 分

$\displaystyle\sum_{n=0}^{\infty} a_n$ 收敛且 $\displaystyle\sum_{n=0}^{\infty} a_n = A$.

知识点睛 0701 数项级数的收敛

证 由 $\displaystyle\lim_{n\to\infty} n a_n = 0$，知 $\displaystyle\lim_{n\to\infty} \dfrac{\sum\limits_{k=0}^{n} k \mid a_k \mid}{n} = 0$，故对于任意 $\varepsilon > 0$，存在 N_1，使得当 $n > N_1$

时，有

$$0 \leqslant \dfrac{\sum\limits_{k=0}^{n} k \mid a_k \mid}{n} < \dfrac{\varepsilon}{3}, \quad n \mid a_n \mid < \dfrac{\varepsilon}{3}.$$

又因为 $\displaystyle\lim_{x\to 1^-} \sum_{n=0}^{\infty} a_n x^n = A$，所以存在 $\delta > 0$，当 $1-\delta < x < 1$ 时，$\left| \displaystyle\sum_{n=0}^{\infty} a_n x^n - A \right| < \dfrac{\varepsilon}{3}$. 取 N_2，

当 $n > N_2$ 时，$\dfrac{1}{n} < \delta$，从而 $1 - \delta < 1 - \dfrac{1}{n}$，取 $x = 1 - \dfrac{1}{n}$，则

$$\left| \sum_{n=0}^{\infty} a_n \left(1 - \dfrac{1}{n}\right)^n - A \right| < \dfrac{\varepsilon}{3}.$$

取 $N = \max\{N_1, N_2\}$，当 $n > N$ 时，有

$$\left| \sum_{k=0}^{n} a_k - A \right| = \left| \sum_{k=0}^{n} a_k - \sum_{k=0}^{n} a_k x^k - \sum_{k=n+1}^{\infty} a_k x^k + \sum_{k=0}^{\infty} a_k x^k - A \right|$$

$$\leqslant \left| \sum_{k=0}^{n} a_n (1 - x^k) \right| + \left| \sum_{k=n+1}^{\infty} a_k x^k \right| + \left| \sum_{k=0}^{\infty} a_k x^k - A \right|.$$

取 $x = 1 - \dfrac{1}{n}$，则

$$\left| \sum_{k=0}^{n} a_n (1 - x^k) \right| = \left| \sum_{k=0}^{n} a_n (1 - x)(1 + x + x^2 + \cdots + x^{k-1}) \right|$$

$$\leqslant \sum_{k=0}^{n} \mid a_k \mid (1 - x) k = \dfrac{\sum\limits_{k=0}^{n} k \mid a_k \mid}{n} < \dfrac{\varepsilon}{3},$$

$$\left| \sum_{k=n+1}^{\infty} a_k x^k \right| \leqslant \dfrac{1}{n} \sum_{k=n+1}^{\infty} k \mid a_k \mid x^k < \dfrac{\varepsilon}{3n} \sum_{k=n+1}^{\infty} x^k \leqslant \dfrac{\varepsilon}{3n} \dfrac{1}{1-x} = \dfrac{\varepsilon}{3n \cdot \dfrac{1}{n}} = \dfrac{\varepsilon}{3}.$$

又因为

$$\left| \sum_{k=0}^{\infty} a_k x^k - A \right| < \dfrac{\varepsilon}{3},$$

从而 $\left| \sum\limits_{k=0}^{n} a_k - A \right| < 3 \cdot \dfrac{\varepsilon}{3} = \varepsilon$，即 $\sum\limits_{n=0}^{\infty} a_n$ 收敛且 $\sum\limits_{n=0}^{\infty} a_n = A$.

📕第六届数学
竞赛决赛，14 分

171 设 $p>0$，$x_1 = \dfrac{1}{4}$，且 $x_{n+1} = x_n^p + x_n^{2p}\,(n=1,2,\cdots)$. 证明：$\sum\limits_{n=1}^{\infty} \dfrac{1}{1+x_n^p}$ 收敛且求其和.

知识点睛 0701 数项级数的收敛

证 记 $y_n = x_n^p$，则 $y_{n+1} = y_n + y_n^2$，$y_{n+1} - y_n = y_n^2 > 0$，所以 $y_{n+1} > y_n$.

若 $\{y_n\}$ 收敛，则 $\{y_n\}$ 有上界. 记 $A = \lim\limits_{n\to\infty} y_n > 0$，从而 $A = A + A^2$，所以 $A = 0$，矛盾，故 $y_n \to$

$+\infty$. 由 $y_{n+1} = y_n(1+y_n)$，即 $\dfrac{1}{y_{n+1}} = \dfrac{1}{y_n} - \dfrac{1}{1+y_n}$，得

$$\sum_{k=1}^{n} \frac{1}{1+y_k} = \sum_{k=1}^{n} \left(\frac{1}{y_k} - \frac{1}{y_{k+1}} \right) = \frac{1}{y_1} - \frac{1}{y_{n+1}},$$

所以

$$\sum_{n=1}^{\infty} \frac{1}{1+x_n^p} = \lim_{n\to\infty} \sum_{k=1}^{n} \frac{1}{1+y_k} = \lim_{n\to\infty} \left(\frac{1}{y_1} - \frac{1}{y_{n+1}} \right) = \frac{1}{y_1} = 4^p.$$

即 $\sum\limits_{n=1}^{\infty} \dfrac{1}{1+x_n^p}$ 收敛，且其和为 4^p.

📕第八届数学
竞赛决赛，14 分

172 设 $a_n = \sum\limits_{k=1}^{n} \dfrac{1}{k} - \ln n$.

(1)证明：极限 $\lim\limits_{n\to\infty} a_n$ 存在；（2)记 $\lim\limits_{n\to\infty} a_n = C$，讨论级数 $\sum\limits_{n=1}^{\infty}(a_n - C)$ 的敛散性.

知识点睛 0701 数项级数的收敛

证 （1)利用不等式：当 $x>0$ 时，$\dfrac{x}{1+x} < \ln(1+x) < x$，有

$$a_n - a_{n-1} = \frac{1}{n} - \ln\frac{n}{n-1} = \frac{1}{n} - \ln\left(1+\frac{1}{n-1}\right) \leqslant \frac{1}{n} - \frac{\dfrac{1}{n-1}}{1+\dfrac{1}{n-1}} = 0,$$

$$a_n = \sum_{k=1}^{n}\frac{1}{k} - \sum_{k=2}^{n}\ln\frac{k}{k-1} = 1 + \sum_{k=2}^{n}\left(\frac{1}{k} - \ln\frac{k}{k-1}\right)$$

$$= 1 + \sum_{k=2}^{n}\left[\frac{1}{k} - \ln\left(1+\frac{1}{k-1}\right)\right] \geqslant 1 + \sum_{k=2}^{n}\left[\frac{1}{k} - \frac{1}{k-1}\right] = \frac{1}{n} > 0,$$

所以 $\{a_n\}$ 单调减少有下界，故 $\lim\limits_{n\to\infty} a_n$ 存在.

（2)显然，以 a_n 为部分和的级数为 $1 + \sum\limits_{n=2}^{\infty}\left[\dfrac{1}{n} - \ln n + \ln(n-1)\right]$，则该级数收

敛于 C，且 $a_n - C > 0$. 用 r_n 记该级数的余项，则

$$a_n - C = -r_n = -\sum_{k=n+1}^{\infty}\left[\frac{1}{k} - \ln k + \ln(k-1)\right] = \sum_{k=n+1}^{\infty}\left[\ln\left(1+\frac{1}{k-1}\right) - \frac{1}{k}\right].$$

根据泰勒公式，当 $x>0$ 时，$\ln(1+x) > x - \dfrac{x^2}{2}$，所以

$$a_n - C > \sum_{k=n+1}^{\infty} \left[\frac{1}{k-1} - \frac{1}{2(k-1)^2} - \frac{1}{k} \right].$$

记 $b_n = \sum_{k=n+1}^{\infty} \left[\frac{1}{k-1} - \frac{1}{2(k-1)^2} - \frac{1}{k} \right]$，下面证明正项级数 $\sum_{n=1}^{\infty} b_n$ 发散. 因为

$$c_n \stackrel{\text{def}}{=\!=} n \sum_{k=n+1}^{\infty} \left[\frac{1}{k-1} - \frac{1}{k} - \frac{1}{2(k-1)(k-2)} \right] < n b_n$$

$$< n \sum_{k=n+1}^{\infty} \left[\frac{1}{k-1} - \frac{1}{k} - \frac{1}{2k(k-1)} \right] = \frac{1}{2},$$

而当 $n \to \infty$ 时, $c_n = \frac{n-2}{2(n-1)} \to \frac{1}{2}$, 所以 $\lim_{n\to\infty} n b_n = \frac{1}{2}$. 根据比较判别法知 $\sum_{n=1}^{\infty} b_n$ 发散. 因此,

级数 $\sum_{n=1}^{\infty} (a_n - C)$ 发散.

173 设 $0 < a_n < 1 (n=1,2,\cdots)$, 且 $\lim_{n\to\infty} \dfrac{\ln \frac{1}{a_n}}{\ln n} = q$(有限或为 $+\infty$).

第九届数学竞赛决赛, 12 分

(1)证明:当 $q>1$ 时, 级数 $\sum_{n=1}^{\infty} a_n$ 收敛; 当 $q < 1$ 时, 级数 $\sum_{n=1}^{\infty} a_n$ 发散;

(2)讨论 $q=1$ 时, 级数 $\sum_{n=1}^{\infty} a_n$ 的收敛性并阐述理由.

知识点睛 0701 数项级数的收敛

证 (1)若 $q>1$, 则 $\exists p \in \mathbf{R}$, 使得 $q>p>1$. 根据极限性质, $\exists N \in \mathbf{Z}^+$, 使得 $\forall n>N$, 有

$\dfrac{\ln \frac{1}{a_n}}{\ln n} > p$, 即 $a_n < \dfrac{1}{n^p}$. 而当 $p>1$ 时, $\sum_{n=1}^{\infty} \dfrac{1}{n^p}$ 收敛, 所以 $\sum_{n=1}^{\infty} a_n$ 收敛.

若 $q<1$, 则 $\exists p \in \mathbf{R}$, 使得 $q<p<1$. 根据极限性质, $\exists N \in \mathbf{Z}^+$, 使得 $\forall n>N$, 有 $\dfrac{\ln \frac{1}{a_n}}{\ln a} < p$, 即

$a_n > \dfrac{1}{n^p}$. 而当 $p<1$ 时, $\sum_{n=1}^{\infty} \dfrac{1}{n^p}$ 发散, 所以 $\sum_{n=1}^{\infty} a_n$ 发散.

(2)当 $q=1$ 时, 级数 $\sum_{n=1}^{\infty} a_n$ 可能收敛, 也可能发散. 例如, $a_n = \dfrac{1}{n}$ 满足条件, 但级数

$\sum_{n=1}^{\infty} a_n$ 发散; 又如: $a_n = \dfrac{1}{n\ln^2 n}$ 满足条件, 但级数 $\sum_{n=2}^{\infty} a_n$ 收敛.

174 设 $\{u_n\}_{n=1}^{\infty}$ 为单调递减的正实数列, $\lim_{n\to\infty} u_n = 0$, $\{a_n\}_{n=1}^{\infty}$ 为一实数列, 级数

第十届数学竞赛决赛, 11 分

$\sum_{n=1}^{\infty} a_n u_n$ 收敛, 证明: $\lim_{n\to\infty} (a_1 + a_2 + \cdots + a_n) u_n = 0$.

知识点睛 0701 数项级数的收敛

证 由于 $\sum_{n=1}^{\infty} a_n u_n$ 收敛, 所以对任意给定 $\varepsilon > 0$, 存在自然数 N_1, 使得当 $n > N_1$ 时,

有

$$-\frac{\varepsilon}{2} < \sum_{k=N_1}^{n} a_k u_k < \frac{\varepsilon}{2}.$$

因为 $\{u_n\}_{n=1}^{\infty}$ 为单调递减的正数列,所以

$$0 < \frac{1}{u_{N_1}} \leqslant \frac{1}{u_{N_1+1}} \leqslant \cdots \leqslant \frac{1}{u_n}. \qquad \textcircled{1}$$

注意到,当 $m < n$ 时,有

$$\sum_{k=m}^{n} (A_k - A_{k-1}) b_k = A_n b_n - A_{m-1} b_m + \sum_{k=m}^{n-1} (b_k - b_{k+1}) A_k,$$

令 $A_0 = 0, A_k = \sum_{i=1}^{k} a_i (k=1,2,\cdots,n)$,得到

$$\sum_{k=1}^{n} a_k b_k = A_n b_n + \sum_{k=1}^{n-1} (b_k - b_{k+1}) A_k.$$

下面证明:对于任意自然数 n,如果 $\{a_n\}$,$\{b_n\}$ 满足

$$b_1 \geqslant b_2 \geqslant \cdots \geqslant b_n \geqslant 0, m \leqslant a_1 + a_2 + \cdots + a_n \leqslant M,$$

则有 $b_1 m \leqslant \sum_{k=1}^{n} a_k b_k = b_1 M$. 事实上,$m \leqslant A_k \leqslant M$,$b_k - b_{k+1} \geqslant 0$,即得到

$$mb_1 = mb_n + \sum_{k=1}^{n-1} (b_k - b_{k+1}) m \leqslant \sum_{k=1}^{n} a_k b_k \leqslant Mb_n + \sum_{k=1}^{n-1} (b_k - b_{k+1}) M = Mb_1,$$

利用①式,令 $b_1 = \frac{1}{u_n}, b_2 = \frac{1}{u_{n-1}}, \cdots$,可以得到 $-\frac{\varepsilon}{2} u_n^{-1} < \sum_{k=N_1}^{n} a_k < \frac{\varepsilon}{2} u_n^{-1}$,即 $\left| \sum_{k=N_1}^{n} a_k u_n \right| < \frac{\varepsilon}{2}$. 又

由 $\lim\limits_{n \to \infty} u_n = 0$ 知,存在自然数 N_2,使得当 $n > N_2$ 时,有

$$|(a_1 + a_2 + \cdots + a_{N_1-1}) u_n| < \frac{\varepsilon}{2}.$$

取 $N = \max\{N_1, N_2\}$,则当 $n > N$ 时,有

$$|(a_1 + a_2 + \cdots + a_n) u_n| < \frac{\varepsilon}{2} + \frac{\varepsilon}{2} = \varepsilon,$$

因此 $\lim\limits_{n \to \infty} (a_1 + a_2 + \cdots + a_n) u_n = 0$.

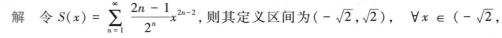

第三届数学竞赛预赛,6 分

175 题精解视频

175 求幂级数 $\sum\limits_{n=1}^{\infty} \frac{2n-1}{2^n} x^{2n-2}$ 的和函数,并求级数 $\sum\limits_{n=1}^{\infty} \frac{2n-1}{2^{2n-1}}$ 的和.

知识点睛 0713 幂级数和函数的求法

解 令 $S(x) = \sum\limits_{n=1}^{\infty} \frac{2n-1}{2^n} x^{2n-2}$,则其定义区间为 $(-\sqrt{2}, \sqrt{2})$,$\forall x \in (-\sqrt{2}, \sqrt{2})$,有

$$\int_0^x S(t)\,dt = \sum_{n=1}^{\infty} \int_0^x \frac{2n-1}{2^n} t^{2n-2}\,dt = \sum_{n=1}^{\infty} \frac{x^{2n-1}}{2^n} = \frac{x}{2} \sum_{n=1}^{\infty} \left(\frac{x^2}{2}\right)^{n-1} = \frac{x}{2-x^2},$$

于是

$$S(x) = \left(\frac{x}{2-x^2}\right)' = \frac{2+x^2}{(2-x^2)^2}, \quad x \in (-\sqrt{2}, \sqrt{2}).$$

$$\sum_{n=1}^{\infty} \frac{2n-1}{2^{2n-1}} = \sum_{n=1}^{\infty} \frac{2n-1}{2^n} \left(\frac{1}{\sqrt{2}}\right)^{2n-2} = S\left(\frac{1}{\sqrt{2}}\right) = \frac{10}{9}.$$

176 求级数 $\displaystyle\sum_{n=1}^{\infty} \frac{1}{3} \cdot \frac{2}{5} \cdot \frac{3}{7} \cdot \cdots \cdot \frac{n}{2n+1} \cdot \frac{1}{n+1}$ 之和.

第十届数学
竞赛决赛, 12分

知识点睛 0702 收敛级数求和

解 级数通项 $a_n = \dfrac{1}{3} \cdot \dfrac{2}{5} \cdot \dfrac{3}{7} \cdot \cdots \cdot \dfrac{n}{2n+1} \cdot \dfrac{1}{n+1} = \dfrac{2(2n)!!}{(2n+1)!!\ (n+1)}\left(\dfrac{1}{\sqrt{2}}\right)^{2n+2}.$ 令

$$f(x) = \sum_{n=0}^{\infty} \frac{(2n)!!}{(2n+1)!!\ (n+1)} x^{2n+2},$$

则收敛区间为 $(-1,1)$, $\displaystyle\sum_{n=1}^{\infty} a_n = 2\left[f\left(\dfrac{1}{\sqrt{2}}\right) - \dfrac{1}{2}\right].$

$$f'(x) = 2\sum_{n=0}^{\infty} \frac{(2n)!!}{(2n+1)!!} x^{2n+1} = 2g(x),$$

其中 $g(x) = \displaystyle\sum_{n=0}^{\infty} \frac{(2n)!!}{(2n+1)!!} x^{2n+1}.$ 因为

$$g'(x) = 1 + \sum_{n=1}^{\infty} \frac{(2n)!!}{(2n-1)!!} x^{2n} = 1 + x \sum_{n=1}^{\infty} \frac{(2n-2)!!}{(2n-1)!!} 2n x^{2n-1}$$

$$= 1 + x \frac{\mathrm{d}}{\mathrm{d}x}\left(\sum_{n=1}^{\infty} \frac{(2n-2)!!}{(2n-1)!!} x^{2n}\right) = 1 + x \frac{\mathrm{d}}{\mathrm{d}x}[xg(x)],$$

所以 $g(x)$ 满足 $g(0)=0, g'(x) - \dfrac{x}{1-x^2}g(x) = \dfrac{1}{1-x^2}.$ 解这个一阶线性微分方程,得

$$g(x) = \mathrm{e}^{\int \frac{x}{1-x^2}\mathrm{d}x}\left(\int \frac{1}{1-x^2}\mathrm{e}^{-\int \frac{x}{1-x^2}\mathrm{d}x}\mathrm{d}x + C\right) = \frac{\arcsin x}{\sqrt{1-x^2}} + \frac{C}{\sqrt{1-x^2}},$$

由 $g(0)=0$ 得 $C=0$,故 $g(x) = \dfrac{\arcsin x}{\sqrt{1-x^2}}$,所以 $f(x) = (\arcsin x)^2, f\left(\dfrac{1}{\sqrt{2}}\right) = \dfrac{\pi^2}{16}$,且

$$\sum_{n=1}^{\infty} a_n = 2\left(\frac{\pi^2}{16} - \frac{1}{2}\right) = \frac{\pi^2 - 8}{8}.$$

177 求幂级数 $\displaystyle\sum_{n=0}^{\infty} \frac{n^3+2}{(n+1)!}(x-1)^n$ 的收敛域与和函数.

知识点睛 0713 幂级数和函数的求法

177 题精解视频

解 因 $\displaystyle\lim_{n\to\infty} \frac{a_{n+1}}{a_n} = \lim_{n\to\infty} \frac{(n+1)^3+2}{(n+2)(n^3+2)} = 0$,所以收敛半径 $R = +\infty$,收敛域为 $(-\infty, +\infty)$. 由

$$\frac{n^3+2}{(n+1)!} = \frac{(n+1)n(n-1)}{(n+1)!} + \frac{n+1}{(n+1)!} + \frac{1}{(n+1)!}$$

$$= \frac{1}{(n-2)!} + \frac{1}{n!} + \frac{1}{(n+1)!} \quad (n \geqslant 2),$$

及幂级数 $\displaystyle\sum_{n=2}^{\infty} \frac{(x-1)^n}{(n-2)!}$, $\displaystyle\sum_{n=0}^{\infty} \frac{(x-1)^n}{n!}$, $\displaystyle\sum_{n=0}^{\infty} \frac{(x-1)^n}{(n+1)!}$ 的收敛域都为 $(-\infty, +\infty)$,得

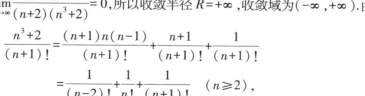

$$\sum_{n=0}^{\infty} \frac{n^3+2}{(n+1)!}(x-1)^n = \sum_{n=2}^{\infty} \frac{(x-1)^n}{(n-2)!} + \sum_{n=0}^{\infty} \frac{(x-1)^n}{n!} + \sum_{n=0}^{\infty} \frac{(x-1)^n}{(n+1)!}.$$

用 $S_1(x), S_2(x), S_3(x)$ 分别表示上式右端三个幂级数的和,依据 e^x 的幂级数展开

式可得到

$$S_1(x) = \sum_{n=0}^{\infty} \frac{(x-1)^{n+2}}{n!} = (x-1)^2 \sum_{n=0}^{\infty} \frac{(x-1)^n}{n!} = (x-1)^2 e^{x-1}, \quad S_2(x) = e^{x-1},$$

$$S_3(x) = \frac{1}{x-1} \sum_{n=0}^{\infty} \frac{(x-1)^{n+1}}{(n+1)!} = \frac{1}{x-1} \sum_{n=1}^{\infty} \frac{(x-1)^n}{n!} = \frac{e^{x-1}-1}{x-1} (x \neq 1).$$

综合上述讨论,可得幂级数的和函数为

$$S(x) = \begin{cases} (x^2-2x+2)e^{x-1} + \dfrac{1}{x-1}(e^{x-1}-1), & x \neq 1, \\ 2, & x = 1. \end{cases}$$

第五届数学
竞赛预赛,12 分

178 设函数 $f(x)$ 在 $x=0$ 处存在二阶导数 $f''(0)$,且 $\lim\limits_{x \to 0} \dfrac{f(x)}{x} = 0$,证明:级数

$$\sum_{n=1}^{\infty} \left| f\left(\frac{1}{n}\right) \right| 收敛.$$

知识点睛 0708 级数的绝对收敛与条件收敛

证 由于 $f(x)$ 在 $x=0$ 处连续,且 $\lim\limits_{x \to 0} \dfrac{f(x)}{x} = 0$,则

$$f(0) = \lim_{x \to 0} f(x) = \lim_{x \to 0} \frac{f(x)}{x} \cdot x = 0, \quad f'(0) = \lim_{x \to 0} \frac{f(x)-f(0)}{x-0} = 0,$$

应用洛必达法则,得

$$\lim_{x \to 0} \frac{f(x)}{x^2} = \lim_{x \to 0} \frac{f'(x)}{2x} = \lim_{x \to 0} \frac{f'(x)-f'(0)}{2(x-0)} = \frac{1}{2} f''(0),$$

所以 $\lim\limits_{n \to \infty} \dfrac{\left| f\left(\dfrac{1}{n}\right) \right|}{\dfrac{1}{n^2}} = \dfrac{1}{2} |f''(0)|$,由于级数 $\sum\limits_{n=1}^{\infty} \dfrac{1}{n^2}$ 收敛,从而 $\sum\limits_{n=1}^{\infty} \left| f\left(\dfrac{1}{n}\right) \right|$ 收敛.

第二届数学
竞赛决赛,12 分

179 设函数 $f(x)$ 是在 $(-\infty, +\infty)$ 内的可微函数,且 $|f'(x)| < m\, f(x)$,其中 $0 < m$

< 1.任取实数 a_0,定义 $a_n = \ln f(a_{n-1})$, $n = 1, 2, \cdots$.证明:$\sum\limits_{n=1}^{\infty} (a_n - a_{n-1})$ 绝对收敛.

知识点睛 0708 级数的绝对收敛与条件收敛

证 因

$$\begin{aligned} |a_n - a_{n-1}| &= |\ln f(a_{n-1}) - \ln f(a_{n-2})| \\ &= \left| \frac{f'(\xi)}{f(\xi)} (a_{n-1} - a_{n-2}) \right| \quad (\xi 介于 a_{n-1} 与 a_{n-2} 之间) \\ &< m |a_{n-1} - a_{n-2}| < m^2 |a_{n-2} - a_{n-3}| < \cdots < m^{n-1} |a_1 - a_0|, \end{aligned}$$

而 $0 < m < 1$,从而 $\sum\limits_{n=1}^{\infty} (a_n - a_{n-1})$ 绝对收敛.

第七届数学
竞赛决赛,14 分

180 设 $I_n = \displaystyle\int_0^{\frac{\pi}{4}} \tan^n x \, \mathrm{d}x$,其中 n 为正整数.

(1)若 $n \geqslant 2$,计算 $I_n + I_{n-2}$;

（2）设 p 为实数，讨论级数 $\sum\limits_{n=1}^{\infty}(-1)^{n}I_{n}^{p}$ 的绝对收敛性和条件收敛性.

知识点睛 0708 级数的绝对收敛与条件收敛

证 （1）$I_{n}+I_{n-2}=\int_{0}^{\frac{\pi}{4}}\tan^{n}x\mathrm{d}x+\int_{0}^{\frac{\pi}{4}}\tan^{n-2}x\mathrm{d}x=\int_{0}^{\frac{\pi}{4}}\tan^{n-2}x(1+\tan^{2}x)\mathrm{d}x$

$$=\int_{0}^{\frac{\pi}{4}}\tan^{n-2}x\mathrm{d}\tan x=\frac{1}{n-1}.$$

（2）由于 $0<x<\dfrac{\pi}{4}$，所以

$$0<\tan x<1,\quad \tan^{n+2}x<\tan^{n}x<\tan^{n-2}x,$$

从而 $I_{n+2}<I_{n}<I_{n-2}$，于是 $I_{n+2}+I_{n}<2I_{n}<I_{n-2}+I_{n}$.故

$$\frac{1}{2(n+1)}<I_{n}<\frac{1}{2(n-1)},\left(\frac{1}{2(n+1)}\right)^{p}<I_{n}^{p}<\left(\frac{1}{2(n-1)}\right)^{p}.$$

当 $p>1$ 时，$|(-1)^{n}I_{n}^{p}|=I_{n}^{p}<\dfrac{1}{2^{p}(n-1)^{p}}$ $(n\geqslant2)$，由于 $\sum\limits_{n=2}^{\infty}\dfrac{1}{(n-1)^{p}}$ 收敛，所以

$\sum\limits_{n=1}^{\infty}(-1)^{n}I_{n}^{p}$ 绝对收敛.

当 $0<p\leqslant1$ 时，由于 $\{I_{n}^{p}\}$ 单调减少并趋近于 0，由莱布尼茨判别法知 $\sum\limits_{n=1}^{\infty}(-1)^{n}I_{n}^{p}$ 收敛.而

$$I_{n}^{p}>\frac{1}{2^{p}(n+1)^{p}}\geqslant\frac{1}{2^{p}(n+1)},$$

且 $\sum\limits_{n=1}^{\infty}\dfrac{1}{n+1}$ 发散，所以 $\sum\limits_{n=1}^{\infty}|(-1)^{n}I_{n}^{p}|$ 发散.因此，$\sum\limits_{n=1}^{\infty}(-1)^{n}I_{n}^{p}$ 条件收敛.

当 $p\leqslant0$ 时，$|I_{n}^{p}|\geqslant1$，由级数收敛的必要条件知 $\sum\limits_{n=1}^{\infty}(-1)^{n}I_{n}^{p}$ 发散.

181 函数 $f(x)=\begin{cases}3,&x\in[-5,0),\\0,&x\in[0,5)\end{cases}$ 在 $(-5,5)$ 内的傅里叶级数在 $x=0$ 处收敛于

_____.

第七届数学
竞赛预赛，6 分

181 题精解视频

知识点睛 0717 狄利克雷定理

解 由狄利克雷收敛定理，知该傅里叶级数在 $x=0$ 处收敛于 $\dfrac{f(0-0)+f(0+0)}{2}=$

$\dfrac{3}{2}$.应填 $\dfrac{3}{2}$.

182 （1）将 $[-\pi,\pi)$ 上的函数 $f(x)=|x|$ 展开成傅里叶级数，并证明 $\sum\limits_{k=1}^{\infty}\dfrac{1}{k^{2}}=\dfrac{\pi^{2}}{6}$.

（2）求积分 $I=\int_{0}^{+\infty}\dfrac{u}{1+\mathrm{e}^{u}}\mathrm{d}u$ 的值.

第六届数学
竞赛决赛，15 分

182 题精解视频

知识点睛 0718 函数在 $[-\pi,\pi]$ 上的傅里叶级数

解 （1）$f(x)=|x|$ 为偶函数，其傅里叶级数是余弦级数，$a_{0}=\dfrac{2}{\pi}\int_{0}^{\pi}x\mathrm{d}x=\pi$，

$$a_n = \frac{2}{\pi} \int_0^\pi x\cos nx \mathrm{d}x = \frac{2}{n^2\pi}[(-1)^n - 1].$$

由于 $f(x)$ 连续,所以当 $x \in [-\pi, \pi)$ 时,有

$$f(x) = \frac{\pi}{2} - \frac{4}{\pi}\left(\cos x + \frac{1}{3^2}\cos 3x + \frac{1}{5^2}\cos 5x + \cdots\right),$$

令 $x = 0$,得 $\displaystyle\sum_{k=0}^\infty \frac{1}{(2k+1)^2} = \frac{\pi^2}{8}$.记 $S_1 = \displaystyle\sum_{k=1}^\infty \frac{1}{k^2}$,$S_2 = \displaystyle\sum_{k=0}^\infty \frac{1}{(2k+1)^2}$,则 $S_1 - S_2 = \frac{1}{4}S_1$,故 $S_1 = \frac{4}{3}S_2 = \frac{\pi^2}{6}$.

(2) 令 $g(u) = \frac{u}{1+e^u}$,则在 $[0, +\infty)$ 上成立

$$g(u) = \frac{ue^{-u}}{1+e^{-u}} = ue^{-u} - ue^{-2u} + ue^{-3u} - \cdots.$$

记该级数的前 n 项和为 $S_n(u)$,余项为 $r_n(u) = g(u) - S_n(u)$,则由交错级数的性质 $|r_n(u)| \le ue^{-(n+1)u}$.因为 $\displaystyle\int_0^{+\infty} ue^{-nu}\mathrm{d}u = \frac{1}{n^2}$,就有 $\displaystyle\int_0^{+\infty} |r_n(u)|\mathrm{d}u \le \frac{1}{(n+1)^2}$,于是有

$$\int_0^{+\infty} g(u)\mathrm{d}u = \int_0^{+\infty} S_n(u)\mathrm{d}u + \int_0^{+\infty} r_n(u)\mathrm{d}u = \sum_{k=1}^n \frac{(-1)^{k-1}}{k^2} + \int_0^{+\infty} r_n(u)\mathrm{d}u,$$

由于 $\displaystyle\lim_{n\to\infty}\int_0^{+\infty} r_n(u)\mathrm{d}u = 0$,故 $I = 1 - \frac{1}{2^2} + \frac{1}{3^2} - \frac{1}{4^2} + \cdots$,所以 $I + \frac{1}{2}S_1 = S_1$,由 (1) 得

$$I = \frac{S_1}{2} = \frac{\pi^2}{12}.$$

第 8 章
常微分方程

知识要点

一、微分方程的基本概念

含有未知函数的导数或微分的方程称为微分方程.

微分方程分两类:常微分方程和偏微分方程.若未知函数为多元函数,微分方程中出现偏导数,这样的微分方程称为偏微分方程.而未知函数为一元函数的微分方程称为常微分方程,本章只限于研究常微分方程,简称微分方程,有时也简称为方程.

微分方程中未知函数的最高阶导数的阶数称为这个方程的阶.

n 阶常微分方程的一般形式为

$$F(x,y,y',y'',\cdots,y^{(n)})=0.$$

若将函数 $y=y(x)$ 代入微分方程后,能使方程成为恒等式,则称函数 $y=y(x)$ 为微分方程的解.

若微分方程的解中所含独立任意常数的个数与此微分方程的阶数相同,则称这个解为微分方程的通解.

确定通解中任意常数的条件称为定解条件.

满足定解条件的解称为微分方程的特解.

二、各类微分方程的解法

1.可分离变量的微分方程

形如

$$f_1(x)g_1(y)\mathrm{d}x+f_2(x)g_2(y)\mathrm{d}y=0$$

的一阶微分方程称为可分离变量的微分方程.将方程两端除以 $g_1(y)f_2(x)$(此时 $g_1(y)f_2(x)\neq0$),得

$$\frac{f_1(x)}{f_2(x)}\mathrm{d}x+\frac{g_2(y)}{g_1(y)}\mathrm{d}y=0,$$

然后对上式两端积分,即可得方程的通解

$$\int\frac{f_1(x)}{f_2(x)}\mathrm{d}x+\int\frac{g_2(y)}{g_1(y)}\mathrm{d}y=C.$$

2.齐次微分方程

（1）齐次方程

形如

$$\frac{\mathrm{d}y}{\mathrm{d}x}=f\left(\frac{y}{x}\right)$$

的一阶微分方程称为齐次方程.

令 $u=\dfrac{y}{x}$,或 $y=xu$,则 $\dfrac{\mathrm{d}y}{\mathrm{d}x}=u+x\dfrac{\mathrm{d}u}{\mathrm{d}x}$,代入原方程,得

$$u+x\frac{\mathrm{d}u}{\mathrm{d}x}=f(u), \quad 即 \quad \frac{\mathrm{d}u}{f(u)-u}=\frac{1}{x}\mathrm{d}x,$$

这是变量已分离的微分方程,经积分即可得方程的通解.

（2）可化为齐次方程的微分方程

形如方程

$$\frac{\mathrm{d}y}{\mathrm{d}x}=f\left(\frac{a_1x+b_1y+c_1}{a_2x+b_2y+c_2}\right),$$

其中 a_1,b_1,c_1,a_2,b_2,c_2 为常数,且 $c_1^2+c_2^2\neq0$.当 $\begin{vmatrix} a_1 & b_1 \\ a_2 & b_2 \end{vmatrix}\neq0$ 时,令 $x=X+h,y=Y+k$,由

$$\begin{cases} a_1h+b_1k+c_1=0, \\ a_2h+b_2k+c_2=0 \end{cases}$$

解出 h 与 k,可将原方程化为齐次方程

$$\frac{\mathrm{d}Y}{\mathrm{d}X}=f\left(\frac{a_1X+b_1Y}{a_2X+b_2Y}\right)=f\left(\frac{a_1+b_1\dfrac{Y}{X}}{a_2+b_2\dfrac{Y}{X}}\right)=g\left(\frac{Y}{X}\right),$$

当 $\begin{vmatrix} a_1 & b_1 \\ a_2 & b_2 \end{vmatrix}=0$ 时,即 $\dfrac{a_1}{a_2}=\dfrac{b_1}{b_2}=k$,可设 $u=a_2x+b_2y$,代入原方程后可化为可分离变量的微分方程,即有

$$\frac{\mathrm{d}y}{\mathrm{d}x}=f\left(\frac{ku+c_1}{u+c_2}\right)=g(u), \quad \frac{\mathrm{d}u}{\mathrm{d}x}=a_2+b_2g(u).$$

3.一阶线性微分方程

（1）一阶线性微分方程

形如

$$\frac{\mathrm{d}y}{\mathrm{d}x}+P(x)y=Q(x)$$

的一阶微分方程称为一阶线性微分方程.

① $\dfrac{\mathrm{d}y}{\mathrm{d}x}+P(x)y=0$,称为一阶线性齐次方程,直接积分,可得其通解

$$y=C\mathrm{e}^{-\int P(x)\mathrm{d}x}.$$

② $\dfrac{\mathrm{d}y}{\mathrm{d}x}+P(x)y=Q(x)$,称为一阶线性非齐次方程,用常数变易法,可得其通解

$$y=\mathrm{e}^{-\int P(x)\mathrm{d}x}\left[\int Q(x)\mathrm{e}^{\int P(x)\mathrm{d}x}\mathrm{d}x+C\right].$$

（2）伯努利(Bernoulli)方程

一阶微分方程 $\dfrac{\mathrm{d}y}{\mathrm{d}x}+P(x)y=Q(x)y^{\alpha}(\alpha\neq0,1)$,称为伯努利方程,用变量代换 $z=y^{1-\alpha}$,

可化为 z 的一阶线性方程

$$\frac{\mathrm{d}z}{\mathrm{d}x}+(1-\alpha)P(x)z=(1-\alpha)Q(x).$$

4.全微分方程

（1）全微分方程

若方程

$$P(x,y)\mathrm{d}x+Q(x,y)\mathrm{d}y=0 \qquad\qquad ①$$

的左端恰好是某一个二元函数 $u(x,y)$ 的全微分，即

$$\mathrm{d}u=P(x,y)\mathrm{d}x+Q(x,y)\mathrm{d}y=\frac{\partial u}{\partial x}\mathrm{d}x+\frac{\partial u}{\partial y}\mathrm{d}y,$$

则称方程①为全微分方程（或称为恰当方程），全微分方程的通解是 $u(x,y)=C$（C 是任意常数），$u(x,y)$ 也称为 $P\mathrm{d}x+Q\mathrm{d}y$ 的原函数.

（2）方程①为全微分方程的充要条件及原函数 $u(x,y)$ 的求法

若 $P(x,y),Q(x,y)$ 在某一单连通域上连续，且有连续的一阶偏导数，则方程①为全微分方程的充要条件是 $\frac{\partial P}{\partial y}=\frac{\partial Q}{\partial x}$，这时有

$$u(x,y)=\int_{x_0}^{x}P(x,y_0)\mathrm{d}x+\int_{y_0}^{y}Q(x,y)\mathrm{d}y,$$

或

$$u(x,y)=\int_{x_0}^{x}P(x,y)\mathrm{d}x+\int_{y_0}^{y}Q(x_0,y)\mathrm{d}y.$$

（3）积分因子

若方程①不是全微分方程，但存在一个函数 $\mu(x,y)$，使

$$\mu(x,y)P(x,y)\mathrm{d}x+\mu(x,y)Q(x,y)\mathrm{d}y=0$$

为全微分方程，则称 $\mu(x,y)$ 为方程①的积分因子.

（4）某些已知的二元函数的全微分公式

$$x\mathrm{d}y+y\mathrm{d}x=\mathrm{d}(xy),\qquad\qquad \frac{x\mathrm{d}y-y\mathrm{d}x}{x^2}=\mathrm{d}\left(\frac{y}{x}\right),$$

$$\frac{-x\mathrm{d}y+y\mathrm{d}x}{y^2}=\mathrm{d}\left(\frac{x}{y}\right),\qquad \frac{y\mathrm{d}y+x\mathrm{d}x}{\sqrt{x^2+y^2}}=\mathrm{d}\left(\sqrt{x^2+y^2}\right),$$

$$\frac{-x\mathrm{d}y+y\mathrm{d}x}{xy}=\mathrm{d}\left(\ln\frac{x}{y}\right),\qquad \frac{x\mathrm{d}y-y\mathrm{d}x}{x^2+y^2}=\mathrm{d}\left(\arctan\frac{y}{x}\right),$$

$$\frac{y\mathrm{d}x-x\mathrm{d}y}{x^2+y^2}=\mathrm{d}\left(\arctan\frac{x}{y}\right),\qquad \frac{y\mathrm{d}y+x\mathrm{d}x}{x^2+y^2}=\frac{1}{2}\mathrm{d}\ln(y^2+x^2),$$

$$\frac{x\mathrm{d}y-y\mathrm{d}x}{y^2-x^2}=\mathrm{d}\ln\sqrt{\frac{y-x}{y+x}}.$$

三、可降阶的高阶微分方程

1. $y^{(n)}=f(x)$

方程特点是右端为自变量 x 的函数，且不含有函数 y 及其导数 $y',y'',\cdots,y^{(n-1)}$，将

方程两边对 x 积分 n 次,即得其通解

$$y = \int dx \cdots \int f(x) dx + \frac{C_1}{(n-1)!} x^{n-1} + \frac{C_2}{(n-2)!} x^{n-2} + \cdots + C_{n-1} x + C_n.$$

2. $y'' = f(x, y')$

方程特点是右端不显含 y,令 $y' = p(x)$, $y'' = \dfrac{dp}{dx} = p'$,代入原方程即可化为一阶方程 $p' = f(x, p)$,若其解为 $p = \varphi(x, C_1)$,则原方程的通解为

$$y = \int \varphi(x, C_1) dx + C_2.$$

3. $y'' = f(y, y')$

方程特点是右端不显含自变量 x,令 $y' = p(y)$,并利用复合函数的求导法则,有

$$y'' = \frac{dp}{dx} = \frac{dp}{dy} \cdot \frac{dy}{dx} = p \cdot \frac{dp}{dy},$$

代入原方程即可化为一阶方程

$$p \cdot \frac{dp}{dy} = f(y, p),$$

若其解为 $p = \varphi(y, C_1)$,即 $\dfrac{dy}{dx} = \varphi(y, C_1)$,则原方程的通解为

$$\int \frac{dy}{\varphi(y, C_1)} = x + C_2.$$

四、高阶线性微分方程

n 阶线性微分方程的一般形式为

$$y^{(n)} + P_1(x) y^{(n-1)} + P_2(x) y^{(n-2)} + \cdots + P_{n-1}(x) y' + P_n(x) y = f(x), \qquad ①$$

其中 $n \geq 2$, $P_1(x)$, $P_2(x)$, $\cdots$, $P_n(x)$, $f(x)$ 为已知连续函数.

当 $f(x) \equiv 0$ 时,方程①称为 n 阶线性齐次微分方程;当 $f(x) \neq 0$ 时,方程①称为 n 阶线性非齐次微分方程.

现以二阶线性微分方程

$$y'' + P(x) y' + Q(x) y = 0, \qquad ②$$
$$y'' + P(x) y' + Q(x) y = f(x) \qquad ③$$

为例,讨论其解的性质及其解法.这些性质及解法均可推广到任意高阶的线性微分方程.

(1) 若函数 $y_1(x)$, $y_2(x)$ 是线性齐次方程②的两个解,则 $C_1 y_1(x) + C_2 y_2(x)$ 也是方程②的解,其中 C_1, C_2 为任意常数.

(2) 若 $y_1(x)$, $y_2(x)$ 是方程②的两个线性无关的解,则 $C_1 y_1(x) + C_2 y_2(x)$ 是②的通解,其中 C_1, C_2 为任意常数.

(3) 设 y^* 是线性非齐次方程③的一个特解, $Y = C_1 y_1(x) + C_2 y_2(x)$ 是对应的齐次方程②的通解,则 $y = Y + y^*$ 是非齐次方程③的通解.

(4) 设线性非齐次方程③的右端 $f(x)$ 是两个函数之和,如

$$y'' + P(x) y' + Q(x) y = f_1(x) + f_2(x), \qquad ④$$

而 $y_1(x)$ 与 $y_2(x)$ 分别是方程

$$y''+P(x)y'+Q(x)y=f_1(x)，\quad 与 \quad y''+P(x)y'+Q(x)y=f_2(x)$$

的解，则 $y_1(x)+y_2(x)$ 是方程④的解.

五、常系数线性齐次微分方程

1.二阶常系数线性齐次微分方程的通解

设

$$y''+py'+qy=0，\tag{①}$$

（1）特征方程有两个相异实根 $r_1 \neq r_2$，则方程①的通解为 $Y = C_1 \mathrm{e}^{r_1 x} + C_2 \mathrm{e}^{r_2 x}$；

（2）特征方程有两个相等实根 $r_1 = r_2 = r$，则方程①的通解为 $Y = (C_1 + C_2 x)\mathrm{e}^{r x}$；

（3）特征方程有一对共轭复根 $r_{1,2} = \alpha \pm \mathrm{i}\beta$，则方程①的通解为 $Y = \mathrm{e}^{\alpha x}(C_1 \cos\beta x + C_2 \sin\beta x)$.

2.n 阶常系数线性齐次微分方程

设 n 阶常系数线性齐次微分方程是

$$y^{(n)} + p_1 y^{(n-1)} + p_2 y^{(n-2)} + \cdots + p_{n-1} y' + p_n y = 0，\tag{②}$$

其中 $p_1, p_2, \cdots, p_n$ 是常数，代数方程

$$r^n + p_1 r^{n-1} + p_2 r^{n-2} + \cdots + p_{n-1} r + p_n = 0$$

称为微分方程②的特征方程，特征方程的根叫作微分方程②的特征根.

（1）如果 r_1 是特征方程的单根，则

$$y = C \mathrm{e}^{r_1 x}$$

是微分方程②的解.

（2）如果特征方程有一对共轭复根 $r_1 = \alpha + \mathrm{i}\beta, r_2 = \alpha - \mathrm{i}\beta$，则

$$y = \mathrm{e}^{\alpha x}(C_1 \cos\beta x + C_2 \sin\beta x)$$

是微分方程②的解.

（3）如果 r_1 是特征方程的 k 重根，则

$$y = (C_1 + C_2 x + \cdots + C_k x^{k-1})\mathrm{e}^{r_1 x}$$

是微分方程②的解.

（4）如果 $r_1 = \alpha + \mathrm{i}\beta, r_2 = \alpha - \mathrm{i}\beta$ 都是特征方程的 k 重根，则

$$y = \mathrm{e}^{\alpha x}\left[(C_1 + C_2 x + \cdots + C_k x^{k-1})\cos\beta x + (D_1 + D_2 x + \cdots + D_k x^{k-1})\sin\beta x \right]$$

是微分方程②的解.

六、常系数线性非齐次微分方程

设二阶常系数线性非齐次微分方程为

$$y'' + py' + qy = f(x)，\tag{①}$$

其中 p, q 为常数.

（1）如果方程①的右端 $f(x)$ 是 x 的 n 次多项式 $P_n(x)$，即 $f(x) = P_n(x)$ 时，而常数 0 是特征方程的 k 重根时，可设特解为

$$y^* = x^k Q_n(x)，$$

其中 $Q_n(x)$ 也是 x 的 n 次多项式，但其系数是待定的常数，如果常数 0 不是特征根，则取 $k = 0$.

（2）如果方程①的右端 $f(x) = e^{\alpha x}P_n(x)$，可设特解为
$$y^* = x^k Q_n(x)e^{\alpha x},$$
其中 $Q_n(x)$（待定多项式）是与 $P_n(x)$ 同次的多项式，
$$k = \begin{cases} 0, & \alpha \text{ 不是特征方程的根,} \\ 1, & \alpha \text{ 是特征方程的单根,} \\ 2, & \alpha \text{ 是特征方程的二重根.} \end{cases}$$

（3）如果方程①的右端 $f(x) = e^{\alpha x}[P_l(x)\cos\beta x + P_n(x)\sin\beta x]$，其中 $P_l(x)$，$P_n(x)$ 分别是 x 的 l 次和 n 次的多项式，α，β 是已知常数，设特解形式为
$$y^* = x^k e^{\alpha x}[R_m^{(1)}(x)\cos\beta x + R_m^{(2)}(x)\sin\beta x],$$
其中，$R_m^{(1)}(x)$，$R_m^{(2)}(x)$ 是两个 m 次多项式，
$$m = \max\{l, n\}, \quad k = \begin{cases} 0, & \alpha + i\beta \text{ 不是特征方程的根,} \\ 1, & \alpha + i\beta \text{ 是特征方程的根.} \end{cases}$$

七、欧拉方程

微分方程
$$x^n y^{(n)} + p_1 x^{n-1} y^{(n-1)} + \cdots + p_{n-1}xy' + p_n y = f(x),$$
其中 $p_1, p_2, \cdots, p_n$ 是常数，称为欧拉方程，它的解法是

设 $x = e^t$，即 $t = \ln x$，则
$$\frac{dy}{dx} = \frac{dy}{dt} \cdot \frac{dt}{dx} = \frac{1}{x} \cdot \frac{dy}{dt},$$
$$\frac{d^2y}{dx^2} = \frac{1}{x^2}\left(\frac{d^2y}{dt^2} - \frac{dy}{dt}\right),$$
$$\frac{d^3y}{dx^3} = \frac{1}{x^3}\left(\frac{d^3y}{dt^3} - 3\frac{d^2y}{dt^2} + 2\frac{dy}{dt}\right), \cdots,$$

将它们代入原方程，则可将欧拉方程化为常系数线性微分方程.

§8.1 一阶微分方程

1 求以 $y = C_1 e^x + C_2 e^{-x} - x$ 为通解的微分方程（C_1，C_2 为任意常数）.

知识点睛 0801 常微分方程的基本概念

解 由 $y = C_1 e^x + C_2 e^{-x} - x$，对 x 求导，得
$$y' = C_1 e^x - C_2 e^{-x} - 1, \qquad ①$$
上式再对 x 求导，得
$$y'' = C_1 e^x + C_2 e^{-x}, \qquad ②$$
由①式与②式得 $y = y'' - x$，即所求微分方程为 $y'' - y - x = 0$.

2 判断 $y = x\left(\displaystyle\int \frac{e^x}{x}dx + C\right)$ 是否为方程 $xy' - y = xe^x$ 的通解.

知识点睛 0801 常微分方程的基本概念

解 由 $y = x\left(\displaystyle\int \frac{e^x}{x}dx + C\right)$，两边对 x 求导，得

$$y'=\int\frac{\mathrm{e}^x}{x}\mathrm{d}x+C+x\cdot\frac{\mathrm{e}^x}{x},\quad 即\quad y'=\int\frac{\mathrm{e}^x}{x}\mathrm{d}x+C+\mathrm{e}^x,$$

两边同乘以 x,得

$$xy'=x\left(\int\frac{\mathrm{e}^x}{x}\mathrm{d}x+C\right)+x\mathrm{e}^x=y+x\mathrm{e}^x,$$

即 $xy'-y=x\mathrm{e}^x.$ 故 $y=x\left(\int\frac{\mathrm{e}^x}{x}\mathrm{d}x+C\right)$ 是所给方程的解.

3 方程 $y''=-\frac{1}{3x^2}$ 的通解是( ).

(A) $\frac{1}{3}\ln C_1x+C_2$ 　　　　　(B) $\frac{1}{3}\ln C_1x+C_2x$

(C) $2x+\ln C_1x^{\frac{1}{3}}+C_2$ 　　　　(D) $\frac{1}{3}\ln C_1x+2xC_2$

知识点睛 0801 常微分方程的基本概念

解 直接把(A)、(B)、(C)、(D)四个选项代入原方程知(A)、(B)、(C)均为方程的解,但仅(B)中含两个独立的任意常数,而(A)、(C)中实际上仅含一个任意常数.

故应选(B).

4 已知曲线 $y=f(x)$ 过点 $\left(0,-\frac{1}{2}\right)$,且其上任一点 (x,y) 处的切线斜率为 $x\ln(1+x^2)$,则 $f(x)=$ _____.

知识点睛 0814 微分方程的应用

解 由 $y'=x\ln(1+x^2)$ 得

$$\mathrm{d}y=x\ln(1+x^2)\mathrm{d}x,$$

等式两端积分,得

$$y=\int x\ln(1+x^2)\mathrm{d}x=\frac{1}{2}(1+x^2)\left[\ln(1+x^2)-1\right]+C,$$

把 $\left(0,-\frac{1}{2}\right)$ 代入上式,得 $C=0.$ 应填 $\frac{1}{2}(1+x^2)\left[\ln(1+x^2)-1\right]$.

5 微分方程 $y'=\frac{y(1-x)}{x}$ 的通解是_____.

知识点睛 0802 变量可分离的微分方程

解 原方程等价于

$$\frac{\mathrm{d}y}{y}=\left(\frac{1}{x}-1\right)\mathrm{d}x,$$

两边积分,得 $\ln y=\ln x-x+C_1$,整理得 $y=Cx\mathrm{e}^{-x}(C=\mathrm{e}^{C_1})$. 应填 $y=Cx\mathrm{e}^{-x}$.

6 微分方程 $xy'+y=0$ 满足条件 $y(1)=1$ 的解是 $y=$ _____.

知识点睛 0802 变量可分离的微分方程

解 分离变量,得 $\frac{\mathrm{d}y}{y}=-\frac{1}{x}\mathrm{d}x$,两边积分,有

$$\ln|y|=-\ln|x|+C_1\Rightarrow\ln|xy|=C_1\Rightarrow xy=\pm\mathrm{e}^{C_1}=C,$$

K 2006 数学一、数学二,4 分

K 2008 数学一、数学三,4 分

6题精解视频

利用条件 $y(1)=1$ 知 $C=1$,故满足条件的解为 $y=\dfrac{1}{x}$,应填 $\dfrac{1}{x}$.

【评注】微分方程 $xy'+y=0$ 可改写为 $(xy)'=0$,再两边积分即可.本题属基本题型,可先变形 $\dfrac{\mathrm{d}y}{y}=-\dfrac{\mathrm{d}x}{x}$,再积分求解.

7 求方程 $(x+1)y'+1=2\mathrm{e}^{-y}$ 的通解.

知识点睛 0802 变量可分离的微分方程

解 分离变量,得

$$\frac{\mathrm{d}y}{2\mathrm{e}^{-y}-1}=\frac{\mathrm{d}x}{x+1} \quad 即 \quad \int\frac{\mathrm{e}^{y}}{2-\mathrm{e}^{y}}\mathrm{d}y=\int\frac{\mathrm{d}x}{x+1},$$

也即

$$-\ln|2-\mathrm{e}^{y}|=\ln|x+1|-\ln C.$$

所以原方程的通解为 $(x+1)(2-\mathrm{e}^{y})=C$.

2019 数学一, 4分

8 微分方程 $2yy'-y^{2}-2=0$ 满足条件 $y(0)=1$ 的特解 $y=\underline{\qquad}$.

知识点睛 0802 变量可分离的微分方程

解 方程变形为 $\dfrac{2y}{2+y^{2}}\mathrm{d}y=\mathrm{d}x$,有

$$\ln(2+y^{2})=x+C,$$

由 $y(0)=1$ 得 $C=\ln 3$. $2+y^{2}=3\mathrm{e}^{x}$.故所求特解为 $y=\sqrt{3\mathrm{e}^{x}-2}$.应填 $\sqrt{3\mathrm{e}^{x}-2}$.

【评注】由初始条件 $y(0)=1$,开方取正号.

9 若连续函数 $f(x)$ 满足关系式 $f(x)=\displaystyle\int_{0}^{2x}f\left(\frac{t}{2}\right)\mathrm{d}t+\ln 2$,则 $f(x)=($ $)$.

(A) $\mathrm{e}^{x}\ln 2$ (B) $\mathrm{e}^{2x}\ln 2$ (C) $\mathrm{e}^{x}+\ln 2$ (D) $\mathrm{e}^{2x}+\ln 2$

知识点睛 0307 积分上限函数及其导数,0801 微分方程的基本概念

分析 对于这类问题,一般是对积分关系式两边求导化为微分方程,这时要注意所给关系式在特殊点所确定的条件.

解 所给关系式两边对 x 求导得 $f'(x)=2f(x)$,从而 $f(x)=C\mathrm{e}^{2x}$,又在 $x=0$ 处由原关系式给出 $f(0)=\ln 2$,代入上述表达式得 $C=\ln 2$,因此 $f(x)=\mathrm{e}^{2x}\ln 2$.

当然,逐一验证也可得到(B)为正确选项.应选(B).

10 求 $\sec^{2}x\tan y\mathrm{d}x+\sec^{2}y\tan x\mathrm{d}y=0$ 的通解.

知识点睛 0802 变量可分离的微分方程

解 分离变量,得 $\dfrac{\sec^{2}y}{\tan y}\mathrm{d}y=-\dfrac{\sec^{2}x}{\tan x}\mathrm{d}x$,积分得 $\displaystyle\int\frac{\mathrm{d}(\tan y)}{\tan y}=-\int\frac{\mathrm{d}(\tan x)}{\tan x}$,从而

$$\ln(\tan y)=-\ln(\tan x)+\ln C, \quad 即 \quad \ln(\tan x\tan y)=\ln C,$$

故通解为 $\tan x\tan y=C$.

11 求微分方程 $(\mathrm{e}^{x+y}-\mathrm{e}^{x})\mathrm{d}x+(\mathrm{e}^{x+y}+\mathrm{e}^{y})\mathrm{d}y=0$ 的通解.

知识点睛 0802 变量可分离的微分方程

解 原方程变形为 $e^y(e^x+1)dy=e^x(1-e^y)dx$. 分离变量,得 $\dfrac{e^y dy}{1-e^y}=\dfrac{e^x dx}{1+e^x}$,积分得

$$-\ln(e^y-1)=\ln(e^x+1)-\ln C,$$

即 $\ln(e^x+1)+\ln(e^y-1)=\ln C$. 故通解为 $(e^x+1)(e^y-1)=C$.

12 已知函数 $y=y(x)$ 在任意点 x 处的增量 $\Delta y=\dfrac{y\Delta x}{1+x^2}+\alpha$,且当 $\Delta x\to 0$ 时,α 是 Δx 的高阶无穷小,$y(0)=\pi$,则 $y(1)$ 等于( ). 1998 数学一、数学二,3分

(A) 2π (B) π (C) $e^{\frac{\pi}{4}}$ (D) $\pi e^{\frac{\pi}{4}}$

知识点睛 0802 变量可分离的微分方程

解 根据微分的定义,可知函数 $y=y(x)$ 在点 x 处可微,且由微分与导数的关系,有 $y'=\dfrac{y}{1+x^2}$,此为可分离变量方程,分离变量得 $\dfrac{dy}{y}=\dfrac{dx}{1+x^2}$,两边积分,得

$$\ln y=\arctan x+\ln C, \quad 即 \quad y=Ce^{\arctan x},$$

代入 $y(0)=\pi$,得 $C=\pi$,于是 $y=\pi e^{\arctan x}$,则 $y(1)=\pi e^{\frac{\pi}{4}}$,应选(D).

【评注】由 $\Delta y=\dfrac{y\Delta x}{1+x^2}+\alpha$,根据导数定义,得

$$y'=\lim_{\Delta x\to 0}\frac{\Delta y}{\Delta x}=\lim_{\Delta x\to 0}\left(\frac{y}{1+x^2}+\frac{\alpha}{\Delta x}\right)=\frac{y}{1+x^2}.$$

另外,从本题可知,由函数在任意点 x 处的微分或导数定义,可构造微分方程,这样可将微分或导数的定义与微分方程结合起来,构造综合性较强的题目.

13 设函数 $f(x)$ 满足 $f(x+\Delta x)-f(x)=2xf(x)\Delta x+o(\Delta x)(\Delta x\to 0)$,且 $f(0)=2$,则 $f(1)=$ _____. 2018 数学三,4分

知识点睛 0802 变量可分离方程

解 由 $f(x+\Delta x)-f(x)=2xf(x)\Delta x+o(\Delta x)$ 知

$$\frac{f(x+\Delta x)-f(x)}{\Delta x}=2xf(x)+\frac{o(\Delta x)}{\Delta x},$$

上式中令 $\Delta x\to 0$ 得 $f'(x)=2xf(x)$.

解方程得 $f(x)=Ce^{x^2}$. 又 $f(0)=2$,则 $C=2$,$f(x)=2e^{x^2}$,$f(1)=2e$.应填 2e.

14 求解初值问题:$\dfrac{dy}{dx}=(1-y^2)\tan x,y(0)=2$.

知识点睛 0802 变量可分离的微分方程

解 因微分方程是可分离变量的,故有

$$\left(\frac{1}{1+y}+\frac{1}{1-y}\right)dy=2\frac{\sin x}{\cos x}dx,$$

积分后得 $\ln\left|\dfrac{1+y}{1-y}\right|+\ln\cos^2 x=\ln C$,因题给的初始条件是 $x=0$ 时 $y=2$,则根据常微分方程初值问题解的存在唯一性定理,不妨假设 $y>1$.于是,原微分方程在 $x=0$ 附近存在通解

$$\ln\frac{y+1}{y-1}+\ln\cos^2x=\ln C,\quad 或\quad \frac{y+1}{y-1}\cos^2x=C,$$

其中 C 是不为零的任意常数.把 $x=0,y=2$ 代入上式得 $C=3$.

因此,所求的特解为

$$(y+1)\cos^2x=3(y-1),\quad 即\quad y=\frac{3+\cos^2x}{3-\cos^2x}.$$

【评注】分离变量时使分母 $1-y^2=0$ 的 $y=\pm1$ 是微分方程 $\dfrac{\mathrm{d}y}{\mathrm{d}x}=(1-y^2)\tan x$ 的解,但 $y=\pm1$ 不是其满足初始条件 $y(0)=2$ 的特解;根据初值问题解的存在唯一性定理,确定其解中的积分常数值,应该在此初始值点 (x_0,y_0) 的邻域内考虑.

15 求微分方程 $(3x^2+2xy-y^2)\mathrm{d}x+(x^2-2xy)\mathrm{d}y=0$ 的通解.

知识点睛 0804 齐次微分方程

解 令 $u=\dfrac{y}{x}$,则

$$\frac{\mathrm{d}y}{\mathrm{d}x}=x\frac{\mathrm{d}u}{\mathrm{d}x}+u=\frac{y^2-2xy-3x^2}{x^2-2xy}=\frac{u^2-2u-3}{1-2u},\quad 即\quad x\frac{\mathrm{d}u}{\mathrm{d}x}=-\frac{3(u^2-u-1)}{2u-1},$$

解之得 $u^2-u-1=Cx^{-3}$,即 $y^2-xy-x^2=Cx^{-1}$(或 $xy^2-x^2y-x^3=C$).

16 求微分方程 $(x+y)\mathrm{d}x+(3x+3y-4)\mathrm{d}y=0$ 的通解.

知识点睛 0802 可化为变量可分离的微分方程

解 原方程变形为 $\dfrac{\mathrm{d}y}{\mathrm{d}x}=\dfrac{-(x+y)}{3(x+y)-4}$.令 $x+y=u$,则 $y=u-x,\dfrac{\mathrm{d}y}{\mathrm{d}x}=\dfrac{\mathrm{d}u}{\mathrm{d}x}-1$,原方程化为

$$\frac{\mathrm{d}u}{\mathrm{d}x}-1=\frac{-u}{3u-4},\quad 即\quad \frac{3u-4}{2u-4}\mathrm{d}u=\mathrm{d}x,$$

积分,得 $\displaystyle\int 3\mathrm{d}u+\int\frac{2}{u-2}\mathrm{d}u=2\int\mathrm{d}x$,从而

$$3u+2\ln|u-2|=2x+C,$$

将 $u=x+y$ 代入上式,得原方程的通解为

$$x+3y+2\ln|2-x-y|=C.$$

17 求方程 $x(\ln x-\ln y)\mathrm{d}y-y\mathrm{d}x=0$ 的通解.

知识点睛 0804 齐次微分方程

解 将原方程改写为 $\ln\dfrac{x}{y}\cdot\dfrac{\mathrm{d}y}{\mathrm{d}x}-\dfrac{y}{x}=0$,此为齐次方程.

令 $u=\dfrac{y}{x}$,则 $\dfrac{\mathrm{d}y}{\mathrm{d}x}=u+x\cdot\dfrac{\mathrm{d}u}{\mathrm{d}x}$,方程化为 $-\ln u\left(u+x\dfrac{\mathrm{d}u}{\mathrm{d}x}\right)-u=0$.分离变量,得

$$-\frac{\ln u}{u(1+\ln u)}\mathrm{d}u=\frac{1}{x}\mathrm{d}x,$$

即 $\left(1-\dfrac{1}{1+\ln u}\right)\mathrm{d}(\ln u)=-\dfrac{\mathrm{d}x}{x}$,等式两端积分,得

$$\ln u-\ln(1+\ln u)+\ln C=-\ln x,$$

从而 $\dfrac{1+\ln u}{u}=Cx$. 故所求通解为 $1+\ln y-\ln x=Cy$.

18 微分方程 $xy'+y(\ln x-\ln y)=0$ 满足条件 $y(1)=e^3$ 的特解为 $y=$ _____.

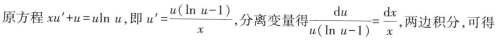

K 2014 数学一，4分

知识点睛 0804 齐次微分方程

分析 这是典型的齐次微分方程，按一般方法求解.

解 $xy'+y(\ln x-\ln y)=0$ 变形为 $y'=\dfrac{y}{x}\ln\left(\dfrac{y}{x}\right)$. 令 $u=\dfrac{y}{x}$，则 $y=xu$，$y'=xu'+u$，代入

原方程 $xu'+u=u\ln u$，即 $u'=\dfrac{u(\ln u-1)}{x}$，分离变量得 $\dfrac{\mathrm{d}u}{u(\ln u-1)}=\dfrac{\mathrm{d}x}{x}$，两边积分，可得

18题精解视频

$$\ln|\ln u-1|=\ln x+\ln C_1, \quad 即 \quad \ln u-1=Cx,$$

故 $\ln\dfrac{y}{x}-1=Cx$，代入初始条件 $y(1)=e^3$，可得 $C=2$，即 $\ln\dfrac{y}{x}=2x+1$.

综上，所求方程的特解为 $y=xe^{2x+1}(x>0)$. 应填 $y=xe^{2x+1}(x>0)$.

19 求齐次方程 $y'=\dfrac{x}{y}+\dfrac{y}{x}$ 满足 $y|_{x=1}=2$ 的特解.

知识点睛 0804 齐次微分方程

解 令 $\dfrac{y}{x}=u$，则原方程变为 $u+x\dfrac{\mathrm{d}u}{\mathrm{d}x}=\dfrac{1}{u}+u$，即 $u\mathrm{d}u=\dfrac{\mathrm{d}x}{x}$，积分得

$$\frac{1}{2}u^2=\ln x+C,$$

将 $u=\dfrac{y}{x}$ 代入上式，得通解 $y^2=2x^2(\ln x+C)$.

由 $y|_{x=1}=2$ 知 $C=2$. 故所求特解为 $y^2=2x^2(\ln x+2)$.

20 求微分方程 $\dfrac{\mathrm{d}y}{\mathrm{d}x}=\dfrac{y}{x}-\dfrac{1}{2}\left(\dfrac{y}{x}\right)^3$ 满足 $y|_{x=1}=1$ 的特解.

K 2007 数学三，4分

知识点睛 0804 齐次微分方程

解 令 $u=\dfrac{y}{x}$，则原方程变为

$$u+x\frac{\mathrm{d}u}{\mathrm{d}x}=u-\frac{1}{2}u^3 \Rightarrow \frac{\mathrm{d}u}{u^3}=-\frac{\mathrm{d}x}{2x},$$

两边积分，得

$$-\frac{1}{2u^2}=-\frac{1}{2}\ln x-\frac{1}{2}\ln C,$$

即 $x=\dfrac{1}{C}e^{\frac{x^2}{y^2}}$，将 $y|_{x=1}=1$ 代入得 $C=e$.

故满足条件的方程的特解为 $ex=e^{\frac{x^2}{y^2}}$，即 $y=\dfrac{x}{\sqrt{1+\ln x}}$，$x>e^{-1}$.

21 求微分方程 $\dfrac{\mathrm{d}y}{\mathrm{d}x}=\dfrac{y}{x}+\tan\dfrac{y}{x}$ 的通解.

知识点睛 0804 齐次微分方程

解　设 $\dfrac{y}{x}=u$，则 $\dfrac{\mathrm{d}y}{\mathrm{d}x}=x\dfrac{\mathrm{d}u}{\mathrm{d}x}+u$. 原方程变为

$$x\dfrac{\mathrm{d}u}{\mathrm{d}x}+u=u+\tan u,\quad 即\quad \dfrac{\mathrm{d}u}{\mathrm{d}x}=\dfrac{\tan u}{x},$$

分离变量，得 $\cot u\,\mathrm{d}u=\dfrac{\mathrm{d}x}{x}$，积分得 $\sin u=Cx$，故方程通解为 $\sin\dfrac{y}{x}=Cx$.

22　求微分方程 $x^2y'+xy=y^2$ 满足初始条件 $y\big|_{x=1}=1$ 的特解.

知识点睛　0802 变量可分离的微分方程，0804 齐次微分方程

解法 1　$y'=\dfrac{y^2-xy}{x^2}$，令 $y=xu$，有

$$xu'+u=u^2-u,\quad 即\quad xu'=u^2-2u,$$

分离变量，得 $\dfrac{\mathrm{d}u}{u^2-2u}=\dfrac{\mathrm{d}x}{x}$，积分得 $\dfrac{1}{2}\big[\ln(u-2)-\ln u\big]=\ln x+C_1$，即 $\dfrac{u-2}{u}=Cx^2$. 也即

$$\dfrac{y-2x}{y}=Cx^2.$$

由 $y\big|_{x=1}=1$ 得 $C=-1$，即得所求的特解为

$$\dfrac{y-2x}{y}=-x^2,\quad 即\quad y=\dfrac{2x}{1+x^2}.$$

解法 2　$\dfrac{x^2}{y^2}y'+\dfrac{x}{y}=1$，令 $\dfrac{1}{y}=z$，有

$$-x^2z'+xz=1,\quad 即\quad z'-\dfrac{1}{x}z=-\dfrac{1}{x^2},$$

解得

$$z=\mathrm{e}^{\int\frac{1}{x}\mathrm{d}x}\left[\int\left(-\dfrac{1}{x^2}\right)\mathrm{e}^{-\int\frac{1}{x}\mathrm{d}x}\mathrm{d}x+C\right]=x\left[\int\left(-\dfrac{1}{x^3}\right)\mathrm{d}x+C\right]=\dfrac{1}{2x}+Cx,\quad 即\quad y=\dfrac{2x}{1+2Cx^2},$$

由 $y\big|_{x=1}=1$ 得 $C=\dfrac{1}{2}$，于是得 $y=\dfrac{2x}{1+x^2}$.

23　求微分方程 $(2x+y-4)\mathrm{d}x+(x+y-1)\mathrm{d}y=0$ 的通解.

知识点睛　0804 可化为齐次微分方程

解　所给方程属可化为齐次微分方程的类型，令 $x=X+h,y=Y+k$，则 $\mathrm{d}x=\mathrm{d}X,\mathrm{d}y=\mathrm{d}Y$，代入原方程，得

$$(2X+Y+2h+k-4)\mathrm{d}X+(X+Y+h+k-1)\mathrm{d}Y=0.$$

解方程组 $\begin{cases}2h+k-4=0,\\ h+k-1=0\end{cases}$ 得 $h=3,k=-2$. 令 $x=X+3,y=Y-2$，原方程成为

$$(2X+Y)\mathrm{d}X+(X+Y)\mathrm{d}Y=0,\quad 或\quad \dfrac{\mathrm{d}Y}{\mathrm{d}X}=-\dfrac{2X+Y}{X+Y}=-\dfrac{2+\dfrac{Y}{X}}{1+\dfrac{Y}{X}},$$

这是齐次方程.

令 $\dfrac{Y}{X}=u$，则 $Y=uX$，$\dfrac{\mathrm{d}Y}{\mathrm{d}X}=u+X\dfrac{\mathrm{d}u}{\mathrm{d}X}$，于是方程变为

$$u+X\frac{\mathrm{d}u}{\mathrm{d}X}=-\frac{2+u}{1+u},\quad\text{或}\quad X\frac{\mathrm{d}u}{\mathrm{d}X}=-\frac{2+2u+u^2}{1+u},$$

分离变量，得 $-\dfrac{u+1}{u^2+2u+2}\mathrm{d}u=\dfrac{\mathrm{d}X}{X}$，积分得 $\ln C_1-\dfrac{1}{2}\ln(u^2+2u+2)=\ln X$，于是

$$\frac{C_1}{\sqrt{u^2+2u+2}}=X,\quad\text{或}\quad C_2=X^2(u^2+2u+2)\,(C_2=C_1^2),$$

即 $Y^2+2XY+2X^2=C_2$.

以 $X=x-3$，$Y=y+2$ 代入上式并化简，得

$$2x^2+2xy+y^2-8x-2y=C\quad(C=C_2-10).$$

24 求微分方程 $(y^4-3x^2)\mathrm{d}y+xy\mathrm{d}x=0$ 的通解.

知识点睛　0804 可化为齐次微分方程

解 令 $x=u^2$，$\mathrm{d}x=2u\mathrm{d}u$，方程化为齐次方程

$$(y^4-3u^4)\mathrm{d}y+2u^3y\mathrm{d}u=0,\quad\text{即}\quad\left[\left(\frac{y}{u}\right)^4-3\right]\mathrm{d}y+2\frac{y}{u}\mathrm{d}u=0.$$

令 $\dfrac{y}{u}=z$，即 $y=zu$，则 $\mathrm{d}y=z\mathrm{d}u+u\mathrm{d}z$，方程化为 $(z^4-3)(z\mathrm{d}u+u\mathrm{d}z)+2z\mathrm{d}u=0$.分离变量得

$$\frac{3-z^4}{z^5-z}\mathrm{d}z=\frac{\mathrm{d}u}{u},\quad\text{即}\quad\left(\frac{2z^3}{z^4-1}-\frac{3}{z}\right)\mathrm{d}z=\frac{\mathrm{d}u}{u},$$

积分，得 $\dfrac{1}{2}\ln|z^4-1|-3\ln|z|=\ln|u|+\ln C_1$，即

$$\ln|z^4-1|=2\ln|C_1z^3u|,\quad\text{也即}\quad z^4-1=Cz^6u^2,$$

代入 $y=zu$，$u^2=x$ 得原方程通解为 $y^4-x^2=Cy^6$.

25 设有连结点 $O(0,0)$ 和 $A(1,1)$ 的一段凸的曲线弧 $\overset{\frown}{OA}$，对于 $\overset{\frown}{OA}$ 上任一点 $P(x,y)$，曲线弧 $\overset{\frown}{OP}$ 与直线段 $\overline{OP}$ 所围图形的面积为 x^2，求曲线弧 $\overset{\frown}{OA}$ 的方程.

知识点睛　0804 齐次微分方程

解 设曲线弧 $\overset{\frown}{OA}$ 的方程为 $y=f(x)$，由题意得 $\displaystyle\int_0^x f(t)\mathrm{d}t-\frac{1}{2}xf(x)=x^2$，等式两端对 x 求导，得

$$f(x)-\frac{1}{2}f(x)-\frac{1}{2}f'(x)x=2x,\quad\text{即}\quad y'=\frac{y}{x}-4.$$

令 $\dfrac{y}{x}=u$，上式化为 $x\dfrac{\mathrm{d}u}{\mathrm{d}x}=-4$，即 $\mathrm{d}u=-4\dfrac{\mathrm{d}x}{x}$.积分得 $u=-4\ln x+C$，把 $u=\dfrac{y}{x}$ 代入上式，得通解 $y=-4x\ln x+Cx$.由于 $A(1,1)$ 在曲线上，即 $y(1)=1$，因而 $C=1$，从而 $\overset{\frown}{OA}$ 的方程为 $y=x(1-4\ln x)$.

26 设函数 $f(x)$ 在 $[1,+\infty)$ 上连续，若由曲线 $y=f(x)$，直线 $x=1$，$x=t\,(t>1)$ 与 x 轴所围成的平面图形绕 x 轴旋转一周所成的旋转体体积为

$$V(t)=\frac{\pi}{3}\big[t^2f(t)-f(1)\big],$$

试求 $y=f(x)$ 所满足的微分方程,并求该微分方程满足条件 $y\big|_{x=2}=\frac{2}{9}$ 的解.

知识点睛 0310 旋转体体积公式,0804 齐次微分方程

解 依题意得 $V(t)=\pi\displaystyle\int_1^t f^2(x)\mathrm{d}x=\frac{\pi}{3}\big[t^2f(t)-f(1)\big]$,即

$$3\int_1^t f^2(x)\mathrm{d}x=t^2f(t)-f(1),$$

两边对 t 求导,得

$$3f^2(t)=2tf(t)+t^2f'(t).$$

将上式改写为 $x^2y'=3y^2-2xy$,即

$$\frac{\mathrm{d}y}{\mathrm{d}x}=3\left(\frac{y}{x}\right)^2-2\cdot\frac{y}{x}. \qquad ①$$

令 $\dfrac{y}{x}=u$,则有 $x\dfrac{\mathrm{d}u}{\mathrm{d}x}=3u(u-1)$. 当 $u\neq0,u\neq1$ 时,由 $\dfrac{\mathrm{d}u}{u(u-1)}=\dfrac{3\mathrm{d}x}{x}$ 两边积分,得

$\dfrac{u-1}{u}=Cx^3$. 从而①式的通解为

$$y-x=Cx^3y \quad (C\ 为任意常数).$$

由已知条件,求得 $C=-1$. 从而,所求的解为

$$y-x=-x^3y, \quad 或 \quad y=\frac{x}{1+x^3}.$$

【评注】本题关键在于利用旋转体的体积公式根据题意建立积分方程,然后求导化为微分方程并解之.

27 微分方程 $y'+y\tan x=\cos x$ 的通解为_____.

知识点睛 0803 一阶线性微分方程

分析 求一阶线性非齐次微分方程的通解,一般可直接应用通解公式.当然也可以先求出对应的齐次线性方程的通解,再用常数变易法求其通解.

解 由通解公式,得

$$y=\mathrm{e}^{-\int\tan x\mathrm{d}x}\left(\int\cos x\mathrm{e}^{\int\tan x\mathrm{d}x}\mathrm{d}x+C\right)=\cos x\left(\int\cos x\cdot\frac{1}{\cos x}\mathrm{d}x+C\right)=(x+C)\cos x.$$

故应填 $y=(x+C)\cos x$.

28 设 $f(u,v)$ 具有连续偏导数,且满足 $f'_u(u,v)+f'_v(u,v)=uv$,求 $y(x)=\mathrm{e}^{-2x}f(x,x)$ 所满足的一阶微分方程,并求其通解.

知识点睛 0803 一阶线性微分方程

解 $y'=-2\mathrm{e}^{-2x}f(x,x)+\mathrm{e}^{-2x}f'_u(x,x)+\mathrm{e}^{-2x}f'_v(x,x)=-2y+x^2\mathrm{e}^{-2x}$,因此,所求的一阶微分方程为 $y'+2y=x^2\mathrm{e}^{-2x}$,通解为

$$y=\mathrm{e}^{-\int2\mathrm{d}x}\left(\int x^2\mathrm{e}^{-2x}\mathrm{e}^{\int2\mathrm{d}x}\mathrm{d}x+C\right)=\left(\frac{x^3}{3}+C\right)\mathrm{e}^{-2x} \quad (C\ 为任意常数).$$

29 求微分方程 $(x-2xy-y^2)\dfrac{\mathrm{d}y}{\mathrm{d}x}+y^2=0$ 的通解.

知识点睛 因自变量互换,0803 一阶线性微分方程

分析 表面上看此方程不属于标准的一阶线性方程,但如果交换 x 和 y 的地位,即把 x 看作未知函数,把 y 看作自变量,这时原方程是一阶线性微分方程.

解 把 x 看作未知函数,把 y 看作自变量,原方程变为关于函数 x 的线性方程

$$\frac{\mathrm{d}x}{\mathrm{d}y}+\frac{1-2y}{y^2}x=1,$$

通解为

$$
\begin{aligned}
x &=\mathrm{e}^{-\int P(y)\,\mathrm{d}y}\left(\int Q(y)\,\mathrm{e}^{\int P(y)\,\mathrm{d}y}\,\mathrm{d}y+C\right)=\mathrm{e}^{-\int\frac{1-2y}{y^2}\mathrm{d}y}\left(\int\mathrm{e}^{\int\frac{1-2y}{y^2}\mathrm{d}y}\,\mathrm{d}y+C\right)\\
&=\mathrm{e}^{\frac{1}{y}+2\ln y}\left(\int\mathrm{e}^{-\frac{1}{y}-2\ln y}\,\mathrm{d}y+C\right)=y^2\mathrm{e}^{\frac{1}{y}}\left(\mathrm{e}^{-\frac{1}{y}}+C\right)=y^2+Cy^2\mathrm{e}^{\frac{1}{y}}.
\end{aligned}
$$

即原方程的通解为 $x=y^2+Cy^2\mathrm{e}^{\frac{1}{y}}$.

30 求微分方程: $\dfrac{2x}{y^3}\mathrm{d}x+\dfrac{y^2-3x^2}{y^4}\mathrm{d}y=0$ 的通解.

知识点睛 0806 全微分方程

30 题精解视频

解 由于 $\dfrac{\partial}{\partial y}\left(\dfrac{2x}{y^3}\right)=-\dfrac{6x}{y^4}=\dfrac{\partial}{\partial x}\left(\dfrac{y^2-3x^2}{y^4}\right)$,所以此方程为全微分方程.因而有

$$u(x,y)=\int_0^x\frac{2x}{y^3}\mathrm{d}x+\int_1^y\frac{1}{y^2}\mathrm{d}y=\frac{x^2}{y^3}+1-\frac{1}{y}.$$

故通解为 $\dfrac{x^2-y^2}{y^3}=C.$

31 求方程 $\left[\sin(xy)+xy\cos(xy)\right]\mathrm{d}x+x^2\cos(xy)\,\mathrm{d}y=0$ 的通解.

知识点睛 0806 全微分方程

解 设 $P(x,y)=\sin(xy)+xy\cos(xy)$,$Q(x,y)=x^2\cos(xy)$,因为

$$\frac{\partial P}{\partial y}=2x\cos(xy)-x^2y\sin(xy)=\frac{\partial Q}{\partial x},$$

故该方程为全微分方程,通解为

$$\int_0^x 0\,\mathrm{d}x+\int_0^y x^2\cos(xy)\,\mathrm{d}y=C.$$

即 $x\sin(xy)=C.$

32 求方程 $y'+\dfrac{y}{x}=y^2-\dfrac{1}{x^2}$ 的通解.

知识点睛 0802 可化为变量可分离的方程

解 将原方程改写为 $xy'+y=x\left(y^2-\dfrac{1}{x^2}\right).$ 令 $u=xy$,则方程变为

$$\frac{\mathrm{d}u}{\mathrm{d}x}=\frac{u^2-1}{x},$$

此为变量可分离的方程,解之得通解

$$\frac{u-1}{u+1}=Cx^2, \quad 即 \quad \frac{xy-1}{xy+1}=Cx^2.$$

33 设 $F(x)=f(x)g(x)$，其中函数 $f(x),g(x)$ 在 $(-\infty,+\infty)$ 内满足以下条件：
$$f'(x)=g(x), \quad g'(x)=f(x), \quad 且 f(0)=0, \quad f(x)+g(x)=2\mathrm{e}^x.$$
（1）求 $F(x)$ 所满足的一阶微分方程；
（2）求出 $F(x)$ 的表达式.

知识点睛 0803 一阶线性微分方程

解 （1）由
$$F'(x)=f'(x)g(x)+f(x)g'(x)=g^2(x)+f^2(x)$$
$$=[f(x)+g(x)]^2-2f(x)g(x)=(2\mathrm{e}^x)^2-2F(x),$$
可知 $F(x)$ 所满足的一阶微分方程为
$$F'(x)+2F(x)=4\mathrm{e}^{2x}.$$

（2）$F(x)=\mathrm{e}^{-\int 2\mathrm{d}x}\left[\int 4\mathrm{e}^{2x}\cdot\mathrm{e}^{\int 2\mathrm{d}x}\mathrm{d}x+C\right]=\mathrm{e}^{-2x}\left[\int 4\mathrm{e}^{4x}\mathrm{d}x+C\right]=\mathrm{e}^{2x}+C\mathrm{e}^{-2x}.$ 将 $F(0)=f(0)g(0)=0$ 代入，得 $C=-1$.

于是 $F(x)=\mathrm{e}^{2x}-\mathrm{e}^{-2x}.$

34 过点 $\left(\frac{1}{2},0\right)$ 且满足关系式 $y'\arcsin x+\frac{y}{\sqrt{1-x^2}}=1$ 的曲线方程为_____.

知识点睛 0803 一阶线性微分方程

解 整理方程得 $y'+\frac{1}{\sqrt{1-x^2}\arcsin x}y=\frac{1}{\arcsin x}$，此为一阶线性微分方程，通解为
$$y=\mathrm{e}^{-\int\frac{1}{\sqrt{1-x^2}\arcsin x}\mathrm{d}x}\left(\int\frac{1}{\arcsin x}\mathrm{e}^{\int\frac{1}{\sqrt{1-x^2}\arcsin x}\mathrm{d}x}\mathrm{d}x+C\right)=\frac{1}{\arcsin x}(x+C),$$
把 $x=\frac{1}{2},y=0$ 代入上式得 $C=-\frac{1}{2}$，特解为 $y=\frac{1}{\arcsin x}\left(x-\frac{1}{2}\right)$. 应填 $y\arcsin x=x-\frac{1}{2}$.

35 求微分方程 $xy'+y-\mathrm{e}^x=0$ 满足条件 $y|_{x=1}=\mathrm{e}$ 的特解.

知识点睛 0803 一阶线性微分方程

解 原方程可写成
$$y'+\frac{1}{x}y=\frac{\mathrm{e}^x}{x},$$
这是一阶线性非齐次方程，代入公式得通解为
$$y=\mathrm{e}^{-\int\frac{1}{x}\mathrm{d}x}\left(\int\frac{\mathrm{e}^x}{x}\cdot\mathrm{e}^{\int\frac{1}{x}\mathrm{d}x}\mathrm{d}x+C\right)=\mathrm{e}^{-\ln x}\left(\int\frac{\mathrm{e}^x}{x}\cdot\mathrm{e}^{\ln x}\mathrm{d}x+C\right)$$
$$=\frac{1}{x}\left(\int\mathrm{e}^x\mathrm{d}x+C\right)=\frac{1}{x}(\mathrm{e}^x+C),$$
再由条件 $y|_{x=1}=\mathrm{e}$，有 $\mathrm{e}=\mathrm{e}+C$，即 $C=0$. 因此，所求的特解是 $y=\frac{\mathrm{e}^x}{x}.$

36 设函数 $y(x)$ 是微分方程 $2xy'-4y=2\ln x-1$ 满足条件 $y(1)=\frac{1}{4}$ 的解. 求曲线 $y=y(x)(1\leqslant x\leqslant\mathrm{e})$ 的弧长.

2022 数学二，12 分

知识点睛　0310 利用定积分计算曲线的弧长,0803 一阶线性微分方程

解　原方程可化为 $y'-\dfrac{2}{x}y=\dfrac{2\ln x-1}{2x}$,其通解为

$$y(x)=\mathrm{e}^{\int\frac{2}{x}\mathrm{d}x}\left(\int\dfrac{2\ln x-1}{2x}\mathrm{e}^{-\int\frac{2}{x}\mathrm{d}x}\mathrm{d}x+C\right)=x^2\left(\int\dfrac{2\ln x-1}{2x^3}\mathrm{d}x+C\right)=-\dfrac{1}{2}\ln x+Cx^2,$$

由 $y(1)=\dfrac{1}{4}$,得 $C=\dfrac{1}{4}$,所以 $y(x)=\dfrac{1}{4}x^2-\dfrac{1}{2}\ln x.$ 进而所求弧长为

$$l=\int_1^{\mathrm{e}}\sqrt{1+y'^2}\,\mathrm{d}x=\dfrac{1}{2}\int_1^{\mathrm{e}}\left(x+\dfrac{1}{x}\right)\mathrm{d}x=\dfrac{1}{2}\left(\dfrac{1}{2}x^2+\ln x\right)\Big|_1^{\mathrm{e}}=\dfrac{1}{4}(\mathrm{e}^2+1).$$

37　设函数 $y=y(x)$ 是微分方程 $y'+\dfrac{1}{2\sqrt{x}}y=2+\sqrt{x}$ 的满足 $y(1)=3$ 的解,求曲线 $y=y(x)$ 的渐近线. **K** 2022 数学一、数学三,10 分

知识点睛　0222 函数图形的渐近线,0803 一阶线性微分方程

解　微分方程 $y'+\dfrac{1}{2\sqrt{x}}y=2+\sqrt{x}$ 的通解为

$$y(x)=\mathrm{e}^{-\int\frac{1}{2\sqrt{x}}\mathrm{d}x}\left(\int(2+\sqrt{x})\mathrm{e}^{\int\frac{1}{2\sqrt{x}}\mathrm{d}x}\mathrm{d}x+C\right)=\mathrm{e}^{-\sqrt{x}}(2x\mathrm{e}^{\sqrt{x}}+C)=2x+C\mathrm{e}^{-\sqrt{x}},$$

由 $y(1)=3$ 得 $C=\mathrm{e}.$ 故 $y(x)=2x+\mathrm{e}^{1-\sqrt{x}}(x>0).$

显然,曲线没有铅直渐近线和水平渐近线,而

$$k=\lim_{x\to+\infty}\dfrac{y(x)}{x}=\lim_{x\to+\infty}\dfrac{2x+\mathrm{e}^{1-\sqrt{x}}}{x}=2,$$

$$b=\lim_{x\to+\infty}\left[y(x)-2x\right]=\lim_{x\to+\infty}(2x+\mathrm{e}^{1-\sqrt{x}}-2x)=0,$$

因此,曲线 $y=y(x)$ 有一条斜渐近线 $y=2x.$

38　求微分方程 $(y+x^2\mathrm{e}^{-x})\mathrm{d}x-x\mathrm{d}y=0$ 的通解. **K** 2008 数学二,4 分

知识点睛　0803 一阶线性微分方程

解　原方程可改写为

$$\dfrac{\mathrm{d}y}{\mathrm{d}x}-\dfrac{1}{x}\cdot y=x\mathrm{e}^{-x},$$

于是,通解为

$$y=\mathrm{e}^{-\int\left(-\frac{1}{x}\right)\mathrm{d}x}\left(\int x\mathrm{e}^{-x}\mathrm{e}^{\int\left(-\frac{1}{x}\right)\mathrm{d}x}\mathrm{d}x+C\right)$$

$$=x\left(\int\mathrm{e}^{-x}\mathrm{d}x+C\right)=x(C-\mathrm{e}^{-x}).$$

38 题精解视频

39　求微分方程 $xy'+y=2xy^2\ln x$ 的通解.

知识点睛　0805 伯努利方程

解　把原方程整理得 $y'+\dfrac{y}{x}=2(\ln x)y^2$,此方程为伯努利方程.令 $z=y^{-1}$,则 $\dfrac{\mathrm{d}z}{\mathrm{d}x}=-y^{-2}$ y',原方程可化为

$$\dfrac{\mathrm{d}z}{\mathrm{d}x}-\dfrac{1}{x}z=-2\ln x,$$

这是一阶线性方程.通解为

$$z = \mathrm{e}^{\int \frac{1}{x}\mathrm{d}x}\left(\int(-2\ln x)\mathrm{e}^{-\int \frac{1}{x}\mathrm{d}x}\mathrm{d}x + C\right)$$

$$= x\left[\int\left(-\frac{2\ln x}{x}\right)\mathrm{d}x + C\right]$$

$$= x \cdot (C-\ln^2 x).$$

故原方程的通解为

$$yx(C-\ln^2 x) = 1.$$

40 求微分方程 $(x^2-1)\mathrm{d}y+(2xy-\cos x)\mathrm{d}x=0$ 满足初始条件 $y|_{x=0}=1$ 的特解.

知识点睛 0803 一阶线性微分方程

解 原方程可化为 $\dfrac{\mathrm{d}y}{\mathrm{d}x}+\dfrac{2x}{x^2-1}y=\dfrac{\cos x}{x^2-1}$.

此一阶线性微分方程的通解为 $y=\mathrm{e}^{-\int \frac{2x}{x^2-1}\mathrm{d}x}\left(\int \mathrm{e}^{\int \frac{2x}{x^2-1}\mathrm{d}x}\dfrac{\cos x}{x^2-1}\mathrm{d}x+C\right)$,即

$$y=\frac{\sin x+C}{x^2-1}.$$

由 $y|_{x=0}=1$ 得 $1=\dfrac{C}{-1}$,$C=-1$,故满足初始条件的特解是 $y=\dfrac{1-\sin x}{1-x^2}$.

【评注】在利用一阶线性微分方程的通解公式之前,一定要把方程化为标准形式,否则会出现错误结果.

41 微分方程 $xy'+y=x\mathrm{e}^x$ 满足 $y(1)=1$ 的特解是_____.

知识点睛 0803 一阶线性微分方程

分析 显然,所给方程是一阶线性方程,因此可按求解一阶线性微分方程的方法求出通解,再由给定的初始条件确定特解.

解法 1 $y=\mathrm{e}^{-\int \frac{1}{x}\mathrm{d}x}\left(\int \mathrm{e}^x\mathrm{e}^{\int \frac{1}{x}\mathrm{d}x}\mathrm{d}x+C\right)=\dfrac{1}{x}[(x-1)\mathrm{e}^x+C]$,

将 $x=1,y=1$ 代入,得 $C=1$,所以特解为

$$y=\frac{x-1}{x}\mathrm{e}^x+\frac{1}{x}.$$

解法 2 本题更简便的方法是利用 $xy'+y=(xy)'$.

把原方程化为 $\dfrac{\mathrm{d}}{\mathrm{d}x}(xy)=x\mathrm{e}^x$,积分后得 $xy=(x-1)\mathrm{e}^x+C$,当 $x=1,y=1$ 时,$C=1$.

故所求特解为 $y=\dfrac{(x-1)\mathrm{e}^x+1}{x}$.应填 $y=\dfrac{(x-1)\mathrm{e}^x+1}{x}$.

42 求微分方程 $3(1+x^2)y'+2xy=2xy^4$ 满足初始条件 $y|_{x=0}=\dfrac{1}{2}$ 的特解.

知识点睛 0803 一阶线性微分方程

解 将方程改写为

$$y^{-4}\frac{\mathrm{d}y}{\mathrm{d}x}+\frac{2x}{3(1+x^2)}y^{-3}=\frac{2x}{3(1+x^2)},$$

这是伯努利方程,令 $z=y^{-3}$,则 $\dfrac{\mathrm{d}z}{\mathrm{d}x}=-3y^{-4}\dfrac{\mathrm{d}y}{\mathrm{d}x}$,代入上述方程,得

$$-\frac{1}{3}\frac{\mathrm{d}z}{\mathrm{d}x}+\frac{2x}{3(1+x^2)}z=\frac{2x}{3(1+x^2)},$$

即

$$\frac{\mathrm{d}z}{\mathrm{d}x}-\frac{2x}{1+x^2}z=-\frac{2x}{1+x^2}. \qquad ①$$

这是一阶线性非齐次方程,通解为

$$z=\mathrm{e}^{\int\frac{2x}{1+x^2}\mathrm{d}x}\left[\int\left(-\frac{2x}{1+x^2}\right)\mathrm{e}^{-\int\frac{2x}{1+x^2}\mathrm{d}x}\mathrm{d}x+C\right]$$

$$=(1+x^2)\left[\int\left(-\frac{2x}{(1+x^2)^2}\right)\mathrm{d}x+C\right]$$

$$=(1+x^2)\left(\frac{1}{1+x^2}+C\right)=1+C(1+x^2),$$

于是原方程的通解为 $\dfrac{1}{y^3}=1+C(1+x^2)$.由初始条件 $y\big|_{x=0}=\dfrac{1}{2}$,有 $8=1+C$,即 $C=7$,因此所求的特解是

$$y^3=(7x^2+8)^{-1}.$$

43 求微分方程 $xy'+2y=x\ln x$ 满足 $y(1)=-\dfrac{1}{9}$ 的特解.

2005 数学一、数学二,4 分

知识点睛 0803 一阶线性微分方程

解 原方程等价为 $y'+\dfrac{2}{x}y=\ln x$,于是通解为

$$y=\mathrm{e}^{-\int\frac{2}{x}\mathrm{d}x}\left(\int\ln x\cdot\mathrm{e}^{\int\frac{2}{x}\mathrm{d}x}\mathrm{d}x+C\right)=\frac{1}{x^2}\cdot\left(\int x^2\ln x\mathrm{d}x+C\right)$$

$$=\frac{1}{x^2}\left(\frac{1}{3}x^3\ln x-\frac{1}{3}\int x^2\mathrm{d}x+C\right)=\frac{1}{x^2}\left(\frac{1}{3}x^3\ln x-\frac{1}{9}x^3+C\right)$$

$$=\frac{1}{3}x\ln x-\frac{1}{9}x+\frac{C}{x^2},$$

由 $y(1)=-\dfrac{1}{9}$ 得 $C=0$,故所求特解为 $y=\dfrac{1}{3}x\ln x-\dfrac{1}{9}x$.

【评注】本题虽属基本题型,但在利用相关公式时应注意先化为标准型.另外,本题也可如下求解:原方程可化为

$$x^2y'+2xy=x^2\ln x,$$

即 $[x^2y]'=x^2\ln x$,两边积分,得

$$x^2y=\int x^2\ln x\mathrm{d}x=\frac{1}{3}x^3\ln x-\frac{1}{9}x^3+C,$$

再代入初始条件即可得所求解为 $y=\dfrac{1}{3}x\ln x-\dfrac{1}{9}x$.

2011 数学一、数学二,4 分

44 微分方程 $y'+y=\mathrm{e}^{-x}\cos x$ 满足初始条件 $y(0)=0$ 的解为_____.

知识点睛 0803 一阶线性微分方程

解 微分方程的通解为 $y=\mathrm{e}^{-\int\mathrm{d}x}\left(C+\int\mathrm{e}^{-x}\cos x\mathrm{e}^{\int\mathrm{d}x}\mathrm{d}x\right)=\mathrm{e}^{-x}(C+\sin x)$.由初始条件 $y(0)=0$ 得 $C=0$.所以应填 $y=\mathrm{e}^{-x}\sin x$.

2012 数学二,4 分

45 微分方程 $y\mathrm{d}x+(x-3y^2)\mathrm{d}y=0$ 满足条件 $y\,|_{x=1}=1$ 的解为_____.

知识点睛 因变量自变量互换,0803 一阶线性微分方程

解 由 $y\mathrm{d}x+(x-3y^2)\mathrm{d}y=0$ 有 $\dfrac{\mathrm{d}x}{\mathrm{d}y}+\dfrac{x}{y}=3y$,所以

$$x=\mathrm{e}^{-\int\frac{1}{y}\mathrm{d}y}\left(\int 3y\mathrm{e}^{\int\frac{1}{y}\mathrm{d}y}\mathrm{d}y+C\right)=\frac{1}{y}\left(\int 3y^2\mathrm{d}y+C\right)=y^2+\frac{C}{y},$$

将 $y\,|_{x=1}=1$ 代入得 $C=0$,即解为 $x=y^2$.又 $x=1,y=1$,故应填 $y=\sqrt{x}$.

45 题精解视频

【评注】求解本题的关键是把 x 看作未知函数,把 y 看作自变量,从而化为一阶线性非齐次方程.

2019 数学一,10 分

46 设函数 $y(x)$ 是微分方程 $y'+xy=\mathrm{e}^{-\frac{x^2}{2}}$ 满足条件 $y(0)=0$ 的特解.

（Ⅰ）求 $y(x)$;

（Ⅱ）求曲线 $y=y(x)$ 的凹凸区间及拐点.

知识点睛 0221 曲线的凹凸性及拐点,0803 一阶线性微分方程

解 （Ⅰ）由一阶线性微分方程的通解公式,知

$$y=\mathrm{e}^{-\int x\mathrm{d}x}\left(\int\mathrm{e}^{-\frac{x^2}{2}}\cdot\mathrm{e}^{\int x\mathrm{d}x}\mathrm{d}x+C\right)=\mathrm{e}^{-\frac{x^2}{2}}(x+C),$$

由 $y(0)=0$ 知,$C=0$,故 $y(x)=x\mathrm{e}^{-\frac{x^2}{2}}$.

（Ⅱ）由 $y=x\mathrm{e}^{-\frac{x^2}{2}}$ 知

$$y'=(1-x^2)\mathrm{e}^{-\frac{x^2}{2}},\quad y''=(x^3-3x)\mathrm{e}^{-\frac{x^2}{2}}=x(x^2-3)\mathrm{e}^{-\frac{x^2}{2}}.$$

令 $y''=(x^3-3x)\mathrm{e}^{-\frac{x^2}{2}}=0$ 得 $x_1=0,x_2=-\sqrt{3},x_3=\sqrt{3}$.

当 $x<-\sqrt{3}$ 或 $0<x<\sqrt{3}$ 时,$y''(x)<0$;当 $-\sqrt{3}<x<0$ 或 $x>\sqrt{3}$ 时,$y''(x)>0$.

由此可知,曲线 $y=y(x)$ 凹的区间为 $(-\sqrt{3},0)$ 和 $(\sqrt{3},+\infty)$;凸的区间为 $(-\infty,-\sqrt{3})$ 和 $(0,\sqrt{3})$,拐点为 $\left(-\sqrt{3},-\sqrt{3}\mathrm{e}^{-\frac{3}{2}}\right),(0,0),\left(\sqrt{3},\sqrt{3}\mathrm{e}^{-\frac{3}{2}}\right)$.

2018 数学一,10 分

47 已知微分方程 $y'+y=f(x)$,其中 $f(x)$ 是 **R** 上的连续函数.

（Ⅰ）若 $f(x)=x$,求方程的通解.

（Ⅱ）若 $f(x)$ 是周期为 T 的函数,证明:方程存在唯一的以 T 为周期的解.

知识点睛 0102 周期函数,0803 一阶线性微分方程

解 （Ⅰ）若 $f(x)=x$,则方程化为 $y'+y=x$,其通解为

$$y=\mathrm{e}^{-\int\mathrm{d}x}\left(C+\int x\mathrm{e}^{\int\mathrm{d}x}\mathrm{d}x\right)=\mathrm{e}^{-x}\left(C+\int x\mathrm{e}^{x}\mathrm{d}x\right)$$

$$=\mathrm{e}^{-x}(C+x\mathrm{e}^{x}-\mathrm{e}^{x})=C\mathrm{e}^{-x}+x-1.$$

（Ⅱ）$y'+y=f(x)$ 的通解为 $y=Ce^{-x}+e^{-x}\int_0^x e^t f(t)\,dt$. 设 $f(x)$ 以 T 为周期, 解 $y(x)$ 以 T 为周期 $\Leftrightarrow y(x)=y(x+T)$, 即

$$e^{-x}\left(C+\int_0^x e^t f(t)\,dt\right)=e^{-x-T}\left(C+\int_0^{x+T} e^t f(t)\,dt\right)$$

$$\Leftrightarrow C+\int_0^x e^t f(t)\,dt=e^{-T}\left(C+\int_0^{x+T} e^t f(t)\,dt\right)$$

$$\xdef\a{}\overset{t=s+T}{=\!=\!=\!=}e^{-T}\left[C+\int_{-T}^x e^{s+T}f(s+T)\,ds\right]$$

$$=Ce^{-T}+\int_{-T}^0 e^s f(s)\,ds+\int_0^x e^s f(s)\,ds$$

$$\Leftrightarrow C=\frac{1}{1-e^{-T}}\int_{-T}^0 e^s f(s)\,ds$$

$$\overset{s=t-T}{=\!=\!=\!=}\frac{e^{-T}}{1-e^{-T}}\int_0^T e^t f(t)\,dt$$

$$=\frac{1}{e^T-1}\int_0^T e^t f(t)\,dt,$$

对应于这个 C 的特解就是以 T 为周期的函数, 而这样的常数只有一个, 所以周期解是唯一的.

48 非齐次线性微分方程 $y'+P(x)y=Q(x)$ 有两个不同的解 $y_1(x),y_2(x)$, C 为任意常数, 则该方程的通解是（　　）. Ⓚ 2006 数学三, 4 分

（A）$C[y_1(x)-y_2(x)]$　　　　　　（B）$y_1(x)+C[y_1(x)-y_2(x)]$

（C）$C[y_1(x)+y_2(x)]$　　　　　　（D）$y_1(x)+C[y_1(x)+y_2(x)]$

知识点睛　0803 一阶线性微分方程

解　由于 $y_1(x)-y_2(x)$ 是对应齐次线性微分方程 $y'+P(x)y=0$ 的非零解, 所以它的通解是 $Y=C[y_1(x)-y_2(x)]$, 故原方程的通解为

$$y=y_1(x)+Y=y_1(x)+C[y_1(x)-y_2(x)].$$

应选（B）.

【评注】本题属基本题型, 考查一阶线性非齐次微分方程解的结构:

$$y=y^*+Y,$$

其中 y^* 是所给一阶线性微分方程的特解, Y 是对应齐次微分方程的通解.

49 设 y_1,y_2 是一阶线性非齐次微分方程 $y'+p(x)y=q(x)$ 的两个特解. 若常数 λ, μ 使 $\lambda y_1+\mu y_2$ 是该方程的解, $\lambda y_1-\mu y_2$ 是对应的齐次方程的解, 则（　　）. Ⓚ 2010 数学二、数学三, 4 分

（A）$\lambda=\dfrac{1}{2},\mu=\dfrac{1}{2}$　　　　　　（B）$\lambda=-\dfrac{1}{2},\mu=-\dfrac{1}{2}$

（C）$\lambda=\dfrac{2}{3},\mu=\dfrac{1}{3}$　　　　　　（D）$\lambda=\dfrac{2}{3},\mu=\dfrac{2}{3}$

知识点睛　0803 一阶线性微分方程

解　因 $\lambda y_1-\mu y_2$ 是方程 $y'+p(x)y=0$ 的解, 所以

$$(\lambda y_1-\mu y_2)'+p(x)(\lambda y_1-\mu y_2)=0,$$

即

$$\lambda\left[y_1'+p(x)y_1\right]-\mu\left[y_2'+p(x)y_2\right]=0.$$

由已知得 $(\lambda-\mu)q(x)=0$. 因为 $q(x)\neq0$, 所以 $\lambda-\mu=0$.

又 $\lambda y_1+\mu y_2$ 是非齐次 $y'+p(x)y=q(x)$ 的解,故

$$\left(\lambda y_1+\mu y_2\right)'+p(x)\left(\lambda y_1+\mu y_2\right)=q(x),$$

即

$$\lambda\left[y_1'+p(x)y_1\right]+\mu\left[y_2'+p(x)y_2\right]=q(x).$$

由已知得 $(\lambda+\mu)q(x)=q(x)$, 因为 $q(x)\neq0$, 所以 $\lambda+\mu=1$, 解得 $\lambda=\dfrac{1}{2},\mu=\dfrac{1}{2}$.

【评注】此题属反问题,题目构造较新颖.

50 已知函数 $f(x)$ 满足方程 $f''(x)+f'(x)-2f(x)=0$ 及 $f''(x)+f(x)=2\mathrm{e}^x$.

(Ⅰ)求 $f(x)$ 的表达式;

(Ⅱ)求曲线 $y=f(x^2)\displaystyle\int_0^x f(-t^2)\mathrm{d}t$ 的拐点.

知识点晴 0222 函数图形的拐点,0803 一阶线性微分方程

解 (Ⅰ)联立 $\begin{cases}f''(x)+f'(x)-2f(x)=0,\\f''(x)+f(x)=2\mathrm{e}^x,\end{cases}$ 得 $f'(x)-3f(x)=-2\mathrm{e}^x$, 因此

$$f(x)=\mathrm{e}^{\int 3\mathrm{d}x}\left(\int(-2\mathrm{e}^x)\mathrm{e}^{-\int 3\mathrm{d}x}\mathrm{d}x+C\right)=\mathrm{e}^x+C\mathrm{e}^{3x},$$

代入 $f''(x)+f(x)=2\mathrm{e}^x$, 得 $C=0$, 所以 $f(x)=\mathrm{e}^x$.

(Ⅱ)$y=f(x^2)\displaystyle\int_0^x f(-t^2)\mathrm{d}t=\mathrm{e}^{x^2}\int_0^x \mathrm{e}^{-t^2}\mathrm{d}t$, 有

$$y'=2x\mathrm{e}^{x^2}\int_0^x \mathrm{e}^{-t^2}\mathrm{d}t+1,\quad y''=2x+2(1+2x^2)\mathrm{e}^{x^2}\int_0^x \mathrm{e}^{-t^2}\mathrm{d}t.$$

当 $x<0$ 时,$y''<0$;当 $x>0$ 时,$y''>0$, 又 $y(0)=0$, 所以曲线的拐点为 $(0,0)$.

51 以 $y=x^2-\mathrm{e}^x$ 和 $y=x^2$ 为特解的一阶非齐次线性微分方程为_____.

知识点晴 0803 一阶线性微分方程

解 利用线性微分方程解的性质与结构.设所求的一阶非齐次线性微分方程为

$$y'+p(x)y=q(x),$$

显然 $y=x^2$ 和 $y=x^2-\mathrm{e}^x$ 的差 e^x 是方程 $y'+p(x)y=0$ 的解,代入方程得

$$p(x)=-1.$$

再把 $y=x^2$ 代入方程 $y'+p(x)y=q(x)$ 得 $q(x)=2x-x^2$.

于是所求的一阶非齐次线性微分方程为 $y'-y=2x-x^2$. 应填 $y'-y=2x-x^2$.

【评注】本题也可把题中两个解直接代入方程求得 $p(x),q(x)$.

52 若 $y=(1+x^2)^2-\sqrt{1+x^2}$, $y=(1+x^2)^2+\sqrt{1+x^2}$ 是微分方程 $y'+p(x)y=q(x)$ 的两个解,则 $q(x)=($ $)$.

(A)$3x(1+x^2)$ (B)$-3x(1+x^2)$

(C)$\dfrac{x}{1+x^2}$ (D)$-\dfrac{x}{1+x^2}$

知识点睛　0803 一阶线性微分方程

分析　利用线性微分方程解的性质与结构.

解　由 $y_1=(1+x^2)^2-\sqrt{1+x^2}$，$y_2=(1+x^2)^2+\sqrt{1+x^2}$ 是微分方程 $y'+p(x)y=q(x)$ 的两个解，知 y_1-y_2 是 $y'+p(x)y=0$ 的解.

故 $(y_1-y_2)'+p(x)(y_1-y_2)=0$，即

$$-2\cdot\frac{1}{2}\cdot\frac{1}{\sqrt{1+x^2}}\cdot 2x-2\sqrt{1+x^2}\,p(x)=0,$$

从而得 $p(x)=-\dfrac{x}{1+x^2}$.

又 $\dfrac{y_1+y_2}{2}$ 是微分方程 $y'+p(x)y=q(x)$ 的解，代入方程，有

$$\left[(1+x^2)^2\right]'+p(x)(1+x^2)^2=q(x),$$

解得 $q(x)=3x(1+x^2)$. 应选(A).

【评注】本题也可把题中两个解代入到微分方程 $y'+p(x)y=q(x)$，得到关于 $p(x)$，$q(x)$ 的方程组，解方程组可求得 $p(x)$，$q(x)$.

53　求解微分方程 $\left(1+\mathrm{e}^{\frac{x}{y}}\right)\mathrm{d}x+\mathrm{e}^{\frac{x}{y}}\left(1-\dfrac{x}{y}\right)\mathrm{d}y=0$.

知识点睛　0806 全微分方程

解　$P(x,y)=1+\mathrm{e}^{\frac{x}{y}}$，$Q(x,y)=\mathrm{e}^{\frac{x}{y}}\left(1-\dfrac{x}{y}\right)$，由于

$$\frac{\partial P}{\partial y}=-\frac{x}{y^2}\mathrm{e}^{\frac{x}{y}}=\frac{\partial Q}{\partial x},$$

所以原方程是全微分方程，取 $(x_0,y_0)=(0,1)$，有

$$u(x,y)=\int_1^y\mathrm{d}y+\int_0^x\left(1+\mathrm{e}^{\frac{x}{y}}\right)\mathrm{d}x=y-1+x+y\mathrm{e}^{\frac{x}{y}}-y=x+y\mathrm{e}^{\frac{x}{y}}-1,$$

故通解为 $x+y\mathrm{e}^{\frac{x}{y}}=C$.

54　求方程 $(5x^4+3xy^2-y^3)\mathrm{d}x+(3x^2y-3xy^2+y^2)\mathrm{d}y=0$ 的通解.

知识点睛　0806 全微分方程

解　这里 $\dfrac{\partial P}{\partial y}=6xy-3y^2=\dfrac{\partial Q}{\partial x}$，所以原方程是全微分方程. 取 $(x_0,y_0)=(0,0)$，则有

$$u(x,y)=\int_0^x(5x^4+3xy^2-y^3)\mathrm{d}x+\int_0^y y^2\mathrm{d}y=x^5+\frac{3}{2}x^2y^2-xy^3+\frac{1}{3}y^3.$$

于是，原方程的通解为 $x^5+\dfrac{3}{2}x^2y^2-xy^3+\dfrac{1}{3}y^3=C$.

55　求微分方程 $y\mathrm{d}x+(y-x)\mathrm{d}y=0$ 的通解.

知识点睛　0803 一阶线性微分方程，0806 全微分方程

解法1　显然，题给的微分方程不是全微分方程. 但根据我们熟知的微分公式可知，它乘以 y^{-2} 后是一全微分方程，且有

$$\frac{y\,dx - x\,dy}{y^2} + \frac{dy}{y} = d\left(\frac{x}{y} + \ln|y|\right) = 0,$$

于是,原微分方程的通解为 $\dfrac{x}{y} + \ln|y| = C$. 另外, $y=0$ 也是它的解.

解法 2 把原微分方程改写为 $\dfrac{dy}{dx} = \dfrac{y}{x-y}$. 显然,它是齐次方程.

令 $u = \dfrac{y}{x}$,有 $y = xu$, $\dfrac{dy}{dx} = u + x\dfrac{du}{dx}$,把它们代入原微分方程,有

$$\frac{1}{u^2}du - \frac{1}{u}du = \frac{dx}{x},$$

积分后得 $\ln|x| + \ln|u| + \dfrac{1}{u} = C$,于是原方程的通解为

$$\frac{x}{y} + \ln|y| = C, \quad 及 \quad y = 0.$$

解法 3 显然, $y=0$ 是原方程的解. 若把 x 看作因变量, y 看作自变量,原微分方程可写为非齐次线性微分方程

$$\frac{dx}{dy} - \frac{1}{y}x = -1,$$

由其通解公式得它的通解为

$$x = e^{-\int\left(-\frac{1}{y}\right)dy}\left[\int(-1)e^{\int\left(-\frac{1}{y}\right)dy}dy + C\right] = y(C - \ln|y|).$$

【评注】若存在函数 $\mu(x,y) \neq 0$,使得

$$\mu(x,y)P(x,y)dx + \mu(x,y)Q(x,y)dy = 0$$

为全微分方程,则称 $\mu(x,y)$ 为微分方程 $P(x,y)dx + Q(x,y)dy = 0$ 的一个**积分因子**. 一般地,积分因子并不是唯一的,例如,方程 $xdy - ydx = 0$ 可以分别取积分因子为 $\mu_1 = \dfrac{1}{y^2}$, $\mu_2 = \dfrac{1}{x^2}$, $\mu_3 = \dfrac{1}{x^2+y^2}$, $\mu_4 = \dfrac{1}{x^2-y^2}$ 等,它们分别有

$$\frac{xdy - ydx}{y^2} = d\left(-\frac{x}{y}\right) = 0, \qquad \frac{xdy - ydx}{x^2} = d\left(\frac{y}{x}\right) = 0,$$

$$\frac{xdy - ydx}{x^2+y^2} = d\left(\arctan\frac{y}{x}\right) = 0, \qquad \frac{xdy - ydx}{x^2-y^2} = d\left(-\frac{1}{2}\ln\frac{x-y}{x+y}\right) = 0.$$

只要微分方程 $P(x,y)dx + Q(x,y)dy = 0$ 存在解,则其积分因子必定存在. 但是寻找其积分因子 $\mu(x,y)$ 却没有固定的方法.

56 求 $(x^2 - y^2 - 2y)dx + (x^2 + 2x - y^2)dy = 0$ 的通解.

知识点睛 积分因子法

分析 原方程有因子 $(x^2 - y^2)(dx + dy)$ 及 $2(xdy - ydx)$,因此方程可用积分因子 $\dfrac{1}{x^2-y^2}$.

解 $P(x,y) = x^2 - y^2 - 2y, \qquad Q(x,y) = x^2 + 2x - y^2,$

$$\frac{\partial P(x,y)}{\partial y} = -2y - 2, \qquad \frac{\partial Q(x,y)}{\partial x} = 2x + 2,$$

故 $\dfrac{\partial P}{\partial y} \neq \dfrac{\partial Q}{\partial x}$，原方程不属于全微分方程.将原方程改为

$$(x^2-y^2)\,\mathrm{d}(x+y)+2(x\mathrm{d}y-y\mathrm{d}x)=0,$$

故可令 $\mu(x,y)=\dfrac{1}{x^2-y^2}$，则方程变为

$$\mathrm{d}(x+y)+2\frac{x\mathrm{d}y-y\mathrm{d}x}{x^2-y^2}=0,\quad 即为 \quad \mathrm{d}(x+y)-2\mathrm{d}\!\left(\frac{1}{2}\ln\frac{x-y}{x+y}\right)=0,$$

故通解为 $x+y=\ln\dfrac{x-y}{x+y}+C.$

【评注】当然此题亦可用分离变量法，将

$$(x^2-y^2)(\mathrm{d}x+\mathrm{d}y)+2(x\mathrm{d}y-y\mathrm{d}x)=0$$

两边同时除以 x^2，得

$$\left[1-\left(\frac{y}{x}\right)^2\right]\mathrm{d}(x+y)+2\mathrm{d}\!\left(\frac{y}{x}\right)=0,$$

令 $x+y=u,\dfrac{y}{x}=v$，则方程化为 $(1-v^2)\mathrm{d}u+2\mathrm{d}v=0$，这是一个简单的可分离变量型方程.

57 求微分方程 $(x^2+y^2+y)\,\mathrm{d}x-x\mathrm{d}y=0$ 的通解.

知识点睛　积分因子法

解　此方程不是全微分方程，故考虑用积分因子将其化为全微分方程，原方程可写为

$$(x^2+y^2)\,\mathrm{d}x+(y\mathrm{d}x-x\mathrm{d}y)=0,$$

而由 $\mathrm{d}\!\left(\arctan\dfrac{x}{y}\right)=\dfrac{y\mathrm{d}x-x\mathrm{d}y}{x^2+y^2}$ 知应取积分因子 $\mu(x,y)=\dfrac{1}{x^2+y^2}$，即把方程化为

$$\mathrm{d}x+\mathrm{d}\arctan\frac{x}{y}=0,$$

故原方程的通解为 $x+\arctan\dfrac{x}{y}=C.$

58 求 $(xy+y^4)\,\mathrm{d}x+(x^2-xy^3)\,\mathrm{d}y=0$ 的通解.

知识点睛　0802 可化为变量可分离的微分方程

解　对方程各项分组如下：

$$x(y\mathrm{d}x+x\mathrm{d}y)+y^3(y\mathrm{d}x-x\mathrm{d}y)=0,$$

$$x\mathrm{d}(xy)+y^5\mathrm{d}\!\left(\frac{x}{y}\right)=0,$$

58 题精解视频

除以 x，并且作代换 $xy=u,\dfrac{x}{y}=v$.则原方程可化为

$$\mathrm{d}u+\frac{u^2}{v^3}\mathrm{d}v=0,$$

通解为 $\dfrac{1}{u}+\dfrac{1}{2v^2}=C$，从而原方程的通解为 $\dfrac{1}{xy}+\dfrac{y^2}{2x^2}=C.$

59 已知连续函数 $f(x)$ 满足条件 $f(x)=\int_0^{3x}f\left(\dfrac{t}{3}\right)\mathrm{d}t+\mathrm{e}^{2x}$，求 $f(x)$.

知识点睛 0307 积分上限函数及其导数, 0803 一阶线性微分方程

解 两端同时对 x 求导数, 得一阶线性微分方程 $f'(x)=3f(x)+2\mathrm{e}^{2x}$, 即
$$f'(x)-3f(x)=2\mathrm{e}^{2x}.$$

解此方程, 有
$$f(x)=\mathrm{e}^{\int 3\mathrm{d}x}\left(\int 2\mathrm{e}^{2x}\mathrm{e}^{-\int 3\mathrm{d}x}\mathrm{d}x+C\right)=\mathrm{e}^{3x}\left(\int 2\mathrm{e}^{2x}\cdot\mathrm{e}^{-3x}\mathrm{d}x+C\right)$$
$$=\mathrm{e}^{3x}\left(2\int\mathrm{e}^{-x}\mathrm{d}x+C\right)=\mathrm{e}^{3x}(-2\mathrm{e}^{-x}+C)=C\mathrm{e}^{3x}-2\mathrm{e}^{2x},$$

由于 $f(0)=1$, 可得 $C=3$. 于是 $f(x)=3\mathrm{e}^{3x}-2\mathrm{e}^{2x}$.

60 设函数 $f(t)$ 在 $[0,+\infty)$ 上连续, 且满足方程
$$f(t)=\mathrm{e}^{4\pi t^2}+\iint\limits_{x^2+y^2\leqslant 4t^2}f\left(\frac{1}{2}\sqrt{x^2+y^2}\right)\mathrm{d}x\mathrm{d}y,$$

求 $f(t)$.

知识点睛 0803 一阶线性微分方程

解 显然 $f(0)=1$, 由于
$$\iint\limits_{x^2+y^2\leqslant 4t^2}f\left(\frac{1}{2}\sqrt{x^2+y^2}\right)\mathrm{d}x\mathrm{d}y=\int_0^{2\pi}\mathrm{d}\theta\int_0^{2t}f\left(\frac{1}{2}r\right)r\mathrm{d}r=2\pi\int_0^{2t}rf\left(\frac{1}{2}r\right)\mathrm{d}r,$$

可见
$$f(t)=\mathrm{e}^{4\pi t^2}+2\pi\int_0^{2t}rf\left(\frac{1}{2}r\right)\mathrm{d}r,$$
$$f'(t)=8\pi t\mathrm{e}^{4\pi t^2}+8\pi tf(t).$$

解上述关于 $f(t)$ 的一阶线性非齐次微分方程, 得
$$f(t)=\mathrm{e}^{\int 8\pi t\mathrm{d}t}\left(\int 8\pi t\mathrm{e}^{4\pi t^2}\mathrm{e}^{-\int 8\pi t\mathrm{d}t}\mathrm{d}t+C\right)=\mathrm{e}^{4\pi t^2}\left(8\pi\int t\mathrm{d}t+C\right)=\mathrm{e}^{4\pi t^2}(4\pi t^2+C),$$

代入 $f(0)=1$, 得 $C=1$. 因此 $f(t)=\mathrm{e}^{4\pi t^2}(4\pi t^2+1)$.

一阶微分方程小结

1. 此类题解题步骤:

(1) 判断方程的类型, 可将方程写成形式: $\dfrac{\mathrm{d}y}{\mathrm{d}x}=f(x,y)$ 或 $\dfrac{\mathrm{d}x}{\mathrm{d}y}=g(x,y)$ (这里将变量 x 看作函数, y 看作自变量).

(2) 若不能确定类型, 考虑用适当的变量代换.

2. 应熟练掌握考试大纲所要求的一阶方程类型及其解法:

(1) 可分离变量方程: 分离变量化为 $f(x)\mathrm{d}x=g(y)\mathrm{d}y$, 两边积分得通解.

(2) 齐次方程: 将方程化为 $\dfrac{\mathrm{d}y}{\mathrm{d}x}=f\left(\dfrac{y}{x}\right)$, 令 $u=\dfrac{y}{x}$, 有 $y=xu,\dfrac{\mathrm{d}y}{\mathrm{d}x}=u+x\dfrac{\mathrm{d}u}{\mathrm{d}x}$ 代入方程并化为可分离变量方程 $\dfrac{\mathrm{d}u}{f(u)-u}=\dfrac{\mathrm{d}x}{x}$.

（3）一阶线性方程：将方程化为标准形式 $y'+P(x)y=Q(x)$，由通解公式得通解为

$$y=\mathrm{e}^{-\int P(x)\mathrm{d}x}\left[\int Q(x)\cdot\mathrm{e}^{\int P(x)\mathrm{d}x}\mathrm{d}x+C\right].$$

（4）伯努利方程：先将方程化为标准形式 $y'+P(x)y=Q(x)y^{\alpha}(\alpha\neq 0,1)$，令 $z=y^{1-\alpha}$，方程化为一阶线性方程 $z'+(1-\alpha)P(x)z=(1-\alpha)Q(x)$.

（5）全微分方程：方程 $P(x,y)\mathrm{d}x+Q(x,y)\mathrm{d}y=0$ 为全微分方程的充要条件是：$\dfrac{\partial Q}{\partial x}=\dfrac{\partial P}{\partial y}$.
其通解为 $u(x,y)=C$，其中

$$u(x,y)=\int_{x_0}^{x}P(x,y_0)\mathrm{d}x+\int_{y_0}^{y}Q(x,y)\mathrm{d}y,$$

或者

$$u(x,y)=\int_{y_0}^{y}Q(x_0,y)\mathrm{d}y+\int_{x_0}^{x}P(x,y)\mathrm{d}x.$$

另外，如果方程中出现 $f(x\pm y),f(xy),f(x^2\pm y^2),f\left(\dfrac{y}{x}\right),f\left(\dfrac{x}{y}\right)$ 等复合函数，通常作相应的变量代换：$u=x\pm y,xy,x^2\pm y^2,\dfrac{y}{x},\dfrac{x}{y}$，将方程化为上述基本类型.

§8.2 可降阶的高阶微分方程

61 设 $y^{(4)}=\sin x+x$，求 y.

知识点睛 0808 可降阶的高阶微分方程

解 积分一次，得 $y^{(3)}=-\cos x+\dfrac{x^2}{2}+C_1$，再积分一次

$$y''=-\sin x+\frac{x^3}{6}+C_1x+C_2,$$

再积分一次 $y'=\cos x+\dfrac{x^4}{24}+\dfrac{C_1}{2}x^2+C_2x+C_3$，最终得

$$y=\sin x+\frac{x^5}{120}+\frac{C_1}{6}x^3+\frac{C_2}{2}x^2+C_3x+C_4.$$

62 求微分方程 $y'''=\ln x$ 的通解.

知识点睛 0808 可降阶的高阶微分方程

解 对所给方程接连积分三次：

$$y''=\int \ln x\mathrm{d}x=x\ln x-x+C,$$

$$y'=\int(x\ln x-x+C)\mathrm{d}x=\frac{1}{2}x^2\ln x-\frac{3}{4}x^2+Cx+C_2,$$

最终得

$$y=\int\left(\frac{1}{2}x^2\ln x-\frac{3}{4}x^2+Cx+C_2\right)\mathrm{d}x$$

$$=\frac{1}{6}x^3\ln x-\frac{11}{36}x^3+C_1x^2+C_2x+C_3 \quad \left(C_1=\frac{1}{2}C\right).$$

63 求微分方程 $\dfrac{\mathrm{d}^5 x}{\mathrm{d}t^5}-\dfrac{1}{t}\dfrac{\mathrm{d}^4 x}{\mathrm{d}t^4}=0$ 的通解.

63 题精解视频

知识点睛 0808 可降阶的高阶微分方程

解 令 $\dfrac{\mathrm{d}^4 x}{\mathrm{d}t^4}=y$,则方程化为 $\dfrac{\mathrm{d}y}{\mathrm{d}t}-\dfrac{1}{t}y=0$,积分后,得

$$y=Ct, \quad 即 \quad \frac{\mathrm{d}^4 x}{\mathrm{d}t^4}=Ct,$$

故原方程的通解为 $x=C_1t^5+C_2t^3+C_3t^2+C_4t+C_5.$

64 微分方程 $xy''+3y'=0$ 的通解为_____.

知识点睛 0802 可分离变量方程,0808 可降阶的高阶微分方程

解 令 $y'=p(x)$,则 $y''=\dfrac{\mathrm{d}p}{\mathrm{d}x}.$ 代入原方程得 $x\dfrac{\mathrm{d}p}{\mathrm{d}x}+3p=0$,分离变量,得

$$\frac{\mathrm{d}p}{p}=-\frac{3}{x}\mathrm{d}x,$$

两边积分得 $\ln p=-3\ln x+\ln C_2$,即 $p=C_2 x^{-3}$,也即 $y'=C_2 x^{-3}$,解得 $y=C_1+\dfrac{C}{x^2}\left(C=-\dfrac{C_2}{2}\right).$ 应 填 $y=C_1+\dfrac{C}{x^2}$.

65 求方程 $2xy'y''=(y')^2+1$ 的通解.

知识点睛 0802 可分离变量方程,0808 可降阶的高阶微分方程

解 令 $y'=p(x)$,则 $y''=\dfrac{\mathrm{d}p}{\mathrm{d}x}$,原方程可化为 $2xp\dfrac{\mathrm{d}p}{\mathrm{d}x}=p^2+1$,分离变量,得

$$\frac{2p}{p^2+1}\mathrm{d}p=\frac{1}{x}\mathrm{d}x,$$

等式两端同时积分并化简,得

$$p=\pm\sqrt{C_1 x-1}, \quad 即 \quad y'=\pm\sqrt{C_1 x-1},$$

积分得微分方程的通解为 $y=\pm\dfrac{2}{3C_1}(C_1 x-1)^{\frac{3}{2}}+C_2.$

66 求 $xy''=y'+x\sin\dfrac{y'}{x}$ 的通解.

知识点睛 0804 齐次微分方程,0808 可降阶的高阶微分方程

解 因为此方程不显含 y,所以令 $y'=p(x)$,则原方程化为

$$xp'=p+x\sin\frac{p}{x},$$

这是一个齐次方程,令 $\dfrac{p}{x}=u.$ 则上面的方程成为 $xu'=\sin u$,从而求得通解 $\tan\dfrac{u}{2}=C_1 x$, C_1 为任意常数.即有通解

$$\frac{p}{x}=2\arctan C_1 x,$$

而上式即为 $\dfrac{\mathrm{d}y}{\mathrm{d}x}=2x\arctan C_1 x$，积分，即得原方程的通解

$$\begin{cases} y=x^2\arctan C_1 x-\dfrac{x}{C_1}+\dfrac{1}{C_1^2}\arctan C_1 x+C_2, & C_1\neq0,\\ y=C_2, & C_1=0,\end{cases}$$

其中 C_2 为任意常数.

67 求微分方程 $y''=y'+x$ 的通解.

知识点睛　0808 可降阶的高阶微分方程

解　令 $y'=p(x)$，则 $y''=p'(x)$，得线性方程

$$p'=p+x \quad 即 \quad p'-p=x,$$

解得

$$p=\mathrm{e}^{\int\mathrm{d}x}\left(\int x\mathrm{e}^{-\int\mathrm{d}x}\mathrm{d}x+C_1\right)=\mathrm{e}^x\left(\int x\mathrm{e}^{-x}\mathrm{d}x+C_1\right)=C_1\mathrm{e}^x-x-1,$$

则

$$y=\int(C_1\mathrm{e}^x-x-1)\mathrm{d}x=C_1\mathrm{e}^x-\frac{1}{2}x^2-x+C_2.$$

68 求微分方程 $(1+x^2)y''=2xy'$ 满足初始条件 $y|_{x=0}=1$，$y'|_{x=0}=3$ 的特解.

知识点睛　0808 可降阶的高阶微分方程

解　设 $y'=p(x)$，则 $y''=\dfrac{\mathrm{d}p}{\mathrm{d}x}=p'(x)$，代入方程 $(1+x^2)y''=2xy'$ 中可得

$$(1+x^2)\frac{\mathrm{d}p}{\mathrm{d}x}=2xp,$$

分离变量并两端积分，可得

$$\int\frac{1}{p}\mathrm{d}p=\int\frac{2x}{1+x^2}\mathrm{d}x+C, \quad 即 \quad \ln p=\ln(1+x^2)+\ln C,$$

也即 $y'=p=C(1+x^2)$. 代入 $y'|_{x=0}=3$，则得 $C=3$，从而 $y'=p=3(1+x^2)$.

两端再积分，得 $y=3\int(1+x^2)\mathrm{d}x=x^3+3x+C_1$. 代入 $y|_{x=0}=1$，得 $C_1=1$.

故原方程的特解为 $y=x^3+3x+1$.

69 求微分方程 $y''=(y')^2+1$ 的通解.

知识点睛　0808 可降阶的高阶微分方程

解　此方程的特点是不显含 x,y，看作 $y''=f(x,y')$ 或 $y''=f(y,y')$ 皆可.

设 $y'=p(x)$，则 $y''=\dfrac{\mathrm{d}p}{\mathrm{d}x}=p'(x)$，代入原方程可得

$$\frac{\mathrm{d}p}{\mathrm{d}x}=p^2+1,$$

69 题精解视频

分离变量 $\dfrac{\mathrm{d}p}{p^2+1}=\mathrm{d}x$，两端积分并整理，得

$$p = \tan(x+C_1), \quad 即 \quad y' = \tan(x+C_1),$$

两边再积分,得

$$y = \int \tan(x+C_1)\,\mathrm{d}x = -\ln|\cos(x+C_1)| + C_2,$$

故原方程的通解为 $y = -\ln|\cos(x+C_1)| + C_2$.

70 求方程 $y'' = (y')^3 + y'$ 的通解.

知识点睛 0808 可降阶的高阶微分方程

解 令 $y' = p(y)$,则 $y'' = p\dfrac{\mathrm{d}p}{\mathrm{d}y}$,得

$$p\frac{\mathrm{d}p}{\mathrm{d}y} = p^3 + p.$$

当 $p=0$ 时,$y=C$ 为原方程的解;当 $p \neq 0$ 时

$$\frac{\mathrm{d}p}{\mathrm{d}y} = 1+p^2 \quad 即 \quad \frac{\mathrm{d}p}{1+p^2} = \mathrm{d}y,$$

积分,得

$$\arctan p = y - C_1 \quad 即 \quad y' = p = \tan(y-C_1),$$

分离变量得 $\dfrac{\mathrm{d}y}{\tan(y-C_1)} = \mathrm{d}x$,积分得

$$\ln|\sin(y-C_1)| = x + \ln|C_2|,$$

故 $\sin(y-C_1) = C_2\mathrm{e}^x$,即 $y = \arcsin(C_2\mathrm{e}^x) + C_1$.

71 求微分方程 $y^3 y'' + 1 = 0$ 满足初始条件 $y|_{x=1} = 1, y'|_{x=1} = 0$ 的特解.

知识点睛 0808 可降阶的高阶微分方程

解 令 $y' = p(y)$,$y'' = p\dfrac{\mathrm{d}p}{\mathrm{d}y}$,则 $y^3 p\dfrac{\mathrm{d}p}{\mathrm{d}y} + 1 = 0$,即 $p\mathrm{d}p = -\dfrac{1}{y^3}\mathrm{d}y$,等式两端积分得 $\dfrac{1}{2}p^2 = \dfrac{1}{2}y^{-2} + C_1$,整理得 $p^2 = \dfrac{1}{y^2} + 2C_1$.

由 $x=1, y=1, y'=0$ 得 $0 = 1 + 2C_1, 2C_1 = -1$,所以 $p^2 = \dfrac{1}{y^2} - 1$,即 $p = \pm\sqrt{y^{-2}-1}$,分离变量得 $\dfrac{\mathrm{d}y}{\sqrt{y^{-2}-1}} = \pm\mathrm{d}x$,即 $\dfrac{y\mathrm{d}y}{\sqrt{1-y^2}} = \pm\mathrm{d}x$,所以

$$-\sqrt{1-y^2} = \pm(x+C_2).$$

代入 $x=1, y=1$ 得 $C_2 = -1$ 从而 $y^2 = 2x - x^2$,故特解为 $y = \sqrt{2x-x^2}$.

72 求方程 $yy'' = 2[(y')^2 - y']$ 满足 $y(0) = 1, y'(0) = 2$ 的特解.

知识点睛 0808 可降阶的高阶微分方程

解 令 $y' = p(y)$,则 $y'' = p\dfrac{\mathrm{d}p}{\mathrm{d}y}$,原方程可化为 $yp\dfrac{\mathrm{d}p}{\mathrm{d}y} = 2(p^2 - p)$,即 $y\dfrac{\mathrm{d}p}{\mathrm{d}y} = 2(p-1)$(因为 $p \neq 0$,否则与已知条件矛盾).分离变量,得

$$\frac{1}{p-1}\mathrm{d}p = \frac{2}{y}\mathrm{d}y,$$

等式两端同时积分并化简,得
$$p-1=C_1 y^2, \quad 即 \quad y'=C_1 y^2+1,$$
把初始条件 $y=1$ 时, $y'=2$ 代入上式得 $C_1=1$.

方程化为 $\dfrac{dy}{dx}=y^2+1$,分离变量得 $\dfrac{dy}{y^2+1}=dx$,积分得 $\arctan y=x+C_2$,即 $y=\tan(x+C_2)$,

由 $y(0)=1$ 得 $C_2=\dfrac{\pi}{4}$,故原微分方程的特解为 $y=\tan\left(x+\dfrac{\pi}{4}\right)$.

73 设函数 $y(x)(x\geq 0)$ 二阶可导且 $y'(x)>0$, $y(0)=1$.过曲线 $y=y(x)$ 上任意一点 $P(x,y)$ 作该曲线的切线及 x 轴的垂线,上述两直线与 x 轴所围成的三角形的面积记为 S_1,区间 $[0,x]$ 上以 $y=y(x)$ 为曲边的曲边梯形面积记为 S_2,并设 $2S_1-S_2$ 恒为 1,求此曲线 $y=y(x)$ 的方程.

知识点睛 0307 积分上限函数及其导数,0808 可降阶的高阶微分方程

解 曲线 $y=y(x)$ 上点 $P(x,y)$ 处的切线方程为
$$Y-y=y'(x)(X-x),$$
它与 x 轴的交点为 $\left(x-\dfrac{y}{y'},0\right)$.由于 $y'(x)>0$, $y(0)=1$,于是
$$S_1=\frac{1}{2}y\left|x-\left(x-\frac{y}{y'}\right)\right|=\frac{y^2}{2y'},$$
又 $S_2=\displaystyle\int_0^x y(t)dt$,由条件 $2S_1-S_2=1$ 知
$$\frac{y^2}{y'}-\int_0^x y(t)dt=1, \qquad ①$$
两边对 x 求导并化简,得 $yy''=(y')^2$.

令 $p=y'$,则上述方程可化为 $yp\dfrac{dp}{dy}=p^2$,从而 $\dfrac{dp}{p}=\dfrac{dy}{y}$,解得 $p=C_1 y$,即 $\dfrac{dy}{dx}=C_1 y$,于是,
$$y=e^{C_1 x+C_2}.$$
注意到 $y(0)=1$,并由①式得 $y'(0)=1$.由此可得 $C_1=1$, $C_2=0$.

故所求曲线的方程是 $y=e^x$.

【评注】这类题目总是只需写出等式,即成为由变上限函数描述的方程,通过求导得微分方程进行求解.特别地,其初始条件可由变上限函数描述的方程中取上限等于下限获得.

74 设 $y=f(x)$ 是一向上凸的连续曲线,其上任意一点 (x,y) 处的曲率为 $\dfrac{1}{\sqrt{1+y'^2}}$,且此曲线上点 $(0,1)$ 处切线方程为 $y=x+1$,求该曲线方程,并求函数 $y=f(x)$ 的极值.

知识点睛 0223 曲率,0808 可降阶的高阶微分方程

解 曲线上凸,故 $y''<0$;曲率为 $\dfrac{1}{\sqrt{1+y'^2}}=-\dfrac{y''}{\sqrt{(1+y'^2)^3}}$,即 $\dfrac{y''}{1+y'^2}=-1$.

令 $y'=p(x)$,则 $y''=p'(x)$.方程变为

$$\frac{p'}{1+p^2}=-1, \text{即} \frac{\mathrm{d}p}{1+p^2}=-\mathrm{d}x,$$

积分得 $\arctan p = C_1 - x$.

又在 $(0,1)$ 处的切线方程为 $y=x+1$, 故有 $y(0)=1, y'(0)=1$. 代入上式, 得 $C_1=\dfrac{\pi}{4}$,

因此 $y'=\tan\left(\dfrac{\pi}{4}-x\right)$, 再积分得 $y=\ln\left|\cos\left(\dfrac{\pi}{4}-x\right)\right|+C_2$. 又 $y(0)=1$, 所以 $C_2=1+\dfrac{\ln 2}{2}$. 故所求曲线方程为

$$y=\ln\cos\left(\frac{\pi}{4}-x\right)+1+\frac{\ln 2}{2}, \quad x\in\left(-\frac{\pi}{4},\frac{3}{4}\pi\right).$$

因为 $\cos\left(\dfrac{\pi}{4}-x\right)\leqslant 1$, 且当 $x=\dfrac{\pi}{4}$ 时, $\cos\left(\dfrac{\pi}{4}-x\right)=1$, 所以当 $x=\dfrac{\pi}{4}$ 时函数取得极大值 $y=1+\dfrac{1}{2}\ln 2$.

§8.3　高阶线性微分方程解的结构

75题精解视频

75　设线性无关函数 $y_1(x), y_2(x), y_3(x)$ 都是二阶非齐次线性方程
$$y''+P(x)y'+Q(x)y=f(x)$$
的解, C_1, C_2 是任意常数, 则该非齐次方程的通解是(　　).

(A) $C_1y_1+C_2y_2+y_3$ 　　　　　　　(B) $C_1y_1+C_2y_2-(C_1+C_2)y_3$

(C) $C_1y_1+C_2y_2-(1-C_1-C_2)y_3$ 　　(D) $C_1y_1+C_2y_2+(1-C_1-C_2)y_3$

知识点睛　0809 高阶线性微分方程解的结构

解　因为 y_1, y_2, y_3 都是非齐次方程的解, 所以其差 y_1-y_3, y_2-y_3 是对应齐次方程的解, 又由于 y_1, y_2, y_3 线性无关, 所以 y_1-y_3 与 y_2-y_3 也线性无关. 故由非齐次线性方程解的结构定理, 对应齐次方程的通解 $C_1(y_1-y_3)+C_2(y_2-y_3)$ 再加上非齐次方程的一个特解就是非齐次方程的通解. 应选(D).

76　设 y_1、y_2 是二阶常系数线性齐次方程 $y''+p(x)y'+q(x)y=0$ 的两个特解, 则由 $y_1(x)$ 与 $y_2(x)$ 能构成该方程的通解, 其充分条件为(　　).

(A) $y_1(x)y_2'(x)-y_2(x)y_1'(x)=0$ 　　(B) $y_1(x)y_2'(x)-y_2(x)y_1'(x)\neq 0$

(C) $y_1(x)y_2'(x)+y_2(x)y_1'(x)=0$ 　　(D) $y_1(x)y_2'(x)+y_2(x)y_1'(x)\neq 0$

知识点睛　0809 高阶线性微分方程解的性质

解　由题意知 $y_1(x)$ 与 $y_2(x)$ 线性无关, 即 $\dfrac{y_2(x)}{y_1(x)}\neq C$. 求导, 得

$$\frac{y_2'(x)y_1(x)-y_2(x)y_1'(x)}{y_1^2(x)}\neq 0, \quad \text{即} \quad y_1(x)y_2'(x)-y_2(x)y_1'(x)\neq 0.$$

应选(B).

77　验证 $y=C_1x^5+\dfrac{C_2}{x}-\dfrac{x^2}{9}\ln x$ (C_1、C_2 是任意常数) 是方程 $x^2y''-3xy'-5y=x^2\ln x$

的通解.

知识点睛 0804 齐次微分方程,0809 高阶线性微分方程解的性质

解 令 $y_1 = x^5, y_2 = \dfrac{1}{x}, y^* = -\dfrac{x^2}{9}\ln x$. 因为

$$x^2 y_1'' - 3xy_1' - 5y_1 = x^2 \cdot 20x^3 - 3x \cdot 5x^4 - 5 \cdot x^5 = 0,$$

$$x^2 y_2'' - 3xy_2' - 5y_2 = x^2 \cdot \frac{2}{x^3} - 3x \cdot \left(-\frac{1}{x^2}\right) - 5 \cdot \frac{1}{x} = 0,$$

$$\frac{y_1}{y_2} = x^6 \neq 常数,$$

所以 $y_1 = x^5$ 和 $y_2 = \dfrac{1}{x}$ 是齐次方程 $x^2 y'' - 3xy' - 5y = 0$ 的两个线性无关解,从而

$$y = C_1 x^5 + \frac{C_2}{x}$$

是齐次方程 $x^2 y'' - 3xy' - 5y = 0$ 的通解.

又由于

$$x^2 y^{*\prime\prime} - 3xy^{*\prime} - 5y^* = x^2\left(-\frac{2}{9}\ln x - \frac{1}{3}\right) - 3x\left(-\frac{2x}{9}\ln x - \frac{x}{9}\right) - 5\left(-\frac{x^2}{9}\ln x\right) = x^2 \ln x,$$

所以 y^* 是非齐次方程 $x^2 y'' - 3xy' - 5y = x^2 \ln x$ 的一个特解.

因此,$y = C_1 x^5 + \dfrac{C_2}{x} - \dfrac{x^2}{9}\ln x$ 是 $x^2 y'' - 3xy' - 5y = x^2 \ln x$ 的通解.

78 设 $y = e^x$ 是微分方程 $xy' + p(x)y = x$ 的一个解,求此微分方程满足条件 $y|_{x=\ln 2} = 0$ 的特解.

知识点睛 0803 一阶线性微分方程

解 以 $y = e^x$ 代入原方程,得 $xe^x + p(x)e^x = x$,解出 $p(x) = xe^{-x} - x$.

代入原方程得 $y' + (e^{-x} - 1)y = 1$. 解其对应的齐次方程 $y' + (e^{-x} - 1)y = 0$,得

$$\frac{dy}{y} = (-e^{-x} + 1)dx, \quad \ln y - \ln C = e^{-x} + x,$$

得齐次方程的通解 $y = Ce^{x+e^{-x}}$,所以原方程的通解为 $y = e^x + Ce^{x+e^{-x}}$.

由 $y|_{x=\ln 2} = 0$,得

$$2 + 2e^{\frac{1}{2}}C = 0, \quad 即 \quad C = -e^{-\frac{1}{2}},$$

故所求特解为 $y = e^x - e^{x+e^{-x}-\frac{1}{2}}$.

79 设 $y_1(x), y_2(x), y_3(x)$ 是一阶微分方程 $y' = P(x)y + Q(x)$ 的三个相异的特解,证明:$\dfrac{y_3(x) - y_1(x)}{y_2(x) - y_1(x)}$ 为一定值.

知识点睛 0809 线性微分方程解的结构

分析 一阶线性微分方程的通解可表示为

$$y = e^{\int p(x)dx}\left(\int Q(x)e^{-\int p(x)dx}dx + C\right),$$

记作 $y(x)=Cf(x)+\varphi(x)$，取 $C=C_i(i=1,2,3)$，可得三个相异的特解为

$$y_i(x)=C_if(x)+\varphi(x), \quad i=1,2,3.$$

即可得证.

证 一阶微分方程 $y'=P(x)y+Q(x)$ 的通解为

$$y(x)=Cf(x)+\varphi(x).$$

已知 $y_1(x),y_2(x),y_3(x)$ 是一阶微分方程的三个相异的特解,故

$$y_1(x)=C_1f(x)+\varphi(x), \quad y_2(x)=C_2f(x)+\varphi(x), \quad y_3(x)=C_3f(x)+\varphi(x),$$

因此

$$y_3(x)-y_1(x)=(C_3-C_1)f(x),$$
$$y_2(x)-y_1(x)=(C_2-C_1)f(x),$$

上面两式相除,得 $\dfrac{y_3(x)-y_1(x)}{y_2(x)-y_1(x)}=\dfrac{C_3-C_1}{C_2-C_1}$ 为一定值.

§8.4 常系数线性微分方程的求解

80 求微分方程 $y''-12y'+35y=0$ 的通解.

知识点睛 0810 二阶常系数齐次线性微分方程

解 特征方程为 $r^2-12r+35=0$,解得 $r_1=5,r_2=7$.

故微分方程的通解为 $y=C_1\mathrm{e}^{5x}+C_2\mathrm{e}^{7x}$.

2017 数学一, 4 分

81 求微分方程 $y''+2y'+3y=0$ 的通解.

知识点睛 0810 二阶常系数齐次线性微分方程

解 特征方程为 $r^2+2r+3=0$,解得 $r_{1,2}=-1\pm\sqrt{2}\,\mathrm{i}$,故通解为

$$y=\mathrm{e}^{-x}(C_1\cos\sqrt{2}\,x+C_2\sin\sqrt{2}\,x).$$

82 求下列微分方程的通解

(1) $y'''-6y''+3y'+10y=0$;

(2) $y^{(4)}-2y'''+2y''-2y'+y=0$.

知识点睛 0811 高于二阶的常系数齐次线性微分方程

解 (1)特征方程为 $r^3-6r^2+3r+10=0$.解得 $r_1=-1,r_2=2,r_3=5$,均为单根.故原方程的通解为

$$y=C_1\mathrm{e}^{-x}+C_2\mathrm{e}^{2x}+C_3\mathrm{e}^{5x}.$$

(2)特征方程为 $r^4-2r^3+2r^2-2r+1=0$,即 $(r-1)^2(r^2+1)=0$ 得二重实根 1,单重共轭复根 $\pm\mathrm{i}$,故原方程的通解为

$$y=(C_1+C_2x)\mathrm{e}^x+C_3\cos x+C_4\sin x.$$

2022 数学二, 5 分

83 微分方程 $y'''-2y''+5y'=0$ 的通解 $y(x)=$ _____.

知识点睛 0811 高于二阶的常系数齐次线性微分方程

解 特征方程为 $\lambda^3-2\lambda^2+5\lambda=0$,解得 $\lambda_1=0,\lambda_{2,3}=1\pm2\mathrm{i}$,因此所求通解为

$$y=C_1+\mathrm{e}^x(C_2\cos 2x+C_3\sin 2x).$$

应填 $C_1+\mathrm{e}^x(C_2\cos 2x+C_3\sin 2x)$,$C_1,C_2,C_3$ 为任意常数.

84 若二阶常系数线性齐次微分方程 $y''+ay'+by=0$ 的通解为 $y=(C_1+C_2x)e^x$,则非齐次方程 $y''+ay'+by=x$ 满足条件 $y(0)=2,y'(0)=0$ 的解为_____.

2009 数学一, 4 分

知识点睛 0812 二阶常系数非齐次线性微分方程

解 由二阶常系数线性齐次微分方程的通解为 $y=(C_1+C_2x)e^x$,得对应特征方程的两个特征根为 $\lambda_1=\lambda_2=1$,故 $a=-2,b=1$.

对应非齐次微分方程为 $y''-2y'+y=x$,设其特解为 $y^*=Ax+B$,代入得
$$-2A+Ax+B=x, \quad \text{有} \quad A=1,B=2,$$
所以特解为 $y^*=x+2$,因而非齐次微分方程的通解为 $y=(C_1+C_2x)e^x+x+2$,把 $y(0)=2$, $y'(0)=0$ 代入,得 $C_1=0,C_2=-1$.

所求特解为 $y=-xe^x+x+2$.应填 $y=-xe^x+x+2$.

85 求微分方程 $y''-y'+\dfrac{1}{4}y=0$ 的通解.

2013 数学三, 4 分

知识点睛 0810 二阶常系数齐次线性微分方程

解 本题是二阶常系数齐次线性微分方程的求解问题,先求出对应特征方程的根,然后直接写出方程的通解.

方程 $y''-y'+\dfrac{1}{4}y=0$ 的特征方程为 $\lambda^2-\lambda+\dfrac{1}{4}=0$,解得两个根为 $\lambda_{1,2}=\dfrac{1}{2}$,则原方程的通解为
$$y=(C_1+C_2x)e^{\frac{1}{2}x}, \text{其中 } C_1,C_2 \text{ 为任意常数.}$$

86 求三阶常系数线性齐次微分方程 $y'''-2y''+y'-2y=0$ 的通解.

2010 数学二, 4 分

知识点睛 0811 高于二阶的常系数齐次线性微分方程

解 $y'''-2y''+y'-2y=0$ 的特征方程为 $\lambda^3-2\lambda^2+\lambda-2=0$,即 $(\lambda-2)(\lambda^2+1)=0$,解得 $\lambda_1=2,\lambda_{2,3}=\pm i$,所以通解为
$$y=C_1e^{2x}+C_2\cos x+C_3\sin x \quad (C_1,C_2,C_3 \text{ 为任意常数}).$$

【评注】虽然此题是三阶微分方程,但是属于考试大纲明确要求会的内容.

87 设函数 $y=y(x)$ 是微分方程 $y''+y'-2y=0$ 的解,且在 $x=0$ 处 $y(x)$ 取得极值 3,则 $y(x)=$ _____.

2015 数学二、数学三,4 分

知识点睛 0810 二阶常系数齐次线性微分方程

解 本题是求微分方程满足初始条件 $y(0)=3,y'(0)=0$ 的特解.

由题意知 $y(0)=3,y'(0)=0$,特征方程为 $r^2+r-2=0$,特征根为
$$r_1=1, \quad r_2=-2,$$
微分方程的通解为 $y=C_1e^x+C_2e^{-2x}$,代入初始条件 $y(0)=3,y'(0)=0$,有
$$\begin{cases} C_1+C_2=3, \\ C_1-2C_2=0, \end{cases} \quad \text{解得} \quad C_1=2,C_2=1,$$
所以 $y(x)=2e^x+e^{-2x}$.应填 $2e^x+e^{-2x}$.

87 题精解视频

88 设函数 $y(x)$ 满足方程 $y''+2y'+ky=0$,其中 $0<k<1$.

（Ⅰ）证明:反常积分 $\displaystyle\int_0^{+\infty}y(x)\,dx$ 收敛;

2016 数学一, 10 分

（Ⅱ）若 $y(0)=1,y'(0)=1$，求 $\int_0^{+\infty}y(x)\mathrm{d}x$ 的值.

知识点睛 0309 反常积分的计算，0810 二阶常系数齐次线性微分方程

解 （Ⅰ）$y''+2y'+ky=0$ 的特征方程为 $r^2+2r+k=0$，其特征根为

$$r_1=-1-\sqrt{1-k}\,,\quad r_2=-1+\sqrt{1-k}\,,$$

均小于零，故 $y(x)=C_1\mathrm{e}^{r_1x}+C_2\mathrm{e}^{r_2x}$.

而 $\int_0^{+\infty}y(x)\mathrm{d}x=C_1\dfrac{1}{r_1}\mathrm{e}^{r_1x}\Big|_0^{+\infty}+C_2\dfrac{1}{r_2}\mathrm{e}^{r_2x}\Big|_0^{+\infty}=-\left(\dfrac{C_1}{r_1}+\dfrac{C_2}{r_2}\right)$，所以 $\int_0^{+\infty}y(x)\mathrm{d}x$ 收敛.

（Ⅱ）由 $y(0)=1,y'(0)=1$，得 $\begin{cases}C_1+C_2=1,\\r_1C_1+r_2C_2=1,\end{cases}$ 解得

$$\begin{cases}C_1=\dfrac{1-r_2}{r_1-r_2}=\dfrac{\sqrt{1-k}-2}{2\sqrt{1-k}},\\[2mm]C_2=\dfrac{r_1-1}{r_1-r_2}=\dfrac{\sqrt{1-k}+2}{2\sqrt{1-k}},\end{cases}$$

因此 $\int_0^{+\infty}y(x)\mathrm{d}x=-\left(\dfrac{C_1}{r_1}+\dfrac{C_2}{r_2}\right)=\dfrac{3}{k}$.

2008 数学一、数学三，4分

89 在下列微分方程中，以 $y=C_1\mathrm{e}^x+C_2\cos2x+C_3\sin2x$（$C_1,C_2,C_3$ 为任意常数）为通解的是（　　）.

（A）$y'''+y''-4y'-4y=0$　　　　（B）$y'''+y''+4y'+4y=0$

（C）$y'''-y''-4y'+4y=0$　　　　（D）$y'''-y''+4y'-4y=0$

知识点睛 0811 高于二阶的常系数齐次线性微分方程

解 由通解表达式 $y=C_1\mathrm{e}^x+C_2\cos2x+C_3\sin2x$，可知其特征根为 $\lambda_1=1,\lambda_{2,3}=\pm2\mathrm{i}$. 可见对应特征方程为

$$(\lambda-1)(\lambda^2+4)=\lambda^3-\lambda^2+4\lambda-4=0,$$

对应微分方程为 $y'''-y''+4y'-4y=0$，应选（D）.

【评注】对于三阶或三阶以上的常系数线性微分方程，同样应该掌握其特征方程与对应解之间的关系.

2017 数学二，4分

90 微分方程 $y''-4y'+8y=\mathrm{e}^{2x}(1+\cos2x)$ 的特解可设为 $y^*=$（　　）.

（A）$A\mathrm{e}^{2x}+\mathrm{e}^{2x}(B\cos2x+C\sin2x)$　　（B）$Ax\mathrm{e}^{2x}+\mathrm{e}^{2x}(B\cos2x+C\sin2x)$

（C）$A\mathrm{e}^{2x}+x\mathrm{e}^{2x}(B\cos2x+C\sin2x)$　　（D）$Ax\mathrm{e}^{2x}+x\mathrm{e}^{2x}(B\cos2x+C\sin2x)$

知识点睛 0812 二阶常系数非齐次线性微分方程

解 题目中方程对应的齐次方程的特征方程为 $r^2-4r+8=0$，解得 $r_{1,2}=2\pm2\mathrm{i}$.

方程 $y''-4y'+8y=\mathrm{e}^{2x}$ 的特解可设为 $y_1^*=A\mathrm{e}^{2x}$，方程 $y''-4y'+8y=\mathrm{e}^{2x}\cos2x$ 的特解可设为

$$y_2^*=x\mathrm{e}^{2x}(B\cos2x+C\sin2x),$$

故该方程的特解可设为

$$y^*=y_1^*+y_2^*=A\mathrm{e}^{2x}+x\mathrm{e}^{2x}(B\cos2x+C\sin2x).$$

应选（C）.

91 微分方程 $y''+y=x^2+1+\sin x$ 的特解形式可设为( ).

（A）$y^*=ax^2+bx+c+x(A\sin x+B\cos x)$

（B）$y^*=x(ax^2+bx+c+A\sin x+B\cos x)$

（C）$y^*=ax^2+bx+c+A\sin x$

（D）$y^*=ax^2+bx+c+A\cos x$

知识点睛 0812 二阶常系数非齐次线性微分方程

解 微分方程的特征方程为 $r^2+1=0$,特征根为 $r=\pm i.$ $y''+y=x^2+1$ 的特解形式为

$$y_1^*=ax^2+bx+c,$$

$y''+y=\sin x$ 的特解形式为

$$y_2^*=x(A\sin x+B\cos x),$$

故所求微分方程的特解形式为

$$y^*=y_1^*+y_2^*=ax^2+bx+c+x(A\sin x+B\cos x).$$

应选(A).

92 已知微分方程 $y''+ay'+by=ce^x$ 的通解为 $y=(C_1+C_2x)e^{-x}+e^x$,则 a,b,c 依次为( ). 〔K 2019 数学二、数学三,4 分〕

（A）1,0,1　　（B）1,0,2　　（C）2,1,3　　（D）2,1,4

知识点睛 0812 二阶常系数非齐次线性微分方程

解 由题知,齐次方程的通解为 $(C_1+C_2x)e^{-x}$,非齐次方程的特解为 e^x.因而特征方程 $\lambda^2+a\lambda+b=0$ 有二重根 -1,所以 $a=2,b=1.$把 $y=e^x$ 代入方程 $y''+ay'+by=ce^x$ 得 $c=4.$应选(D).

93 求二阶常系数非齐次微分方程 $y''-4y'+3y=2e^{2x}$ 的通解. 〔K 2007 数学一、数学二,4 分〕

知识点睛 0812 二阶常系数非齐次线性微分方程

解 对应齐次方程的特征方程为

$$\lambda^2-4\lambda+3=0\Rightarrow\lambda_1=1,\lambda_2=3,$$

则对应齐次方程的通解为 $y_1=C_1e^x+C_2e^{3x}.$

设原方程的特解为 $y^*=Ae^{2x}$,代入原方程,可得

$$4Ae^{2x}-8Ae^{2x}+3Ae^{2x}=2e^{2x}\Rightarrow A=-2,$$

所以原方程的特解为 $y^*=-2e^{2x}$,故原方程的通解为

$$y=y_1+y^*=C_1e^x+C_2e^{3x}-2e^{2x},\text{其中 }C_1,C_2\text{ 为任意常数.}$$

94 求微分方程 $y''-3y'+2y=2xe^x$ 的通解. 〔K 2010 数学一,10 分〕

知识点睛 0812 二阶常系数非齐次线性微分方程

分析 直接利用二阶常系数线性微分方程的求解方法.

解 由方程 $y''-3y'+2y=0$ 的特征方程 $\lambda^2-3\lambda+2=0$,解得特征根 $\lambda_1=1,\lambda_2=2$,所以方程 $y''-3y'+2y=0$ 的通解为 $\bar{y}=C_1e^x+C_2e^{2x}.$

设 $y''-3y'+2y=2xe^x$ 的特解为 $y^*=x(ax+b)e^x$,则

$$(y^*)'=(ax^2+2ax+bx+b)e^x,\quad(y^*)''=(ax^2+4ax+bx+2a+2b)e^x,$$

代入原方程,解得 $a=-1,b=-2$,故特解为 $y^*=x(-x-2)e^x.$

所以,原方程的通解为

$$y=\bar{y}+y^*=C_1e^x+C_2e^{2x}-x(x+2)e^x,\text{其中 }C_1,C_2\text{ 为任意常数.}$$

94 题精解视频

2013 数学一，
4 分

95 已知 $y_1=\mathrm{e}^{3x}-x\mathrm{e}^{2x}$，$y_2=\mathrm{e}^{x}-x\mathrm{e}^{2x}$，$y_3=-x\mathrm{e}^{2x}$ 是某二阶常系数非齐次线性微分方程的 3 个解，求该方程的通解.

知识点睛　0812 二阶常系数非齐次线性微分方程

分析　本题主要考查二阶常系数线性微分方程 $y''+py'+qy=f(x)$ 解的性质和结构，关键是找出对应齐次线性微分方程的两个线性无关的解.

解　由线性微分方程解的性质知 $y_1-y_3=\mathrm{e}^{3x}$，$y_2-y_3=\mathrm{e}^{x}$ 是对应齐次线性微分方程的两个线性无关的解，则该方程的通解为
$$y=C_1\mathrm{e}^{3x}+C_2\mathrm{e}^{x}-x\mathrm{e}^{2x}，其中 C_1,C_2 为任意常数.$$

2015 数学一，
4 分

96 设 $y=\dfrac{1}{2}\mathrm{e}^{2x}+\left(x-\dfrac{1}{3}\right)\mathrm{e}^{x}$ 是二阶常系数非齐次线性微分方程 $y''+ay'+by=c\mathrm{e}^{x}$ 的一个特解，则（　　）.

（A）$a=-3,b=2,c=-1$　　　　（B）$a=3,b=2,c=-1$

（C）$a=-3,b=2,c=1$　　　　（D）$a=3,b=2,c=1$

知识点睛　0812 二阶常系数非齐次线性微分方程

解　把 $y=\dfrac{1}{2}\mathrm{e}^{2x}+\left(x-\dfrac{1}{3}\right)\mathrm{e}^{x}$ 代入微分方程，待定系数即可求得 a,b,c.

由 $y=\dfrac{1}{2}\mathrm{e}^{2x}+\left(x-\dfrac{1}{3}\right)\mathrm{e}^{x}$ 得
$$y'=\mathrm{e}^{2x}+\left(x+\dfrac{2}{3}\right)\mathrm{e}^{x}，y''=2\mathrm{e}^{2x}+\left(x+\dfrac{5}{3}\right)\mathrm{e}^{x}，$$

把 y,y',y'' 代入方程 $y''+ay'+by=c\mathrm{e}^{x}$，有
$$\left(2+a+\dfrac{1}{2}b\right)\mathrm{e}^{2x}+(1+a+b)x\mathrm{e}^{x}+\left(\dfrac{5}{3}+\dfrac{2}{3}a-\dfrac{1}{3}b\right)\mathrm{e}^{x}=c\mathrm{e}^{x}.$$

待定系数 $\begin{cases}2+a+\dfrac{1}{2}b=0,\\1+a+b=0,\\\dfrac{5}{3}+\dfrac{2}{3}a-\dfrac{1}{3}b=c,\end{cases}$ 得 $\begin{cases}a=-3,\\b=2,\\c=-1.\end{cases}$ 应选（A）.

2006 数学二，
4 分

97 函数 $y=C_1\mathrm{e}^{x}+C_2\mathrm{e}^{-2x}+x\mathrm{e}^{x}$ 满足的一个微分方程是（　　）.

（A）$y''-y'-2y=3x\mathrm{e}^{x}$　　　　（B）$y''-y'-2y=3\mathrm{e}^{x}$

（C）$y''+y'-2y=3x\mathrm{e}^{x}$　　　　（D）$y''+y'-2y=3\mathrm{e}^{x}$

知识点睛　0812 二阶常系数非齐次线性微分方程

解　由所给解的形式，可知原微分方程对应的齐次微分方程的特征根为
$$\lambda_1=1，\quad \lambda_2=-2，$$

则对应的齐次微分方程的特征方程为 $(\lambda-1)(\lambda+2)=0$，即 $\lambda^2+\lambda-2=0$.

故对应的齐次微分方程为
$$y''+y'-2y=0.$$

又 $y^*=x\mathrm{e}^{x}$ 为原微分方程的一个特解，代入 $y''+y'-2y=f(x)$，可得 $(x+2)\mathrm{e}^{x}+(x+1)\mathrm{e}^{x}-2x\mathrm{e}^{x}=f(x)$，即 $f(x)=3\mathrm{e}^{x}$. 应选（D）.

【评注】对于由常系数非齐次线性微分方程的通解反求微分方程的问题,关键是要掌握对应齐次微分方程的特征根和对应特解的关系,以及非齐次方程的特解形式.

98 微分方程 $y''-\lambda^2y=e^{\lambda x}+e^{-\lambda x}(\lambda>0)$ 的特解形式为( ).

🅚2011 数学二,
4分

(A) $a(e^{\lambda x}+e^{-\lambda x})$ (B) $ax(e^{\lambda x}+e^{-\lambda x})$

(C) $x(ae^{\lambda x}+be^{-\lambda x})$ (D) $x^2(ae^{\lambda x}+be^{-\lambda x})$

知识点睛 0812 二阶常系数非齐次线性微分方程

解 显然,$\pm\lambda$ 均是特征方程 $r^2-\lambda^2=0$ 的根.自由项为 $e^{\lambda x}$ 及 $e^{-\lambda x}$ 的特解形式分别为 $x(ae^{\lambda x})$ 及 $x(be^{-\lambda x})$,所以微分方程 $y''-\lambda^2y=e^{\lambda x}+e^{-\lambda x}(\lambda>0)$ 的特解形式为

$$x(ae^{\lambda x}+be^{-\lambda x}).$$

应选(C).

【评注】此题主要考查线性微分方程解的结构.

99 设 $\varphi(x)=e^x-\int_0^x(x-u)\varphi(u)du$,其中 $\varphi(x)$ 为连续函数,求 $\varphi(x)$.

知识点睛 0307 积分上限函数及其导数,0812 二阶常系数非齐次线性微分方程

解 原方程化简得 $\varphi(x)=e^x-x\int_0^x\varphi(u)du+\int_0^xu\varphi(u)du$,两端对 x 求导数,得

$$\varphi'(x)=e^x-\int_0^x\varphi(u)du,$$

两边再对 x 求导,得

$$\varphi''(x)+\varphi(x)=e^x,$$

该微分方程所对应齐次方程的特征方程为 $r^2+1=0$,其特征根为 $r=\pm i$.所以齐次方程的通解为 $y=C_1\cos x+C_2\sin x$.

设 $\varphi''(x)+\varphi(x)=e^x$ 的特解为 $y^*=Ae^x$,代入方程求得 $A=\dfrac{1}{2}$,故

$$\varphi(x)=C_1\cos x+C_2\sin x+\frac{1}{2}e^x.$$

又 $\varphi(0)=1,\varphi'(0)=1$,于是 $C_1=C_2=\dfrac{1}{2}$,所以 $\varphi(x)=\dfrac{1}{2}\cos x+\dfrac{1}{2}\sin x+\dfrac{1}{2}e^x$.

100 设 $f(x)=\sin x-\int_0^x(x-t)f(t)dt$,其中 f 为连续函数,求 $f(x)$.

知识点睛 0307 积分上限函数及其导数,0812 二阶常系数非齐次线性微分方程

分析 关系式两边对 x 求导数后化为二阶常系数非齐次线性微分方程,注意初始条件的确定.

解 由 $f(x)=\sin x-x\int_0^xf(t)dt+\int_0^xtf(t)dt$ 的两边对 x 求导,得

$$f'(x)=\cos x-\int_0^xf(t)dt,$$

两边再对 x 求导,得

$$f''(x)=-\sin x-f(x),\quad 即\quad f''(x)+f(x)=-\sin x,$$

这是二阶常系数非齐次线性微分方程,初始条件

$$y\big|_{x=0}=f(0)=0,\quad y'\big|_{x=0}=f'(0)=1,$$

对应齐次方程通解为 $Y=C_1\sin x+C_2\cos x$.

非齐次方程的特解可设为

$$y^*=x(a\sin x+b\cos x),$$

用待定系数法求得：$a=0,b=\dfrac{1}{2}$，于是 $y^*=\dfrac{x}{2}\cos x$，从而非齐次方程的通解为

$$y=Y+y^*=C_1\sin x+C_2\cos x+\frac{x}{2}\cos x.$$

由初始条件定出 $C_1=\dfrac{1}{2}$，$C_2=0$. 于是

$$f(x)=\frac{1}{2}\sin x+\frac{x}{2}\cos x.$$

101 设函数 $y=y(x)$ 在 $(-\infty,+\infty)$ 内具有二阶导数，且 $y'\neq0$，$x=x(y)$ 是 $y=y(x)$ 的反函数.

（1）试将 $x=x(y)$ 所满足的微分方程 $\dfrac{\mathrm{d}^2x}{\mathrm{d}y^2}+(y+\sin x)\left(\dfrac{\mathrm{d}x}{\mathrm{d}y}\right)^3=0$ 变换为 $y=y(x)$ 满足的微分方程；

（2）求变换后的微分方程满足初始条件 $y(0)=0,y'(0)=\dfrac{3}{2}$ 的解.

知识点睛　0213 反函数求导法则，0812 二阶常系数非齐次线性微分方程

解　（1）由反函数导数公式知 $\dfrac{\mathrm{d}x}{\mathrm{d}y}=\dfrac{1}{y'}$，即 $y'\dfrac{\mathrm{d}x}{\mathrm{d}y}=1$. 上式两端关于 x 求导，得

$$y''\frac{\mathrm{d}x}{\mathrm{d}y}+\frac{\mathrm{d}^2x}{\mathrm{d}y^2}\cdot(y')^2=0,$$

所以 $\dfrac{\mathrm{d}^2x}{\mathrm{d}y^2}=-\dfrac{\dfrac{\mathrm{d}x}{\mathrm{d}y}y''}{(y')^2}=-\dfrac{y''}{(y')^3}$. 代入原微分方程，得

$$y''-y=\sin x. \hspace{4cm} ①$$

（2）方程①所对应的齐次方程 $y''-y=0$ 的通解为

$$Y=C_1\mathrm{e}^x+C_2\mathrm{e}^{-x}.$$

设方程①的特解为

$$y^*=A\cos x+B\sin x,$$

代入方程①求得 $A=0,B=-\dfrac{1}{2}$，故 $y^*=-\dfrac{1}{2}\sin x$，从而 $y''-y=\sin x$ 的通解是

$$y(x)=C_1\mathrm{e}^x+C_2\mathrm{e}^{-x}-\frac{1}{2}\sin x.$$

由 $y(0)=0,y'(0)=\dfrac{3}{2}$，得 $C_1=1,C_2=-1$，故所求初值问题的解为

$$y(x)=\mathrm{e}^x-\mathrm{e}^{-x}-\frac{1}{2}\sin x.$$

【评注】在反函数求导过程中,用到了以下公式:

(1) $\dfrac{\mathrm{d}x}{\mathrm{d}y}=\dfrac{1}{\dfrac{\mathrm{d}y}{\mathrm{d}x}}=\dfrac{1}{y'}$;

(2) $\dfrac{\mathrm{d}^2x}{\mathrm{d}y^2}=\dfrac{\mathrm{d}\left(\dfrac{\mathrm{d}x}{\mathrm{d}y}\right)}{\mathrm{d}y}=\dfrac{\mathrm{d}\left(\dfrac{1}{y'}\right)}{\mathrm{d}y}=-\dfrac{y''}{(y')^2}\cdot\dfrac{1}{y'}=-\dfrac{y''}{(y')^3}$.

102 设有级数 $2+\displaystyle\sum_{n=1}^{\infty}\dfrac{x^{2n}}{(2n)!}$,

(1) 求此级数的收敛域;

(2) 证明此级数的和函数 $y(x)$ 满足微分方程 $y''-y=-1$;

(3) 求微分方程 $y''-y=-1$ 的通解,并由此确定该级数的和函数 $y(x)$.

知识点睛 0711 幂级数的和函数,0812 二阶常系数非齐次线性微分方程

解 (1) 对于任意 x,有

$$\lim_{n\to\infty}\left|\frac{\dfrac{x^{2(n+1)}}{[2(n+1)]!}}{\dfrac{x^{2n}}{(2n)!}}\right|=\lim_{n\to\infty}\frac{|x|^2}{(2n+1)(2n+2)}=0,$$

收敛域为 $(-\infty,+\infty)$.

(2) 应用幂级数和函数的性质可证明

$$y'=\sum_{n=1}^{\infty}\frac{x^{2n-1}}{(2n-1)!},$$
$$y''=1+\sum_{n=2}^{\infty}\frac{x^{2n-2}}{(2n-2)!}=1+\sum_{n=1}^{\infty}\frac{x^{2n}}{(2n)!},$$

所以

$$y''-y=1+\left[\sum_{n=1}^{\infty}\frac{x^{2n}}{(2n)!}\right]-\left[2+\sum_{n=1}^{\infty}\frac{x^{2n}}{(2n)!}\right]=-1.$$

(3) 由 $r^2-1=0$ 得特征根 $r=\pm1$,于是对应齐次方程的通解为 $Y=C_1\mathrm{e}^x+C_2\mathrm{e}^{-x}$,又 $y^*=1$,所以微分方程 $y''-y=-1$ 的通解为

$$y=C_1\mathrm{e}^x+C_2\mathrm{e}^{-x}+1,$$

由初始条件 $y|_{x=0}=2,y'|_{x=0}=0$,定出

$$C_1=C_2=\frac{1}{2},$$

所以 $y(x)=\dfrac{\mathrm{e}^x+\mathrm{e}^{-x}}{2}+1$.

103 假设对于一切实数 x,函数 $f(x)$ 满足等式 $f'(x)=x^2+\displaystyle\int_0^x f(t)\mathrm{d}t$,且 $f(0)=2$,则 $f(x)=$ _____.

知识点睛 0307 积分上限函数及其导数,0812 二阶常系数非齐次线性微分方程

解 由题设条件可知 $f'(x)$ 存在,从而积分 $\int_0^x f(t)\,\mathrm{d}t$ 对上限 x 可导,故 $f'(x)$ 可导.

在所给等式两端同时对 x 求导,得微分方程

$$f''(x) = 2x + f(x), \quad \text{即} \quad f''(x) - f(x) = 2x, \tag{①}$$

其对应的齐次方程的通解为

$$f(x) = C_1 \mathrm{e}^x + C_2 \mathrm{e}^{-x}.$$

易求 $-2x$ 是微分方程①的一个特解,因此其通解为

$$f(x) = C_1 \mathrm{e}^x + C_2 \mathrm{e}^{-x} - 2x.$$

由于 $f'(0) = 0, f(0) = 2$,得关于常数 C_1 和 C_2 的方程组

$$\begin{cases} C_1 - C_2 = 2, \\ C_1 + C_2 = 2, \end{cases}$$

其解为 $C_1 = 2, C_2 = 0$,于是得 $f(x) = 2(\mathrm{e}^x - x)$.应填 $2(\mathrm{e}^x - x)$.

104 求微分方程 $y'' + a^2 y = \sin x$ 的通解,其中常数 $a > 0$.

知识点睛 0812 二阶常系数非齐次线性微分方程

解 对应的齐次方程的通解为 $y = C_1 \cos ax + C_2 \sin ax$.

(1) 当 $a \neq 1$ 时,设原方程的特解为 $y^* = A\sin x + B\cos x$,代入原方程,得

$$A(a^2 - 1)\sin x + B(a^2 - 1)\cos x = \sin x,$$

比较等式两端对应项的系数得 $A = \dfrac{1}{a^2 - 1}, B = 0$.所以 $y^* = \dfrac{1}{a^2 - 1}\sin x$.

(2) 当 $a = 1$ 时,设原方程的特解为 $y^* = x(A\sin x + B\cos x)$,代入原方程,得

$$2A\cos x - 2B\sin x = \sin x,$$

比较等式两端对应项的系数得 $A = 0, B = -\dfrac{1}{2}$.所以 $y^* = -\dfrac{1}{2}x\cos x$.

综合上述讨论,得

当 $a \neq 1$ 时,通解为 $y = C_1 \cos ax + C_2 \sin ax + \dfrac{1}{a^2 - 1}\sin x$.

当 $a = 1$ 时,通解为 $y = C_1 \cos x + C_2 \sin x - \dfrac{1}{2}x\cos x$.

二阶常系数线性微分方程

1. 求二阶常系数线性非齐次微分方程的解的步骤

(1) 求特征方程的根.

(2) 写出线性齐次微分方程的通解.

(3) 求出线性非齐次微分方程的一个特解.

(4) 写出线性非齐次微分方程的通解

2. 对于高阶线性微分方程,应掌握解的性质、叠加原理及通解的结构.

3. 对于二阶常系数线性微分方程 $y'' + py' + qy = f(x)$,应熟练掌握求通解的方法.

(1) 对于对应的线性齐次微分方程 $y'' + py' + qy = 0$,会根据其特征方程 $\lambda^2 + p\lambda + q = 0$ 的根的情况,写出线性齐次微分方程的通解.

(2) 当自由项 $f(x)$ 为多项式函数、指数函数、三角函数及它们的和、差、积所得的函数

时,应熟练掌握用待定系数法确定特解.

4. 对于二阶常系数线性齐次微分方程 $y''+py'+qy=0$, 函数 $Ae^{\alpha x}$ 是其解的充要条件为 $\lambda=\alpha$ 是特征方程 $\lambda^2+p\lambda+q=0$ 的根; 函数 $Ae^{\alpha x}\sin\beta x, Be^{\alpha x}\cos\beta x$ 或 $e^{\alpha x}(A\sin\beta x+B\cos\beta x)$ 是其解的充要条件为 $\lambda=\alpha\pm\beta i$ 是特征方程 $\lambda^2+p\lambda+q=0$ 的根.

利用以上结论, 可由方程的解, 确定其对应的特征方程的根, 从而得到特征方程及其对应的齐次微分方程.

5. 对于简单的高于二阶的常系数线性齐次微分方程, 会根据其特征方程的根的情况, 写出其通解.

§8.5 欧拉方程

105 欧拉方程 $x^2\dfrac{d^2y}{dx^2}+4x\dfrac{dy}{dx}+2y=0\,(x>0)$ 的通解为 _____.

105 题精解视频

知识点睛 0813 欧拉方程

解 令 $x=e^t$, 则

$$\frac{dy}{dx}=\frac{dy}{dt}\cdot\frac{dt}{dx}=e^{-t}\frac{dy}{dt}=\frac{1}{x}\frac{dy}{dt},$$

$$\frac{d^2y}{dx^2}=-\frac{1}{x^2}\frac{dy}{dt}+\frac{1}{x}\frac{d^2y}{dt^2}\cdot\frac{dt}{dx}=\frac{1}{x^2}\left(\frac{d^2y}{dt^2}-\frac{dy}{dt}\right),$$

代入原方程, 整理得 $\dfrac{d^2y}{dt^2}+3\dfrac{dy}{dt}+2y=0$, 解此方程得通解为

$$y=C_1e^{-t}+C_2e^{-2t}=\frac{C_1}{x}+\frac{C_2}{x^2}.$$

应填 $y=\dfrac{C_1}{x}+\dfrac{C_2}{x^2}$.

106 求方程 $x^3\dfrac{d^3y}{dx^3}+x\dfrac{dy}{dx}-y=0$ 的通解.

知识点睛 0813 欧拉方程

解 令 $x=e^t$, 则

$$\frac{dy}{dx}=\frac{dy}{dt}\cdot\frac{dt}{dx}=\frac{1}{x}\frac{dy}{dt},$$

$$\frac{d^3y}{dx^3}=\frac{1}{x^3}\left(\frac{d^3y}{dt^3}-3\frac{d^2y}{dt^2}+2\frac{dy}{dt}\right),$$

代入原方程可得

$$\frac{d^3y}{dt^3}-3\frac{d^2y}{dt^2}+3\frac{dy}{dt}-y=0,$$

其通解为

$$\begin{aligned}y&=(C_1+C_2t+C_3t^2)e^t\\&=x(C_1+C_2\ln x+C_3\ln^2x).\end{aligned}$$

§8.6 综合提高题

K 2006 数学三,
8 分

107 在 xOy 坐标面上,连续曲线 L 过点 $M(1,0)$,其上任意点 $P(x,y)(x\neq 0)$ 处的切线斜率与直线 OP 的斜率之差等于 ax(常数 $a>0$).

（Ⅰ）求 L 的方程;

（Ⅱ）当 L 与直线 $y=ax$ 所围成平面图形（见 107 题图）的面积为 $\dfrac{8}{3}$ 时,确定 a 的值.

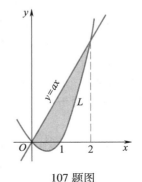

107 题图

知识点睛 0310 利用定积分表达及计算几何量,0814 微分方程的应用

分析 （Ⅰ）利用导数的几何意义建立微分方程,并求解;（Ⅱ）利用定积分计算平面图形的面积,确定参数.

解 （Ⅰ）设曲线 L 的方程为 $y=f(x)$,则由题设可得 $y'-\dfrac{y}{x}=ax$,这是一阶线性微分方程,其中 $P(x)=-\dfrac{1}{x}$,$Q(x)=ax$,代入通解公式,得

$$y=e^{\int\frac{1}{x}dx}\left(\int axe^{-\int\frac{1}{x}dx}dx+C\right)=x(ax+C)=ax^2+Cx,$$

又 $f(1)=0$,所以 $C=-a$.

故曲线 L 的方程为 $y=ax^2-ax(x\neq 0)$.

（Ⅱ）L 与直线 $y=ax(a>0)$ 所围成平面图形如 107 题图所示.所以所围平面图形的面积

$$D=\int_0^2\left[ax-(ax^2-ax)\right]dx=a\int_0^2(2x-x^2)dx=\dfrac{4}{3}a=\dfrac{8}{3},$$

故 $a=2$.

【评注】本题涉及了导数和定积分的几何意义,一阶线性微分方程的求解,属基本题型.

K 2009 数学三,
10 分

108 设曲线 $y=f(x)$,其中 $f(x)$ 是可导函数,且 $f(x)>0$.已知曲线 $y=f(x)$ 与直线 $y=0,x=1$ 及 $x=t(t>1)$ 所围成的曲边梯形绕 x 轴旋转一周所得的立体体积值是曲边梯形面积值的 πt 倍,求该曲线方程.

知识点睛 0310 利用定积分求旋转体的体积,0814 微分方程的应用

分析 利用体积值和面积值的关系列出微分方程,解方程得到曲线的方程.

解法 1 旋转体的体积为 $V=\int_1^t\pi f^2(x)dx=\pi\int_1^t f^2(x)dx$,曲边梯形的面积为:

$S=\int_1^t f(x)dx$,则由题意知 $V=\pi tS$.因而 $\pi\int_1^t f^2(x)dx=\pi t\int_1^t f(x)dx$,即

$$\int_1^t f^2(x)\,\mathrm{d}x = t\int_1^t f(x)\,\mathrm{d}x.$$

两边对 t 求导,可得

$$f^2(t) = \int_1^t f(x)\,\mathrm{d}x + tf(t),\qquad\qquad ①$$

再对 t 求导,得

$$2f(t)f'(t) - f(t) - tf'(t) = f(t),$$

化简可得 $(2f(t)-t)f'(t) = 2f(t)$,变形为

$$\frac{\mathrm{d}t}{\mathrm{d}y} + \frac{1}{2y}t = 1,$$

解得 $t = C \cdot y^{-\frac{1}{2}} + \frac{2}{3}y$.

在①式令 $t=1$,有 $f^2(1) - f(1) = 0$,因为 $f(t)>0$,所以 $f(1)=1$,代入 $t = C \cdot y^{-\frac{1}{2}} + \frac{2}{3}y$ 得 $C = \frac{1}{3}$,进而 $t = \frac{1}{3}\left(\frac{1}{\sqrt{y}} + 2y\right)$. 所以,该曲线方程为 $2y + \frac{1}{\sqrt{y}} - 3x = 0$.

解法 2　同解法 1,得 $2f(t)f'(t) = 2f(t) + tf'(t)$,$f(1)=1$. 整理得 $\frac{\mathrm{d}y}{\mathrm{d}t} = \frac{2y}{2y-t}$,令 $\frac{y}{t} = u$,则 $\frac{\mathrm{d}y}{\mathrm{d}t} = u + t\frac{\mathrm{d}u}{\mathrm{d}t}$,原方程变成 $t\frac{\mathrm{d}u}{\mathrm{d}t} = \frac{3u-2u^2}{2u-1}$.

分离变量得 $\frac{2u-1}{u(3-2u)}\mathrm{d}u = \frac{1}{t}\mathrm{d}t$,即 $\frac{1}{3}\left(\frac{4}{3-2u} - \frac{1}{u}\right)\mathrm{d}u = \frac{\mathrm{d}t}{t}$. 积分得

$$-\frac{1}{3}\ln u(3-2u)^2 = \ln Ct,\quad 即\quad u^{-\frac{1}{3}}(3-2u)^{-\frac{2}{3}} = Ct.$$

代入 $t=1$,$u=1$,得 $C=1$,所以 $u(3-2u)^2 = \frac{1}{t^3}$. 代入 $u = \frac{y}{t}$ 化简得 $y(3t-2y)^2 = 1$,即 $t = \frac{1}{3\sqrt{y}} + \frac{2}{3}y$. 故所求曲线方程为 $x = \frac{2}{3}y + \frac{1}{3\sqrt{y}}$.

【评注】注意利用隐含的条件确定常数 C.

109　设函数 $y(x)$ 是微分方程 $y' - xy = \frac{1}{2\sqrt{x}}\mathrm{e}^{\frac{x^2}{2}}$ 满足条件 $y(1) = \sqrt{\mathrm{e}}$ 的特解.

Ⓚ 2019 数学二、数学三,10 分

（Ⅰ）求 $y(x)$;

（Ⅱ）设平面区域 $D = \{(x,y) \mid 1 \le x \le 2, 0 \le y \le y(x)\}$,求 D 绕 x 轴旋转所得旋转体的体积.

知识点睛　0310 旋转体体积,0814 微分方程的应用

解　（Ⅰ）由一阶线性微分方程通解公式,得

$$y = \mathrm{e}^{\int x\mathrm{d}x}\left(\int \frac{1}{2\sqrt{x}}\mathrm{e}^{\frac{x^2}{2}} \cdot \mathrm{e}^{-\int x\mathrm{d}x}\,\mathrm{d}x + C\right)$$

$$= e^{\frac{x^2}{2}} \left(\int \frac{dx}{2\sqrt{x}} + C \right) = e^{\frac{x^2}{2}} (\sqrt{x} + C) ,$$

由 $y(1) = e^{\frac{1}{2}}$ 知, $C = 0$, 则

$$y = y(x) = \sqrt{x} \, e^{\frac{x^2}{2}}.$$

（Ⅱ）D 绕 x 轴旋转所得旋转体的体积为

$$V = \pi \int_1^2 (\sqrt{x} \, e^{\frac{x^2}{2}})^2 dx = \pi \int_1^2 x e^{x^2} dx = \frac{\pi}{2} e^{x^2} \Big|_1^2 = \frac{\pi}{2} (e^4 - e).$$

K 2008 数学二,
11 分
110 设 $f(x)$ 是区间 $[0, +\infty)$ 上具有连续导数的单调增加函数,且 $f(0) = 1$. 对任意的 $t \in [0, +\infty)$,直线 $x = 0$, $x = t$,曲线 $y = f(x)$ 及 x 轴所围成的曲边梯形绕 x 轴旋转一周生成一旋转体.若该旋转体的侧面积在数值上等于其体积的 2 倍,求函数 $f(x)$ 的表达式.

知识点睛 0814 微分方程的应用

解 旋转体的体积 $V = \pi \int_0^t f^2(x) dx$,侧面积 $S = 2\pi \int_0^t f(x) \sqrt{1 + f'^2(x)} \, dx$,由题设条件知

$$\int_0^t f^2(x) dx = \int_0^t f(x) \sqrt{1 + f'^2(x)} \, dx,$$

上式两端对 t 求导得 $f^2(t) = f(t) \sqrt{1 + f'^2(t)}$,即

$$y' = \sqrt{y^2 - 1}.$$

由分离变量法解得 $\ln(y + \sqrt{y^2 - 1}) = t + C_1$,即

$$y + \sqrt{y^2 - 1} = Ce^t,$$

将 $y(0) = 1$ 代入得 $C = 1$. 故 $y + \sqrt{y^2 - 1} = e^t$, $y = \frac{1}{2}(e^t + e^{-t})$,于是所求函数为

$$y = f(x) = \frac{1}{2}(e^x + e^{-x}).$$

K 2009 数学二,
12 分
111 设 $y = y(x)$ 是区间 $(-\pi, \pi)$ 内过 $\left(-\frac{\pi}{\sqrt{2}}, \frac{\pi}{\sqrt{2}} \right)$ 的光滑曲线,当 $-\pi < x < 0$ 时,曲线上任一点处的法线都过原点;当 $0 \leqslant x < \pi$ 时,函数满足 $y'' + y + x = 0$. 求函数 $y(x)$ 的表达式.

知识点睛 0814 微分方程的应用

解 由题意知,当 $-\pi < x < 0$ 时, $y = -\frac{x}{y'}$,即 $y dy = -x dx$,可得 $y^2 = -x^2 + C$,由初始条件 $y\left(-\frac{\pi}{\sqrt{2}} \right) = \frac{\pi}{\sqrt{2}}$,得 $C = \pi^2$,所以 $y = \sqrt{\pi^2 - x^2}$.

当 $0 \leqslant x < \pi$ 时, $y'' + y + x = 0$, $y'' + y = 0$ 的通解为 $y^* = C_1 \cos x + C_2 \sin x$.

令 $y'' + y + x = 0$ 的特解为 $y_1 = ax + b$,则有 $0 + ax + b + x = 0$,得 $a = -1$, $b = 0$,故 $y_1 = -x$,因而 $y'' + y + x = 0$ 的通解为

$$y = C_1 \cos x + C_2 \sin x - x.$$

由于 $y=y(x)$ 是 $(-\pi,\pi)$ 内的光滑曲线,故 y 在 $x=0$ 处连续,于是由 $y(0^-)=\pi$,
$y(0^+)=C_1$,故 $C_1=\pi$ 时,$y=y(x)$ 在 $x=0$ 处连续.

又当 $-\pi<x<0$ 时,有 $2x+2yy'=0$ 得 $y'_-(0)=-\dfrac{x}{y}=0$;当 $0\leqslant x<\pi$ 时,有 $y'=-C_1\sin x+$
$C_2\cos x-1$,得 $y'_+(0)=C_2-1$.

由 $y'_+(0)=y'_-(0)$,得 $C_2-1=0$,即 $C_2=1$.故 $y=y(x)$ 的表达式为

$$y=\begin{cases}\sqrt{\pi^2-x^2}, & -\pi<x<0,\\ \pi\cos x+\sin x-x, & 0\leqslant x<\pi.\end{cases}$$

112 设非负函数 $y=y(x)$ $(x\geqslant0)$ 满足微分方程 $xy''-y'+2=0$,当曲线 $y=y(x)$ 过 原点时,其与直线 $x=1$ 及 $y=0$ 围成平面区域 D 的面积为 2,求 D 绕 y 轴旋转所得旋转 体的体积.

2009 数学二,
10 分

112 题精解视频

知识点晴 0310 旋转体体积,0814 微分方程的应用

分析 解微分方程 $xy''-y'+2=0$ 并利用面积为 2,求出曲线 $y=y(x)$ 的方程,进而求 得旋转体的体积.

解 解微分方程 $xy''-y'+2=0$,得其通解 $y=C_1+2x+C_2x^2$,其中 C_1,C_2 为任意常数, 因为 $y=y(x)$ 通过原点,所以 $C_1=0$,又其与直线 $x=1$ 及 $y=0$ 围成平面区域的面积为 2,即

$$2=\int_0^1 y(x)\,\mathrm{d}x=\int_0^1(2x+C_2x^2)\,\mathrm{d}x=\left(x^2+\frac{C_2}{3}x^3\right)\Big|_0^1=1+\frac{C_2}{3},$$

从而 $C_2=3$,所以所求非负函数为 $y=2x+3x^2(x\geqslant0)$.

在第一象限曲线 $y=f(x)$ 表示为 $x=\dfrac{1}{3}(\sqrt{1+3y}-1)$,$D$ 绕 y 轴旋转所得旋转体的体 积为 $V=5\pi-V_1$,其中

$$V_1=\int_0^5\pi x^2\mathrm{d}y=\int_0^5\pi\cdot\frac{1}{9}(\sqrt{1+3y}-1)^2\mathrm{d}y=\frac{\pi}{9}\int_0^5(2+3y-2\sqrt{1+3y})\mathrm{d}y=\frac{13}{6}\pi,$$

所以 $V=5\pi-\dfrac{13}{6}\pi=\dfrac{17}{6}\pi$.

113 已知高温物体置于低温介质中,任一时刻该物体温度对时间的变化率与该 时刻物体和介质的温差成正比,现将一初始温度为 $120℃$ 的物体在 $20℃$ 恒温介质中冷 却,$30\ \mathrm{min}$ 后该物体温度降至 $30℃$.若要将该物体的温度继续降至 $21℃$,还需冷却多长 时间?

2015 数学二,
10 分

知识点晴 0814 微分方程的应用

解 设 t 时刻物体温度为 $T(t)$ $(℃)$,由题设知

$$\frac{\mathrm{d}T}{\mathrm{d}t}=k(T-20),$$

解该方程得 $T(t)=20+C\mathrm{e}^{kt}$.

又 $T(0)=120$,则 $C=100$,$T(t)=20+100\mathrm{e}^{kt}$.$T(30)=30$,则 $\mathrm{e}^{30k}=\dfrac{1}{10}$,$k=-\dfrac{\ln10}{30}$.代入
$T(t_0)=21$ 得 $t_0=60$,则还需要 $30\ \mathrm{min}$ 物体温度降至 $21℃$.

Ⓚ 2011 数学二，10 分

114 设函数 $y(x)$ 具有二阶导数，且曲线 $l:y=y(x)$ 与直线 $y=x$ 相切于原点，记 α 为曲线 l 在点 (x,y) 处切线的倾角，若 $\dfrac{\mathrm{d}\alpha}{\mathrm{d}x}=\dfrac{\mathrm{d}y}{\mathrm{d}x}$，求 $y(x)$ 的表达式.

知识点睛 0814 微分方程的应用

分析 利用导数的几何意义得到微分方程，解方程求出 $y(x)$.

解法 1 由题知 $y(0)=0$，$y'(0)=1$，且由导数的几何意义得 $\tan\alpha=\dfrac{\mathrm{d}y}{\mathrm{d}x}$. 等式两边对 x 求导，得

$$\sec^2\alpha\,\frac{\mathrm{d}\alpha}{\mathrm{d}x}=\frac{\mathrm{d}^2y}{\mathrm{d}x^2},$$

于是，$\left[1+\left(\dfrac{\mathrm{d}y}{\mathrm{d}x}\right)^2\right]\dfrac{\mathrm{d}y}{\mathrm{d}x}=\dfrac{\mathrm{d}^2y}{\mathrm{d}x^2}$，即 $\dfrac{\mathrm{d}^2y}{\mathrm{d}x^2}=\dfrac{\mathrm{d}y}{\mathrm{d}x}+\left(\dfrac{\mathrm{d}y}{\mathrm{d}x}\right)^3$.

此方程是不显含 x 的二阶微分方程，令 $p=y'$，则 $y''=p\dfrac{\mathrm{d}p}{\mathrm{d}y}$，代入得 $\dfrac{\mathrm{d}p}{\mathrm{d}y}=1+p^2$ 解得 $\arctan p=y+C_1$，即 $p=\tan(y+C_1)$.

由 $y(0)=0$，$y'(0)=1$，有 $C_1=\dfrac{\pi}{4}$. 再解微分方程 $y'=\tan\left(y+\dfrac{\pi}{4}\right)$ 得 $\sin\left(y+\dfrac{\pi}{4}\right)=Ce^x$.

由 $y(0)=0$ 得 $C=\dfrac{\sqrt{2}}{2}$. 所以 $y(x)=\arcsin\left(\dfrac{\sqrt{2}}{2}e^x\right)-\dfrac{\pi}{4}$.

解法 2 由于 $y'=\tan\alpha$，即 $\alpha=\arctan y'$，所以 $\dfrac{\mathrm{d}\alpha}{\mathrm{d}x}=\dfrac{y''}{1+y'^2}$. 由已知条件得 $\dfrac{y''}{1+y'^2}=y'$，即 $y''=y'(1+y'^2)$.

令 $y'=p$，则 $p'=p(1+p^2)$. 分离变量得 $\dfrac{\mathrm{d}p}{p(1+p^2)}=\mathrm{d}x$，两边积分，得

$$\ln\frac{p^2}{1+p^2}=2x+\ln C_1,$$

由题意 $y'(0)=1$，即当 $x=0$ 时，$p=1$，于是得 $C_1=\dfrac{1}{2}$. 故

$$y'=p=\frac{\dfrac{e^x}{\sqrt{2}}}{\sqrt{1-\dfrac{1}{2}e^{2x}}},$$

两边积分得 $y=\arcsin\dfrac{e^x}{\sqrt{2}}+C_2$.

由 $y(0)=0$ 得 $C_2=-\dfrac{\pi}{4}$. 所以 $y=\arcsin\dfrac{e^x}{\sqrt{2}}-\dfrac{\pi}{4}$.

Ⓚ 2017 数学二，11 分

115 设 $y(x)$ 是区间 $\left(0,\dfrac{3}{2}\right)$ 内的可导函数，且 $y(1)=0$，点 P 是曲线 $L:y=y(x)$ 上的任意一点，L 在点 P 处的切线与 y 轴相交于点 $(0,y_P)$，法线与 x 轴相交于点 $(x_P,0)$，

若 $x_P = y_P$，求 L 上的点的坐标 (x,y) 满足的方程.

知识点睛 0203 曲线的切线和法线,0814 微分方程的应用

解 设在点 $P(x,y(x))$ 处的切线方程为

$$Y-y(x) = y'(x)(X-x),$$

令 $X=0$，则 $y_P = y(x)-xy'(x)$.

法线方程为

$$Y-y(x) = -\frac{1}{y'(x)}(X-x),$$

令 $Y=0$，则 $x_P = x+y(x)y'(x)$.

由 $x_P = y_P$，得

$$y(x)-xy'(x) = x+y(x)y'(x), \quad 或 \quad y'(x) = \frac{y-x}{y+x} = \frac{\frac{y}{x}-1}{\frac{y}{x}+1}.$$

这是齐次方程,令 $\frac{y}{x}=u$，则 $y=ux, y'=u+x\frac{du}{dx}$，有

$$u+x\frac{du}{dx} = \frac{u-1}{u+1},$$

$$x\frac{du}{dx} = \frac{u-1}{u+1}-u = \frac{-u^2-1}{u+1},$$

$$\int \frac{u+1}{u^2+1}du = -\int \frac{dx}{x},$$

$$\frac{1}{2}\ln(u^2+1)+\arctan u = -\ln|x|+C,$$

将 $x=1,y=0,u=0$ 代入,得 $C=0$.故坐标 (x,y) 满足的方程为

$$\frac{1}{2}\ln\left(\left(\frac{y}{x}\right)^2+1\right)+\arctan\frac{y}{x}+\ln x=0.$$

116 求微分方程 $y''(x+y'^2)=y'$ 满足初始条件 $y(1)=y'(1)=1$ 的特解. 2007 数学二, 10 分

知识点睛 0808 可降阶的高阶微分方程

分析 本题为不含 y 的可降阶方程,令 $y'=p$，然后求解方程.

解 本题不含 y，则设 $y'=p$，于是 $y''=p'$，原方程变为 $p'(x+p^2)=p$，则 $\frac{dx}{dp}=\frac{x}{p}+p$，解之得 $x=p(p+C_1)$，将 $p(1)=1$ 代入左式得 $C_1=0$，于是

$$x=p^2 \Rightarrow y'=\sqrt{x} \Rightarrow y=\frac{2}{3}x^{\frac{3}{2}}+C_2,$$

116 题精解视频

结合 $y(1)=1$ 得 $C_2=\frac{1}{3}$，故 $y=\frac{2}{3}x^{\frac{3}{2}}+\frac{1}{3}$.

117 已知 $y_1(x)=e^x, y_2(x)=u(x)e^x$ 是二阶微分方程 $(2x-1)y''-(2x+1)y'+2y=0$ 的两个解,若 $u(-1)=e, u(0)=-1$，求 $u(x)$，并写出该微分方程的通解. 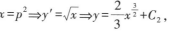 2016 数学二, 10 分

知识点睛 0808 可降阶的高阶微分方程

分析 根据已知的关系式,变形得到关于 $u(x)$ 的微分方程,解该微分方程求得 $u(x)$.

解 计算得

$$y_2'(x) = [u'(x) + u(x)] e^x, \quad y_2''(x) = [u''(x) + 2u'(x) + u(x)] e^x,$$

将 $y_2(x) = u(x) e^x$ 代入方程 $(2x-1)y'' - (2x+1)y' + 2y = 0$,有

$$(2x-1) u''(x) + (2x-3) u'(x) = 0,$$

$$\frac{u''(x)}{u'(x)} = -\frac{2x-3}{2x-1}.$$

两边积分,得 $\ln u'(x) = -x + \ln(2x-1) + \ln C_1$,即 $u'(x) = C_1(2x-1) e^{-x}$,因而

$$u(x) = -C_1(2x+1) e^{-x} + C_2.$$

由条件 $u(-1) = e, u(0) = -1$,得 $C_1 = 1, C_2 = 0, u(x) = -(2x+1) e^{-x}$.

$y_1(x), y_2(x)$ 是二阶微分方程 $(2x-1)y'' - (2x+1)y' + 2y = 0$ 两个线性无关的解,所以所求的通解为

$$y(x) = C_1 e^x + C_2(2x+1).$$

K 2010 数学二,
11 分

118 设函数 $y = f(x)$ 由参数方程 $\begin{cases} x = 2t + t^2, \\ y = \psi(t) \end{cases} (t > -1)$ 所确定,其中 $\psi(t)$ 具有二阶导数,且 $\psi(1) = \frac{5}{2}, \psi'(1) = 6$,已知 $\dfrac{d^2 y}{dx^2} = \dfrac{3}{4(1+t)}$,求函数 $\psi(t)$.

知识点睛 0212 由参数方程确定的函数的导数,0808 可降阶的高阶微分方程

分析 先求 $\dfrac{d^2 y}{dx^2}$,由 $\dfrac{d^2 y}{dx^2} = \dfrac{3}{4(1+t)}$ 可得关于 $\psi(t)$ 的微分方程,进而求出 $\psi(t)$.

解 由参数方程确定函数的求导公式 $\dfrac{dy}{dx} = \dfrac{\frac{dy}{dt}}{\frac{dx}{dt}} = \dfrac{\psi'(t)}{2t+2}$,可得

$$\frac{d^2 y}{dx^2} = \frac{\dfrac{d\left(\frac{\psi'(t)}{2t+2}\right)}{dt}}{\dfrac{dx}{dt}} = \frac{\dfrac{\psi''(t)(2t+2) - 2\psi'(t)}{(2t+2)^2}}{2t+2} = \frac{\psi''(t)(2t+2) - 2\psi'(t)}{(2t+2)^3}.$$

由题意知 $\dfrac{\psi''(t)(2t+2) - 2\psi'(t)}{(2t+2)^3} = \dfrac{3}{4(1+t)}$,从而

$$\psi''(t)(t+1) - \psi'(t) = 3(t+1)^2.$$

解微分方程 $\begin{cases} \psi''(t) - \dfrac{\psi'(t)}{t+1} = 3(t+1), \\ \psi(1) = \dfrac{5}{2}, \psi'(1) = 6. \end{cases}$ 令 $y = \psi'(t)$,则 $y' - \dfrac{1}{1+t} y = 3(1+t)$,所以

$$y = e^{\int \frac{1}{1+t} dt} \left(\int 3(1+t) e^{-\int \frac{1}{1+t} dt} dt + C \right) = (1+t)(3t + C).$$

因为 $y(1) = \psi'(1) = 6$,故 $y = 3t(t+1)$,即 $\psi'(t) = 3t(t+1)$,从而

$$\psi(t)=\int 3t(t+1)\,\mathrm{d}t=\frac{3}{2}t^2+t^3+C_1.$$

又由 $\psi(1)=\dfrac{5}{2}$，得 $C_1=0$，于是 $\psi(t)=\dfrac{3}{2}t^2+t^3$.

119　设函数 $f(x)$ 在 $(0,+\infty)$ 内连续，$f(1)=\dfrac{5}{2}$，且对所有 $x,t\in(0,+\infty)$，满足条件

$$\int_1^{xt}f(u)\,\mathrm{d}u=t\int_1^x f(u)\,\mathrm{d}u+x\int_1^t f(u)\,\mathrm{d}u,$$

求 $f(x)$.

知识点睛　0307 积分上限函数及其导数，0802 变量可分离的微分方程

解　由题意可知，等式的每一项都是 x 的可导函数，于是等式两边对 x 求导，得

$$tf(xt)=tf(x)+\int_1^t f(u)\,\mathrm{d}u. \qquad \text{①}$$

在①式中，令 $x=1$，由 $f(1)=\dfrac{5}{2}$，得

$$tf(t)=\frac{5}{2}t+\int_1^t f(u)\,\mathrm{d}u, \qquad \text{②}$$

则 $f(t)$ 是 $(0,+\infty)$ 内的可导函数.②式两边对 t 求导，得

$$f(t)+tf'(t)=\frac{5}{2}+f(t)，\quad \text{即}\quad f'(t)=\frac{5}{2t}.$$

上式两边求积分，得

$$f(t)=\frac{5}{2}\ln t+C,$$

由 $f(1)=\dfrac{5}{2}$，得 $C=\dfrac{5}{2}$，于是 $f(x)=\dfrac{5}{2}(\ln x+1)$.

120　设 $F(x)$ 为 $f(x)$ 的原函数，且当 $x\geqslant 0$ 时，

$$f(x)F(x)=\frac{x\mathrm{e}^x}{2(1+x)^2},$$

已知 $F(0)=1,F(x)>0$，试求 $f(x)$.

知识点睛　0301 原函数的概念

120 题精解视频

解　由 $F'(x)=f(x)$，有

$$2F(x)F'(x)=\frac{x\mathrm{e}^x}{(1+x)^2},$$

于是，由

$$\int 2F(x)F'(x)\,\mathrm{d}x=\int \frac{x\mathrm{e}^x}{(1+x)^2}\,\mathrm{d}x\quad \text{得}\quad F^2(x)=\frac{\mathrm{e}^x}{1+x}+C,$$

由 $F(0)=1$ 和 $F^2(0)=1+C$，得 $C=0.$ 从而

$$F(x)=\sqrt{\frac{\mathrm{e}^x}{1+x}}\ (F(x)>0)，\quad \text{故}\quad f(x)=\frac{x\mathrm{e}^{\frac{x}{2}}}{2(1+x)^{\frac{3}{2}}}.$$

▪第二届数学
竞赛预赛，15 分

121　设函数 $y=f(x)$ 由参数方程 $\begin{cases} x=2t+t^2, \\ y=\psi(t) \end{cases}$ $(t>-1)$ 所确定，且 $\dfrac{\mathrm{d}^2 y}{\mathrm{d}x^2}=\dfrac{3}{4(1+t)}$，其中 $\psi(t)$ 具有二阶导数，曲线 $y=\psi(t)$ 与 $y=\displaystyle\int_1^{t^2} \mathrm{e}^{-u^2}\mathrm{d}u+\dfrac{3}{2\mathrm{e}}$ 在 $t=1$ 处相切，求函数 $\psi(t)$.

知识点睛　0808 可降阶的高阶微分方程

解　因为

$$\frac{\mathrm{d}y}{\mathrm{d}x}=\frac{\psi'(t)}{2+2t}, \quad \frac{\mathrm{d}^2 y}{\mathrm{d}x^2}=\frac{1}{2+2t}\cdot\frac{(2+2t)\psi''(t)-2\psi'(t)}{(2+2t)^2}=\frac{(1+t)\psi''(t)-\psi'(t)}{4(1+t)^3},$$

由题设 $\dfrac{\mathrm{d}^2 y}{\mathrm{d}x^2}=\dfrac{3}{4(1+t)}$，故 $\dfrac{(1+t)\psi''(t)-\psi'(t)}{4(1+t)^3}=\dfrac{3}{4(1+t)}$，从而

$$(1+t)\psi''(t)-\psi'(t)=3(1+t)^2,$$

即

$$\psi''(t)-\frac{1}{1+t}\psi'(t)=3(1+t).$$

设 $u=\psi'(t)$，则有 $u'-\dfrac{1}{1+t}u=3(1+t)$，故

$$u=\mathrm{e}^{\int\frac{1}{1+t}\mathrm{d}t}\left[\int 3(1+t)\mathrm{e}^{-\int\frac{1}{1+t}\mathrm{d}t}\mathrm{d}t+C_1\right]$$
$$=(1+t)\left[\int 3(1+t)(1+t)^{-1}\mathrm{d}t+C_1\right]$$
$$=(1+t)(3t+C_1),$$

从而

$$\psi(t)=\int (1+t)(3t+C_1)\mathrm{d}t=\int[3t^2+(3+C_1)t+C_1]\mathrm{d}t$$
$$=t^3+\frac{3+C_1}{2}t^2+C_1 t+C_2.$$

由曲线 $y=\psi(t)$ 与 $y=\displaystyle\int_1^{t^2}\mathrm{e}^{-u^2}\mathrm{d}u+\dfrac{3}{2\mathrm{e}}$ 在 $t=1$ 处相切知 $\psi(1)=\dfrac{3}{2\mathrm{e}}$，$\psi'(1)=\dfrac{2}{\mathrm{e}}$. 所以 $u|_{t=1}=\psi'(1)=\dfrac{2}{\mathrm{e}}$，由此知 $C_1=\dfrac{1}{\mathrm{e}}-3$. 由 $\psi(1)=\dfrac{3}{2\mathrm{e}}$，知 $C_2=2$. 于是

$$\psi(t)=t^3+\frac{1}{2\mathrm{e}}t^2+\left(\frac{1}{\mathrm{e}}-3\right)t+2, \quad t>-1.$$

122　求方程 $\dfrac{\mathrm{d}y}{\mathrm{d}x}=\dfrac{1}{x^2+y^2+2xy}$ 的通解.

知识点睛　0807 用简单的变量代换求解微分方程

解　把原式整理为 $\dfrac{\mathrm{d}y}{\mathrm{d}x}=\dfrac{1}{(x+y)^2}$，令 $u=x+y$，得 $\dfrac{\mathrm{d}u}{\mathrm{d}x}-1=\dfrac{1}{u^2}$，分离变量，得 $\dfrac{u^2}{u^2+1}\mathrm{d}u=\mathrm{d}x$，等式两端同时积分，得

$$u-\arctan u=x+C,$$

故该微分方程的通解为 $y=\arctan(x+y)+C$.

123 利用代换 $y = \dfrac{u}{\cos x}$ 将方程 $y''\cos x - 2y'\sin x + 3y\cos x = \mathrm{e}^x$ 化简,并求出原方程
的通解.

知识点睛 0807 用简单的变量代换求解微分方程

解 由 $u = y\cos x$ 两端对 x 求导,得

$$u' = y'\cos x - y\sin x, \quad u'' = y''\cos x - 2y'\sin x - y\cos x,$$

于是原方程化为 $u'' + 4u = \mathrm{e}^x$,其通解为

$$u = C_1\cos 2x + C_2\sin 2x + \frac{\mathrm{e}^x}{5} \quad (C_1, C_2 \text{ 为任意常数}).$$

从而,原方程的通解为 $y = C_1\dfrac{\cos 2x}{\cos x} + 2C_2\sin x + \dfrac{\mathrm{e}^x}{5\cos x}$.

124 设 $u = f(r)$,其中 $r = \sqrt{x^2 + y^2 + z^2}$,$f$ 二次可微,且满足

$$\frac{\partial^2 u}{\partial x^2} + \frac{\partial^2 u}{\partial y^2} + \frac{\partial^2 u}{\partial z^2} = \left(\frac{\partial u}{\partial x}\right)^2 + \left(\frac{\partial u}{\partial y}\right)^2 + \left(\frac{\partial u}{\partial z}\right)^2,$$

求函数 u.

知识点睛 0805 伯努利方程,0808 可降阶的高阶微分方程

解 $\dfrac{\partial u}{\partial x} = \dfrac{\mathrm{d}u}{\mathrm{d}r} \cdot \dfrac{\partial r}{\partial x} = \dfrac{x}{r} \cdot \dfrac{\mathrm{d}u}{\mathrm{d}r}, \dfrac{\partial u}{\partial y} = \dfrac{y}{r} \cdot \dfrac{\mathrm{d}u}{\mathrm{d}r}, \dfrac{\partial u}{\partial z} = \dfrac{z}{r} \cdot \dfrac{\mathrm{d}u}{\mathrm{d}r},$

$$\frac{\partial^2 u}{\partial x^2} = \frac{\partial}{\partial x}\left(\frac{x}{r} \cdot \frac{\mathrm{d}u}{\mathrm{d}r}\right) = \frac{r - x \cdot \dfrac{x}{r}}{r^2}\frac{\mathrm{d}u}{\mathrm{d}r} + \left(\frac{x}{r}\right)^2\frac{\mathrm{d}^2 u}{\mathrm{d}r^2} = \frac{r^2 - x^2}{r^3}\frac{\mathrm{d}u}{\mathrm{d}r} + \left(\frac{x}{r}\right)^2\frac{\mathrm{d}^2 u}{\mathrm{d}r^2},$$

同理

$$\frac{\partial^2 u}{\partial y^2} = \frac{r^2 - y^2}{r^3}\frac{\mathrm{d}u}{\mathrm{d}r} + \left(\frac{y}{r}\right)^2\frac{\mathrm{d}^2 u}{\mathrm{d}r^2}, \frac{\partial^2 u}{\partial z^2} = \frac{r^2 - z^2}{r^3}\frac{\mathrm{d}u}{\mathrm{d}r} + \left(\frac{z}{r}\right)^2\frac{\mathrm{d}^2 u}{\mathrm{d}r^2}.$$

把上述各式代入原方程并整理,得

$$\frac{\mathrm{d}^2 u}{\mathrm{d}r^2} - \frac{2}{r}\frac{\mathrm{d}u}{\mathrm{d}r} - \left(\frac{\mathrm{d}u}{\mathrm{d}r}\right)^2 = 0. \qquad\qquad ①$$

令 $\dfrac{\mathrm{d}u}{\mathrm{d}r} = p$,则 $\dfrac{\mathrm{d}^2 u}{\mathrm{d}r^2} = \dfrac{\mathrm{d}p}{\mathrm{d}r}$,代入①式得

$$\frac{\mathrm{d}p}{\mathrm{d}r} - \frac{2}{r}p - p^2 = 0, \qquad\qquad ②$$

②式为伯努利方程,令 $z = p^{-1}$,则 $\dfrac{\mathrm{d}z}{\mathrm{d}r} = -p^{-2}\dfrac{\mathrm{d}p}{\mathrm{d}r}$.代入②式可化为 $\dfrac{\mathrm{d}z}{\mathrm{d}r} + \dfrac{2}{r}z = -1$.故

$$p^{-1} = z = \mathrm{e}^{-\int\frac{2}{r}\mathrm{d}r}\left[\int(-1) \cdot \mathrm{e}^{\int\frac{2}{r}\mathrm{d}r}\mathrm{d}r + C_1\right] = \frac{3C_1 - r^3}{3r^2},$$

所以 $\dfrac{\mathrm{d}u}{\mathrm{d}r} = p = \dfrac{3r^2}{3C_1 - r^3}$.从而

$$u = \int\frac{3r^2}{3C_1 - r^3}\mathrm{d}r = -\ln(3C_1 - r^3) + C_2 = -\ln\left[3C_1 - (x^2 + y^2 + z^2)^{\frac{3}{2}}\right] + C_2.$$

125 已知 $f(x)$ 可微, 且满足 $\int_1^x \dfrac{f(t)}{t^3 f(t) + t} dt = f(x) - 1$, 求 $f(x)$ 满足的关系式.

知识点睛 0805 伯努利方程

解 由题有

$$\int_1^x \dfrac{f(t)}{t^3 f(t) + t} dt = f(x) - 1, \qquad ①$$

在①式中令 $x = 1$, 得 $f(1) = 1$.

在①式两端对 x 求导, 得 $\dfrac{f(x)}{x^3 f(x) + x} = f'(x)$, 即 $\dfrac{dx}{dy} = \dfrac{x^3 y + x}{y}$, 也即

$$\dfrac{dx}{dy} - \dfrac{1}{y} x = x^3, \qquad ②$$

此方程为伯努利方程, 令 $z = x^{-2}$, 则 $\dfrac{dz}{dy} = -2 x^{-3} \dfrac{dx}{dy}$, 代入②式经整理得 $\dfrac{dz}{dy} + \dfrac{2}{y} z = -2$, 解此一阶线性微分方程, 得

$$z = e^{-\int \frac{2}{y} dy} \left[\int -2 e^{\int \frac{2}{y} dy} dy + C \right] = y^{-2} \left(-\dfrac{2}{3} y^3 + C \right) = -\dfrac{2}{3} y + C y^{-2},$$

即 $\dfrac{1}{x^2} = -\dfrac{2}{3} f(x) + C [f(x)]^{-2}$, 把 $f(1) = 1$ 代入得 $C = \dfrac{5}{3}$.

经整理得所求 $f(x)$ 是 $\dfrac{f^2(x)}{x^2} + \dfrac{2}{3} f^3(x) = \dfrac{5}{3}$ 确定的隐函数.

第六届数学竞赛预赛, 6 分

126 已知 $y_1 = e^x$ 和 $y_2 = x e^x$ 是二阶常系数线性齐次微分方程的解, 则该方程是_____.

知识点睛 0810 二阶常系数线性齐次微分方程

解 由解的表达式可知微分方程对应的特征方程有二重根 $r = 1$, 因此, 所求微分方程为 $y'' - 2y' + y = 0$. 应填 $y'' - 2y' + y = 0$.

第六届数学竞赛决赛, 5 分

127 设实数 $a \neq 0$, 微分方程 $\begin{cases} y'' - a y'^2 = 0, \\ y(0) = 0, y'(0) = -1 \end{cases}$ 的解为_____.

知识点睛 0808 可降阶的高阶微分方程

解 此方程为可降阶的微分方程, 令 $y' = p(x)$, 则 $y'' = p'(x)$, 将 y', y'' 代入原方程, 得 $p' - a p^2 = 0$, 分离变量后有

$$\dfrac{dp}{p^2} = a dx, \qquad 得 \qquad -\dfrac{1}{p} = ax + C_1.$$

由 $p(0) = -1$, $C_1 = 1$, 所以有

$$y' = -\dfrac{1}{ax + 1}, \qquad 得 \qquad y = -\dfrac{1}{a} \ln(ax + 1) + C_2,$$

由 $y(0) = 0$, $C_2 = 0$, 得方程的解为 $y = -\dfrac{1}{a} \ln(ax + 1)$. 应填 $y = -\dfrac{1}{a} \ln(ax + 1)$.

第七届数学竞赛决赛, 6 分

128 微分方程 $y'' - (y')^3 = 0$ 的通解是_____.

知识点睛 0808 可降阶的高阶微分方程

解 令 $y'=p(x)$，则 $y''=p'(x)$，原方程变为 $p'=p^3$.分离变量后有 $\dfrac{\mathrm{d}p}{p^3}=\mathrm{d}x$，积分得

$$-\frac{1}{2}p^{-2}=x-C_1,$$

即 $p=y'=\dfrac{\pm 1}{\sqrt{2(C_1-x)}}$，积分，得 $y=C_2\pm\sqrt{2(C_1-x)}$.应填 $y=C_2\pm\sqrt{2(C_1-x)}$.

129 已知 $y_1=xe^x+e^{2x}$，$y_2=xe^x+e^{-x}$，$y_3=xe^x+e^{2x}-e^{-x}$ 是某二阶常系数线性非齐次微分方程的三个解，求此微分方程.

知识点睛 0810 二阶常系数齐次线性微分方程

分析 根据二阶线性非齐次微分方程解的结构的有关知识，由题设可知 $2y_1-y_2-y_3=e^{2x}$ 与 $y_1-y_3=e^{-x}$ 是相应齐次方程两个线性无关的解，且 xe^x 是非齐次方程的一个特解，因此可以用下述两种解法.

解法 1 设所求方程为

$$y''-y'-2y=f(x),$$

将 $y=xe^x$ 代入上式,得

$$f(x)=(xe^x)''-(xe^x)'-2xe^x=2e^x+xe^x-e^x-xe^x-2xe^x=e^x-2xe^x,$$

因此所求方程为 $y''-y'-2y=e^x-2xe^x$.

解法 2 设 $y=xe^x+C_1e^{2x}+C_2e^{-x}$ 是所求方程的通解,由

$$y'=e^x+xe^x+2C_1e^{2x}-C_2e^{-x},\quad y''=2e^x+xe^x+4C_1e^{2x}+C_2e^{-x},$$

消去 C_1,C_2,得所求方程为 $y''-y'-2y=e^x-2xe^x$.

【评注】对于二阶线性微分方程 $y''+P(x)y'+Q(x)y=f(x)$ 而言,根据解的结构定理,它的通解是齐次方程的通解 $C_1y_1(x)+C_2y_2(x)$ 和非齐次方程的特解之和,且根据性质知**非齐次方程的两个特解之差是齐次方程的解**.另外知道齐次方程的一特解,可以用常数变易法求出它的另一个与之线性无关的特解,从而得到齐次通解;如果知道齐次方程的通解,则用常数变易法可以求出非齐次特解.

130 （1）求解微分方程 $\begin{cases}\dfrac{\mathrm{d}y}{\mathrm{d}x}-xy=xe^{x^2},\\ y(0)=1;\end{cases}$

第三届数学竞赛决赛，第 1 小题 6 分，第 2 小题 10 分，共 16 分

（2）如 $y=f(x)$ 为上述方程的解,证明:$\displaystyle\lim_{n\to\infty}\int_0^1\frac{n}{n^2x^2+1}f(x)\,\mathrm{d}x=\frac{\pi}{2}$.

知识点睛 0803 一阶线性微分方程

（1）**解** 微分方程的通解为

$$y=e^{\int x\mathrm{d}x}\left(\int xe^{x^2}e^{-\int x\mathrm{d}x}+C\right)=e^{\frac{1}{2}x^2}\left(\int xe^{x^2}e^{-\frac{1}{2}x^2}\mathrm{d}x+C\right)$$

$$=e^{\frac{1}{2}x^2}\left(\int xe^{\frac{1}{2}x^2}\mathrm{d}x+C\right)=e^{\frac{1}{2}x^2}(e^{\frac{1}{2}x^2}+C)=e^{x^2}+Ce^{\frac{1}{2}x^2},$$

而由 $y(0)=1$,知 $C=0$,从而 $y=e^{x^2}$.

（2）**证** 注意到 $\displaystyle\lim_{n\to\infty}\int_0^1\frac{n}{n^2x^2+1}\mathrm{d}x=\lim_{n\to\infty}\arctan n=\frac{\pi}{2}$,及

$$\int_0^1 \frac{n}{n^2x^2+1} f(x)\,\mathrm{d}x = \int_0^1 \frac{n}{n^2x^2+1} \mathrm{e}^{x^2}\mathrm{d}x$$

$$= \int_0^1 \frac{n}{n^2x^2+1}(\mathrm{e}^{x^2}-1)\,\mathrm{d}x + \int_0^1 \frac{n}{n^2x^2+1}\mathrm{d}x.$$

$\forall\,\varepsilon>0$, 由 $\lim\limits_{x\to 0}(\mathrm{e}^{x^2}-1)=0$ 知, $\exists\,\delta>0$, $\forall\,0<x<\delta$ 时, 有 $|\mathrm{e}^{x^2}-1|<\dfrac{\varepsilon}{\pi}$, 因此有

$$\int_0^1 \frac{n}{n^2x^2+1}(\mathrm{e}^{x^2}-1)\,\mathrm{d}x = \int_0^\delta \frac{n}{n^2x^2+1}(\mathrm{e}^{x^2}-1)\,\mathrm{d}x + \int_\delta^1 \frac{n}{n^2x^2+1}(\mathrm{e}^{x^2}-1)\,\mathrm{d}x$$

$$\leqslant \frac{\varepsilon}{\pi}\int_0^\delta \frac{n}{n^2x^2+1}\mathrm{d}x + (\mathrm{e}-1)\int_\delta^1 \frac{n}{n^2x^2+1}\mathrm{d}x$$

$$\leqslant \frac{1}{2}\varepsilon + (\mathrm{e}-1)\frac{n}{n^2\delta^2+1}(1-\delta) \leqslant \frac{1}{2}\varepsilon + (\mathrm{e}-1)\frac{n}{n^2\delta^2+1}.$$

$\exists\,N$, $\forall\,n>N$ 时, $\dfrac{n}{n^2\delta^2+1}<\dfrac{\varepsilon}{2(\mathrm{e}-1)}$, 由此

$$\int_0^1 \frac{n}{n^2x^2+1}(\mathrm{e}^{x^2}-1)\,\mathrm{d}x < \frac{\varepsilon}{2}+\frac{\varepsilon}{2}=\varepsilon,$$

即

$$\lim_{n\to\infty}\int_0^1 \frac{n}{n^2x^2+1}(\mathrm{e}^{x^2}-1)\,\mathrm{d}x = 0,$$

故

$$\lim_{n\to\infty}\int_0^1 \frac{n}{n^2x^2+1} f(x)\,\mathrm{d}x = \lim_{n\to\infty}\int_0^1 \frac{n}{n^2x^2+1}(\mathrm{e}^{x^2}-1)\,\mathrm{d}x + \lim_{n\to\infty}\int_0^1 \frac{n}{n^2x^2+1}\,\mathrm{d}x = \frac{\pi}{2}.$$

郑重声明

高等教育出版社依法对本书享有专有出版权。任何未经许可的复制、销售行为均违反《中华人民共和国著作权法》，其行为人将承担相应的民事责任和行政责任；构成犯罪的，将被依法追究刑事责任。为了维护市场秩序，保护读者的合法权益，避免读者误用盗版书造成不良后果，我社将配合行政执法部门和司法机关对违法犯罪的单位和个人进行严厉打击。社会各界人士如发现上述侵权行为，希望及时举报，我社将奖励举报有功人员。

反盗版举报电话　（010）58581999　58582371

反盗版举报邮箱　dd@hep.com.cn

通信地址　北京市西城区德外大街4号　高等教育出版社法律事务部

邮政编码　100120

读者意见反馈

为收集对教材的意见建议，进一步完善教材编写并做好服务工作，读者可将对本教材的意见建议通过如下渠道反馈至我社。

咨询电话　400-810-0598

反馈邮箱　hepsci@pub.hep.cn

通信地址　北京市朝阳区惠新东街4号富盛大厦1座

　　　　　高等教育出版社理科事业部

邮政编码　100029

防伪查询说明

用户购书后刮开封底防伪涂层，使用手机微信等软件扫描二维码，会跳转至防伪查询网页，获得所购图书详细信息。

防伪客服电话　（010）58582300